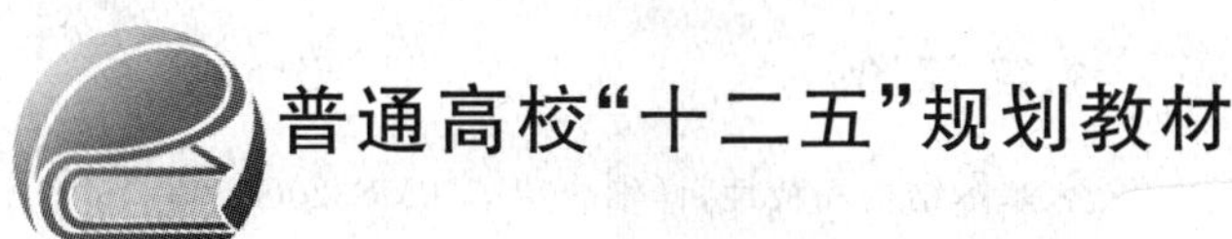

DSP 技术与应用

许立群　周玉坤　修丽梅　编著

北京航空航天大学出版社

内容简介

本书介绍了数字信号处理器的基本概念、基本结构和特性，详细介绍了 TMS320C5000 DSP 的汇编语言指令格式、寻址方式、汇编语言编程、汇编语言与 C 语言混合编程；以 TMS320C54x 为例，给出在片外围电路单元的初始化设置及硬件接口电路设计；对 DSP 的集成开发环境 CCS 在调试中的应用进行了详尽的描述；为配合教学，还结合 EL－DSP－EXPIV 实验系统详细介绍了有关外围接口、基本操作和算法实现等应用实例。本书旨在从教学和应用的角度，使读者了解以 TMS320C5000 为代表的 DSP 的体系结构和基本原理，熟悉 DSP 的开发工具和使用方法，初步掌握 DSP 应用系统设计和软硬件开发方法。

本书内容结构合理，实用性强，适合作为高等院校电子信息类专业本科生和研究生的教材，也可以作为从事 DSP 开发工作的科技人员的参考书。

图书在版编目(CIP)数据

DSP 技术与应用 / 许立群，周玉坤，修丽梅编著. --北京 ：北京航空航天大学出版社，2015.2

ISBN 978-7-5124-1675-8

Ⅰ. ①D… Ⅱ. ①许… ②周… ③修… Ⅲ. ①数字信号处理 Ⅳ. ①TN911.72

中国版本图书馆 CIP 数据核字(2015)第 017540 号

DSP 技术与应用

许立群　周玉坤　修丽梅　编著

责任编辑　刘晓明

*

北京航空航天大学出版社出版发行

北京市海淀区学院路 37 号(邮编 100191)　http://www.buaapress.com.cn

发行部电话：(010)82317024　传真：(010)82328026

读者信箱：emsbook@gmail.com　邮购电话：(010)82316936

北京市同江印刷有限公司印装　各地书店经销

*

开本：710×1 000　1/16　印张：33　字数：703 千字

2015 年 3 月第 1 版　2015 年 3 月第 1 次印刷　印数：3 000 册

ISBN 978-7-5124-1675-8　定价：69.00 元

前 言

DSP 技术是目前电子技术和 IT 领域中的一项核心技术。在 20 世纪末,DSP 技术已经深入到了各个行业的应用技术中;进入 21 世纪以来,DSP 技术已经成为各种新技术的一个共同基础。

学习 DSP 技术包括两大部分内容,一部分内容是相应的基本分析和计算理论,另一部分内容则是 DSP 系统的实现技术。

本书作为初学 DSP 技术的入门教材 ,向读者提供有关 DSP 技术的基本原理和 DSP 应用系统的基本硬件技术,并通过提供一些基本实验,帮助读者迅速学会如何设计一个 DSP 应用系统。为此,本书突出 DSP 应用技术基本概念和方法,着重于通过练习达到学习 DSP 应用开发技术的目的。

TMS320C5000 系列的结构、性能特点是目前数字信号处理器的典型代表,其集成开发环境 CCS 为 DSP 应用系统的开发提供了方便、快捷的手段。

本书以 TMS320C5000 系列 DSP 为例介绍了数字信号处理器的基本概念、DSP 应用系统的软硬件设计和应用开发,配合教学安排,结合 DSP 实验系统详细介绍了有关各种外围接口、基本操作和算法实现等应用实例。读者通过本书的学习,可以初步掌握 DSP 应用系统设计和软硬件开发方法。

本书共 10 章。第 1 章介绍了数字信号处理的基本概念、数字信号处理器的基本结构和特性、设计 DSP 系统时选择 DSP 芯片考虑的因素以及数字信号处理器的发展过程和应用领域。第 2 章详细介绍了 TMS320C54x DSP 的结构原理和片内资源。第 3 章介绍了 TMS320C55x DSP 的结构和在片外围电路单元。第 4 章介绍了 TMS320C5xx 系列的指令系统,包括汇编语言指令格式、寻址方式、汇编和链接伪指令、链接命令文件的编写。第 5 章是程序设计及在片外设应用,包括以 TMS320C54x 为例的汇编语言编程、C 语言编程以及汇编语言与 C 语言混合编程、在片外设的初始化设置和应用举例。第 6 章介绍了 DSP 应用系统开发中有关硬件接口电路的设计。第 7 章介绍了集成开发环境 CCS 在 DSP 系统开发中的应用方法。第 8 章介绍了 EL - DSP - EXPIV 教学实验系统,包括教学实验系统的硬件组成和安装设置方法。第 9 章是在教学实验系统上的应用实例,实例的内容包括 DSP 应用开发中涉及的许多方面。第 10 章是在教学实验系统上的基础实验和算法实验。附录 A 是 TMS320C54x 指令表。附录 B 是 TMS320C55x 指令表。第 9 章的实例程序和第 10 章的实验参考程序可在北京航空航天大学出版社网站的下载专区下载。

本书的 1～5 章和附录由许立群编写，第 6 章、第 8～10 章由周玉坤编写，第 7 章由修丽梅编写，全书由许立群统稿。

北京精仪达盛科技有限公司对本书的编写工作给予了大力支持，提供了大量的实验素材；北京航空航天大学出版社对本书的编写出版工作给予了大力支持，作者在此一并致谢。

由于编者水平有限，书中难免存在错误，希望读者批评指正。

作 者

2015 年 1 月 20 日

目　录

第 1 章　数字信号处理及 DSP 器件特性 …… 1
1.1　数字信号处理 …… 1
1.1.1　模拟信号与数字信号 …… 1
1.1.2　数字信号处理系统 …… 4
1.2　数字信号处理器的基本结构 …… 8
1.2.1　数字信号处理器的基本结构和特性 …… 8
1.2.2　选择 DSP 芯片考虑的因素 …… 12
1.3　数字信号处理器的发展和应用 …… 13
1.3.1　DSP 芯片的发展 …… 13
1.3.2　DSP 芯片的应用领域 …… 15
习　　题 …… 15
第 2 章　TMS320C54x 概述 …… 16
2.1　TMS320C54x 的结构 …… 16
2.2　TMS320C54x 的总线 …… 18
2.3　TMS320C54x 存储器的结构和 I/O 寻址 …… 21
2.3.1　TMS320C54x 的寻址空间 …… 21
2.3.2　TMS320C54x 的存储器配置 …… 22
2.3.3　程序存储器地址映射及片上 ROM 的内容 …… 27
2.3.4　片内 ROM 分块结构 …… 28
2.3.5　片内 RAM 分块结构 …… 29
2.3.6　I/O 寻址空间 …… 30
2.4　TMS320C54x 寄存器 …… 30
2.4.1　TMS320C54x 器件的 CPU 寄存器 …… 30
2.4.2　TMS320C54x 器件外围电路寄存器 …… 37
2.5　TMS320C54x 器件的 CPU …… 39
2.5.1　TMS320C54xCPU 的基本组成 …… 39

2.5.2 算术逻辑单元(ALU) …… 39
2.5.3 累加器 A 和 B …… 42
2.5.4 桶形移位器 …… 44
2.5.5 乘法/加法单元 …… 45
2.5.6 比较、选择和存储单元(CSSU) …… 47
2.5.7 指数编码器 …… 48
2.6 TMS320C54x 在片外围电路 …… 49
2.6.1 通用 I/O 口 …… 49
2.6.2 定时器 …… 50
2.6.3 时钟发生器 …… 52
2.6.4 多通道缓冲串行口 McBSP …… 54
2.6.5 等待状态发生器 …… 72
2.6.6 存储器边界转换开关 …… 73
2.6.7 HPI 接口 …… 74
2.7 TMS320C54x 中断系统 …… 77
2.7.1 中断概述 …… 77
2.7.2 中断相关寄存器 …… 78
2.7.3 中断请求及处理 …… 79
2.7.4 中断向量地址重新映射 …… 81
2.7.5 中断向量地址 …… 81
习 题 …… 82
第 3 章 TMS320C55x 概述 …… 83
3.1 TMS320C55x 整体结构 …… 83
3.1.1 内部总线及存储器接口 …… 83
3.1.2 TMS320C55x 芯片 CPU …… 85
3.2 TMS320C55x 存储器空间和 I/ O 空间 …… 89
3.3 堆栈操作 …… 91
3.3.1 堆栈指针 …… 91
3.3.2 堆栈配置 …… 92
3.4 TMS320C55x 器件的 CPU 寄存器 …… 93
3.5 TMS320C55x 外围电路 …… 117
3.5.1 通用 I/O 引脚 …… 118
3.5.2 通用定时器/ 计数器 …… 119
3.5.3 时钟发生器 …… 122
3.5.4 多通道缓冲串行口 McBSP …… 124
3.5.5 外部存储器接口 …… 135

3.5.6 模/数转换器 …… 142
3.5.7 看门狗定时器 …… 144
3.5.8 I²C模块 …… 147
3.6 TMS320C55x中断和复位操作 …… 152
3.6.1 中断概述 …… 152
3.6.2 中断向量与优先级 …… 152
3.6.3 可屏蔽中断 …… 155
3.6.4 不可屏蔽中断 …… 158
3.6.5 硬件复位 …… 159
3.6.6 软件复位 …… 161
习 题 …… 163
第4章 TMS320C5000指令系统 …… 164
4.1 软件开发环境和编程语言 …… 164
4.2 汇编语言语句格式 …… 166
4.2.1 汇编语言源语句格式 …… 166
4.2.2 常 量 …… 168
4.2.3 符 号 …… 168
4.2.4 表达式 …… 171
4.3 汇编语言源指令系统中的符号和缩写 …… 172
4.4 寻址方式 …… 176
4.4.1 TMS320C54x寻址方式 …… 176
4.4.2 TMS320C55x寻址方式 …… 183
4.5 TMS320C5000的汇编伪指令 …… 198
4.5.1 段定义伪指令 …… 198
4.5.2 常数初始化伪指令 …… 200
4.5.3 段程序计数器定位指令.align …… 200
4.5.4 输出列表格式指令 …… 201
4.5.5 引用其他文件和符号的伪指令 …… 201
4.5.6 条件汇编指令 …… 202
4.5.7 汇编时的符号定义伪指令 …… 202
4.5.8 其他汇编伪指令 …… 203
4.5.9 宏语言 …… 203
4.5.10 链接伪指令 …… 205
4.6 汇编链接和链接命令文件 …… 208
4.6.1 通用目标文件(COFF)的基本单元——段 …… 209
4.6.2 汇编器对段的处理 …… 210

4.6.3 链接器对段的处理 …… 212
4.6.4 链接器对程序的重新定位 …… 212
4.6.5 COFF 文件中的符号 …… 213
4.6.6 链接命令文件 …… 214
习 题 …… 217
第 5 章 程序设计及在片外设应用 …… 218
5.1 TMS320C54x 汇编语言程序设计 …… 218
5.1.1 程序流程控制 …… 218
5.1.2 数据块传送 …… 221
5.1.3 定点数的基本算术运算 …… 222
5.1.4 长字运算和并行运算 …… 224
5.1.5 缓冲区的使用 …… 225
5.2 TMS320C54x C 语言编程 …… 234
5.2.1 C 语言的特征 …… 235
5.2.2 C 语言的数据类型 …… 236
5.2.3 寄存器变量 …… 236
5.2.4 pragma 伪指令 …… 237
5.2.5 asm 语句 …… 237
5.2.6 访问 I/O 空间 …… 238
5.2.7 访问数据空间 …… 238
5.2.8 中断服务函数 …… 239
5.2.9 动态分配内存 …… 240
5.2.10 系统初始化 …… 240
5.2.11 C 语言程序实例 …… 241
5.3 DSP 的 C 语言与汇编语言混合编程 …… 241
5.3.1 程序运行环境 …… 242
5.3.2 独立的 C 和汇编模块接口 …… 246
5.3.3 C 程序访问汇编程序变量 …… 247
5.3.4 C 程序访问汇编程序中定义的常量符号 …… 248
5.3.5 C 程序内嵌汇编语句 …… 249
5.3.6 汇编模块调用 C 函数 …… 250
5.3.7 C 语言的运行支持函数 …… 250
5.3.8 混合编程实例 …… 251
5.4 在片外设应用 …… 253
5.4.1 初始化设置 …… 253
5.4.2 定时器应用编程举例 …… 255

习　　题 …… 259
第6章　硬件接口设计 …… 260
6.1　DSP 系统的组成 …… 260
6.2　电源电路 …… 261
6.3　JTAG 接口 …… 263
6.4　参考时钟和复位电路 …… 266
6.4.1　参考时钟 …… 266
6.4.2　复位电路 …… 268
6.5　存储器接口 …… 268
6.5.1　程序存储器扩展 …… 269
6.5.2　数据存储器扩展 …… 270
6.6　I/O 接口 …… 272
6.6.1　显示接口 …… 272
6.6.2　按键接口 …… 274
6.7　A/ D 和 D/A 接口 …… 276
6.7.1　与 D/A 转换芯片的连接 …… 276
6.7.2　与 A/ D 转换芯片的连接 …… 278
6.7.3　与集成音频 AD/ DA 芯片的连接 …… 279
6.8　混合逻辑电平电路 …… 284
6.9　引导加载 …… 286
习　　题 …… 292
第7章　DSP 集成开发环境 CCS 及使用 …… 293
7.1　C5000 Code Composer Studio 简介 …… 293
7.2　CCS 安装与配置 …… 293
7.2.1　系统配置要求 …… 293
7.2.2　安装 CCS …… 294
7.2.3　安装 CCS 配置程序 …… 294
7.3　CCS 基本使用 …… 295
7.3.1　概　述 …… 295
7.3.2　CCS 的窗口、关联菜单、主菜单和常用工具栏 …… 295
7.3.3　建立工程和源文件编辑 …… 306
7.3.4　构建工程及生成可执行文件 …… 309
7.3.5　调试方法和步骤 …… 310
7.3.6　断点的使用 …… 312
7.3.7　存储器窗口和寄存器窗口的使用 …… 314
7.3.8　探针的使用与数据输入和结果分析 …… 317

7.3.9 程序代码性能测试 …… 323
7.3.10 内存映射定义和使用 …… 325
7.4 Simulator 仿真应用 …… 327
7.4.1 中断的仿真 …… 327
7.4.2 I/ O口的仿真 …… 330
习 题 …… 334
第8章 实验系统 …… 335
8.1 实验系统介绍 …… 335
8.1.1 概 述 …… 335
8.1.2 硬件的组成 …… 336
8.2 实验系统的安装及设置 …… 360
8.2.1 CCS的安装 …… 360
8.2.2 USB驱动程序的安装 …… 361
8.2.3 USB 2.0 XDS510仿真器驱动程序的安装 …… 364
8.2.4 CCS 2 (C5000)的设置(以USB接口仿真器设置为例) …… 365
8.2.5 连接计算机、仿真器和实验箱并上电 …… 370
第9章 应用实例 …… 371
实例一 常用汇编指令使用 …… 371
实例二 数字量I/ O …… 382
实例三 定时器实验 …… 393
实例四 外部中断实验 …… 396
实例五 A/D转换实验 …… 399
实例六 语音处理实验 …… 406
实例七 键盘接口及七段数码管显示 …… 423
实例八 LCD输出显示 …… 433
实例九 有限冲击响应滤波器(FIR)算法实现 …… 441
实例十 DTMF信号的产生和检测 …… 449
实例十一 语音编码/ 解码的实现(G.711编码/解码器) …… 458
第10章 DSP实验 …… 476
10.1 基础实验 …… 476
实验一 D/A转换及数字波形的产生 …… 476
实验二 GPIO扩展实验 …… 477
实验三 二维图形的生成 …… 477
实验四 数字图像处理实验 …… 479
实验五 以太网通信实验 …… 479
10.2 算法实验 …… 480

实验一　语音信号 FFT 分析的实现 …………………………………………… 480
实验二　无限冲击响应滤波算法的实时实现 …………………………………… 480
实验三　卷积(Convolve)算法的实现 ………………………………………… 481
实验四　离散余弦变换(DCT)算法的实现 …………………………………… 482
实验五　相关(Correlation)算法的实现 ……………………………………… 483
实验六　μ_LAW 算法的实现 ……………………………………………………… 484
附录 A　TMS320C54x 指令表 ……………………………………………… 485
附表 B　TMS320C55x 指令表 ……………………………………………… 494
参考文献 ……………………………………………………………………… 515

第1章

数字信号处理及 DSP 器件特性

1.1 数字信号处理

数字信号处理顾名思义就是对数字信号按照预定任务的要求进行相应的处理，以完成预定的任务，即利用计算机或专用处理设备，以数字形式对信号进行采集、变换、滤波、估值、增强、压缩、识别等处理，得到符合需要的信号形式。

1.1.1 模拟信号与数字信号

信号是信号处理系统的对象，而为了实现能处理某类信号的信号处理系统，就必须对信号有清晰的认识，因此信号分析是信号处理系统应用的基础。在设计信号处理系统时，必须先了解要处理的对象——信号。

物理系统输出的信号反映了该系统全部或部分行为特征，因此信号是物理系统的表现形式。

所谓信号的性质，是指信号的物理特征和数学描述特征，信号性质是决定处理系统结构和特性的重要因素。因此，工程中对信号的描述主要是对信号性质的描述。

从数学上看，信号所代表的是有关变量之间的函数关系。对于目前所知物理系统的信号，都可以表示为所观测物理量与时间 t 的函数关系，也可以把信号表示为物理量与频率 f 之间的函数关系。在信号分析中，最基本的自变量就是时间和频率。

信号分析与信号处理系统的基本技术内容，就是对信号和信号处理系统的行为特性进行数学描述，这种描述的根据就是信号和系统的物理基础。对于工程师来说，用数学方法描述工程信号和信号处理系统，是必须具有的基本技术素质之一。

为了便于进行工程分析及信号处理系统的分析设计，工程中根据信号的行为特征对信号进行分类。有了信号的分类，就可以有目的地选择信号处理方法，就能正确地确定所用的信号处理技术或对信号进行正确分析，从而设计出工程技术所要求的信号处理系统。因此，信号分类是确定信号处理方法和技术的基本条件。

1. 确定性信号与随机信号

信号是物理系统行为特性和参数性质的表现，只有对信号的行为特性完全掌握后才能设计出正确的信号处理系统，因此，信号处理系统设计的第一步就是描述信号。

如果能够用确定的数学方式描述一个信号，则可以确切地给出任何时刻的信号值；也就是说，可以准确地指出任何时刻信号的确切数值。这种信号在工程上叫做确定性信号。如果无法给出信号在任意时刻的数值，则这种信号就叫做非确定性信号。

确定性是信号的一个重要性质。确定性信号是指在任意给定时刻，信号值能完全确定的信号。确定性信号的模型可以用一个时间 t 或频率 f 的函数来表示。从信号处理系统设计的角度看，如果信号是确定性的，就意味着设计者已经完全掌握了信号的特征，可以有针对性地设计出符合要求的信号处理系统。

与确定性信号相反，随机信号是一种无法确定任意给定时刻信号值的信号，无法用确切的数学模型描述，只能通过统计方法来表征其一般特点；也就是说，非确定性信号实际上就是一种未知信号。非确定信号的处理是数字信号处理的重要内容之一。

2. 连续时间信号与离散时间信号

根据物理学的基本原理，自然界和工程中的任何物理系统或物理信号，总可以用时间、频率和空间坐标作为自变量，即可以把信号或系统看成是时间、频率或空间坐标的函数。

世间万物总是随时间在变化，如果关心变化的速度，则可以使用频率作为基本坐标；如果还关心信号或系统的空间分布关系，则还可以加入空间坐标对信号或系统进行描述。

在信号处理理论与技术中，由于信号或系统的时间或频率特征是两个基本的特征，可以确定信号的基本性质，所以，总是选择时间和频率作为基本坐标。

(1) 连续信号的基本数学定义与描述方法

在工程实际中总是用物理量 x 与时间 t 或频率 f 之间的函数关系描述信号，并把时间 t 或频率 f 作为自变量，所以，信号可以写成 $x(t)$ 或 $x(f)$。

信号分析中连续信号的定义是：当信号关于自变量连续时，就叫做连续信号。

例如自变量为时间 t，信号 $x(t)$ 是 t 的连续函数，则 $x(t)$ 叫做连续时间信号。连续时间信号的定义，与物理学中对随时间变化物理量的描述方法一致。

连续时间信号的定义和描述方法在工程中具有重要的意义：

① 这种数学定义和描述方法是对信号性质的描述，代表了信号的基本特征，是对信号进行分析和信号处理系统设计的基本出发点。

② 它是对信号源的一种描述，信号的数学定义不仅是信号的数学模型，也表示了形成信号的基本要素。

(2) 离散信号的基本数学定义与描述方法

如果只是在自变量的某些点上信号才有意义,则这种信号就叫做离散信号。

要注意,"某些点上才有意义"是说在两个点之间不存在信号,也就是说信号没有意义。

当自变量为时间 t、信号只是在某些时刻点上才有意义时,这种信号就叫做离散时间信号。离散时间信号一般用序列来表示,即 $x(n)$、$[x_n]$或 x_n 等,其中 n 为整数。

离散时间信号与连续时间信号都代表信号的基本物理特征。

(3) 连续时间信号与离散时间信号之间的转换

如果对连续时间信号 $x(t)$ 在离散的时间点(不同的时刻)进行取样,即可获得离散时间信号$[x_n]$。例如对连续时间信号 $x(t)$ 在 $t_0, t_1, \cdots, t_n$ 时刻进行取样,就可以得到 $x(t_0)$, $x(t_1)$, $\cdots$, $x(t_n)$。这些是信号 $x(t)$ 在 $t_0, t_1, \cdots, t_n$ 时刻的信号幅度值,为了处理方便,习惯上写成 $x[0]$, $x[1]$, $\cdots$, $x[n]$,或$\{x_0, x_1, \cdots, x_n\}$,其中$x_n = x(t_n)$,$n$ 为取样点,x_n是取样点处的信号幅度值。

对连续时间信号进行取样时,取样点之间的时间间隔常用 T_s 表示,称为取样间隔。

当取样间隔相等时叫做均匀取样。对连续时间信号进行均匀取样得到的离散时间信号可以写成

$$x_n = [x_n] = x(nT_s)$$

式中,T_s为常数。

3. 模拟信号与数字信号

把信号分为模拟信号与数字信号,是现代电子技术中的重要概念。模拟信号处理系统与数字信号处理系统具有完全不同的特性。

(1) 模拟信号

在工程实际中,不直接以数值方式给出的物理量就叫做模拟信号。

模拟信号分为连续时间模拟信号和离散时间模拟信号。只有经过量化处理后的信号,才是数字信号。

(2) 数字信号

由于电子技术和计算机技术的飞速发展,数字信号已经成为目前信号处理中的主要处理对象。

数字信号:用数字序列描述的信号,就叫做数字信号。

与模拟信号不同,数字信号虽然仍代表相应的物理量,但已经直接给出了具体的数值。同时,对于数字信号处理系统来说,数字信号只是一组数据,可以通过运算对其进行任何处理,这是目前模拟信号处理系统无法实现的重要功能。

要说明的是,在数字电路中把只有高低两种逻辑电平组成的信号也叫做数字信号。显然,叫做数字信号是要强调这种信号只能由数字电路进行处理,而不是数字信号处理中所说的那种数字信号。因此,数字电路中又把高低逻辑电平组成的信号叫

做数字逻辑信号。

工程中把模拟信号转换为数字信号的基本方法就是采用 A/D 转换电路。

数字信号处理中使用基本信号描述工程信号，基本数字信号包括单位阶跃序列、单位冲击序列、复数指数序列和正弦序列。这些基本数字信号可以用来形成各种工程数字信号，从而使分析得到简化。

1.1.2　数字信号处理系统

数字信号处理系统的核心，就是采用数字计算的方法实现各种工程信号处理系统，例如实现给定的控制系统、滤波器以及信息提取和分析的系统。

为了实现数字信号处理系统，必须完成以下几项工作。

(1) 设计数字信号处理系统的结构

所谓数字信号处理系统的结构，是指能实现所需信号处理功能的系统结构，其中包括硬件结构和软件结构。

① 硬件结构包括 A/D 和 D/A 转换、相应的模拟信号处理电路(例如放大器、滤波器、信号隔离器等)以及实现数字计算的核心系统等。数字信号系统的结构对完成数字信号处理任务有相当重大的影响，是实现相应算法的重要基础。特别是对实时性有要求的数字信号处理系统，硬件结构几乎就是决定系统是否成功的唯一因素。

② 软件结构主要是指软件的算法结构。数字信号处理系统的应用十分广泛。软件结构具有极强的针对性，不仅与系统功能直接有关，还与实施软件的硬件系统直接有关。

(2) 设计实现系统功能的算法

当系统结构确定后，算法设计就有了针对性。算法是实现数字信号处理系统的灵魂，算法由数字信号处理系统的功能来确定。

① 算法设计与软件结构设计并不相同。算法具有的一个重要特点，就是算法的硬件和软件无关性。算法体现的是实现一种特殊功能所要求的数字信号处理系统原理，而与实现方法基本无关。

② 算法如何成为软件，只与系统的硬件结构和软件结构有关，而与算法的原理无关。所以，实现系统功能的算法一般属于理论设计工作，而实现算法的软件系统则属于相应的技术性工作。

(3) 选择系统的实现方法

当数字信号处理系统的结构和算法都确定后，重要的问题就是选择系统的实现方法。选择系统的实现，需要设计者具有比较丰富的硬件和软件知识与设计经验。

1. 数字信号处理硬件系统的基本结构

所谓数字信号处理系统，实际上就是利用计算的方法实现一个应用的系统。要使用计算的方法实现一个系统，就必须借助于具有计算能力的电子系统。从计算的角度看，一个数字信号处理系统可以用通用计算机实现，也可以用专用计算机实现。

因此，DSP硬件技术的核心内容就是如何利用电子技术实现一个数字信号处理系统。

从工程技术的角度看，任何一个应用系统都属于一个对输入信号进行某种计算的系统。而从电子技术的角度看，对信号的计算（也就是处理）的基本电路就是能够实现数字运算和系统管理的CPU。

DSP的基本特征就在于数字信号处理，这是DSP系统硬件技术的基础。

数字信号处理系统的基本结构取决于系统的算法和所采用的计算技术，此外，还与所使用的硬件技术有关。例如采用纯软件的方法实现系统，其实时性就比较差。目前一般常用软件和硬件兼用的方法实现一个工程信号处理系统。例如信号发生器、开关电源、语音处理、图像处理等信号处理系统。

图1-1是一种用于语音处理的DSP系统结构框图。

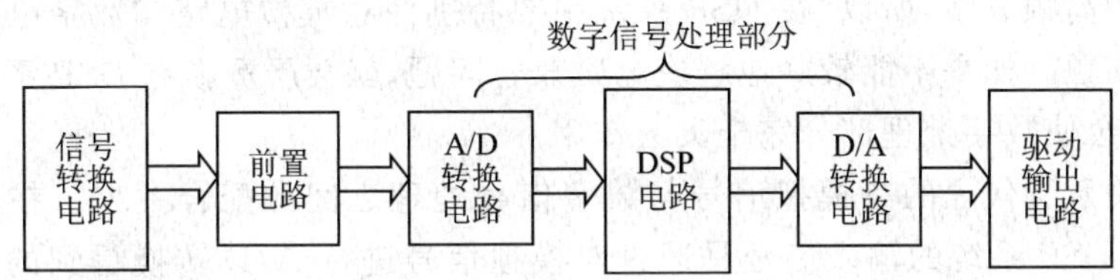

图1-1 一种用于语音处理的DSP系统结构

在图1-1中，信号转换电路把语音形成的机械振动波转换成随时间变化的电压信号。前置电路的作用是对输入信号进行放大和滤波，使电压信号幅度达到A/D转换电路的输入要求，并用滤波器限制进入A/D转换电路信号的频带范围。A/D转换把随时间连续变化的电压信号转换成为一个数字序列，序列中的每一个数据都对应于该转换时刻点时的信号电压值。A/D转换电路输出的数字信号进入DSP电路中进行相应的处理。最后，经过处理的信号再通过D/A转换电路和驱动输出电路（包括滤波器在内）输出到相应的设备上（例如扬声器）。

在图1-1中，完成数字信号处理的部分只有A/D转换电路、数字信号处理电路和D/A转换电路三个部分，其他部分都属于模拟信号处理电路，这就对数字信号处理系统提出了整体适配要求。所谓整体适配，是指系统中各个部分能协调工作，各部分电路的衔接能满足系统整体要求。

在设计一个完整的DSP硬件系统时，应考虑到如下几个关系。

(1) 设计要求与数字信号处理电路之间的关系

设计要求是设计一个数字信号处理系统的基本出发点，所有的设计工作都是围绕设计要求进行的。在工程实际中，DSP应用系统的设计要求可以归纳为实时性要求和基本电气特性两个部分。

实时性要求所代表的是系统基本技术指标。例如语音识别系统中，识别方法往往涉及复杂的数学计算，这会与实时性要求形成矛盾，因此必须注意如何确定具体的实时性要求指标。实时性要求是关系到 DSP 系统能否达到设计要求的关键指标，如果 DSP 系统不能满足设计要求的实时性，就失去了应用价值。

电气特性属于 DSP 系统的硬件技术特性。电气特性包括系统硬件的各种技术指标，例如电源电压、功率消耗、电平要求、分布参数、时钟频率、指令执行速度等。电气特性也是关系到系统实时性的一个重要因素。

(2) 模拟电路与数字电路之间的关系

随着电子技术应用领域的不断扩大，DSP 系统向着混合电路的方向发展，也就是在 DSP 系统中既具有用于数字信号处理的电路，也具有用于模拟信号处理的电路，如图 1-1 所示。模拟电路和数字电路之间的关系包括电磁兼容关系和匹配关系。

由于模拟电路对电压信号十分敏感，而数字电路又是以脉冲方式工作的，必然会引起大量的高频分量，所以，在 DSP 系统中要特别注意模拟电路和数字电路之间的电磁兼容问题。如果不能较好地解决电磁兼容问题，就会严重影响 DSP 系统的正常工作，甚至会使数字处理部分完全失去作用。

匹配关系所代表的是模拟信号与数字信号处理之间的配合关系。在工程实际中，大多数 DSP 系统的输入信号是通过对模拟信号进行 A/D 转换得到的。这就引起模拟信号电路与数字处理电路之间的配合问题。根据信号与信息处理理论，为了保证数字信号处理系统输出的正确性，输入信号必须符合相应的要求。

(3) A/D 和 D/A 转换电路与数字信号处理电路之间的关系

A/D 和 D/A 转换电路与数字信号处理电路之间的匹配主要关系到以下基本参数：字长匹配、数据传输方式和速度。

A/D 和 D/A 转换电路的数据字长必须与 DSP 系统相匹配，否则会增加 DSP 系统额外的负担（需要使用多条指令对数据进行整理）。

另外，A/D 转换电路的数据输出速度能否与 DSP 器件相配合，也是需要考虑的一个问题，特别是使用串行 A/D 转换电路时更是如此。对于 A/D 转换电路，其数据输出端往往是一个寄存器/锁存器，因此需要与 DSP 器件的外部读/写信号相配合。如果速度无法匹配，则系统就无法正常工作。

(4) 模拟电路与数字信号处理要求之间的关系

数字信号处理系统就是用数字计算的方法实现相应的系统，如果系统输入的原始信号是模拟信号，则数字信号处理系统必然与模拟信号的某些特性有关。就是说，模拟信号的特性是确定数字信号处理系统结构（硬件结构和软件结构）的重要参数。

2. 数字信号处理的实现方法

对于一个 DSP 系统，其核心任务是实现对输入信号的数字处理，即使用数字计算的方法实现一个信号处理系统。因此，数字信号处理系统的核心器件必然是具有计算功能的器件。在现代电子技术中，完成数字信号处理有多种方案，可以有微处理器、单片机、DSP 器件和专门用于数字信号处理的 SOC 器件。

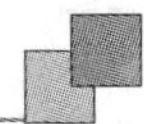

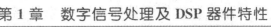

(1) PC 系统

从数字信号处理的角度看，也可以把 PC 看成是一个重要的处理器件。实际上，目前广泛使用的多媒体技术和网络技术就是 PC 作为信号处理应用的最好例子。

PC 系统作为数字信号处理的最大优势就是系统资源丰富，其中包括硬件和软件资源，可以使用各种编程技术和应用软件。例如使用 PC 进行语音处理就相当方便，不需要开发任何硬件系统，只需利用 PC 的多媒体设备、驱动软件，就可进行系统开发。所以，有相当多的应用系统都是以 PC 为基本系统开发完成的。使用 PC 实现 DSP 系统时系统体积大，同时由于系统采用的是微处理器和 PCI 总线，再考虑操作系统引起的延迟，使得系统信号处理速度受到了一定的限制。

(2) 单片机

单片机是一种具有 CPU 和各种不同外部电路的微处理器。从结构上看，单片机与微处理器的重要区别在于，单片机的系统管理资源没有微处理器丰富，但却具有多种用户电路。因此，如果系统不需要复杂的管理，就可以充分利用单片机的电路集成特性，把系统体积压缩到最小。例如，32 位的单片机 68302，虽然存储器和总线管理能力不如微处理器，但由于片内提供了各种通信电路和 6 个 DMA 管理部件，使得系统的数据通信处理能力十分强大。

总的来说，用单片机可以实现各种数字信号处理系统；但如果系统复杂、实时性要求强，则单片机就显得能力不足了。因此，在比较简单的系统中可以使用单片机作为数字信号处理器，而需要进行复杂计算时（例如实现 DVD 解码），就必须使用微处理器或 DSP 器件。

实际上，任何单片机组成的系统，都可以被看作是一个数字信号处理系统，因为系统的功能是由单片机实现的，系统已经成为一个数字信号处理系统。

(3) DSP 器件

从系统管理的角度看，微处理器具有强大的优势；从系统简单、易于开发的角度看，它提供了与用户电路相应的单片机，具有良好的实用性。但如果需要实现复杂的数学计算，或需要进行高速数学处理的数字信号处理系统（例如语音识别、图像实时处理、多媒体处理等），就只能使用 DSP 器件才能实现系统功能。例如目前迅速发展的软件无线电技术、移动通信技术和多媒体技术，就是 DSP 器件数字信号处理特性能力的最好证明。

(4) DSP 的 VLSI（超大规模集成电路）实现

使用 PC、微处理器、单片机和 DSP 器件实现数字信号处理系统的一个共同问题，就是系统的实时性问题。无论是冯·诺依曼（von Neuman）系统结构，还是哈佛结构，都没有脱离串行计算的范围，因此，使用这些技术实现数字信号处理系统时，都会不可避免地遇到对复杂系统的处理速度限制。这主要是因为系统的形成是通过软件对硬件的控制来完成的，而串行系统的软件执行速度无法与并行系统相比拟。

为了克服软件执行的串行缺陷，近年来出现了使用硬件电路实现数字信号处理的技术。所谓使用硬件电路实现数字信号处理系统，就是通过数字逻辑电路直接形成数字信号处理系统，而不是通过使用以 CPU 为核心的器件实现数字信号处理系统。这种技术就是目前正以极高速度发展的 VLSI(Very Large Scale Integration，超大规模集成电路)数字信号处理技术。DSP 的 VLSI 实现，赋予了数字信号处理技术更快的速度和数据处理能力。不过，由于 DSP 系统的复杂性，DSP 的 VLSI 目前还无法实现与 DSP 器件相匹敌的系统。

随着计算机技术和微电子技术的发展，SOC(片上系统)已经成为电子技术应用的重要发展方向，这就带动了采用 VLSI 技术实现 DSP 系统的迅速发展。

1.2 数字信号处理器的基本结构

1.2.1 数字信号处理器的基本结构和特性

为了快速地实现数字信号处理运算，DSP 芯片一般都采用特殊的软硬件结构。下面以 TMS320 系列为例介绍 DSP 芯片的基本结构。

TMS320 系列 DSP 芯片结构的基本特征包括：

① 并行体系结构——哈佛结构。

② 流水线操作。

③ 多处理单元。

④ 专用的硬件乘法-累加器。

⑤ 配备 DSP 系统所需要的外围电路。

1. 并行体系结构——哈佛结构

在计算机、微处理器和单片机中，为了既能实现系统各部分之间的数据传输，又能最大限度地简化硬件电路，普遍采用了总线结构。图 1-2 就是微处理器或单片机系统采用的冯·诺依曼总线结构。总线不仅是计算机系统的重要结构，实际上也是所有数字系统的基本结构。

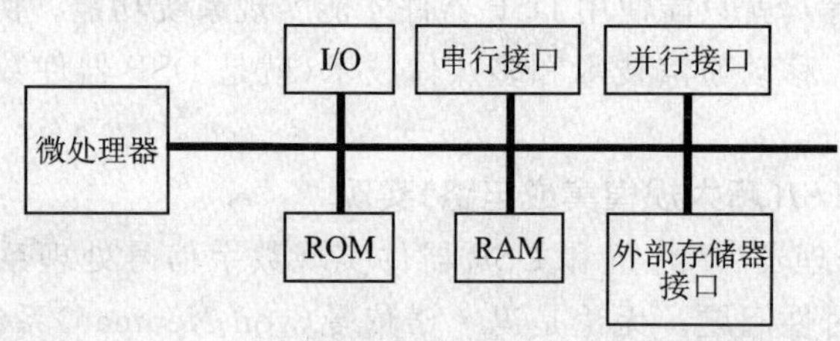

图 1-2 冯·诺依曼总线结构示意图

总线的功能是把计算机系统中的各个部分连接起来，以便实现各部分之间的数据传输(包括各种处理命令)。

总线上数据传输采用了分时的操作方法，在任何时刻，系统中只能有两个电路与总线实现有效连接。也就是说，在任一时刻，总线只能把系统中的两个设备连接在一起，实现这两个设备之间的数据传输，而其他设备不能使用总线。这就是目前所有计算机、微机系统的串行总线结构，也叫做冯·诺依曼结构。

总线的技术参数包括总线宽度（并行传输数据的二进制位数）和数据传输速度。因此，对于一个以微处理器为核心的系统来说，总线结构就是系统结构，总线决定了系统的基本处理特征。

从图 1-2 所示的冯·诺依曼结构可以看出，这种结构中，系统中各部分电路只能处于串行工作方式。这种串行工作方式对计算机或微处理器系统是一种极大的限制。但如果不采用总线方式，则系统会变得十分复杂，甚至会复杂到无法工作的地步。为了提高微处理器的数据处理速度，充分发挥处理器的数据处理能力，就必须提高系统中数据的传输速度，但又不能使系统变得十分复杂。为此，DSP 器件普遍采用了哈佛结构。

哈佛结构与冯·诺依曼结构相类似，系统各部分之间也是采用总线连接。与冯·诺依曼结构不同的是，哈佛结构中采用了几条并行的总线，即根据数据传输的需要，提供了数条并行的总线，从而形成了局部并行的并行体系结构。哈佛结构的总线示意图如图 1-3 所示。

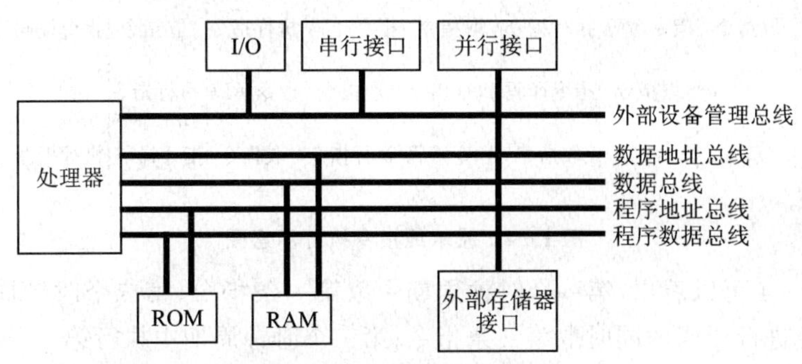

图 1-3　DSP 器件中使用的哈佛结构总线示意图

哈佛结构的主要特点是，把程序和数据存储在物理上相互独立的不同存储空间中，即程序存储器和数据存储器是两个相互独立的存储器电路。哈佛结构为程序存储器和数据存储器各提供一条甚至数条总线，这样就可以实现程序和数据的传输相互独立，取指令操作、指令执行操作、数据吞吐可以并行操作，从而大大地提高数据的吞吐率和指令的执行速度。

为了进一步提高 DSP 器件的运行速度，TMS320 系列 DSP 芯片还在基本哈佛结构的基础上，允许数据存放在程序存储器中，这些存放在程序存储器中的数据可以由算术运算指令直接调用；同时，还提供了存储指令的高速缓冲器（Cache）和相应的指令，这些指令只需要读入一次，即可以连续使用而不需要再次从程序存储器中读出，从而减少了指令执行所需要的时间。

2. 流水线操作

流水线指令执行结构是微处理器器件普遍采用的基本结构，目的是实现快速的指令周期，增强微处理器的处理能力。由于总线结构的不同，采用哈佛结构的 DSP 器件中流水线指令执行结构的硬件电路要比微处理器中的流水线指令执行结构复杂。

流水线指令执行结构实际上是利用了指令执行的特点，即每执行一条指令必须经过取指令、指令译码和执行指令这三个步骤。从硬件电路上看，这三个步骤通过三个串联在一起的电路完成。取指令电路是通过地址寄存器和存储器电路，在一个机器周期内完成取一条指令的操作，并把取出的指令传入到指令译码电路。指令译码电路在一个时钟周期内完成对指令的译码操作，并输出给执行指令的电路。执行指令的电路在一个时钟周期内完成指令的执行。可以看出，这三个步骤是可以串联在一起工作的。如果上述三个步骤在各自操作的过程中相互没有影响，则可以形成一个指令流水线的操作方式。流水线指令的工作方式如图 1－4 所示。

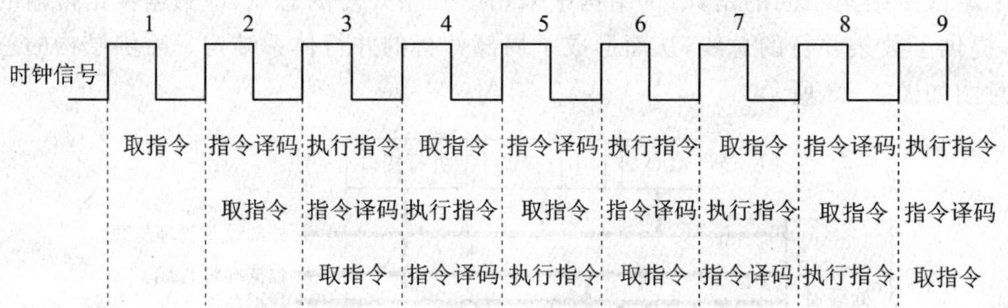

图 1－4 流水线指令执行示意图

从图 1－4 可以看出，第一个时钟周期中取第一条指令；第二个时钟周期中在对第一条指令进行译码的同时取第二条指令；第三个时钟周期中执行第一条指令，同时对第二条指令译码并取出第三条指令。如果不采用流水线指令执行结构，执行一条指令就需要 3 个时钟周期，因此，流水线指令执行结构实际上就相当于在一个时钟周期内完成了一条指令。

值得注意的是，在微处理器中，取指令和执行某些指令的操作可能会与流水线发生冲突。例如，取指令操作需要使用总线，而存储器操作也需要使用总线，因此对于冯·诺依曼结构的单一总线处理器系统来说，取指令和存储器操作指令就不能同时执行。为了避免或减少这种情况的发生，最大限度地利用流水线的并行操作能力，DSP 器件中普遍采用了哈佛结构。

流水线的功能对用户是透明的，就是说用户不必关心流水线的工作过程，上述操作都是自动完成的，不需要用户干预。

3. 多处理单元

DSP内部一般都包括多个处理单元，如算术逻辑运算单元(ALU)、辅助寄存器运算单元(ARAU)、累加器(ACC)以及硬件乘法器(MULT)单元等。利用流水线结构，它们可以在一个指令周期内同时进行运算。

4. 专用的硬件乘法-累加器MAC

在数字信号处理技术中，数字信号处理就是用计算的方法实现一个系统。而要实现数字信号处理系统，只能依靠离散值运算，即利用卷积计算。这就必然会涉及大量的乘法运算。如果系统的算术运算单元只能依靠一个累加器工作，则必然会增加运算时间，这是数字信号处理系统所不希望的。

为了提高DSP器件的数字处理速度，除了在总线上采用哈佛结构外，还必须在处理器中采用比较特殊的算术运算单元才能满足数字信号处理的要求。根据上述分析可知，如果能提供乘法器，使得完成一个乘法指令与完成一个加法指令或数据传送指令所需要的时间相同，则可以极大地提高程序执行速度。为此，在DSP器件中一般都增加了一个或数个硬件乘法-累加器MAC，利用流水线结构，加上执行重复操作，这样就可以在一个指令周期中完成一次乘法和一次累加计算，从而使数字信号处理速度大大提高。乘法-累加器MAC结构如图1-5所示。

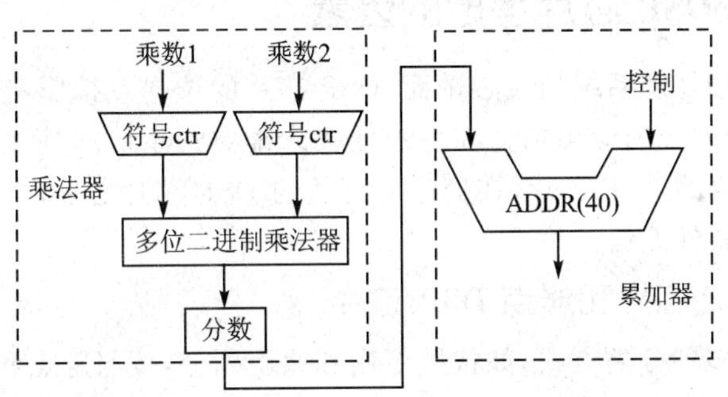

图1-5　乘法-累加器MAC结构示意图

5. DSP系统所需要的外围电路

所谓外围电路，是指既不属于总线，又不属于CPU的功能电路。例如定时器/计数器电路、串行通信接口电路、PLL电路(锁相环电路)、直接存储器访问控制电路(DMA电路)、A/D和D/A转换电路等。

DSP器件中加入外设电路的目的很简单，就是提供DSP器件的系统功能，使系统能在最大程度上实现集成。例如配有相应A/D和D/A转换电路的DSP器件，就可以直接应用于语音处理系统或其他模拟信号处理系统，并且使电路在最大集成的基础上，保证或提高系统的技术性能指标。

由于外围电路的种类很多，每一种外部设备电路都针对某种特殊的应用目标，所以，不同的DSP器件所具有的外设电路也不同。大多数DSP器件中一般都有定时器/计数器电路、串行通信接口电路，而 PLL 电路、DMA 电路、A/D 和 D/A 转换电路等则是根据 DSP 器件的应用领域加以配置的。

还有实现在片仿真符合 IEEE 1149.1 标准的测试仿真接口，使系统设计更易于完成。另外，许多 DSP 芯片都可以工作在省电方式，大大降低了系统功耗。

6. 指令周期短

DSP 广泛采用亚微米 CMOS 制造工艺，如 TMS320C54x，它的运行速度可达 200 MIPS。TMS320C55x，其运行速度可达 400 MIPS。TMS320C6414T 的时钟频率为 1 GHz，运行速度达到 8 000 MIPS。

7. 运算精度高

DSP 的字长有 16 位、24 位、32 位。为防止运算过程中溢出，累加器达到 40 位。此外，一批浮点 DSP，例如 TMS320C3x、TMS320C4x、TMS320C67x、TMS320F283x、ADSP21020 等，则提供了更大的动态范围。

8. 特殊的 DSP 指令

在 DSP 的指令系统中，设计了一些特殊的 DSP 指令。例如 TMS320C54x 中的 FIRS 和 LMS 指令，则专门用于系数对称的 FIR 滤波器和 LMS 算法。

1.2.2 选择 DSP 芯片考虑的因素

作为数字信号处理系统的核心单元，DSP 芯片的选择直接影响系统主要功能的实现，通常应根据系统的应用场合和系统任务来确定。系统的其他电路及软件编程都要取决于所选定的 DSP 芯片，在选定了合适的 DSP 芯片之后，再根据该芯片确定外围电路设计和软件编程。

1. 定点 DSP 芯片和浮点 DSP 芯片

DSP 芯片有多种分类方式，如按照专用和通用划分，按照定点和浮点划分等。

DSP 对数据的处理格式分为定点数据格式和浮点数据格式。DSP 芯片按照数据格式分为两种：定点 DSP 芯片和浮点 DSP 芯片。在定点 DSP 芯片中，数据以定点格式参与运算；在浮点 DSP 芯片中，数据以浮点格式参与运算。大多数 DSP 生产厂都生产定点 DSP 芯片和浮点 DSP 芯片。

定点 DSP 芯片如 TI 公司的 TMS320C1x 系列、TMS320C2x 系列、TMS320C5x 系列、TMS320C54x 系列、TMS320C55x 系列、TMS320C62x 系列；AD 公司的 ADSP21x 系列；MOTOLORA 公司的 MC56000 等。

定点 DSP 芯片按照字长大小分为 16 位、24 位、32 位等。

浮点 DSP 芯片如 TI 公司的 TMS320C3x 系列、TMS320C4x 系列、TMS320C8x 系列；AD 公司的 ADSP21x 系列；Motorola 公司的 MC96002；AT&T 公司的 DSP32 等。

定点 DSP 芯片是不能直接进行小数运算的，需要先给数值定标，且这个小数点不可移动。因此,定点DSP完成小数运算时,编程稍微复杂一点,速度不如浮点DSP芯片。

浮点DSP芯片数据的动态范围比定点DSP芯片大,适用于任务要求精度较高、运算速度更快的场合。而定点DSP芯片的成本较低,适用于大多数一般应用场合。

应根据任务的运算精度和运算速度要求,确定使用定点DSP芯片还是浮点DSP芯片。

2. 选择DSP芯片考虑的一般因素

在进行DSP系统设计时,应根据任务的需求特点,选择DSP芯片,构成DSP系统,完成预定任务。一般考虑以下一些因素:

① DSP芯片运算速度。DSP芯片是数字信号处理系统的核心单元,其运算速度影响系统的功能实现,决定了系统能否实时实现的问题。一般衡量DSP芯片运算速度有以下几个指标。

指令周期:执行一条指令所需要的时间,通常以ns(纳秒)为单位。

MAC时间:完成一次乘法-累加运算所需要的时间。

FFT执行时间:运行一个N点FFT程序所需要的时间。

MIPS:每秒执行百万条指令。

MOPS:每秒执行百万次操作。

MFLOPS:每秒执行百万次浮点操作。

BOPS:每秒执行十亿次操作。

② 运算精度(字长)。通常浮点DSP芯片运算精度高于定点DSP芯片,但价格差异比较大,在满足精度要求的情况下,更愿选用定点DSP芯片。定点DSP芯片一般运算精度为16位,少数为24位。浮点DSP芯片运算精度一般在32位以上。

③ 硬件资源。不同厂家、不同系列DSP芯片内部的硬件资源不同,如片内存储器大小、总线接口、I/O接口等不同。

④ 功耗。根据系统的应用场合和目的,功耗是一个必须考虑的因素。

⑤ 价格。要考虑系统的批量化,高性价比的产品才有更好的市场。

⑥ 其他因素:开发工具支持、封装形式、供货情况、生命周期。

1.3 数字信号处理器的发展和应用

1.3.1 DSP芯片的发展

DSP芯片诞生于20世纪70年代末,以1978年AMI公司生产出第一片DSP芯片S2811和1979年美国Intel公司推出商用可编程器件DSP芯片Intel 2920为标志。之后1980年,日本NEC公司推出μPD7720——第一片具有乘法器的商用DSP

芯片，之后，很多厂商相继推出自己的产品。1982年，TI公司成功推出其第一代DSP芯片TMS32010及其系列产品TMS32011、TMS320C10/C14 /C15/C16/C17，以成本低、功能强的优势得到广泛应用。进入20世纪90年代以后，DSP芯片的运算速度提高很快，集成度越来越高，应用范围越来越广，在语音、通信、图像处理以及消费电子产品等领域应用广泛。目前，比较流行的DSP芯片有TI公司的TMS320系列、Freescale公司的DSP56000和DSP96000系列、AT&T公司的DSP16系列和DSP32系列、ADI公司的ADSP2100系列、NEC公司的μDP77。

TI公司产品发展迅速，相继推出C2000系列、C5000系列、C6000系列等主流产品。

① C2000系列：外设资源丰富，具有A/D、定时器、同步和异步串口、WatchDog、CAN总线/PWM发生器、数字I/O引脚等，是控制类应用比较好的DSP芯片。

② C5000系列：处理速度在80～400 MIPS之间，具有McBSP同步串口、HPI并行接口、定时器、DMA等外设，是定点、低功耗设计，适合便携式无线通信等应用。

③ C6000系列：是TI公司高性能系列，C62x、C64x、C67x是32位浮点系列，有EMIF扩展存储器接口，适合宽带网络和数字影像应用。

④ TMS320C5000DSP内核＋ARM内核：DSP数字处理、控制和接口能力结合在一起，适合移动数据交换、多媒体家电、复杂工业控制。

DSP芯片的发展现状和趋势：DSP芯片一直沿着速度快、集成度高、便于应用的方向发展。

- 制造工艺水平提高：普遍采用0.25 μm或0.18 μm等亚微米以下的CMOS工艺。需要设计的外围电路越来越少，成本、体积和功耗不断下降。
- 存储器容量增加：芯片的片内程序和数据存储器可达到几十K字，而片外程序存储器和数据存储器可达到16M×48 bit和4G×40 bit以上。
- 内部结构完善：芯片内部均采用多总线、多处理单元和多级流水线结构，加上完善的接口功能，使DSP的系统功能、数据处理能力和与外部设备的通信功能都有了很大的提高。
- 运算速度更快：指令周期从400 ns缩短到10 ns以下，其相应的运算速度从2.5 MIPS提高到2 000 MIPS以上。如TMS320C6201执行一次1 024点复数FFT运算的时间只有66 μs。
- 集成化程度提高：集滤波、A/D、D/A、ROM、RAM和DSP内核于一体的模拟混合式DSP芯片已有较大的发展和应用。
- 运算精度和动态范围：DSP的字长从8位已增加到64位，累加器的长度也增加到40位，从而提高了运算精度。采用超长指令字（VLIW）结构和高性能的浮点运算，扩大了数据处理的动态范围。
- 开发工具完善：具有较完善的软件和硬件开发工具，给开发应用带来了很大方便。CCS是TI公司针对本公司的DSP产品开发的集成开发环境。它集

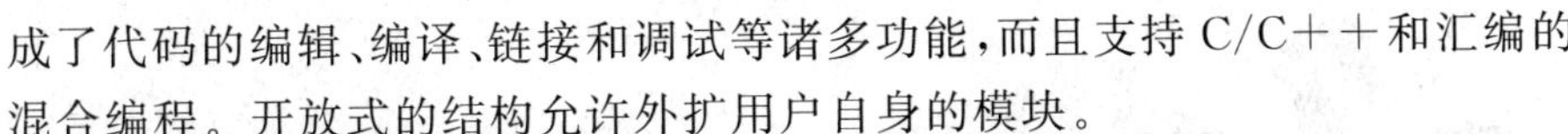

成了代码的编辑、编译、链接和调试等诸多功能，而且支持 C/C++和汇编的混合编程。开放式的结构允许外扩用户自身的模块。

- 内核结构进一步改善：注重 DSP 和微控制器的融合、DSP 和 FPGA 的融合，以及实时操作系统 RTOS 与 DSP 的融合。
- 功耗越来越低。

1.3.2 DSP 芯片的应用领域

自 1978 年 DSP 芯片诞生以来，经过不断发展完善，应用领域越来越广，主要有以下几个方面。

- 信号处理：数字滤波、谱分析、波形产生、医疗监护和诊断等。
- 语音：编码、合成、识别等。
- 通信：调制解调、均衡、加密、压缩、多路复用等。
- 图像：图像处理、图像识别、导航等。
- 自动控制：机器人控制。
- 军用：通信设备、雷达、声呐等。
- 民用：数字音响、数字电视、游戏等。

习　题

1.1 工程中是如何对信号进行分类的？

1.2 什么叫做模拟信号？

1.3 什么叫做连续时间信号？什么叫做离散时间信号？

1.4 离散时间信号是不是模拟信号？

1.5 什么样的信号叫做数字信号？如何表示数字信号？

1.6 在现代电子技术中，完成数字信号处理有哪些方案，这些方案各自的特点是什么？

1.7 DSP 芯片结构的基本特征有哪些？

1.8 进行 DSP 系统设计时应考虑哪些因素？

第 2 章

TMS320C54x 概述

DSP 属于专用微处理器，是为满足数字信号处理所要求的特定运算所设计的微处理器。因此，DSP 器件与微处理器相比，具有比较特殊的运算器结构和内部总线结构。从应用的角度看，DSP 器件与微处理器和单片机具有完全相同的外部硬件条件。

由此可知，从总体上看，DSP 器件的应用设计技术与微处理器和单片机的应用设计技术完全相同。从具体开发技术上看，由于 DSP 器件采用了与微处理器和单片机不同的内部总线和运算功能电路，且 DSP 处理所需要的算法比较复杂，因此，DSP 器件的寻址方式和指令系统要比一般的 8 位单片机复杂。

① 微处理器以主流微机作为常用系统，具有比较优越的开发环境。

② 8 位单片机的应用系统比较简单。

DSP 器件的结构和片内资源对于 DSP 系统设计来说有着举足轻重的作用，所以了解 DSP 器件的结构和片内资源是设计 DSP 应用系统的基础。

2.1 TMS320C54x 的结构

尽管不同厂家针对不同用途设计的 DSP 器件各不相同(主要目的是达到最好的性能价格比)，但都具有哈佛结构和硬件乘法电路等基本特征。所以，了解和掌握了一种 DSP 器件，就基本上可以很快地学会其他不同 DSP 器件的应用方法。本节比较详细地介绍了 TMS320C54x(简称 C54x)器件，以作为学习其他 DSP 器件的基础。

注意，对同一系列的 DSP 器件，各型号器件所采用的 CPU 是基本相同的。C54x 系列中各型号器件采用了相同的 CPU。

C54x 是 C5000 系列的一个子系列，C54x 系列器件在内部 CPU 结构上完全相同，只是在时钟频率、工作电压、片内存储器容量大小、外围设备和接口电路的设计上，不同器件间会有所不同。表 2-1 为 C54x 系列器件的技术特征。

表 2-1 C54x 系列器件的技术特征

型号 特性	C5402	C5409	C5416	C5420	C5441
执行速度/MIPS	100	100	160	200	532
RAM(片内随机访问存储器)容量/字	16K	32K	128K	200K	640K
ROM(片内只读存储器)容量/字	4K	16K	17K	—	8K
McBSP/个	2	3	3	6	6
HPI(高速外设接口)位数/bit	8	8/16	8/16	16	8/16
DMA(存储器直接访问控制器)通道数/个	6	6	6	12	24
Timer(定时器)/个	2	1	1	2	4
Volt(电源电压)/V	3.3/1.8	3.3/1.8	3.3/1.5	3.3/1.8	3.3/1.5
Power(消耗功率)/mW	60	72	90	226	550

DSP 器件主要由 CPU 电路单元、存储器系统、在片外设和专用电路组成。TMS320C54x 包含的电路单元有以下几种。

(1) CPU 电路单元

① 多总线结构，具有 1 组程序存储器总线、2 组数据存储器读总线和 1 组存储器写总线。

② 40 位算术逻辑单元(ALU)，包括 40 位的桶形移位寄存器和 2 个独立的40 位的累加器。

③ 17 位×17 位的并行乘法器与一个 40 位的专用加法器结合，用于单周期乘/累加操作。

④ 比较、选择和存储单元(CSSU)，用于 Viterbi（一种通信的编码方式）操作。

⑤ 指数编码器用于计算 40 位累加器中的指数值。

⑥ 2 个地址生成器，包括 8 个辅助寄存器和 2 个辅助寄存器算术单元。

(2) 存储器

① 16 位地址 192K 字的可寻址空间：64K 字程序空间，64K 字数据空向和 64K 字的 I/O 空间。

② 片内的存储器构成及容量根据型号不同有所不同(见表 2-1)。

(3) 在片外设和专用电路

① 软件可编程等待状态发生器便于与外部慢速器件连接；

② 可编程的存储器体转换逻辑；

③ 片内的锁相环(PLL)时钟发生器，可采用内部振荡器或外部时钟源；

④ 外部总线关断控制电路，用来断开外部总线；

⑤ 数据总线具有数据保持特性；

⑥ 可编程定时器；

⑦ 直接存储器访问控制器(DMA);

⑧ 8 位并行主机接口(HPI),有些产品还包括:扩展的 8 位并行主机接口(HPI8)和 16 位并行主机接口(HPI16);

⑨ 串行接口:全双工的标准串口,支持 8 位和 16 位数据传送、时分多路(TDM)串口、缓冲串口(BSP)以及多通道缓冲串口(McBSP)。

(4) 片内的引导功能

具有片内引导功能,能从片外的存储器将程序引导装入指定的存储器位置(TMS320C5420 除外)。

2.2 TMS320C54x 的总线

CPU 单元与器件中其他电路单元的连接关系采用何种结构,对系统的工作效率有着很大的影响。这种连接关系通常分为串行工作总线结构和并行工作总线结构。数字信号处理器件的基本特点是采用了哈佛总线结构,因此,DSP 器件的 CPU 与单片机和微处理器的 CPU 在结构上有较大的不同。TMS320C54x 片内总线采用并行工作总线的哈佛结构。TMS320C54x 片内基本结构如图 2-1 所示。图 2-1 的上半部分是哈佛总线结构,下半部分是 CPU 核心。

图 2-1 中连接线处所标大写字母的含义如下:

A ——累加器 A 输出信号;

B ——累加器 B 输出信号;

C ——CB 数据总线信号;

D ——DB 数据总线信号;

M ——乘加单元(MAC)输出信号;

P ——PB 程序总线信号;

S ——桶形移位器输出信号;

T ——T 寄存器输出信号;

U ——算术逻辑单元 ALU 输出信号;

MUX ——数据选择开关。

从图 2-1 可以看到,TMS320C54x 片内有一组程序总线、两组数据读总线、一组数据写总线,形成了支持高速指令执行的硬件基础。

程序总线(PB):16 位,传送取自程序存储器的指令代码和立即操作数。

数据总线(CB、DB 和 EB):16 位,CB 和 DB 传送读自数据存储器的操作数;CB 用于双数据读、长数据(32 位)读高 16 位,DB 用于单数据读、双数据读、长数据(32 位)读低 16 位、外设读;EB 用于传送写到存储器的数据。

地址总线(PAB、CAB、DAB 和 EAB):16 位,用于传送执行指令所需的地址。

TSM320C54x 还有一条在片双向总线,用于寻址片内外围电路。这条总线通过

CPU 接口中的总线交换器连到 DB 和 EB。

TSM320C54x 的外部接口包括 1 组数据总线、1 组地址总线以及 1 组用于访问片外存储器、I/O 端口的控制信号。

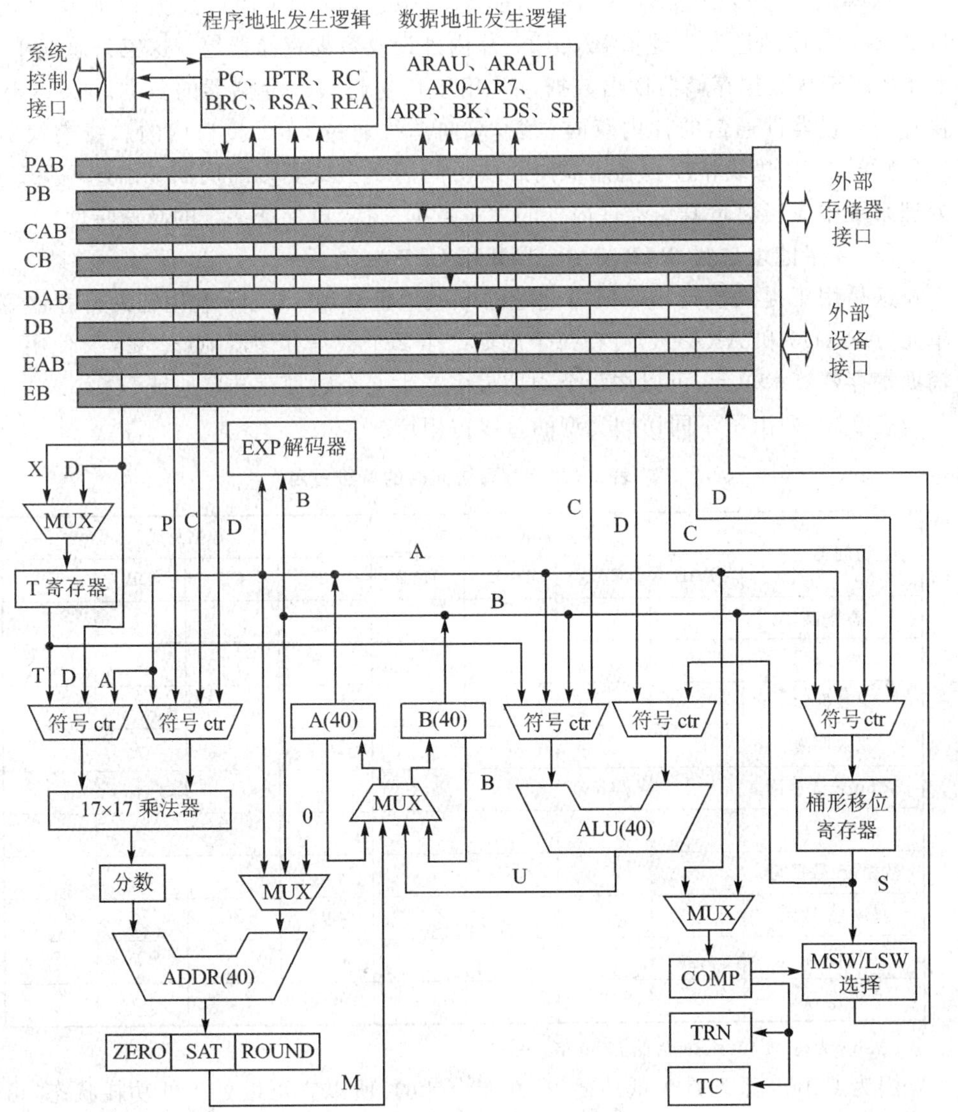

图 2-1 TMS320C54x 结构框图

8 条总线的功能如下。

(1) 程序总线 PB

PB 的功能是传送由程序存储器取出的指令操作码和立即数。PB 总线可将程序空间的操作数据(如共享表格)送至数据空间的目的地址处以执行数据移动指令。这一特性与一个机器周期可实现寻址两次的存储器——双端口 RAM(Dual Access RAM,DARAM)相结合,支持像 FIRS 等单周期、3 操作数指令的执行。

(2) 3 条数据总线:CB、DB 和 EB

这些数据总线分别与不同的功能单元相连,例如 CPU、数据地址发生逻辑 DAGEN、程序地址发生逻辑 PAGEN、片内外设及数据存储器等。这三条总线中 CB 和 DB 用于从数据存储器读出数据,EB 用于传送将写入存储器的数据。C54x 还有供片内外设器件通信的片内双向总线,双向总线通过 CPU 接口内的总线交换器与 DB 总线和 EB 总线相连。利用双向总线访问需 2 个或更多的周期。由此可见,DSP 处理系统中应当尽量避免器件内外的大量数据交换,以保证系统的高速特性。

(3) 4 条地址总线:PAB、CAB、DAB 和 EAB

这是用于提供执行指令所需地址的 4 条地址总线。C54x 利用辅助寄存器算术单元(ARAU0 和 ARAU1)可在每个周期产生 2 个数据存储器地址。C54x 使用 2 个辅助寄存器算术单元,可以在每个周期最多产生 2 个数据存储器地址。

表 2-2 列出了不同访问类型的总线占用情况。

表 2-2 读/写访问时的总线占用

访问类型	地址总线				数据总线			
	PAB	CAB	DAB	EAB	PB	CB	DB	EB
程序读	√				√			
程序写	√							√
单数据读			√				√	
双数据读		√	√			√	√	
32 bit 长数据读		√(hw)	√(lw)			√(hw)	√(lw)	
单数据写				√				√
数据读/数据写			√	√			√	√
双读/系数读	√	√	√		√	√	√	
外设读			√				√	
外设写				√				√

注:hw 为高 16 bit 字,lw 为低 16 bit 字。

因为 C5000 系列是为低功耗、高性能设计的,所以它可以处于低功耗状态,可以在 3.3 V 或 2.7 V 电压下工作,三个低功耗方式(IDLE1、IDLE2 和 IDLE3)可以节省 DSP 的功耗。TMS320C54x 特别适合于无线移动设备。用 TMS320C54x 实现 IS54/136 VSELP 语音编码仅需 31.1 mW,实现 GSM 语音编码器仅需 5.6 mW。

另外,C54x 提供了许多片内外设,除了标准的串行口和时分复用(TDM)串行口外,TMS320C54x 还提供了自动缓冲串行口 BSP(auto-Buffered Serial Port)和与外部处理器通信的 HPI(Host Port Interface)接口。BSP 可提供 2K 字数据缓冲的读/

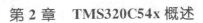

写能力，从而降低处理器的额外开销。当指令周期为 20 ns 时，BSP 的最大数据吞吐量为 50 Mbit/s，即使在 IDLE 方式下，BSP 也可以全速工作。HPI 可以与外部标准的微处理器直接接口。

表 2-3 是 TMS320C54x 系列部分 DSP 器件比较。

表 2-3　TMS320C54x 系列部分 DSP 器件比较

TMS320C54x 系列	指令周期/ns	工作电压/V	片内 RAM 容量/字	片内 ROM 容量/字	串行口
C541	20/25	5/3.3/3.0	5K	28K	2 个标准口
C542	20/25	5/3.3/3.0	10K	2K	1 个 TDM 口
C543	20/25	3.3/3.0	10K	2K	1 个 TDM 口
C545	20/25	3.3/3.0	6K	48K	1 个标准口
C546	20/25	3.3/3.0	6K	48K	1 个标准口
C548	15/20/25	3.3/3.0	32K	2K	1 个 TDM 口
LC/VC549	10/12.5/15	3.3/2.5	32K	16K	1 个 TDM 口
VC5402	10	3.3/1.8	16K	4K	1 个 TDM 口

2.3　TMS320C54x 存储器的结构和 I/O 寻址

这一节涉及存储器寻址空间、存储器容量、存储器规划设置和输入/输出(I/O)寻址的内容。

2.3.1　TMS320C54x 的寻址空间

TMS320C54x 共有 192K 字的寻址空间，由于地址总线间相互独立，所以这 192K 字的存储空间划分为三个独立寻址的空间：

① 64K 字(16 位)的程序存储器寻址空间。

② 64K 字(16 位)的数据存储器寻址空间。

③ 64K 字(16 位)的输入/输出(I/O)寻址空间。

在某些 C54x 器件中，通过覆盖和内存分页的方法对存储器结构进行了改进，可提供更多的存储器空间。

为了提高器件的数据处理能力，C54x 器件提供了片内存储器。使用片内存储器有以下几个优点：

① 因为不需要等待周期，故性能更高。

② 比外部存储器费用低。

③ 比外部存储器功耗小。

根据芯片版本的不同，TMS320C54x 有三种片内存储器：DARAM、SARAM、ROM。

DARAM 存储器由若干个 DARAM 块组成,DARAM 类型存储器可在每个机器周期内被访问两次,即一个机器周期内 CPU 对一个 DARAM 块进行两次读或写操作。

SARAM 存储器由若干个 SARAM 块组成。SARAM 类型的存储器在每个机器周期内只可被访问一次,即一个机器周期内 CPU 对一个 SARAM 块只能进行一次读或写操作。

ROM 存储器通常作为程序存储空间的一部分。有些型号的 ROM 比较多,其中的一部分划分为程序/数据空间,这部分存储器可以规划到程序存储空间使用,也可以规划到数据存储空间使用;有些型号的 ROM 比较少,只在程序空间寻址。

片内存储器容量依器件型号的不同而不同,如表 2-4 所列。

表 2-4 部分型号的片内存储器容量

存储器类型 / 容量	C541	C542	C546	C548	C549	C5402	C5410
ROM 容量/字	28K	2K	48K	2K	16K	4K	16K
程序 ROM 容量/字	20K	2K	32K	2K	16K	4K	16K
程序/数据 ROM 容量/字	8K	0	16K	0	16K	4K	0
DARAM 容量/字	5K	10K	6K	8K	8K	16K	8K
SARAM 容量/字	0	0	0	24K	24K	0K	56K

2.3.2 TMS320C54x 的存储器配置

C54x 的寻址空间由三个相互独立的可选择的空间组成:程序存储器、数据存储器及输入/输出(I/O)空间。程序存储器空间用来存放程序(要执行的指令),数据存储器空间用来保存执行指令所使用的数据(需要处理的数据或数据处理的中间结果);I/O 寻址空间则提供了与外部器件映射的接口,并能够作为外部数据存储空间。程序存储空间和数据存储空间都能够驻留在片上或片外。因此,C54x 的存储器结构具有相当大的灵活性。

在进行 DSP 应用系统设计时,片内的各种存储器要根据具体情况进行规划安排,也即进行存储器映射设置或对存储器的配置进行操作。片内存储器在进行存储器映射设置时,DARAM 存储器和 SARAM 存储器一般安排作为数据存储空间使用,也可以根据需要安排作为程序存储空间使用。ROM 通常安排作为程序存储空间使用,也可以根据需要把程序/数据这部分 ROM 安排到数据存储空间使用。

片内存储器可以规划设置为程序存储空间使用或者数据存储空间使用。通常程序存储空间存放程序代码和系数,数据存储空间存放变量并用于数据缓存区。

片内存储器设置为程序存储空间还是数据存储空间由 CPU 寄存器(PMST)的三个状态位(MP/$\overline{\text{MC}}$、OVLY、DROM)决定,PMST 是处理器工作方式和状态寄存器，其三个状态位设置效果如下：

MP/$\overline{MC}$：

MP/$\overline{MC}$=0，片内 ROM 安排到程序存储空间；

MP/$\overline{MC}$=1，片内 ROM 不安排到程序存储空间。

OVLY：

OVLY=1，片内 RAM 安排到程序/数据存储空间；

OVLY=0，片内 RAM 只安排到数据存储空间。

DROM：

DROM=1，部分片内 ROM 安排到数据存储空间；

DROM=0，片内 ROM 不安排到数据存储空间。

图 2-2 显示了 C541 器件的存储器空间设置与 MP/$\overline{MC}$、OVLY、DROM 的关系。

注意：当片上 RAM 安排在程序空间时，所有的对 xx0000～xx7FFF 区域的访问都将映射到片上 RAM 000000～007FFF 区中。

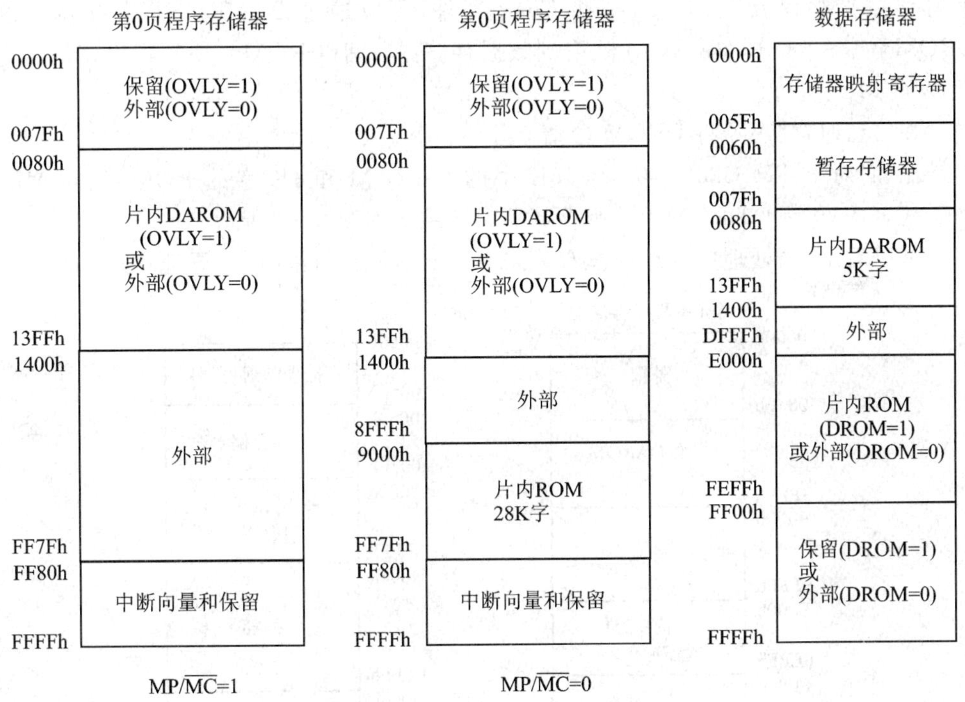

图 2-2　C541 器件程序存储空间和数据存储空间与 MP/$\overline{MC}$、OVLY 及 DROM 位的关系

1. 数据存储器的配置

C54x 的数据存储器最多包含 64K 字。大多数 C54x 器件具有片内 ROM，能够通过软件设置（DROM＝1）映射到除了双存取和单存取 RAM（DARAM 和 SARAM）之外的数据空间。表 2-5 给出了一些 C54x 器件的片上数据存储器容量。

表 2-5 TMS320C54x 器件上的片数据存储器

器件型号	程序/数据 ROM 容量/字	DARAM 容量/字	SARAM 容量/字
C541	8K	5K	—
C542	—	10K	—
C543	—	10K	—
C545	16K	6K	—
C546	16K	6K	—
C548	—	8K	24K
C549	16K	8K	24K
C5402	4K	16K	—
C5410	16K	8K	56K
C5420	—	32K	168K

片内可以使用的数据存储器可以包括片内 RAM 和一部分 ROM：片内 RAM 被映射到数据存储器空间。对某些 C54x 器件，可以通过设置 PMST 寄存器中的 DROM 位将一部分片内 ROM 映射到数据存储器空间（DROM＝1）和程序存储器空间（MP/$\overline{\text{MC}}$＝0）。

在复位时，处理器将 DROM 位清 0。

比如，对于 TMS320C5402 有 16K 字的 DARAM 和 4K 字的 ROM，如果 MP/$\overline{\text{MC}}$＝0，OVLY＝1，DROM＝1，则存储器设置结果如图 2-3 所示。

可以看出，当处理器寻址到没有片内存储器的地址范围时，将寻址片外存储器。

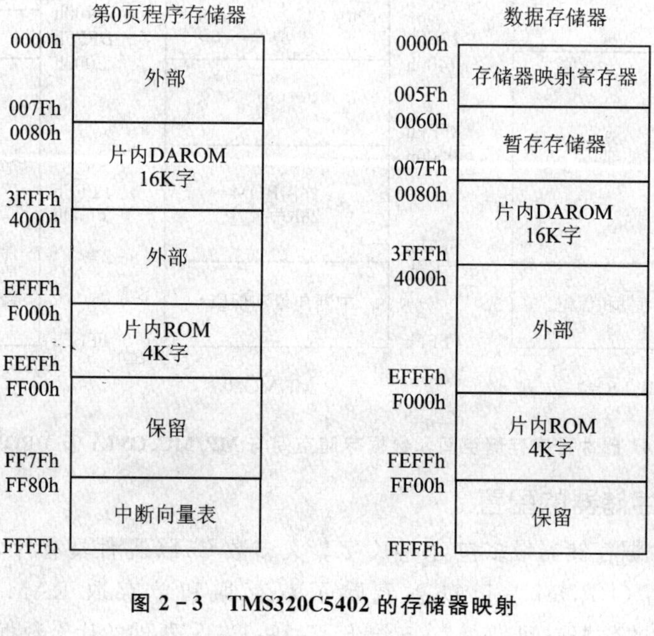

图 2-3 TMS320C5402 的存储器映射

2. 程序存储器的配置

C54x 器件的片上 ROM、双端存取 RAM(DARAM)和能够通过软件映射到程序存储器空间的单存取 RAM(SARAM),都可以映射到程序存储空间。

所谓映射到程序存储空间,就是指把这些存储器映射到程序存储器地址空间后,有关这些存储单元的访问将通过程序总线完成。所以,存储器映射技术实际上直接关系到数据处理的速度。

在计算机系统中,程序存储器中的内容是在程序计数器的控制下,自动读入 CPU 并进行相应的译码和执行。就是说,一旦存储器被映射到程序存储空间,就意味着这些存储器连接到了程序总线上,其中的内容被当作程序,器件将自动存取这些单元的内容。例如,当 SARAM 单元映射到程序存储器空间时,CPU 会利用程序地址发生单元 PAGEN 提供的地址,自动存取这些单元的内容。

当 CPU 中的程序地址发生单元 PAGEN 产生了位于片上程序存储器范围之外的地址时,器件自动产生一个外部存取操作。表 2-6 中给出了各种 C54x 器件均可用的片上程序存储器。

表 2-6 C54x 器件均可用的片上程序存储器

器件型号	ROM 容量/字	DARAM 容量/字	SARAM 容量/字
C541	28K	5K	—
C542	2K	10K	—
C543	2K	10K	—
C545	48K	6K	—
C546	48K	6K	—
C548	2K	8K	24K
C549	16K	8K	24K
C5402	4K	16K	—
C5410	16K	8K	56K
C5420	—	32K	168K

前面已经介绍过,PMST 寄存器中的 MP/$\overline{MC}$、OVLY 和 DROM 的状态,决定了哪些片上存储器位于程序存储器空间内。也就是说,可以通过设置 PMST 寄存器中 MP/$\overline{MC}$、OVLY 和 DROM 的状态,来设置片上存储器的映射地址。

在复位时,MP/$\overline{MC}$引脚上的逻辑电平被传送到 PMST 寄存器的 MP/$\overline{MC}$位。MP/$\overline{MC}$位决定了是否允许片上 ROM。如果 MP/$\overline{MC}$=1,则器件配置为微处理器模式,不允许使用片上 ROM;如果 MP/$\overline{MC}$=0,则器件配置为微计算机,允许使用片上 ROM。当允许使用片上 ROM 时,复位后将执行 ROM 中的程序对器件进行引导操作。

尽管 MP/$\overline{MC}$引脚只在复位时取样，但仍然可以通过软件设置或清除 PMST 寄存器中的 MP/$\overline{MC}$位来禁止或允许片上 ROM。

3. 扩展程序存储器（适用于 C548 /549 /5402 /5410 /5420）

C54x 系统可以扩展片外程序存储器，处理器对扩展的片外程序存储器的寻址，采用分页寻址方式，寻址页号由程序计数器扩展寄存器（XPC）确定。

如 C548/549/5402/5410/5420 在程序空间使用了分页的扩展存储器技术，能允许访问多达 8 192K 字的程序存储器空间。要实现这种方案，C548/549/5402/5410/5420 包括以下几项其他特性：

① 外部地址总线有 23 个地址位，而不是 16 个地址位（在 C5402 中有 20 个地址位，在 C5420 中有 18 个地址位）。

② 额外的存储器映射寄存器，程序计数器扩展寄存器（XPC）。

③ 6 条额外的指令用于寻址扩展程序存储器空间。

在 C548/549 中的程序存储器分成 128 页（在 C5402 中有 16 页，在 C5420 中有 4 页），每页的长度为 64K 字。

在分页 C54x 器件的 CPU 中，专门设置了 XPC 寄存器，这个寄存器的值定义了所选择的页。程序计数器扩展寄存器 XPC 包含着当前程序存储器地址的高 7 位。XPC 寄存器被映射到数据空间的地址 001Eh 上。硬件复位时，XPC＝0。

为了便于使用软件进行页的切换，C548/549/5402/5410/5420 中设置了 6 条影响 XPC 的专用指令：

① FB[D]——长跳转指令。

② FBACC[D]——长跳转到累加器 A 或累加器 B 中的值所指定的位置指令。

③ FCALA[D]——长调用累加器 A 或累加器 B 中的值所指定的位置指令。

④ FCALL[D]——长调用指令。

⑤ FRET[D]——长返回指令。

⑥ FRETE[D]——带中断使能的长返回指令。

此外，以下两条 C54x 中的指令在 C548/549/5402/5410/5420 中被扩充为 23 bit（在 C5402 中为 20 bit，在 C5420 中为 18 bit）：

① READA——读由累加器 A 所寻址的程序存储器并存入数据存储器。

② WRITA——向累加器 A 所寻址的程序存储器写数据。

所有其他指令不能修改 XPC 寄存器，只能访问当前页存储器。

如果允许使用片内 ROM（MP/$\overline{MC}$＝0），则其被限制在第 0 页，不能映射到程序存储器的其他任何页。

片内 RAM 是否安排到程序空间，会影响处理器对片外程序存储器的寻址。

以 TMS320C5402 为例，其外部地址总线为 20 位，地址高 4 位为页号（XPC），也就是共 16 页；地址低 16 位是每页寻址空间 64K 字。第 0 页是对片内程序存储器寻址，1～15 页是对片外程序存储器寻址。当片内 ROM 安排到程序空间（$MP/\overline{MC}$=0）时，是将 ROM 映射到程序空间的第 0 页，不映射到其他页。

例如，当设置 OVLY=0，也就是片内 RAM 只安排到数据空间而不安排到程序空间时，片外程序存储器每页地址是完整的，每页 64K 字地址都可以寻址，如图 2-4 所示。

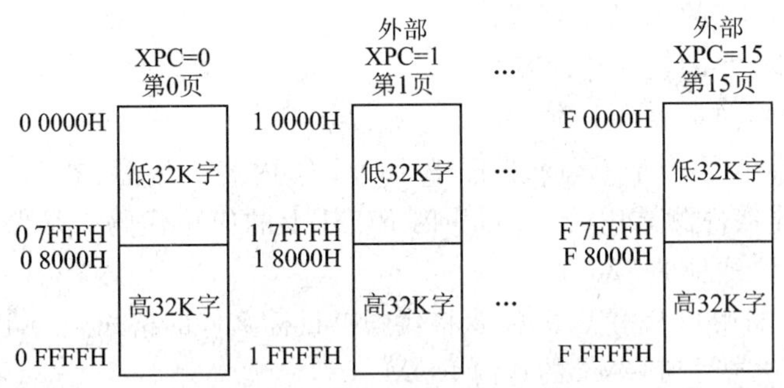

图 2-4 OVLY=0 外部程序存储器映射

当设置 OVLY=1，也就是片内 RAM 安排到程序空间时，片外程序存储器 1～15 页中每页 64K 字地址分为两部分，低 32K 字地址的公共块和高 32K 字地址的专用块。由于片内 RAM 映射到了程序存储器的低 32K 字地址，这种情况下低 32K 字地址是公共存储区域，为所有页共享，对 1～15 页低 32K 字地址寻址都寻址到第 0 页。每页的高 32K 字地址的专用块是独立的按页寻址，如图 2-5 所示。

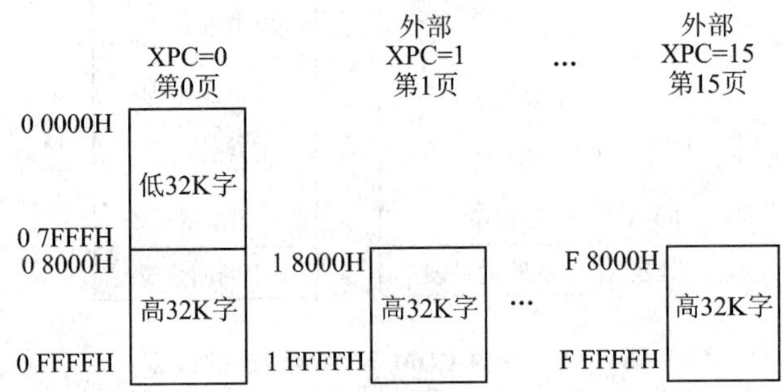

图 2-5 OVLY=1 外部程序存储器映射

2.3.3 程序存储器地址映射及片上 ROM 的内容

在器件复位时，复位、中断及陷阱向量被映射在程序存储器空间的 FF80h～FFFFh 地址。尽管如此，这些向量还可以在器件复位后重新映射在程序存储器空间任意 128 字页的开头。利用这个特性，可以十分方便地把向量表从引导 ROM 中转移到其他存储区域，然后再从存储器映射中移走 ROM。这对于中断操作有着十分重要的意义。

C54x 器件(C5420 除外)提供了各种大小的 ROM(4K 字、16K 字、24K 字、28K 字或 48K 字)。在带有引导 ROM 的 C54x 器件中,2 KB(F800h~FFFFh)可以包含如下内容:

① 引导装载程序,从串口、外部存储器、I/O 口或主机接口(HPI 口)引导。

② 一个 256 字的 μ 律扩展表。

③ 一个 256 字的 A 律扩展表。

④ 一个 256 字的正弦查询表。

⑤ 一个中断向量表。

图 2-6 给出了若干 C54x 器件中 ROM 的内容。注意:在片内 ROM 中,有 128 个字是留作器件测试用的,写到片内 ROM 上的应用代码必须保留位于程序空间 FF00~FF7F 地址的 128 个字。

图 2-6 中的用户专用程序,需要将代码以目标文件的格式交给 TI 公司,公司在生产时以掩膜方式写到 C54x 的片内 ROM。

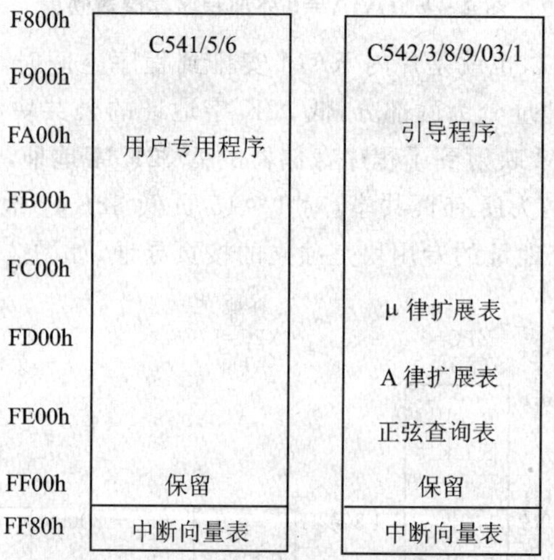

图 2-6 片内 ROM 程序存储器的内容

2.3.4 片内 ROM 分块结构

C54x 依据不同型号,片内 ROM 由不同容量的块组成。块的大小有 2K 字、4K 字、8K 字。片内 ROM 容量小的,块也小些;片内 ROM 容量大的,块也大些。容量为 4K 字和 28K 字的 ROM,由 4K 字的块组成;容量为 16K 字和 48K 字的 ROM,由 8K 字的块组成。

ROM 存储器分块结构是为了提高处理器的运行效率。在一些较大的块存放程序代码,在另外或其他较小的块存放常数或系数表。这样在运行时的指令使用上,就可以在片内 ROM 的一个块中取指令的同时,又在另外的一块中读取数据。一些型号的片内 ROM 分块情况如图 2-7 所示。

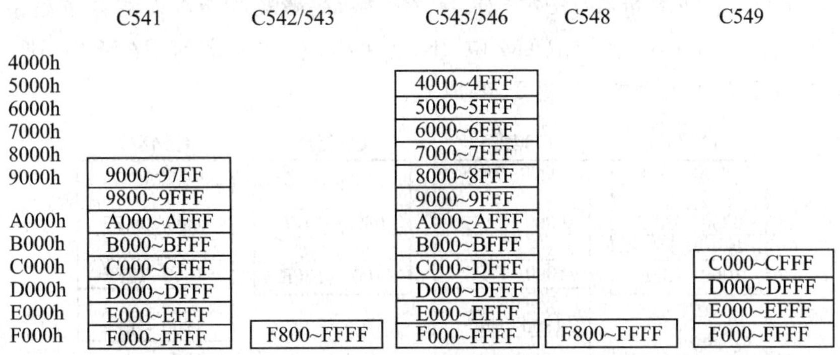

图 2-7　一些型号的片内 ROM 分块情况

2.3.5　片内 RAM 分块结构

C54x 依据不同型号，片内 SARAM 和 DARAM 由不同容量的块组成。这样分块以后，可以使用高效率的指令。比如，规划数据存储器时将数据缓冲区安排在一个 DRAM 块，把存放计算结果变量的存储单元安排到另一个 DRAM 块，这样就可以使用并行指令，在一个周期内从一块 DARAM 的数据缓冲区中读两个操作数并将一个数据（计算结果）写到另一块 DARAM 的变量单元中。

所有 C54x 器件中，前 1K 字的 DARAM 结构包括存储器映射的 CPU 及外设寄存器、32 个字的便笺 DARAM 以及 896 字的 DARAM。

C54x 内部存储器可划分为 3 个独立的空间区域：程序、数据和 I/O 空间。所有的 C54x 系列处理器都有随机存储器（RAM）和只读存储器（ROM）。片内 ROM 属于程序存储空间，有时也可作数据空间的一部分。

在 C54x 中包含两类 RAM，即双端口随机存储器（DARAM）和单端口随机存储器（SARAM）。

DARAM 被分成几块，各 DARAM 块在每个时钟周期内可被访问两次，所以 CPU 可在一个时钟周期内对同一 DARAM 块进行两次读或写操作。

SARAM 也由几块组成，但一个 SARAM 块在一个机器周期内只能被访问一次。

C54x 可通过设置存储器安全选项来屏蔽片上存储器，当指定该选项后，来自外部的指令无法访问内部存储器空间，以确保数据的安全。

前面已经介绍过，C54x 还有 26 个 CPU 寄存器，另外还有数量不等的外围寄存器。这些寄存器全部映射在数据存储空间，所以也叫做存储器映射寄存器 MMR（Memory-Mapped Register）。数据存储空间中 CPU 寄存器的映射地址范围从 0x0000～0x005F。采用存储器映射的方法，使得程序对寄存器的存取、累加器同其他寄存器之间的数据交换变得十分方便。

片内 RAM 的块容量有 1K 字、2K 字、8K 字，一般较少 RAM 的容量是由 1K 字块组成的，6K 字和 10K 字的 RAM 由 2K 字块组成，16K 字的 RAM 由 8K 字块组成，也有各种 RAM 组合的，如图 2－8 所示。

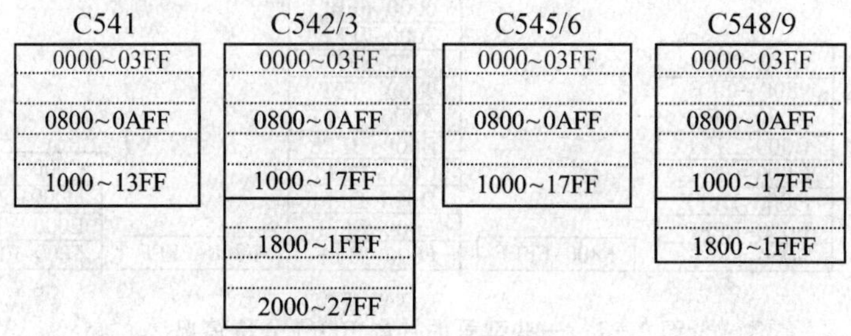

图 2－8　片内 RAM 的块结构

2.3.6　I/O 寻址空间

C54x 器件除了程序和数据存储器空间之外，还提供 I/O 寻址空间。I/O 寻址空间有 64K 字的地址空间(0000H～FFFFH)，只位于器件的外部。有两条指令(输入指令 PORTR 和输出指令 PORTW)用来访问 I/O 空间。

扩展外部 I/O 时，要使用外部接口数据总线、地址总线、I/O 接口选通信号、读/写信号及其他接口扩展信号。

2.4　TMS320C54x 寄存器

处理器的工作状态和运行方式取决于寄存器的值，也就是说寄存器的值决定了处理器的工作状态和运行方式。C54x 有 CPU 单元电路，还有片内外围电路，这些电路的工作状态和运行方式取决于其对应的寄存器的值。寄存器的初始值由处理器的复位操作完成设置，使处理器进入可以运行的工作状态。某些电路单元复位后的工作状态就是用户需要的工作状态，有些电路单元复位后的工作状态则不符合用户的需求，用户在初始化时需要对这些电路相对应的寄存器进行重新设置，使其工作状态和运行方式符合用户需求。

C54x 的寄存器分为 CPU 寄存器和片内外围电路寄存器，这些寄存器的寻址都是存储器映像寻址，即使用数据存储空间地址寻址。对 CPU 寄存器寻址不需要插入等待周期，对片内外围电路寄存器寻址需要 2 个机器周期。

2.4.1　TMS320C54x 器件的 CPU 寄存器

CPU 寄存器的作用是辅助运算和程序控制，处理器的工作方式和运行状态取决于这些寄存器的值，用户在必要时可对相应的寄存器进行设置。辅助寄存器 AR0～AR7 的作用主要是在间接寻址时作为数据存储器地址指针。这些 CPU 寄存器的存储器映射地址、名称符号和说明如表 2－7 所列。

表 2－7 CPU 寄存器地址、名称符号及说明

地 址	名称符号	说 明	地 址	名称符号	说 明
0	IMR	中断屏蔽寄存器	12	AR2	辅助寄存器 2
1	IFR	中断标志寄存器	13	AR3	辅助寄存器 3
2～5		保留	14	AR4	辅助寄存器 4
6	ST0	状态寄存器 0	15	AR5	辅助寄存器 5
7	ST1	状态寄存器 1	16	AR6	辅助寄存器 6
8	AL	累加器 A 低字	17	AR7	辅助寄存器 7
9	AH	累加器 A 高字	18	SP	堆栈指针
A	AG	累加器 A 保护位	19	BK	循环缓冲区长度寄存器
B	BL	累加器 B 低字	1A	BRC	块重复计数器
C	BH	累加器 B 高字	1B	RSA	块重复起始地址寄存器
D	BG	累加器 B 保护位	1C	REA	块重复结束地址寄存器
E	T	暂时寄存器	1D	PMST	处理器工作方式状态寄存器
F	TRN	状态转移寄存器	1E	XPC	程序存储器扩展寄存器
10	AR0	辅助寄存器 0	1F		保留
11	AR1	辅助寄存器 1			

1. CPU 状态和控制寄存器

CPU 有下列 3 个状态和控制寄存器：状态寄存器 ST0、状态寄存器 ST1 和处理器工作模式状态寄存器 PMST。

ST0 和 ST1 保存着各种状态和模式，PMST 包含着存储器建立状态和控制信息。因为这些寄存器是存储器寻址，所以可以把这三个寄存器的内容存入数据存储器并能从数据存储器读出。这就提供了系统保存和恢复的功能，存储器的状态能够在子程序和中断服务程序(ISRs)中保存和恢复。

(1) 状态寄存器 ST0 和 ST1

ST0 中各位的说明如图 2－9 所示，ST1 中各位的说明如图 2－10 所示。表 2－8 是对 ST0 中各个数据位的功能说明，表 2－9 是对 ST1 中各个数据位的功能说明。

15~13	12	11	10	9	8~0
ARP	TC	C	OVA	OVB	DP

图 2－9 状态寄存器 ST0

ARP ——辅助寄存器指针，指定用于兼容模式下间接寻址的辅助寄存器。

TC ——测试/控制标志，存储算术运算单元 ALU 的测试位操作结果。

C ——进位标志位。

OVA ——累加器 A 的溢出标志。

OVB ——累加器 B 的溢出标志。

DP ——数据存储器页指针，用于与指令中 7 位的偏移量共同确定间接寻址的地址。

15	14	13	12	11	10	9	8	7	6	5	4~0
BRAF	CPL	XF	HM	INTM	0	OVM	SXM	C16	FRCT	CMPT	ASM

图 2-10　状态寄存器 ST1

BRAF——指令块重复执行激活标志位。

CPL——直接寻址模式位，指定哪一个指针用于直接寻址：

CPL＝0，用数据页指针 DP 模式直接寻址；

CPL＝1，用堆栈指针 SP 模式直接寻址。

XF——外部标志(XF)引脚状态。

HM——保持(HOLD)模式，指示当接到一个 HOLD 信号时处理器是否继续内部的执行。

INTM——中断模式，用于屏蔽或打开全部中断。

0——保留位，未使用。此位总是等于 0。

OVM——溢出模式，决定当累加器溢出时重新装入累加器的数值。

SXM——符号扩展模式。

C16——双 16 位/双精度模式，用来决定 ALU 的运算模式。

FRCT——小数模式，指定乘法器的运算模式。

CMPT——兼容模式，决定 ARP 的兼容性。

ASM——累加器移位模式。

表 2-8　状态寄存器 ST0

位	名　称	复位值	功　能
15～13	APR	0	辅助寄存器指针。此 3 位域用来选择使用单操作数间接寻址兼容模式时的辅助寄存器。当 DSP 工作于标准模式(CMPT＝0)时，ARP 必须保持为 0
12	TC	1	测试/控制标志位。TC 存储了算术逻辑单元(ALU)位测试操作的结果。TC 受 BIT、BITF、BITT、CMPM、CMPR、CMPS 和 SFTC 指令的影响。TC 的状态决定了是否需要条件转移、调用、执行和执行返回指令。 当下列条件成立时，TC＝1： 用 BIT 或 BITT 测试某一位为 1； 用 CMPM、CMPR 或 CMPS 比较测试一个数据存储器的值和一个立即操作数，AR0 和另一个辅助寄存器或者累加器的高位字和累加器的低位字之间的比较条件成立； 用 SFTC 测试累加器的 BIT31 和 BIT30，彼此间的值不同

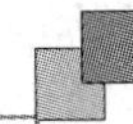

续表 2－8

位	名　称	复位值	功　能
11	C	1	如果加法运算的结果产生了进位，则 C＝1； 如果运算产生了借位，则 C＝0。 除了带 16 位移位的 ADD 和 SUB 指令外，如果加法中没有进位或减法中没有借位，则在加法运算之后 C＝0，在减法运算之后 C＝1。 移位和循环指令（ROR、ROL、SFTA 和 SFTL），以及 MIN、MAX、ABS 和 NEG 指令也影响进位位 C
10	OVA	0	累加器 A 溢出标志。不论是 ALU 还是乘法器中的累加器，当结果目的操作数使累加器 A 产生溢出时，OVA＝1，直到执行了复位、BC[D]、CC[D]、RC[D]或 XC 等指令时使用了 AOV 和 ANOV，条件才会发生相应的改变。RSBX 指令也能清除此位
9	OVB	0	累加器 B 溢出标志。不论是 ALU 还是乘法器的累加器，当结果的目的操作数是累加器 B 且产生溢出时，OVB 置位
8～0	DP	0	数据存储器页指针。此 9 位与指令字的低 7 位一起形成 16 位的单数据存储器操作数寻址的 16 位地址。当 ST1 中的操作模式位（CPL）＝0 时执行此操作。DP 域可通过带短立即数的 LD 指令或从数据存储器中装载

表 2－9　状态寄存器 ST1

位	名　称	复位值	功　能
15	BRAF	0	块重复有效标志位。BRAF 指示块重复是否当前有效。BRAF＝0，块重复无效。当块重复计数器（BRC）减到小于零时，BRAF 清 0。BRAF＝1，块重复有效。当执行 RPTB 指令时，BRAF 自动置位
14	CPL	0	直接寻址模式位。CPL 指示在间接寻址中使用哪一个指针： CPL＝0，选择使用数据页指针（DP）的间接寻址模式； CPL＝1，选择使用堆栈指针（SP）的间接寻址模式
13	XF	1	XF 状态。XF 指示外部标志（XF）引脚的状态，它是通用的输出引脚。SSBX 指令能够置位 XF，RSBX 指令能够复位 XF
12	HM	0	保持模式。HM 指示当响应有效的 HOLD 信号时，处理器是否继续内部执行： HM＝0，处理器从内部程序存储器继续执行，只是把外部接口置成高阻状态； HM＝1，处理器暂停内部执行
11	INTM	1	中断模式。INTM 总屏蔽或总允许所有中断： INTM＝0，允许所有没有屏蔽的中断； INTM＝1，禁止所有可屏蔽的中断。 SSBX 指令设置 INTM，RSBX 指令清除 INTM。通过复位或当捕获可屏蔽中断（INTR 或外部中断）时，INTM 置 1。当执行 RETE 或 RETF（从中断返回）指令时，INTM 清 0。INTM 不影响非屏蔽中断（RS 和 NMI）。INTM 不能通过存储器写操作来设置
10	0	0	总是读作 0

续表 2-9

位	名 称	复位值	功 能
9	OVM	0	溢出模式。OVM 决定了当溢出产生时什么值装入目的累加器中： OVM=0，从 ALU 或乘法器的加法器中溢出的结果通常溢出到目的累加器中； OVM=1，根据遇到的溢出值，目的累加器被置成最大的正值(00 7FFF FFFFh)或者最负的值(FF 8000 0000h)
8	SXM	1	符号扩展模式。SXM 决定是否做符号扩展： SXM=0，禁止符号位扩展； SXM=1，数据在被 ALU 使用之前进行符号扩展。 SXM 不会影响到某些指令的定义。如 ADDS、LDU 和 SUBS 指令压缩了符号扩展位而忽略 SXM 的值。SSBX 指令和 RSBX 指令分别设置和复位 SXM
7	C16	0	双 16 位/双精度的算术模式。C16 决定了 ALU 操作的算术模式： C16=0，ALU 以双精度的算术模式进行操作； C16=1，ALU 以双 16 位的算术模式进行操作
6	FRCT	0	分数模式。当 FRAC=1 时，乘法器的输出左移一位来消去多余的符号位
5	CMPT	0	修正模式。CMPT 决定了 ARP 的修正模式： CMPT=0，当使用单数据存储器的操作数进行间接寻址时，ARP 不被更新。当 DSP 在此模式时，ARP 必须总是设成 0。 CMPT=1，当使用单数据存储器的操作数进行间接寻址时，ARP 被更新(除了指令选择辅助寄存器 0(AR0)时)
4～0	ASM	0	累加器移位模式。5 位的 ASM 域指定了－15～16 范围内的移位值并且被编码为 2 的补码。并行存储指令，例如 STH、STL、ADD、SUB 和 LD，使用此移位能力。ASM 可从数据存储器装载或者通过 LD 指令使用一个短立即操作数

可以使用 SSBX 和 RSBX 指令对 ST0 和 ST1 的各个位进行置位(设置为 1)或清 0(设置为 0)操作。例如符号扩展模式可以使用指令 SSBX SXM 置位，或使用 RSBX SXM 对其进行复位操作。ARP、DP、ASM 可以使用 LD 指令带一个短立即操作数来装载。ASM 和 DP 还可以通过使用 LD 指令用数据存储器的值来装载。

(2) 处理器模式状态寄存器 PMST

PMST 中的数据决定了 C54x 器件的存储器配置情况，PMST 中各位的名称如图 2-11 所示，有关各数据位功能的详细说明如表 2-10 所列。PMST 寄存器通过存储器寻址的寄存器指令装载，如 STM 指令。

15~7	6	5	4	3	2	1	0
IPTR	MP/$\overline{MC}$	OVLY	AVIS	DROM	CLKOFF	SMUL	SST

图 2-11 处理器模式状态寄存器(PMST)

IPTR——中断矢量指针，指定中断矢量表的存放位置。

MP/$\overline{MC}$——微处理器/微计算机模式，决定片内 ROM 是否可由程序存储空间寻址。

OVLY——RAM 覆盖，使片内双重访问 RAM 可以被映射到程序存储区。

AVIS——地址可见模式，决定内部程序地址是否在地址引脚上可见。

DROM——数据 ROM，决定片内 ROM 是否可映射到数据空间。

CLKOFF——时钟输出，决定时钟输出引脚是否有输出。

SMUL——乘法饱和位。

SST——累加器饱和位。

表 2-10 处理器模式状态寄存器 PMST

位	名 称	复位值	功 能
15～7	IPTR	1FFh	中断向量指针。9 位的 IPTR 指向 128 字的程序页，在这 128 字程序页保存着中断向量。在引导装载操作时，可以重新把中断向量映射到 RAM 区。在复位时，这些位都设为 1。注意，复位向量总是驻留在程序存储器空间的 FF80h 地址处。RESET 指令不影响此区域
6	MP/$\overline{MC}$	取决于引脚 MP/$\overline{MC}$ 上的电平	微处理器/微计算机模式位。MP/$\overline{MC}$确定是否允许使用片上 ROM： MP/$\overline{MC}$=0，允许片上 ROM 并且可寻址； MP/$\overline{MC}$=1，片上 ROM 不可用。 MP/$\overline{MC}$的取值由复位时 MP/$\overline{MC}$引脚上的逻辑电平决定，与器件运行中 MP/$\overline{MC}$引脚上逻辑电平是否发生变化无关。注意，RESET 指令不影响此位。此位还能够通过软件设置或清除
5	OVLY	0	RAM 配置。OVLY 允许将片上双向访问数据 RAM 块映射到程序空间。OVLY 位的取值为 OVLY=0，片上 RAM 在数据空间可寻址，但不能在程序空间寻址； OVLY=1，片上 RAM 映射入程序空间和数据空间，数据页 0(0h～7Fh)不会映射入程序空间
4	AVIS	0	地址可见模式。AVIS 控制能否从器件地址线引脚上观察内部地址线。 AVIS=0，外部程序地址线不随内部程序地址变化，控制和数据线不受影响，并且地址总线由总线上的最后地址驱动。此时内部程序地址的变化不能通过器件的地址线引脚观察。 AVIS=1，此模式允许内部程序地址出现在 C54x 引脚上，可用来跟踪内部程序地址。当中断向量驻留在片上存储器时，还允许中断向量与 IACK 一起译码
3	DROM	0	数据 ROM。DROM 允许片上 ROM 映射入数据空间。DROM 位的值如下： DROM=0，片上 ROM 不映射入数据空间； DROM=1，一部分片上 ROM 映射入数据空间
2	CLKOFF	0	CLOCKOUT 关。当 CLKOFF 位为 1 时，禁止 CLKOUT 输出并保持为高电平
1	SMUL	N/A	乘法运算时饱和处理。当 SMUL=1 时，在 MAC 或 MAS 指令中进行累加运算之前，将乘法运算结果饱和处理。只有当 OVM=1 并且 FRCT=1 时，SMUL 才可用。 SMUL 位允许 MAC 和 MAS 操作与 ETSI GSM 规范中定义的 MAC 和 MAS 的基本操作相一致，其影响是： 在定点运算模式下，8000h * 8000h 的结果在后续 MAC 和 MAS 指令需要加法/减法之前被饱和处理为 7FF FFFFh

续表 2-10

位	名 称	复位值	功 能
			在此模式下，当 OVM=1 时，MAC 指令等效于 MPY+ADD 指令。如果不设置此模式并且 OVM=1，则在进行加法/减法运算之前，乘法运算的结果不取整，只有 MAC 和 MAS 指令的运算结果被取整。 注意，只有 C548 之后的器件才有此功能
0	SST	N/A	存储时饱和处理。当 SST=1 时，累加器中的数据在存储到存储器之前饱和处理。饱和处理在移位操作之后完成。存储时饱和处理产生在下列指令当中：STH、STL、STLM、DST、ST||ADD、ST||LD、ST||MACR[R]、ST||MAS[R]、ST||MPY 及 ST||SUB。 当使用存储饱和处理时需完成下面的步骤： ① 一个 40 bit 的数据值根据指令进行移位（左移或右移），移位与 SFTA 指令中描述的相同并且取决于 SXM 位。 ② 40 bit 的数据值饱和处理为 32 bit 的值，是否饱和处理取决于 SXM 位（数值总是假设为大于 0）： 如果 SXM=0，则产生 32 bit 的值； 如果值大于 7FFF FFFFh，则产生 7FFF FFFFh； 如果 SXM=1，则产生 32 bit 的值； 如果值大于 7FFF FFFFh，则产生 7FFF FFFFh； 如果值小于 8000 0000h，则产生 8000 0000h。 ③ 根据指令把数据存储在存储器中。 ④ 在操作期间累加器的内容保持不变

2. 数据处理寄存器

C54x 系列器件的片内寄存器中，用于数据处理的寄存器有累加器 A、累加器 B、暂存器 T、状态转移寄存器 TRN、辅助寄存器 AR0～AR7，以及数据循环处理寄存器 BK 和块处理寄存器 BRC/RSA/REA 等。

累加器 A、累加器 B——40 位累加器，功能是完成累加操作。

T——暂存器，T 寄存器有许多不同的用途，例如可以用来保留如下内容：

① 乘法或乘/加指令的一个被乘数。

② 用作移位操作指令的动态（运行时可编程）移位计数器，例如：ADD、LD 和 SUB 指令。

③ 用于 BITT 指令的动态位地址。

④ 控制 DADST 和 DSADT 指令中为了实现 Vitergbi 译码的 ACS 操作转移节奏。

另外，EXP 指令还把计算的指数值存入 T 寄存器，再用 NORM 指令用 T 寄存器的值对要计算的数据进行规格化处理。

TRN——状态转移寄存器，用于在 Vitergbi 算法中记录转移路径。

AR0～AR7——辅助寄存器组，可由 CPU 访问并可以被辅助寄存器算术单元所使用。

BK——循环缓冲区长度寄存器，其中保存的数据定义了一个循环缓冲区的大小，用于 ARAU 的循环寻址功能。

BRC、RSA、REA——块重复寄存器组，用于块重复操作。BRC 用于保存数据块的长度，RSA 用于保存数据块的首地址，REA 用于保存数据块的末地址。

3. 中断操作寄存器

中断功能是所有以 CPU 为核心的器件所必须具有的能力，目的是提供系统对突发事件的处理能力。C54x 器件中提供了 3 个与中断处理有关的寄存器。

IMR——中断屏蔽寄存器，记录各中断是否被屏蔽。

IFR——中断标志寄存器，记录当前正在发生的中断。

SP——堆栈指针寄存器，存放堆栈栈顶的存储器地址。

2.4.2 TMS320C54x 器件外围电路寄存器

外围电路寄存器是控制外围电路的重要基础，实际上，所有对外围电路的操作就是对这些寄存器的操作。外围电路寄存器管理和控制外围电路的工作方式和存放数据，每个外围电路都有相对应的寄存器，用户在初始化时要对参与运行电路的寄存器进行设置，使其到达用户的运行状态需求。C541 外围电路寄存器的存储器映射地址、名称符号如表 2-11 所列。

表 2-11　C541 外围电路寄存器地址和名称符号

地　址	名称符号	说　明
20	DRR0	串行口 0 数据接收寄存器
21	DXR0	串行口 0 数据发送寄存器
22	SPC0	串行口 0 控制寄存器
23		保留
24	TIM	定时器计数寄存器
25	PRD	定时器周期寄存器
26	TCR	定时器控制寄存器
27		保留
28	SWWSR	软件等待状态寄存器
29	BSCR	存储器块切换控制寄存器
2A～2F		保留
30	DRR1	串行口 1 数据接收寄存器
31	DXR1	串行口 1 数据发送寄存器
32	SPC1	串行口 1 控制寄存器
33～5F		保留

1. 定时器寄存器

TIM——定时器计数寄存器，也是一个递减计数器。定时器工作时把周期寄存器 PRD 中的数值装载到 TIM 中。每接收到一个时钟脉冲，定时器寄存器的值就减 1。

PRD——定时器周期寄存器，用于对定时器寄存器 TIM 重新装载数据。

TCR——定时器控制寄存器，包含定时器控制和状态。TCR 的位结构如图 2-12 所示，其中各个位内容如表 2-12 所列。

15~12	11	10	9~6	5	4	3~0
0	SOFT	FREE	PSC	TRB	TSS	TDDR

图 2-12 定时器控制寄存器 TCR

表 2-12 TCR 结构说明

位 数	名 称	功 能
15～12	0	保留；总读作 0
11	SOFT	和 FREE 位联合使用，决定当在 HLL 调试器中遇到断点时定时器的状态。当 FREE 位被清除(FREE＝0)时，SOFT 位选择定时器模式： SOFT＝0，定时器立即停止； SOFT＝1，当计数器减到 0 时，定时器停止
10	FREE	和 SOFT 位联合使用，决定当在 HLL 调试器中遇到断点时定时器的状态。当 FREE 位被清除时，SOFT 位选择定时器模式： FREE＝0，SOFT 位选择定时器模式； FREE＝1，无论 SOFT 位如何，定时器都自由运行
9～6	PSC	定时器模计数器。规定片内定时器的计数，当 PSC 递减到 0 或定时器复位时，PSC 用 TDDR 的内容装载，TIM 递减
5	TRB	定时器再装载。复位片内定时器，当 TRB 置位时，TIM 用 PRD 中的值装载，PSC 用 TDDR 中的值装载。TRB 总读作 0
4	TSS	定时器停止状态。停止或启动定时器。复位时 TSS 清除，定时器立即开始定时。 TSS＝0，定时器启动； TSS＝1，定时器停止
3～0	TDDR	定时器除数比率。为片内定时器规定定时器除数比率(周期)，当 PSC 递减到 0 时，PSC 用 TDDR 的内容装载

2. 通信接口寄存器

DRR——串行口数据接收寄存器，16 位存储器映射数据接收寄存器(DRR)，它保持将要写入数据总线的来自 RSR 的输入串行数据。复位时，DRR＝0。

DXR——串行口数据发送寄存器，16 位存储器映射数据发送寄存器(DXR)，它保持将要装载入 XSR 的来自数据总线的输出串行数据。复位时，DXR 清 0。

SPC——串行口控制寄存器，16 位存储器映射串行口控制寄存器(SPC)，包括串行口的模式控制和状态位。

RSR——接收循环寄存器，16 位存储器映射数据接收循环寄存器(RSR)，它保持来自串行数据接收引脚(DR)的输入串行数据。复位时，DRR 清 0。

XSR——数据发送循环寄存器，16 位存储器映射数据发送循环寄存器(XSR)，控制来自 DXR 的输出数据的传输，它保持将要发送到串行数据发送引脚(DX)的串行数据。复位时，DRR 清 0。

2.5　TMS320C54x 器件的 CPU

CPU 是 DSP 器件的核心部件，CPU 的性能直接关系到 DSP 器件的性能。DSP 器件能否达到用户设计系统的要求，与用户对 DSP 的 CPU 的使用操作直接相关。因此，掌握 CPU 是正确进行 DSP 器件开发和应用设计的基本技术之一。

DSP 器件对 CPU 的指令和数据处理有着比较特殊的要求，其中之一就是对 CPU 处理速度的要求。为了满足处理速度的要求，C54x 系列 DSP 器件的 CPU 采用了流水线指令执行结构和相应的并行结构设计，因此能在一个指令周期内完成高速的算术操作。

2.5.1　TMS320C54xCPU 的基本组成

C54x 系列 DSP 器件的 CPU 基本组成如下：

① 40 位的算术逻辑单元(ALU)；

② 2 个 40 位的累加器寄存器；

③ 支持 16～31 位移位范围的桶形移位寄存器；

④ 乘法累加单元 MAC；

⑤ 16 位的临时寄存器；

⑥ 16 位的转换寄存器(TRN)；

⑦ 比较、选择、存储单元(CSSU)；

⑧ 指数编码器。

C54x 系列器件中，CPU 寄存器使用了寄存器寻址方式，允许快速保存和恢复。

2.5.2　算术逻辑单元(ALU)

C54x 的 CPU 中有一个 40 位的算术逻辑单元，这个算术逻辑单元可实现宽范围的算术逻辑运算功能，对于大部分运算能在一个时钟周期内完成。ALU 逻辑结构如图 2 - 13 所示。

当 ALU 中的操作完成之后，一般会自动把运算结果传送到目的累加器(累加器 A 或 B)中。但如果执行的是存储器到存储器的操作指令(如 ADDM、ANDM、ORM、XORM)，则根据指令提供的目的地址传送运算结果。

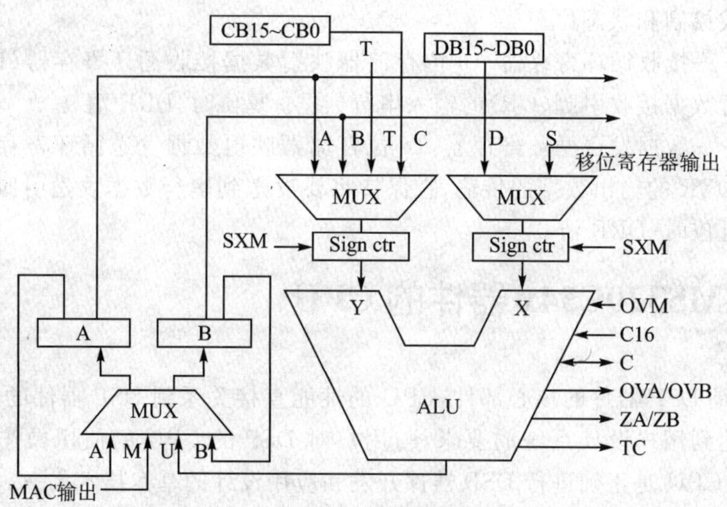

图 2-13　ALU 逻辑结构

1. ALU 的输入

ALU 根据不同的输入源采取不同的输入方式。

ALU 的 X 输入源可以是两种数值之一：

① 移位寄存器的输出(32 位或 16 位的数据存储器操作数或一个移位后的累加器值)；

② 来自数据总线 DB 的数据存储器操作数。

ALU 的 Y 输入源可以是下列三种数值之一：

① 累加器 A 或 B 中的数值；

② 来自数据总线 DB 的数据存储器操作数；

③ T 寄存器中的数值。

当 16 位数据存储器操作数通过数据总线 DB 或 CB 输入时，40 位的 ALU 会采用两种方式对其进行如下的预处理：

① 如果数据存储器操作数在低 16 位中，则

当 SXM＝0 时，高 16 位(39～16 位)用 0 填充；

当 SXM＝1 时，高 16 位(39～16 位)扩展为符号。

② 如果数据存储器操作数在高 16 位(31～16 位)中，则低 16 位(15～0 位)用 0 填充，并且

当 SXM＝0 时，39～32 位用 0 填充；

当 SXM＝1 时，39～32 位扩展为符号。

ALU 通过指令识别输入数据，所以 ALU 的输入方式和处理方式选择完全依赖于所使用的指令格式。

表 2-13 给出了相关指令对 ALU 输入方式的控制。表 2-13 中指出，如果指令

使用双字长,则需要两个周期执行,其他的 ADD 指令在一个周期内执行。

表 2-13 对于 ADD 指令 ALU 的输入选择

序 号	指令格式	字 长	A	B	DB	CB	SHIFT
1	ADD ＊AR1,A	1	√				√
2	ADD ＊AR3,TS A	1	√				√
3	ADD ＊AR2,16,B,A	1		√			√
4	ADD ＊AR1,8,B,A	2		√			√
5	ADD ＊AR2,8,B	1		√			√
6	ADD ＊AR2,＊AR3,A	1			√	√	
7	ADD ＃1234h,6,A,B	2	√				√
8	ADD ＃1234h,16,A,B	2	√				√
9	ADD A,12,B	1		√			√
10	ADDB,ASM,A	1	√				√
11	DADD ＊AR2,A,B	1	√				√

2. 溢出处理

C54x 中的 ALU 凑整逻辑将运算结果与溢出状态分开,并把运算结果置成最大(或最小)值,这个功能对滤波器计算非常有用。当状态寄存器 ST1 中的溢出模式位 OVM = 1 时,就表示允许使用这个逻辑功能。

当运算结果溢出时:

① 如果 OVM=0,则用 ALU 的运算结果装载累加器,并且不做任何调整。

② 如果 OVM=1,则用最正 32 bit 值(00 7FFF FFFFh)或最负 32 bit 值(0FF 8000 0000h)装载累加器。究竟使用哪一个,依赖于溢出方向(是向负的方向溢出,还是向正的方向溢出)。

③ 状态寄存器 ST0 中与目标累加器相关的溢出标志 OVA/OVB 被置 1。

3. 进位位 C

ALU 具有一个相关的进位位 C,与微处理器和单片机相同,进位位 C 的数值受大多数 ALU 操作指令的影响,其中包括算术操作、循环和移位操作。

进位位 C 除了用来指明是否有进位发生外,还可以支持精确算术运算。例如计算 A+B−C 时,当完成 A+B 后发生进位,则可以把进位位 C 作为加法结果的最高位看待。

注意,进位位 C 不受装载累加器操作、逻辑操作或执行其他非算术或控制指令的影响,仅用于算术操作和逻辑操作溢出管理。

除了用于溢出标志位外,进位位 C 还是分支、调用、返回和条件等操作的执行条件。另外,在程序中可以使用状态寄存器操作指令 RSBX 和 SSBX 更改进位位的内容，对其进行置1或清0。在DSP器件复位后，进位位C=1。

4. 双16位模式

如果把ST1中的C16设置为1，就选择了C54x中的双16位模式。对于算术操作来说，ALU的双16位操作能在一个周期内完成两个16位操作（例如两个16位加法或两个16位减法）。双16位模式对于Vitergbi加法/比较/选择操作特别有用。

2.5.3 累加器A和B

累加器A和B可以被配置为乘法/加法单元或ALU的目标寄存器，同时也被用于MIN、MAX指令或并行指令LD||MAC的操作。在执行MIN、MAX指令或并行指令LD||MAC操作时，两个累加器中的一个用于装载数据，另一个用于完成计算。

累加器A和B之间的唯一区别是累加器A的32～16位能被用做乘/加单元中乘法器的输入，而累加器B则不能。

累加器A或累加器B被分成三个部分，如图2-14和图2-15所示。

39~32	31~16	15~0
AG	AH	AL
前导位	高16位	低16位

图2-14 累加器A

39~32	31~16	15~0
BG	BH	BL
前导位	高16位	低16位

图2-15 累加器B

累加器A和累加器B的前导位用做算术计算时的空白头，目的是防止迭代运算中的溢出，例如自动校正时的某些溢出。

累加器的三个部分AG和BG、AH和BH、AL和BL都是存储器寻址的寄存器，就是说，AG、BG、AH、BH、AL和BL都相当于独立的寄存器，可以使用寄存器寻址方式对其进行操作。

此外，在中断处理时，还可以使用堆栈操作指令PSHM（压入堆栈）和POPM（弹出堆栈）对两个累加器的内容进行保存和恢复。

1. 保存累加器内容操作

可以使用STH、STL、STLM和SACCD指令或通过使用并行指令把累加器的内容存入数据存储器。

① 使用STH、SACCD和并行存储指令，可以把累加器的高16位存入存储器并带有移位操作。对于右移操作，AG和BG分别被移入AH和BH。对于左移操作，

AL和BL分别被移入AH和BH。

② 使用STL指令可以把累加器的低16位保存到存储器中，并同时带有移位操作。对于右移操作，AH和BH域分别被移入AL和BL。对于左移操作，AL和BL分别用0填充。

注意，上述移位操作是在把累加器的内容保存到存储器中时完成的，而移位操作是在移位寄存器中完成的，所以累加器的内容仍然保持不变。

例如，设累加器A=0FF 4321 1234h，则执行带移位的累加器存储操作：

STH A,8, TEMP;

这条指令表示把累加器A的高16位AH左移8位后存入TEMP所指出的存储器单元中，操作的结果是把AL的高8位移入AH，把AH中的高8位移出(丢弃)，再把结果保存在TEMP中，所以TEMP内容就是2112h。

再例如，设累加器A=0FF 4321 1234h，则执行带移位的累加器存储操作：

STH A,-8,TEMP;

这条指令表示把累加器A的高16位AH右移8位后存入TEMP所指出的存储器单元中，操作的结果是把AG的低8位移入AH，把AH中的低8位移出(丢弃)，再把结果保存在TEMP中，所以TEMP内容就是FF43h 。

同样，设累加器A=0FF 4321 1234h，则执行带移位的累加器存储操作指令STL的结果如下：

STL A,8, TEMP; TEMP=3400h

STL A,-8,TEMP; TEMP=2112h

2. 累加器移位和循环操作

在数字信号处理中，经常需要对计算结果进行移位操作，例如除2操作和乘2操作都可以通过简单的移位操作完成。当需要对累加器进行移位操作时，可以使用下列指令使累加器实现移位和循环移位操作：

SFT A——算术移位。SFT A受SXM位的影响，当SXM=1并且SHIFT为负值时，SFT A完成算术右移并且保持累加器的符号不变。当SXM=0时，累加器的最高位用零填充。此移位操作的移位范围是-16～15。

SFT L——逻辑移位。SFT L不受SXM位的影响，它可完成位31～0的移位操作，把0移入MSB还是LSB，取决于移位的方向。此移位操作的移位范围是-16～15。

SFT C——条件移位。当累加器的31和30两位都是1或都是0时，SFT C完成1位左移操作。这样就通过取消最高有效位非符号位来规格化累加器的32位。

ROL——累加器循环左移。累加器的每一个位循环左移1位，把进位位的值移入累加器的最低有效位LSB，把累加器最高有效位MSB的值移入进位位，并且清除累加器的前导位。

ROR——累加器循环右移。循环右移一位累加器的每一个位，把进位位的值移入累加器的最高有效位 MSB，把累加器最低有效位 LSB 的值移入进位位，并且清除累加器的前导位。

ROLTC——带测试控制位 TC 的累加器循环左移。ROLTC 指令把累加器的内容循环左移，并且把 ST0 中的测试控制位 TC 移入累加器的最低有效位 LSB。

3. 累加器存储时的饱和操作

累加器的饱和操作是对存储前的累加器值进行饱和处理。PMST 寄存器中的 SST＝1 时，累加器中的数据在保存到存储器之前会被自动进行饱和处理，这个饱和处理操作是在移位之后完成的。

必须注意，只要 SST＝1，则保存累加器操作时就会进行饱和处理操作。

4. 特殊用途的指令操作

C54x 的累加器还支持一些微处理器或单片机所不支持的特殊操作，这些特殊操作功能专门用于带并行操作的特定用途指令。这些指令包括 FIRS 指令（对称 FIR 滤波器的操作）、LMS 指令（自适应滤波器的操作）、SQDST 指令（欧几里得几何距离的计算）以及其他操作等。

① FRIS 指令通过使用乘法/累加（MACs）及另外的并行指令完成对称 FIR 滤波器的操作。FIRS 指令使用通过程序存储器地址寻址的一个程序存储器的值乘以累加器 A 的 32～16 位并且把结果放到累加器 B 中。同时，存储器的操作数 Xmem、Ymem 相加，把结果左移 16 位，并把值装入累加器 A 中。

② LMS 指令通过使用 MAC 指令及带环绕的并行加法指令有效地更新 FIR 滤波器的系数。在 LMS 指令中，累加器 B 存储输入序列和滤波器系数的中间结果；累加器 A 更新滤波器系数。累加器 A 还可用做 MAC 指令的输入，与并行操作一起完成指令的单周期执行。

③ SQDST 指令并行完成 MAC 及减法来计算欧几里得几何距离。SQDST 指令计算两个向量之间距离的平方。累加器 A 的 32～16 位平方后加到累加器 B。结果存储在累加器 B 中。同时 Ymem 减去 Xmem，差值存储在累加器 A 中。被平方的值是减法 Ymem－Xmem 执行之前累加器中的值。

2.5.4 桶形移位器

桶形移位器功能框图如图 2－16 所示。桶形移位器用于格式化操作，例如，在 ALU 操作之前把输入数据存储器操作数或累加器的值预先进行格式化处理，完成累加器值的逻辑或算术移位、规格化累加器，以及将累加器的值存入数据存储器之前对累加器完成比例处理。

图 2－16 所示的 SXM 位控制符号/非符号的数据操作数的扩展，当 SXM＝1 时，完成符号扩展。某些指令，例如 LDU、ADDS 和 SUBS 以无符号的存储器操作数进行操作并且不进行符号扩展，而不管 SXM 的值如何。

指令中移位的数值决定了移位的位数，移位数指定用 2 的补码表示。正移位值对应着左移；相反，负移位值对应着右移。有几种方式可以确定移位数，这取决于指令类型。立即操作数(4 或 5 位数值)、ST1 寄存器的累加器位移模式域 ASM(5 位数值)或 T 寄存器(低 6 位的数值)都可以用来定义移位数。

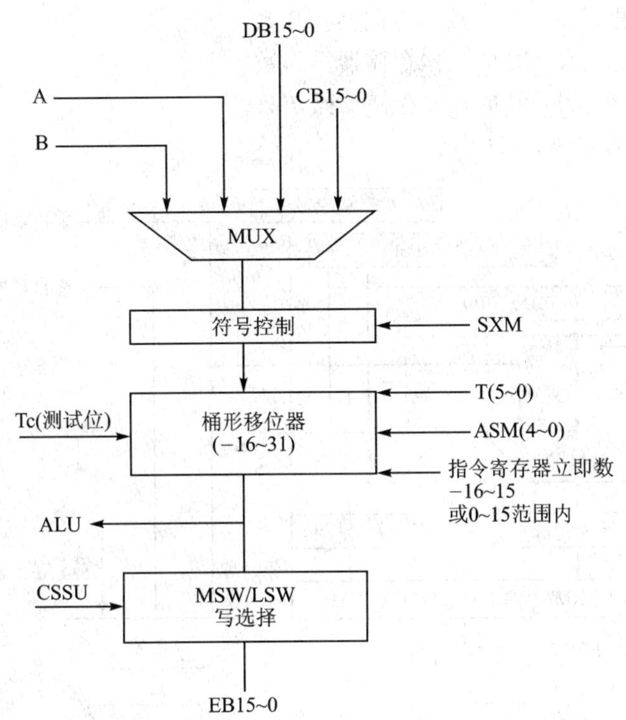

图 2-16　桶形移位器功能框图

2.5.5　乘法/加法单元

C54x 系列产品的 CPU 有一个 17×17 的硬件乘法器，这个乘法器与一个 40 位专用累加器相连接，构成了乘法/累加法单元 MAC。此乘法/累加法单元 MAC 提供了在一个流水相位周期内完成乘加运算的能力。乘法器/累加器功能框图如图2-17 所示。

乘法/累加法单元中的乘法器能完成带符号和不带符号的乘法运算。

专用累加器的输入来自乘法器的输出和累加器 A 或累加器 B。一旦在乘法/累加单元 MAC 中完成任何乘法操作，运算结果就会被传到一个目的累加器(A 或 B)中。

图 2-17 中 A 代表累加器 A，B 代表累加器 B，C 代表 CB 数据总线，D 代表 DB 数据总线，P 代表 PB 程序总线，T 代表 T 寄存器。

这里先列出乘法器输入源，再讨论如何通过各种指令来选择乘法器的输入源。

乘法器的 XM 输入源可以是下面任何值：

① 临时寄存器 T。

② 来自数据总线 DB 的数据存储器操作数。

③ 累加器 A 的 32～16 位。

乘法器的 YM 输入源可以是下面任何值：

① 来自数据总线 DB 的数据存储器操作数。

② 来自数据总线 CB 的数据存储器操作数。

③ 来自程序总线 PB 的程序存储器操作数。

④ 累加器 A 的 32～16 位。

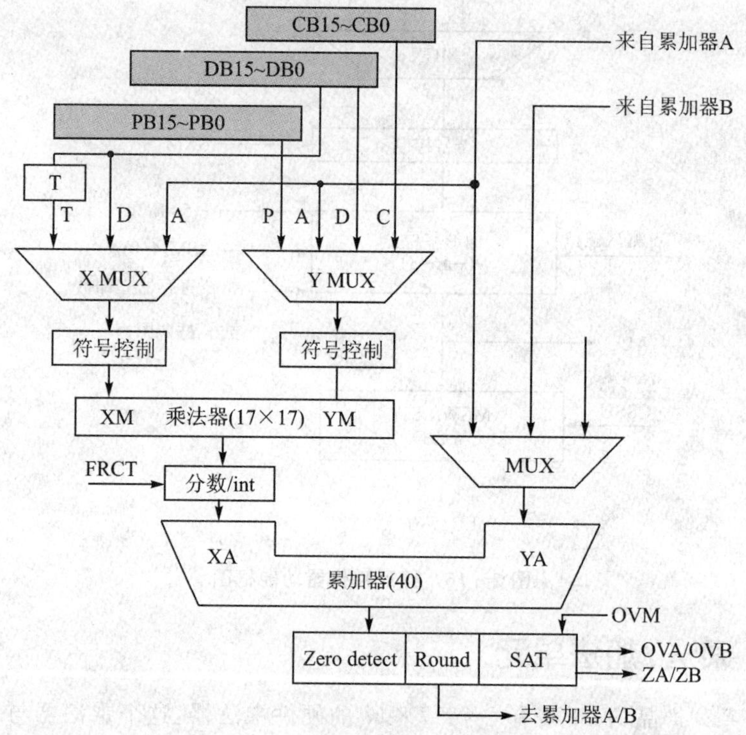

图 2－17　乘法器/累加器功能框图

表 2－14 给出了在几种操作指令中如何设置乘法器的输入。

从图 2－17 和表 2－14 中可以看出，乘法或乘法/加法指令的一个操作数存放在 T 寄存器中，另外一个乘法操作数则来自单端口数据存储器。T 寄存器还为带有并行装载或并行存储的乘法指令提供操作数，例如 LD||MAC、LD||MAS、ST||MAC、ST||MAS 和 ST||MPY。在乘法操作时，T 寄存器能够通过支持存储器映射寄存器寻址模式的指令装入数据。

因为累加器 A 的 32～16 位能够输入到乘法器，所以使得把计算结果保存到存储器的同时又送到乘法器的操作速度得到了大大的提高。对某些特殊用途的指令

(如 FIRS、SQDST、ABDST 和 POLY),累加器 A 的内容可以通过 ALU 计算之后直接送到乘法器。

表 2-14 几种指令的乘法器输入选择情况

序 号	指令类型	X 乘数			Y 乘数			
		T	DB	A	PB	CB	DB	A
1	MPY #1234h,A	√					√	
2	MPY[R] * AR2,A	√					√	
3	MPYA B	√						√
4	MACP * AR2,pmad,A		√		√			
5	MPY * AR2, * AR3 ,B		√			√		
6	SQUR * AR2,B		√				√	
7	MPYA * AR2		√					√
8	FIRS * AR2, * AR3,pmad			√	√			
9	SQUR A,B			√				√

2.5.6 比较、选择和存储单元(CSSU)

比较、选择和存储单元(CSSU)是一个特殊用途的硬件单元,专门用于维特比操作中的相加/比较/选择(ACS)操作。图 2-18 示出了 CSSU 的结构,它和 ALU 一起完成快速的 ACS 操作。

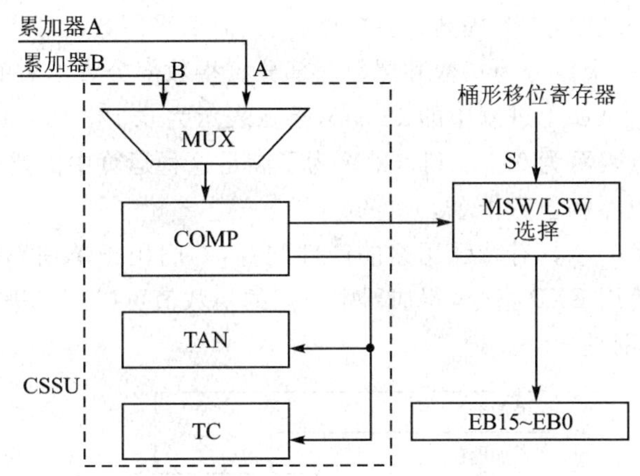

图 2-18 比较、选择和存储单元(CSSU)的结构

CSSU 允许 C54x 支持各种 Vitergbi 蝶形运算逻辑,用于均衡器和通道译码。

T 寄存器连接到 ALU 的输入(作为双 16 位的操作数)并且用做本地存储,以把存储器访问减到最少。表 2-15 给出了能完成双 16 位 ALU 操作的指令。

CSSU 通过 CMPS 指令、一个比较器和 16 位的转移寄存器完成比较和选择操作。比较选择操作中，要先指定 ALU 作为双 16 位的操作，ALU 比较指定累加器的两个 16 位部分，并把比较结果移入 TRN 寄存器的第 0 位。比较结果也存入 ST0 寄存器的 TC 位。根据比较的结果，累加器相应的 16 位（AH 或 AL）部分存入数据存储器。

表 2-15　双 16 位的 ALU 操作

指　令	功能（双 16 位模式）
DADD Lmem,src[,dst]	src(31—16)＋ Lmem(31—16) → dst(39—16) src(15—0) ＋ Lmem(15—0) → dst(15—0)
DADST　Lmem,dst	Lmem(31—16) ＋ T→ dst(39—16) Lmem(15—0)－T→ dst(15—0)
DRSUB　Lmem,src	Lmem(31—16)－src(31—16) → src(39—16) Lmem(15—0)－src(15—0) → src(15—0)
DSADT　Lmem,dst	Lmem(31—16) － T→ dst(39—16) Lmem(15—0) ＋ T→ dst(15—0)
DSUB　Lmem,src	src(31—16)－ Lmem(31—16) → dst(39—16) src(15—0) － Lmem(15—0) → dst(15—0)
DSUBT　Lmem,dst	Lmem(31—16) － T→ dst(39—16) Lmem(15—0) － T→ dst(15—0)

注：→表示“存储到”，Lmem 代表长 32 位数据存储器的值，src 表示源累加器（A 或 B），dst 表示目的累加器（A 或 B），x(n－m)表示 x 的第 n～m 位。

2.5.7　指数编码器

在数字信号处理中，为了提高计算精度，往往需要采用数的浮点表示方法。在数的浮点表示中，把一个数分为指数和尾数两部分。指数部分表示数的阶次，尾数部分表示数的有效值。例如十进制中的 12 345，浮点表示为 $0.123\,45\times10^5$。再例如二进制数 11111 的浮点表示为 $0.111\,11\times2^5$。为了满足这种运算中的要求，C54x 的 CPU 中提供了指数译码器和指数指令。

指数译码器是一个具有特殊用途的硬件配置，专门用于单周期的 EXP 指令，如图 2-19 所示。使用 EXP 指令，累加器中数据的指数值可以用二进制数的补码存入 T 寄存器（数的范围是－8～31）。

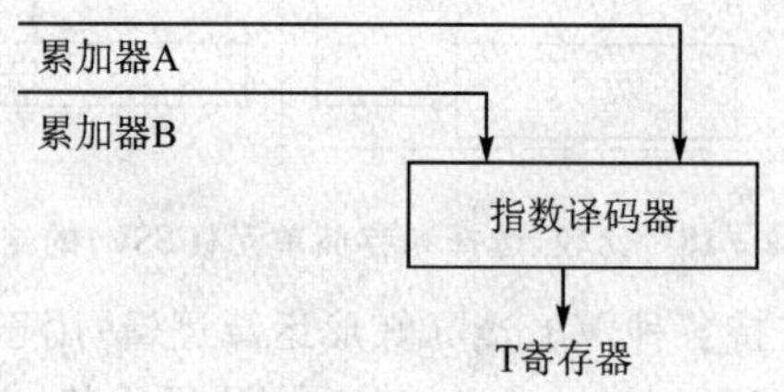

图 2-19　指数译码器

根据累加器的结构(见图 2-15 或图 2-16)可知,累加器共有 40 位(二进制),最高 8 位数据字段位,高数据字段和低数据字段各有 16 位。设数据的最高有效位是 n,则从第 39 位到第 $n+1$ 位都是 0,再考虑最高 8 位是空白头,则累加器中可以用来表示制数的位数是 $40-(n+1)-8$。所以,指数定义为"数据最高有效位前面多余的位数减 8",它与累加器消除无意义的符号位所需要的移位次数相对应。当累加器的值超过 32 位时,此操作的结果为负数。

EXP 和 NORM 指令使用指数译码器有效地规格化累加器的内容。NORM 指令支持在一个周期内用 T 寄存器中指定的位数对累加器的值移位。T 寄存器中的负值使累加器中的内容产生右移,并且规格化累加器中 32 位范围内的任何值。下面的例子说明了累加器 A 的规格化过程。

例 2-1 累加器 A 的规格化。

```
EXP       A             ;最高有效位前面的位数减 8 后送入 T 寄存器,得到指数值
ST        T,EXPONENT    ;把保存在 T 寄存器中的指数存入数据存储器
NORM      A             ;规格化累加器 A,(A)<<(T),得到尾数值
```


2.6 TMS320C54x 在片外围电路

为了满足数据处理的需要,C54x 除了提供哈佛结构的总线、功能强大的 CPU 以及存储器外,还提供了必要的在片外围电路部件,一般包含如下几部分:

① 外部总线;

② 通用输入/输出(I/O)引脚;

③ 定时器;

④ 时钟发生器;

⑤ 外部设备接口 HPI;

⑥ 串行接口;

⑦ 等待状态发生器;

⑧ 存储器边界转换开关;

⑨ 直接内存存取 DMA;

⑩ JTAG 接口。

对于不同型号的 DSP 芯片,其片内的串口、HPI 口和时钟发生器配置多少是不同的,这是在使用中需要注意的。

2.6.1 通用 I/O 口

通用 I/O 口有两个:输入引脚 $\overline{\text{BIO}}$ 和输出引脚 XF 。

1. 输入引脚$\overline{\text{BIO}}$

该引脚可用于监视连接到该引脚的外部接口器件的状态，在不同状态时用于程序跳转控制。程序可以根据引脚$\overline{\text{BIO}}$输入的状态有条件地跳转，用于对时间要求严格的循环中，在其执行时不能够被外部中断打断。

执行指令：

```
XC  n,BIO ;如果引脚BIO为低电平(条件满足)，则执行后面的一条单字指令或一条双字指
          ;令或 2 条单字指令(n = 1 或 2)，否则执行 2 条 NOP 指令
```

2. 输出引脚 XF

该引脚可以用于向外部接口器件发出信号。

XF 信号可以由指令控制。通过对 ST1(bit13)中的 XF 位置 1 或清 0，XF 引脚输出为高电平和低电平，即 CPU 向外部发出 1 和 0 信号。

指令举例：


```
SSBX  XF   ；对 XF 置位,XF = "1"
RSBX  XF   ；对 XF 复位,XF = "0"
```

2.6.2　定时器

定时器的作用是为周期性任务产生周期性中断。与定时器运行相关的寄存器有 3 个，如表 2－16 所列。

表 2－16　定时器相关的寄存器

地　址	名称符号	说　明
0024H	TIM	定时器计数寄存器
0025H	PRD	定时器定时周期寄存器
0026H	TCR	定时器控制寄存器

定时器计数寄存器 TIM 是一个 16 位减 1 计数器。定时周期寄存器 PRD 存放与定时时间相关的常数，其 16 位的值与 TCR 中的 TDDR 域 4 位的值一起确定定时时间。控制寄存器 TCR 包含定时周期常数的重新装载、定时器分频数和定时器启动停止控制。定时器控制寄存器 TCR 的功能说明如表 2－17 所列，定时器逻辑框图如图 2－20 所示。

表 2－17　定时器控制寄存器 TCR

位	名　称	复位值	功能说明
15～12	保留	—	保留，读出是 0

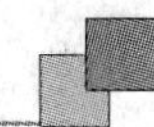

续表 2-17

位	名　称	复位值	功能说明
11	SOFT	0	使用高级语言调试时，与 FREE 位一起决定在断点处定时器的运行状态。 在 FREE=0 时，SOFT 的状态确定定时器的工作模式： SOFT=0，定时器立即停止工作； SOFT=1，在计数器计数到 0 时，定时器停止工作
10	FREE	0	使用高级语言调试时，与 FREE 位一起决定在断点处定时器的运行状态。 在 SOFT=0 时，FREE 的状态确定定时器的工作模式： FREE=0，定时器立即停止工作； FREE=1，SOFT 为任意值，定时器继续工作
9～6	PSC	—	定时器预分频计数器。只用于片内定时器。在定时器复位或在 PSC 减到 0 且 TRB=1 时，加载 TDDR 的值
5	TRB	—	定时器定时周期重新加载控制位。 当 TRB=1，PSC 减到 0 时，PSC 重新加载 TDDR 的值；当 TIM 减到 0 时，TIM 重新加载 PRD 的值。 当 TRB=0 时，定时器不重新加载 PSC 和 TIM。 读 TRB 总为 0
4	TSS	0	定时器停止控制位。 TSS=0，定时器启动，定时开始； TSS=1，定时器停止
3～0	TDDR	0000	定时器分频数。确定对片内定时器输入时钟的分频数(周期)。 如果 TRB=1，则当 PSC 减到 0 时，PSC 重新加载 TDDR 的值

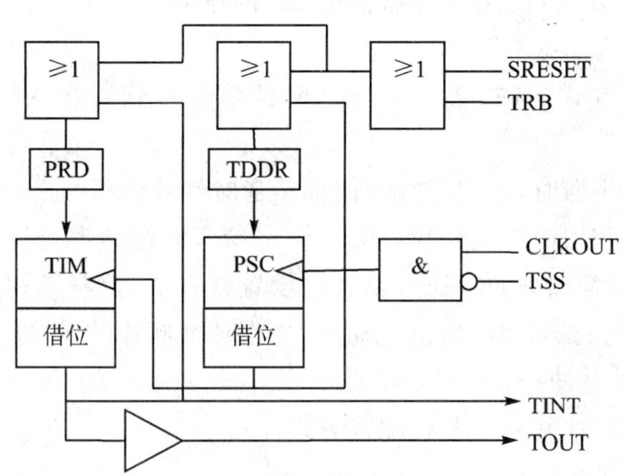

图 2-20　定时器逻辑框图

由图 2-20 可见，复位时 TDDR 加载到 PSC，PRD 加载到 TIM。CLKOUT 作为定时器基准工作时钟脉冲，在定时器启动(TSS=0)后，每来一个脉冲，PSC 减 1。当 PSC 减到 0 时，再来一个脉冲，PSC 产生借位。借位信号送到定时计数器 TIM 并减 1，同时借位信号在 TRB=1 时重新加载 TDDR 到 PSC；当 TIM 减到 0 时，再来一个 PSC 产生借位脉冲，TIM 即产生借位。TIM 借位信号送到 CPU，产生定时器中断 TINT 请求；TIM 借位信号还送到外部引脚 TOUT（给外部的中断信号），同时借位信号在 TRB=1 时重新加载 PRD 到 TIM，完成一个定时周期的工作过程。

从图 2-20 中可以知道，决定定时器定时时间的因素有三个：定时器基准时钟 CLKOUT、分频数 TDDR 的值和定时周期寄存器 PRD 的值。由此，定时器定时时间 T 由下面的公式计算得到：

$$T = \text{TCLKOUT} \times (\text{PRD} + 1) \times (\text{TDDR} + 1)$$

定时器作为中断源，定时时间到信号可以申请 CPU 的 TINT 中断，也可以通过 TOUT 外部引脚给外部电路使用，比如作为外部接口电路的采样时钟或定时时钟。

定时器在使用前需要进行初始化设置，安排好定时周期寄存器 PRD 和控制寄存器 TCR（安排好重新装载 TRB 和定时器分频数 TDDR）。由于定时器是 CPU 的中断源，所以定时器在使用前也需要开放定时器中断，且把 ST1 的 INTM 位清 0，开放全体中断。

2.6.3 时钟发生器

C54x 的工作时钟 CLKOUT 由时钟发生器提供。时钟发生器由振荡器和锁相环 PLL 组成。时钟发生器需要一个参考时钟输入 CLKIN，由时钟发生器的设置来确定 C54x 的工作时钟与输入的参考时钟之间的关系。

参考时钟有两种方式。

内部参考时钟方式：使用内部振荡电路，将外部晶体接在引脚 X1 与引脚 X2/CLKIN 之间，得到内部参考时钟。

外部参考时钟方式：直接将一个外部时钟信号接到引脚 X2/CLKIN，引脚 X1 悬空。

在设置时钟发生器时，选定（使能）内部参考时钟或外部参考时钟，作为参考时钟输入。时钟发生器利用内部锁相环（PLL）锁定参考时钟频率，提高时钟信号的频率纯度，提供稳定的振荡频率源。还可以通过设置寄存器，控制锁相环的倍频数，锁定调节时钟振荡器的振荡频率，提供比输入参考时钟频率更高的稳定振荡信号，给 C54x 作为工作时钟脉冲。

时钟发生器有硬件和软件两种配置方式。

1. 硬件配置方式

C54x（C545A、C546A、C548、C549 除外）有 3 个时钟模式引脚 CLKMD1、CLKMD2、CLKMD3。硬件配置就是用硬件方法按照 PLL 时钟硬件配置表，设置这 3 个时钟模式引脚接为 1 电平或 0 电平，实现 C54x 工作时钟与参考时钟的倍频关系。不同型号芯片的 PLL 时钟硬件配置表中有不同的对应关系。表 2-18 列出了一种实例，用户要根据具体选用芯片型号的数据手册，选择正确的连接方式。

表 2-18　PLL 时钟硬件配置表

引脚状态			参考时钟输入方式	PLL 配置倍率
CLKMD1	CLKMD2	CLKMD3		
0	0	0	外部	×3
0	0	1	外部	/2
0	1	0	外部	×1.5
1	0	0	内部	×3
1	0	1	外部	×1
1	1	0	外部	×2
1	1	1	内部	/2

2. 软件配置方式

C54x(C545A、C546A、C548、C549)有一个时钟工作方式寄存器 CLKMD,地址是 0058H。用指令通过对时钟工作方式寄存器 CLKMD 的设置,可以实现 PLL 各种时钟系数的配置,直接接通或关断 PLL;CLKMD 的 PLL 锁定计数器 PLLCOUNT 可以延迟 PLL 的转换时钟时间,直到 PLL 锁定为止。

C54x 内部时钟信号 CLKOUT 等于输入参考时钟 CLKIN 乘以系数。

CLKMD 可以设置时钟发生器为两种工作方式。

倍频方式:输入参考时钟 CLKIN 乘以系数 0.25～15,比例系数共 31 挡。

分频方式:输入参考时钟 CLKIN 的 2 分频或 4 分频。

表 2-19 是时钟工作方式寄存器 CLKMD 各位的定义,表 2-20 是 CLKMD 确定的系数表。

表 2-19　时钟工作方式寄存器 CLKMD 的定义

位	操　作	名　称	功能说明
15～12	R/W	PLLMUL	PLL 倍频,与 PLLDIV、PLLNDIV 一起确定频率的系数
11	R/W	PLLDIV	PLL 分频,与 PLLMUL、PLLNDIV 一起确定频率的系数
10～3	R/W	PLLCOUNT	PLL 计数器,设定 PLL 开始为 CPU 提供时钟前所需要的锁定时间计数值,输入参考时钟每 16 个时钟周期 PLLCOUNT 减 1
2	R/W	PLLON/OFF	PLL 开关控制位。PLLNDIV 一起确定时钟发生器的 PLL 部分是否工作。 PLLON/OFF 和 PLLNDIV 都可强制 PLL 工作,当 PLLON/OFF=1 时,PLL 正常工作,与 PLLNDIV 的状态无关。 PLLON/OFF　PLLNDIV　PLL 状态 0　0　关 0　1　开 1　0　开 1　1　开

续表 2-19

位	操 作	名 称	功能说明
1	R/W	PLLNDIV	PLL 时钟发生器的选择位。与 PLLMUL、PLLDIV 一起确定频率的系数，且确定时钟发生器工作在锁相(PLL)模式还是分频(DIV)模式：PLLNDIV=0，使用分频模式；PLLNDIV=1，使用锁相模式
0	R	PLLSTATUS	PLL 状态位。表示时钟发生器的工作模式：PLLSTATUS=0，使用分频模式；PLLSTATUS=1，使用锁相模式

表 2-20 CLKMD 确定的系数

PLLMUL	PLLDIV	PLLNDIV	频率乘系数
0～14	X	0	0.5
15	X	0	0.25
0～14	0	1	PLLMUL+1
15	0	1	1
0 或偶数	1	1	(PLLMUL+1)/2
奇数	1	1	PLLMUL/4

PLLCOUNT 值的确定与参考时钟 CLKIN 的频率、PLL 锁定后 C54x 内部时钟 CLKOUT 的频率有关，且是非线性关系，具体可参考对应芯片型号的数据手册。

CLKMD 的复位值由时钟模式引脚 CLKMD1、CLKMD2、CLKMD3 的状态确定。表 2-21 是复位后的时钟方式设定表。复位后，可以根据需要对 PLL 进行配置，达到预定的任务需求。

表 2-21 复位后的时钟方式设定

CLKMD1	CLKMD2	CLKMD3	CLKMD 寄存器复位值	时钟方式
0	0	0	0000h	用外部信号源 2 分频
0	0	1	1000h	用外部信号源 2 分频
0	1	0	2000h	用外部信号源 2 分频
1	0	0	4000h	用内部信号源 2 分频
1	1	0	6000h	用外部信号源 2 分频
1	1	1	7000h	用内部信号源 2 分频
1	0	1	0007h	PLL×1 外部信号源
0	1	1	—	停止

2.6.4 多通道缓冲串行口 McBSP

多通道缓冲串行口 McBSP(Multi-channel Buffered Serial Port)的功能是提供

器件内外数据的串行交换。McBSP 用于时分多路通信(当然需要复加外部通道选择电路),同时也是器件中 DMA 的数据通道。由图 2-21 可以看到,McBSP 串口由引脚、接收发送部分、时钟与帧同步信号产生器、多通道选择以及 CPU 中断信号和 DMA 同步信号等组成。

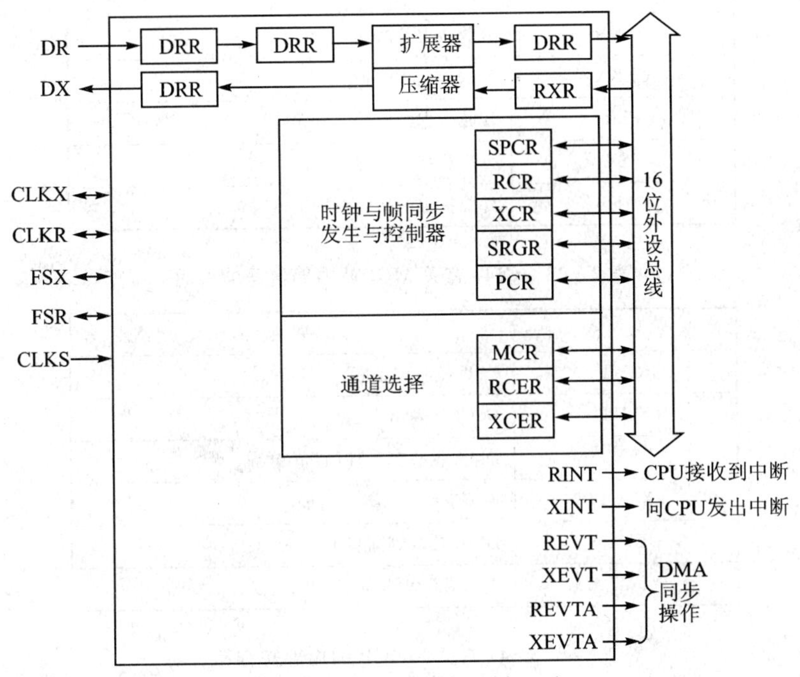

图 2-21 McBSP 结构

同以前的串口相比,McBSP 串口具有相当大的灵活性:

① 串口的接收、发送时钟 CLKR 和 CLKX 既可由外部设备提供,又可由内部时钟产生器提供。

② 帧同步信号和数据时钟信号的极性可编程,内部时钟和帧同步信号产生器也可由软件编程控制。

③ 串口的信号发送和接收部分既可单独运行,又可合在一起配合工作。

④ CPU 中断信号和 DMA 同步信号使得 McBSP 串口可由 CPU 控制运行,还可脱离 CPU 通过直接内存存取单独运行。

⑤ 多通道选择部分使得串口具备了多通道信号通信能力,它的多通道接收和发送能力可达 128 个通道。

⑥ 数据宽度可在 8、12、16、20、24 和 32 位中任意选择,并可对数据进行 A 律和 μ 律压缩和扩展。这个功能可以为语音的传输提供极大的方便,特别是在实现 IP 电话和数字电路时更是极大地简化了电路。

有关 McBSP 详细说明如表 2-22～表 2-24 所列。

表 2-22 C54x 有关 McBSP 引脚的说明

引脚名称	说 明
DR	数据输入端
DX	数据输出端
CLKR	接收数据位时钟
CLKX	发送数据位时钟
FSR	接收数据帧时钟
FSX	发送数据帧时钟
CLKS	外部提供的采样率发生器时钟源

表 2-23 C54x 有关 McBSP 内部信号的说明

信号名称	说 明
RINT	CPU 接收到中断
XINT	向 CPU 发出中断
REVT	DMA 接收到事件同步
XEVT	向 DMA 发出事件同步
REVTA	DMA 接收到同步事件 A
XEVTA	向 DMA 发出同步事件

表 2-24 C54x 有关 McBSP 的内部寄存器说明

地 址			分地址	名 称	说 明
McBSP0	McBSP1	McBSP2			
—	—	—	—	RBR[1,2]	接收缓冲寄存器 1 和 2
—	—	—	—	RSR[1,2]	接收移位寄存器 1 和 2
—	—	—	—	XSR[1,2]	发送移位寄存器 1 和 2
0020	0040	0030	—	DRR2x	数据接收寄存器 2
0021	0041	0031	—	DRR1x	数据接收寄存器 1
0022	0042	0032	—	DXR2x	数据发送寄存器 2
0023	0043	0033	—	DXR1x	数据发送寄存器 1
0038	0048	0034	—	SPSAx	地址寄存器
0039	0049	0035	0x0000	SPCR1x	串口控制寄存器 1
0039	0049	0035	0x0001	SPCR2x	串口控制寄存器 2
0039	0049	0035	0x0002	RCR1x	接收控制寄存器 1
0039	0049	0035	0x0003	RCR2x	接收控制寄存器 2

续表 2-24

地址			分地址	名称	说明
McBSP0	McBSP1	McBSP2			
0039	0049	0035	0x0004	XCR1x	发送控制寄存器 1
0039	0049	0035	0x0005	XCR2x	发送控制寄存器 2
0039	0049	0035	0x0006	SPGR1x	采样率发生器寄存器 1
0039	0049	0035	0x0007	SPGR2x	采样率发生器寄存器 2
0039	0049	0035	0x0008	MCR1x	多通道寄存器 1
0039	0049	0035	0x0009	MCR2x	多通道寄存器 2
0039	0049	0035	0x000A	RCERAx	接收通道使能寄存器 A 部
0039	0049	0035	0x000B	RCERBx	接收通道使能寄存器 B 部
0039	0049	0035	0x000C	XCERAx	发送通道使能寄存器 A 部
0039	0049	0035	0x000D	XCERBx	发送通道使能寄存器 B 部
0039	0049	0035	0x000E	PCRx	引脚控制寄存器

在上述寄存器中，串口控制寄存器(SPCR1、SPCR2）和引脚控制寄存器(PCR)用于对串口进行设置，接收控制寄存器(RCR1x、RCR2x)和发送控制寄存器(XCR1、XCR2)分别对接收和发送操作进行控制。

1. McBSP 的基本功能

为了能比较明确地了解 McBSP 的应用，下面对几个重要寄存器的功能做必要的说明。

(1) 串行通信接口控制寄存器 SPCR1 和 SPCR2

串行通信接口有两个寄存器：SPCR1 和 SPCR2。这两个寄存器的功能是对串行接口的功能进行控制，也就是可通过向这两个寄存器写入相应的字来控制串行通信接口的工作方式。SPCR1 和 SPCR2 的结构如图 2-22 和图 2-23 所示，其中 R 代表可读，W 代表可写，+0 代表复位的值是 0。寄存器 SPCR1 和 SPCR2 的结构说明如表 2-25 和表 2-26 所列。

15	14~13	12~11	10~8	7	6	5	4	3	2	1	0
DLB	RJUST	CLKSTP	reserved	DXENA	ABIS	RINTM		RSYNCERR	RFULL	RRDY	RRST
RW,+0	RW,+0	RW,+0	RW,+0	RW,+0	RW,+0	RW,+0		RW,+0	R0,+0	R0,+0	RW,+0

图 2-22 串口控制寄存器 SPCR1

15~10	9	8	7	6	5~4	3	2	1	0
reserved	FREE	SOFT	FRST	GRST	XINTM	XSYNCERR ‡	XEMPTY	XRDY	XRST
R,+0	RW,+0	RW,+0	RW,+0	RW,+0	RW,+0	RW,+0	R,+0	R,+0	RW,+0

图 2-23 串口控制寄存器 SPCR2

表 2-25 串口控制寄存器 SPCR1 的说明

字段名	功 能
DLB	数字环路返回模式： DLB=0，数字环路返回模式无效； DLB=1，数字环路返回模式有效
RJUST	接收数据的符号扩展及对齐方式： RJUST=00，右对齐，MSB 补零； RJUST=01，右对齐，MSB 符号扩展； RJUST=10，左对齐，LSB 补零； RJUST=11，保留
CLKSTP	时钟停止模式： CLKSTP=0X，非 SPI 模式下的正常时钟(时钟停止模式无效)。 不同的 SPI 模式： CLKSTP=10 且 CLKXP=0，时钟开始于上升沿(无延迟)； CLKSTP=10 且 CLKXP=1，时钟开始于下降沿(无延迟)； CLKSTP=11 且 CLKXP=0，时钟开始于上升沿(有延迟)； CLKSTP=11 且 CLKXP=1，时钟开始于下降沿(有延迟)
reserved	保留
DXENA	DX 使能器： DXENA=0，DX 使能器关； DXENA=1，DX 使能器开
ABIS	ABIS 模式： ABIS=0，ABIS 模式无效； ABIS=1，ABIS 模式有效
RINTM	接收中断模式： RINTM=00，RINT 由 RRDY(即字尾)和 ABIS 模式的帧尾驱动； RINTM=01，RINT 由多通道运行时的块尾或帧尾产生； RINTM=10，RINT 由一个新的帧同步信号产生； RINTM=11，RINT 由 RSYNCERR 产生
RSYNCERR	接收同步错误： RSYNCERR=0，没有接收同步错误； RSYNCERR=1，McBSP 检测到接收同步错误
RFULL	接收移位寄存器满： RFULL=0，RBR 不过载； RFULL=1，DRR 未被读取，RBR 已满，RSR 也已填入新数据
RRDY	接收器就绪： RRDY=0，接收器尚未就绪； RRDY=1，接收器就绪，可以从 DRR 中读取数据
$\overline{RRST}$	接收器复位： $\overline{RRST}$=0，串口接收器无效，处于复位状态； $\overline{RRST}$=1，串口接收器有效

表 2-26 串口控制寄存器 SPCR2 的说明

字段名	功 能
reserved	保留
FREE	自由运行模式： FREE=0，自由运行模式无效； FREE=1，自由运行模式有效
SOFT	软件模式位： SOFT=0，软件模式无效； SOFT=1，软件模式有效
$\overline{\text{FRST}}$	帧同步产生器复位： $\overline{\text{FRST}}$=0，帧同步逻辑被复位。帧同步信号 FSG 不由采样率发生器提供。 $\overline{\text{FRST}}$=1，帧同步信号每隔 FSG(FPER+1)个 CLKG 时钟产生，即所有的帧计数器载入的都是可编程的数值
$\overline{\text{GRST}}$	采样率发生器复位： $\overline{\text{GRST}}$=0，采样率发生器复位； $\overline{\text{GRST}}$=1，采样率发生器复位结束
XINTM	发送中断模式： XINTM=00，XINT 由 XRDY(即字尾)和 ABIS 模式的帧尾驱动； XINTM=01，XINT 由多通道运行时的块尾或帧尾产生； XINTM=10，XINT 由一个新的帧同步信号产生； XINTM=11，XINT 由 XSYNCERR 产生
XSYNCERR	发送同步错误： XSYNCERR=0，没有发送同步错误； XSYNCERR=1，McBSP 检测到发送同步错误
$\overline{\text{XEMPTY}}$	发送移位寄存器空： $\overline{\text{XEMPTY}}$=0，发送移位寄存器空； $\overline{\text{XEMPTY}}$=1，发送移位寄存器未空
XRDY	发送器就绪： XRDY=0，发送器尚未就绪； XRDY=1，发送器已就绪
$\overline{\text{XRST}}$	发送器复位： $\overline{\text{XRST}}$=0，串口发送器无效，处于复位状态； $\overline{\text{XRST}}$=1，串口发送器有效

(2) 引脚控制寄存器 PCR

引脚控制寄存器 PCR 的结构如图 2-24 所示，具体说明如表 2-27 所列。

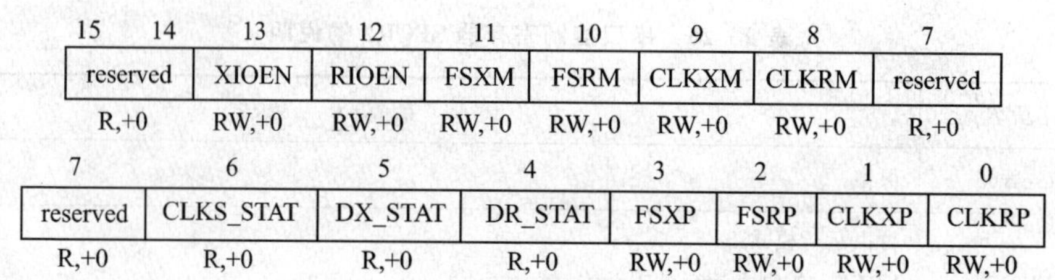

图 2-24 引脚控制寄存器 PCR

表 2-27 引脚控制寄存器 PCR

字段名	功能
reserved	保留
XIOEN	发送通用 I/O 模式(仅当 SPCR 中的_XRST=0)： XIOEN=0,DX、FSX、CLKX 被设置为串口的引脚,不用做通用 I/O 引脚。 XIOEN=1,DX、FSX、CLKX 不用做串口的引脚;DX 用做通用输出引脚;FSX、CLKX 用做通用 I/O 引脚
RIOEN	接收通用 I/O 模式(仅当 SPCR 中的_RRST=0)： RIOEN=0,DR、FSR、CLKR、CLKS 被设置为串口的引脚,不用做通用 I/O 引脚。 RIOEN=1,DR、FSR、CLKR、CLKS 不用做串口的引脚;DR、CLKS 用做通用输入引脚;FSR、CLKR 用做通用 I/O 引脚
FSXM	发送帧同步模式： FSXM=0,帧同步信号由外部信号源驱动; FSXM=1,帧同步由 SRGR 中的 FSGM 位决定
FSRM	接收帧同步模式： FSRM=0,帧同步信号由外部器件提供,FSR 是输入引脚; FSRM=1,帧同步信号由内部的采样率发生器提供,FSR 是输出引脚(当寄存器 SRGR 中的位 GSYNC=1 时除外)
CLKXM	发送时钟模式 (SPI 模式下的设置)： CLKXM=0,发送时钟由外部时钟驱动,CLKX 为输入引脚; CLKXM=1,CLKX 为输出引脚,且由内部的采样率发生器驱动
CLKRM	接收时钟模式。 SPCR1 中的 DLB=0： CLKRM=0,CLKR 是输入引脚,由外部时钟驱动; CLKRM=1,CLKR 是输出引脚,由内部的采样率发生器驱动。 SPCR1 中的 DLB=1： CLKRM=0,接收时钟(不是 CLKR 引脚)由发送时钟(CLKX)驱动,CLKX 取决于 PCR 中的 CLKXM 位,CLKR 引脚呈高阻抗; CLKRM=1,CLKR 为输出引脚,由发送时钟(CLKX)驱动,CLKX 取决于 PCR 中的 CLKXM 位
reserved	保留

续表 2-27

字段名	功 能
CLKS_STAT	CLKS 引脚状态位。 当 CLKS 作为通用输入引脚时,该位用以反映出该引脚的值
DX_STAT	DX 引脚状态位。 当 DX 作为通用输出引脚时,该位用以反映出该引脚的值
DR_STAT	DR 引脚状态位。 当 DR 作为通用输入引脚时,该位用以反映出该引脚的值
FSXP	发送帧同步极性: FSXP=0,发送帧同步脉冲 FSX 高电平有效; FSXP=1,发送帧同步脉冲 FSX 低电平有效
FSRP	接收帧同步极性: FSRP=0,接收帧同步脉冲 FSR 高电平有效; FSRP=1,接收帧同步脉冲 FSR 低电平有效
CLKXP	发送时钟极性: CLKXP=0,在 CLKX 的上升沿对发送数据进行采样; CLKXP=1,在 CLKX 的下降沿对发送数据进行采样
CLKRP	接收时钟极性: CLKRP=0,在 CLKR 的上升沿对发送数据进行采样; CLKRP=1,在 CLKR 的下降沿对发送数据进行采样

(3) 接收控制寄存器 RCR1 和 RCR2

接收控制寄存器 RCR1 和 RCR2 用于对接收数据的操作和控制,具体结构如图 2-25和图 2-26 所示,其中各位功能的说明如表 2-28 和表 2-29 所列。

15	14~8	7~5	4~0
rsvd	RFRLEN1	RWDLEN1	reserved
R,+0	RW,+0	RW,+0	R,+0

图 2-25 接收控制寄存器 RCR1

15	14~8	7~5	4~3	2	1~0
RPHASE	RFRLEN2	RWDLEN2	RCOMPAND	RFIG	RDATDLY
RW,+0	RW,+0	RW,+0	RW,+0	RW,+0	RW,+0

图 2-26 接收控制寄存器 RCR2

表 2-28 接收控制寄存器 RCR1 的说明

字段名	功 能
rsvd	保留
RFRLEN1	接收帧长度 1: RFRLEN1=000 0000,一帧含 1 个字; RFRLEN1=000 0001,一帧含 2 个字; ⋮ RFRLEN1 =111 1111,一帧含 128 个字

续表 2-28

字段名	功　能
RWDLEN1	接收字长度 1： RWDLEN1＝000，一个字含 8 bit； RWDLEN1＝001，一个字含 12 bit； RWDLEN1＝010，一个字含 16 bit； RWDLEN1＝011，一个字含 20 bit； RWDLEN1＝100，一个字含 24 bit； RWDLEN1＝101，一个字含 32 bit； RWDLEN1＝11X，保留
reserved	保留

表 2-29　接收控制寄存器 RCR2 的说明

字段名	功　能
RPHASE	接收相： RPHASE＝0，单相帧； RPHASE＝1，双相帧
RFRLEN2	接收帧长度 2： RFRLEN2＝000 0000，一帧含 1 个字； RFRLEN2＝000 0001，一帧含 2 个字； ⋮ RFRLEN2＝111 1111，一帧含 128 个字
RWDLEN2	接收字长度 2： RWDLEN2＝000，一个字含 8 bit； RWDLEN2＝001，一个字含 12 bit； RWDLEN2＝010，一个字含 16 bit； RWDLEN2＝011，一个字含 20 bit； RWDLEN2＝100，一个字含 24 bit； RWDLEN2＝101，一个字含 32 bit； RWDLEN2＝11X，保留
RCOMPAND	接收压缩/解压缩模式： RCOMPAND＝00，无压缩/解压，数据传输以 MSB 开始； RCOMPAND＝01，无压缩/解压，数据传输以 LSB 开始； RCOMPAND＝10，接收数据进行μ律压缩/解压； RCOMPAND＝11，接收数据进行 A 律压缩/解压
RFIG	接收帧忽略： RFIG＝0，第一个接收帧同步脉冲之后的帧同步脉冲重新启动数据传输； RFIG＝1，第一个接收帧同步脉冲之后的帧同步脉冲被忽略

续表 2-29

字段名	功　能
RDATDLY	接收数据延迟： RDATDLY=00,0 bit 数据延迟； RDATDLY=01,1 bit 数据延迟； RDATDLY=10,2 bit 数据延迟； RDATDLY=11,保留

(4) 发送控制寄存器

发送控制寄存器 XCR1 和 XCR2 用于对发送操作进行控制。具体结构如图 2-27 和图 2-28 所示，其中各位功能的说明如表 2-30 和表 2-31 所列。

15	14~8	7~5	4~0
rsvd	XFRLEN1	XWDLEN1	reserved
R,+0	RW,+0	RW,+0	R,+0

图 2-27　发送控制寄存器 XCR1

15	14~8	7~5	4~3	2	1~0
XPHASE	XFRLEN2	XWDLEN2	XCOMPAND	XFIG	XDATDLY
RW,+0	RW,+0	RW,+0	RW,+0	RW,+0	RW,+0

图 2-28　发送控制寄存器 XCR2

表 2-30　发送控制寄存器 XCR1 的说明

字段名	功　能
rsvd	保留
XFRLEN1	发送帧长度 1： XFRLEN1=000 0000,一帧含 1 个字； XFRLEN1=000 0001,一帧含 2 个字； ⋮ XFRLEN1 =111 1111,一帧含 128 个字
XWDLEN1	发送字长度 1： XWDLEN1=000,一个字含 8 bit; XWDLEN1=001,一个字含 12 bit; XWDLEN1=010,一个字含 16 bit; XWDLEN1=011,一个字含 20 bit; XWDLEN1=100,一个字含 24 bit; XWDLEN1=101,一个字含 32 bit; XWDLEN1=11X,保留
reserved	保留

表 2-31 发送控制寄存器 XCR2 的说明

字段名	功 能
XPHASE	发送信号的相： XPHASE=0,单相帧； XPHASE=1,双相帧
XFRLEN2	发送帧长度 2： XFRLEN2 =000 0000,一帧含 1 个字； XFRLEN2 =000 0001,一帧含 2 个字； ⋮ XFRLEN2=111 1111,一帧含 128 个字
XWDLEN2	发送字长度 2： XWDLEN2=000,一个字含 8 bit； XWDLEN2=001,一个字含 12 bit； XWDLEN2=010,一个字含 16 bit； XWDLEN2=011,一个字含 20 bit； XWDLEN2=100,一个字含 24 bit； XWDLEN2=101,一个字含 32 bit； XWDLEN2=11X,保留
XCOMPAND	发送压缩/解压缩模式： XCOMPAND=00,无压缩/解压,数据传输以 MSB 开始； XCOMPAND=01,无压缩/解压,数据传输以 LSB 开始； XCOMPAND=10,发送数据进行μ律压缩/解压； XCOMPAND=11,发送数据进行 A 律压缩/解压
XFIG	发送帧忽略： XFIG=0,第一个发送帧同步脉冲之后的帧同步脉冲重新启动数据传输； XFIG=1,第一个发送帧同步脉冲之后的帧同步脉冲被忽略
XDATDLY	发送数据延迟： XDATDLY=00,0 bit 数据延迟； XDATDLY=01,1 bit 数据延迟； XDATDLY=10,2 bit 数据延迟； XDATDLY=11,保留

2. 相和延迟的概念

(1) 串行通信中相的概念

相是 McBSP 中传输数据的一种特殊方式。

在 McBSP 中,帧同步信号表示一次数据传输的开始。帧同步信号之后的数据流可以有 2 个相:相 1 和相 2。相位的个数(1 或 2)可通过设置 RCR2 和 XCR2 中的(R/X)PHASE 位来实现。每帧的字数和每字的位数分别由(R/X)FRLEN1 和 FRLEN2,以及(R/X) 1 和 WDLEN2 决定。

例如图 2-29 所示的数据流由两相组成：

第一相由 2 个 12 位的字构成；

第二相由 3 个 8 位的字构成。

具体设置如下：

(R/X)FRLEN1 = 1 或 0000001b；

(R/X)FRLEN2 = 2 或 0000010b；

(R/X)WDLEN1 = 001b；

(R/X)WDLEN2 = 000b。

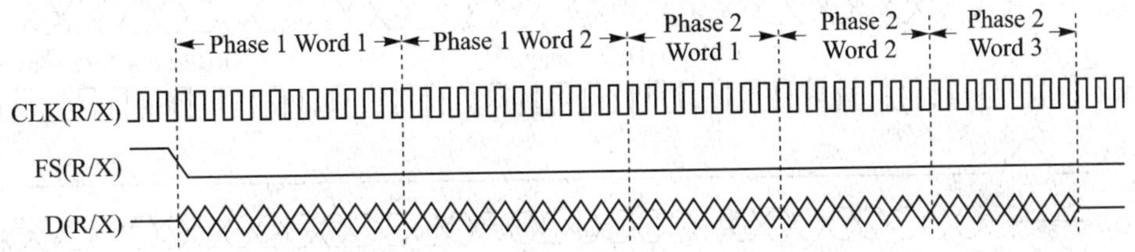

图 2-29　两相数据流

注意，在一帧内数据流是连续的(即在各字之间和在各个相之间不存在间隙)。

再例如图 2-30 所示的数据流采用的是 8 位单相数据流，每一相由 4 个 8 位的字节组成。具体的设置如下：

(R/X)FRLEN1 = 0000011b(每帧 4 字)；

(R/X)PHASE = 0 (单相帧)；

(R/X)FRLEN2 = X(不要考虑)；

(R/X)WDLEN1 = 000b(每字 8 位)。

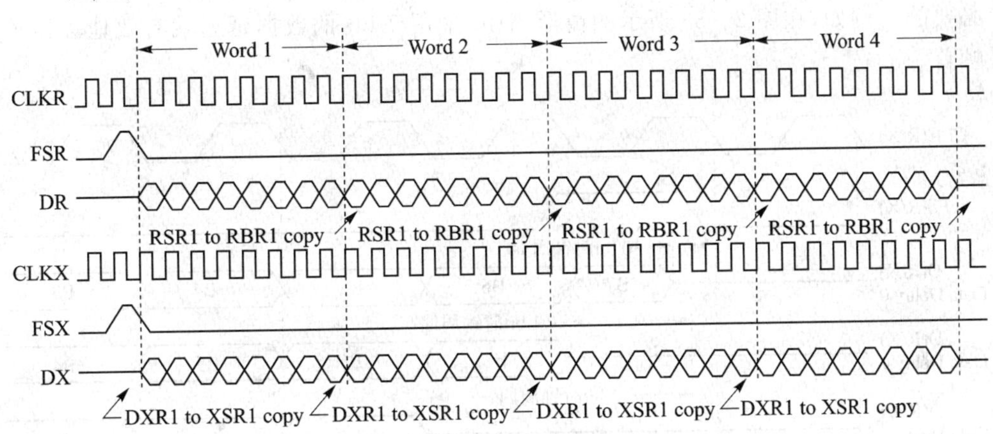

图 2-30　8 位单相传输

图 2-31 所示的数据流采用的也是单相数据流，但每一相由 1 个 32 位的 4 字组成。具体的设置如下：

(R/X)FRLEN1=0b(单字帧)；

(R/X)PHASE=0(单相帧);

(R/X)FRLEN2=X(不用考虑);

(R/X)WDLEN1=101b(每字 32 bit)。

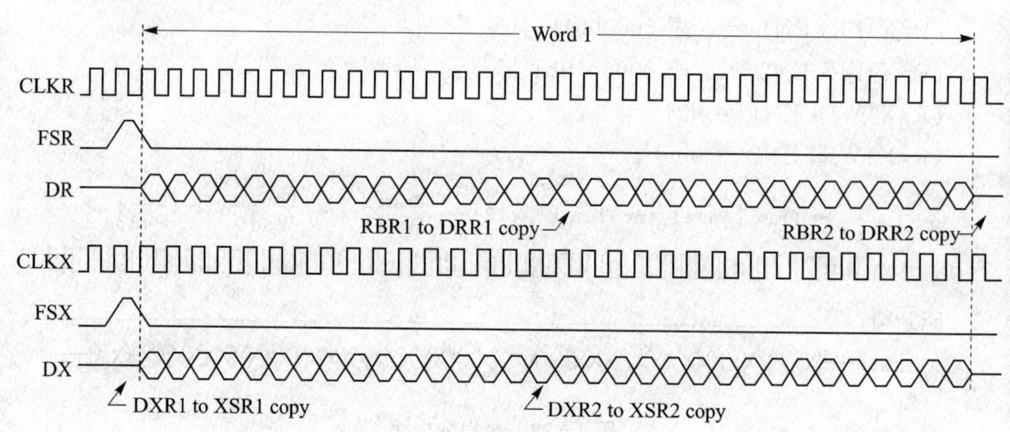

图 2-31　32 位单相数据流

(2) 数据延迟

在 C54x 器件的串行通信协议中,每一帧都是从帧同步信号有效时钟的第一个时钟周期开始的,所谓"数据延迟"就是实际的数据接收或传输的开始时刻,相对于一帧的开始时刻的时延。

RDATDLY 和 XDATDLY 分别为接收和传输指定各自的数据延迟。数据延迟的范围为 0、1 或 2 bit 时钟周期(见图 2-32)。在特定情况下,采用数据延迟是非常必要的。例如,在图 2-33 所示的情形当中,采用 2 bit 的数据延迟就有效地去掉了帧首。

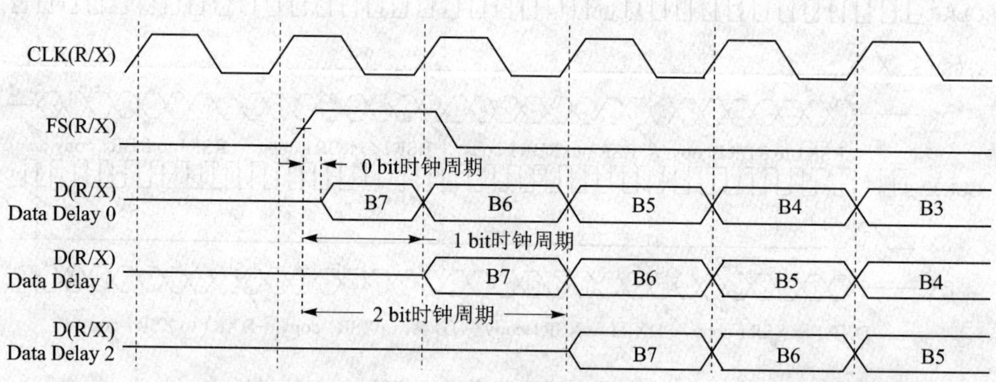

图 2-32　数据延迟的范围

图 2-34 所示的数据流采用的是由 1 个 8 位的字组成的单相帧,有 1 位数据延迟。FS(R/X)有效后一位时钟可以利用引脚 DX 和引脚 DR 进行数据传输。

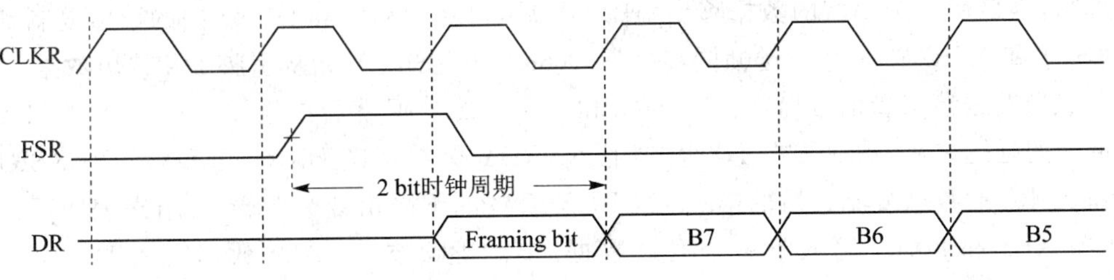

图 2-33　采用 2 bit 数据延迟去除帧首

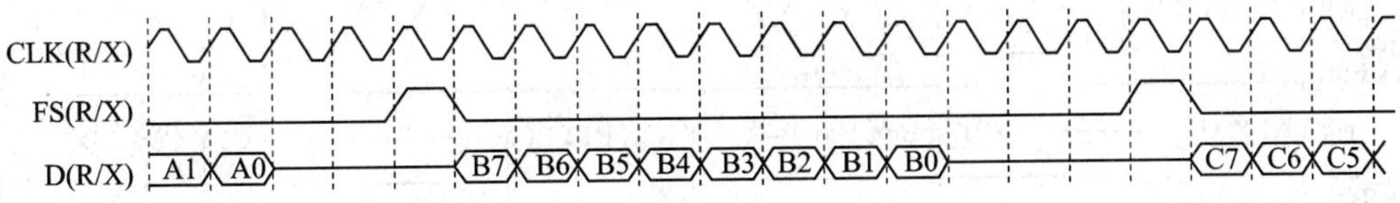

图 2-34　单相帧

3. 数据发送与接收操作

数据的接收和发送分别是经过三级缓冲和两级缓冲完成的。

(1) 数据接收过程

接收数据到达 DR 引脚后，被移入寄存器 RSR1 和 RSR2 中。一旦接收帧同步信号(FSR)有效，就会被接收部分的 CLKR 检测到。引脚 DR 上数据在经过了由 RDATDLY 指定的延迟之后，被传输到 RSR1 和 RSR2。

当收满一个字(8、12、16、20、24 或 32 位)的数据之后，如果此时寄存器 RBR1 和 RBR2 未满，则在每个字尾的时钟上升沿，RSR1 和 RSR2 的内容将被复制到 RBR1 和 RBR2 中。把 RBR1 和 RBR2 的内容复制到 DRR1 和 DRR12 会使 RRDY 状态位在 CLKR 的下降沿时被设置为 1。这表示 DRR1 和 DRR12 中数据已经准备好，可以被中央处理器或 DMA 读取。当 DRR1 和 DRR2 的数据被中央处理器或 DMA 读走之后，RRDY 又重新被设置为 0。图 2-35 是这种数据读取和复制的逻辑时序图。

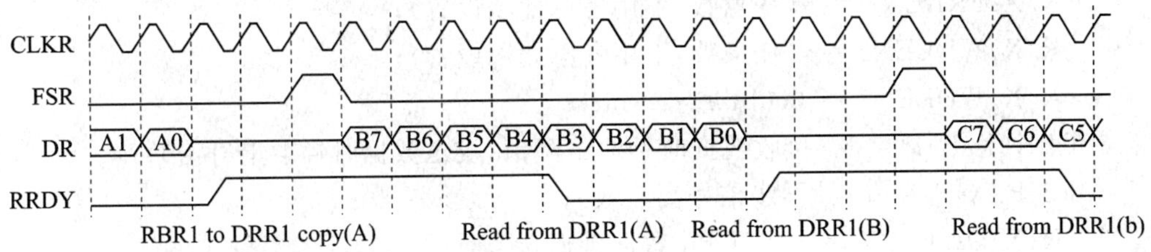

图 2-35　数据的接收

(2) 数据发送过程

发送数据时，CPU 和 DMA 把要发送的数据写入 DXR1 和 DXR2 中。如果在 XSR1 和 XSR2 中没有数据，则将 DXR1 和 DXR2 中的数值复制到 XSR1 和 XSR2；

否则,当最后一个比特的数据移出引脚 DX 后,再将 DXR1 和 DXR2 中的数值复制到 XSR1 和 XSR2 中。在发送帧同步之后,XSR1 和 XSR2 开始从引脚 DX 移出数据。

当发送帧同步信号出现后,XSR1 和 XSR2 的数据就会在经过了由 XDATDLY 指定的延迟之后,被放置在 DX 引脚上。XRDY 会在每次 DXR1 和 DXE2 到 XSR1 和 XSR2 的数据复制之后的第一个 CLKX 时钟的下降沿变为逻辑 1,用来表明可以向 DXR1 和 DXE2 写入下一个发送数据。当 CPU 或 DMA 将数据写入 DXR1 和 DXE2 后,XRDY 将变为逻辑 0。图 2-36 给出了这个操作的逻辑时序关系。

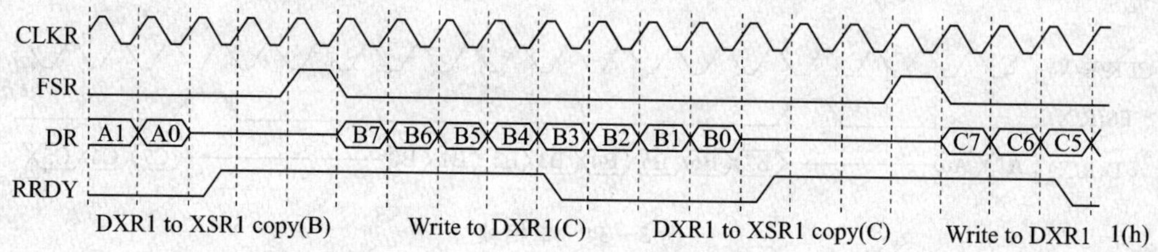

图 2-36 数据的发送

(3) 初始化操作

在需要使用串行 I/O 接口时,需要对其进行初始化操作,也就是对串行通信接口进行设置。初始化操作主要有如下几步:

① 设置(R/X)PHASE(取 0 或取 1)。

② 若(R/X)PHASE=0,则只需设置(R/X)FRLEN1(0x0～0x7F)。

③ 若(R/X)PHASE=1,则需设置(R/X)FRLEN1 和 FRLEN 2(0x0～0x7F)。

④ 若(R/X)PHASE=0,则只需设置(R/X)WDLEN1(0x0～0x5)。

⑤ 若(R/X)PHASE=1,则需设置(R/X) WDLEN1 和 WDLEN 2(0x0～0x5)。

具体的设置如下:

(R/X)FRLEN1 = 0b(每帧由一个字组成);

(R/X)PHASE = 0(单相帧);

(R/X)FRLEN2 = x(任意数,不用考虑此项设置);

(R/X)WDLEN2 =x(任意数,不用考虑此项设置);

(R/X)WDLEN1 = 000b(每字 8 bit);

CLK(X/R)P = 0 (接收数据时钟取下降沿,发送数据时钟取上升沿);

FS(R/X)P = 0 (帧同步信号高有效);

(R/X)DATDLY = 01b(1 bit 数据延迟)。

注意,只有当 McBSP 不在复位状态而且对 McBSP 的设置已完毕时,才能进行数据的串行收发初始化操作。

(4) 最大帧频率

帧频率是由两个相邻帧同步信号之间的位时钟数决定的,即

帧频率 = 位时钟频率 / 两个相邻帧同步信号之间的位时钟数

最大帧频率 = 位时钟频率 / 每帧的位数

图 2－37 就是这种情况（(R/X)DATDLY = 0）的逻辑时序波形。

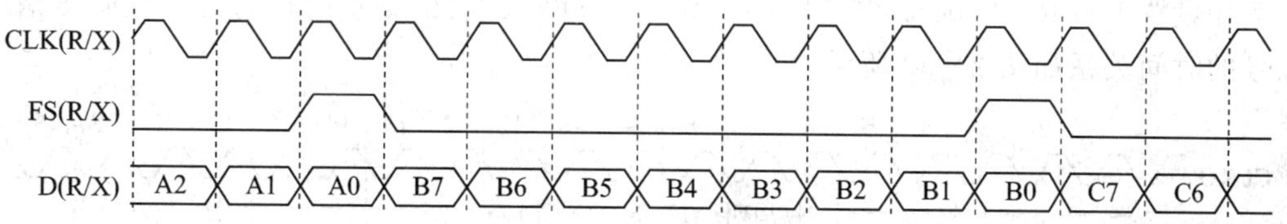

图 2－37　最大帧频率

4. 时钟和帧同步

McBSP 的接收和发送部分，都可以对各自的时钟信号和帧脉冲信号进行独立的选择。时钟信号和帧脉冲信号都是通过采样率发生器（见图 2－38）送到接收和发送部分的。

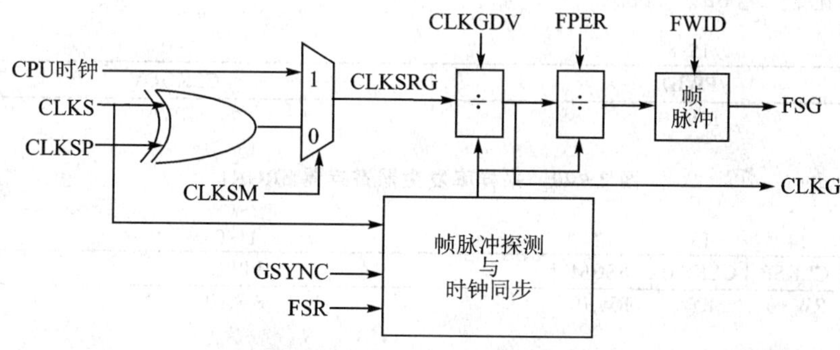

图 2－38　采样率发生器框图

采样率发生器是串行通信系统中的重要组成部分，所发出的时钟信号是串行通信中的重要控制信号。C54x 的采样率发生器由三级时钟分频器组成，其逻辑结构框图如图 2－38 所示。

采样率发生器可以产生可编程的数据位时钟信号 CLKG 和帧同步时钟信号 FSG。CLKG 和 FSG 是 McBSP 内部信号，用以驱动接收/发送时钟信号 CLKR/X 和帧同步信号 FSR/X。

当 CLKSM＝1 时，采样率发生器时钟 CLKSRG 由内部 CPU 时钟驱动；当 CLKSM＝0 时，采样率发生器时钟 CLKSRG 由外部时钟源 CLKS 驱动。

采样率发生器的三级分频输入控制信号的意义如下：

① CLKGDV(Clock divide down)：一个数据位时钟所含的输入时钟数。

② FPER(Frame period)：一个帧周期所包含的数据位时钟数。

③ FWID(Frame width)：有效帧脉冲宽度（以数据位时钟为单位）。

其中，FWID 是寄存器 SRGR1 中的 15～8 位，FPER 是寄存器 SRGR2 中的

11～0位。这些控制信号决定分频输出信号的参数，具体如下：

$$帧周期 = (FPER+1) \times CLKG$$

$$帧脉冲宽度 = (FWID+1) \times CLKG$$

例如设置 FPER＝0000 0000 1111b，FWID＝0000 0001b，则这时位时钟和帧同步信号的时间关系如图 2-39 所示。

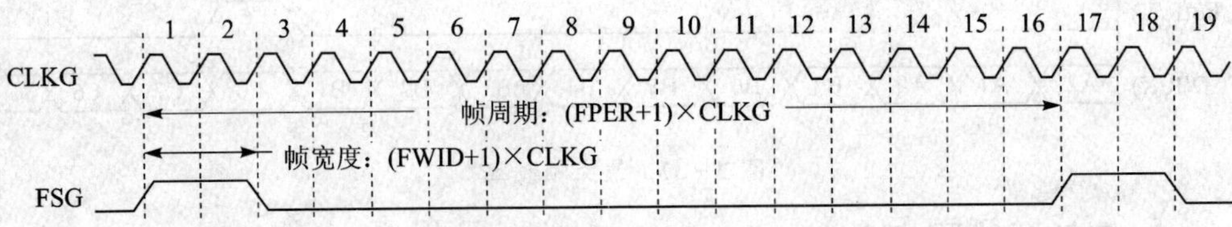

图 2-39 FPER＝00Fh 和 FWID＝01h 时位时钟和帧同步信号的时间关系

控制采样率发生器工作的是采样率发生器寄存器 SRGR1（见图 2-40）和采样率发生器寄存器 SRGR2（见图 2-41）。关于采样率发生器寄存器 SRGR1 和 SRGR2 的说明详见表 2-32。

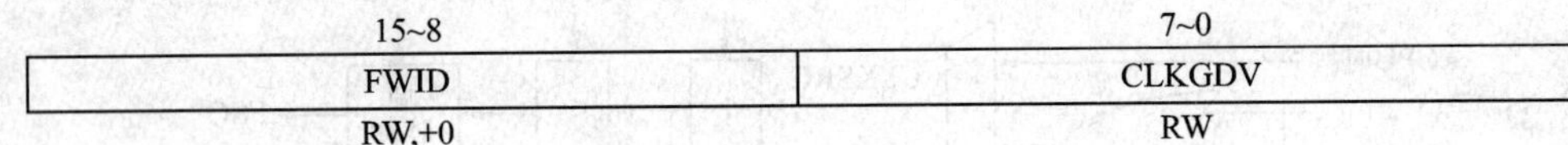

图 2-40 采样率发生器寄存器 SRGR1

15	14	13	12	11~0
GSYNC	CLKSP	CLKSM	FSGM	FPER
RW,+0	RW,+0	RW	RW,+0	RW,+0

图 2-41 采样率发生器寄存器 SRGR2

表 2-32 采样率发生器寄存器 SRGR1、SRGR2 的说明

字段名	功 能
FWID	帧宽度。 该字段的值加1决定了帧同步信号 FSG 的宽度。 范围：1～256个 CLKG（数据位时钟）周期
CLKGDV	采样率发生器的时钟分频器。 该值用于得到采样率发生器所需的时钟频率（缺省值为1）
GSYNC	采样率发生器的时钟同步（仅用于 CLKSM＝0，即外部时钟驱动采样率发生器）。 GSYNC＝0，采样率发生器在自由运行； GSYNC＝1，采样率发生器在运行，但是仅当检测到 FSR 之后，才重新同步 CLKG 和产生 FSG，而且帧周期此时就不被考虑了
CLKSP	CLKS 的边沿选择（CLKSM＝0）： CLKSP＝0，CLKS 的上升沿产生 CLKG 和 FSG； CLKSP＝1，CLKS 的下降沿产生 CLKG 和 FSG

续表 2-32

字段名	功　能
CLKSM	采样率发生器的时钟模式： CLKSM=0，采样率发生器的时钟来源于引脚 CLKS（外部驱动）； CLKSM=1，采样率发生器的时钟来源于 CPU 时钟（内部驱动）
FSGM	采样率发生器的发送帧同步模式（仅用于 PCR 中的 FSXM=1）： FSGM=0，DXR[1,2]-to-XSR[1,2]拷贝导致发送帧同步信号 FSX； FSGM=1，发送帧同步信号 FSX 由采样率发生器的帧同步信号 FSG 驱动
FPER	帧周期。 该字段的值加 1 决定了在下一个帧同步信号到来前所经过的 CLKG 周期数。 范围：1～4 096 个 CLKG（数据位时钟）周期

5. McBSP 的初始化过程

McBSP 的初始化过程包括三部分：接收部分初始化、发送部分初始化和采样率发生器初始化。

初始化要先对 McBSP 复位。McBSP 复位有两种：

① C54x 芯片复位，同时 McBSP 被复位。

② 设置串口控制寄存器（SPCR）中的相应位，使 McBSP 复位。设置$\overline{\text{XRST}}$=0 和$\overline{\text{RRST}}$=0，分别使发送和接收复位；设置$\overline{\text{GRST}}$=0，使采样率发生器复位。

复位后，串口初始化为默认状态。所有计数器和状态标志均被复位，包括：接收状态标志 RFULL、RRDY、RSYNCERR，以及发送状态标志 $\overline{\text{XEMPTY}}$、XRDY、XSYNCERR。

如果使用中断，则设置 SPCR 寄存器的（R、X）INTM=00B，在接收数据寄存器 DRR 已经准备好或可以向发送数据寄存器 DXR 写入数据时，允许 McBSP 产生中断。

具体步骤如下：

① 对 McBSP 复位。DSP 初始化后，采样率发生器的初始化标志 GRST=0；在其他情况下，也可通过向 SPCR2 寄存器中的 GRST 位置 0，使得采样率发生器处于初始化状态。在此状态下，串口时钟 CLKG 为 CPU 时钟的 1/2，帧同步信号为逻辑 0；如果需要，可以设置接收、发送初始化标志位为 0。

② 设置采样率发生器寄存器 SRGR1 和 SRGR2，并设置其他控制寄存器（SPCR、PCR、RCR）。

③ 等待两个 CPU 时钟以确保内部正确同步。

④ 将采样率发生器初始化标志置 1，使采样率发生器退出复位，开始工作。

⑤ 等待两个串口时钟，保证内部正确同步。

⑥ 使接收和发送脱离初始化状态（[R/X]RST=1），退出复位。

⑦ 在下一个 CPU 时钟的上升沿，串口时钟 CLKG 送出一个 1，并以 CPU 时钟/(1+CLKGDV）的频率运行。

⑧ 在数据发送寄存器 DXR1 和 DXR2 已经被载入数据后，可以将帧同步初始化标志位置 1，以发出正确的帧同步脉冲信号。

McBSP 寄存器的读/写通过 McBSP 的支地址寄存器和内容寄存器实现。C5410 的 McBSP0 的支地址寄存器对应地址为 38h，内容寄存器地址为 39h。

2.6.5 等待状态发生器

C54x 中有两个重要外设部件，即软件等待状态发生器和可编程边界转换开关 BSCR。

软件等待状态发生器可使 C54x 在与较慢的外部设备相连接时，使用软件等待状态发生器把外部总线周期最多扩展到 7 个 CLKOUT 周期，如果设备需要更多的等待状态，就必须连接硬件 READY 连线。当所有的外部访问不需要插入等待状态时，内部连接软件等待状态发生器的时钟会被切断以减少能量消耗。

软件等待状态发生器受 16 位软件等待状态寄存器(SWWSR)的控制，该寄存器的数据空间映射地址是 0028h。

程序空间和数据空间各由两个 32K 字长的块组成，I/O 空间是 64K 字长的一块，每块在软件等待状态寄存器中占用 3 位。SWWSR 寄存器的结构如图 2-42 所示，SWWSR 寄存器的功能如表 2-33 所列。

	15	14~12	11~9	8~6	5~3	2~0
SWWSR(0x28)	XPA	I/O	Data	Data	Program	Program
	R/W	R/W	R/W	R/W	R/W	R/W

图 2-42 SWWSR 寄存器的结构

表 2-33 SWWSR 寄存器的功能

位	名 称	复位值	功 能
15	XPA	0	扩展的程序地址控制位，用于选择程序域指定的地址范围
14～12	I/O	111	I/O 空间，其值为 0～7，具体取值的大小取决于 0000～FFFFh 空间内处于等待状态的 I/O 数量*
11～9	Data	111	数据空间，其值为 0～7，具体取值的大小取决于 8000～FFFFh 空间内处于等待状态的数据单元数量*
8～6	Data	111	数据空间，其值为 0～7，具体取值的大小取决于 0000～7FFFh 空间内处于等待状态的数据单元数量*
5～3	Program	111	程序空间，其值为 0～7，具体取值的大小取决于如下地址空间中处于等待状态的数量* XPA=0，xx8000～xxFFFFh； XPA=1，400000～7FFFFFh
2～0	Program	111	程序空间，其值为 0～7，具体取值的大小取决于如下地址空间中处于等待状态的数量* XPA=0，xx0000～xx7FFFh； XPA=1，000000～3FFFFFh

* 参看 SWCR 的说明。

在C5410、C5420等芯片中还有一个软件等待状态控制寄存器SWCR,其中的SWSM位与寄存器SWWSR共同决定等待状态的数值,最多可以把外部总线周期扩展到14个CLKOUT周期。图2-43和表2-34是寄存器SWCR的结构和功能。

	15~1	0
SWCR(0x2B)	Reserved	SWSM

图2-43 SWCR寄存器的结构

表2-34 SWCR寄存器的功能

位	名 称	复位值	功 能
15~1	Reserved	—	保留位,用户无法修改和设置
0	SWSM	0	软件等待状态乘法位: SWSM=0,SWWSR中的等待状态计数乘1; SWSM=1,SWWSR中的等待状态计数乘2

当SWSM=0时,等待状态计数取决于SWWSR访问空间相应域的值,可能是0、1、2、3、4、5、6和7,而SWSR=0是缺省设置。

当SWSM=1时,等待状态计数取决于SWWSR访问空间相应域的值×2,可能是0、2、4、6、8、10、12和14。

复位后,SWWSR设为7FFFh,SWSM设为0,即所有外部访问都将插入7个等待状态。

2.6.6 存储器边界转换开关

可编程边界转换开关使得VC5410等型号的芯片在外部存储器的边界间切换时不必通过硬件加入额外的等待状态,可编程边界转换开关可在访问跨越程序或数据空间的32 K字长边界时会自动加入一个周期。

可编程边界转换开关由存储器块切换控制寄存器(BSCR)控制,它的数据空间映射地址为0029h,其结构和功能如图2-44所示和表2-35所列。

15~12	11	10~2	1	0
BNKCMP	PS-DS	保留	BH	EXIO
R/W	R/W	R/W	R/W	R/W

图2-44 存储器块切换控制寄存器(BSCR)结构

表2-35 BSCR寄存器功能

位	名 称	复位值	功 能
15~12	BNKCMP	1111	存储器组比较位。决定外部存储器组的大小。用来屏蔽地址的高4位,比如,如果BNKCMP=1111b,比较最高4位(15~12),则存储器组的大小为4K字,存储器组的大小可以从4K~64K字。BNKCMP与存储器组的大小如表2-36所列

续表 2-35

位	名 称	复位值	功 能
11	PS-DS	1	程序读-数据读操作位。在连续的程序读和数据读或数据读和程序读之间插入一个额外周期。 PS-DS=0,不插入一个额外周期; PS-DS=1,在连续的程序读和数据读或数据读和程序读之间插入一个额外周期
10～2	保留	—	保留
1	BH	0	总线保持。控制总线保持。 BH=0,总线不处在保持状态; BH=1,总线处在保持状态,如果没有驱动,则数据总线 DB[15:0]保持原状态
0	EXIO	0	外部总线关断。EXIO 控制外部总线关断。 EXIO=0,外部总线处在接通状态; EXIO=1,在当前总线周期完成后,地址总线、数据总线和控制信号变为无效。当外部总线接口关断时,不能调整 PMST 中的 DROM、MP/$\overline{MC}$和 OVLY 以及 ST1 中的 HM 位

表 2-36 BNKCMP 与存储器组的大小

BNKCMP				屏蔽的位	存储器组的大小/字
位 15	位 14	位 13	位 12		
0	0	0	0	无	64K
1	0	0	0	位 15	32K
1	1	0	0	位 15、14	16K
1	1	1	0	位 15、14、13	8K
1	1	1	1	位 15、14、13、12	4K

BNKCMP 的设置按照扩展的外部存储器大小的具体情况确定。

为保证对存储器访问流畅,一般将 PS-DS 设为 1,在连续的程序读和数据读或数据读和程序读之间,插入一个额外周期。

还要注意 HB 和 EXIO 的使用方法。通常应在 C54x 与外部电路有信号联络时,将这两位设为 0,外部总线属于正常操作状态。当 C54x 不与外部电路有信号联络时,可将这两位设为 1,关断外部总线,可以减少电源消耗。

2.6.7 HPI 接口

C54x 片内还有一个 8 位(有的型号有 16 位)的并行接口 HPI,称为主机接口,方便外部的主机与本系统连接通信。

当外部的主机通过 HPI 接口与本系统连接进行信息传输时,外部的主机是主控一方，它可以通过 HPI 接口直接访问本系统的片内存储器空间，包括存储器映像寄存器。HPI 的内部结构如图 2-45 所示，包含的电路有：

① HPI 存储器，主要用于外部主机与本系统之间的数据传输，是 2K 字的 DARAM 存储器块，可以用做数据或程序 DARAM。

② HPI 控制寄存器(HPIC)，确定 HPIC 的工作方式。外部主机和本系统 CPU 都可访问 HPIC，其映像寄存器地址是 002CH。

③ HPI 地址寄存器(HPIA)，只由外部主机访问，其内容是当前寻址的存储单元的地址。

④ HPI 数据锁存器(HPID)，也是只由外部主机访问。如果当前是读操作，则 HPID 里是从 HPI 存储器中读出的数据；如果当前是写操作，则 HPID 里是将写到 HPI 存储器中的数据。

⑤ HPI 控制逻辑，处理 HPI 与外部主机之间的接口信号。

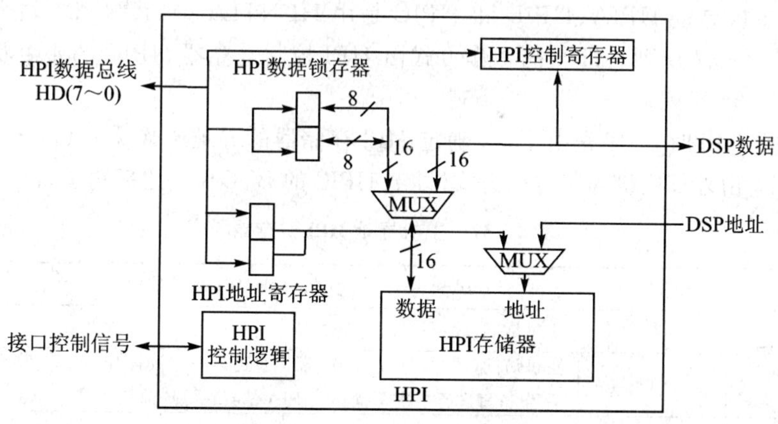

图 2-45 HPI 的内部结构

外部主机与 HPI 的连接如图 2-46 所示。

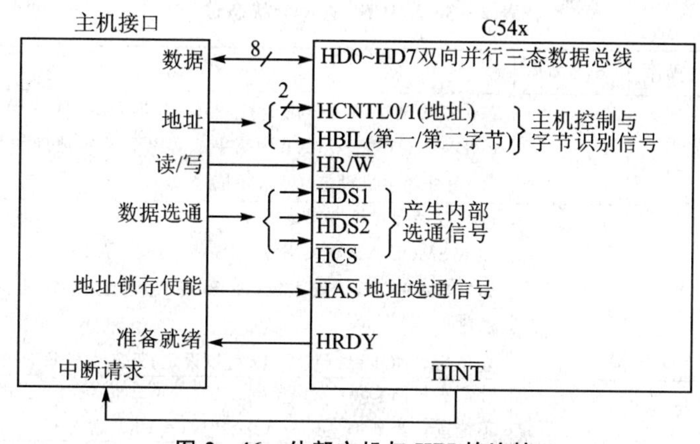

图 2-46 外部主机与 HPI 的连接

在外部主机与本系统 C54x 通过 HPI 交换信息时，HPI 被外部主机当作一个外围设备。HPI 接口的外部数据线是 8 条(HD7～1)，在本系统 C54x 与外部主机传输数据时，HPI 用引脚 HBIL 状态(HBIL＝0 时 8 位数据线上为第一个字节，HBIL＝1 时 8 位数据线上为第二个字节)和 HPIC 的 BOB 位的值(BOB＝1 时第一个字节为低字节，BOB＝0 时第一个字节为高字节)，自动将外部主机传来的两个连续的 8 位数组合为一个 16 位数据。

HPI 存储器可由 C54x 设定(HPIC 的 SMOD 位)为外部主机与 C54x 共同寻址(SMOD＝1)或外部主机单独寻址(SMOD＝0)两种方式。外部主机寻址 HPI 的 2K 字存储器的地址是 000h～7FFh，C54x 寻址地址是 1000h～17FFh。如果连续寻址，则 HPI 存储器可以使用 HPI 存储器地址自动增量特性。在自动增量方式(HCNTL1＝0，HCNTL0＝1)下，每进行一次读操作，HPIA 都会在寻址后增 1；每进行一次写操作，HPIA 都会在寻址前增 1。

外部主机寻址 HPIA、HPID 和 HPIC 是用 HCNTL0 和 HCNTL1 两个信号确定的，如表 2－37 所列。HPI 的工作方式由 HPI 控制寄存器 HPIC 的 4 个状态位确定，如表 2－38 所列。

在使用 HPI 时，一般先由 C54x 确定 HPI 存储器的寻址工作方式(设定 HPIC 的 SMOD 位)，由外部主机确定传输方式(设定 HPIC 的 BOB 位)，之后再进行信息传输。

表 2－37 主机寻址 HPI 寄存器

HCNTL1	HCNTL0	主机寻址 HPI 寄存器
0	0	主机访问(读/写)HPIC 寄存器
0	1	主机访问(读/写)HPID 锁存器，每进行一次读操作，HPIA 都会在寻址后增 1；每进行一次写操作，HPIA 都会在寻址前增 1
1	0	主机访问(读/写)HPIA 寄存器，该寄存器指向 HPI 存储器
1	1	主机访问(读/写)HPID 锁存器，不影响 HPIA 寄存器

表 2－38 HPIC 的 4 个状态位

位	主机操作	C54x 操作	说 明
BOB	读/写	—	数据线上的字节选择位。当 BOB＝1 时，第一个字节为低字节；当 BOB＝0 时，第一个字节为高字节。BOB 确定地址和数据的传送组合，由外部主机设定，C54x 不能修改
SMOD	读	读/写	HPI 存储器寻址方式选择位。 如果 SMOD＝1，则共用方式(SAM 方式)寻址； 如果 SMOD＝0，则仅主机(HOM 方式)寻址，C54x 不能寻址 HPI 存储器。 复位后 SMOD＝1，仅 C54x 可以设定，外部主机只能读
DSPINT	写	—	外部主机向 C54x 发出中断：只能外部主机写，外部主机和 C54x 均不能读。当外部主机写入 DSPINT＝1 时，就对 C54x 发出一次中断

续表 2-38

位	主机操作	C54x 操作	说 明
HINT	读/写	读/写	C54x 向外部主机发出中断。该位的状态就是 C54x 引脚 HINT 的状态,用来向外部主机发出中断。读 1 为有效。 复位后,HINT=0,外部引脚 HINT 为无效(高电平),C54x 和外部主机读 HINT 为 0;HINT=1,外部引脚 HINT 为有效(低电平),C54x 和外部主机读 HINT 为 1

2.7 TMS320C54x 中断系统

2.7.1 中断概述

通常所说的中断,是由驱动信号触发,使 DSP 将当前的程序挂起,执行另一个称为中断服务子程序(ISR)任务的过程。

1. 中断分类

按照中断源划分,有软件中断和硬件中断。C54x DSP 既支持软件中断,也支持硬件中断:

① 软件中断:由程序指令(INTR、TRAP 或 RESET)请求。

② 硬件中断:由物理设备信号请求,有两种形式,一种是受外部中断口信号触发的外部硬件中断;另一种是受片内外设信号触发的内部硬件中断。

中断还可以分为两大类:可屏蔽中断和不可屏蔽中断。

可屏蔽中断就是可以通过软件来加以屏蔽的中断。C54x DSP 最多可以支持 16 个用户可屏蔽中断,例如 C5402 可屏蔽中断:

① INT3~INT0;

② RINT0、XINT0、RINT1 和 XINT1(串行口中断);

③ TINT0、TINT1(定时器中断);

④ HPINT、DMAC0~DMAC5。

不可屏蔽中断就是不能被屏蔽的中断,所有的软件中断都是不可屏蔽中断。C54x DSP 不可屏蔽中断包括所有的软件中断,以及两个外部硬件中断($\overline{RS}$复位和$\overline{NMI}$)。

2. 中断处理步骤

C54x DSP 处理中断分如下三个步骤:

① 接收中断请求。通过软件(程序代码)或硬件(引脚或片内外设)请求挂起主程序。

如果中断源正在请求一个可屏蔽中断，则当中断被接收到时，中断标志寄存器(IFR)的相应位被置 1。

② 应答中断。C54x DSP 必须应答中断请求。

如果中断是可屏蔽的，则根据屏蔽条件决定 C54x DSP 如何应答该中断。

如果是非屏蔽硬件中断和软件中断，则中断应答是立即的。

③ 执行中断服务程序(ISR)。一旦中断被应答，则 C54x DSP 执行中断向量地址所指向的转移指令，去执行中断服务程序(ISR)。

2.7.2　中断相关寄存器

1. 中断标志寄存器(IFR)

中断标志寄存器是一个存储器映射的 CPU 寄存器，可以识别并清除有效的中断。当一个中断出现时，IFR 中相应的中断标志位置 1，直到 CPU 识别该中断为止。表 2-39 是中断标志寄存器的位结构。

表 2-39　中断标志寄存器的位结构

15～14	13	12	11	10	9	8	7
resvd	DMAC5	DMAC4	BXINT1 或 DMAC3	BRINT1 或 DMAC2	HPINT	INT3	TINT1 或 DMAC1
6	5	4	3	2	1	0	
DMAC0	BXINT0	BRINT0	TINT0	INT2	INT1	INT0	

当出现下列情况之一时，中断标志位清 0：

① C54x DSP 复位(RS 引脚为低电平)。

② 中断得到处理。

③ 将 1 写到 IFR 中的适当位，相应的尚未处理完的中断被清除。

④ 利用合适的中断号执行 INTR 指令。

2. 中断屏蔽寄存器(IMR)

中断屏蔽寄存器(IMR)是一个存储器映射的 CPU 寄存器，主要用来屏蔽外部和内部硬件中断。

如果状态寄存器 ST1 中的 INTM 位=1，则 IMR 无效。表 2-40 是中断屏蔽寄存器的位结构。

当 ST1 中的 INTM 位=0(即开放整体中断)时，如果 IMR 寄存器中的某一位为 1，则使能该位相应的中断。用户可以对 IMR 寄存器进行读/写操作，即用户可以使能某个位中断。

表 2-40 中断屏蔽寄存器的位结构

15～14	13	12	11	10	9	8	7
resvd	DMAC5	DMAC4	BXINT1 或 DMAC3	BRINT1 或 DMAC2	HPINT	INT3	TINT1 或 DMAC1
6	5	4	3	2	1	0	
DMAC0	BXINT0	BRINT0	TINT0	INT2	INT1	INT0	

2.7.3 中断请求及处理

1. 中断请求

当产生一个中断请求时，IFR 寄存器中相应的中断标志位被置位。不管中断是否被处理器应答，该标志位都会被置位。当相应的中断被响应后，该标志位自动被清除。

硬件中断请求包括 IFR 寄存器列出的中断以及引脚$\overline{RS}$、$\overline{NMI}$的中断请求。

软件中断由如下程序指令发出中断请求：

① INTR K：该指令允许执行任何一个中断服务程序。指令操作数 K（中断号）表示 CPU 分支转移到哪个中断向量地址。表 2-41 列出了用于指向每个中断向量位置的操作数 K。当应答 INTR 中断时，ST1 寄存器的中断模式位（INTM）被设置为 1，用以禁止可屏蔽中断。

表 2-41 C5402 中断向量

中断号	优先级	名 称	向量位置	功 能
0	1	$\overline{RS}$,SINTR	00	硬件和软件复位
1	2	$\overline{NMI}$,SINT16	04	非屏蔽硬件中断
2	—	SINT17	08	软中断＃17
3～14	—	SINT18～SINT29	0C～38	软中断＃18～软中断＃29
15	—	SINT30	3C	软中断＃30
16	3	$\overline{INT0}$,SINT	40	外部用户中断＃0
17	4	$\overline{INT1}$,SINT1	44	外部用户中断＃1
18	5	$\overline{INT2}$,SINT2	48	外部用户中断＃2
19	6	TINT0,SINT3	4C	定时器 0
20	7	BRINT0,SINT4	50	McBSP＃0 接收
21	8	BXINT0,SINT5	54	McBSP＃0 发送
22	9	DMAC0,SINT6	58	DMA 通道 0
23	10	TINT1,DMAC1,SINT7	5C	定时器 1,DMA 通道 1
24	11	$\overline{INT3}$,SINT8	60	外部用户中断＃3

续表 2-41

中断号	优先级	名　称	向量位置	功　能
25	12	HPINT,SINT9	64	HPI
26	13	BRINT1,DMAC2,SINT10	68	McBSP＃1 接收,DMA 通道 2
27	14	BRINT1,DMAC3,SINT11	6C	McBSP＃1 发送,DMA 通道 3
28	15	DMAC4,SINT12	70	DMA 通道 4
29	16	DMAC5,SINT13	74	DMA 通道 5
—	—	保留	78～7F	保留

② TRAP　K:该指令执行的功能与 INTR 指令一致,但不设置 INTM 位。

③ RESET:该指令执行一个非屏蔽软件复位,可以在任何时候被使用并将 DSP 置于已知状态。RESET 指令影响 ST0 和 ST1 寄存器,但是不会影响 PMST 寄存器。当应答 RESET 指令时,INTM 位被设置为 1,用以禁止可屏蔽中断。

2. 中断应答

非屏蔽中断会立刻被应答,可屏蔽中断仅仅在如下条件满足后才被应答:

① INTM 位清 0。当响应一个中断后,INTM 位被置 1。如果程序使用 RETE 指令退出中断服务程序(ISR),则从中断返回后 INTM 重新使能。

使用硬件复位(RS)或执行 SSBX　INTM 指令(禁止中断)会将 INTM 位置 1。通过执行 RSBX　INTM 指令(使能中断),可以复位 INTM 位。INTM 不会自动修改 IMR 或 IFR 寄存器。

② IMR 位为 1:每个可屏蔽中断在 IMR 寄存器中都有自己的屏蔽位。为了使能一个中断,可以将其屏蔽位置 1。

③ 当超过一个硬件中断同时被请求时,DSP 按照中断优先级来响应中断请求。表 2-41 列出了中断号与优先级和中断向量位置的关系。

3. 中断处理

当应答中断后,CPU 会采取如下的操作:

① 保存程序计数器 PC 的值(返回地址)到数据存储器的堆栈顶部。程序计数器扩展寄存器(XPC)不会自动保存在堆栈中。因此,如果中断服务程序(ISR)位于和中断向量表不同的页面,则用户必须在分支转移到 ISR 之前压入 XPC 到堆栈中。FRET[E]指令可以用于从 ISR 返回。

② 将中断向量的地址加载到 PC。

③ 获取位于向量地址的指令。(若转移指令被延时,并且用户也存储了一个 2 字指令或两个 1 字指令,则 CPU 也会获取这两个字。)

④ 执行转移指令,转到中断服务程序(ISR)地址。(如果转移指令被延时,则在转移指令之前会执行额外的指令。)

⑤ 执行 ISR。

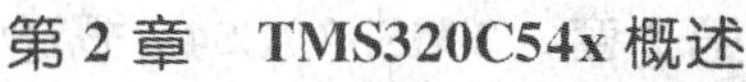

⑥ 从堆栈中弹出返回地址到PC中。(注意,XPC若被保护,则必须人为恢复。)

⑦ 直到一个返回指令中止ISR。

⑧ 继续执行主程序。

2.7.4　中断向量地址重新映射

中断向量可以映射到除保留区域外程序存储器的任何128字页面的起始位置。

复位时,IPTR的所有位被置1(IPTR＝1FFh),并按此值将复位向量映射到程序存储器的511页空间。所以,硬件复位(RS)向量不能被重新映射,总是指向程序空间的FF80h位置。

当加载除1FFh之外的值到IPTR后,中断向量可以映射到其他地址。例如,用0010h加载IPTR,那么中断向量就被移到从0800h单元开始的程序存储器空间。

2.7.5　中断向量地址

中断向量地址是由PMST寄存器中的IPTR(9位中断向量指针)和左移2位后的中断向量序号(中断向量序号为0～31,左移2位后变成7位)所组成的。

表2-41列出的中断向量位置是相对的地址,每个中断向量占用4个存储单元地址。复位后,IPTR的所有位被置1(IPTR＝1FFh),中断向量的起始地址是FF80h。可以在复位后重新加载IPTR。

在中断响应处理时,CPU将中断向量的地址加载到PC,从而执行相应的中断服务程序。所以,在进行软件设计时,在中断向量文件.asm的中断向量段中,在适当的中断向量地址中安排跳转指令,跳转到相应的中断服务程序的入口。对应地,在链接命令文件中,要把中断向量段安排到相应的中断向量地址上。

中断向量地址的形成可以采用下面的步骤:

① 取IPTR的值是中断向量地址高9位。

② 查表2-41得某个中断序号。

③ 将十六进制的中断向量序号左移2位,得到的低7位是中断向量地址的低7位。

④ 将①与③拼得16位中断向量地址。

例2-1:若IPTR＝001H,求INT0的中断向量地址。

解:

① IPTR＝001H＝0 0000 0001B;

② 查INT0的中断向量序号为16(10H＝001 0000B);

③ 左移2位:100 0000B;

④ 得到中断向量地址:0000 0000 1100 0000B ＝ 00C0H,如图2-47所示。

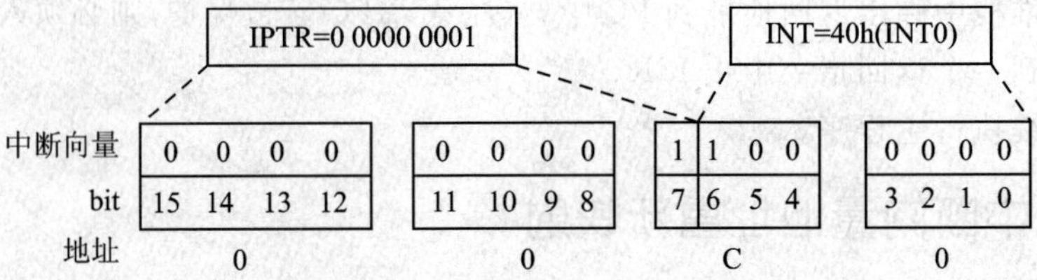

	IPTR=0 0000 0001										INT=40h(INT0)			
中断向量	0	0	0	0	0	0	0	0	1	1	0	0	0	0	0	0
bit	15	14	13	12	11	10	9	8	7	6	5	4	3	2	1	0
地址	0				0				C				0			

图 2－47 中断向量地址的形成

习 题

2.1 TMS320C54x 有几个独立的寻址空间，它们各自的寻址范围是多少？

2.2 TMS320C54x 的片内存储器可以怎样配置？处理器工作模式及状态寄存器 PMST 中的 MP $\overline{\text{MC}}$、OVLY 和 DROM 三个控制位的作用是什么？

2.3 TMS320C54x 的片内 ROM 分块的作用是什么？

2.4 TMS320C54x 的片内 RAM 分块的作用是什么？

2.5 TMS320C54x CPU 的基本组成单元有哪些？它们的作用是什么？

2.6 TMS320C54x 外围电路的基本组成有哪些？它们的作用是什么？

2.7 中断向量表列出了哪些内容？

2.8 中断向量地址如何形成？

第 3 章

TMS320C55x 概述

TMS320C55x(简称 C55x)是在 C54x 的基础上发展起来的,其性能和效率有了很大提高,与 C54x 的源代码兼容,C54x 的程序可以方便地移植到 C55x 平台上。C55x 的电源管理功能进一步增强,大大降低了芯片的功耗,其功耗只有 C54x 的 1/16。用 C55x 构成的 DSP 系统是语音编码和解码、调制和解调、图像压缩和解压、语音识别和语音合成等方面相关算法比较好的解决方案。

3.1 TMS320C55x 整体结构

TMS320C55x 芯片由 CPU、内部总线、存储器、片内外围电路单元组成,TMS320C5509A 的结构如图 3-1 所示。C55x 系列的体系结构相同,具有相同的 CPU,只是片上存储器和外围电路配置有所不同。

3.1.1 内部总线及存储器接口

C55x 内部总线是多组并行总线,总线包括:1 组程序总线、3 组数据总线、2 组数据写总线,连接关系如图 3-2 所示。

- 1 组程序地址总线(PAB),24 位;
- 1 组程序数据总线(PB),32 位;
- 3 组数据读地址总线(BAB、CAB、DAB),每组 24 位;
- 3 组数据读总线(BB、CB、DB),每组 16 位;
- 2 组数据写地址总线(EAB、FAB),每组 24 位;
- 2 组数据写总线(EB、FB),每组 16 位。

这种并行总线结构可以使 CPU 在一个机器周期内读 1 次 32 位程序代码,读 3 次16 位数据,写 2 次 16 位数据。表 3-1 列出的是 C55x 内部总线名称及功能的详细说明。

在 C55x 的内部负责 CPU 与存储空间或 I/O 空间之间传输所有数据工作的是一个存储器接口单元(M 单元),其功能包括:内部数据流、指令流接口;管理所有来自 CPU、数据空间或 I/O 空间的数据和指令;负责 CPU 和数据空间或 CPU 和 I/O 空间的数据传输。

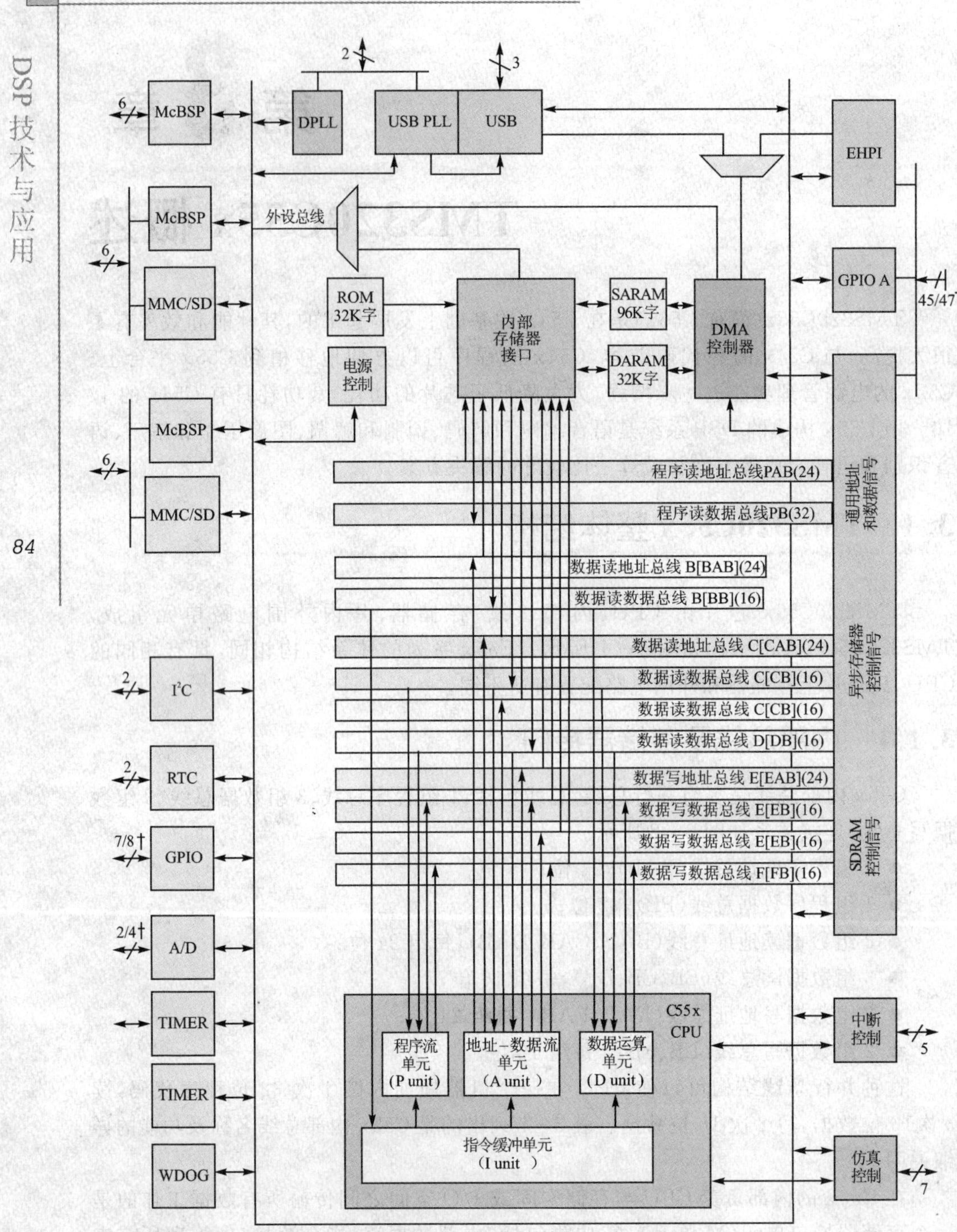

†引脚的数量视不同封装而定。

图 3-1　TMS320C5509A 的结构

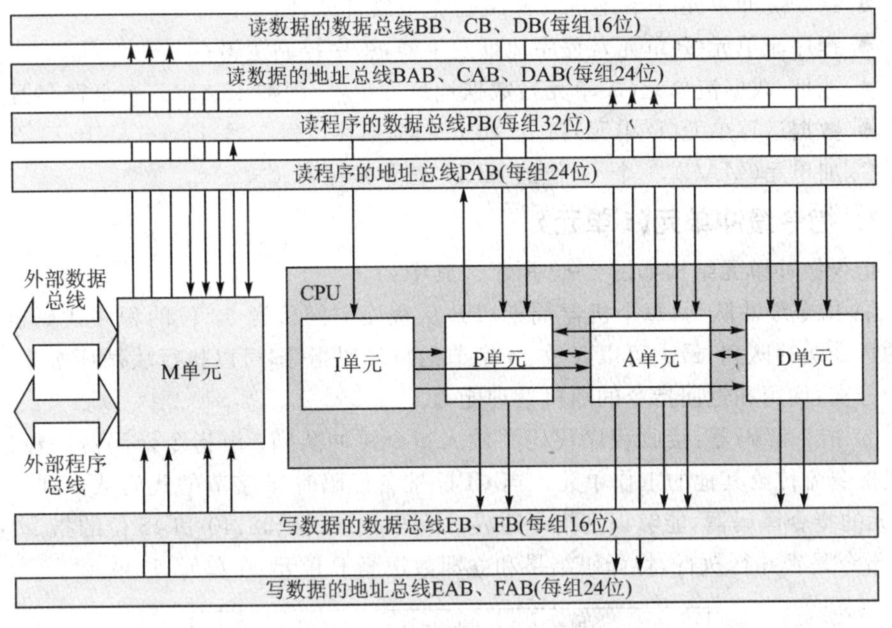

图 3-2 C55x 芯片 CPU 的组成

表 3-1 C55x 内部总线及功能

总 线	宽 度	功 能
PAB	24 位	读程序的地址总线，每次从程序空间读时，传输 24 位地址
PB	32 位	读程序的数据总线，从程序存储器传送 4 字节(32 位)的程序代码给 CPU
CAB、DAB	每组 24 位	这两组读数据的地址总线，都传输 24 位地址。DAB 在数据空间或 I/O 空间每读一次时传送一个地址，CAB 在两次读操作里送第二个地址
CB、DB	每组 16 位	这两组读数据的数据总线，都传输 16 位的数值给 CPU。DB 从数据空间或 I/O 空间读数据。CB 在读长类型数据或读两次数据时送第二个值
BAB	24 位	这组读数据的地址总线，在读系数时传输 24 位地址。许多用间接寻址模式来读系数的指令，都要使用 BAB 总线来查询系数值
BB	16 位	这组读数据的数据总线，从内存传送一个 16 位数据到 CPU。BB 不和外存连接。BB 传送的数据，由 BAB 完成寻址某些专门的指令，在一个周期里用间接寻址方式，使用 BB、CB 和 DB 来提供 3 个 16 位的操作数。经由 BB 获取的操作数，必须存放在一组存储器中，区别于 CB 和 DB 可以访问的存储器组
EAB、FAB	每组 24 位	这两组写数据的地址总线，每组传输 24 位地址。EAB 在向数据空间或 I/O 空间写时传送地址。FAB 在双数据写时，传送第二个地址
EB、FB	每组 16 位	这两组写数据的数据总线，每组都从 CPU 读 16 位数据。EB 把数据送到数据空间或 I/O 空间。FB 在写长类型数据或双数据写时传送第二个值

3.1.2 TMS320C55x 芯片 CPU

CPU 是芯片中最主要的部分，是主要的数据处理部件，主要包括(见图 3-2)：

- 指令缓冲单元(I 单元):32×16 位指令缓冲队列;
- 程序流单元(P 单元):程序地址发生器,程序控制逻辑;
- 地址-数据流单元(A 单元):数据地址发生器,附加 16ALU,一组寄存器;
- 数据运算单元(D 单元):1 个 40 位的桶形移位寄存器(barrel shifter),2 个乘加单元(MAC),1 个 40 位的 ALU,若干寄存器。

1. 指令缓冲单元(I 单元)

指令缓冲单元结构如图 3-3 所示。其中:

① 指令缓冲队列:每个机器周期,PB 从程序空间传送 32 位的程序代码至 I 单元的指令缓冲队列;最大可以存放 64 字节的待译码指令,可以执行块循环指令,具有对于分支、调用和返回指令的随机处理能力。

② 指令解码器:接收程序代码并放入指令缓冲队列;由指令译码器解释指令,再把指令流传给其他的工作单元。当 CPU 准备译码时,6 字节的代码从队列发送到 I 单元的指令译码器,能够识别指令边界, 译码 8、16、24、32、40 和 48 位的指令,决定 2 条指令是否并行执行,将译码结果和立即数送至 P 单元、A 单元、D 单元 。

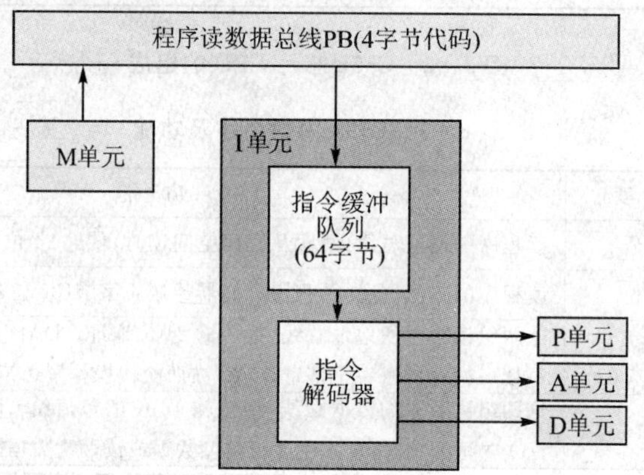

图 3-3 指令缓冲单元(I 单元)的结构

2. 程序流单元(P 单元)

P 单元的作用:产生程序空间地址,并加载地址到 PAB;控制指令流顺序。程序流单元(P 单元)的结构如图 3-4 所示,其中程序地址产生逻辑产生 24 位的程序空间取指令的地址,可产生顺序地址;也可以将 I 单元的立即数或 D 单元的寄存器值作为地址。程序控制逻辑接收来自 I 单元的立即数,并测试来自 A 单元或 D 单元的结果从而执行如下动作:测试执行指令的条件是否成立,把测试结果送到程序地址发生器;当中断被请求或使能时,初始化中断服务程序;控制单一指令重复或块指令重复;管理并行执行的指令。

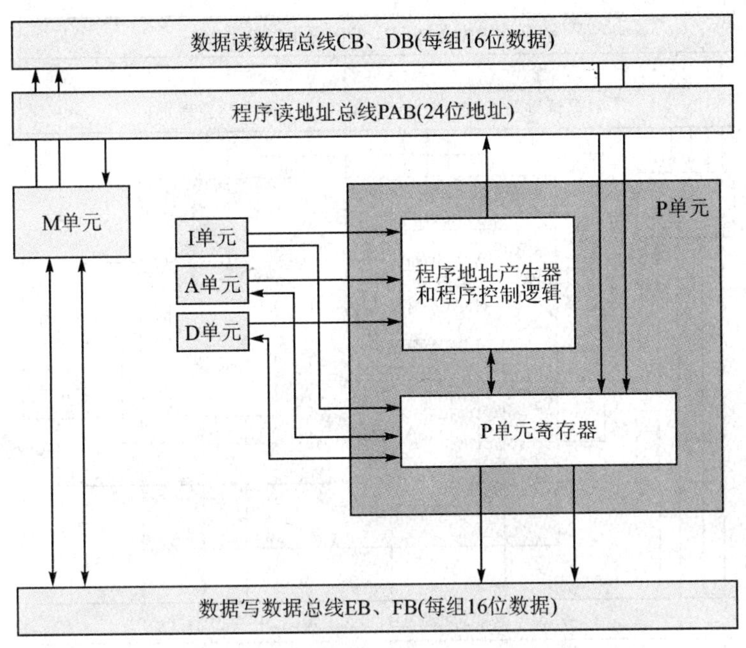

图 3-4 程序流单元(P 单元)的结构

3. 地址数据流单元(A 单元)

地址数据流单元结构如图 3-5 所示。其中：

① 数据地址产生器单元 DAGEN：产生所有读/写数据空间的地址，可接收来自 I 单元的立即数或来自 A 单元的寄存器值；根据 P 单元指示，对间接寻址方式选择使用线性寻址还是循环寻址。

② A 单元 ALU ：ALU 可接收来自 I 单元的立即数或与存储器、I/O 空间、A 单元寄存器、D 单元寄存器和 P 单元寄存器进行双向通信。可完成如下动作：加法、减法、比较、布尔逻辑、符号移位、逻辑移位和绝对值计算；测试、设置、清空、求补 A 单元寄存器位或存储器位域；改变或转移寄存器值，循环移位寄存器值，从移位器向一个 A 单元寄存器送特定值。

4. 数据计算单元(D 单元)

数据计算单元结构如图 3-6 所示。其中：

① 移位器：接收来自 I 单元的立即数，与存储器、I/O 空间、D 单元寄存器、P 单元寄存器、A 单元寄存器进行双向通信；把移位结果送至 D 单元的 ALU 或 A 单元的 ALU；实现 40 位累加器值最大左移 31 位或最大右移 32 位；实现 16 位寄存器、存储器或 I/O 空间数据最大左移 31 位或最大右移 32 位；实现 16 位立即数最大左移 15 位；提取或扩展位域、执行的位计数；对寄存器值进行循环移位；在累加器的值存入数据空间之前，对它们进行取整/饱和处理。

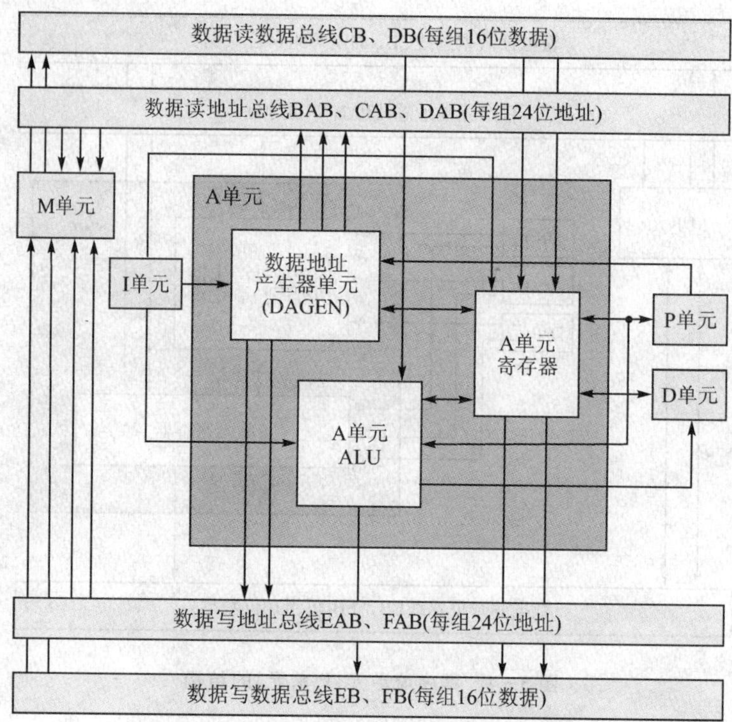

图 3-5 地址数据流单元(A 单元)结构

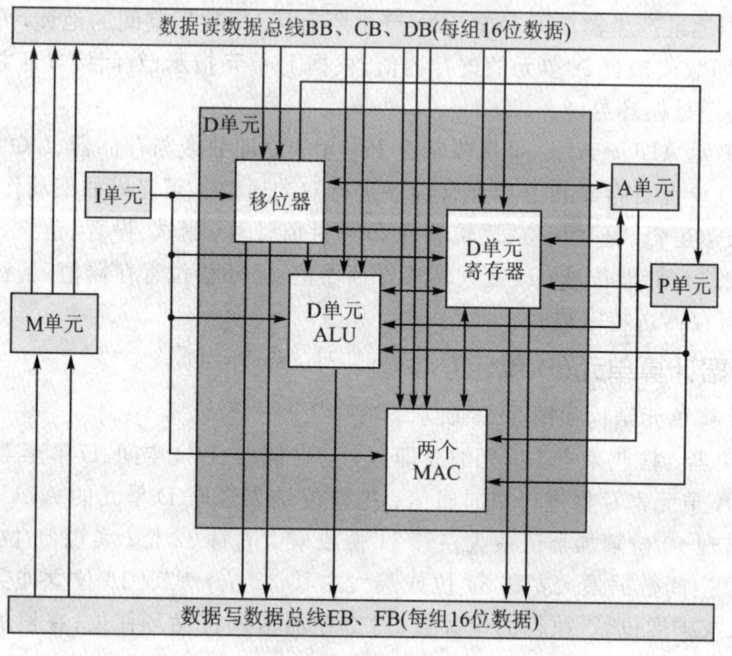

图 3-6 数据计算单元(D 单元)结构

② D 单元 ALU：可从 I 单元接收立即数，或与存储器、I/O 空间、D 单元寄存器、P 单元寄存器、A 单元寄存器进行双向通信，还可接收移位器的结果；进行加法、减法、比较、取整、饱和、布尔逻辑以及绝对值运算；在执行一条双 16 位算术指令时，同时进行两个算术操作；测试、设置、清除以及求 D 单元寄存器的补码；对寄存器的值进行移动。

③ 两个 MAC：可支持乘法和加/减法。在单个机器周期内，每个 MAC 可以进行一次 17×17 位小数或整数乘法运算和一次带有可选的 32 或 40 位饱和处理的 40 位加/减法运算。MAC 的结果送累加器；MAC 接收来自 I 单元的立即数，或来自存储器、I/O 空间、A 单元寄存器的数据，与 D 单元寄存器、P 单元寄存器进行双向通信；MAC 的操作会影响 P 单元状态寄存器的某些位。

3.2 TMS320C55x 存储器空间和 I/O 空间

C55x 有两个独立的寻址空间：统一的程序/数据寻址空间和 I/O 寻址空间。CPU 从程序空间寻址读取指令，在数据空间寻址是访问通用存储器和存储器映像寄存器，I/O 寻址空间是和外设之间建立通信联系。

C55x 支持的存储器类型有：异步 SRAM、异步 EPROM、同步 DRAM、同步突发 SRAM。

SRAM 是单端口存储器，每个周期可执行一次访问操作；DRAM 是双端口存储器，每个周期可执行两次访问操作。

C55x 系列依具体型号不同，片内存储器配置有差别，表 3－2 所列为 C55x 片内存储器配置。

表 3－2　C55x 片内存储器配置

存储器	C5501	C5502	C5503	C5506	C5507	C5509	C5510
ROM 容量/字	32K	32K	64K	64K	64K	64K	32K
RAM 容量/字	32K	64K	64K	128K	128K	256K	320K

以 C5509A 为例，片内有 64K 字 DARAM，地址范围为 000000h～00FFFFh，由 8 块组成，每块 8K 字，如表 3－3 所列。DARAM 可设置为供程序空间、数据空间或 DMA 使用。HPI 只可使用起始地址最初的 4 个块(32K 字)，第一个块的起始192 字是存储器映像寄存器。

表 3－3　片内有 64K 字 DARAM 地址

地址范围	存储器块
000000h～001FFFh	DARAM0
002000h～003FFFh	DARAM1

续表 3-3

地址范围	存储器块
004000h～005FFFh	DARAM2
006000h～007FFFh	DARAM3
008000h～009FFFh	DARAM4
00A000h～00BFFFh	DARAM5
00C000h～00DFFFh	DARAM6
00E000h～00FFFFh	DARAM7

片内有192K字SARAM,地址范围为010000h～03FFFFh,由24块组成,每块8K字,如表3-4所列。SARAM可设置为程序空间、数据空间或DMA使用。

C55x数据空间支持的数据有:8位(字节)、16位(字)、32位(长字)。

表3-4 片内有192K字SARAM地址

地址范围	存储器块	地址范围	存储器块
010000h～011FFFh	SARAM0	028000h～029FFFh	SARAM12
012000h～013FFFh	SARAM1	02A000h～02BFFFh	SARAM13
014000h～015FFFh	SARAM2	02C000h～02DFFFh	SARAM14
016000h～017FFFh	SARAM3	02E000h～02FFFFh	SARAM15
018000h～019FFFh	SARAM4	030000h～031FFFh	SARAM16
01A000h～01BFFFh	SARAM5	032000h～033FFFh	SARAM17
01C000h～01DFFFh	SARAM6	034000h～035FFFh	SARAM18
01E000h～01FFFFh	SARAM7	036000h～037FFFh	SARAM19
020000h～021FFFh	SARAM8	038000h～039FFFh	SARAM20
022000h～023FFFh	SARAM9	03A000h～03BFFFh	SARAM21
024000h～025FFFh	SARAM10	03C000h～03DFFFh	SARAM22
026000h～027FFFh	SARAM11	03E000h～03FFFFh	SARAM23

C5509A的片内ROM为64K字,地址范围为FF0000h～FFFFFFh,由一个32K字的块和两个16K字的块组成。ROM地址空间可设置为外部存储器使用或内部ROM使用。C55x支持8、16、24、32、48位的指令。

C5509A的存储器配置如图3-7所示。

C55x的I/O寻址空间与程序/数据寻址空间分开,用于访问外设。I/O空间寻址地址是16位,可寻址64K字空间。CPU访问I/O空间时,CPU用数据读地址总线读数据,用写地址总线写数据;在16位地址前补0,得到24位地址。

地址(Hex)	存储器块		块大小
000000	MMR(保留)		192字
0000C0	DARAM/HPI		192字~32K字
008000	DARAM		32K字
010000	SARAM		192K字
040000	外部扩展存储器(NCE0使能)		
400000	外部扩展存储器(NCE1使能)		
800000	外部扩展存储器(NCE2使能)		
C00000	外部扩展存储器(NCE3使能)		
FF0000 FF7FFF	ROM(MPNMC=0)	外部扩展存储器(NCE3使能,MPNMC=1)	32K字
FF8000 FFBFFF	ROM(MPNMC=0)	外部扩展存储器(NCE3使能,MPNMC=1)	16K字
FFC000 FFFFFF	ROM(MPNMC=0)	外部扩展存储器(NCE3使能,MPNMC=1)	16K字

图3-7 C5509A的存储器配置

3.3 堆栈操作

C55x支持两个16位堆栈,即数据堆栈和系统堆栈。

3.3.1 堆栈指针

C55x与堆栈相关的寄存器有三个:数据堆栈指针寄存器SP、系统堆栈指针寄存器SSP、扩展相关寄存器SPH,分别如图3-8、图3-9、图3-10所示。

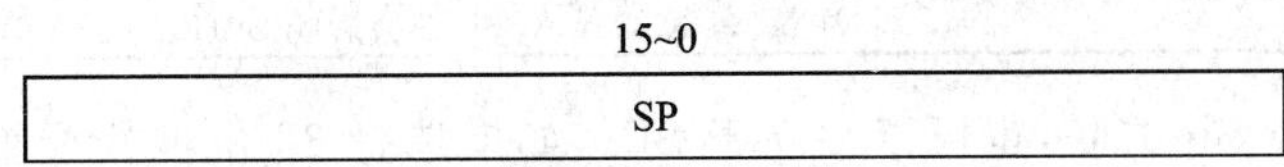

图3-8 数据堆栈指针寄存器SP

访问数据堆栈时,CPU将SPH和SP连接成XSP(扩展数据堆栈指针)。XSP包含了一个最后推入数据堆栈的23位地址,其中SPH里是7位的数据页,SP指向该页上的一个字。CPU在每一个值推入堆栈前,减小SP值;从堆栈弹出一个值以后,增加SP值。在堆栈操作中,SPH的值不变。

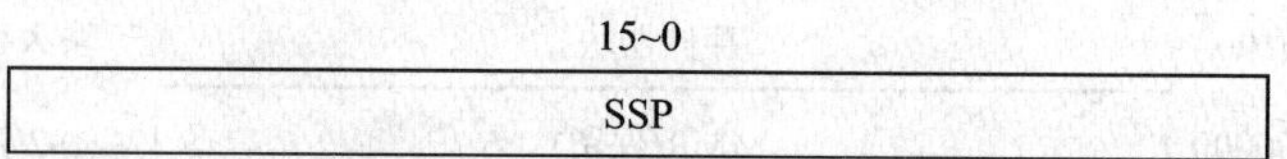

图 3-9　系统堆栈指针寄存器 SSP

图 3-10　扩展相关寄存器 SPH

访问系统堆栈时,CPU 将 SPH 和 SSP 连接成 XSSP(扩展系统堆栈指针)。XSSP 包含了一个最后推入系统堆栈的值的地址。CPU 在每一个值推入堆栈前,减小 SSP 的值;从堆栈弹出一个值以后,增加 SSP 的值。在堆栈操作中,SPH 的值不变。

XSP 和 XSSP 的结构如图 3-11 所示。

	22～16	15～0
XSP	SPH	SP
XSSP	SPH	SSP

图 3-11　XSP 和 XSSP 的结构

在访问堆栈指针寄存器时要注意,SP、SSP 和 SPH 是存储器映射寄存器 MMR,可以使用访问 MMR 的指令进行访问。而 XSP 和 XSSP 不是存储器映射寄存器,只能用专用指令访问。堆栈指针寄存器的访问属性如表 3-5 所列。

表 3-5　堆栈指针寄存器访问属性

寄存器	含　义	访问属性
XSP	扩展数据堆栈指针	不是存储器映射寄存器(MMR),只能通过专用指令访问
SP	数据堆栈指针	是 MMR,可通过专用指令访问
XSSP	扩展系统堆栈指针	不是 MMR,只能通过专用指令访问
SSP	系统堆栈指针	是 MMR,可通过专用指令访问
SPH	XSP 和 XSSP 的高位域部分	是 MMR,可通过专用指令访问。 注意:写 XSP 或 XSSP 都会影响 SPH 的值

SSP 可以与 SP 关联,也可以独立于 SP。如果选择 32 位堆栈配置,则修改 SSP 与 SP 的方法一样。如果选择双 16 位堆栈配置,则 SSP 与 SP 独立,SSP 只有在自动环境切换时才能被修改。

3.3.2　堆栈配置

C55x 提供了三种可能的堆栈配置:一种配置使用快返回过程,另外两种使用慢返回过程。

通过给 32 位复位向量的第 29、28 位填入适当的值，来选择堆栈配置方式，如表 3－6所列。复位向量的低 24 位就是复位中断服务子程序(ISR)的起始地址。

表 3－6　堆栈配置

堆栈配置	描　述	复位向量值(二进制)
双 16 位的快返回堆栈	数据堆栈和系统堆栈是独立的。当访问数据堆栈时，SP 被修改，SSP 不变，寄存器 RETA 和 CFCT 用来实现快速返回	XX00 XXXX：(24 位 ISR 地址)
双 16 位的慢返回堆栈	数据堆栈和系统堆栈是独立的。当访问数据堆栈时，SP 被修改，SSP 不变，不使用寄存器 RETA和 CFCT	XX01 XXXX：(24 位 ISR 地址)
32 位的慢返回堆栈	数据堆栈和系统堆栈作为单一 32 位堆栈。当访问数据堆栈时，SP 和 SSP 同时被修改，寄存器 RETA 和 CFCT 不使用。注意：如果通过 SP 的映射位置修改 SP，则 SSP 不会改变，这时必须独立修改 SSP，使两个指针对齐	XX10 XXXX：(24 位 ISR 地址)

快返回与慢返回过程的区别在于 CPU 怎样保存和恢复两个内部存储器(即程序计数器 PC 和一个循环现场寄存器)的值。

PC 装的是 I 单元里 1～6 字节代码的 24 位地址，一个 8 位的循环现场(loop context)寄存器存放激活循环记录，CPU 执行中断或调用时，保存当前的循环现场，然后清 0 该寄存器，为新的子程序创建循环现场。当 CPU 从子程序返回时，再在该寄存器恢复原来的循环现场。

在快返回过程中，返回地址保存在寄存器 RETA 中，循环现场保存在寄存器 CFCT 中，用专门的 32 位装入和存储指令，可同时读/写 RETA 和 CFCT。

在慢返回过程中，返回地址和循环现场保存在堆栈中(在存储器中)。当 CPU 从子程序返回时，这些数据的恢复速度取决于访问存储器的速度。

3.4　TMS320C55x 器件的 CPU 寄存器

C55x 的 CPU 的工作状态和工作方式均与寄存器的设置值相关，表 3－7 列出了 C55x 的寄存器代表符号、名称和容量；表 3－8 是存储器映射寄存器的映射地址及描述。

表 3－7　C55x 寄存器

代表符号	名　称	容量/位
AC0～AC3	累加器 0～3	40
AR0～AR7	辅助寄存器 0～7	16

续表 3－7

代表符号	名　称	容量/位
BK03、BK47、BKC	循环缓冲区大小寄存器	16
BRC0、BRC1	块循环计数器 0 和 1	16
BRS1	BRC1 保存寄存器	16
BSA01、BSA23、BSA45、BSA67、BSAC	循环缓冲区起始地址寄存器	16
CDP	系数数据指针(XCDP 的低位部分)	16
CDPH	XCDP 的高位部分	7
CFCT	控制流关系寄存器	8
CSR	计算单循环寄存器	16
DBIER0、DBIER1	调试中断使能寄存器 0 和 1	16
DP	数据页寄存器(XDP 的低位部分)	16
DPH	XDP 的高位部分	7
IER0、IER1	中断使能寄存器 0 和 1	16
IFR0、IFR1	中断标志寄存器 0 和 1	16
IVPD、IVPH	中断向量指针	16
PC	程序计数器	24
PDP	外设数据页寄存器	9
REA0、REA1	块循环结束地址寄存器 0 和 1	24
RETA	返回地址寄存器	24
RPTC	单循环计数器	16
RSA0、RSA1	块循环起始地址寄存器 0 和 1	24
SP	数据堆栈指针	16
SPH	XSP 和 XSSP 的高位	7
SSP	系统堆栈指针	16
ST0_55～ST3_55	状态寄存器 0～3	16
T0～T3	暂时寄存器	16
TRN0～TRN1	变换寄存器 0 和 1	16
XAR0～XAR7	扩展辅助寄存器 0～7	23
XCDP	扩展系数数据指针	23
XDP	扩展数据页寄存器	23
XSP	扩展数据堆栈指针	23
XSSP	扩展系统堆栈指针	23

表 3-8　C55x 存储器映射寄存器的映射地址及描述

地　址	寄存器	名　称	位范围
00 0000h	IER0	中断使能寄存器 0	15～2
00 0001h	IFR0	中断标志寄存器 0	15～2
00 0002h(C55x 代码适用)	ST0_55	状态寄存器 0	15～0
注意:地址 00 0002h 只适用访问 ST0_55 的 C55x 代码。写入 ST0 的 C54x 代码必须用 00 0006h 访问 ST0_55			
00 0003h(C55x 代码适用)	ST1_55	状态寄存器 1	15～0
注意:地址 00 0003h 只适用访问 ST1_55 的 C55x 代码。写入 ST1 的 C54x 代码必须用 00 0007h 访问 ST1_55			
00 0004h(C55x 代码适用)	ST3_55	状态寄存器 3	15～0
注意:地址 00 0004h 只适用访问 ST3_55 的 C55x 代码。写入处理器模式状态寄存器(PSMST)的 C54x 代码必须用 00 001Dh 访问 ST3_55			
00 0005h	—	保留(不使用)	—
00 0006h(C54x 代码适用)	ST0(ST0_55)	状态寄存器 0	15～0
注意:地址 00 0006h 是 ST0_55 的保护地址,只适用访问 ST0 的 C54x 代码,C55x 代码必须用 00 0002h 访问 ST0_55			
00 0007h(C54x 代码适用)	ST1(ST1_55)	状态寄存器 1	15～0
注意:地址 00 0007h 是 ST1_55 的保护地址,只适用访问 ST1 的 C54x 代码,C55x 代码必须用 00 0003h 访问 ST1_55			
00 0008h 00 0009h 00 000Ah	AC0L AC0H AC0G	累加器 0	15～0 31～16 39～32
00 000Bh 00 000Ch 00 000Dh	AC1L AC1H AC1G	累加器 1	15～0 31～16 39～32
00 000Eh	T3	暂时寄存器 3	15～0
00 000Fh	TRN0	变换寄存器 0	15～0
00 0010h	AR0	辅助寄存器 0	15～0
00 0011h	AR1	辅助寄存器 1	15～0
00 0012h	AR2	辅助寄存器 2	15～0
00 0013h	AR3	辅助寄存器 3	15～0
00 0014h	AR4	辅助寄存器 4	15～0
00 0015h	AR5	辅助寄存器 5	15～0
00 0016h	AR6	辅助寄存器 6	15～0
00 0017h	AR7	辅助寄存器 7	15～0
00 0018h	SP	数据堆栈指针	15～0

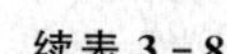
续表 3-8

地址	寄存器	名称	位范围
00 0019h	BK03	AR0～AR3 的循环缓冲区大小寄存器	15～0
注意:在 C54x 兼容模式下(C54CM＝1),BK03 用做所有辅助寄存器的循环缓冲区大小寄存器。C54CM 是状态寄存器 1(ST1_55)中的一个位			
00 001Ah	BRC0	块循环计数器 0	15～0
00 001Bh	RSA0L	块循环起始地址寄存器的低位部分	15～0
00 001Ch	REA0L	块循环结束地址寄存器的低位部分	15～0
00 001Dh(C54x 代码适用)	PMST (ST3_55)	状态寄存器 3	15～0
注意:该地址是 ST3_55 的保护地址,C54x 代码可用它访问 PMST。C55x 代码必须使用地址 00 0004h 访问 ST3_55			
00 001Eh	XPC	C54x 代码兼容模式下,扩展程序计数器	7～0
00 001Fh	—	保留(不使用)	—
00 0020h	T0	暂时寄存器 0	15～0
00 0021h	T1	暂时寄存器 1	15～0
00 0022h	T2	暂时寄存器 2	15～0
00 0023h	T3	暂时寄存器 3	15～0
00 0024h 00 0025h 00 0026h	AC2L AC2H AC2G	累加器 2	15～0 31～16 39～32
00 0027h	CDP	系数数据指针	15～0
00 0028h 00 0029h 00 002Ah	AC3L AC3H AC3G	累加器 3	15～0 31～16 39～32
00 002Bh	DPH	扩展数据页寄存器的高位部分	6～0
00 002Ch 00 002Dh	— —	保留(不使用)	— —
00 002Eh	DP	数据页寄存器	15～0
00 002Fh	PDP	外设数据页寄存器	8～0
00 0030h	BK47	AR4～AR7 的循环缓冲区大小寄存器	15～0
00 0031h	BKC	CDP 的循环缓冲区大小寄存器	15～0
00 0032h	BSA01	AR0 和 AR1 的循环缓冲区起始地址寄存器	15～0
00 0033h	BSA23	AR2 和 AR3 的循环缓冲区起始地址寄存器	15～0

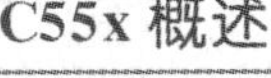

续表 3-8

地　址	寄存器	名　称	位范围
00 0034h	BSA45	AR4 和 AR5 的循环缓冲区起始地址寄存器	15～0
00 0035h	BSA67	AR6 和 AR7 的循环缓冲区起始地址寄存器	15～0
00 0036h	BSAC	CDP 的循环缓冲区起始地址寄存器	15～0
00 0037h	—	保留给 BIOS。一个 16 位寄存器，保存 BIOS 操作所需要的数据表指针起始地址	—
00 0038h	TRN1	变换寄存器 1	15～0
00 0039h	BRC1	块循环计数器 1	15～0
00 003Ah	BRS1	BRC1 保存寄存器	15～0
00 003Bh	CSR	计算单循环寄存器	15～0
00 003Ch 00 003Dh	RSA0H RSA0L	块循环起始地址寄存器 0	23～16 15～0
00 003Eh 00 003Fh	REA0H REA0L	块循环结束地址寄存器 0	23～16 15～0
00 0040h 00 0041h	RSA1H RSA1L	块循环起始地址寄存器 1	23～16 15～0
00 0042h 00 0043h	REA1H REA1L	块循环结束地址寄存器 1	23～16 15～0
00 0044h	RPTC	单循环计数器	15～0
00 0045h	IER1	中断使能寄存器 1	10～0
00 0046h	IFR1	中断标志寄存器 1	10～0
00 0047h	DBIER0	调试中断使能寄存器 0	15～2
00 0048h	DBIER1	调试中断使能寄存器 1	10～0
00 0049h	IVPD	DSP 向量的中断向量指针	15～0
00 004Ah	IVPH	主机向量的中断向量指针	15～0
00 004Bh	ST2_55	状态寄存器 2	15～0
00 004Ch	SSP	系统堆栈指针	15～0
00 004Dh	SP	数据堆栈指针	15～0
00 004Eh	SPH	扩展堆栈指针的高位部分	6～0
00 004Fh	CDPH	扩展系数数据指针的高位部分	6～0
00 0050h～00 005Fh	—	保留(不使用)	—

寄存器按照功能划分为以下几类。

1. 累加器(AC0～AC3)

C55x 的 CPU 包括 4 个 40 位的累加器 AC0、AC1、AC2、AC3，其结构如图 3-12 所示。

	39~32	31~16	15~0
AC0	AC0G	AC0H	AC0L
AC1	AC1G	AC1H	AC1L
AC2	AC2G	AC2H	AC2L
AC3	AC3G	AC3H	AC3L

图 3-12 累加器的结构

AC0、AC1、AC2、AC3 等价。任何一条使用一个累加器的指令，都可以通过编程来使用 4 个累加器中的任何一个。在 C54x 兼容模式(C54CM＝1)下，累加器 AC0、AC1 分别对应于 C54x 中的累加器 A、B 。每个累加器分为低字(ACxL)、高字(ACxH) 和 8 个保护位(ACxG)，用户可以使用访问存储器映射寄存器的寻址方式，分别访问这 3 部分 。

2. 变换寄存器 TRN0、TRN1

有两个 16 位的变换寄存器 TRN0、TRN1。用途：在比较、选择、极值指令中使用。比较两个累加器的高段字和低段字后，执行选择两个 16 位极值的指令，以更新 TRN0 和 TRN1。比较累加器的高段字后更新 TRN0，比较累加器的低段字后更新 TRN1。

在比较完两个累加器的全部 40 位后，执行选择一个 40 位极值的指令，以更新被选中的变换寄存器(TRN0 或 TRN1)。

3. T 寄存器(T0～T3)

CPU 包括 4 个 16 位通用 T 寄存器：T0、T1、T2、T3。用途：存放乘法、乘加以及乘减运算中的一个乘数。存放 D 单元中加法、减法和装入运算的移位数。用交换指令交换辅助寄存器(AR0～AR7)和 T 寄存器中的内容时，跟踪多个指针值，在 D 单元 ALU 中做双 16 位运算时，存放 Viterbi 蝶形运算的变换尺度。

4. 用做数据地址空间和 I/O 空间的寄存器

表 3-9 列出了用做数据地址空间和 I/O 空间的寄存器名称和功能。

表 3-9 用做数据地址空间和 I/O 空间的寄存器名称和功能

序 号	寄存器	功 能
1	XAR0～XAR7 和 AR0～AR7	指向数据空间中的一个数据，用间接寻址模式访问
2	XCDP、CDP	指向数据空间中的一个数据，用间接寻址模式访问

续表 3 - 9

序 号	寄存器	功 能
3	BSA01、BSA23、BSA45、BSA67、BSAC	指定一个循环缓冲区起始地址,加给一个指针
4	BK03、BK47、BKC	指定循环缓冲区大小
5	XDP、DP	指定用 DP 直接寻址方式访问的起始地址
6	PDP	确定访问 I/O 空间的外设数据页
7	XSP、SP	指向数据堆栈的一个数据
8	XSSP、SSP	指向系统堆栈的一个数据

5. 辅助寄存器(XAR0～XAR7 /AR0～AR7)

图 3 - 13 表示的是辅助寄存器的结构。在使用时要注意:XARn 只能用专用指令访问;ARn 可以用专用指令访问,也可以作为存储器映射寄存器访问。

	22~16	15~0
XAR0	AR0H	AR0
XAR1	AR1H	AR1
XAR2	AR2H	AR2
XAR3	AR3H	AR3
XAR4	AR4H	AR4
XAR5	AR5H	AR5
XAR6	AR6H	AR6
XAR7	AR7H	AR7

图 3 - 13 辅助寄存器(XAR0～XAR7/AR0～AR7)的结构

XARn 的高 7 位 ARnH 不能单独访问,必须通过访问 XARn 来访问 ARnH,用于指定要访问数据空间的数据页。

XARn 的低字 ARn 的作用有 4 个:

① AR 间接寻址模式,以及双 AR 间接寻址模式;

② 在直接寻址时提供 7 位数据页内的 16 位偏移量(用以形成一个 23 位的地址);

③ 存放位地址;

④ 作为通用寄存器或计数器。

6. 系数数据指针(XCDP /CDP)

CPU 还有两个和系数数据指针相关的寄存器,一个系数数据指针(CDP)和一个相关的扩展寄存器(CDPH),其结构如图 3 - 14 所示。

CPU 可以连接这个寄存器形成一个扩展系数数据指针(XCDP),XCDP 的高 7 位(CDPH)用于指定要访问数据空间的数据页,XCDP 的低字(CDP)用来作为 16 位偏移量与 7 位数据页共同形成一个 23 位地址，如图 3－15 所示 。

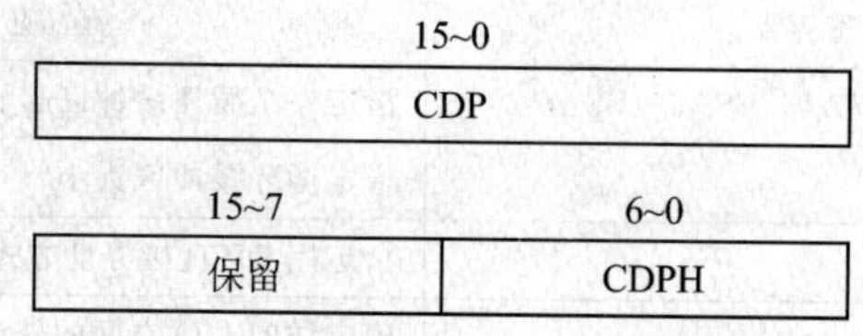

图 3－14 系数数据指针的结构

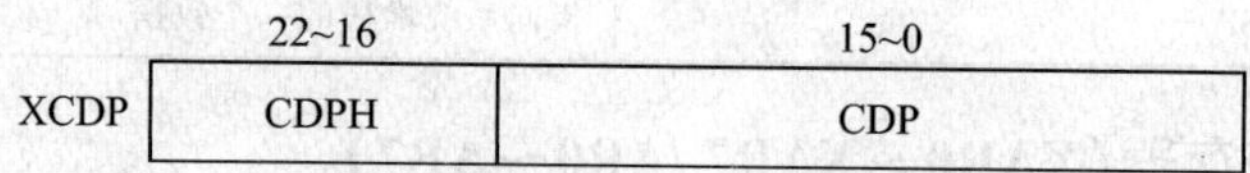

图 3－15 XCDP 的结构

XCDP 或 CDP 用在 CDP 间接寻址方式和系数间接寻址方式中。CDP 可用于任何指令中访问一个单数据空间值，在双 MAC 指令中，它还可以独立地提供第三个操作数。

在访问 XCDP 时要注意 XCDP 的访问属性，表 3－10 列出了 XCDP 的访问属性。

表 3－10 XCDP 的访问属性

寄存器	名　称	可访问性
XCDP	扩展的系数指针	只能用专用指令访问，不是映射到存储器的寄存器
CDP	系数指针	可用专用指令访问，也可作存储器映射寄存器访问
CDPH	XCDP 的高段部分	可用专用指令访问，也可作存储器映射寄存器访问

7. 循环缓冲区首地址寄存器

CPU 有 5 个 16 位的循环缓冲区首地址寄存器：BSA01、BSA23、BSA45、BSA67、BSAC。这些寄存器定义了循环缓冲区的首地址，每个循环缓冲区首地址寄存器与一个或两个特殊的指针相关联。表 3－11 列出了循环缓冲区首地址寄存器及其相关联的指针。

表 3－11 循环缓冲区首地址寄存器及其相关联的指针

寄存器	指　针	提供数据页寄存器
BSA01	AR0 或 AR1	AR0H
BSA23	AR2 或 AR3	AR2H
BSA45	AR4 或 AR5	AR4H
BSA67	AR6 或 AR7	AR6H
BSAC	CDP	CDPH

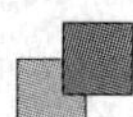

8. 循环缓冲区大小寄存器

在有关循环缓冲区的操作上，还有 3 个 16 位的循环缓冲区大小寄存器(BK03、BK47、BKC)与之相关。它们指定循环缓冲区大小(最大为 65 535 个)，每个循环缓冲区大小寄存器与 1 个或 4 个特殊的指针相关联。表 3 - 12 列出了循环缓冲区大小寄存器及其相关联的指针。

表 3 - 12　循环缓冲区大小寄存器及其相关联的指针

寄存器	指　针	提供主数据页寄存器
BK03	AR0、AR1、AR2 或 AR3	AR0H 为 AR0 或 AR1，AR2H 为 AR2 或 AR3
BK47	AR4、AR5、AR6 或 AR7	AR4H 为 AR4 或 AR5，AR6H 为 AR6 或 AR7

9. 数据页寄存器(XDP / DP)

数据页寄存器有两个，一个数据页寄存器(DP)和一个相关的扩展寄存器(DPH)。它们的结构如图 3 - 16 所示。

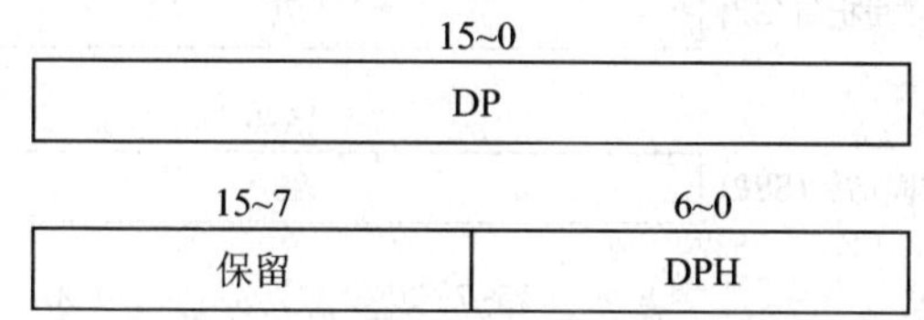

图 3 - 16　数据页寄存器的结构

这两个寄存器连接形成一个扩展数据页寄存器(XDP)，XDP 的结构如图 3 - 17 所示。DPH 指定要访问数据空间地址的 7 位数据页，低字(DP)用来代表一个 16 位页内偏移地址。

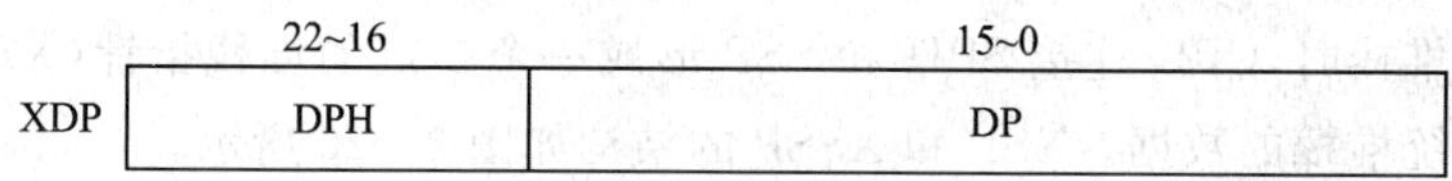

图 3 - 17　XDP 的结构

XDP 在基于 DP 的直接寻址方式中指定 23 位地址，在 k16 绝对寻址方式中，DPH 与一个 16 位的立即数连接形成 23 位地址。

在访问 XDP 时要注意 XDP 的访问属性，只能用专用指令访问，表 3 - 13 列出了 XDP 的访问属性。

表 3 - 13　XDP 寄存器访问属性

寄存器	名　称	可访问性
XDP	扩展数据页寄存器	不是映射到存储器的寄存器，只能用专用指令访问
DP	数据页寄存器	可用专用指令访问，也可作存储器映射寄存器访问
DPH	XDP 的高段部分	可用专用指令访问，也可作存储器映射寄存器访问

10. 外设数据页指针(PDP)

CPU 对 I/O 进行访问时，把 I/O 空间按页划分。对于 PDP 直接寻址方式，9 位的外设数据页指针(PDP)选择 64K 字 I/O 空间中的一个 128 字页面。外设数据页指针的结构如图 3-18 所示。

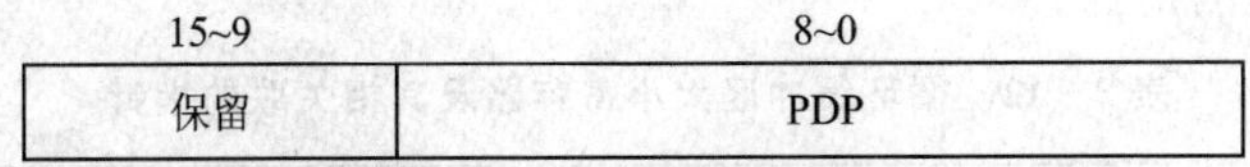

图 3-18 外设数据页指针的结构

11. 堆栈指针(XSP / SP、XSSP / SSP)

C55x 与堆栈相关的指针有两个。C55x 与堆栈相关的寄存器有三个：数据堆栈指针寄存器 SP、系统堆栈指针寄存器 SSP、扩展相关寄存器 SPH，如图 3-19 所示。

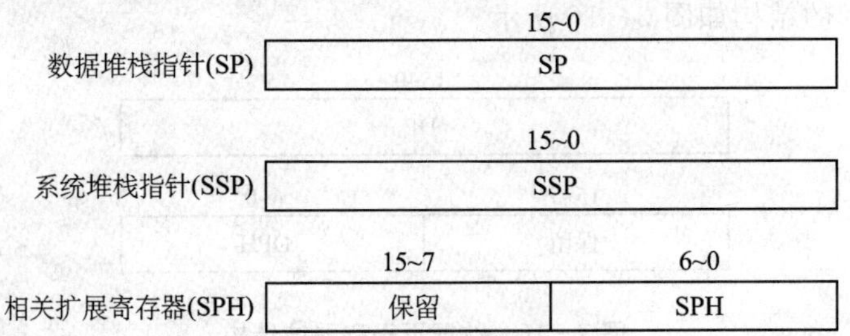

图 3-19 堆栈指针的结构

当访问数据堆栈时，CPU 连接 SPH 和 SP 形成一个扩展的堆栈指针(XSP)，指向最后压入数据堆栈的数据。SPH 代表 7 位数据页，SP 指向页中某个具体地址。当访问系统堆栈时，CPU 连接 SPH 和 SSP 形成一个扩展的堆栈指针(XSSP)，指向最后压入系统堆栈的数据。XSP 和 XSSP 的结构如图 3-20 所示。

	22~16	15~0
XSP	SPH	SP
XSSP	SPH	SSP

图 3-20 XSP 和 XSSP 的结构

12. 程序流寄存器(PC、RETA、CFCT)

程序流寄存器有三个：PC、RETA 和 CFCT。表 3-14 列出了程序流寄存器的功能说明，表 3-15 是控制流关系寄存器 CFCT 各个位的含义描述。

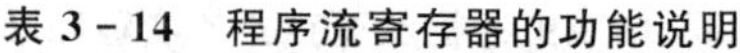

表3-14 程序流寄存器的功能说明

寄存器	功能说明
PC	24位的程序计数器，存放I单元中解码的1～6字节代码的地址。当CPU执行中断或调用子程序时，当前的PC值（返回地址）存起来，然后把新的地址装入PC。当CPU从中断服务或子程序返回时，返回地址重新装入PC
RETA	返回地址寄存器。如果所选择的堆栈配置使用快速返回，则在执行子程序时，RETA就作为返回地址的暂存器。RETA和CFCT一起，高效执行多层嵌套的子程序。可用专门的32位装入和存储指令，成对地读/写RETA和CFCT
CFCT	控制流关系寄存器。CPU保存有激活的循环记录（循环的前后关系）。如果选择的堆栈配置使用快速返回，则在执行子程序时，CFCT就作为8位循环关系的暂存器。 RETA和CFCT一起，高效执行多层嵌套的子程序。可用专门的32位装入和存储指令，成对地读/写RETA和CFCT

表3-15 控制流关系寄存器CFCT各个位的含义描述

<table>
<tr><th>位</th><th colspan="3">含义描述</th></tr>
<tr><td>7</td><td colspan="3">该位表示一个单循环是否激活：0，未激活；1，激活</td></tr>
<tr><td>6</td><td colspan="3">该位表示一个条件单循环是否激活：0，未激活；1，激活</td></tr>
<tr><td>5～4</td><td colspan="3">保留</td></tr>
<tr><td rowspan="9">3～0</td><td colspan="3">这4个位表示可能的两层块循环（外层0和内层1）的状态。根据用户所选择的块循环指令的类型，一个已被激活的循环，可以是内部的（所有循环执行的代码，都在指令缓冲队列中），也可以是外部的（其代码要循环地提取，通过指令缓冲队列，送给CPU）</td></tr>
<tr><td>块循环代码</td><td>0层循环</td><td>1层循环</td></tr>
<tr><td>0</td><td>未激活</td><td>未激活</td></tr>
<tr><td>2</td><td>激活，外部</td><td>未激活</td></tr>
<tr><td>3</td><td>激活，内部</td><td>未激活</td></tr>
<tr><td>7</td><td>激活，外部</td><td>激活，外部</td></tr>
<tr><td>8</td><td>激活，外部</td><td>激活，内部</td></tr>
<tr><td>9</td><td>激活，内部</td><td>激活，内部</td></tr>
<tr><td>其他：保留</td><td>—</td><td>—</td></tr>
</table>

CPU按照CFCT寄存器中的位由一定规则来存放循环的前后关系，即子程序中循环的状态（激活和未激活）。当CPU执行中断或调用子程序时，循环关系位就存放在CFCT中；当CPU从中断或调用子程序返回时，循环关系位就从CFCT中恢复。

13. 中断管理寄存器

表3-16列出了中断管理寄存器的名称和功能。下面分别说明。

表 3-16 中断管理寄存器的名称和功能

寄存器	功 能
IVPD	指向 DSP 中断向量(IV0～IV15 以及 IV24～IV31)
IVPH	指向主机中断向量(IV16～IV23)
IFR0、IFR1	指明要求哪个可屏蔽中断
IER0、IER1	使能或禁止可屏蔽中断
DBIER0、DBIER1	配置选择可屏蔽中断为时间重要中断

(1) 中断向量指针(IVPD、IVPH)

有两个 16 位的中断向量指针,即 DSP 中断向量指针(IVPD)和主机中断向量指针(IVPH),其结构如图 3-21 所示。IVPD 指向 256 字节的程序;IVPH 指向 256 字节的程序空间中的中断向量表(IV16～ IV23),这些中断向量由 DSP 和主机共享使用。

	15～0
IVPD	
IVPH	

图 3-21 中断向量指针的结构

如果 IVPD 和 IVPH 的值相同,则所有中断向量可能占有相同的 256 字节大小的程序空间;DSP 硬件复位时,IVPD 和 IVPH 都被装入到 FFFFH 地址处;IVPD 和 IVPH 均不受软复位的影响。

(2) 中断向量地址

表 3-17 列出的中断地址,是由 16 位的中断向量指针加上一个 5 位的中断编号后左移 3 位组成的一个 24 位的中断地址。

表 3-17 中断向量地址

向 量	中 断	向量地址		
		位 23～8	位 7～3	位 2～0
IV0	复位	IVPD	00000	000
IV1	不可屏蔽硬件中断 $\overline{\text{NMI}}$	IVPD	00001	000
IV2～IV15	可屏蔽中断	IVPD	00010～01111	000
IV16～IV23	可屏蔽中断	IVPH	10000～10111	000
IV24	总线错误中断(可屏蔽)BERRINT	IVPD	11000	000
IV25	数据记录中断(可屏蔽)DLOGINT	IVPD	11001	000
IV26	实时操作系统中断(可屏蔽)RTOSINT	IVPD	11010	000
IV27～IV31	通用软件中断 INT27～INT31	IVPD	11011～11111	000

(3) 中断标志寄存器(IFR0、IFR1)

C55x 有两个 16 位的中断标志寄存器 IFR0 和 IFR1,包括所有可屏蔽中断的标志位。当一个可屏蔽中断向 CPU 提出申请时,IFR 中相应的标志位置 1,等待 CPU 应答中断;可以通过读 IFR 标志已发送申请的中断,或写 1 到 IFR 相应的位撤销中断申请,即写入 1 使相应位清 0。中断被响应后将相应位清 0,器件复位将所有位清 0。IFR0 和 IFR1 各个位的结构如图 3-22 和图 3-23 所示。表 3-18 和表 3-19 是 IFR0 和 IFR1 各个位的说明。

15	14	13	12	11	10	9	8
IF15	IF14	IF13	IF12	IF11	IF10	IF9	IF8
R/W1C-0	R/W1C-0	R/W1C-0	R/W1C-0	R/W1C-0	R/W1C-0	R/W1C-0	R/W1C-0

7	6	5	4	3	2	1~0
IF7	IF6	IF5	IF4	IF3	IF2	保留
R/W1C-0	R/W1C-0	R/W1C-0	R/W1C-0	R/W1C-0	R/W1C-0	

图 3-22　中断标志寄存器 IFR0 的结构

15~11	10	9	8
保留	RTOSINTF	DLOGINTF	BERRINTF
	R/W1C-0	R/W1C-0	R/W1C-0

7	6	5	4	3	2	1	0
IF23	IF22	IF21	IF20	IF19	IF18	IF17	IF16
R/W1C-0	R/W1C-0	R/W1C-0	R/W1C-0	R/W1C-0	R/W1C-0	R/W1C-0	R/W1C-0

图 3-23　中断标志寄存器 IFR1 的结构

表 3-18　中断标志寄存器 IFR0

位	名　称	描　述	访问性	复位值
2～15	IF2～IF15	中断标志位	读/写	0

表 3-19　中断标志寄存器 IFR1

位	名　称	描　述	访问性	复位值
10	RTOSINTF	实时操作系统中断的标志位	读/写	0
9	DLOGINTF	数据记录中断的标志位	读/写	0
8	BERRINTF	总线错误中断的标志位	读/写	0
0～7	IF16～IF23	中断标志位	读/写	0

(4) 中断使能寄存器(IER0、IER1)

C55x 有两个 16 位的中断使能寄存器 IER0 和 IER1,包括所有可屏蔽中断的使能位。通过设置 IER0、IER1 的位为 1,打开相应的可屏蔽中断;清 0,关闭相应的可屏蔽中断。上电复位时,将所有 IER 位清 0。

IER0、IER1 不受软件复位指令和 DSP 热复位的影响,在全局可屏蔽中断使能(INTM=1)之前应初始化它们。中断使能寄存器 IER0 和 IER1 各个位的结构如图 3-24和图 3-25 所示。表 3-20 和表 3-21 是 IER0 和 IER1 各个位的说明。

15	14	13	12	11	10	9	8
IE15	IE14	IE13	IE12	IE11	IE10	IE9	IE8
R/W-NA	R/W-NA	R/W-NA	R/W-NA	R/W-NA	R/W-NA	R/W-NA	R/W-NA

7	6	5	4	3	2	1~0
IE7	IE6	IE5	IE4	IE3	IE2	保留
R/W-NA	R/W-NA	R/W-NA	R/W-NA	R/W-NA	R/W-NA	

图 3-24 中断使能寄存器 IER0 的结构

15~11	10	9	8
保留	RTOSINTE	DLOGINTE	BERRINTE
	R/W-NA	R/W-NA	R/W-NA

7	6	5	4	3	2	1	0
IE23	IE22	IE21	IE20	IE19	IE18	IE17	IF16
R/W-NA	R/W-NA	R/W-NA	R/W-NA	R/W-NA	R/W-NA	R/W-NA	R/W-NA

图 3-25 中断使能寄存器 IER1 的结构

表 3-20 中断使能寄存器 IER0

位	名 称	描 述	访问性	复位值	说 明
2~15	IE2~IE15	中断使能位	读/写	不受复位值影响	0:禁止与中断向量 x 关联的中断; 1:使能与中断向量 x 关联的中断

表 3-21 中断使能寄存器 IER1

位	名 称	描 述	访问性	复位值	说 明
10	RTOSINTE	实时操作系统中断的使能位	读/写	不受复位影响	0:禁止 RTOSINT; 1:使能 RTOSINT
9	DLOGINTE	数据记录中断的使能位	读/写	不受复位影响	0:禁止 DLOGINT; 1:使能 DLOGINT
8	BERRINTE	总线错误中断的使能位	读/写	不受复位影响	0:禁止 BERRINT; 1:使能 BERRINT
0~7	IE16~IE23	中断使能位 16~23	读/写	不受复位影响	0:禁止与中断向量 x 关联的中断; 1:使能与中断向量 x 关联的中断

(5) 调试中断使能寄存器(DBIER0、DBIER1)

这两个 16 位的调试中断使能寄存器,仅当 CPU 工作在实时仿真模式调试暂停时才会使用;如果 CPU 工作在实时方式下,则 DBIER0、DBIER1 将被忽略。

14. 循环控制寄存器

(1) 单指令循环控制寄存器(RPTC、CSR)

单指令循环控制寄存器 RPTC 和 CSR 都是 16 位的寄存器。单循环的指令可以重复执行一个单周期指令或并行执行两个单周期指令，重复次数 N 被装在 RPTC 中，指令将被重复执行 $N+1$ 次。在一些无条件单指令循环操作中，可以使用 CSR 设置重复次数。

(2) 块循环寄存器(BRC0、BRC1、BRS1、RSA0、RSA1、REA0、REA1)

表 3-22 列出了块循环寄存器的名称和说明。

表 3-22　块循环寄存器

<table>
<tr><th colspan="2">0 层寄存器</th><th colspan="2">1 层寄存器(C54CM=1 时不使用)</th></tr>
<tr><th>寄存器</th><th>描　述</th><th>寄存器</th><th>描　述</th></tr>
<tr><td>BRC0</td><td>16 位块循环计数器 0，存放一块循环代码第一次执行后重复的次数</td><td>BRC1</td><td>16 位块循环计数器 1，存放一块循环代码第一次执行后重复的次数</td></tr>
<tr><td>RSA0</td><td>24 位块循环起始地址寄存器 0，存放一块循环代码的第一条指令的地址</td><td>RSA1</td><td>24 位块循环起始地址寄存器 1，存放一块循环代码的第一条指令的地址</td></tr>
<tr><td rowspan="2">REA0</td><td rowspan="2">24 位块循环结束地址寄存器 0，存放一块循环代码的最后一条指令的地址</td><td>REA1</td><td>24 位块循环结束地址寄存器 1，存放一块循环代码的最后一条指令的地址</td></tr>
<tr><td>BRS1</td><td>BRC1 保存寄存器。只要 BRC1 装入数值，BRS1 就装入同样的数值。BRS1 不会在 1 层循环过程中修改。每触发一次 1 层循环，BRC1 都要重新从 BRS1 初始化。该特性使得在 0 层循环之外便可初始化 BRC1，减少了每次循环的时间</td></tr>
</table>

块循环指令可以实现 2 级嵌套，一个块循环(1 级)嵌套在另一个块循环(0 级)内部。

当 C54CM=0，即工作在 C55x 方式下时，才实现 2 级嵌套。当无循环嵌套时，CPU 使用 0 级寄存器；当出现循环嵌套时，CPU 对于 1 级嵌套使用 1 级寄存器。

当 C54CM=1，即工作在 C54x 方式下时，只能使用 0 级寄存器，通过借助块重复标志寄存器(BRAF)完成嵌套。

15. 状态寄存器

C55x 有 4 个状态寄存器。ST0_55(以及 ST1_55 和 ST3_55)有 2 个访问地址。所有位都可以由第一个地址访问，而在另一个地址(保护地址)中，加黑部分不能修改；保护地址是为了支持把 C54x 的代码写入 ST0、ST1 和 PMST。

(1) 状态寄存器 ST0_55

图 3-26 是状态寄存器 ST0_55 的结构。说明如下：

	15	14	13	12	11	10	9	8~0
ST0_55	ACOV2	ACOV3	TC1	TC2	CARRY	ACOV0	ACOV1	DP
	R/W-0	R/W-0	R/W-1	R/W-1	R/W-1	R/W-0	R/W-0	R/W-000000000

注：R/W，可进行读/写访问；
-X，X是DSP复位后的值，如果X是pin，则X是pin上复位后的电平；
BIT ，向状态寄存器保护地址的写操作无效，在读操作时这个位总是0。

图 3-26　状态寄存器 ST0_55 的结构

1）累加器溢出标志(ACOV0,ACOV1,ACOV2,ACOV3)

溢出方式受 M40 位的影响：当 M40=0 时，溢出检测在第 31 位，与 C54x 兼容；当 M40=1 时，溢出检测在第 39 位。

当累加器 AC0、AC1、AC2 或 AC3 有数据溢出时，相应的 ACOV0、ACOV1、ACOV2 或 ACOV3 被置 1，直到发生以下事件之一：

- 复位。
- CPU 执行条件跳转、调用、返回，或执行一条测试 ACOVx 状态的指令。
- 被指令清 0。

2）进位位(CARRY)

进位/借位的检测取决于 M40 位：当 M40=0 时，由第 31 位检测进位/借位；当 M40=1 时，由第 39 位检测进位/借位。

当 D 单元 ALU 做加法运算时，若产生进位，则置位 CARRY；如果不产生进位，则将 CARRY 清 0。下面的情况例外：使用以下语句(将 Smem 移动 16 位)，有进位时置位 CARRY，无进位时不清 0。

```
ADD Smem<<#16,[ACx,] ACy
```

当 D 单元 ALU 做减法运算时，若产生借位，则将 CARRY 清 0。如果不产生借位，则置位 CARRY。下面的情况例外：使用以下语句(将 Smem 移动 16 位)，有借位时 CARRY 清 0，无借位时 CARRY 不变。

```
SUB Smem<<#16,[ACx,]ACy
```

CARRY 位可以被逻辑移位指令修改。对带符号移位指令和循环移位指令，可以选择 CARRY 位是否需要修改。

目的寄存器是累加器时，用以下指令修改 CARRY 位，以指示计算结果。

```
MIN [src,] dst
MAX[src,] dst
ABS[src,] dst
NEG[src,] dst
```

可以通过下面两条指令对 CARRY 清 0 和置位：

```
BCLRCARRY  ;清 0
BSETCARRY  ;置位
```

3）DP 位域

在 ST0_55 的第 8～0 位是 DP 位域，是与 C54x 兼容的数据页指针。C55x 有一个独立的数据页指针 DP，DP(15～7)的任何变化都会反映在 ST0_55 的 DP 位域上。

基于 DP 的直接寻址方式，C55x 使用完整的数据页指针 DP(15～0)，因此不需要使用 ST0_55 的 DP 位域。

如果想装入 ST0_55，但不想改变 DP 位域的值，则可以用 OR 或 AND 指令。

4）测试/控制位(TC1、TC2)

测试/控制位(TC1、TC2)用来保存一些特殊指令的测试结果。要注意：所有能影响一个测试/控制位的指令，都可以选择影响 TC1 还是 TC2；TCx 或关于 TCx 的布尔表达式，都可以在任何条件指令中用做触发器。可以通过下面的指令对 TCx 置位和清 0：

```
BCLR   TC1  ;将 TC1 清 0
BSET   TC1  ;将 TC1 置位
BCLR   TC2  ;将 TC2 清 0
BSET   TC2  ;将 TC2 置位
```


(2) 状态寄存器 ST1_55

图 3-27 是状态寄存器 ST1_55 的结构。说明如下。

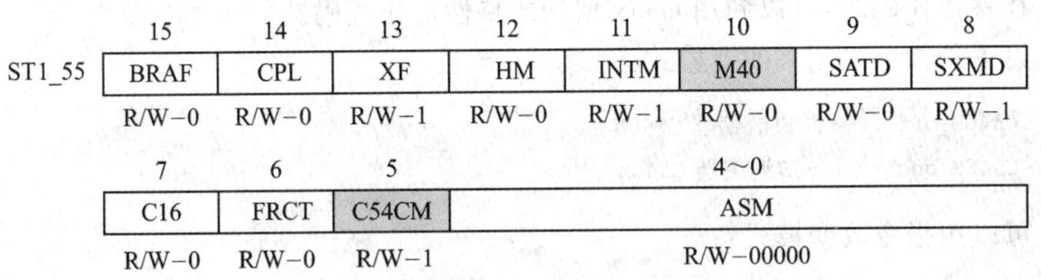

注：R/W，可进行读/写访问。
-X，X是DSP复位后的值，如果X是pin，则X是pin上复位后的电平。
BIT，向状态寄存器保护地址的写操作无效，在读操作时这个位总是0。

图 3-27 状态寄存器 ST1_55 的结构

1）ASM 位

如果 C54CM＝0，C55x 忽略 ASM，C55x 移位指令在暂存寄存器(T0～T3)中指定累加器的移位值，或者直接在指令中用常数指定移位值。

如果 C54CM＝1，则 C55x 以兼容方式运行 C54x 代码，ASM 用于给出某些 C54x 移位指令的移位值，移位范围为－16～15。

2) BRAF 位

如果 C54CM＝0,则 C55x 不使用 BRAF。

如果 C54CM＝1,则 C55x 以兼容方式运行 C54x 代码,BRAF 用于指定或控制一个块循环操作的状态。在由调用、中断或返回引起的代码切换过程中,都要保存和恢复 BRAF 的值。当执行远程跳转(FB)或远程调用(FCALL)指令时,BRAF 自动清 0。

3) C16 位

如果 C54CM＝0,则 C55x 忽略 C16。指令本身决定是用单 32 位操作还是用双 16 位操作。

如果 C54CM＝1,则 C55x 以兼容方式运行 C54x 代码,C16 会影响某些指令的执行。

当 C16＝0 时,关闭双 16 位模式,D 单元 ALU 执行一条指令是以单 32 位操作(双精度运算)的形式。

当 C16＝1 时,打开双 16 位模式, D 单元 ALU 执行一条指令是以两个并行的 16 位操作(双 16 位运算)的形式。

4) C54CM 位

如果 C54CM＝0,则 C55x 的 CPU 不支持 C54x 代码;

如果 C54CM＝1,则 C55x 的 CPU 支持 C54x 代码。

在使用 C54x 代码时就必须置位该模式,所有 C55x CPU 的资源都可以使用。

在移植代码时,可以利用 C55x 增加的特性优化代码。

以下伪指令可用来改变模式:

```
.C54CM_off    ;告知汇编器 C54CM = 0
.C54CM_on     ;告知汇编器 C54CM = 1
```

可以用指令改变模式:

```
BCLR  C54CM    ;清 0 C54CM
BSET  C54CM    ;置位 C54CM
```

5) CPL 位

如果 CPL＝0,CPL 决定选择 DP 直接寻址模式;

如果 CPL＝1,CPL 决定选择 SP 直接寻址模式。

可用伪指令来改变寻址模式:

```
.CPL_off    ;告知汇编器 CPL = 0
.CPL_on     ;告知汇编器 CPL = 1
```

以下指令可改变寻址模式:

```
BCLR  CPL;      清 0 CPL
```

```
BSET   CPL;      置位 CPL
```

6）FRCT位

如果FRCT=0,则C55x打开小数模式。乘法运算的结果左移一位进行小数点调整。两个带符号的Q15制数相乘,得到一个Q31制数时,就要进行小数点调整。

如果FRCT=1,则C55x关闭小数模式。乘法运算的结果不移位。

清0和置位FRCT的指令:

```
BCLR   FRCT     ;清 0 FRCT
BSET   FRCT     ;置位 FRCT
```

7）HM位

当DSP得到HOLD信号时,会将外部接口总线置于高阻态。根据HM的值,DSP也可以停止内部程序的执行。

如果HM=0,则C55x继续执行内部程序存储器的指令;

如果HM=1,则C55x停止执行内部程序存储器的指令。

清0和置位HM可用下面的指令:

```
BCLR   HM     ;清 0 HM
BSET   HM     ;置位 HM
```

8）INTM位

如果INTM=0,则C55x使能所有可屏蔽中断;

如果INTM=1,则C55x禁止所有可屏蔽中断。

使用INTM位需要注意的几点:

① INTM位能够全局使能或禁止可屏蔽中断,但是它对不可屏蔽中断无效。在使用INTM位时,要使用状态位清0和置位指令来修改INTM位。其他能影响INTM位的,只有软件中断指令和软件置位指令。

② CPU响应中断请求时,自动保存INTM位。要注意在CPU把ST1_55保存到数据堆栈时,INTM位也被保存起来。执行中断服务子程序(ISR)之前,CPU自动置位INTM位,禁止所有的可屏蔽中断。ISR可以通过清0 INTM位,来重新开放可屏蔽中断。执行中断返回指令,从数据堆栈恢复INTM位的值。

③ 在调试器实时仿真模式下,CPU暂停时,忽略INTM位,CPU只处理临界时间中断。

9）M40位

M40是D单元的计算模式位。

如果M40=0,则D单元的计算模式选择32位模式,第31位是符号位。计算过程中的进位取决于第31位,由第31位判断是否溢出。处理饱和过程时,饱和值是00 7FFF FFFFh(正溢出)或FF 8000 0000h(负溢出)。在进行累加器和0的比较时,是用第31～0位来进行。在做移位和循环操作的时候,可对整个32位进行移位和循环操作，累加器左移或循环移位时，从第 31 位移出。累加器右移或循环移位时，移入的位插入到第 31 位上。对于累加器带符号位的移位操作，如果 SXMD＝0，则累加器的保护位值要设为 0；如果 SXMD＝1，则累加器的保护位要设为第 31 位的值。对于累加器的任何循环移位或逻辑移位，都要清 0 目的累加器的保护位。

如果 M40＝1，则 D 单元的计算模式选择 40 位的带符号移位模式，第 39 位是符号位。计算过程中的进位取决于第 39 位，由第 39 位判断是否溢出。处理饱和过程时，饱和值是 7F FFFF FFFFh（正溢出）或 80 0000 0000h（负溢出）。在进行累加器和 0 的比较时，用第 39～0 位来进行。在做移位和循环操作时，可对整个 40 位进行移位和循环操作。累加器左移或循环移位时，从第 39 位移出；累加器右移或循环移位时，移入的位插入到第 39 位上。

10）SATD 位

SATD 是 D 单元的饱和模式位。

如果 SATD＝0，则关闭 D 单元的饱和模式，不执行饱和模式。

如果 SATD＝1，则打开 D 单元的饱和模式。如果 D 单元内的运算产生溢出，则结果值饱和，饱和值取决于 M40 位：

M40＝0，CPU 的饱和值为 00 7FFF FFFFh（正溢出）或 FF 8000 0000h（负溢出）；

M40＝1，CPU 的饱和值为 7F FFFF FFFFh（正溢出）或 80 0000 0000h（负溢出）。

11）SXMD 位

SXMD 是 D 单元的符号扩展模式位。

如果 SXMD＝0，则关闭 D 单元的符号扩展模式。对于 40 位的运算，16 位或更小的操作数都要补 0，扩展至 40 位。在处理条件减法的指令时，任何 16 位的除数都可以得到理想的结果。当 D 单元的 ALU 被局部配置为双 16 位模式时，D 单元 ALU 的高 16 位补零扩展至 24 位。当累加器值右移时，高段和低段的 16 位补零扩展；当累加器带符号移位时，如果是一个 32 位操作（M40＝0），则累加器的保护位（第 39～32 位）填零；当累加器带符号右移时，移位的值补零扩展。

当 SXMD＝1 时，打开符号扩展模式。对于 40 位的运算，16 位或更小的操作数，都要带符号扩展至 40 位。在处理条件减法指令时，16 位的除数必须是正数，其最高位（MSB）必须是 0；当 D 单元的 ALU 局部配置为双 16 位模式时，D 单元 ALU 的高 16 位值带符号扩展至 24 位。当累加器右移时，高段和低段的 16 位都要带符号扩展；当累加器带符号移位时，其值带符号扩展。如果是一个 32 位的操作（M40＝0），则将第 31 位的值复制到累加器的保护位（第 39～32 位）。当累加器带符号右移时，除非有限定符 uns()表明它是无符号的，否则移位的值都要被带符号扩展。对于无符号运算（布尔逻辑运算、循环移位和逻辑移位运算），不管 SXMD 的值是什么，输入的操作数都要被补零扩展至 40 位。对于乘加单元 MAC 中的运算，不管 SXMD 的值是多少，输入的操作数都要带符号扩展至 17 位。如果指令中的操作数在限定符 uns()中，则不管 SXMD 的值是多少，都视为无符号的。

SXMD 可用下面的指令清 0 和置位：

```
BCLR   SXMD          ;清 0 SXMD
BSET   SXMD          ;置位 SXMD
```

12）XF 位

XF 是通用的输出位，能用指令处理且可输出至 DSP 引脚。用下面的指令清 0 和置位 XF：

```
BCLR   XF            ;清 0XF
BSET   XF            ;置位 XF
```

(3) 状态寄存器 ST2_55

CPU 的状态寄存器 ST2_55 的结构如图 3－28 所示，说明如下。

	15	14～13	12	11	10	9	8
ST2_55	ARMS	保留	DBGM	EALLOW	RDM	保留	CDPLC
	R/W－0		R/W－1	R/W－0	R/W－0		R/W－0

7	6	5	4	3	2	1	0
AR7LC	AR6LC	AR5LC	AR4LC	AR3LC	AR2LC	AR1LC	AR0LC
R/W－0	R/W－0	R/W－0	R/W－0	R/W－0	R/W－0	R/W－0	R/W－0

注：R/W，可进行读/写访问。
－X，X是DSP复位后的值，如果X是pin，则X是pin上复位后的电平。

图 3－28 CPU 的状态寄存器 ST2_55 的结构

1）AR0LC～AR7LC 位

ARnLC(n＝0、1、2、3、4、5、6、7)位是寻址模式位，决定 ARn 用做线性寻址还是循环寻址。ARnLC＝0 是线性寻址，ARnLC＝1 是循环寻址。用状态位操作清 0 或置位指令来清 0 或置位 ARnLC。

例：

```
BCLR   AR2LC         ;清 0 AR2LC
BSET   AR2LC         ;置位 AR2LC
```

2）ARMS 位

如果 ARMS＝0，则辅助寄存器(AR)间接寻址的 CPU 模式采用 DSP 模式操作数，该操作数能有效执行 DSP 专用程序。这些操作数中，有的在指针加/减时使用反向操作数。短偏移操作数不可用。

如果 ARMS＝1，则辅助寄存器(AR)间接寻址的 CPU 模式采用控制模式操作数，该操作数能为控制系统的应用优化代码的大小。短偏移操作数 ＊ARn(short(＃k3))可用。其他偏移需要在指令中进行 2 字节扩展，而这些有扩展的指令不能和其他指令并行执行。

用下面的伪指令来改变操作模式：

```
.ARMS_off        ;告知编译器 ARMS = 0
.ARMS_on         ;告知编译器 ARMS = 1
```

用下面的指令可改变操作模式：

```
BCLR    ARMS    ;清 0 ARMS
BSET    ARMS    ;置位 ARMS
```

3）CDPLC 位

CDPLC 位决定系数数据指针(CDP)是用线性寻址(CDPLC＝0)，还是循环寻址(CDPLC 位＝1)。用下面的指令清 0 和置位 CDPLC：

```
BCLR    CDPLC    ;清 0 CDPLC
BSET    CDPLC    ;置位 CDPLC
```

4）DBGM 位

DBGM 位是用于调试程序中有严格时间要求的部分。如果 DBGM＝0，则使能该位；如果 DBGM＝1，则禁止该位。在 DBGM＝1 时，仿真器不能访问存储器和寄存器。软件断点仍然可以使 CPU 暂停，但不会影响硬件断点或暂停请求。

为了保护流水操作，只可由状态位清 0 或置位指令修改 DBGM，其他指令都不会影响 DBGM 位：

```
BCLR DBGM    ;清 0 DBGM
BSET DBGM    ;置位 DBGM
```

当 CPU 响应一个中断请求时，会自动保护 DBGM 位的状态。也就是当 CPU 把 ST2_55 保存到数据堆栈时，DGBM 位就被保存起来。执行一个中断服务子程序(ISR)前，CPU 自动置位 DBGM，禁止调试。ISR 可以通过清 0 DBGM 位，重新使能调试。

5）EALLOW 位

EALLOW 使能(EALLOW＝0)或禁止(EALLOW＝1)对非 CPU 仿真寄存器的写访问。当 CPU 响应一个中断请求时，自动保存 EALLOW 位的状态。当 CPU 把 ST2_55 保存到数据堆栈时，也就是保存了 EALLOW 位。执行一个中断服务子程序(ISR)前，CPU 自动清 EALLOW 位，禁止访问仿真寄存器。ISR 通过置位 EALLOW 位，可以重新开放对仿真寄存器的访问。执行中断返回指令，从数据堆栈恢复 EALLOW 位。

6）RDM 位

在 D 单元执行的一些指令中，CPU 将 rnd()括号中的操作数取整。进行取整操作的类型取决于 RDM 的值。

如果 RDM＝0，CPU 给 40 位的操作数加上 8000h(即 2^{15})，然后 CPU 清 0 第

15～0 位，产生一个 24 位或 16 位的取整结果。若结果是 24 位的整数，则只有第 39～16 位是有意义的；若结果是 16 位的整数，则只有第 31～16 位是有意义的。

如果 RDM＝1，则取整至最接近的整数。取整的结果取决于 40 位操作数的第 15～0 位：

```
If(0 =＜(位 15～0)＜8000h);
```

CPU 清 0 第 15～0 位。

```
If(8000h＜(位 15～0)＜10000h);
```

CPU 给该操作数加上 8000h，再清 0 第 15～0 位。

```
If ((位 15～0) =  = 8000h);
If(位 31～16)是奇数;
```

CPU 给该操作数加上 8000h，再清 0 第 15～0 位。

(4) 状态寄存器 ST3_55

状态寄存器 ST3_55 的结构如图 3－29 所示，说明如下。

	15	14	13	12	11～8
ST3_55	CAFRZ	CAEN	CACLR	HINT	保留(write 1100b)
	R/W－0	R/W－0	R/W－0	R/W－1	

7	6	5	4～3	2	1	0
CBERR	MPNMC	SATA	保留	CLKOFF	SMUL	SST
R/W－0	R/W－pin	R/W－0		R/W－0	R/W－0	R/W－0

注：R/W，可进行读/写访问。
－X，X是DSP复位后的值，如果X是pin，则X是pin上复位后的电平。
BIT ，向状态寄存器保护地址的写操作无效，在读操作时这个位总是0。
ST3_55的第11~8位总是写作1100b(ch)。

图 3－29　状态寄存器 ST3_55 的结构

1) CACLR 位

CACLR 位检查是否已完成程序 cache 清 0。

如果 CACLR＝0，则清 0 过程已经完成。在清 0 过程完成时，cache 硬件清 0 CACLR 位；如果 CACLR＝1，则清 0 过程未完成，所有的 cache 块无效。

清 0 cache 所需的时间周期数取决于存储器的结构，当 cache 清 0 后，指令缓冲器单元中的预取指令队列的内容会自动清 0。

2) CAEN 位

CAEN 位使能或禁止程序 cache。如果 CAEN＝0，则禁止 cache，cache 控制器不接受任何程序要求，所有的程序要求都由片内存储器或片外存储器（根据解码的地址而定）来处理；如果 CAEN＝1，则使能 cache，依据解码的地址，可以从 cache、片内存储器或片外存储器提取程序代码。

当清 0 CAEN 位禁止 cache 时,I 单元的指令缓冲队列的内容会自动清 0。

3) CAFRZ 位

CAFRZ 位能锁定程序 cache。如果 CAFRZ=0 ,则 cache 工作在默认操作模式;如果 CAFRZ=1 ,则 cache 被冻结(其内容被锁定)。没有访问该 cache 时,它的内容不会更改,但被访问时仍然可用,cache 内容一直保持不变,直到 CAFRZ 位清 0。

4) CBERR 位

CPU 在检测到一个内部总线错误时,置位 CBERR。该错误使 CPU 在中断标志寄存器 1(IFR1)中置位总线错误中断标志 BERRINTF。对 CBERR 位写 1 是无效的,该位只在发生内部总线错误时才为 1。

在总线错误的中断服务子程序返回控制中断程序的代码以前,必须清 0 CBERR。

5) CLKOFF 位

CLKOFF 是 CLKOUT 输出禁止位。当 CLKOFF=1 时,CLKOUT 引脚的输出被禁止,且保持高电平。

用下面的指令清 0 或置位 CLKOFF:

```
BCLR    CLKOFF    ;清 0 CLKOFF
BSET    CLKOFF    ;置位 CLKOFF
```

6) HINT 位

HINT 是 CPU 向主机请求中断位。CPU 用 HINT 位通过主机接口,发送一个中断请求给主机处理器。操作时,先清 0 HINT,然后再给 HINT 置位,产生一个低电平有效的中断脉冲。

```
BCLR    HINT    ;清 0 HINT
BSET    HINT    ;置位 HINT
```

7) MPNMC 位

MPNMC 位使能或禁止片上 ROM。

MPNMC=0:微计算机模式。使能片上 ROM,可以在程序空间寻址。

MPNMC=1:微处理器模式。禁止片上 ROM,不映射在程序空间中。

硬件复位总是清 0 MPNMC 位,所以在复位后不禁用 ROM,而软件得复位不影响 MPNMC 位。所有的存储器块可以通过程序、数据或 DMA 总线访问。

8) SATA 位

SATA 位决定 A 单元 ALU 的溢出结果是否饱和处理。如果 SATA=0,则关闭饱和处理,不执行饱和处理。如果 SATA=1,则打开饱和处理,当 A 单元 ALU 中的计算产生溢出时,则结果饱和至 7FFFh(正向饱和)或 8000h(负向饱和)。

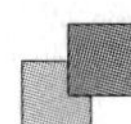

9）SMUL位

SMUL位打开或关闭乘法的饱和模式。如果SMUL=0，则关闭乘法的饱和处理；如果SMUL=1，则打开乘法的饱和处理。在SMUL=1、FRCT=1且SATD=1的情况下，8000h与8000h相乘的结果饱和至7FFF FFFFh（不受M40位的影响），这样，两个负数的乘积就是一个正数；对于乘加/减指令，在乘法之后、加法/减法之前，执行饱和运算 。

10）SST位

SST位是饱和处理位。SST位将影响一些累加器存储指令的执行。当C54CM=0时，CPU忽略SST，仅用指令判断是否产生饱和；当C54CM=1时，在C54x兼容的模式下，SST打开或关闭饱和-存储模式。

当SST=1时，在存储之前，40位的累加器值要饱和处理为一个32位的值。如果累加器的值要移位，则CPU执行移位后饱和处理。

对于受SST位影响的指令，CPU在存储一个移位后或未移位的累加器值之前，对其进行饱和运算。是否饱和处理取决于符号扩展模式位（SXMD）：

当SXMD=0时，一个40位的数被看作无符号数。如果该数值大于00 7FFF FFFFh，则CPU对其进行饱和运算，结果为7FFF FFFFh 。

当SXMD=1时，一个40位的数被看作有符号数。如果该数值小于00 8000 0000h，则CPU产生一个32位的结果8000 0000h；如果该数大于00 7FFF FFFFh，则CPU产生的结果为7FFF FFFFh。

3.5 TMS320C55x外围电路

DSP应用系统需要数据采集、数据的输入/输出以及其他相关设备的控制等，C55x片内外围电路包含了这几方面功能的电路。表3-23列出了C55x一些型号在片外围电路的配置情况，包括下面几种：

- 模/数转换器（ADC）；
- 可编程数字锁相环时钟发生器（DPLL）；
- 指令高速缓存（I-Cache）；
- 外部存储器接口（EMIF）；
- 直接存储器访问控制器（DMA）；
- 多通道串行缓冲口（McBSP）；
- 增强型主机接口（EHPI）；
- 2个16位的通用定时器/计数器；
- 8个可配置的通用I/O引脚（GPIO）；
- 实时时钟（Real Time Clock，RTC）；
- 看门狗定时器（Watchdog Timer）；

● USB 接口。

表 3-23　C55x 在片外围电路配置

外设或存储器	5501	5502	5503	5506	5507	5509	5510
模/数转换器(ADC)					2/4	2/4	
带 DPLL 的时钟产生器	APLL	APLL	DPLL	DPLL APLL	DPLL APLL	DPLL	DPLL
存储器直接访问控制器(DMA)	1	1	1	1	1	1	1
外部存储器接口(EMIF)	1	1	1	1	1	1	1
主机接口(HPI)	1	1	1		1	1	1
指令缓存容量/KB	16	16					24
内部集成电路(I²C)模块	1	1	1	1	1	1	
多通道缓冲串行接口(McBSP)	2	3	3	3	3	3	3
多媒体卡/SD 卡控制器						2	
电源管理/节电(IDLE)配置	1	1	1	1	1	1	1
实时时钟(RTC)			1	1	1	1	
通用定时器	2	2	2	2	2	2	2
看门狗定时器	1	1	1	1	1	1	
通用异步接收器/转换器(UARTb)	1	1					
通用串行总线(USB)模块				1	1	1	

3.5.1　通用 I/O 引脚

C55x 提供了专门的通用输入/输出引脚 GPIO,每个引脚的方向可以由 I/O 方向寄存器 IODIR 独立配置,引脚上的输入/输出状态由 I/O 数据寄存器 IODATA 体现或设置。表 3-24 是 GPIO 方向寄存器 IODIR 的结构和说明,表 3-25 是 GPIO 数据寄存器 IODATA 的结构和说明。例如 TMS320VC5509A(PGE)有 8 个 GPIO 引脚。

表 3-24　GPIO 方向寄存器 IODIR

位	字　段	数　值	说　明
15～8	Rsvd	—	保留
7～0	IOxDIR	 0 1	IOx 方向控制位: IOx 配置为输入; IOx 配置为输出

表 3-25 GPIO 数据寄存器 IODATA

位	字 段	数 值	说 明
15～8	Rsvd	—	保留
7～0	IOxD	 0 1	IOx 逻辑状态位： IOx 引脚上的信号为低电平； IOx 引脚上的信号为高电平

3.5.2 通用定时器/计数器

C55x 芯片提供了两个定时器。TMS320VC5503/5507/5509A/5510 提供的是两个 20 位的定时器。定时器由两部分组成：计数和周期设定。负责计数工作的是一个 4 位的预定标计数寄存器（PSC）和一个 16 位的主计数器（TIM）。负责定时周期设定的是 TDDR 和 PRD。在定时器初始化或定时值重新装入的过程中，将周期寄存器（TDDR、PRD）的内容复制到计数寄存器（PSC、TIM）中。图 3-30 是定时器结构框图。

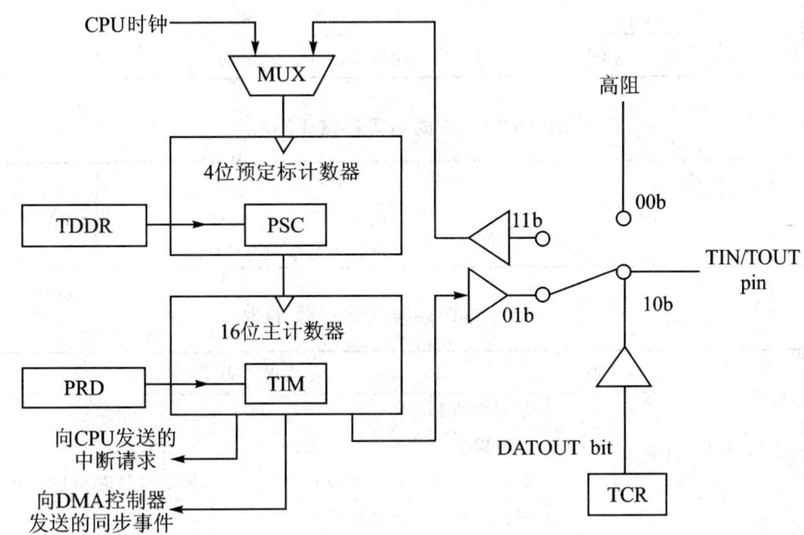

图 3-30 定时器结构框图

图 3-30 中，定时器的工作时钟是 DSP 内部的 CPU 时钟。利用定时器控制寄存器（TCR）中的字段 FUNC 可以确定时钟源和 TIN/TOUT 引脚的功能。预定标计数寄存器（PSC）PSC 在每个输入时钟周期减 1，当其减到 0 时，TIM 减 1；当 TIM 减到 0 时，定时器向 CPU 发送一个中断请求（TINT）或向 DMA 控制器发送同步事件。

定时器发送中断信号或同步事件信号的周期 T_{TINT} 由下式计算：

$$T_{\text{TINT}} = T_{\text{CPU时钟}} \times (\text{TDDR}+1) \times (\text{PRD}+1)$$

通过设置定时器控制寄存器(TCR)中的自动重新装载控制位 ARB,可使定时器工作于自动重新装载模式。当 TIM 减到 0 时,重新将周期寄存器(TDDR、PRD)的内容复制到计数寄存器(PSC、TIM)中,继续定时。

定时器包括 4 个寄存器:定时器预定标寄存器 PRSC、主计数寄存器 TIM、主周期寄存器 PRD、定时器控制寄存器 TCR。这些寄存器的结构和说明由表 3-26～表 3-29 列出。

表 3-26 定时器预定标寄存器 PRSC

位	字段	数值	说明
15～10	Rsvd	—	保留
9～6	PSC	0h～Fh	预定标计数寄存器
5～4	Rsvd	—	保留
3～0	TDDR	0h～Fh	当 PSC 重新装入时,将 TDDR 的内容复制到 PSC 中

表 3-27 主计数寄存器 TIM

位	字段	数值	说明
15～0	TIM	0000h～FFFFh	主计数寄存器

表 3-28 主周期寄存器 PRD

位	字段	数值	说明
15～0	PRD	0000h～FFFFh	主周期寄存器。当 TIM 必须重新装入时,将 PRD 的内容复制到 TIM 中

表 3-29 定时器控制寄存器 TCR

位	字段	数值	说明
15	IDLEEN	 0 1	定时器的 Idle 使能位: 定时器不能进入 Idle 状态; 如果 Idle 状态寄存器中的 PERIS=1,则定时器进入 Idle 状态
14	INTEXT	 0 1	时钟源从内部切换到外部标志位: 定时器没有准备好使用外部时钟源; 定时器准备使用外部时钟源
13	ERRTIM	 0 1	定时器错误标志: 没有监测到错误,或 ERRTIM 已被读取; 出错
12～11	FUNC	 FUNC=00b FUNC=01b FUNC=10b FUNC=11b	定时器工作模式选择位: TIN/TOUT 为高阻态,时钟源是内部 CPU 时钟; TIN/TOUT 为定时器输出,时钟源是内部 CPU 时钟; TIN/TOUT 为通用输出,引脚电平反映的是 DATOUT 位的值; TIN/TOUT 为定时器输入,时钟源是外部时钟

续表 3-29

位	字　段	数　值	说　明
10	TLB	 0 1	定时器装载位： TIM、PSC 不重新装载； 将 PRD、TDDR 分别复制到 TIM、PSC 中
9	SOFT		在调试中遇到断点时定时器的处理方法
8	FREE		
7～6	PWID	 00 01 10 11	定时器输出脉冲的宽度： 1 个 CPU 时钟周期； 2 个 CPU 时钟周期； 4 个 CPU 时钟周期； 8 个 CPU 时钟周期
5	ARB	 0 1	自动重装控制位： ARB 清 0； 每次 TIM 减为 0，PRD 装入 TIM 中，TDDR 装入 PSC 中
4	TSS	 0 1	定时器停止状态位： 启动定时器； 停止定时器
3	C/P	 0 1	定时器输出时钟/脉冲模式选择： 输出脉冲，脉冲宽度由 PWID 定义，极性由 POLAR 定义； 输出时钟，引脚上信号的占空比为 50％
2	POLAR	 0 1	时钟输出极性位： 正极性； 负极性
1	DATOUT	 0 1	当 TIN/TOUT 作为通用输出引脚时，该位控制引脚上的电平： 低电平； 高电平
0	Rsvd	0	保留

定时器初始化的步骤如下：

① 停止计时(TSS＝1)，使能定时器自动装载(TLB＝1)。

② 将预定标计数器周期数写入 TDDR(以输入的时钟周期为基本单位)。

③ 将主计数器周期数装入 PRD。

④ 关闭定时器自动装载(TLB＝0)，启动计时(TSS＝0)。

DSP 复位后定时器寄存器的值：

TSS＝1(停止定时)；预定标计数器的值为 0；主计数器 TIM 的值为 FFFFh ；ARB＝0(定时器不进行自动重装)；IDLE 指令不能使定时器进入省电模式；仿真时遇到软件断点，定时器立即停止工作；TIN/TOUT 为高阻态；FUNC＝00b(时钟源是内部时钟)。

3.5.3　时钟发生器

时钟发生器的作用是从 CLKIN 引脚接收输入时钟信号，将其变换为 CPU 及其外设所需要的工作时钟。工作时钟经过分频由引脚 CLKOUT 输出，可供其他器件使用。

时钟发生器内有一个数字锁相环(DPLL)和一个时钟模式寄存器(CLKMD)。时钟发生器的结构如图 3-31 所示。

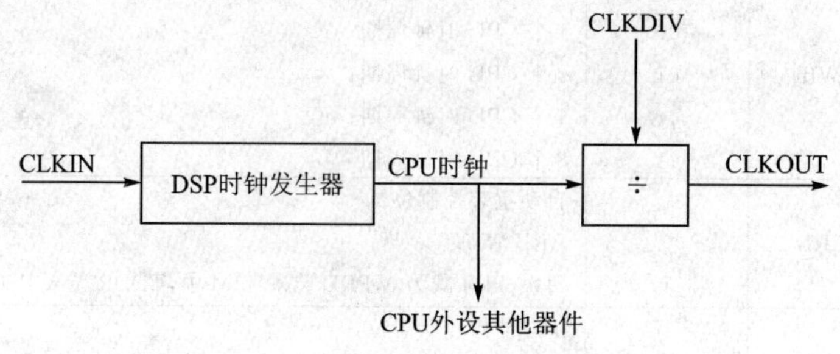

图 3-31　时钟发生器结构

时钟发生器有三种工作模式：旁路模式(BYPASS)、锁定模式(LOCK)和 Idle 模式。

旁路模式和锁定模式由时钟模式寄存器(CLKMD)中的 PLL ENABLE 位控制；时钟发生器工作在 Idle 模式，通过关闭 CLKGEN Idle 模块实现。表 3-30 是时钟模式寄存器 CLKMD 的结构和说明。

1. 旁路模式(BYPASS)

如果 PLL ENABLE＝0，则 PLL 工作于旁路模式，PLL 对输入时钟信号进行分频。分频的数值由 BYPASSDIV 确定：

如果 BYPASSDIV＝00，则输出时钟信号的频率与输入信号的频率相同，即1 分频；

如果 BYPASSDIV＝01，则输出时钟信号的频率是输入信号的 1/2，即 2 分频；

如果 BYPASSDIV＝1x，则输出时钟信号的频率是输入信号的 1/4，即 4 分频。

2. 锁定模式(LOCK)

如果 PLL ENABLE＝1，则 PLL 工作于锁定模式，输出的时钟频率由下面的公式确定：

$$\text{输出频率} = \frac{\text{PLL MULT}}{\text{PLL DIV} + 1} \times \text{输入频率}$$

3. Idle 模式

为了降低功耗，可以加载 Idle 配置，使 DSP 的时钟发生器进入 Idle 模式。当时

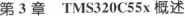

钟发生器处于 Idle 模式时，输出时钟停止，CLKOUT 引脚被拉为高电平。

表 3-30 时钟模式寄存器 CLKMD

位	字段	说明
15	Rsvd	保留
14	IAI	退出 Idle 状态后，决定 PLL 是否重新锁定： 0，PLL 将使用与进入 Idle 状态之前相同的设置进行锁定； 1，PLL 将重新锁定过程
13	IOB	处理失锁： 0，时钟发生器不中断 PLL，PLL 继续输出时钟； 1，时钟发生器切换到旁路模式，重新开始 PLL 锁相过程
12	TEST	必须保持为 0
11～7	PLL MULT	锁定模式下的 PLL 倍频值，0～31
6～5	PLL DIV	锁定模式下的 PLL 分频值，0～3
4	PLL ENABLE	使能或关闭 PLL： 0，关闭 PLL，进入旁路模式； 1，使能 PLL，进入锁定模式
3～2	BYPASS DIV	旁路下的分频值： 00，1 分频； 01，2 分频； 10 或 11，4 分频
1	BREAKLN	PLL 失锁标志： 0，PLL 已经失锁； 1，锁定状态或有对 CLKMD 寄存器的写操作
0	LOCK	锁定模式标志： 0，时钟发生器处于旁路模式； 1，时钟发生器处于锁定模式

关于 CLKOUT 输出：

CPU 时钟可以通过一个时钟分频器对外提供 CLKOUT 信号，CLKOUT 的频率由系统寄存器(SYSR)中的 CLKDIV 确定(C5509A)：

当 CLKDIV＝000b 时，CLKOUT 的频率等于 CPU 时钟频率；

当 CLKDIV＝001b 时，CLKOUT 的频率等于 CPU 时钟频率的 1/2；

当 CLKDIV＝010b 时，CLKOUT 的频率等于 CPU 时钟频率的 1/4；

当 CLKDIV＝011b 时，CLKOUT 的频率等于 CPU 时钟频率的 1/6；

当 CLKDIV＝100b 时，CLKOUT 的频率等于 CPU 时钟频率的 1/8；

当 CLKDIV＝101b 时，CLKOUT 的频率等于 CPU 时钟频率的 1/10；

当 CLKDIV＝110b 时，CLKOUT 的频率等于 CPU 时钟频率的 1/12；

当 CLKDIV＝111b 时，CLKOUT 的频率等于 CPU 时钟频率的 1/14。

我们可以根据需要通过对时钟模式寄存器的操作，设定时钟发生器的工作模式和输出频率。

在设置过程中除了工作模式、分频数值和倍频值以外，还要注意其他因素对PLL的影响。

(1) 省电(Idle)

为了减少功耗，在某些情况下可以使时钟发生器处于省电状态。当时钟发生器退出省电状态时，PLL自动切换到旁路模式，进行跟踪锁定，锁定后返回到锁定模式。在时钟模式寄存器中，与省电有关的位是IAI位。当IAI =0时，PLL将使用与进入Idle状态之前相同的设置进行锁定；当IAI =1时，PLL将重新进入锁定过程。

(2) DSP复位

在DSP复位期间和复位之后，PLL工作于旁路模式，输出的时钟频率由CLKMD引脚上的电平确定：如果CLKMD引脚为低电平，则输出频率等于输入频率；如果CLKMD引脚为高电平，则输出频率等于输入频率的1/2。

(3) 失 锁

锁相环对输入时钟跟踪锁定之后，可能会由于其他原因使其输出时钟发生偏移，导致失锁。出现失锁现象后，PLL的动作由时钟模式寄存器中的IOB确定：当IOB=0时，时钟发生器不中断PLL，PLL继续输出时钟；当IOB=1时，时钟发生器切换到旁路模式，重新开始PLL锁相过程。

3.5.4 多通道缓冲串行口 McBSP

1. McBSP的特点

C55x的片内外围电路包含高速的多通道缓冲串口(McBSP，Multi-channel Buffered Serial Ports)，通过McBSP与其他DSP、编解码器等器件相连接。

McBSP具有如下特点：

- 全双工通信。
- 具有双缓存发送、三缓存接收，支持传送连续的数据流。
- 有独立的收发时钟信号和帧信号。
- 有128个通道收发。
- 可与工业标准的编解码器、模拟接口芯片(AICs)及其他串行A/D、D/A芯片直接连接。
- 能够向CPU发送中断，向DMA控制器发送DMA事件。
- 具有可编程的采样率发生器，可控制时钟和帧同步信号。
- 可以选择帧同步脉冲和时钟信号的极性。
- 可以选择传输的字长为8位、12位、16位、20位、24位或32位。
- 具有μ律和A律压缩扩展功能。
- McBSP引脚可以配置为通用输入/输出引脚。

2. McBSP 的组成

McBSP 包括一个数据通道和一个控制通道，有 7 个引脚与外部设备连接，其结构如图 3-32 所示。

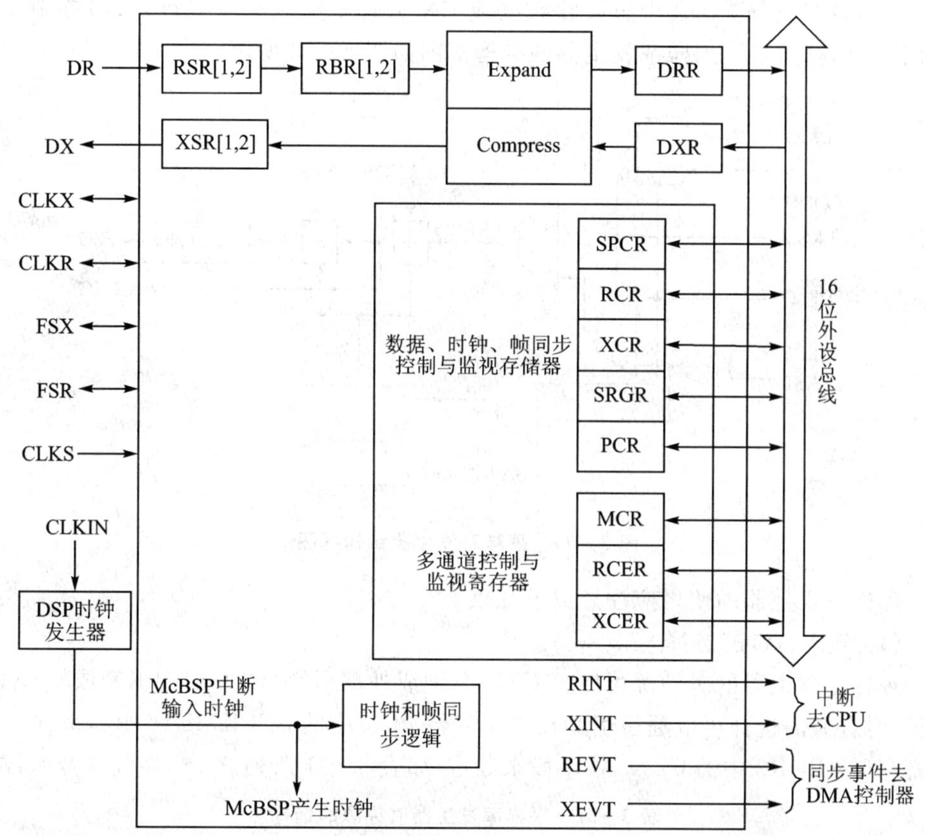

图 3-32 McBSP 结构框图

数据发送引脚 DX 负责数据的发送，数据接收引脚 DR 负责数据的接收，发送时钟引脚 CLKX、接收时钟引脚 CLKR、发送帧同步引脚 FSX 和接收帧同步引脚 FSR 提供串行时钟和控制信号。

CPU 和 DMA 控制器通过外设总线与 McBSP 进行通信。当发送数据时，CPU 和 DMA 将数据写入数据发送寄存器（DXR1、DXR2），接着复制到发送移位寄存器（XSR1、XSR2），通过发送移位寄存器输出至 DX 引脚。同样，当接收数据时，DR 引脚上接收到的数据先移位到接收移位寄存器（RSR1、RSR2），接着复制到接收缓冲寄存器（RBR1、RBR2）中，RBR 再将数据复制到数据接收寄存器（DRR1、DRR2）中，由 CPU 或 DMA 读取数据，实现了同时进行内部和外部的数据通信。

3. 采样率发生器

每个 McBSP 包括一个采样率发生器 SRG，用于产生内部数据时钟 CLKG 和内部帧同步信号 FSG。

CLKG 可以作为 DR 引脚接收数据或 DX 引脚发送数据的时钟，FSG 控制 DR 和 DX 上的帧同步。采样率发生器的结构框图如图 3-33 所示。

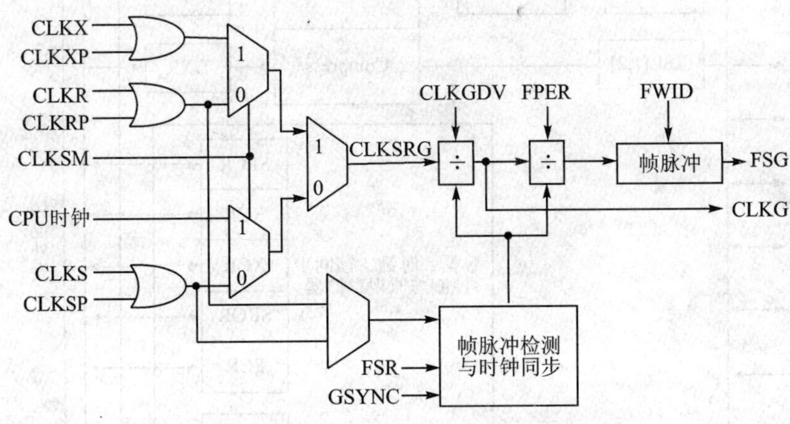

图 3-33 采样率发生器结构框图

采样率发生器的使用应注意以下几点。

(1) 输入时钟的选择

采样率发生器的时钟源可以由 CPU 时钟或外部引脚（CLKS、CLKX 或 CLKR）提供，时钟源的选择可以通过引脚控制寄存器 PCR 中的 SCLKME 字段和采样率发生寄存器 SRGR2 中的 CLKSM 字段来确定，如表 3-31 所列。

表 3-31 采样率发生器时钟源的选择

SCLKME	CLKSM	采样率发生器的输入时钟
0	0	CLKS 引脚上的信号
0	1	CPU 时钟
1	0	CLKR 引脚上的信号
1	1	CLKX 引脚上的信号

(2) 输入时钟信号极性的选择

如果选择了一个外部引脚作为时钟源，其极性可通过 SRGR2 中的 CLKSP 字段、PCR 中的 CLKXP 字段或 CLKRP 字段进行设置，如表 3-32 所列。

表 3-32 采样率发生器时钟极性的选择

输入时钟	极性选择	说 明
CLKS 引脚上的信号	CLKSP=0	CLKS 引脚上信号的上升沿，产生 CLKG 的上升沿；
	CLKSP=1	CLKS 引脚上信号的下降沿，产生 CLKG 的上升沿
CPU 时钟	正极性	CPU 时钟信号的上升沿，产生 CLKG 的上升沿
CLKR 引脚上的信号	CLKRP=0	CLKR 引脚上信号的上升沿，产生 CLKG 的上升沿；
	CLKRP=1	CLKR 引脚上信号的下降沿，产生 CLKG 的上升沿
CLKX 引脚上的信号	CLKXP=0	CLKX 引脚上信号的上升沿，产生 CLKG 的上升沿；
	CLKXP=1	CLKX 引脚上信号的下降沿，产生 CLKG 的上升沿

(3) 输出时钟信号频率的选择

输入的时钟经过分频产生 SRG 输出时钟 CLKG。分频的数值由采样率发生寄存器 SRGR1 中的 CLKGDV 字段确定。输出的时钟频率由下式得出：

$$\text{CLKG 输出时钟频率} = \frac{\text{输入时钟频率}}{\text{CLKGDV}+1}, \qquad 1 \leqslant \text{CLKGDV} \leqslant 225$$

输出的最高时钟频率是输入时钟频率的 1/2。当 CLKGDV 是奇数时，CLKG 的占空比是 50 %；当 CLKGDV 是偶数 $2p$ 时，CLKG 高电平持续时间为 $p+1$ 个输入时钟周期，低电平持续时间为 p 个输入时钟周期。

(4) 帧同步时钟信号频率和脉宽的选择

帧同步信号 FSG 由 CLKG 进一步分频而来，分频的数值由采样率发生寄存器 SRGR2 中的 FPER 字段决定。

$$\text{FSG 输出时钟频率} = \frac{\text{GLKG 时钟频率}}{\text{FPER}+1}, \qquad 0 \leqslant \text{FPER} \leqslant 4\,095$$

帧同步脉冲的宽度由采样率发生寄存器 SRGR1 中的 FWID 字段决定：

$$\text{FSG 脉宽} = (\text{FWID}+1) \times \text{CLKG 的周期}, \qquad 0 \leqslant \text{FWID} \leqslant 255$$

(5) 同 步

SRG 的输入时钟可以是内部时钟，即 CPU 时钟，也可以是来自 CLKX、CLKR 和 CLKS 引脚的外部输入时钟。当采用外部时钟源时，一般需要同步，同步由采样率发生寄存器 SRGR2 中的字段 GSYNC 控制。

当 GSYNC=0 时，SRG 将自由运行，并按 CLKGDV、FPER 和 FWID 等参数的配置产生输出时钟；当 GSYNC=1 时，CLKG 和 FSG 将同步到外部输入时钟。

4. 多通道模式选择

每个 McBSP 最多可以有 128 个通道。

(1) 通道、块和分区

一个 McBSP 通道一次可以移进或移出一个串行字。每个 McBSP 最多支持 128 个发送通道和 128 个接收通道。

无论是发送器还是接收器，这 128 个通道都分为 8 块(Block)，每块包括 16 个邻近的通道。

根据所选择的分区模式，各个块被分配给相应的区。如果选择 2 分区模式，则将偶数块(0、2、4、6)分配给区 A，奇数块(1、3、5、7)分配给区 B。如果选择 8 分区模式，则将块 0～7 分别自动地分配给区 A～H。

Block 与通道：

Block0：0～15 通道；Block1：16～31 通道；

Block2：32～47 通道；Block3：48～63 通道；

Block4：64～79 通道；Block5：80～95 通道；

Block6：96～111 通道；Block7：112～127 通道。

(2) 接收多通道选择

多通道选择部分由多通道控制寄存器 MCR、接收使能寄存器 RCER 和发送使能寄存器 XCER 组成。其中，MCR 可以禁止或使能全部 128 个通道，RCER 和 XCER可以分别禁止或使能某个接收或发送通道。每个寄存器控制 16 个通道，因此 128 个通道中共有 8 个通道使能寄存器。

MCR1 中的 RMCM 位决定是所有通道用于接收，还是部分通道用于接收。当 RMCM＝0 时，所有 128 个通道都用于接收；当 RMCM＝1 时，使用接收多通道选择模式。选择哪些接收通道由接收通道使能寄存器 RCER 确定。

如果某个接收通道被禁止，在这个通道上接收的数据只传输到接收缓冲寄存器 RBR 中，并不复制到 DRR，因此不会产生 DMA 同步事件。

(3) 发送多通道选择

发送多通道的选择由 MCR2 中的 XMCM 字段确定。

当 XMCM＝00b 时，所有 128 个发送通道使能且不能被屏蔽。当 XMCM＝01b 时，由发送使能寄存器 XCER 选择通道，如果某通道没有被选择，则该通道被禁止。当 XMCM＝10b 时，由 XCER 寄存器禁止通道。如果某通道没有被禁止，则使能该通道。当 XMCM＝11b 时，所有通道被禁止使用，而只有当对应的接收通道使能寄存器 RCER 使能时，发送通道才被使能。当该发送通道使能时，由 XCER 寄存器决定该通道是否被屏蔽。

5. 异常处理

每个 McBSP 有 5 个事件会导致 McBSP 出现异常错误：

- 接收数据溢出，此时 SPCR1 中的 RFULL＝1。
- 接收帧同步脉冲错误，此时 SPCR1 中的 RSYNCERR＝1。
- 发送数据重写，造成溢出。
- 发送寄存器空，此时 SPCR2 中的 XEMPTY＝0。
- 发送帧同步脉冲错误，此时 SPCR2 中的 XSYNCERR＝1。

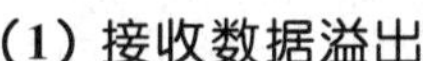

(1) 接收数据溢出

接收通道有三级缓冲 RSR－RBR－DRR，当数据复制到 DRR 时，设置 RRDY；当 DRR 中的数据被读取时，清除 RRDY。所以当 RRDY＝1 时，RBR－DRR 的复制不会发生，数据保留在 RSR，这时如果 DR 接收新的数据并移位到 RSR，新数据就会覆盖 RSR，使 RSR 中的数据丢失。

有两种方法可以避免数据丢失：一个是至少在第三个数据移入 RSR 前 2.5 个周期读取 DRR 中的数据；另一个是利用 DRR 接收标志 RRDY 触发接收中断，使 CPU 或 DMA 能及时读取数据。

(2) 接收帧同步脉冲错误

接收帧同步信号错误是指在当前数据帧的所有串行数据还未接收完时出现了帧同步信号。由于帧同步表示一帧的开始，所以出现帧同步时，接收器就会停止当前帧的接收，并重新开始下一帧的接收，从而造成当前帧数据的丢失。

为了避免接收帧同步错误造成的数据丢失，可以将接收控制寄存器 RCR2 中的 RFIG 设置为 1，让 McBSP 接收器忽略这些不期望出现的接收帧同步信号。

(3) 发送数据重写

发送数据重写是指 CPU 或 DMA 在 DXR 中的数据复制到 XSR 之前，向 DXR 写入了新的数据，DXR 中旧的数据被覆盖而丢失。

为了避免 CPU 写入太快而造成数据覆盖，可以让 CPU 在写 DXR 之前，先查询发送标志 XRDY，检查 DXR 是否就绪；或者由 XRDY 触发发送中断，然后写入 DXR。为了避免 DMA 写入太快，可以让 DMA 与发送事件 XEVT 同步，即由 XRDY 触发 XEVT，然后 DMA 控制器将数据写入 DXR。

(4) 发送寄存器空

与发送数据重写相对应，发送寄存器空是由于 CPU 或 DMA 写入太慢，使得发送帧同步出现时，DXR 还未写入新值，这样 XSR 中的值就会不断重发，直到 DXR 写入新值为止。

为了避免数据重发，可以由 XRDY 触发对 CPU 中断或 DMA 同步事件，然后将新值写入 DXR。

(5) 发送帧同步脉冲错误

发送帧同步错误是指在当前帧的数据还未发送完之前，就出现了发送帧同步信号，导致发送器终止当前帧的发送，并重新开始下一帧的发送。

为了避免发送帧同步错误，可以将发送控制寄存器 XCR2 中的 XFIG 设置为 1，让发送器忽略这些不期望的发送帧同步信号。

6. McBSP 接口和寄存器

VC5509A 共有 3 个 McBSP 接口，其中 McBSP1 与 McBSP2 为多功能口。

(1) McBSP 接口

CLKR0：McBSP0 串行接收器的串行移位时钟；

DR0：McBSP0 数据接收信号；

FSR0：McBSP0 接收帧同步信号，初始化 DR0 的数据接收；

CLKX0：McBSP0 发送时钟信号，为串行发送器的串行发送时钟；

DX0：McBSP0 数据发送信号；

FSX0：McBSP0 发送帧同步信号，初始化 DX0 的数据发送；

S10：McBSP1 接收时钟信号或者 MMC/SD1 的命令/响应信号，复位时被配置为 McBSP1. CLKR；

S11：McBSP1 数据接收信号或者 SD1 的数据信号 1，复位时被配置为 McBSP1. DR；

S12：McBSP1 接收帧同步信号或者 SD1 的数据信号 2，复位时被配置为 McBSP1. FSR；

S13：McBSP1 数据发送信号或者 MMC/SD1 串行时钟信号，复位时被配置为 McBSP1. DX；

S14：McBSP1 发送时钟信号或 MMC/SD1 数据信号 0，复位时被配置为 McBSP1. CLKX；

S15：McBSP1 发送帧同步信号或者 SD1 数据信号 3，复位时被配置为 McBSP1. FSX；

S20：McBSP2 接收时钟信号或者 MMC/SD2 的命令/响应信号，复位时被配置为 McBSP2. CLKR；

S21：McBSP2 数据接收信号或者 SD2 的数据信号 1，复位时被配置为 McBSP2. DR；

S22：McBSP2 接收帧同步信号或者 SD2 的数据信号 2，复位时被配置为 McBSP2. FSR；

S23：McBSP2 数据发送信号或者 MMC/SD2 串行时钟信号，复位时被配置为 McBSP2. DX；

S24：McBSP2 发送时钟信号或 MMC/SD2 数据信号 0，复位时被配置为 McBSP2. CLKX；

S25：McBSP2 发送帧同步信号或者 SD2 数据信号 3，复位时被配置为 McBSP2. FSX。

(2) McBSP 寄存器

McBSP 有下列寄存器：

数据接收寄存器(DRR2 和 DRR1)；

数据发送寄存器(DXR2 和 DXR1)；

串口控制寄存器(SPCR1 和 SPCR2)；

接收控制寄存器(RCR1 和 RCR2)和发送控制寄存器(XCR1 和 XCR2)；

采样率发生寄存器(SRGR1 和 SRGR2)；

引脚控制寄存器(PCR);

多通道控制寄存器(MCR1 和 MCR2)。

1) 数据接收寄存器(DRR2 和 DRR1)

CPU 或 DMA 控制器从 DRR2 和 DRR1 读取接收数据。由于 McBSP 支持 8 位、12 位、16 位、20 位、24 位或 32 位的字长,当字长等于或小于 16 位时,只使用 DRR1;当字长超过 16 位时,DRR1 存放低 16 位,DRR2 存放其余数据位。

DRR2 和 DRR1 为 I/O 映射寄存器,可以通过访问 I/O 空间来访问该寄存器。

如果串行字长不超过 16 位,则 DR 引脚上的接收数据移位到 RSR1,然后复制到 RBR1。RBR1 的数据再复制到 DRR1,CPU 或 DMA 控制器从 DRR1 读取数据。

如果串行字长超过 16 位,则 DR 引脚上的接收数据移位到 RSR2 和 RSR1,然后复制到 RBR2、RBR1。RBR2、RBR1 的数据再复制到 DRR2、DRR1,CPU 或 DMA 控制器从 DRR2、DRR1 读取数据。

如果从 RBR1 复制到 DRR1 的过程中,使用压缩扩展(RCOMPAND=10b 或 11b),则 RBR1 中的 8 位压缩数据扩展为 16 位校验数据。如果未使用压缩扩展,则 RBR1、RBR2 根据 RJUST 的设置,将数据填充后送到 DRR1、DRR2。

2) 数据发送寄存器(DXR2 和 DXR1)

发送数据时,CPU 或 DMA 控制器向 DXR2 和 DXR1 写入发送数据。当字长等于或小于 16 位时,只使用 DXR1;当字长超过 16 位时,DXR1 存放低 16 位,DXR2 存放其余数据位。

DXR2 和 DXR1 为 I/O 映射寄存器,可以通过访问 I/O 空间来访问该寄存器。

如果串行字长不超过 16 位,则 CPU 或 DMA 控制器写到 DXR1 上的数据复制到 RSR1。RSR1 的数据再复制到 XSR1。然后,每个周期移走 1 位数据到 DX 引脚。

如果串行字长超过 16 位,则 CPU 或 DMA 控制器写到 DXR2、DXR1 上的数据复制到 XSR2、XSR1,然后移到 DX 引脚。

如果从 DXR1 复制 XSR1,则使用压缩扩展(XCOMPAND=10b 或 11b),DXR1 中的 16 位数据压缩为 8 位 μ 律或 A 律数据后,送到 XSR1。如果未使用压缩扩展,则 DXR1 数据直接复制到 XSR1。

3) 串口控制寄存器(SPCR1 和 SPCR2)

串口控制寄存器 SPCR1 和 SPCR2 的结构及各个字段说明如表 3-33 和表 3-34所列。

表 3-33 串口控制寄存器 SPCR1

位	字 段	复位值	说 明
15	DLB	0	数字回环模式使能:0,禁止;1,使能
14~13	RJUST	00	接收数据符号扩展和调整方式
12~11	CLKSTP	00	时钟停止模式

续表 3-33

位	字 段	复位值	说 明
10～8	Rsvd	—	保留
7	DXENA	0	DX引脚延时使能
6	Rsvd	0	保留
5～4	RINTM	00	接收中断模式
3	RSYNCERR	0	接收帧同步错误标志
2	RFULL	0	接收过速错误标志
1	RRDY	0	接收就绪标志
0	RRST	0	接收器复位

表 3-34 串口控制寄存器 SPCR2

位	字 段	复位值	说 明
15～10	Rsvd	0	保留
9	FREE	0	自由运行(在高级语言调试器中遇到断点时的处理方式)
8	SOFT	0	软停止(在高级语言调试器中遇到断点时的处理方式)
7	FRST	0	帧同步逻辑复位
6	GRST	0	采样率发生器复位
5～4	XINTM	00	发送中断模式
3	XSYNCERR	0	发送帧同步错误标志
2	XEMPTY	0	发送寄存器空标志
1	XRDY	0	发送就绪标志
0	XRST	0	发送器复位

4) 接收控制寄存器(RCR1和RCR2)和发送控制寄存器(XCR1和XCR2)

接收控制寄存器(RCR1和RCR2)和发送控制寄存器(XCR1和XCR2)如表3-35和表3-36所列。

表 3-35 接收(发送)控制寄存器 R(X)CR1

位	字 段	复位值	说 明
15	Rsvd	0.	保留
14～8	R(X)FRLEN1	0	接收(发送)阶段1的帧长,1～128字
7～5	R(X)WDLEN1	0	接收(发送)阶段1的字长
4～0	Rsvd	0	保留

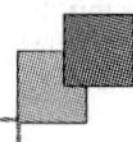

表 3-36 接收(发送)控制寄存器 R(X)CR2

位	字 段	复位值	说 明
15	R(X)PHASE	0	接收(发送)帧的阶段数
14~8	R(X)FRLEN2	0	接收(发送)阶段 2 的帧长
7~5	R(X)WDLEN2	0	接收(发送)阶段 2 的字长
4~3	R(X)COMPAND	0	接收(发送)数据压扩模式
2	R(X)FIG	0	忽略不期望的收(发)帧同步信号
1~0	R(X)DATDLY	0	接收(发送)数据延时

5）采样率发生寄存器(SRGR1 和 SRGR2)

采样率发生器 SRGR1 和 SRGR2 的字段及说明如表 3-37 和表 3-38 所列。

表 3-37 采样率发生器 SRGR1

位	字 段	复位值	说 明
15~8	FWID	00000000	帧同步信号 FSG 的脉冲宽度
7~0	CLKGDV	00000001	输出时钟信号 CLKG 的分频值

表 3-38 采样率发生器 SRGR2

位	字 段	复位值	说 明
15	GSYNC	0	时钟同步模式
14	CLKSP	0	CLKS 引脚极性
13	CLKSM	1	采样率发生器时钟源选择
12	FSGM	0	采样率发生器发送帧同步模式
11~0	FPER	0	FSG 信号帧同步周期数

6）引脚控制寄存器(PCR)

引脚控制寄存器(PCR)的结构及其说明如表 3-39 所列。

表 3-39 引脚控制寄存器 PCR

位	字 段	数 值	说 明
15	Rsvd		保留
14	IDLEEN		省电使能
13	XIOEN		发送 GPIO 使能
12	RIOEN		接收 GPIO 使能
11	FSXM	 0 1	发送帧同步模式： 由 FSX 引脚提供； 由 McBSP 提供

续表 3－39

位	字 段	数 值	说 明
10	FSRM	 0 1	接收帧同步模式： 由 FSR 引脚提供； 由 SRG 提供
9	CLKXM		发送时钟模式（发送时钟源、CLKX 的方向）
8	CLKRM		接收时钟模式（接收时钟源、CLKR 的方向）
7	SCLKME		采样率发生器时钟源模式
6	CLKSSTAT	 0 1	CLKS 引脚上的电平： 低电平； 高电平
5	DXSTAT	 0 1	DX 引脚上的电平： 低电平； 高电平
4	DRSTAT	 0 1	DR 引脚上的电平： 低电平； 高电平
3	FSXP		发送帧同步极性
2	FSRP		接收帧同步极性
1	CLKXP		发送时钟极性
0	CLKRP		接收时钟极性

7）多通道控制寄存器（MCR1 和 MCR2）

多通道控制寄存器 MCR1 和 MCR2 的结构及说明如表 3－40 和表 3－41 所列。

表 3－40 多通道控制寄存器 MCR1

位	字 段	数 值	说 明
15～10	Rsvd		保留
9	RMCME	 0 1	接收多通道使能： 使能 32 个通道； 使能 128 个通道
8～7	RPBBLK		接收部分 B 块的通道使能
6～5	RPABLK		接收部分 A 块的通道使能
4～2	RCBLK		接收部分的当前块，表示正在接收的是哪个块的 16 个通道
1	Rsvd		保留
0	RMCM	 0 1	接收多通道选择： 使能 128 个通道； 使能选定的通道

表 3-41 多通道控制寄存器 MCR2

位	字 段	数 值	说 明
15～10	Rsvd		保留
9	XMCME	 0 1	发送多通道使能： 使能 32 个通道； 使能 128 个通道
8～7	XPBBLK		发送部分 B 块的通道使能
6～5	XPABLK		发送部分 A 块的通道使能
4～2	XCBLK		发送部分的当前块，表示正在发送的是哪个块的 16 个通道
1～0	XMCM		发送多通道选择，使能全部通道或使能选定的通道

8）收发通道使能寄存器

接收通道使能寄存器（RCERA～RCERH）的结构如表 3-42 所列。发送通道使能寄存器（XCERA～XCERH）的结构如表 3-43 所列。

表 3-42 接收通道使能寄存器（RCERA～RCERH）

15	14	13	12	11	10	9	8
RCE15	RCE14	RCE13	RCE12	RCE11	RCE10	RCE9	RCE8
7	6	5	4	3	2	1	0
RCE7	RCE6	RCE5	RCE4	RCE3	RCE2	RCE1	RCE0

表 3-43 发送通道使能寄存器（XCERA～XCERH）

15	14	13	12	11	10	9	8
XCE15	XCE14	XCE13	XCE12	XCE11	XCE10	XCE9	XCE8
7	6	5	4	3	2	1	0
XCE7	XCE6	XCE5	XCE4	XCE3	XCE2	XCE1	XCE0

3.5.5 外部存储器接口

外部存储器接口（EMIF）的作用是控制 DSP 芯片和外部存储器之间的数据传输，图 3-34 是 EMIF 与外部存储器之间连接关系的输入和输出框图。

1. EMIF 支持的存储器类型

EMIF 提供了直接连接 3 种类型的存储器接口：第一种类型是异步存储器，包括 ROM、FLASH 以及异步 SRAM。第二种类型是同步突发 SRAM（SBSRAM），可以工作在 1 倍或 1/2 倍 CPU 时钟频率。第三种类型是同步 DRAM（SDRAM），可以工作在 1 倍或 1/2 倍 CPU 时钟频率。EMIF 还可以外接 A/D 转换器，并行显示接口

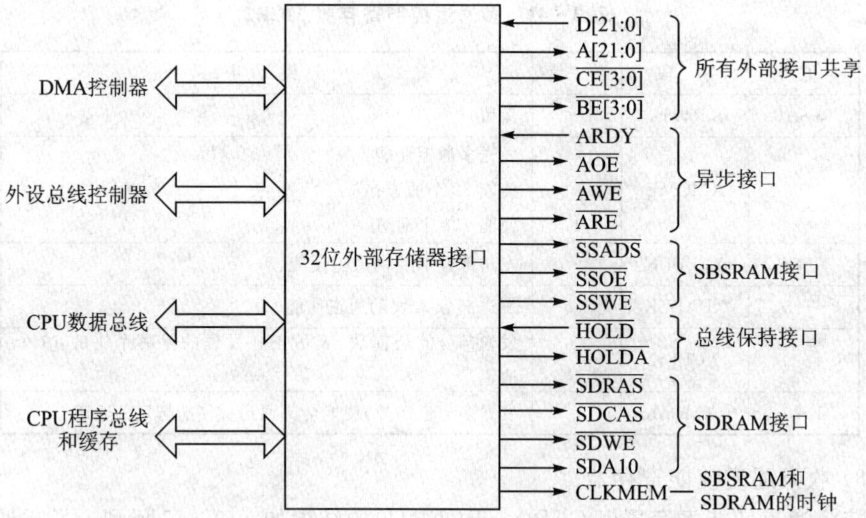

图 3－34　外部存储器接口

等外围设备。

2. EMIF 支持 4 种类型的访问

通过配置寄存器，EMIF 支持 DSP 进行 4 种类型的访问：程序的访问、32 位数据的访问、16 位数据的访问和 8 位数据的访问。

3. EMIF 信号

EMIF 信号包括外部存储器共享接口信号和不同种类存储器专用信号。表 3－44列出的是共享接口信号，表 3－45～表 3－47 列出了对不同类型存储器的 EMIF 专用接口信号。表 3－48 是请求 DSP 释放对外部存储器控制的总线保持信号及应答信号的说明。

表 3－44　外部存储器共享接口信号

信　号	状　态	说　明
$\overline{\text{CE0}}$、$\overline{\text{CE1}}$、$\overline{\text{CE2}}$、$\overline{\text{CE3}}$	O/Z	片选引脚，每个引脚对应一个 CE 空间，将这些低电平有效的引脚连接到适当的存储器的片选引脚
$\overline{\text{BE[3:0]}}$	O/Z	Byte 使能引脚
D[31:0]	I/O/Z	32 位 EMIF 数据总线
A[21:0]	O/Z	22 位 EMIF 地址总线
CLKMEM	O/Z	存储器时钟引脚(仅仅适用于 SBSRAM 和 SDRAM)

表 3-45 用于异步存储器的 EMIF 信号

信 号	状 态	说 明
ARDY	I	异步就绪引脚
$\overline{\text{AOE}}$	O/Z	异步输出使能引脚。在异步读操作时，$\overline{\text{AOE}}$为低电平。该引脚连接到异步存储器芯片的输出使能引脚
$\overline{\text{AWE}}$	O/Z	异步写引脚。EMIF 在对存储器写操作时驱动该引脚为低电平。该引脚连接到异步存储器芯片的写使能引脚
$\overline{\text{ARE}}$	O/Z	异步读引脚。EMIF 在读存储器时驱动该引脚为低电平。该低电平有效引脚连接到异步存储器芯片的读使能引脚

表 3-46 用于 SBSRAM 的 EMIF 信号

信 号	状 态	说 明
$\overline{\text{SSADS}}$	O/Z	SBSRAM 的地址使能引脚。在 EMIF 把地址放到地址总线的同时驱动该引脚为低电平
$\overline{\text{SSOE}}$	O/Z	SBSRAM 的输出缓冲使能引脚。该引脚连接到 SBSRAM 芯片的输出使能引脚
$\overline{\text{SSWE}}$	O/Z	SBSRAM 的写使能引脚。该引脚连接到 SBSRAM 芯片的写使能引脚

表 3-47 用于 SDRAM 的 EMIF 信号

信 号	状 态	说 明
$\overline{\text{SDRAS}}$	O/Z	SDRAM 的行选通引脚。当执行 ACTV、DCAB、REFR、MRS 等指令时，该引脚为低电平
$\overline{\text{SDCAS}}$	O/Z	SDRAM 的列选通引脚。在读和写以及 REFR、MRS 指令执行期间为低电平
$\overline{\text{SDWE}}$	O/Z	SDRAM 的写使能引脚。在 DCAB、MRS 指令执行期间为低电平
SDA10	O/Z	SDRAM 的 A10 地址线/自动预充关闭。在执行 ACTV 命令时，此引脚为行地址 bit(逻辑上等同于 A12)。对 SDRAM 读/写时，此引脚关闭 SDRAM 的自动预充功能

表 3-48 总线保持信号

信 号	状 态	说 明
$\overline{\text{HOLD}}$	I	HOLD 请求信号。为了请求 DSP 释放对外部存储器的控制，外部设备可以通过驱动$\overline{\text{HOLD}}$信号为低来实现
$\overline{\text{HOLDA}}$	O	HOLD 应答信号。EMIF 收到 HOLD 请求后完成当前的操作，将外部总线引脚驱动为高阻态，在$\overline{\text{HOLDA}}$引脚上发送应答信号。外部设备访问存储器时，需要等到$\overline{\text{HOLDA}}$为低

4. EMIF 请求的优先级

DSP 通过不同总线访问外部存储器有不同的优先级，表 3-49 列出的是 EMIF

请求的优先级。

表 3-49　EMIF 请求的优先级

EMIF 请求类型	优先级	说　明
HOLD	1(最高)	引脚拉低
紧急刷新	2	同步 DRAM 需要立刻刷新时,产生请求
E 总线	3	通过 E 总线向外部存储器写数据时产生这个请求
F 总线	4	通过 F 总线向外部存储器写数据时产生这个请求
D 总线	5	通过 D 总线向外部存储器写数据时产生这个请求
C 总线	6	通过 C 总线向外部存储器读数据时产生这个请求
P 总线	7	通过 P 总线向外部存储器读数据时产生这个请求
Cache	8	从指令 cache 来的线填充(line fill)请求
DMA 控制器	9	DMA 控制器读或写外部存储器时,产生这个请求
刷新	10	同步 DRAM 需要下一个周期刷新时,产生这个请求

5. 对外部存储器应注意的问题

对 EMIF 编程时,要知道外部存储器地址如何分配给片使能(CE)空间、每个 CE 空间可以同哪些类型的存储器连接、哪些寄存器位来配置 CE 空间。

(1) 存储器映射和 CE 空间

C55x 的外部存储映射在存储空间的分布相应于 EMIF 的片选使能信号。例如使用$\overline{\text{CE1}}$空间里的一片存储器,必须将其片选引脚连接到 EMIF 的引脚。当 EMIF 访问$\overline{\text{CE1}}$空间时,就驱动$\overline{\text{CE1}}$变低。

(2) 配置 CE 空间

使用全局控制寄存器(EGCR)和每个 CE 空间控制寄存器来配置 CE 空间。

对于每个 CE 空间,必须设置控制寄存器 1 中的以下域:MTYPE 确定访问的存储器类型(见表 3-50),MEMFREQ 决定存储器时钟信号的频率(1 倍或 1/2 倍 CPU 时钟信号的频率),MEMCEN 决定 CLKMEM 引脚是输出存储器时钟信号还是被拉成高电平。

对全局控制寄存器(EGCR)设置下面的控制位(这些位要影响所有的 CE 空间)。

WPE:对所有的 CE 空间,使能或禁止写。

NOHOLD: 对所有的 CE 空间,使能或禁止 HOLD 请求。

表 3-50　存储器类型及每种存储器允许的访问类型

存储器类型	支持的访问类型
异步 8 位存储器(MTYPE=000b)	程序
异步 16 位存储器(MTYPE=001b)	程序,32 位数据,16 位数据,8 位数据

续表 3-50

存储器类型	支持的访问类型
异步 32 位存储器(MTYPE=010b)	程序,32 位数据,16 位数据,8 位数据
32 位的 SDRAM(MTYPE=011b)	程序,32 位数据,16 位数据,8 位数据
32 位的 SBSRAM(MTYPE=100b)	程序,32 位数据,16 位数据,8 位数据

6. 程序和数据访问

(1) 程序存储器访问

当 DSP 要从外部存储器取指令代码时,CPU 向 EMIF 发送一个访问请求。EMIF 必须从外部存储器读取一个 32 位代码,然后把这全部 32 个位放到 CPU 的程序读总线(P bus)上。

EMIF 可以管理 3 种存储器宽度的 32 位访问:32 位、16 位、8 位。这里对 16 位和 8 位宽的程序存储器的访问作简要说明。

在访问 16 位宽的外部程序存储器时,EMIF 把一个字的地址放到地址线 A[21:1]上。32 位的访问可以分为两个 16 位的传输,在连续的两个周期内完成。在第二个周期,EMIF 自动将第一个地址加 1,产生第二个地址,如图 3-35 所示。

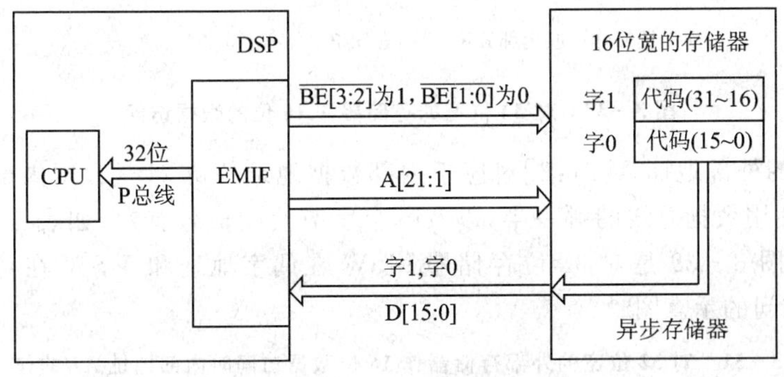

图 3-35 访问 16 位宽的外部程序存储器

在访问 8 位宽的外部程序存储器时,EMIF 把一个字节地址放到地址线 A[21:0]上。32 位的访问可以分为 4 个 8 位的传输,在连续的 4 个周期内完成。在第 2、3、4 个周期,EMIF 自动将第一个地址加 1,产生下一个新的地址,如图 3-36 所示。

(2) 数据访问

EMIF 支持的数据访问类型可以对 32 位宽的数据存储器进行 32、16、8 位的数据访问;对 16 位宽的数据存储器进行 16、8 位的数据访问。这里对 32 位和 16 位宽的存储器作 16 位的数据访问作简要说明。

1) 对 32 位宽的存储器作 16 位的数据访问

写一个字到外部存储器时,EMIF 会自动修改为一个单字, EMIF 从外部存储器

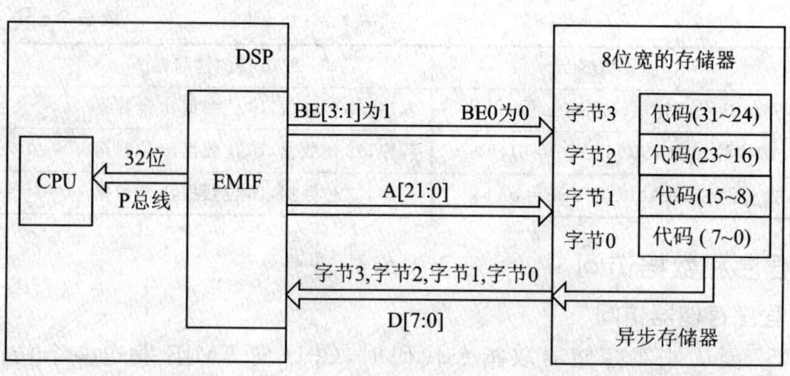

图 3-36　访问 8 位宽的外部程序存储器

读一个字时，读进来的是一个 32 位的数据，所希望的字在 DSP 里分离出来，如图 3-37所示。

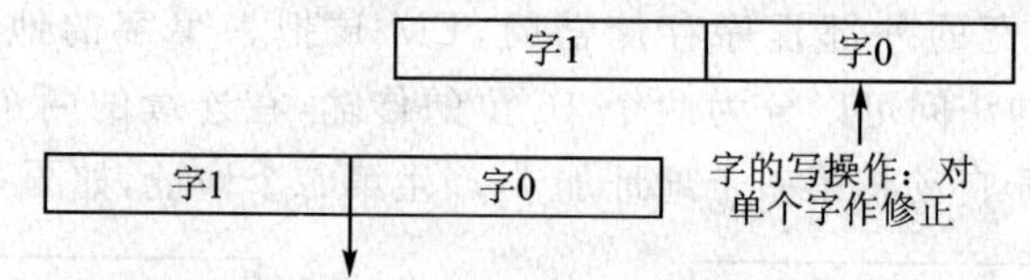

字的读操作：取全部32位。字1在DSP中分离出来

图 3-37　对 32 位宽的存储器作 16 位的数据访问

EMIF 的外部地址 A[21:2]对应于内部数据地址的位 21～2，用内部地址的位 A1 来决定使用数据总线的哪一半，以及哪个字节使能信号有效，如表 3-51 所列。图 3-38 和图 3-39 是对 32 位存储器 MSW 在偶字地址和 MSW 在奇字地址作 16 位数据访问的示意图。

表 3-51　对 32 位宽的外部存储器作 16 位数据访问时内部地址 A1 的作用

内部地址位 A1	字地址	使用数据线	字节使能信号电平
0	偶字地址	D[31:16]	BE[3:2]低(有效) BE[1:0]高
1	奇字地址	D[15:0]	BE[3:2]高 BE[1:0]低(有效)

2）对 16 位宽的存储器作 16 位的数据访问

对 16 位宽的存储器作 16 位的数据访问比较直接，如图 3-40 所示。

7. EMIF 中的控制寄存器

EMIF 寄存器对应的 I/O 口地址 0800h～0813h，这些寄存器的说明如表 3-52 所列。

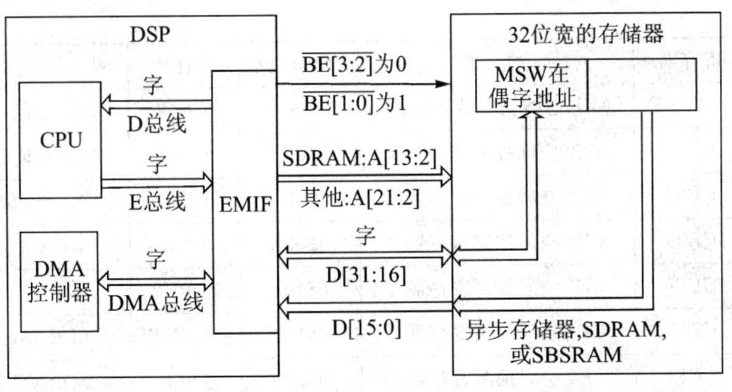

图 3-38 对 32 位存储器作 16 位数据访问(MSW 在偶字地址)

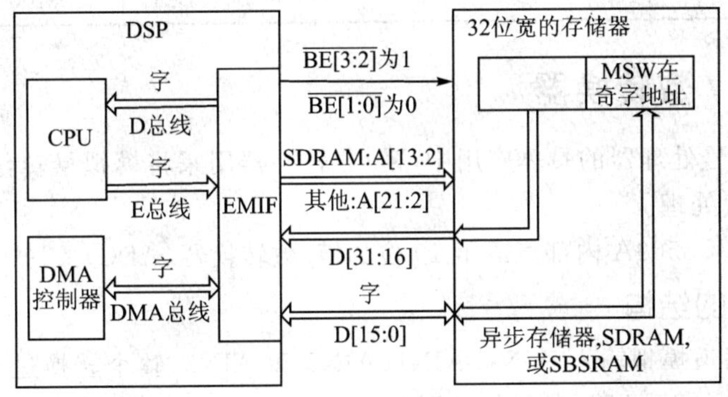

图 3-39 对 32 位存储器作 16 位数据访问(MSW 在奇字地址)

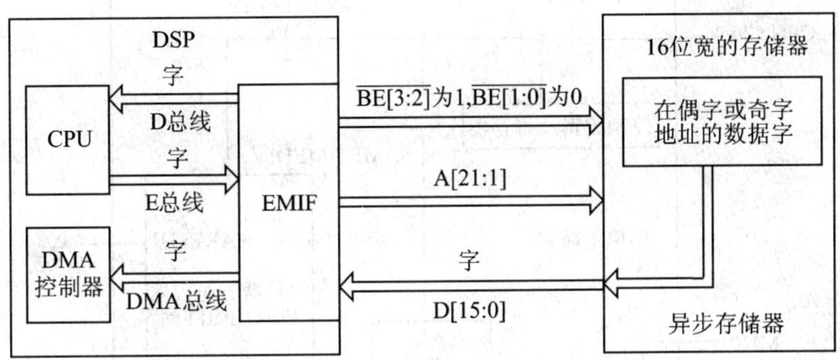

图 3-40 对 16 位宽的外部存储器作 16 位数据访问

表 3-52 EMIF 控制寄存器

I/O 口地址	寄存器	描 述	I/O 口地址	寄存器	描 述
0800h	EGCR	EMIF 全局控制寄存器	080Ah	CE22	CE2 空间控制寄存器 2
0801h	EMI_RST	EMIF 全局复位寄存器	080Bh	CE23	CE2 空间控制寄存器 3

续表 3 - 52

I/O 口地址	寄存器	描　述	I/O 口地址	寄存器	描　述
0802h	EMI_BE	EMIF 总线错误状态寄存器	080Ch	CE31	CE3 空间控制寄存器 1
0803h	CE01	CE0 空间控制寄存器 1	080Dh	CE32	CE3 空间控制寄存器 2
0804h	CE02	CE0 空间控制寄存器 2	080Eh	CE33	CE3 空间控制寄存器 3
0805h	CE03	CE0 空间控制寄存器 3	080Fh	SDC1	SDRAM 控制寄存器 1
0806h	CE11	CE1 空间控制寄存器 1	0810h	SDPER	SDRAM 周期寄存器
0807h	CE12	CE1 空间控制寄存器 2	0811h	SDCNT	SDRAM 计数寄存器
0808h	CE13	CE1 空间控制寄存器 3	0812h	INIT	SDRAM 初值寄存器
0809h	CE21	CE2 空间控制寄存器 1	0813h	SDC2	SDRAM 控制寄存器 2
			0814h	SDC3	SDRAM 控制寄存器 3

3.5.6　模/数转换器

在数字信号处理器的具体应用中，模/数转换器用来将模拟量转化为数字量，以便 DSP 做后续处理。

TMS320VC5509A 内部集成了 10 位的模/数转换器(ADC)。

1. ADC 的结构

ADC 有通道模拟输入 AIN0、AIN1、AIN2 和 AIN3，整个转换过程包括采样保持时间和转换时间。ADC 的结构如图 3 - 41 所示。

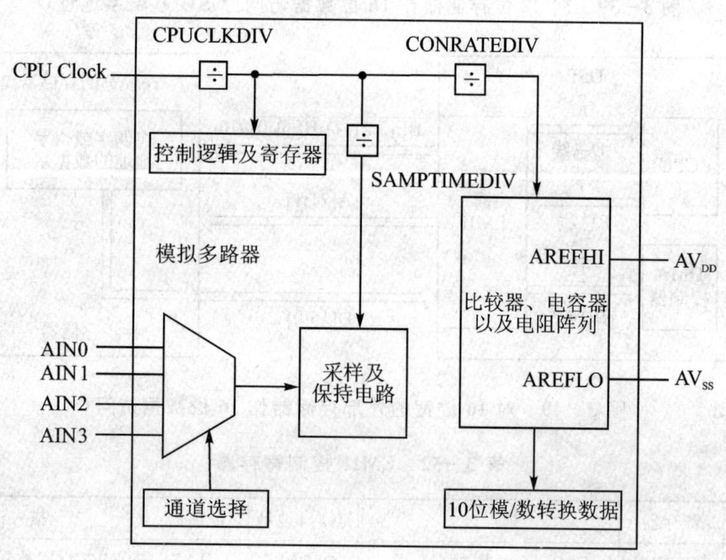

图 3 - 41　ADC 的结构

ADC 不能工作于连续模式下。每次开始转换前，DSP 必须把 ADC 控制寄存器

(ADCCTL)的 ADCSTART 位置 1,以启动模/数转换器转换。当开始转换后,DSP 必须通过查询 ADC 数据寄存器(ADCDATA)的 ADCBUSY 位来确定采样是否结束。当 ADCBUSY 位从 1 变为 0 时,标志转换完成,采样数据已经被存放在数/模转换器的数据寄存器中。

2. ADC 寄存器

ADC 寄存器包括控制寄存器(ADCCTL)、数据寄存器(ADCDATA)、时钟分频寄存器(ADCCLKDIV)和时钟控制寄存器(ADCCLKCTL)。

TMS320VC5509A 的有关寄存器分别如表 3-53～表 3-56 所列。

表 3-53 ADC 控制寄存器 ADCCTL

位	字 段	数 值	说 明
15	ADCSTART	 0 1	转换开始位: 无效; 转换开始。在转换结束后,如果 ADCSTART 位不为高,则 ADC 自动进入关电模式
14～12	CHSELECT	 000 001 010 011 100～111	模拟输入通道选择: 选择 AIN0 通道; 选择 AIN1 通道; 选择 AIN2 通道(BGA 封装); 选择 AIN3 通道(BGA 封装); 所有通道关闭
11～0	保留		保留,读时总为 0

表 3-54 ADC 数据寄存器 ADCDATA

位	字 段	数 值	说 明
15	ADCBUSY	 0 1	ADC 转换标志位: 采样数据已存在; 正在转换之中,在 ADCSTART 置为 1 后,ADC-BUSY 变为 1,直到转换结束
14～12	CHSELECT	 000 001 010 011 100～111	数据通道选择: AIN0 通道; AIN1 通道; AIN2 通道(BGA 封装); AIN3 通道(BGA 封装); 保留
11～10	保留		保留,读时总为 0
9～0	ADCDATA		存放 10 位 ADC 转换结果

表 3-55 ADC 时钟分频寄存器 ADCCLKDIV

位	字 段	数 值	说 明
15～8	SAMPTIMEDIV	0～255	采样和保持时间分频字段。该字段同 CONVRATEDIV 字段一起决定采样和保持时间
7～4	保留		保留，默认为 0
3～0	CONVRATEDIV	0000～1111	转换时钟分频字段，该字段同 SAMPTIMEDIV 字段一起决定采样和保持周期

表 3-56 ADC 时钟控制寄存器 ADCCLKCTL

位	字 段	数 值	说 明
15～9	保留		保留
8	IDLEEN	 0 1	ADC 的 Idle 使能位： ADC 不能进入 Idle 状态； 进入 Idle 状态，时钟停止
7～0	CPUCLKDIV	0～255	系统时钟分频字段

3.5.7 看门狗定时器

C55x 提供了一个看门狗定时器，用于防止因为软件死循环而造成的系统死锁。看门狗定时器框图如图 3-42 所示。

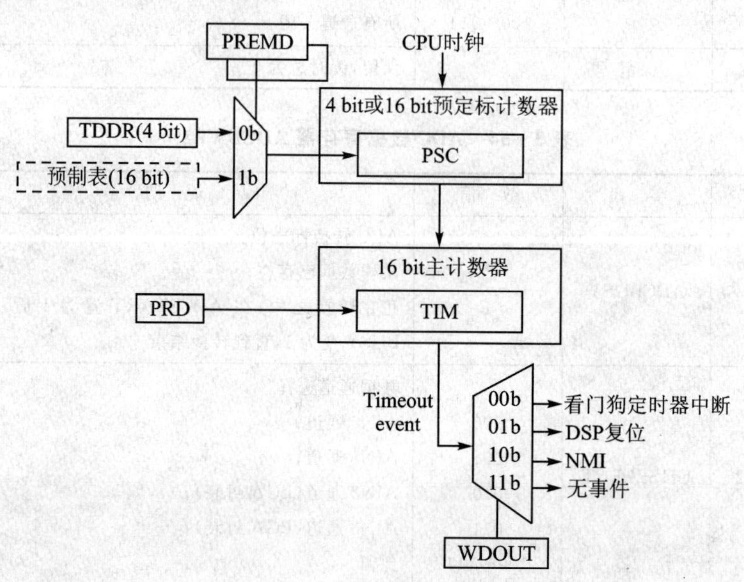

图 3-42 看门狗定时器框图

看门狗定时器包括一个 16 位主计数器和一个 16 位预定标计数器，使得计数器动态范围达到 32 位。CPU 时钟为看门狗定时器提供参考时钟。每当 CPU 时钟脉冲出现，则预定标计数器减1。每当预定标计数器减为0，就触发主计数器减1。当主计数器减为0时，产生超时事件，引发以下的可编程事件：一个看门狗定时器中断，DSP复位，一个NMI中断，或者不发生任何事件。所产生的超时事件，可以通过编程看门狗定时器控制寄存器(WDTCR)中的WDOUT域来控制。每当预定标计数器减为0，它会自动重新装入，并重新开始计数。装入的值由WDTCR中的TDDR位和看门狗定时器控制寄存器2(WDTCR2)中的预定标模式位(PREMD)决定。当PREMD=0时，4位的TDDR值直接装入预定标计数器。当PREMD=1时，预定标计数器间接装入16位的预置数。

当看门狗定时器初次使能时，看门狗定时器的周期寄存器(WDPRD)的值装入主计数器(TIM)。主计数器不断减1，直到看门狗定时器受到应用软件写给WDKEY的一系列的关键值的作用。每当看门狗定时器受到这样的作用，主计数器和预定标计数器都会重新装入，并重新开始计数。

要使用看门狗定时器必须对其配置。复位之后，处于初始状态，看门狗定时器关闭。在这期间，计数器不工作，看门狗定时器的输出和超时事件没有关系。看门狗定时器一旦使能，其输出就和超时事件联系起来。主计数器和预定标计数器会被重新载入，并开始减1。看门狗定时器使能后，不能通过软件方式关闭，但可以通过超时事件和硬件复位来关闭。

在使能之前，需要对看门狗定时器进行初始化。看门狗定时器进行初始化和使能的步骤如下：

① 将PRD装入WDPRD。

② 设置WDTCR中的位(WDOUT、SOFT和FREE)，以及TDDR中的预定标值。

③ 向WDTCR2中的WDKEY写入关键值5C6h，使看门狗定时器进入预计数状态。

④ 将关键值A7Eh写入WDKEY中，置位WDEN，将PREMD的值写入WDTCR2中。

这时，看门狗定时器被激活。一旦看门狗定时器超时，就会发生超时事件。

必须对看门狗定时器周期性地进行以下服务：在看门狗定时器超时之前，先写5C6h，后写A7Eh到WDKEY中。

其他写方式都会立即产生超时事件。

看门狗定时器主要有4个寄存器：看门狗计数寄存器(WDTIM)、看门狗周期寄存器(WDPRD)、看门狗控制寄存器1(WDTCR1)和看门狗控制寄存器2(WDTCR2)。看门狗定时器的控制寄存器的位结构及说明如表3-57和表3-58所列。

表 3-57 看门狗控制寄存器 WDTCR1

位	字 段	数 值	说 明
15～14	Rsvd		保留
13～12	WDOUT		看门狗定时器输出复用连接：
		00b	输出连接到定时器中断(INT3)；
		01b	输出连接到不可屏蔽中断；
		10b	输出连接到复位端；
		11b	输出没有连接
11	SOFT		该位决定在调试遇到断点时看门狗的状态：
		0	看门狗定时器立即停止；
		1	看门狗定时器的计数器寄存器 WDTIM 计数直到 0
10	FREE		同 SOFT 位一起决定调试断点时看门狗定时器的状态：
		0	SOFT 位决定看门狗的状态；
		1	忽略 SOFT 位，看门狗定时器自动运行
9～6	PSC		看门狗定时器预定标计数器字段，当看门狗定时器复位或 PSC 字段减到 0 时，会把 TDDR 中的内容载入到 PSC 中，WDTIM 计数器继续计数
5～4	Rsvd		保留
3～0	TDDR	0～15	直接模式(WDTCR2 中的 PREMD=0)。在该模式下该字段将直接装入 PSC，而预定标计数器的值就是 TDDR 的值。
		0～15	间接模式(WDTCR2 中的 PREMD=1)。在该模式下预定标计数器值的范围将扩展到 65 535，而该字段用来在 PSC 减到 0 之前，载入 PSC 字段。
		0000b	预定标值：0001h
		0001b	预定标值：0003h
		0010b	预定标值：0007h
		0011b	预定标值：000Fh
		0100b	预定标值：001Fh
		0101b	预定标值：003Fh
		0110b	预定标值：007Fh
		0111b	预定标值：00FFh
		1000b	预定标值：01FFh
		1001b	预定标值：03FFh
		1010b	预定标值：07FFh
		1011b	预定标值：0FFFh
		1100b	预定标值：1FFFh
		1101b	预定标值：3FFFh
		1110b	预定标值：7FFFh
		1111b	预定标值：FFFFh

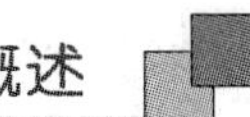

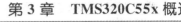

表 3-58　看门狗控制寄存器 WDTCR2

位	字　段	数　值	说　明
15	WDFLAG	 0 1	看门狗标志位。该位可以通过复位、使能看门狗定时器或向该位直接写入 1 来清除： 没有超时事件发生； 有超时事件发生
14	WDEN	 0 1	看门狗定时器使能位： 看门狗定时器被禁止； 看门狗定时器被使能，可以通过超时事件或复位禁止
13	Rsvd		保留
12	PREMD	 0 1	前置计数器模式： 直接模式； 间接模式
11～0	WDKEY		看门狗定时器复位字段： 在超时事件发生之前，如果写入该字段的数不是 5C6h 或 A7Eh，则将立即触发超时事件

看门狗计数寄存器和看门狗周期寄存器都是 16 位寄存器，它们协同工作完成计数功能。看门狗周期寄存器(WDPRD)存放计数初始值，当计数寄存器的值减到 0 后，将把周期寄存器中的数载入到计数寄存器中。当看门狗控制寄存器中的 PSC 位减到 0 之前或看门狗计数器被复位时，计数寄存器将进行减 1 计数。

3.5.8　I²C 模块

C55x 的 I²C 模块支持所有与 I²C 兼容的主从设备。C55x 的 I²C 模块有如下特点：

兼容 I²C 总线标准。支持 8 位格式传输，支持 7 位和 10 位寻址模式，支持多个主发送设备和从接收设备，I²C 总线的数据传输率可以从 10～400 kb/s。可以通过 DMA 完成读/写操作。可以用 CPU 完成读/写操作和处理非法操作中断。可以设置使用自由数据格式模式。

I²C 模块由串行接口、DSP 外设总线接口、时钟产生和同步器、预定标器、噪声过滤器、仲裁器、中断和 DMA 同步事件接口。I²C 总线模块结构如图 3-43 所示。

I²C 总线使用两条线(一条串行数据线 SDA 和一条串行时钟线 SCL)连接 I²C 设备，这两条线都支持输入/输出双向传输，在连接时需要外接上拉电阻；当总线处于空闲状态时，两条线都处于高电平，如图 3-44 所示。

每一个连接到 I²C 总线上的设备(包括 C55x 芯片)都有一个唯一的地址。每个设备是发送器还是接收器取决于设备的功能。每个设备可以看作是主设备，也可以看作是从设备。主设备在总线上初始化数据传输，且产生传输所需要的时钟信号。在传输过程中，主设备所寻址的设备就是从设备。I²C 总线支持多个主设备模式，连

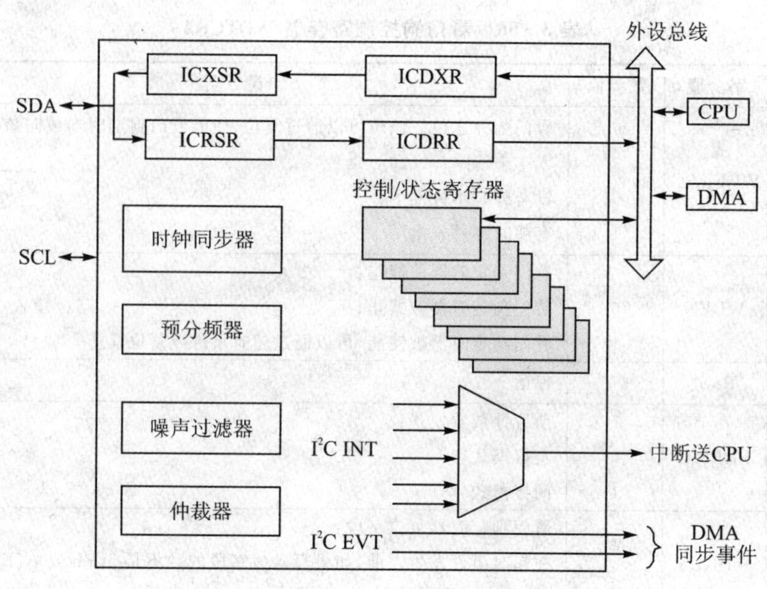

图 3-43 I^2C 总线模块结构框图

接到 I^2C 总线上的多个设备都可以控制该 I^2C 总线。当多个主设备进行通信时，可以通过仲裁机制决定由哪个主设备占用总线。

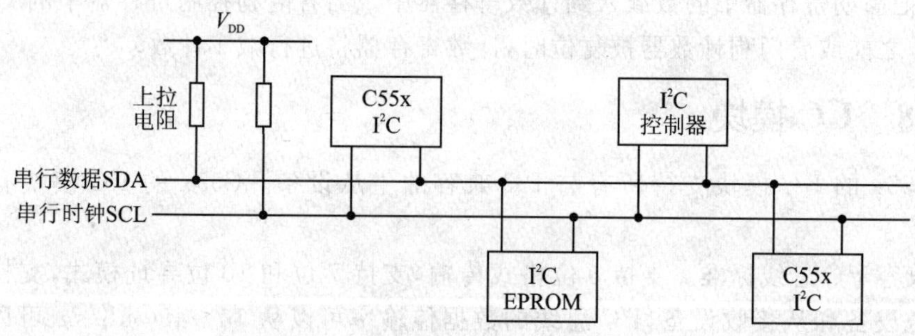

图 3-44 I^2C 设备连接

1. 时钟产生

DSP 时钟发生器从外部时钟源接收信号，产生 I^2C 输入时钟信号。I^2C 输入时钟可以等于 CPU 时钟，也可以将 CPU 时钟除以整数。在 I^2C 模块内部，还要对这个输入时钟进行两次分频，产生 I^2C 模块时钟和主时钟。I^2C 模块时钟用于 I^2C 模块操作，主时钟输出到 I^2C 总线，如图 3-45 所示。

模块时钟频率与 I^2C 输入时钟频率、IPSC 相关：

$$\text{模块时钟频率} = \frac{I^2C\ \text{输入时钟频率}}{\text{IPSC}+1}$$

式中，IPSC 为分频系数，在预分频寄存器 I2CPSC 中设置。只有当 I^2C 模块处于复

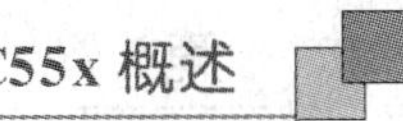

位状态(I2CMDR 中的 IRS=0)时,才可以初始化预分频器。当 IRS=1 时,事先定义的频率才有效。

主时钟频率与 ICCL、ICCH 有关:

$$主时钟频率 = \frac{模块时钟频率}{(ICCL + d) + (ICCH + d)}$$

式中,ICCL 在寄存器 I2CCLKL 中设置,ICCH 在寄存器 I2CCLKH 中设置。d 的值由 IPSC 决定,可参考数据手册。

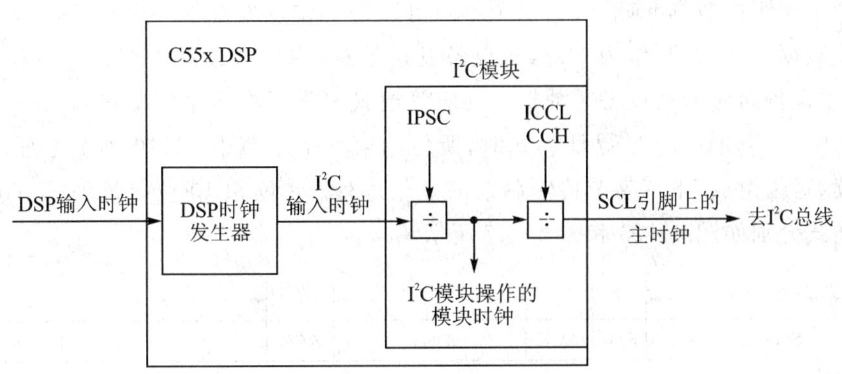

图 3-45 I²C 模块的时钟产生

2. 工作模式

I²C 模块有 4 种基本工作模式,即主发送模式、主接收模式、从接收模式和从发送模式。

① 主发送模式。I²C 模块为主设备,支持 7 位和 10 位寻址模式。这时数据由主方送出,并且发送的数据与自己产生的时钟脉冲同步。而当一个字节已经发送后,如需要 DSP 干预时(I2CSTR 中 XSMT=0),时钟脉冲被禁止,SCL 信号保持为低。

② 主接收模式。I²C 模块为主设备,从从设备接收数据。这个模式只能从主发送模式进入,I²C 模块必须首先发送一个命令给从设备。主接收模式也支持 7 位和 10 位寻址模式。当地址发送完后,数据线变为输入,时钟仍然由主方产生。当一个字节传输完后需要 DSP 干预时,时钟保持低电平。

③ 从接收模式。I²C 模块为从设备,从主设备接收数据。所有设备开始时都处于这一模式。从接收模式的数据和时钟都由主方产生,但可以在需要 DSP 干预时,使 SCL 信号保持低电平。

④ 从发送模式。I²C 模块为从设备,向主设备发送数据。从发送模式只能由从接收模式转化而来,当在从接收模式下接收的地址与自己的地址相同,并且读/写位为 1 时,进入从发送模式。从发送模式时钟由主设备产生,从设备产生数据信号,但可以在需要 DSP 干预时使 SCL 信号保持低电平。

3. 数据传输格式

I^2C 串行数据信号在时钟信号为低时改变，而在时钟信号为高时进行判别，这时数据信号必须保持稳定。当 I^2C 总线处在空闲态转化到工作态的过程中必须满足起始条件，即串行数据信号 SDA 首先由高变低，之后时钟信号也由高变低；当数据传输结束时，SDA 首先由低变高，之后时钟信号也由低变高，标志数据传输结束。

I^2C 总线以字节为单位进行处理，而对字节的数量则没有限制。I^2C 总线传输的第一个字节跟在数据起始之后，这个字节可以是 7 位从地址加一个读/写位，也可以是 8 位数据。当读/写位为 1 时，从设备发送数据，主设备读取数据；当读/写位为 0 时，则主设备向所选从设备写数据。在应答模式下需要在每个字节之后加一个应答位（ACK）。当使用 10 位寻址模式时，所传的第一个字节由 11110 加上地址的高两位和读/写位组成，下一字节传输剩余的 8 位地址。8 位和 10 位寻址模式下的数据传输格式分别如图 3-46 和图 3-47 所示。

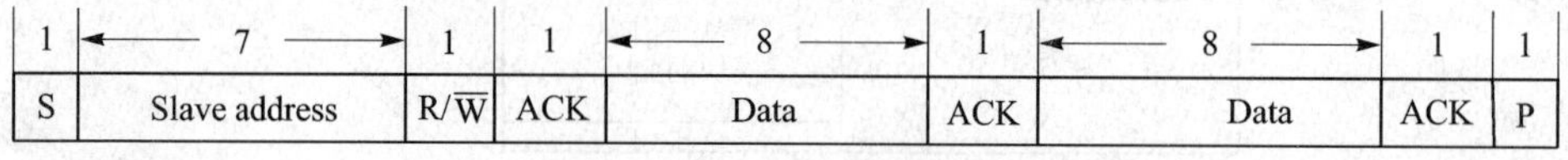

图 3-46　8 位寻址数据格式

图 3-47　10 位寻址数据格式

4. 仲　裁

如果在一条总线上有两个或两个以上主设备同时开始一个主发送模式，这时就需要一个仲裁机制决定到底由谁掌握总线的控制权。仲裁是通过串行数据线上竞争传输的数据来进行判别的，总线上传输的串行数据流实际上是一个二进制数，如果主设备传输的二进制数较小，则仲裁器将优先权赋予这个主设备，没有被赋予优先仅的设备则进入从接收模式，并同时将仲裁丧失标志置成 1，并产生仲裁丧失中断。若两个或两个以上主设备传送的第一个字节相同，则将根据接下来的字节进行仲裁。

5. 时钟同步

在正常状态下，只有一个主设备产生时钟信号，但如果有两个或两个以上主设备进行仲裁，这时就需要进行时钟同步。串行时钟线 SCL 具有线与的特性，这意味着如果一个设备首先在 SCL 线上产生一个低电平信号就将否决其他设备，这时其他设备的时钟发生器也将被迫进入低电平。如果有设备仍处在低电平，SCL 信号也将保持低电平，这时其他结束低电平状态的设备必须等待 SCL 被释放后才能开始高电平状态。通过这种方法时钟得到同步。

6. I^2C 模块的中断和 DMA 同步事件

I^2C 模块可以产生 5 种中断类型以方便 CPU 处理，这 5 种类型分别是仲裁丧失中断、无应答中断、寄存器访问就绪中断、接收数据就绪中断和发送数据就绪中断。

DMA 同步事件有 2 种类型，一种是 DMA 控制器从数据接收寄存器 ICDRR 同步读取接收数据，另一种是向数据发送寄存器 ICDXR 同步写入发送数据。

7. I^2C 模块的禁止与使能

I^2C 模块可以通过 I^2C 模式寄存器 ICMDR 中的复位使能位(IRS)使能或禁止。

8. I^2C 寄存器

表 3-59 列出 I^2C 模块的寄存器和它们的简要功能说明。

表 3-59　I^2C 模块寄存器及说明

寄存器	说　明	功　能
I2CMDR	I^2C 模式寄存器	包含 I^2C 模块的控制位
I2CIER	I^2C 中断使能寄存器	使能或屏蔽 I^2C 中断
I2CSTR	I^2C 中断状态寄存器	用来判定中断是否发生，并可查询 I^2C 的状态
I2CISRC	I^2C 中断源寄存器	用来判定产生中断的事件
I2CPSC	I^2C 预定标寄存器	用来对系统时钟分频以获得 12 MHz 时钟
I2CCLKL	I^2C 时钟分频低计数器	对时钟分频，产生低速传输频率
I2CCLKH	I^2C 时钟分频高计数器	对时钟分频，产生高速传输频率
I2CSAR	I^2C 从地址寄存器	存放所要通信的从设备的地址
I2COAR	I^2C 自身地址寄存器	保存自己作为从设备的 7 位或 10 位地址
I2CCNT	I^2C 数据计数寄存器	该寄存器用来产生结束条件以结束传输
I2CIVR	I^2C 中断向量寄存器	供 DSP 查询已经发生的中断
I2CGPIO	I^2C 通用输入/输出寄存器	当 I^2C 模块工作在通用 I/O 模式下时，控制 SDA 和 SCL 引脚
I2CDRR	I^2C 数据接收寄存器	供 DSP 读取接收的数据
I2CDXR	I^2C 数据发送寄存器	供 DSP 写发送的数据
I2CRSR	I^2C 接收移位寄存器	DSP 无法访问
I2CXSR	I^2C 发送移位寄存器	DSPF 无法访问

3.6 TMS320C55x 中断和复位操作

3.6.1 中断概述

中断的定义是:由硬件或软件驱动的信号,使 DSP 将当前的程序挂起,执行另一个称为中断服务子程序(ISR)的任务。C55x 支持 32 个 ISR。有些 ISR 可以由软件或硬件触发,有些只能由软件触发。当 CPU 同时收到多个硬件中断请求时,CPU 会按照预先定义的优先级对它们做出响应和处理。

1. 中断的分类

按照中断源划分,有软件中断和硬件中断。软件中断就是由程序指令请求的中断;硬件中断则是由物理设备信号请求的中断,有片内的外围电路触发的内部硬件中断,也有片外的外部中断口信号触发的外部硬件中断。

C55x 的中断还可以分为两大类:可屏蔽中断和不可屏蔽中断。可屏蔽中断就是可以通过软件来加以屏蔽的中断。不可屏蔽中断就是不能被屏蔽的中断,所有的软件中断都是不可屏蔽中断。

2. DSP 处理中断的步骤

C55x 处理中断分为如下 4 个步骤:

① 接收中断请求。软件和硬件都要求 DSP 将当前程序挂起。

② 响应中断请求。CPU 必须响应中断。如果是可屏蔽中断,则响应必须满足某些条件。如果是不可屏蔽中断,则 CPU 立即响应。

③ 准备进入中断服务子程序。CPU 要执行的主要任务有:完成当前指令的执行,并冲掉流水线上还未解码的指令;自动将某些必要的寄存器的值保存到数据堆栈和系统堆栈;从用户实现设置好的向量地址获取中断向量,该中断向量指向中断服务子程序。

④ 执行中断服务子程序。CPU 执行用户编写的 ISR。ISR 以一条中断返回指令结束,自动恢复步骤③中自动保存的寄存器值。

在使用中断时应注意:外部中断只能发生在 CPU 退出复位后的至少 3 个周期后,否则无效;在硬件复位后,不论 INTM 位的设置和寄存器 IER0、IER1 的值如何,所有的中断都被禁止,直到通过软件初始化堆栈后才开放中断。

3.6.2 中断向量与优先级

C55x 中断向量地址按照中断序号顺序排成一个表,每个中断占用 8 个地址单元。表 3-60 是按中断序号排列的中断向量,表 3-61 是按照中断优先级排列的中断向量。

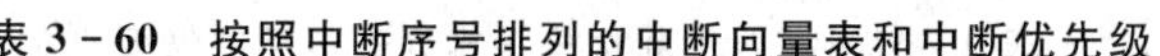

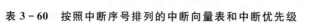

表 3-60 按照中断序号排列的中断向量表和中断优先级

ISR 序号	硬件中断优先级	向量名	向量地址	ISR 功能
0	1(最高)	RESETIV(IV0)	IVPD:0h	复位(硬件或软件)
1	2	NMIV(IV1)	IVPD:8h	硬件不可屏蔽中断(NMI)或软件中断 1
2	4	IV2	IVPD:10h	硬件或软件中断
3	6	IV3	IVPD:18h	硬件或软件中断
4	7	IV4	IVPD:20h	硬件或软件中断
5	8	IV5	IVPD:28h	硬件或软件中断
6	10	IV6	IVPD:30h	硬件或软件中断
7	11	IV7	IVPD:38h	硬件或软件中断
8	12	IV8	IVPD:40h	硬件或软件中断
9	14	IV9	IVPD:48h	硬件或软件中断
10	15	IV10	IVPD:50h	硬件或软件中断
11	16	IV11	IVPD:58h	硬件或软件中断
12	18	IV12	IVPD:60h	硬件或软件中断
13	19	IV13	IVPD:68h	硬件或软件中断
14	22	IV14	IVPD:70h	硬件或软件中断
15	23	IV15	IVPD:78h	硬件或软件中断
16	5	IV16	IVPH:80h	硬件或软件中断
17	9	IV17	IVPH:88h	硬件或软件中断
18	13	IV18	IVPH:90h	硬件或软件中断
19	17	IV19	IVPH:98h	硬件或软件中断
20	20	IV20	IVPH:A0h	硬件或软件中断
21	21	IV21	IVPH:A8h	硬件或软件中断
22	24	IV22	IVPH:B0h	硬件或软件中断
23	25	IV23	IVPH:B8h	硬件或软件中断
24	3	BERRIV(IV24)	IVPD:C0h	总线错误中断或软件中断
25	26	DLOGIV(IV25)	IVPD:C8h	Data Log 中断或软件中断
26	27(最低)	RTOSIV(IV26)	IVPD:D0h	实时操作系统中断或软件中断
27	—	SIV27	IVPD:D8h	软件中断
28	—	SIV28	IVPD:E0h	软件中断
29	—	SIV29	IVPD:E8h	软件中断
30	—	SIV30	IVPD:F0h	软件中断
31	—	SIV31	IVPD:F8h	软件中断 31

表 3-61 按照中断优先级排列的中断向量表

中断名称	向量名	向量地址（十六进制）	优先级	功能描述
RESET	SINT0	0	0	复位(硬件和软件)
NMI	SINT1	8	1	不可屏蔽中断
BERR	SINT24	C0	2	总线错误中断
INT0	SINT2	10	3	外部中断 0
INT1	SINT16	80	4	外部中断 1
INT2	SINT3	18	5	外部中断 2
TINT0	SINT4	20	6	定时器 0 中断
RINT0	SINT5	28	7	McBSP0 接收中断
XINT0	SINT17	88	8	McBSP0 发送中断
RINT1	SINT6	30	9	McBSP1 接收中断
XINT1/MMCSD1	SINT7	38	10	McBSP1 发送中断；MMC/SD1 中断
USB	SINT8	40	11	USB 中断
DMAC0	SINT18	90	12	DMA 通道 0 中断
DMAC1	SINT9	48	13	DMA 通道 1 中断
DSPINT	SINT10	50	14	主机接口中断
INT3/WDTINT	SINT11	58	15	外部中断 3 或看门狗定时器中断
INT4/RTC	SINT19	98	16	外部中断 4 或 RTC 中断
RINT2	SINT12	60	17	McBSP2 接收中断
XINT2/MMCSD2	SINT13	68	18	McBSP2 发送中断；MMC/SD2 中断
DMAC2	SINT20	A0	19	DMA 通道 2 中断
DMAC3	SINT21	A8	20	DMA 通道 3 中断
DMAC4	SINT14	70	21	DMA 通道 4 中断
DMAC5	SINT15	78	22	DMA 通道 5 中断
TINT1	SINT22	B0	23	定时器 1 中断
IIC	SINT23	B8	24	I^2C 总线中断
DLOG	SINT25	C8	25	Data Log 中断
RTOS	SINT26	D0	26	实时操作系统中断
—	SINT27	D8	27	软件中断 27
—	SINT28	E0	28	软件中断 28
—	SINT29	E8	29	软件中断 29
—	SINT30	F0	30	软件中断 30
—	SINT31	F8	31	软件中断 31

3.6.3 可屏蔽中断

C55x 所有的可屏蔽中断都是硬件中断。无论硬件何时请求一个可屏蔽中断，在一个中断标志寄存器中都有相应的中断标志置位。该标志一旦置位，相应的中断还必须使能，否则不会得到处理。图 3-48 是处理可屏蔽中断的标准流程。表 3-62 列出了 C55x 的可屏蔽中断，表 3-63 列出的是用来开放可屏蔽中断的位和寄存器。

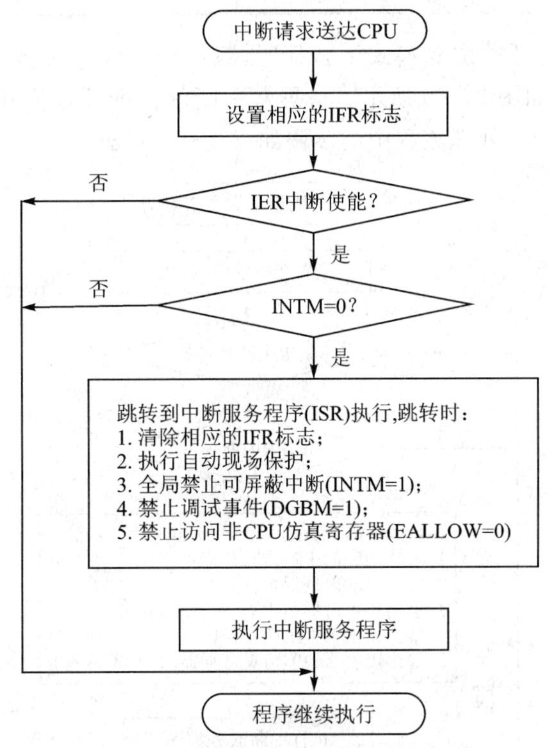

图 3-48 处理可屏蔽中断的标准流程

表 3-62 C55x 可屏蔽中断

中 断	描 述
中断向量 2～23 的外设中断	这 22 个中断都由 DSP 的引脚或 DSP 的外设触发
BERRINT	总线错误中断。当一个系统总线错误中断传给 CPU，或当 CPU 中发生总线错误时触发
DLOGINT	数据插入中断。当一个数据插入传送结束时，由 DSP 触发。可用其 ISR 来启动下一个数据插入传送
RTOSINT	实时操作系统中断。由硬件断点或观察点触发。可以使用其 ISR 来启动对于仿真条件响应的数据插入传送

表 3-63 用来开放可屏蔽中断的位和寄存器

位/寄存器	描 述
INTM	中断模式位。该位全局使能/禁止可屏蔽中断
IER0 和 IER1	中断使能寄存器。每个可屏蔽中断,都在这两个寄存器之一中,有一个使能位
DBIER0 和 DBIER1	调试中断使能寄存器。每个可屏蔽中断,都可以用这两个寄存器之一的一个位定义为时间临界的

当CPU在实时硬件仿真模式下暂停时,只能处理时间临界中断。处理时间临界中断的基本流程如图 3-49 所示。可屏蔽中断的标准处理流程中的步骤如表 3-64 所列,时间临界中断处理流程中的步骤如表 3-65 所列。

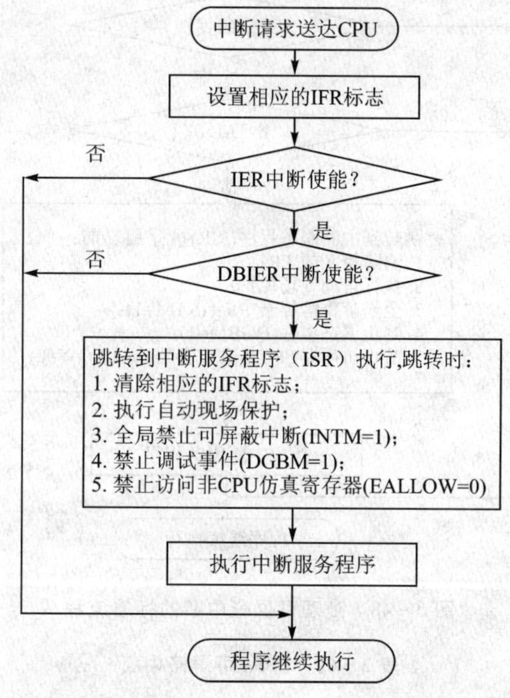

图 3-49 处理时间临界中断的基本流程

表 3-64 可屏蔽中断的标准处理流程中的步骤

步 骤	描 述
向 CPU 发送中断请求	CPU 接收一个可屏蔽中断请求
设置相应的 IFR 标志	当 CPU 检测到一个有效的可屏蔽中断请求时,它设置并锁定某个中断标志寄存器(IFR0 或 IFR1)的相应的标志位。这个标志位保持锁定,直到该中断得到响应或者由一个软件复位或 CPU 硬件复位,才得以清除

续表 3-64

步　骤	描　述
IER 中断使能?	如果中断使能寄存器(IER0 或 IER1)中相应的使能位是 1,则 CPU 响应中断;否则,CPU 不响应中断
INTM=0?	如果中断模式位(INTM)是 0(也就是必须全局开放中断),则 CPU 响应中断;否则,CPU 不响应中断
跳转到中断服务程序	CPU 根据中断向量跳转至中断服务程序。跳转时 CPU 做以下事情: ● 完成流水中那些已到达译码阶段的指令的执行,其他指令被冲掉; ● 清除 IFR0 或 IFR1 中的相应标志,表明中断已得到响应; ● 自动保存某些寄存器数据,以便记录被中断的程序的重要模式和状态信息; ● 强制设置 INTM=1(全局中断关闭),DBUG=1(关闭调试事件)和 EALLOW=0(禁止访问非 CPU 仿真寄存器),为此 ISR 建立新的现场变量
执行中断服务程序	CPU 响应中断,执行用户为此中断编写的中断服务程序(ISR)。跳转到 ISR 的过程中会自动保存某些寄存器数据。在 ISR 末尾的一条中断返回指令自动恢复这些寄存器数据。如果该 ISR 与被中断的程序共用某些寄存器,那么它必须在它的起始处保存那些寄存器的数据,并在返回以前恢复这些数据
程序继续运行	如果没有正确地开放中断请求,则 CPU 忽略请求,程序不中断,继续运行。如果开放了中断,那么继续执行完中断服务程序以后,程序从被中断的点继续运行

表 3-65　时间临界中断处理流程中的步骤

步　骤	描　述
向 CPU 发送中断请求	CPU 接收一个可屏蔽中断请求
设置相应的 IFR 标志	当 CPU 检测到一个有效的可屏蔽中断请求时,它设置并锁定某个中断标志寄存器(IFR0 或 IFR1)的相应的标志位。这个标志位保持锁定,直到该中断得到响应或者由一个软件复位或 CPU 硬件复位,才得以清除
IER 中断使能?	如果中断使能寄存器(IER0 或 IER1)中相应的使能位是 1,则 CPU 响应中断;否则,CPU 不响应中断
DBIER 中断使能?	如果调试中断使能寄存器(DBIER0 或 DBIER1)中相应的使能位是 1,则 CPU 响应中断;否则,CPU 不响应中断

续表 3-65

步　骤	描　述
跳转到中断服务程序	CPU根据中断向量跳转至中断服务程序。跳转时CPU做以下事情： ● 完成流水中那些已到达译码阶段的指令的执行，其他指令被冲掉； ● 清除IFR0或IFR1中的相应标志，表明中断已得到响应； ● 自动保存某些寄存器数据，以便记录被中断的程序的重要模式和状态信息； ● 强制设置INTM=1(全局中断关闭)，DBUG=1(关闭调试事件)和EALLOW=0(禁止访问非CPU仿真寄存器)，为此ISR建立新的现场变量
执行中断服务程序	CPU响应中断，执行用户为此中断编写的中断服务程序(ISR)。跳转到ISR的过程中会自动保存某些寄存器数据。在ISR末尾的一条中断返回指令自动恢复这些寄存器数据。如果该ISR与被中断的程序共用某些寄存器，那么它必须在起始处保存那些寄存器的数据，并在返回以前恢复这些数据
程序继续运行	如果没有正确地开放中断请求，则CPU忽略请求，程序不中断，继续运行。如果开放了中断，那么继续执行完中断服务程序以后，程序从被中断的点继续运行

3.6.4 不可屏蔽中断

当CPU接收到一个不可屏蔽中断请求时，立即无条件响应，并很快跳转到相应的中断服务子程序(ISR)。

C55x的不可屏蔽中断有：

① $\overline{\text{RESET}}$硬件中断。如果引脚$\overline{\text{RESET}}$为低电平，则触发了一个DSP硬件复位和一个中断(迫使执行复位ISR)。

② $\overline{\text{NMI}}$硬件中断。如果引脚$\overline{\text{NMI}}$为低电平，则CPU必须执行相应的ISR。$\overline{\text{NMI}}$提供了一种通用的无条件中断DSP的硬件方法。

③ 软件中断。

所有软件中断可用指令初始化，如表3-66所列。

表3-66　软件中断指令

指　令	描　述
INTR ＃k5	可用这条指令初始化32个ISR中的任意一个，变量k5是一个值从0～31的5位数。执行ISR之前，CPU自动保存现场(保存重要的寄存器数据)，并设置INTM位(全局关闭可屏蔽中断)
TRAP ＃k5	执行与指令intr(k5)同样的功能，但不影响INTM的值
RESET	执行软件复位操作(硬件复位操作的子集)，迫使CPU执行复位ISR

处理不可屏蔽中断流程如图 3-50 所示。

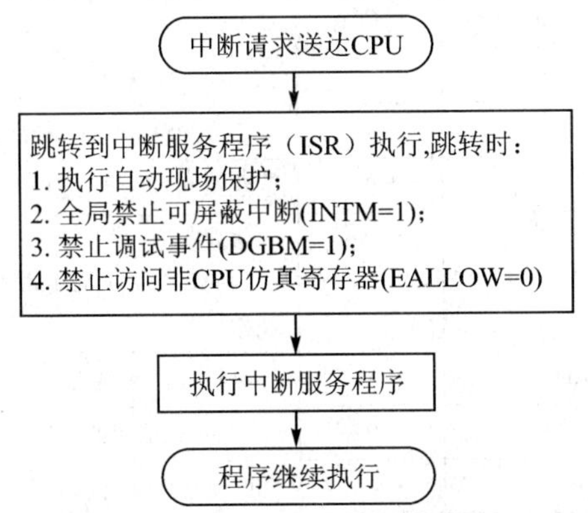

图 3-50 处理不可屏蔽中断流程

3.6.5 硬件复位

硬件复位后，DSP 处于一个已知状态，所有当前指令全部终止，指令流水清空，CPU 寄存器复位，如表 3-67 所列。然后 CPU 执行中断服务子程序，读复位中断向量时，CPU 用 32 位复位向量的第 28、29 位来确定堆栈的配置模式。

表 3-67 C55x 的 CPU 寄存器复位状态

寄存器	位	复位值	说 明
BSA01	全部	0	清除所有循环缓冲起始地址
BSA23	全部	0	
BSA45	全部	0	
BSA67	全部	0	
BSAC	全部	0	
IFR0	全部	0	清除所有未响应的中断
IFR1	全部	0	
IVPD	全部	FFFFh	从程序地址 FF FF00h 提取复位向量
IVPH	全部	FFFFh	主机向量在与 DSP 向量相同的 256 字节程序页中
ST0_55	0～8:DP	0	选择数据页 0，清除标志
	9: ACOV1	0	
	10:ACOV0	0	
	11:C	1	
	12:TC2	1	
	13:TC1	1	
	14:ACOV3	0	
	15:ACOV2	0	

续表 3-67

寄存器	位	复位值	说　明
ST1_55	0～4:ASM	0	受 ASM 影响的指令使用移位计数为 0(即不移位)
	5:C54CM	1	开启 TMS320C54 兼容模式
	6:FRCT	0	乘法操作的结果不移位
	7:C16	0	关闭双 16 位模式。对于受 C16 影响的指令,D 单元的 ALU 进行 32 位操作而不是两个并行的 16 位操作
	8:SXMD	1	开启符号扩展模式
	9:SATD	0	CPU 对 D 单元的溢出结果不作饱和运算
	10:M40	0	D 单元选择 32 位(而不是 40 位)计算模式
	11:INTM	1	全局关闭可屏蔽中断
	12:HM	0	当一个激活的 HOLD_信号迫使 DSP 将它的外部接口置于高阻状态时,DSP 仍继续执行取自内存的代码
	13:XF	1	置位外部标志
	14:CPL	0	选择 DP(不是 SP)直接寻址模式。直接访问数据空间与数据页寄存器(DP)关联
	15:BRAF	0	清除此标志
ST2_55	0:AR0LC	0	AR0 用做线性寻址(而不是循环寻址)
	1:AR1LC	0	AR1 用做线性寻址
	2:AR2LC	0	AR2 用做线性寻址
	3:AR3LC	0	AR3 用做线性寻址
	4:AR4LC	0	AR4 用做线性寻址
	5:AR5LC	0	AR5 用做线性寻址
	6:AR6LC	0	AR6 用做线性寻址
	7:AR7LC	0	AR7 用做线性寻址
	8:CDPLC	0	CDP 用做线性寻址
	9:保留	0	—
	10:RDM	0	当一条指令指明一个操作数需要取整时,CPU 采用取整并向极大方向取整(不是向最近的整数取整)
	11:EALLOW	0	程序不能写非 CPU 仿真寄存器
	12:DBGM	1	关闭调试事件
	13～14:保留	11b	—
	15:ARMS	0	当使用 AR 间接寻址模式时,可使用 DSP 模式操作数(不是控制模式)

续表 3-67

寄存器	位	复位值	说　明
ST3_55	0:SST	0	在 TMS320C54x 兼容模式下(C54CM=1),某些累加器存储指令的执行受 SST 影响。当 SST=0 时,40 位的累加器值在存储以前并不做饱和运算
	1:SMUL	0	乘法运算的结果不做饱和运算
	2:CLKOFF	0	使能 CLKOUT 输出引脚,反映 CLKOUT 的时钟信号
	3、4:保留	0	
	5:SATA	0	CPU 不会对 A 单元里的溢出结果做饱和运算
	6:MPNMC	引脚	MPNMC 的值反映复位时 MP/MC 引脚上的逻辑电平(1—高,0—低),该引脚只在复位时采样
	7:CBEER	0	清除该标志
	11~8:保留	1100b	
	12:HINT	1	此信号用于中断主机处理器,处于高电平
	13:CACLR	0	清除该标志
	14:CAEN	0	cache 禁止
	15:CAFRZ	0	cache 不冻结
XAR0	所有(AR0H:AR0)	0	扩展辅助寄存器清 0
XAR1	所有(AR1H:AR1)	0	
XAR2	所有(AR2H:AR2)	0	
XAR3	所有(AR3H:AR3)	0	
XAR4	所有(AR4H:AR4)	0	
XAR5	所有(AR5H:AR5)	0	
XAR6	所有(AR6H:AR6)	0	
XAR7	所有(AR7H:AR7)	0	
XDP	所有(DPH:DP)	0	扩展数据页寄存器清 0
XSP	所有(SPH:SP)	0	扩展数据堆栈指针清 0。注意:SPH 清 0 只影响扩展系统堆栈指针(XSSP)的高 7 位,低 16 位(SSP)必须用软件初始化

3.6.6　软件复位

C55x 的软件复位只影响 IFR0、IFR1、ST0_55、ST1_55 和 ST2_55 寄存器,不影响其他寄存器,如表 3-68 所列。

表 3-68 C55x 的软件复位对 CPU 寄存器的影响

寄存器	复位值	说　明
IFR0	0	清除所有未响应的中断
IFR1	0	
ST0_55	DP=0	选择数据页 0,清除标志
	ACOV1=0	
	ACOV0=0	
	C=1	
	TC2=1	
	TC1=1	
	ACOV3=0	
	ACOV2=0	
ST1_55	ASM=0	受 ASM 影响的指令使用移位计数为 0(即不移位)
	C54CM=1	开启 TMS320C54 兼容模式
	FRCT=0	乘法操作的结果不移位
	C16=0	关闭双 16 位模式
	SXMD=1	开启符号扩展模式
	SATD=0	CPU 对 D 单元的溢出结果不作饱和运算
	M40=0	D 单元选择 32 位(而不是 40 位)计算模式
	INTM=1	全局关闭可屏蔽中断
	HM=0	当一个激活的$\overline{HOLD}$信号迫使 DSP 将它的外部接口置于高阻状态时,DSP 仍继续执行取自内存的代码
	XF=1	置位外部标志
	CPL=0	选择 DP 直接寻址模式。直接访问数据空间与数据页寄存器(DP)关联
	BRAF=0	清除此标志
ST2_55	AR0LC=0	AR0 用做线性寻址(而不是循环寻址)
	AR1LC=0	AR1 用做线性寻址
	AR2LC=0	AR2 用做线性寻址
	AR3LC=0	AR3 用做线性寻址
	AR4LC=0	AR4 用做线性寻址
	AR5LC=0	AR5 用做线性寻址
	AR6LC=0	AR6 用做线性寻址
	AR7LC=0	AR7 用做线性寻址
	CDPLC=0	CDP 用做线性寻址

续表 3－68

寄存器	复位值	说　明
ST2_55	RDM＝0	当一条指令指明一个操作数需要取整时,CPU 采用取整并向极大方向取整
	EALLOW＝0	程序不能写非 CPU 仿真寄存器
	DBGM＝1	关闭调试事件
	ARMS＝0	当使用 AR 间接寻址模式时,可使用 DSP 模式操作数(不是控制模式)

习　题

3.1 C55x 的内部总线有哪些？它们的名称和作用是什么？

3.2 C55x 与堆栈相关的寄存器有哪些？堆栈指针寄存器的访问属性是怎样的？

3.3 C55x McBSP 的特点是什么？McBSP 的通道、块和分区是怎样的？

3.4 C55x 外部存储器接口 EMIF 支持的存储器类型和访问类型是怎样的？

3.5 C55x 中断序号与中断向量地址的关系是怎样的？

第 4 章

TMS320C5000 指令系统

DSP 应用系统设计包括两方面的内容，即硬件设计和软件设计。一般按照任务需求综合考虑确定核心处理器和处理算法后，即着手进行硬件和软件系统的开发设计。硬件电路设计是依据任务的功能需求搭建的；软件设计则要用满足任务要求的控制和处理算法在硬件系统上运行，以完成系统功能。也就是说，软件的开发设计要在选定的核心处理器的开发平台上用适当的编程语言编程和运行调试，最终实现目标系统的功能。

要进行软件的开发设计，除应了解 DSP 的结构和资源以外，必须掌握寻址方式、指令系统 、汇编语言编程、C 语言编程以及必要的开发工具。Code Composer Studio (CCS)是 TI 公司推出的开发 TMS320 系列 DSP 的集成开发环境。CCS 集成了与 DSP 软件开发相关的必要工具，包括工程管理工具、代码编辑工具、代码生成工具、代码调试工具、仿真器以及性能分析工具等。代码生成工具包含 C 编译器、汇编优化器、汇编器和链接器。使用 CCS 可以完成与 DSP 软件开发相关的所有工作。

4.1 软件开发环境和编程语言

1. 软件开发环境

图 4－1 是 TMS320C5000(简称 C5000)软件的开发流程图。可以采用集成开发环境 CCS(Code Composer Studio)或非集成开发环境。简要说明如下。

(1) 代码生成工具

① 源代码编辑器采用汇编语言或 C/C＋＋语言编写的源程序均为文本文件，可以在任何一种文本编辑器中进行编辑，如 WORD、EDIT、TC、Windows 操作系统自带的笔记本等。

② C/C＋＋编译器用来将 C/C＋＋语言源程序(. C 或. CPP)自动编译为 C55x 的汇编语言源程序(. asm)。

③ 汇编器用来将汇编语言源文件(. asm)汇编成机器语言 COFF 目标文件(. obj)。

④ 链接器将汇编生成的、可重新定位的 COFF 目标模块(. obj)组合成一个可执行的 COFF 目标模块(. out)。

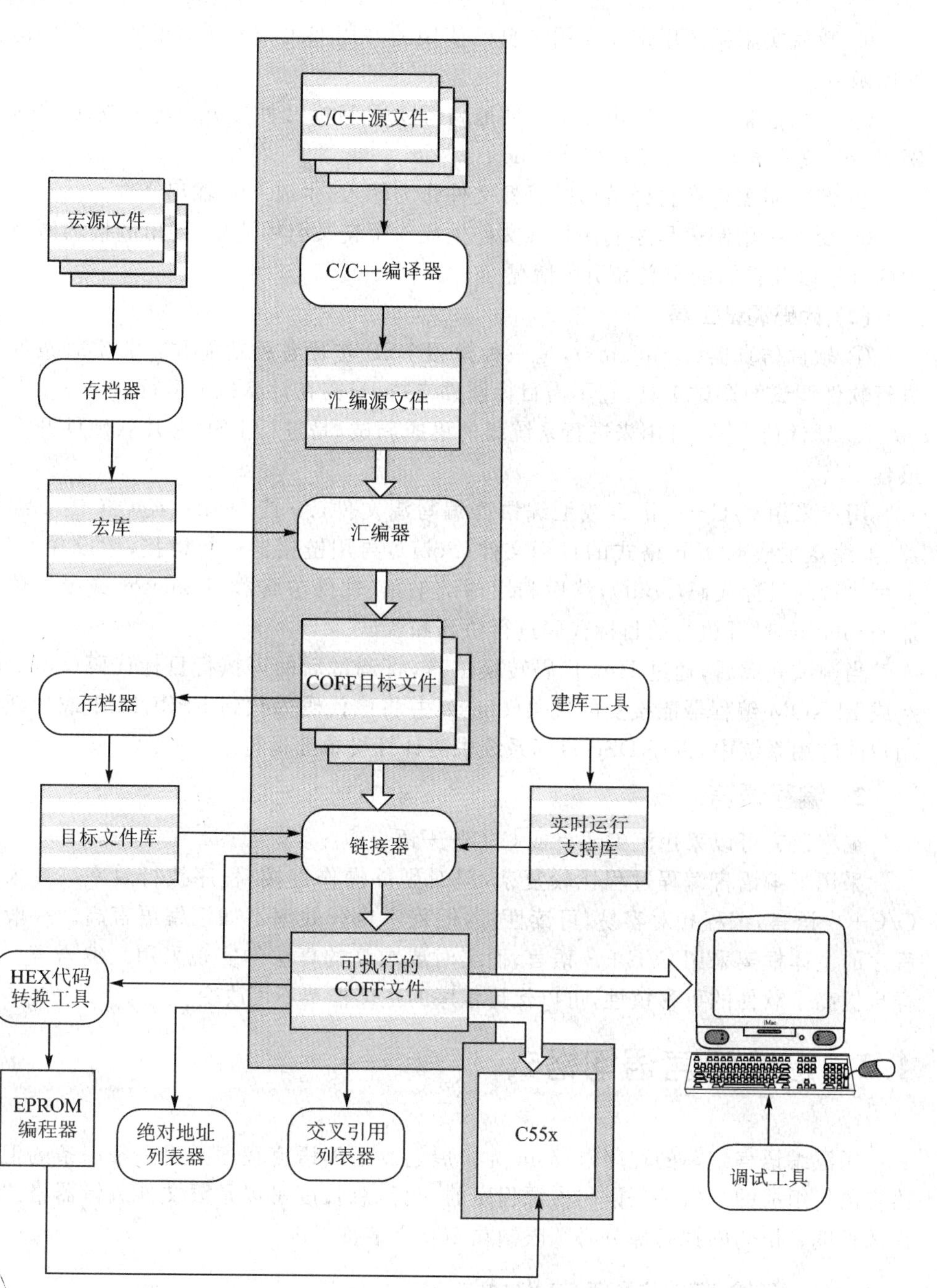

图 4-1　C5000 软件开发流程图

⑤ 文档管理器允许用户将一组文件(源文件或目标文件)集中为一个文档文件库。

⑥ 建库实用程序用来建立用户自己使用的并用 C/C++语言编写的支持运行的库函数。

⑦ 十六进制转换程序可以很方便地将 COFF 目标文件(.out)转换成 TI、Intel、Motorola 等公司的目标文件格式(.hex)。

⑧ 绝对制表程序将链接后的目标文件作为输入,生成.abs 输出文件。

⑨ 交叉引用制表程序利用目标文件生成一个交叉引用清单,列出链接的源文件中的符号以及它们的定义和引用情况。

(2) 代码调试工具

① 软件仿真器(simulator),是一种模拟 DSP 芯片各种功能并在非实时条件下进行软件调试的调试工具,它不需目标硬件支持,只需在计算机上运行。

② 硬件仿真器,可用来进行系统级的集成调试,是进行 DSP 芯片软硬件开发的最佳工具。

用户采用 C/C++语言或汇编语言编写源文件(.c 或.asm),经 C/C++编译器、汇编器生成 COFF 格式的目标文件(.obj),再用链接器进行链接,生成在 C55x 上可执行的目标代码(.out),然后利用调试工具(软件仿真器 simulator 或硬件仿真器 emulator)对可执行的目标代码进行仿真和调试。

当调试完成后,通过 Hex 代码转换工具,将调试后的可执行目标代码(.out)转换成 EPROM 编程器能接受的代码(.hex),并将该代码固化到 EPROM 中或加载到用户的应用系统中,以便 DSP 目标系统脱离计算机单独运行。

2. 编程语言

编程语言可以采用汇编语言或 C/C++语言。

采用汇编语言编程过程比较复杂,但对硬件操作直接,程序执行效率高。采用 C/C++语言,编程相对容易,可读性好,但程序执行效率不如汇编语言高。一般是程序的主体框架采用 C/C++语言,而实时要求高的算法的实现采用汇编语言。这样也提高了软件的可移植性,可以保持程序的主体框架不用改变。

4.2 汇编语言语句格式

用汇编语言编写的程序以.asm 为扩展名。汇编语言程序是由一条一条的汇编语言语句组成的。每一条语句占源程序的一行,总长度可以是源文件编辑器格式允许的长度。语句的执行部分必须限制在 200 个字符以内。

4.2.1 汇编语言源语句格式

1. 格 式

助记符指令源语句的每一行通常包含 4 个部分:标号区、助记符区、操作数区和

注释区。

助记符指令语法格式：

[标号][:]助记符[操作数] [;注释]

例如助记符指令源语句：

```
SYM1    .set 2              ;SYM1 = 2
Begin:  STM  #SYM1,AR1      ;AR1 = 2
```

语句的书写规则：所有语句必须以标号、空格、星号(*)或分号(;)开始；标号是可选项，若使用标号，则标号必须从第一列开始。所有包含汇编伪指令的语句必须在一行完成指定。各部分之间必须用空格分开，Tab字符与空格等效。注释是可选项。如果注释在第一列开始，则前面必须标上星号或分号，在其他列开始的注释前面必须以分号开头 。如果源程序语句很长，则需要书写若干行，可以在前一行用反斜杠字符(\)结束，余下部分接着在下一行继续书写。

2. 标 号

所有汇编指令和大多数汇编伪指令都可以选用标号，供本程序或其他程序调用。标号必须从语句的第1列写起，其后的冒号":"可任选。标号为任选项，若不使用标号，则语句的第一列必须是空格、星号或分号。标号是由字母(A～Z、a～z)、数字(0～9)以及下画线和美元符号等组成，最多可达32个字符。标号分大小写，且第一个字符不能是数字。标号值等于它所指向的语句所在单元的地址。在使用标号时，标号的值是段程序计数器SPC的当前值。

3. 助记符

助记符用来表示指令所完成的操作，可以是汇编语言指令、汇编伪指令、宏指令。助记符指令一般用大写，不能从第一列开始。汇编伪指令用来为程序提供数据和控制汇编进程，以句号"."开始，且用小写。宏指令用来定义一段程序，以便宏调用来调用这段程序，以句号"."开始，且用小写 。宏调用用来调用由宏伪指令定义的程序段。

4. 操作数

操作数是指令中参与操作的数值或汇编伪指令定义的内容，紧跟在助记符的后面，由一个或多个空格分开。操作数之间必须用逗号","分隔 。操作数可以是常数、符号或表达式。操作数中的常数、符号或表达式可用来作为地址、立即数或间接地址。作为操作数的前缀有三种情况：使用"#"号作为前缀，汇编器将操作数作为立即数处理；使用"*"符号作为前缀，汇编器将操作数作为间接地址，即把操作数的内容作为地址；使用"@"符号作为操作数的前缀。汇编器将操作数作为直接地址，即操作数由直接地址码赋值。

5. 注　释

用来说明指令功能，便于用户阅读。注释可位于句首或句尾，位于句首时，以“＊”或“;”开始；位于句尾时，以分号“;”开始。注释可单独一行或数行。注释是任选项。

4.2.2 常　量

汇编器可支持 7 种类型的常数与字符串，如表 4－1 和表 4－2 所列。

表 4－1　常数与字符串类型

数据类型	举　例	说　明
二进制	1110001b 或 1110001B	
八进制	226q 或 572Q	
十进制	1234 或＋1234 或－11234	缺省型
十六进制	0A40h 或 0A40H 或 0xA40	
浮点数	1.623e－23	仅用于 C 语言

表 4－2　字　符

字　符	‘D’
字符串	“this is a string”

字符串可用于下列伪指令中：

- .copy：作为复制伪指令中的文件名；
- .sect：作为命名段伪指令中的段名；
- .byte：作为数据初始化伪指令中的变量名；
- .string：作为该伪指令的操作数。

4.2.3 符　号

汇编程序中的符号用于标号、常数和替代字符，由字母、数字以及下画线和美元符号（A～Z、a～z、0～9、_和 $）等组成。符号名最多可长达 200 个字符。在符号中，第 1 位不能是数字，并且符号中不能含空格。例如：

```
        .global   label1
label2  nop
        ADD @label1,AC1,AC1
        B     label2
```

1. 标　号

作为标号的符号代表在程序中对应位置的符号地址。通常标号是局部变量，在一个文件中局部使用的标号必须是唯一的。

助记符操作码和汇编伪指令名(不带前缀“.”)为有效标号。缺省状态下标号分大小写。如果在使用汇编器时选择-c 选项,则不分大小写。标号还可以作为.global、.ref、.def 或.bss 等汇编伪指令的操作数。

2. 符号常数

符号也可被设置成常数值。为了提高程序的可读性,可以用有意义的名称来代表一些重要的常数值。

- 伪指令.set 和.struct/.tag/.endstruct 可以用来将常数赋给符号名。
- 符号常数不能被重新定义。
- 汇编器的-d 选项相当于用一个符号表示一个常数。该符号可用以代替汇编源程序中的对应常数。

使用-d 选项的格式如下:

masm55-dname=[value]

name 为定义的符号名;

value 为赋予该符号的数值。如果忽略 value,则该符号的数值将会被赋予 1。

在汇编源程序中,可采用下列伪指令对符号进行检测:

```
.if $ isdefed("name")                       ;存在
.if $ isdefed("name") = 0                   ;不存在
.if name = value                            ;等于某数值
.if name ! = value                          ;不等于某数值
```

例如符号常数:

```
K               .set 1024                   ;常数定义
Maxbuf          .set 2 * K
value           .set 0
delta           .set 1
item            .struct                     ;item 结构定义
                .int value                  ;常数 value 偏移量 = 0
                .int delta                  ;常数 delta 偏移量 = 1
i_len           .endstruct
array           .tag item                   ;数组声明
                .bss array,i_len * K
```

3. 汇编器预定义的符号常数

汇编器有若干预定义符号,包括:美元符号 \$,代表段程序指针 SPC 的当前值;_large_model表示正在使用的存储器模型,缺省状态下,该值为 0(小模型),采用 -mk 选项可使其值为 1;存储器映像寄存器符号,如 AC0～AC3、AR0～AR7、T0～T3 等。

可以利用_large_model 编写与存储器模型无关的程序代码：

```
.if _large_model
    AMOV #addr, XAR2                    ;装载 23 bit 地址
.else
    AMOV #addr, AR2                     ;装载 16 bit 地址
.endif
```

4. 局部标号

局部标号是一种特殊的标号，使用的范围和影响是临时性的。局部标号可以被取消定义，并可以再次被定义或自动产生。

取消定义局部变量的方法如下：

- 用＄n 来定义，n 是 0～9 的十进制数；
- 用"NAME?"定义，NAME 是任何一个合法的符号名；
- 局部标号不能用伪指令来定义；
- 使用.newblock 伪指令；
- 使用伪指令.sect、.text 或.data 改变段；
- 使用伪指令.include 或.copy 进入 include 文件；
- 达到 include 文件的结尾，离开 include 文件。

例如，＄n 局部标号的使用。

(1) 正确使用方法

```
Label1:  MOV ADDRA,AC0              ;把地址 A 赋予 AC0
         SUB ADDRB,AC0,AC0          ;减地址 B
         BCC $1,AC0 < #0            ;如果 AC0<0, 跳转至$1
         MOV ADDRB,AC0              ;否则加载地址 B 至 AC0
         B   $2                     ;并且跳转至$2
$1       MOV ADDRA,AC0              ;$1:加载地址 A 至 AC0
$2       ADD ADDRC,AC0,AC0          ;$2:加载地址 C
         .newblock                  ;取消$1 的定义,使得该符号可以再次被使用
         BCC $1,AC0 < #0            ;如果 AC0<0, 则跳转至$1
         MOV AC0,ADDRC              ;存储 AC0 的低位置地址 C
$1       NOP
```

(2) 错误使用方法

```
Label1: MOV ADDRA,AC0
        SUB ADDRB,AC0,AC0
        BCC $1,AC0<#0
        MOV ADDRB,AC0
        B $2
$1      MOV ADDRA,AC0
```

```
$2      ADD ADDRC,AC0,AC0
        BCC $1,AC0<#0
        MOV AC0,ADDRC
$1      NOP                       ;错误：$1被多次定义
```

又例如，"name?"局部标号的使用：

```
        nop
mylab?  nop                       ;局部标号"mylab"的第1次定义
        B mylab?
        .copy "a.inc"             ;包括文件中有"mylab"的第2次定义
mylab?  Nop                       ;从包括文件中退出复位后,"mylab"的第3次定义
        B mylab?
mymac   .macro
mylab?  nop                       ;在宏中"mylab"的第4次定义
        B mylab?
        .endm
        mymac                     ;宏调用
        B mylab?                  ;引用"mylab"的第3次定义,既不被宏调
                                  ;用复位,也不与定义在宏中的相同名冲突
        .sect "Sector_One"        ;改变段
        nop                       ;允许"mylab"的第5次定义
        .data
mylab?  .int 0
        .text
        nop
        nop
        B mylab?
        .newblock                 ; .newblock 伪指令
        .data                     ;允许"mylab"的第6次定义
mylab?  .int 0
        .text
        nop
        nop
        B mylab?
```


4.2.4 表达式

表达式可以是常数、符号，或者是由算术运算符分隔开的一系列常数和符号。有效表达式的范围为−32 768～32 767，要求表达式中的符号或汇编时间常数在之前已定义，汇编源程序表达式的运算符及其优先级如表4-3所列。

表 4-3　表达式的运算符及其优先级

序号	符　号	运算操作	求值顺序
1	+、−、~ !	取正、取负、按位求补、逻辑负	从右至左
2	*、/、%	乘法、除法、求模	从左至右
3	+、−	加法、减法	从左至右
4	<<、>>	左移、右移	从左至右
5	<、<=	小于、小于或等于	从左至右
6	>、>=	大于、大于或等于	从左至右
7	! =、=	不等于、等于	从左至右
8	&	按位与运算	从左至右
9	^	按位异或运算	从左至右
10	|	按位或运算	从左至右

例如有效定义的表达式如下：

```
          .data
label1    .word   0               ;将 16 位值 0、1、2 放入标号为
          .word   1               ;label1 的当前段连续字中
          .word   2
label2    .word   3               ;将 3 放入标号为 label2 的字中
X         .set    50h             ;定义 X 的值
goodsym1  .set    100h + X        ;有效定义的表达式
goodsym2  .set    label1
goodsym3  .set    label2 - label1 ;有效定义的表达式
```

无效定义的表达式如下：

```
.global  Y                         ;定义 Y 为全局外部符号
badsym1   .set     Y               ;Y 在当前文件中未定义
badsym2   .set     50h  +  Y       ;无效的表达式
badsym3   .set     50h  +  Z       ;无效的表达式,Z 还未定义
Z         .set     60h             ;定义 Z,但应在表达式使用之前
```

4.3　汇编语言源指令系统中的符号和缩写

汇编语言源指令中会使用一些符号和缩略语。表 4-4 和表 4-5 列出的是 C54x 和 C55x 汇编语言源语句中使用的主要符号和缩略语及其各自代表的含义，其中没有列出一些寄存器以及各寄存器中位的符号，在指令编写中可以直接使用。

表 4-4　C54x 指令系统中的符号和缩写及其含义

符号和缩写	含　义
A	累加器 A
ALU	算术逻辑单元
AR	通用辅助寄存器
Arx	指定某一个辅助寄存器(x 的值为 0≤x≤7)
B	累加器 B
BRAF	块重复有效标志
BRC	块重复计数器
BITC	指定一个数据存储区值的哪一位将被测试指令进行测试,BITC 共 4 位二进制数,取值范围是 0≤bit_code ≤15
dmad	数据存储器操作数
dst	目标累加器(A 或 B)
dst_	另一个目标累加器,如果 dst=A,则 dst_=B; 如果 dst=B,则 dst_=A
extpmad	23 位的立即程序存储器地址
hi(A)	累加器 A 的 31～16 位
IFR	中断标志寄存器
K	少于 9 位的短立即数
K3	3 位立即数(0 ≤k3 ≤7)
K5	5 位立即数(−16 ≤k5 ≤15)
K9	9 位立即数(0 ≤k9 ≤511)
Lk	16 位长立即数
Lmem	使用长字寻址的 32 位数据存储器操作数
mmr 或 MMR	存储器映射寄存器
MMRx 或 MMRy	存储器映射寄存器,AR0～AR7 或 SP
n	在条件执行指令之后字的个数(n=1,2)
N	指定状态寄存器(N=0, 指定状态寄存器 ST0;N=1, 指定状态寄存器 ST1)
Ovdst	指定目的累加器的溢出标志
Ovdst_	与 OVdst 指定相反的目的累加器的溢出标志
Ovsrc	指定源累加器的溢出标志
PA	16 位的立即端口地址(0≤PA ≤65 535)
PAR	程序地址寄存器
PC	程序计数器
pmad	16 位的立即程序存储器地址(0≤dmad ≤65 535)
Pmem	程序存储器操作数

续表 4-4

符号和缩写	含 义
PMST	处理机模式状态寄存器
prog	程序存储器操作数
[R]	舍入选项
RC	重复计数器
REA	块重复结束地址寄存器
rnd	舍入
RSA	块重复起始地址寄存器
RTN	快速返回寄存器(用于 RETF[D])
SBIT	用于指定状态寄存器位的 4 bit 地址(0≤SBIT≤15)
SHFT	4 bit 移位值(0≤SHFT≤15)
SHIFT	5 bit 移位值(－16≤SHIFT≤15)
Sind	间接寻址的单数据存储器操作数
Smem	16 位单数据存储器操作数
SP	堆栈指针寄存器
src	源累加器
T	暂存器
TOS	栈顶
TRN	状态转移寄存器
uns	无符号数
XPC	程序计数器扩展寄存器
Xmem	16 位双数据存储器操作数,用于双数据操作数指令
Ymem	16 位双数据存储器操作数,用于双数据操作数指令和一些单数据操作数指令

表 4-5 C55x 指令系统中的符号和缩写及其含义

符号和缩写	含 义
[ ]	可选的项
40	若选择该项,则该指令执行时 M40＝1
ACOVx	累加器溢出状态位：ACOV0、ACOV1、ACOV2、ACOV3
ACx、ACy、ACz、ACw	累加器 AC0～AC3
ARx、ARy	辅助寄存器：AR0、AR1、AR2、AR3、AR4、AR5、AR6、AR7
Baddr	寄存器位地址
BitIn	移进的位:TC2 或 CARRY
BitOut	移出的位:TC2 或 CARRY

续表 4-5

符号和缩写	含 义
BORROW	CARRY 位的补
CARRY	进位位
Cmem	系数间接寻址操作数
cond	条件表述
CSR	单指令重复计数寄存器
Cycles	指令执行的周期数
dst	目的操作数:累加器,或辅助寄存器的低 16 位,或临时寄存器
Dx	x 位长的数据地址
kx	x 位长的无符号常数
Kx	x 位长的带符号常数
lx	x 位长的程序地址(相对于 PC 的无符号偏移量)
Lx	x 位长的程序地址(相对于 PC 的带符号偏移量)
Lmem	32 位数据存储值
E	表示指令是否包含并行使能位
Pipe、Pipeline	流水线执行阶段:D=译码,AD=寻址,R=读,X=执行
Pmad	程序地址值
Px	x 位长程序或数据绝对地址值
RELOP	关系运算符:= =等于,<小于,>=大于或等于,! =不等于
R 或 rnd	表示要进行舍入(取整)
RPTC	单循环计数寄存器
SHFT	0～15 的移位值
SHIFTW	－32～31 的移位值
S、Size	指令长度(字节)
Smem	16 位数据存储值
SP	数据堆栈指针
src	源操作数:累加器,或辅助寄存器的低 16 位,或临时寄存器
STx	状态寄存器(ST0～ST3)
Tax、TAy	辅助寄存器(ARx)或临时寄存器(Tx)
TCx、TCy	测试控制标志(TC1,TC2)
TRNx	转移寄存器(TRN0,TRN1)
Tx、Ty	临时寄存器(T0～T3)
U 或 uns	操作数为无符号数
XARx	23 位辅助寄存器(XAR0～XAR7)

续表 4-5

符号和缩写	含 义
xdst	累加器(AC0～AC3)或目的扩展寄存器(XSP、XSSP、XDP、XCDP、XARx)
xsrc	累加器(AC0～AC3)或源扩展寄存器(XSP、XSSP、XDP、XCDP、XARx)
Xmem、Ymem	双数据存储器访问(仅用于间接寻址)

4.4 寻址方式

指令的寻址方式是指当硬件执行指令时,寻找指令所指定的参与运算的操作数的方法,用以访问程序空间数据空间、存储器映射寄存器、寄存器和 I/O 空间。

4.4.1 TMS320C54x 寻址方式

C54x 提供 7 种基本的数据寻址方式:

① 立即数寻址:指令中嵌有一个固定的数;

② 绝对地址寻址:指令中有一个固定的地址;

③ 累加器寻址:按累加器内的地址去访问程序存储空间中的一个单元;

④ 直接寻址:指令中的低 7 bit 是一个数据页内的偏移地址,而所在的数据页由数据页指针 DP 或 SP 决定,该偏移地址加上 DP 和 SP 的值决定了在数据存储空间中的实际地址;

⑤ 间接寻址:按照辅助寄存器中的地址访问数据存储空间;

⑥ 存储器映射寄存器寻址:修改存储器映射存储器中的值,不影响当前 DP 或 SP 的值;

⑦ 堆栈寻址:把数据压入和弹出系统堆栈。

1. 立即数寻址

立即数寻址方式是指令中包括了立即操作数。操作数有前缀 #,即表示其后的操作数是立即数。在一条指令中可对两种立即数编码。一种是短立即数(3 bit、5 bit、8 bit 或 9 bit),另一种是 16 bit 的长立即数。立即数的长度由所使用的指令类型决定。3 bit、5 bit、8 bit 或 9 bit 立即数包含在单字指令(指令代码只有一个字)中,16 bit 立即数包含在双字指令中。

例如立即数寻址指令:

```
LD    #1000H,A        ;把立即数 1000H 装入累加器 A
RPT   #99             ;将紧跟在此条语句后面的语句重复执行 99 + 1 次
```

2. 绝对地址寻址

绝对地址寻址方式:指令中包含的是所寻找操作数的 16 位单元地址。可以是

16 位单元地址或 16 位符号常数。绝对地址寻址指令的指令代码至少是两个字。绝对地址寻址有以下 4 种类型:数据存储器地址(dmad)寻址、程序存储器地址(pmad)寻址、端口地址(PA)寻址、*(lk)寻址。

(1) 数据存储器地址(dmad)寻址

用一个符号或一个数来确定数据空间中的一个地址。

```
MVDK Smem,dmad     ;寻找目的地址，把一个单数据存储器操作数(Smem)的内容复制到另一
                   ;个通过 dmad 寻址的数据存储单元
MVDM dmad,MMR      ;寻源址,把一个通过 dmad 寻址的数据存储单元数据复制到存储器映射
                   ;寄存器
MVKD dmad,Smem     ;寻源址,把一个通过 dmad 寻址的数据存储单元数据复制到另一个数据
                   ;存储单元
MVMD MMR,dmad      ;寻找目的地址，把一个存储器映射寄存器的内容复制到一个通过 dmad
                   ;寻址的数据存储单元
```

例如:

```
MVKD   SAMPLE, * AR5      ;把数据空间中 SAMPLE 标注的地址中的数复制到由 AR5 辅助寄存器
                          ;指向的数据存储单元中去
```


(2) 程序存储器地址(pmad)寻址

程序存储器地址(pmad)寻址是用一个符号或一个具体的数来确定程序存储器中的一个地址。采用该种寻址方式的指令有 5 条:

```
FIRS      Xmem,Ymem,pmad        ;实现一个对称的有限冲击响应滤波器 B = B + A * (pmad),
                                ;A = (Xmem + Ymem)≪16
MACD      Smem,pmad,src         ;一个数据存储器单元 Smem 的值与一个程序存储器单元 pmad
                                ;的值相乘的积再与 src 相加的结果存在 Src 中。另外,Smem
                                ;的值装入 T 寄存器中,也装入紧接 Smem 地址的数据单元中
MACP      Smem,pmad,src         ;同 MACD,只是 Smem 值不装入紧接 Smem 地址的数据单元
MVPD      pmad,Smem             ;把一个值从通过 Pmad 寻址的程序存储器单元中转移到一个
                                ;由 Smem 寻址的数据存储器单元中
MVDP Smem, pmad                 ;把一个值从通过 Smem 寻址的数据存储器单元中转移到一个
                                ;由 Pmad 寻址的程序存储器单元中
```

例如:

```
RPT ＃100H
MVPD (1000H), * AR0 +
```

(3) 端口地址(PA)寻址

端口寻址是由一个符号或一个 16 bit 数来确定 I/O 存储中的一个地址。实现对 I/O 设备的读和写共有两条指令:

```
PORTR     PA,Smem     ;从一个 16 位 I/O 端口地址 PA 读入一个 16 位数到数据存储单元 Smem 中
```

```
PORTW    Smem,PA    ;把数据存储单元 Smem 中的一个 16 位数写到一个 16 位 I/O 端口地址 PA
```

(4) *(lk)寻址

*(lk)寻址是用一个符号或一个常数来确定数据存储空间中的一个地址，适用于支持单数据存储器操作数的指令。lk 是一个 16 位数或一个符号，代表数据存储器中的一个单元地址。

```
LD    *(BUFFER),A
```

要注意，使用*(lk)寻址方式的指令不能与循环指令(RPT,RPTZ)一起使用。

3. 累加器寻址

累加器寻址是用累加器中的数作为一个地址，用来对存放数据的程序存储空间寻址。共有两条指令：

```
READA  Smem    ;以累加器 A 中的数作为一个程序存储空间地址读取一个字存入数据存
               ;储单元 Smem 中
WRITA  Smem    ;从数据存储单元 Smem 读取一个字存入以累加器 A 为程序存储空间地址
               ;的单元
```


在大部分 C54x 芯片中，程序存储器单元地址由累加器 A 的低 16 位确定；而 C548 以上的 C54x 芯片可以有 23 条地址线，它的程序存储器单元由累加器的低 23 位确定。

4. 直接寻址

直接寻址是指令代码包含了数据存储器地址的低 7 位。这 7 位 dma 作为偏移地址与数据页指针(DP)或堆栈指针(SP)相结合共同形成 16 位的数据存储空间实际地址。直接寻址的语法是用一个符号或一个常数来确定偏移地址。偏移地址操作数前应加@号。助记符指令可以省略@号，但代数指令中不能省略。DP 和 SP 都可以与 dma 偏移地址相结合产生实际地址。位于状态寄存器 ST1 中的编译方式位(CPL)(bit 14)决定选择采用哪种方式来产生实际地址。

当 CPL=0 时，dma 域与 9 bit 的 DP 域相结合形成 16 bit 的数据存储空间地址，即 DP 域与 dma 域相拼得到 16 位实际地址。DP 域是数据存储空间地址的高 9 位，dma 域是数据存储空间地址的低 7 位，如图 4-2(a)所示。

当 CPL=1 时，dma 域加上 SP 的值形成 16 位的数据存储空间地址，如图 4-2(b)所示。

例如：采用直接寻址方式，将立即数 1234h 和 5678h 分别存放到数据存储空间的 0089H 和 2009H 地址单元中。

```
DAT0      .set 09h
Start:    LD    #0001H, DP
          STM   #2000H, SP
```

```
BK0:    RSBX CPL
        ST   #1234H, DAT0
BK1:    SSBX CPL
        ST   #5678H, DAT0
```

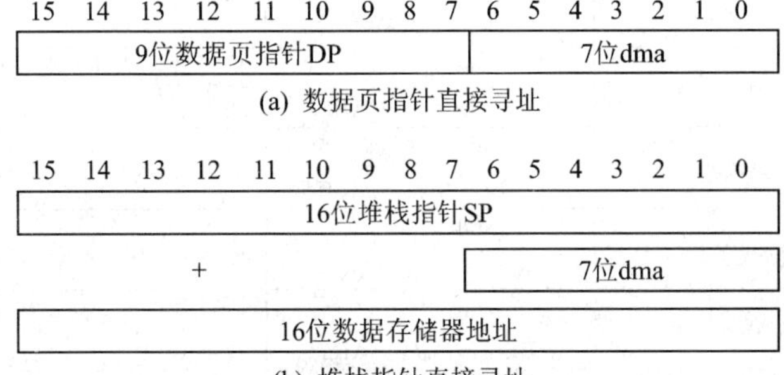

图 4-2 直接寻址地址的形成

5. 间接寻址

间接寻址:按照辅助寄存器(AR0～AR7)中的地址访问数据存储空间。通常在需要存储器地址以步进方式连续变化的场合使用间接寻址。这样的寻址方式可以实现数据存储空间某个连续区域的寻址,也就是用间接寻址实现对缓冲区数据的访问。特别是可以实现数据区域的循环寻址和位倒序寻址。按照指令中间接寻址操作数的个数分,有两种方式:单操作数寻址和双操作数寻址。

单操作数寻址是用间接寻址从存储器中读或写一个单 16 bit 数据操作数的寻址方式。

双操作数寻址是在一条指令中用间接寻址访问两个数据存储器单元(即从两个独立的存储器单元读数据,或读一个存储器单元的同时写另一个存储器单元,或读/写两个连续的存储器单元)的寻址方式。

(1) 单操作数间接寻址

单操作数间接寻址是指令的操作数中只有一个操作数采用间接寻址的寻址方式。可以在指令执行存取操作前或后修改指令要存取操作数的地址(或不改),可以加 1、减 1 或加一个 16 bit 偏移量或用 AR0 中的值索引(indexing)寻址。

单操作数间接寻址可以使用的辅助寄存器有:AR0、AR1、AR2、AR3、AR4、AR5、AR6、AR7。

单操作数间接寻址的类型可以有多种,如表 4-6 所列。

表 4-6 单操作数间接寻址的类型

MOD 域	操作码语法	功 能	说 明
0000	*ARx	addr=ARx	ARx 包含了数据存储器地址
0001	*ARx-	addr=ARx ARx=ARx-1	访问后,ARx 中的地址减 1

续表 4-6

MOD 域	操作码语法	功 能	说 明
0010	* ARx+	addr=ARx ARx=ARx+1	访问后，ARx 中的地址加 1
0011	* +ARx	addr=ARx+1 ARx=ARx+1	在寻址前，ARx 中的地址加 1，然后再寻址
0100	* ARx-0B	addr=ARx ARx=B(ARx-AR0)	访问后，从 ARx 中以位倒序进位的方式减去 AR0
0101	* ARx-0	addr=ARx ARx=ARx-AR0	访问后，ARx 中减去 AR0
0110	* ARx+0	addr=ARx ARx=ARx+AR0	访问后，AR0 加到 ARx 中去
0111	* ARx+0B	addr=ARx ARx=B(ARx-AR0)	访问后，把 AR0 以位倒序进位的方式加到 ARx 中
1000	* ARx-%	addr=ARx ARx=circ(ARx-1)	访问后，ARx 中的地址以循环寻址的方式减 1
1001	* ARx-0%	addr=ARx ARx=circ(ARx-AR0)	访问后，从 ARx 中以循环寻址的方式减去 AR0
1010	* ARx+%	addr=ARx ARx=circ(ARx+1)	访问后，ARx 中的地址以循环寻址的方式加 1
1011	* ARx+0%	addr=ARx ARx=circ(ARx+AR0)	访问后，把 AR0 以循环寻址的方式加到 ARx 中
1100	* ARx(lk)	addr=ARx+lk ARx=ARx	ARx 和 16 位的长偏移(lk)的和用来作为数据存储器地址。ARx 本身不被修改
1101	* +ARx(lk)	addr=ARx+lk ARx=ARx+lk	在寻址前，把一个带符号的 16 位的长偏移(lk)加到 ARx 中，然后用新的 ARx 的值作为数据存储器的地址
1110	* +ARx(lk)%	addr=circ(ARx+lk) ARx=circ(ARx+lk)	在寻址前，把一个带符号的 16 位的长偏移以循环寻址的方式加到 ARx 中，然后再用新的 ARx 的值作为数据存储器的地址
1111	* (lk)	addr=lk	一个无符号的 16 位的偏移(lk)用来作为数据存储器的绝对地址。(也属绝对寻址)

表 4-6 中的 * +ARx 方式只用在写操作数中。* ARx(lk)和 * +ARx(lk)是间接寻址使用固定偏移量的类型，该偏移量是一个 16 位偏移量。用 * ARx(lk)寻址时，寻址前后 ARx 的内容不修改，这对于访问数据区域中的特殊单元非常有用。用 * +ARx(lk)寻址时，适合按固定步长的操作数寻址。这两种类型不能用在重复指令的重复操作中。

在索引寻址中，AR0 的值作为固定步长。ARx 的内容在存取后被减去或加上 AR0 的内容，达到修改 ARx 的目的，从而修改了寻址地址：* ARx+0 和 ARx-0。

另外，还有以符号%表示的循环寻址和以符号 B 表示的位倒序寻址。下面简要说明循环寻址和位倒序寻址。

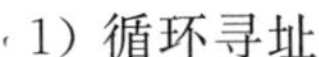

1）循环寻址

许多算法都需要在存储器中安排循环缓冲区，该缓冲区的数据参与算法的运算，每当新数据到来，缓冲区的数据都会重新刷新，并进行新一轮运算。这种循环缓冲区的实现需要循环寻址的支持。要实现循环寻址，需要一个循环缓冲区大小寄存器（BK）来确定循环缓冲区的大小 R。用一个辅助寄存器（AR1～AR7）对循环缓冲区数据作间接寻址，寻址步长放在 AR0。

使用循环寻址要遵循以下 3 条规则：

① 循环缓冲区的开始地址应该在 2^N 的边界上，循环缓冲区基址的最低 N 位必须为 0，2^N 应大于循环缓冲区的大小 R。

② 循环寻址步长放入 AR0，且步长必须小于循环缓冲区的大小 R。

③ 循环缓冲区第一次被寻址时，辅助寄存器 ARx 必须指向循环缓冲区；循环寻址时，用辅助寄存器（AR1～AR7）作间接寻址（以％表示的间接寻址类型）指向循环缓冲区；之后的寻址自动根据循环寻址算法修正 ARx 中的低 N 位偏移量。

循环寻址算法如下：

```
If 0 <= index + step < BK then
      Index = index + step
  else   if index + step >= BK   then
        index = index + step - BK
      else   if index + step <0 then
index = index + step + BK
```

循环寻址可用的指令操作数间接寻址类型有：

```
* ARx + %           ;增 1,按模修正
* ARx - %           ;减 1,按模修正
* ARx + 0 %         ;增 AR0,按模修正
* Arx - 0 %         ;减 AR0,按模修正
+ * ARx(lk) %       ;加 lk,按模修正
```

2）位倒序寻址

间接寻址类型的 * ARx＋0B 和 * ARx －0B 是位倒序寻址。位倒序寻址方式是在寻址后，ARx 中以位倒序进位的方式加上（或减去）AR0，得到新的寻址地址。所谓位倒序，即加（减）位从左开始，进位是从左向右。位倒序寻址主要应用在 FFT 运算中，提高 FFT 算法的运行速度，提高存储器的使用效率。FFT 运算主要实现采用数据从时域到频域的转换，用于信号分析。比如 FFT 要求采样点的输入顺序是 X(0)X(4)X(2)X(6)X(1)X(5)X(3)X(7)，输出顺序才是 X(0)X(1)X(2)X(3)X(4)X(5)X(6)X(7)。采用位倒序寻址正好实现 FFT 的要求。

(2) 双操作数间接寻址

双操作数间接寻址是指令的操作数中有两个操作数采用间接寻址的寻址方式，

可以完成两个操作数读，或者完成一个操作数读，另一个操作数写。

双操作数间接寻址可以使用的辅助寄存只能是 AR2、AR3、AR4、AR5。双操作数间接寻址可以使用的间接寻址的类型如表 4-7 所列。

表 4-7　双操作数间接寻址的类型

操作码语法	功　能	说　明
* ARx	Addr=ARx	ARx 是数据存储器地址
* ARx−	Addr=ARx ARx= ARx−1	寻址后 ARx 中的地址减 1
* ARx+	Addr=ARx ARx= ARx+1	寻址后 ARx 中的地址加 1
* ARx+0%	Addr=ARx ARx=circ(ARx+AR0)	寻址后 AR0 以循环寻址方式加到 ARx

6. 存储器映射寄存器寻址

存储器映射寄存器寻址用来修改存储器映射寄存器，而不受当前数据页指针(DP)或堆栈指针(SP)值的影响。

存储器映射寄存器寻址既可以在直接寻址中使用，也可以在间接寻址中使用。在直接寻址方式下，让数据存储器地址的高 9 位置 0，而不管 DP 或 SP 的值；在间接寻址方式下，只使用当前辅助寄存器的低 7 位。

下面几条指令的运行效果是相同的：

```
STM #0FF25h,AR1
STLM A, * AR1        ;PRD = A(bit 15～0)
STLM A,25h           ;PRD = A(bit 15～0)
STLM A,PRD           ;PRD = A(bit 15～0)
RSBX CPL
LD #0,DP
STL A,25h            ;PRD = A(bit 15～0)
RSBX CPL
LD #1,DP
STLM A,25h           ;PRD = A(bit 15～0)
```

采用存储器映射寄存器寻址的指令：

```
LDM   MMR,dst
MVDM  dmad, MMR
MVMD  MMR,dmad
MVMM  MMRx,MMRy    ;MMRx,MMRy 只能是 AR0～ AR7
POPM  MMR
PSHM  MMR
```

```
STLM   src,MMR
STM    #1k,MMR
```

7. 堆栈寻址

系统堆栈用来在中断和子程序响应期间自动存入程序计数器。它也用来保护现场或传递参数。

处理器使用堆栈指针寄存器 SP 来对堆栈寻址，它总是指向存放在堆栈中的最后一个数据。

堆栈的操作对堆栈指针寄存器 SP 的影响：

压入堆栈——由高地址到低地址（即 SP－1）；

弹出堆栈——由低地址到高地址（即 SP＋1）。

共有 4 条使用堆栈寻址方式访问堆栈的指令：

```
PSHD   Smem        ;把一个数据存储器的值压入堆栈
PSHM   MMR         ;把一个存储器映射寄存器的值压入堆栈
POPD   Smem        ;从堆栈弹出一个数据到数据存储器单元
POPM   MMR         ;从堆栈弹出一个数据到存储器映射寄存器
```


4.4.2　TMS320C55x 寻址方式

C55x 通过以下 3 种寻址方式访问数据空间、存储器映射寄存器、寄存器位和I/O空间：绝对寻址方式、直接寻址方式和间接寻址方式。

表 4－8 列出的是指令中表达的语法元素。

表 4－8　指令中表达的语法元素

语法元素	含　义
Smem	来自数据空间、I/O 空间或存储器映射寄存器的 16 位数据
Lmem	来自数据空间或存储器映射寄存器的 32 位数据
Xmem 和 Ymem	同时来自数据空间的两个 16 位数据
Cmem	来自内部数据空间的 16 位数据
Baddr	累加器 AC0～AC3、辅助寄存器 AR0～AR7、暂存寄存器器 T0～T3 的位域，对位域的置 1、清 0、测试、求补等位运算用到该语法元素

1. 绝对寻址方式

绝对寻址方式是通过在指令中指定一个常数地址完成寻址。依据常数地址位数不同，绝对寻址有不同的表达方式，用绝对寻址方式还可以访问 I/O 空间。表 4－9 列出的是绝对寻址的几种方式和含义。

表 4-9 绝对寻址方式

绝对寻址方式	含 义
k16 绝对寻址方式	该寻址方式使用7位的DPH和16位的无符号立即数组成一个23位的数据空间地址，可用于访问存储器空间和存储器映射寄存器
k23 绝对寻址方式	该寻址方式使用23位的无符号立即数作为数据空间地址，可用于访问存储器空间和存储器映射寄存器
I/O 绝对寻址方式	该寻址方式使用16位无符号立即数作为I/O空间地址，可用于寻址I/O空间

(1) k16 绝对寻址方式

操作数格式是 *abs16(#k16)，其中 k16 是一个 16 位无符号常数。寻址地址是将扩展数据页指针 XDP 的高位部分 DPH 寄存器的 7 位和 k16 级联形成一个 23 位的地址，用于对数据空间的访问，可以访问一个存储单元，也可以访问一个存储器映射寄存器。形成的访问地址范围如表 4-10 所列。采用这种寻址方式的指令不能与其他指令并行执行。

表 4-10 k16 绝对寻址方式

DPH	k16	数据空间
000 0000 ⋮ 000 0000	0000 0000 0000 0000 ⋮ 1111 1111 1111 1111	主数据页 0： 00 0000h～00 FFFFh
000 0001 ⋮ 000 0001	0000 0000 0000 0000 ⋮ 1111 1111 1111 1111	主数据页 1： 01 0000h～01 FFFFh
000 0010 ⋮ 000 0010	0000 0000 0000 0000 ⋮ 1111 1111 1111 1111	主数据页 2： 02 0000h～02 FFFFh
⋮	⋮	⋮
111 1111 ⋮ 111 1111	0000 0000 0000 0000 ⋮ 1111 1111 1111 1111	主数据页 127： 7F 0000h～7F FFFFh

(2) k23 绝对寻址方式

操作数格式是 *(#k23)，其中 k23 是一个无符号的 23 位常数。无符号常数 k23 被固定编为 3 个字节，其中第 3 个字节的最高位被忽略。采用这种寻址方式的指令不能与其他指令并行执行，也不能用于重复指令中。访问地址范围如表 4-11 所列。

表 4-11　k23 绝对寻址方式

k23	数据空间
000 0000 0000 0000 0000 0000 ⋮ 000 0000 1111 1111 1111 11111	主数据页 0：　00 0000h～00 FFFFh
000 0001 0000 0000 0000 0000 ⋮ 000 0001 1111 1111 1111 1111	主数据页 1：　01 0000h～01 FFFFh
000 0010 0000 0000 0000 0000 ⋮ 000 0010 1111 1111 1111 1111	主数据页 2：　02 0000h～02 FFFFh
⋮	⋮
111 1111 0000 0000 0000 0000 ⋮ 111 1111 1111 1111 1111 1111	主数据页 127：　7F 0000h～7F FFFFh

(3) I/O 绝对寻址方式

使用助记符指令的 I/O 绝对寻址方式操作数格式是 port(＃k16)，其中 k16 是一个 16 位无符号立即数，寻址范围 0000H～FFFFH，如表 4-12 所列。

表 4-12　I/O 绝对寻址方式

k16	I/O 空间
0000 0000 0000 0000 ⋮ 1111 1111 1111 1111	0000h～FFFFh

2. 直接寻址方式

直接寻址方式是使用地址偏移量寻址，采用直接寻址的操作数前有@。直接寻址方式有数据页指针(DP)直接寻址、堆栈指针(SP)直接寻址、寄存器位直接寻址和外设数据页指针(PDP)直接寻址几种方式，如表 4-13 所列。DP 直接寻址方式和 SP 直接寻址方式是相互排斥的，只能有一种方式存在，通过设置 ST1_55 的 CPL 位选择，如表 4-14 所列。寄存器位直接寻址方式和 PDP 直接寻址方式不受 CPL 位的影响。

表 4-13　直接寻址方式

寻址方式	描　述
DP 直接寻址	该方式用 DPH 与 DP 合并的扩展数据页指针寻址存储空间和存储器映射寄存器
SP 直接寻址	该方式用 SPH 与 SP 合并的扩展堆栈指针寻址存储空间中的堆栈

续表 4-13

寻址方式	描 述
寄存器位直接寻址	该模式用偏移地址指定一个位地址,用于寻址寄存器中的一个或相邻的两个位
PDP 直接寻址	该模式使用 PDP 和一个偏移地址寻址 I/O 空间

表 4-14 CPL 位与 DP 和 SP 直接寻址方式

CPL	寻址模式的选择
0	DP 直接寻址模式
1	SP 直接寻址模式

(1) DP 直接寻址方式

数据页指针(DP)的直接寻址,23 位地址由 3 部分形成:高 7 位由 DPH 寄存器提供,低 16 位由数据页寄存器(DP)和 7 位的偏移地址(Doffset)提供,如表 4-15 所列。其中 DP 是一个主数据页内长度为 128 个字的局部数据页的首地址。汇编器计算出的偏移量与访问数据空间还是访问存储器映射寄存器有关,如表 4-16 所列。CPU 连接 DPH 和 DP 成为一个扩展数据页指针 XDP。可以使用两条指令独立地装入 DPH 和 DP,也可以使用一条指令装入 XDP。

表 4-15 DP 直接寻址方式

DPH	DP+Doffset	数据空间
000 0000 ⋮ 000 0000	0000 0000 0000 0000 ⋮ 1111 1111 1111 1111	主数据页 0: 00 0000h~00 FFFFh
000 0001 ⋮ 000 0001	0000 0000 0000 0000 ⋮ 1111 1111 1111 1111	主数据页 1: 01 0000h~01 FFFFh
000 0010 ⋮ 000 0010	0000 0000 0000 0000 ⋮ 1111 1111 1111 1111	主数据页 2: 02 0000h~02 FFFFh
⋮	⋮	⋮
111 1111 ⋮ 111 1111	0000 0000 0000 0000 ⋮ 1111 1111 1111 1111	主数据页 127: 7F 0000h~7F FFFFh

表 4-16 计算偏移地址的方法

访问空间	偏移地址(Doffset)的计算	描 述
数据空间	Doffset=(Daddr-. dp)& 7Fh	Daddr 是一个 16 位的局部地址,. dp 指 DP 的值,“&”表示与操作

续表 4－16

访问空间	偏移地址(Doffset)的计算	描　述
存储器映射寄存器	Doffset＝Daddr & 7Fh	Daddr 是一个 16 位的局部地址，"&"表示与操作，需要使用 mmap()指令

(2) SP 直接寻址方式

采用 SP 直接寻址方式的指令，其 23 位地址的形成如表 4－17 所列。23 位的高 7 位由 SPH 确定，低 16 位由 SP 和一个 7 位的偏移地址(offset)的和确定。SPH 和 SP 合并后形成扩展数据堆栈指针(XSP)。可以单独给 SPH 和 SP 赋值，也可以使用一条指令给 XSP 赋值。

如果堆栈安排在主数据页 0 中，则主数据页 0 中的堆栈只能占用 00 0060h～00 FFFFh中的空间。因为 00 0000h～00 005Fh是保留给存储映射寄存器用的。

表 4－17　SP 直接寻址方式

SPH	SP＋offset	数据空间
000 0000 ⋮ 000 0000	0000 0000 0000 0000 ⋮ 1111 1111 1111 1111	主数据页 0：　00 0000h～00 FFFFh
000 0001 ⋮ 000 0001	0000 0000 0000 0000 ⋮ 1111 1111 1111 1111	主数据页 1：　01 0000h～01 FFFFh
000 0010 ⋮ 000 0010	0000 0000 0000 0000 ⋮ 1111 1111 1111 1111	主数据页 2：　02 0000h～02 FFFFh
⋮	⋮	⋮
111 1111 ⋮ 111 1111	0000 0000 0000 0000 ⋮ 1111 1111 1111 1111	主数据页 127：　7F 0000h～7F FFFFh

(3) 寄存器位直接寻址方式

使用寄存器位直接寻址方式的操作数格式@bitoffset。操作数中的偏移@bitoffset 是相对于寄存器最低位来说的。如果 bitoffset 为 0，则访问寄存器的最低位；如果 bitoffset 为 3，则访问寄存器的第 3 位。

仅有寄存器位测试、置位、清 0、求补等指令支持这种寻址方式，仅能访问下列寄存器的各位：AC0～AC3，AR0～AR7，T0～T3。

(4) PDP 直接寻址方式

使用 PDP 直接寻址方式时，16 位地址(I/O 地址)的形成如表 4－18 所列。64K 字的 I/O 空间分成 512 页，用 9 位的外设数据页指针寄存器 PDP 表示。PDP 选取512 个外设数据页(0～511)中的一页，每页有 128 个字(0～127)。PDP 直接寻址方式，即指令中指定的一个 7 位的偏移(Poffset)，来访问 PDP 中的一个地址。

使用时必须用 port( )限定词,指定要访问的是 I/O 空间,而不是数据存储单元。port()限定词的括号内是要读或写的操作数。

表 4-18 PDP 直接寻址方式

PDP	Poffset	I/O space(64K 字)
0000 0000 0 ⋮ 0000 0000 0	000 0000 ⋮ 111 1111	外设数据页 0:0000h～007Fh
0000 0000 1 ⋮ 0000 0000 1	000 0000 ⋮ 111 1111	外设数据页 1:0080h～00FFh
0000 0001 0 ⋮ 0000 0001 0	0000 0000 ⋮ 111 1111	外设数据页 2:0100h～017Fh
⋮	⋮	⋮
1111 1111 1 ⋮ 1111 1111 1	000 0000 ⋮ 111 1111	外设数据页 511: FF80h～FFFFh

3. 间接寻址方式

间接寻址方式,使用指针完成寻址。有 AR 间接寻址、双 AR 间接寻址、CDP 间接寻址和系数间接寻址,如表 4-19 所列。

表 4-19 间接寻址方式

寻址方式	描 述
AR 间接寻址	该模式使用 AR0～AR7 中的任一个寄存器访问数据。CPU 使用辅助寄存器产生地址的方式取决于访问数据的来源:数据空间、存储器映射寄存器、I/O 空间或是独立的寄存器位
双 AR 间接寻址	该模式与单 AR 间接寻址相似,只是借助两个辅助寄存器,可以同时访问两个或更多的数据
CDP 间接寻址	该模式使用系数数据指针(CDP)访问数据。CPU 使用 CDP 产生地址的方式取决于访问数据的来源:数据空间、存储器映射寄存器、I/O 空间或是独立的寄存器位
系数间接寻址	该模式与 CDP 间接寻址方式相似,它可以在访问数据空间某区块的数据的同时,借助双 AR 间接寻址访问别的区块的两个数据

(1) AR 间接寻址方式

AR 间接寻址方式使用一个辅助寄存器 ARn(n=0～7)指向数据空间的存储器单元。

CPU 使用 ARn 产生地址的方式取决于访问的数据类型,如表 4-20 所列。

表 4-20 AR 间接寻址方式时 AR 的内容

寻址空间	AR 内容
数据空间(存储空间或寄存器)	23 位地址的低 16 位,而高 7 位由 ARnH 提供
寄存器位或双位	位的相对位置
I/O 空间	一个 16 位的 I/O 地址

1) AR 间接寻址数据空间

ARn 提供一个 16 位的低字地址,与其相关的寄存器 ARnH 提供高 7 位的地址,它们合成为一个 23 位的扩展辅助寄存器 XARn。

对于访问数据空间,需使用专用指令把地址装入 XARn。ARn 可以单独装入,ARnH 不能单独装入。AR 间接寻址方式寻址数据空间如表 4-21 所列。

表 4-21 AR 间接寻址方式寻址数据空间

ARnH	ARn	数据空间
000 0000 ⋮ 000 0000	0000 0000 0000 0000 ⋮ 1111 1111 1111 1111	主数据页 0: 00 0000h～00 FFFFh
000 0001 ⋮ 000 0001	0000 0000 0000 0000 ⋮ 1111 1111 1111 1111	主数据页 1: 01 0000h～01 FFFFh
000 0010 ⋮ 000 0010	0000 0000 0000 0000 ⋮ 1111 1111 1111 1111	主数据页 2: 02 0000h～02 FFFFh
⋮	⋮	⋮
111 1111 ⋮ 111 1111	0000 0000 0000 0000 ⋮ 1111 1111 1111 1111	主数据页 127: 7F 0000h～7F FFFFh

2) AR 间接寻址寄存器位

当 AR 间接寻址方式用于访问一个寄存器位时,16 位的寄存器 ARn 指定位的位置。例如,ARn 为 0,则访问寄存器的最低位。

3) AR 间接寻址 I/O 空间

访问 I/O 空间使用 16 位的地址。当使用 AR 间接寻址 I/O 空间时,被使用的 ARn 包括完整的 64K 字的 I/O 空间地址。

4) ARMS 位对 AR 间接操作数的影响

AR 间接寻址方式的寻址操作数类型受 ST2_55 状态寄存器中 ARMS 位的影响,ARMS=0,是 DSP 模式(该模式用于高效的数字信号处理);ARMS=1,是控制模式(该模式优化代码长度,用于控制系统)。

表 4-22 和表 4-23 分别是 DSP 模式和控制模式下的间接寻址操作数类型。

使用 AR 间接寻址时，指针修改和地址产生可以是线性的或循环的，根据 ST2_55寄存器的指针配置而定。当使用循环寻址时，16 位的缓冲区起始地址寄存器(BSA01、BSA23、BSA45、BSA67)的内容被加到相应的指针上。指针间的加法和减法以 64K 字为模，如果没有改变 XARn，则不能跨主数据页寻址数据。

表 4-22 DSP 模式下的间接寻址操作数类型

操作数	指针修改方式	访问数据类型
* ARn	ARn 值不变	Smem、Lmem、Baddr
* ARn+	地址产生后，指针的值自增： 对于 16 位/1 位操作数，有 ARn=ARn+1； 对于 32 位/2 位操作数，有 ARn=ARn+2	Smem、Lmem、Baddr
* ARn−	地址产生后，指针的值自减： 对于 16 位/1 位操作数，有 ARn=ARn−1； 对于 32 位/2 位操作数，有 ARn=ARn−2	Smem、Lmem、Baddr
* +ARn	地址产生前，指针的值自增： 对于 16 位/1 位操作数，有 ARn=ARn+1； 对于 32 位/2 位操作数，有 ARn=ARn+2	Smem、Lmem、Baddr
* −ARn	地址产生前，指针的值自减： 对于 16 位/1 位操作数，有 ARn=ARn−1； 对于 32 位/2 位操作数，有 ARn=ARn−2	Smem、Lmem、Baddr
*(ARn+T0/AR0)	地址产生后，指针的值变化： 如果 C54CM=0，有 ARn=ARn+T0； 如果 C54CM=1，有 ARn=ARn+AR0	Smem、Lmem、Baddr
*(ARn−T0/AR0)	地址产生后，指针的值变化： 如果 C54CM=0，有 ARn=ARn−T0； 如果 C54CM=1，有 ARn=ARn−AR0	Smem、Lmem、Baddr
* ARn(T0/AR0)	ARn 作为基地址不变，T0 或 AR0 的值作为偏移地址	Smem、Lmem、Baddr
*(ARn+T0B/AR0B)	地址产生后，指针的值变化： 如果 C54CM=0，有 ARn=ARn+T0； 如果 C54CM=1，有 ARn=ARn+AR0。 上述加法按位倒序进位规律进行相加	Smem、Lmem、Baddr
*(ARn−T0B/AR0B)	地址产生后，指针的值变化： 如果 C54CM=0，有 ARn=ARn−T0； 如果 C54CM=1，有 ARn=ARn−AR0。 上述加法按位倒序借位规律进行相加	Smem、Lmem、Baddr
*(ARn+T1)	地址产生后，指针的值为 ARn= ARn+T1	Smem、Lmem、Baddr
*(ARn−T1)	地址产生后，指针的值为 ARn= ARn−T1	Smem、Lmem、Baddr
* ARn(T1)	ARn 作为基地址不变，T1 值作为偏移地址	Smem、Lmem、Baddr
* ARn(#K16)	ARn 作为基地址不变，K16 值作为偏移地址	Smem、Lmem、Baddr
* +ARn(#K16)	地址产生前，指针的值变为 ARn=ARn+K16	Smem、Lmem、Baddr

表 4 - 23　控制模式下的间接寻址操作数类型

操作数	指针修改方式	访问数据类型
* ARn	ARn 值不变	Smem、Lmem、Baddr
* ARn+	地址产生后，指针的值自增： 对于 16 位/1 位操作数，有 ARn=ARn+1； 对于 32 位/2 位操作数，有 ARn=ARn+2	Smem、Lmem、Baddr
* ARn−	地址产生后，指针的值自减： 对于 16 位/1 位操作数，有 ARn=ARn−1； 对于 32 位/2 位操作数，有 ARn=ARn−2	Smem、Lmem、Baddr
* (ARn+T0/AR0)	地址产生后，指针的值变化： 如果 C54CM=0，有 ARn=ARn+T0； 如果 C54CM=1，有 ARn=ARn+AR0	Smem、Lmem、Baddr
* (ARn−T0/AR0)	地址产生后，指针的值变化： 如果 C54CM=0，有 ARn=ARn−T0； 如果 C54CM=1，有 ARn=ARn−AR0	Smem、Lmem、Baddr
* ARn(T0/AR0)	ARn 作为基地址不变，T0 或 AR0 的值作为偏移地址	Smem、Lmem、Baddr
* ARn(#K16)	ARn 作为基地址不变，K16 的值作为偏移地址	Smem、Lmem、Baddr
* +ARn(#K16)	地址产生前，指针的值变为 ARn=ARn+K16	Smem、Lmem、Baddr
* ARn(short(#k3))	ARn 作为基地址不变，3 位的无符号立即数作为偏移指针(k3 的值为 1～7)	Smem、Lmem、Baddr

(2) 双 AR 间接寻址方式

双 AR 间接寻址方式是用 8 个辅助寄存器(AR0～AR7)中的两个寄存器作为指针，同时访问两个数据存储器地址单元。使用双 AR 间接寻址方式的情况有：

● 执行一个指令，同时访问两个 16 位数据存储器单元：

```
ADD Xmem,Ymem,ACx
```

● 并行执行两个指令，每个指令访问一个数据存储器单元：

```
MOV Smem,dst || AND Smem,src,dst
```

ARMS 位不影响双 AR 间接寻址方式的操作数。表 4 - 24 列出了双 AR 间接寻址方式操作数的类型。

表 4 - 24　双 AR 间接寻址方式操作数的类型

操作数	指针修改方式	访问数据的类型
* ARn	ARn 值不变	Smem、Lmem、Xmem、Ymem
* ARn+	地址产生后，ARn 的值自增： 对于 16 位操作数，ARn=ARn+1； 对于 32 位操作数，ARn=ARn+2	Smem、Lmem、Xmem、Ymem

续表 4-24

操作数	指针修改方式	访问数据的类型
*ARn−	地址产生后,ARn 的值自减: 对于 16 位操作数,ARn=ARn−1; 对于 32 位操作数,ARn=ARn−2	Smem、Lmem、Xmem、Ymem
*(ARn+T0/AR0)	地址产生后,T0 或 AR0 中 16 位的有符号数加到 ARn 上: 如果 C54CM=0,则 ARn=ARn+T0; 如果 C54CM=1,则 ARn=ARn+AR0	Smem、Lmem、Xmem、Ymem
*(ARn−T0/AR0)	地址产生后,ARn 减去 T0 或 AR0 中 16 位的有符号数: 如果 C54CM=0,则 ARn=ARn−T0; 如果 C54CM=1,则 ARn=ARn−AR0	Smem、Lmem、Xmem、Ymem
*ARn(T0/AR0)	ARn 用做基地址则不变,T0 或 AR0 中的 16 位有符号常数作为偏移地址: 如果 C54CM=0,T0 的值作为偏移地址; 如果 C54CM=1,AR0 的值作为偏移地址	Smem、Lmem、Xmem、Ymem
*(ARn+T1)	地址产生后,AR1 加上 T1 中的 16 位有符号常数: ARn=ARn+T1	Smem、Lmem、Xmem、Ymem
*(ARn−T1)	地址产生后,AR1 减去 T1 中的 16 位有符号常数: ARn=ARn−T1	Smem、Lmem、Xmem、Ymem

(3) CDP 间接寻址方式

CDP 间接寻址方式是使用系数数据指针 CDP 对数据空间、寄存器位和 I/O 空间进行访问的方式。CPU 使用 CDP 产生地址的方式依赖于访问类型。表 4-25 是 CDP 访问空间与 CDP 的关系。

表 4-25 CDP 访问空间与 CDP 的关系

寻址空间	CDP 内容
数据空间(存储空间或寄存器)	23 位地址的低 16 位,高 7 位由扩展系数数据指针的高位域部分 CDPH 给定
寄存器位或双位	某位的位置
I/O 空间	一个 16 位的 I/O 空间

1) CDP 间接寻址数据空间

CDPH 提供 7 位的高位域,CDP 提供 16 位的低字,合并为 23 位的扩展系数数据指针(XCDP)。

表 4-26 列出的是 CDP 间接寻址数据空间。

表 4-26　CDP 间接寻址数据空间

CDPH	CDP	数据空间
000 0000 ⋮ 000 0000	0000 0000 0000 0000 ⋮ 1111 1111 1111 1111	主数据页 0：　00 0000h～00 FFFFh
000 0001 ⋮ 000 0001	0000 0000 0000 0000 ⋮ 1111 1111 1111 1111	主数据页 1：　01 0000h～01 FFFFh
000 0010 ⋮ 000 0010	0000 0000 0000 0000 ⋮ 1111 1111 1111 1111	主数据页 2：　02 0000h～02 FFFFh
⋮	⋮	⋮
111 1111 ⋮ 111 1111	0000 0000 0000 0000 ⋮ 1111 1111 1111 1111	主数据页 127：　7F 0000h～7F FFFFh

2) CDP 间接寻址寄存器位

采用这种寻址方式，CDP 中是位序号。比如，若 CDP 为 0，则它指向寄存器的第 0 位。这种寻址方式，只有寄存器位测试、置位、清 0、求补指令支持 CDP 间接寻址寄存器位方式。这些寄存器仅限于累加器(AC0～AC3)、辅助寄存器(AR0～AR7)、暂存器(T0～T3)。

3) CDP 间接寻址 I/O 空间

当采用 CDP 间接寻址方式访问 I/O 空间时，16 位的 CDP 包含了完整的 I/O 空间地址。

4) CDP 间接寻址操作数类型

表 4-27 列出的是 CDP 间接寻址操作数类型。

表 4-27　CDP 间接寻址操作数类型

操作数	指针修改方式	访问数据的类型
*CDP	CDP 值不改变	Smem、Lmem、Xmem、Ymem
*CDP+	地址产生后，CDP 自增： 对于 16 位/1 位操作数，CDP=CDP+1； 对于 32 位/2 位操作数，CDP=CDP+2	Smem、Lmem、Xmem、Ymem
*CDP-	地址产生后，CDP 自减： 对于 16 位/1 位操作数，CDP=CDP-1； 对于 32 位/2 位操作数，CDP=CDP-2	Smem、Lmem、Xmem、Ymem
*CDP(#K16)	CDP 作为基地址不改变，16 位的有符号常数 K16 作为偏移地址	Smem、Lmem、Xmem、Ymem
*+CDP(#K16)	地址产生前，16 位的有符号常数 K16 加到 CDP 上，即 CDP=CDP+K16	Smem、Lmem、Xmem、Ymem

在使用 CDP 间接寻址时，指针修改或地址产生可以是线性方式，也可以是循环方式。当使用循环寻址时，16 位缓冲区起始地址寄存器 BSAC 的内容被加到相应指针上。

CDP 指针的修改以 64K 字取模，只有修改了 CDPH 才能在跨主数据页寻址。

(4) 系数间接寻址方式

系数间接寻址与 CDP 间接寻址的地址产生方式相同。系数间接寻址方式通常在存储空间数据移动、初始化以及算术指令时使用。

系数间接寻址方式主要用于一个周期内对三个存储器操作数进行操作的指令。其中，两个操作数（Xmem 和 Ymem）使用双 AR 间接寻址，第三个操作数（Cmem）使用系数间接寻址方式。Cmem 在 BB 总线上传送。

表 4－28 列出的是系数间接寻址方式使用的操作数类型。

表 4－28 系数间接寻址操作数类型

操作数	指针变化	访问类型
* CDP	CDP 不改变	数据空间
* CDP+	地址产生后，CDP 自增： 对于 16 位操作数，CDP=CDP+1； 对于 32 位操作数，CDP=CDP+2	数据空间
* CDP-	地址产生后，CDP 自减： 对于 16 位操作数，CDP=CDP-1； 对于 32 位操作数，CDP=CDP-2	数据空间
*（CDP+T0/AR0）	地址产生后，16 位的有符号数 T0 或 AR0 加到 CDP 上： 如果 C54CM=0，CDP=CDP+T0； 如果 C54CM=1，CDP=CDP+AR0	数据空间

在使用系数间接寻址时，指针修改或地址产生可以是线性方式，也可以是循环方式。使用循环寻址时，16 位缓冲区起始地址寄存器 BSAC 的内容被加到相应的指针上。

CDP 指针的修改以 64K 字取模，只有修改了 CDPH 才能在跨主数据页寻址。

4. 数据存储器的寻址

对数据存储器的寻址可以使用上述绝对、直接、间接三种寻址方式。例如：

● 使用 * abs16(#k16) 对数据存储器寻址，设 DPH=03h，可以用指令：

```
MOV *abs16(#2002h),T2   ;#k16 = 2002h,CPU 从 03 2002h 处读取数据装入 T2
```

● 使用 *(#k23) 对数据存储器寻址，可以用指令：

```
MOV *(#032002h),T2   ;k23 = 03 2002h,CPU 从 03 2002h 处读取数据装入 T2
```

● 使用@Daddr 对数据存储器寻址，设 DPH=03h，DP=0000h，可以用指令：

MOV @0005h,T2 ;DPH:(DP + Doffset) = 03:(0000h + 0005h) = 03 0005h;
CPU 从 03 0005h 处读取数据装入 T2

● 使用 * SP(offset)对数据存储器寻址。设 SPH=0,SP = FF00h,可以用指令:

MOV * SP(5),T2 ;SPH:(SP + offset) = 00 FF05h,CPU 从 00 FF05h 处读取数据装入 T2

● 使用 * ARn 对数据存储器寻址,可以用指令:

MOV * AR4, T2 ; AR4H:AR4 = XAR4, CPU 从 XAR4 处读取数据装入 T2

● 使用 * (ARn+T0)对数据存储器寻址,可以用指令:

MOV * (AR4 + T0),T2 ;AR4H:AR4 = XAR4,CPU 从 XAR4 处读取数据装入 T2,然后 AR4 = AR4 + T0

● 使用 * (ARn+T0B)对数据存储器寻址,可以用指令:

MOV * (AR4 + T0B),T2 ;AR4H:AR4 = XAR4,CPU 从 XAR4 处读取数据装入 T2,然后 AR4 = AR4
; + T0(位倒序加)

5. 存储器映射寄存器的寻址

对 MMR 寻址 可以使用上述的绝对、直接、间接三种寻址方式。例如:

● 使用 * (#k23)对 MMR 寻址,可以用指令:

MOV * (#AR2), T2 ;k23 = 00 0012h(AR2 的地址为 00 0012h),从 00 0012h 处读取数据装入 T2

● 使用 * abs16(#k16) 对 MMR 寻址,DPH 必须为 00h,可以用指令:

MOV * abs16(#AR2), T2 ;DPH:k16 = 00 0012h(AR2 的地址为 00 0012h),从 00 0012h 处读取数据装入 T2

● 使用@Daddr 对 MMR 寻址,DPH=DP=00h,CPL=0,可以用指令:

MOV mmap(@AC0L), AR2 ;DPH:(DP + Doffset) = 00:(0000h + 0008h) = 00 0008h,从 00 0008h 处读取数据装入 AR

● 使用 * ARn 对 MMR 寻址,ARn 指向某寄存器,可以用指令:

MOV * AR6, T2

6. 寄存器位的寻址

对寄存器位的寻址可以使用直接和间接寻址方式。例如:

● 使用@bitoffset 对寄存器位的寻址,可以用指令:

BSET @0,AC3 ;将 AC3 的位 0 置为 1

● 使用 * ARn 对寄存器位的寻址,设 AR0=0,AR5=30,可以用指令:

BSET * AR0,AC3 ;CPU 将 AC3 的位 0 置为 1

```
BTSTP *AR5,AC3      ;CPU 把 AC3 的位 30 和位 31 分别复制到状态寄存器 ST0_55 的位 TC1
                    ;和 TC2
```

7. I/O 空间的寻址

对 I/O 空间的寻址可以用绝对、直接、间接等三种寻址方式。例如：

- 用 port(#k16)对 I/O 空间的寻址，可以用指令：

```
MOV port(#2),AR2             ;CPU 从 I/O 地址 0002h 读取数据进 AR2
MOV AR2,port(#0F000h)        ;CPU 把 AR2 的数据输出到 I/O 地址 0F000h
```

- 用@Poffset 对 I/O 空间的寻址，设 PDP=511，可以用指令：

```
MOV port(@0),T2         ;PDP:Poffset = FF80h,CPU 从 FF80h 读取数据进 T2
MOV T2,port(@127)       ;PDP:Poffset = FFFFh,CPU 把 T2 的数据输出到 I/O 地址 0FFFFh
```

- 用 * ARn 对 I/O 空间的寻址。设 AR4= FF80h，AR5= FFFFh，可以用指令：


```
MOV port(*AR4), T2      ;CPU 从 FF80h 读取数据进 T2
MOV T2,port(*AR5)       ;CPU 把 T2 的数据输出到 I/O 地址 0FFFFh
```

8. 循环寻址

任何一种间接寻址方式都可以使用循环寻址。

每个 ARn(n = 0～7)和 CDP 都能独立地配置为线性或循环寻址。该配置位位于 ST2_55 中，设置该位则实现循环寻址。

循环缓冲区的大小在 BK03、BK47 或 BKC 中定义。对于字缓冲区则定义字的个数，对于寄存器位缓冲区则定义位的个数。

对于数据空间的字缓冲区，必须存放在一个主数据页内部，不能跨主数据页存放。

每个地址具有 23 位，高 7 位代表主数据页，由 CDPH 或 ARnH 决定；CDPH 可以被独立地装入，ARnH 则不能。装入 ARnH，必须先装入 XARn，即 ARnH:ARn；在主数据页内部，缓冲区的首地址定义在 16 位的缓冲区首地址寄存器中，装入在 ARn 或 CDP 中的值为地址索引，选定相对于缓冲区首地址的地址。

对于位缓冲区，缓冲区起始地址寄存器定义参考位。指针选择相对于参考位的位置位，仅需装入 ARn 或 CDP，不必装入 XARn 或 XCDP。

表 4-29 是循环寻址指针和寻址配置位的说明。

表 4-29　循环寻址指针和配置位

指　针	线性/循环寻址配置位	支持主数据页	缓冲区首地址寄存器	缓冲区大小寄存器
AR0	ST2_55(0)=AR0LC	AR0H	BSA01	BK03
AR1	ST2_55(1)=AR1LC	AR1H	BSA01	BK03

续表 4-29

指　针	线性/循环寻址配置位	支持主数据页	缓冲区首地址寄存器	缓冲区大小寄存器
AR2	ST2_55(2)=AR2LC	AR2H	BSA23	BK03
AR3	ST2_55(3)=AR3LC	AR3H	BSA23	BK03
AR4	ST2_55(4)=AR4LC	AR4H	BSA45	BK47
AR5	ST2_55(5)=AR5LC	AR5H	BSA45	BK47
AR6	ST2_55(6)=AR6LC	AR6H	BSA67	BK47
AR7	ST2_55(7)=AR7LC	AR7H	BSA67	BK47
CDP	ST2_55(8)=CDPLC	CDPH	BSAC	BKC

(1) 配置 AR0～AR7 和 CDP 进行循环寻址

使用 AR0～AR7 和 CDP 进行循环寻址时，要进行适当的配置。表 4-30 和表 4-31是 AR 寄存器和 CDP 寄存器的配置说明。

表 4-30　AR 寄存器线性/循环寻址配置位

ARnLC(n=0～7)	用　途
0	线性寻址
1	循环寻址

表 4-31　CDP 寄存器线性/循环寻址配置位

CDPLC	用　途
0	线性寻址
1	循环寻址

(2) 循环缓冲区的实现

在数据空间建立一个字循环缓冲区的具体操作步骤如下：

① 初始化相应的缓冲区大小寄存器(BK03、BK47 或 BKC)。例如 8 个字大小的缓冲区，装入 BK 寄存器为 8。

② 初始化 ST2_55 中相应的配置位，使能选定指针的循环寻址。

③ 初始化相应的扩展寄存器(XARn 或 XCDP)，选择一个主数据页。例如用 AR2 作一个循环指针，则装入 XAR2；如果用 CDP 作循环指针，则装入 XCDP。

④ 初始化对应的缓冲区首地址寄存器(BSA01、BSA23、BSA45、BSA67 或 BSAC)，主数据页 XAR(22～16)或 XCDP(22～16)和 BSA 寄存器合并形成缓冲区的 23 位首地址。

⑤ 装入选定的指针 ARn 或 CDP，大小从 0 至缓冲区长度减 1。例如用 AR2 作指针，缓冲区长度为 8，则 AR2 装入的值小于或等于 7。

初始化一个循环缓冲区并寻址的指令如下：

```
MOV   #3,BK03            ;循环缓冲区大小为 3 个字
BSET  AR1LC              ;使用 AR1 循环寻址
AMOV  #010000h,XAR1      ;循环缓冲区位于主数据页 01
MOV   #0000h,AR1         ;首地址偏移 0000h
MOV   *AR1+,AC0          ;AC0 = (0100000h),AR1 = 0001h
MOV   *AR1+,AC0          ;AC0 = (0100001h),AR1 = 0002h
MOV   *AR1+,AC0          ;AC0 = (0100002h),AR1 = 0000h
MOV   *AR1+,AC0          ;AC0 = (0100000h),AR1 = 0001h
```

4.5　TMS320C5000 的汇编伪指令

汇编语言程序除了操作性指令以外，还有一部分是汇编伪指令，这部分指令的功能是给程序提供数据并控制汇编过程。汇编伪指令可以完成以下的任务：

① 将代码和数据汇编进特定的段。

② 为未初始化的变量保留存储器空间。

③ 控制展开列表的形式。

④ 存储器初始化。

⑤ 汇编条件块。

⑥ 定义全局变量。

⑦ 指定汇编器可以获得宏的特定库。

⑧ 检查符号调试信息。

汇编伪指令由汇编器完成，服务于汇编器，不产生机器代码。

4.5.1　段定义伪指令

汇编语言程序在汇编和链接生成的目标文件和可执行文件中的各个部分以段的形式存在，汇编语言程序的各个部分由段定义伪指令划分在适当的段中。同一伪指令在汇编语言程序中可以多次出现。通常汇编语言程序由代码段、数据段和变量段构成。段是通过一种叠加的过程来建立的(由汇编器完成)。在规划存储器时，按照段被分配到程序空间还是数据空间，分为已初始化段和未初始化段。段定义的伪指令有 5 条：.bss 、.usect 、.data 、.text、.sect 。

.bss：为未初始化的变量保留空间。

.usect：在一个未初始化的有用户命名的段中为变量保留空间。

.data：通常包含了初始化的数据。

.text：该段包含了可执行的代码。

.sect：定义已初始化的带命名段，并将紧接着的代码或数据存入该段。

1. 未初始化段的段定义伪指令

未初始化段通常是在规划存储器时被分配到数据空间的段。这些段在目标文件

中并没有实际内容，只是保留一定数量的存储空间，程序运行时可以使用这些存储空间产生或保留变量。可以使用段定义伪指令.bss 和 .usect 来建立未初始化的数据空间。

用.bss 建立的段，其段名是.bss；用.usect 来建立的段，其段名是用户在该指令后面的引号里起的名字。汇编器会在相应的段保留所需的空间。句法格式如下：

.bss symbol,size in words [,blocking flag][, alignment flag]

symbol .usect "section name",size in words[,blocking flag][, alignment flag]

符号(symbol)是指向使用.bss 和.usect 伪指令所保留的第一个数据存储单元，并与所储存的变量相对应。别的段可以使用它，也可以使用符号定义伪指令.global 或.def 将其定义为全局符号。

模块标志(blocking flag)是可选择的参数。如果它的值大于0，则汇编器将连续保留同样大小的空间。

定位标志(alignment flag)是一个可选参数。如果它的值大于0，则这个段将从一个长字边界开始。

段名(section name)是用户为此段自己起的名字。

例如：

```
        .bss   to_flag,1
sinx: .usect  "sinx",  200
```

2. 已初始化段的段定义伪指令

已初始化段是指可执行的代码和已初始化的数据。链接时，这些段被安排在程序存储空间。句法格式如下：

```
.data [value]
.text [value]
.sect"section name" [,value]
```

[,value]是指段程序计数器的开始值，一般省略。

段名(section name)是用户为此段自己起的名字。

例如：

```
        .sect  "vector"
Reset   Bstart
```

3. 段程序计数器 SPC

汇编器处理段是按照叠加的过程来建立的。汇编时，每当遇到一个新的段定义伪指令，即将该指令后面的语句都汇编在该段中，直到遇到别的段定义伪指令。如果其后又遇到先前的段定义伪指令，则继续将指令后面的语句都汇编在先前的段中。

段程序计数器 SPC 是汇编器在汇编时，用来给各个相同段名的段计算长度的计数器，每一个不同的段都有一个段程序计数器 SPC。SPC 默认从 0 开始，汇编完成以后，各个段代码的长度都体现在各自的 SPC 中。

4.5.2 常数初始化伪指令

常用的伪指令有以下几种。

1. .bes、space

在当前段中保留确定数目的位，汇编时给保留的位填 0。

① .bes 使用标号时，标号指向保留位的第一个字。如果要保留一定数目的字，则在指令后面的数字用“数目 * 16”。

② .space 使用标号时，标号指向保留位的最后一个字。

2. .byte、.int、.word、.float、.xfloat、.string、.pstring、.pstring

① .byte：把一个或多个 8 bit 的值放入当前段中连续的字中，如：

.BYTE 0B8H,23H

② .int 和.word：把一个或多个 16 bit 数存放到当前段的连续字中 。

③ .float 和.xfloat：以 IEEE 格式表示的单精度(32 bit)浮点数存放在当前段的连续字中，高位先存。.float 能自动按域的边界排列。

④ .long 和.xlong：把 32 bit 数存放到当前段的连续字中。.long 能够自动按长字边界排列，.xlong 不能。

⑤ .string 和.pstring：把 8 bit 的字符从一个或多个字符串中传送到当前段中。.string类似于.byte。

⑥ .pstring 也是 8 bit 宽度，但它是把两个字符打包成一个字，如果字符串没有占满最后一个字，则将剩下的加填零。

当以上伪指令是.struct/.endstruct 序列的一部分时，它们不会对存储器进行初始化，只是定义各个成员的空间大小。

3. .field

.field 伪指令把一个数放入当前字的特定数目的位域中。使用.field 可以把多个域打包成一个字。汇编器不会增加 SPC(段程序计数器)的值直至填满一个字。每个字都从高位填起。如果当前字所剩位数不足以满足下一数的位宽，则重起一个字。

4.5.3 段程序计数器定位指令.align

段程序计数器定位指令.align，使段程序计数器 SPC 对准 1 字(16 bit)到 128 字的边界。操作数为 1 是使 SPC 对准字边界，为 2 是使 SPC 对准长字边界，为 128 是使对准页边界。省略操作数时表示使用默认值 128。

4.5.4 输出列表格式指令

. drlist/. drnolist 伪指令是将某些汇编指令加入/不加入列表文件。这些指令有：

. asg　. eavl　. length　. mnolist　. ver　. break　. fclist　. mlist
. sslist　. width　. emsg　. fcnolist　. mmsg　. ssnolist　. wmsg

. drnolist 伪指令是禁止上述指令加入列表文件，. drlist 伪指令是恢复上述指令加入列表文件。

在含有条件汇编的源代码中，包含没有产生代码的假条件块部分，fclist/. fcnolist 伪指令是允许/禁止假条件块出现在列表文件中。

- . length 伪指令用来控制列表文件的页长度。
- . list/. nolist 伪指令打开/关闭列表文件。
- . mlist/. mnolist 伪指令打开/关闭程序中宏扩展和循环块部分的源代码出现在列表文件中。
- . page 伪指令在输出列表中产生新的一页。
- . tab 伪指令定义制表键(Tab)的大小。
- . title 伪指令为汇编器提供一个打印在每一页顶部的标题。
- . width 伪指令控制列表文件的页宽度。
- . option 伪指令控制列表文件中的某些特性。

列表指令可以使用下面的操作数：

B：把 BYTE 指令的列表限制在一行。

L：把 LONG 指令的列表限制在一行。

M：在列表中关闭宏扩展。

R：复位 B、M、T 和 W 选项。

T：把 STRING 指令的列表限制在一行。

W：把 WORD 指令的列表限制在一行。

X：产生一个符号交叉参照列表。

4.5.5 引用其他文件和符号的伪指令

汇编器汇编时可以从其他文件读源语句，也可以引用其他文件模块的符号。

. copy/. include 伪指令告诉汇编器开始从其他文件中读源语句。从. copy 文件中读的语句会打印在列表中，从. include 文件中读的语句不会打印在列表中。

例如：

. include “tables. inc”

. copy “filename. asm”

- . def 伪指令定义一个在当前模块中定义的且能被其他模块使用的符号。

- . ref 伪指令确认一个在当前模块中使用但在其他模块中已经定义的符号。
- . global 伪指令可以代替. def 伪指令或. ref 伪指令。

. mlib 伪指令汇编器提供了一个包含宏定义的文档库名称。当汇编器遇到一个在当前库中没有定义的宏时，就在. mlib 确认的库中查找。

4.5.6 条件汇编指令

- . if/. elseif/. else/. endif 伪指令告诉汇编器按照表达式值的条件汇编一块代码。
- . loop/. break/. endloop 伪指令告诉汇编器按照表达式值的循环汇编一块代码。
- . loop 伪指令标注一块循环代码的开始。
- . break 伪指令告诉汇编当表达式为假时，继续循环汇编；当表达式为真时，立刻转到. endloop 后的代码。
- . endloop 伪指令标注一个可循环块的末尾。

4.5.7 汇编时的符号定义伪指令

这类伪指令使有意义的符号名与常数值或字符等相互等同。

- . asg 伪指令规定一个字符串与一个替代符号相等，替代符号可以重新定义。
- . eval 伪指令计算一个表达式的值并把结果传送到与一个替代符号等同的字符串中。
- . label 伪指令定义一个专门的符号以表示当前段内装入时的地址，而不是运行时的地址。
- . set/. equ 伪指令把一个常数值等效成一个符号存放在符号表中，且不能被清除。

  例如：

```
BVAL    .set    0100H
        .byte   BVAL,BVAL * 2,BYAL + 12
        B BVAL
```

- . set 和. equ 不产生目标代码；这两条指令是一样的，可交换使用。
- . struct/. endstruct 伪指令用来建立一个类似于 C 的结构定义。允许把信息组成一个结构，将相似的元素组织在一起。此指令不与存储器建立联系，只是创建一个能重复使用的符号模板。
- . tag 伪指令给类似于 C 的结构特性分配一个标号，从而简化了符号表示，也提供了结构嵌套的功能。此指令也不与存储器建立联系，在它被使用前必须定义结构名称。

  例如：

```
TYPE        .struct                    ;定义结构
X           .int
Y           .int
            .endstruct
T_LEN       .tag      TYPE
COORD       .tag      TYPE             ; COORD 为 TYPE 类型
            .add      COORD.Y,A
            .bss      COORD,T_LEN      ;实际存储器地址
```

4.5.8　其他汇编伪指令

- .algebraic 伪指令告诉汇编器输入文件是代数指令源代码。如果在汇编时没有使用-mg 汇编选项,则该指令必须出现在程序文件的第一行。
- .end 伪指令结束汇编。
- .mmregs 伪指令定义存储器映射寄存器的符号。
- .version 伪指令确定所用指令系统的 DSP 处理器名。
- .mmsg(.emsg/ .wmsg)伪指令把汇编信息(用户定义的错误/警告信息)发送到标准的输出设备中。

4.5.9　宏语言

在编译器支持下,宏语言能让用户创建自己的指令。在某程序多次执行一个特殊任务时相当有用。

宏语言的功能包括:

① 定义自己的宏和重新定义已存在的宏;

② 简化较长的或复杂的汇编代码;

③ 访问归档器创建的宏库;

④ 处理一个宏中的字符串;

⑤ 控制宏扩展列表。

宏的使用分 3 个过程,定义宏、调用宏和展开宏。调用宏之前要先定义宏,汇编中当源程序调用宏时汇编器会将宏展开。

1. 定义宏

其格式如下:

```
宏名  .macro[参数 1],[…],[参数 n]
          汇编语句或宏指令
      [.mexit]
      .endm
```

宏名相当于标号,汇编语句是每次调用宏时执行的汇编语言指令或汇编伪指令,

宏指令用来控制展开宏，[.mexit]的功能类似于 goto endm 语句，在编程中[.mexit]可有可无；.endm 结束宏定义。

定义宏时需注意：

① 定义的宏名如果与某条指令或以前的宏定义重名，则重名代替。

② 为了把注释包括在宏定义中，而又不会出现在宏展开中，可以在注释前加感叹号。

宏定义可以在源文件起始处或者在.include/.copy 文件中定义，也可以在宏库中定义。一个宏库是由归档器建立的，采用归档格式的文件集合。宏库的每一个文件都包含着一个与文件名相对应的宏定义。宏名和文件名必须是相同的，其扩展名为.asm。

注意：在宏库中的文件必须是未被编译过的源文件。可以使用.mlib 指令访问一个宏库。其语法如下：

.mlib 宏库文件名

2. 调用宏

定义了宏之后，就可以在源程序中通过把宏名用做操作指令来调用宏，称为宏调用。

其格式如下：

宏名　[参数1],[…],[参数n]

3. 扩展宏

当源程序调用宏时，编译器会将宏展开。汇编器通过变量把用户的参数传递给宏，用宏定义来代替宏调用语句以及对源代码进行汇编。在缺省状态下，宏展开会在列表文件中列出。可以使用.mnolist 指令关掉宏展开列表。

例如，三个数加法的宏定义、宏调用及宏展开如下：

```
                add3    .macro P1,P2,P3,ADDRP
                        LD    P1,A
                        ADD   P2,A
                        ADD   P3,A
                        STL   A,ADDRP
                        .endm
                        .global  abc, def, ghi, adr
                        add3  abc, def, ghi, adr
1 000000 1000!    LD abc, A
1 000001 0000!    ADD def, A
1 000002 0000!    ADD hgi, A
1 000003 8000!    STL A, adr
```

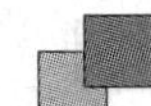

4.5.10 链接伪指令

链接器的主要作用是根据链接命令或链接命令文件(.cmd 文件)，将一个或多个 COFF 目标文件链接起来，生成存储器映射文件(.map 文件)和可执行的输出文件(.out 文件)。

链接器提供命令语言来控制存储器结构、输出段的定义以及将变量和符号地址建立联系。共有两个命令：

- MEMORY 伪指令定义和产生存储器模型来构成系统存储器。
- SECTIONS 伪指令确定输出各段放在存储器的什么位置。

1. MEMORY 指令

MEMORY 指令用来规定目标存储器模型，可以进行各式各样的存储器配置。

MEMORY 指令的一般句法如下：

```
MEMORY
{
PAGE 0:name 1[(attr)]: orign = constant, length = constant;
PAGE 1:name n[(attr)]: orign = constant, length = constant;
}
```

其中

PAGE：对一个存储空间加以标记。每一个 PAGE 代表一个完全独立的地址空间。页号 n 最多可规定 255，取决于目标存储器的配置。通常 PAGE 0 定为程序存储器，PAGE 1 及其他定为数据存储器。

如果没有规定 PAGE，则链接器就当作 PAGE 0。

Attr：是一个任选项，为命名区规定 1～4 个属性。如果有选项，则应写在括号内。当输出段定位到存储器时，可利用属性加以限制。属性选项一共有 4 项：

- R，规定可以对存储器执行的读操作。
- W，规定可以对存储器执行的写操作。
- X，规定存储器可以装入可执行的程序代码。
- I，规定可以对存储器进行初始化。

该项缺省则包含全部 4 项属性。

Name：对一个存储区间取名。不同 PAGE 上的存储器区间可以取相同的名字，但在同一 PAGE 内的名字不能相同，且不许重叠配置。

Origin：规定一个存储区的起始地址。

Length：规定一个存储区的长度。

Fill：任选项，不常用。为没有定为输出段的存储器空单元充填一个数。

例如：存储器规划为

程序存储器:4K 字 ROM,起始地址为 C00h,取名为 ROM;

数据存储器:30 字 RAM,起始地址为 60h, 取名为 SCRATCH;

512 字 RAM,起始地址为 80h, 取名为 ONCHIP,

则 MEMORY 命令内容为

```
MEMORY
{
  PAGE  0:  ROM:          origin = 0C00h, length = 1000h
  PAGE  1:  SCRATCH:      origin = 60h,   length = 1eh
            ONCHIP:       origin = 80h,   length = 200h
}
```

2. SECTIONS 指令

SECTIONS 指令的作用如下:

① 说明如何将输入段组合成输出段。

② 在可执行程序中定义输出段。

③ 规定输出段在存储器中的存放位置。

④ 允许重新命名输出段。

SECTIONS 命令的一般句法如下:

```
SECTIONS
{
    name:[property,property,property,………]
    name:[property,property,property,………]
    name:[property,property,property,………]
}
```

SECTIONS 命令内容的每一行是一个输出段的说明。

每一个输出段的说明都从段名开始,段名后面是一行说明段的内容和如何给段分配存储单元的性能参数。一个段可能的性能参数有以下几种:

① Load allocation 定义将输出段加载到存储器中的什么位置。

句法:load=allocation,可用大于号代替"="或者省掉"load="。

```
.text:   load = 0x1000        ;将输出段.text 定位到一个特定的地址
.text:   load>ROM             ;将输出段.text 定位到命名为 ROM 的存储区
.bss:   load>(RW)             ;将输出段.bss 定位到属性为 R、W 的存储区
.text:   align = 0x80         ;将输出段.text 定位到从地址 0x80 开始
.bss:   load = block(0x80)    ;将输出段.bss 定位到一个 n 字储存器块的任何一个位置
.text:   PAGE 0               ;将输出段 text 定位到 PAGE 0
```

如果要用一个以上参数,可以将它们排成一行。

例如:

```
.text: >ROM align 16 PAGE 2
.text: load = (ROM align (16) PAGE(2))
```

② Run allocation 定义输出段在存储器的什么位置上开始运行。

句法：run＝allocation，或者用大于号代替等号：run＞allocation。

通常加载地址和执行程序地址是相同的，也可以根据需要把程序加载区和运行区分开安排，先将程序加载到 ROM，然后在 RAM 中以较快的速度运行。可以用 SECTIONS 命令让链接器对这个段定位两次来实现，一次是设置加载地址，另一次是设置运行地址。

例如：

```
fir:     load = ROM,run = RAM
```

③ Input sections 定义由哪些输入段组成输出段。

句法：{input _setions}

大多数情况下，在 SECTIONS 命令中是不列出每个输入文件的输入段的段名的：

```
SECTIONS
{
   .text:{ *(.text)}
   .data:{ *(.data)}
   .bss:  { *(.bss)}
}
```

链接时，链接器就将所有输入文件的.text 段链接成.text 输出段（其他段也一样）。

也可以用明确的文件名和段名来规定输入段：

```
SECTIONS
{
  text:                        /* 创建 .text 输出段 */
  {
    f1.obj(.text)              /* 链接来自 f1.obj 的.text 段 */
    f2.obj(sec1)               /* 链接来自 f2.obj 的 sec1 段 */
    f3.obj                     /* 链接来自 f3.obj 的所有段 */
    f4.obj(.text,sec2)         /* 链接来自 f4.obj 的.text 段和 sec2 段 */
  }
}
```

④ Section.type 为输出段定义特殊形式的标记。

句法：type＝COPY，或者 type＝DSECT，或者 type＝NOLOAD。

⑤ Fill value：对未初始化空单元定义一个数值。

句法：fill＝value，或者 name ：……{……}＝value。

3. 缺省算法

如果没有 MEMORY 和 SECTIONS 命令，则链接器按照默认算法定位输出段。默认的 MEMORY 和 SECTIONS 命令算法如下：

```
MEMORY
{
          PAGE0:  PROG:   orign = 0x0080, length = 0xFF00;
          PAGE1:  DATA:   orign = 0x0080, length =  0xFF80 ;

}
SECTIONS
{
          .text:          PAGE = 0
          .data :         PAGE = 0
          ycshh:          PAGE = 0
          .bss:           PAGE = 1
          wcshh:          PAGE = 1
}
```

默认算法将所有的.text 输入段链接成一个.text 输出段，即可执行的输出文件；所有的.data 输入段组合成.data 输出段。将.text 和.data 段定位到配置为 PAGE 0 上的存储器，即程序存储空间。

所有的.bss 输入段则组合成一个.bss 输出段，并由链接器定位到配置为 PAGE 1上的存储器，即数据存储空间。

如果输入文件中包含自定义已初始化段（如上面的 ycshh 段），则链接器将它们定位到程序存储器，紧随.data 段后。

如果输入文件中包含自定义未初始段，则链接器将它们定位到数据存储器，并紧随.bss 段之后。

4.6　汇编链接和链接命令文件

由于 DSP 应用系统的实时性要求较强，对硬件中断的响应要求快，因此通常 DSP 应用系统的程序结构由主程序和中断服务程序组成，主程序包括 DSP 初始化部分和主循环部分。初始化部分完成 DSP 软件和硬件的初始化设置，使能相关 DSP 中断，启动系统硬件工作。初始化完成之后进入主循环部分。主循环完成数据的输入、运算处理和输出等工作。主循环部分由若干条件判断和处理模块组成，当满足一定条件时，运行相应的处理模块，否则进行下一条件的判断。中断服务程序设置事件的状态标志，用该事件的状态标志确定主程序中相应模块的运行。

DSP 应用系统程序的基本结构如下：

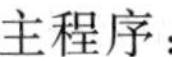

主程序：

　　DSP 初始化

主循环开始：

　　处理模块 1

　　处理模块 2

　　　……

　　处理模块 m

主循环尾

中断服务程序 1；

中断服务程序 2；

　　……

中断服务程序 n；

在一个应用程序项目中，开发者通常应编写 3 个文件：

① 主程序文件(.asm)。这个文件中包含一个程序入口点，包含完成任务算法在内的主程序和中断服务程序。

② 链接命令文件(.cmd)。该文件包含了 DSP 存储空间的规划、代码段、数据段和变量段在存储空间中的安排。

③ 中断向量文件(.asm)。该文件包含中断服务入口列表。该文件内容也可以与主程序文件合并为一个文件。

一个应用程序项目的开发过程通常的步骤是：

① 编写主程序文件(.asm)和中断向量文件(.asm)。

② 汇编、检查和纠正句法格式错误，生成目标文件(.obj)。

③ 根据硬件存储器的安排，规划主程序文件(.asm)和中断向量文件(.asm)中各个段在存储器中的位置，编写链接命令文件(.cmd)。

④ 链接。用.cmd 文件链接.obj 文件生成可执行文件(.out)和映像文件(.map)。

⑤ 调试。.out 文件是可运行文件，运行.out 文件，结合任务对程序进行调试检验。

4.6.1　通用目标文件(COFF)的基本单元——段

TMS320C5000 DSP 汇编源程序经汇编和链接后创建目标文件，这种目标文件的格式是通用目标文件(COFF，Common Object File Format)格式。通用目标文件格式将程序模块划分为若干段，每段由代码或数据组成。采用通用目标文件格式有助于模块化编程，汇编器和链接器都支持用户创建多个代码段、数据段和变量段。用户对程序的结构可以从段的角度考虑，有助于用户灵活编程。

汇编语言程序在汇编和链接生成的目标文件和可执行文件中的各个部分以段的形式存在，汇编语言程序的各个部分由段定义伪指令划分在适当的段中。在规划存储器时，按照段被分配到程序空间还是数据空间，分为已初始化段和未初始化段。已初始化段包括可执行代码段(. text 段)、初始化数据段(. data 段)和用户用. sect 定义的段。未初始化段包括变量段(. bss 段)和用户用. usect 定义的段。

段(section)是 COFF 文件的基本单元。一个段是一个占据存储器连续地址的代码或者数据块，COFF 目标文件的每个段都是分开和不同的，COFF 目标文件通常包括 3 个默认段，即. text 段、. data 段和. bss 段。

一些汇编伪指令可将代码和数据的各个部分与相应的段相联系，图 4－3 表示目标文件中的段与目标存储器的关系。

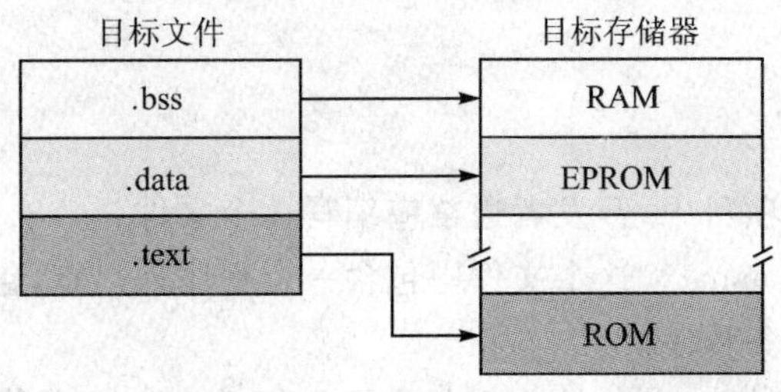

图 4－3　目标文件中的段与目标存储器的关系

4.6.2　汇编器对段的处理

汇编器通过段伪指令自动识别各个段，并将段名相同的语句汇编在一起。汇编器有 5 条伪指令可以识别汇编语言程序的各个不同段：

- . text、. data、. sect，创建初始化段；
- . bss 和. usect，创建未初始化段。

其中，sect 与. usect 创建自定义段和子段。

1. 未初始化段

未初始化段占用处理器存储空间，常常分配到 RAM。未初始化段在目标文件中没有实际内容，仅仅用于保留存储空间，当程序在运行时，用这些空间来创建和存储变量。汇编伪指令. bss 和. usect 用来创建未初始化的数据区域。

每次使用. bss 指令，汇编器就在对应的段开辟更多的该指令指定数量的存储空间；同样，每次使用. usect 指令，汇编器就在指定的自定义段开辟更多的该指令指定数量的存储空间。

. bss 和. usect 指令不结束当前段的汇编去开始一个新的段，它们仅仅让汇编器暂时退出当前段的编辑。

. bss 和. usect 指令可以出现在一个初始化段的任何地方而不会影响该段的内容。

2. 已初始化段

已初始化段包含可执行代码或者初始化数据，当程序被装载时，它们就被放到处理器存储空间中。每个初始化段独立分配空间，可以引用在其他段定义的标识(symbol)，链接器自动处理这些段间引用。

定义初始化段的指令有 3 个：

- . text [value]；
- . data [value]；
- . sect "section name"[,value]。

value 表示段指针(SPC)的开始值，只可以指定一次，必须在段第一次出现时指定。默认 SPC 从 0 开始。当汇编器遇到其中一个指令时，就停止当前段的汇编(就好像一个当前段结束命令)，而将后面的代码汇编到另外指定的段，直到遇到另一个. text、. data 或者. sect 指令。

3. 用户自定义段

在段定义伪指令中，. usect 和. sect 是用户创建自定义段伪指令：

- . usect 创建像. bss 段那样的段，这些段为变量在 RAM 开辟存储空间。
- . sect 创建像. text 和. data 段那样包含代码和数据的段，可以创建可重分配地址的自定义段，通常安排在程序空间。

用户可以创建多达 32 767 个自定义段，段名可以多至 200 个字符。每次使用这两个指令可以用不同的 section name 来创建不同段名的段。如果用一个已经使用的 section name，那么汇编器将代码或数据都汇编到相同段名的同一个段。

4. 子　段

子段是更大的段中的较小的段，链接器可以像段一样操作它。子段让用户可以更好地控制存储器的映射。可以使用. sect 或者. usect 指令来创建子段，格式如下：

section name：subsection name

同一个段中的子段可以独自分配地址，也可以一起分配存储空间。

在段. text 中创建一个_func 子段如下：

. sect "text：_func"

用户可以为其单独分配地址，也可以和. text 段的其他部分一起分配地址。

5. 段指针

汇编器为每个段分配一个程序指针，这些程序指针称为段指针(SPCs)。一个 SPC 指向一个段的当前地址。初始时，汇编器设置每个 SPC 为 0。当汇编器在段中填充代码和数据时，SPC 跟着增加。如果重新开始汇编一个段，则汇编器会记得该段 SPC 原来的值，并增加一个新的 SPC 指向新的段。

4.6.3　链接器对段的处理

链接器依照链接命令文件将一个或多个 COFF 目标文件(.obj)中的各种段作为链接器的输入段,在一个可执行的 COFF 模块(.out)中建立各个输出段;为各个输出段选定存储器地址。

链接器有 2 条伪指令支持上述任务,通常放在链接器命令文件(.cmd)中执行,MEMORY 和 SECTIONS 是链接命令文件的主要内容。

如果在链接时不使用 MEMORY 和 SECTIONS 指令,则链接器使用目的处理器的默认分配算法。图 4-4 是两个文件的链接过程。

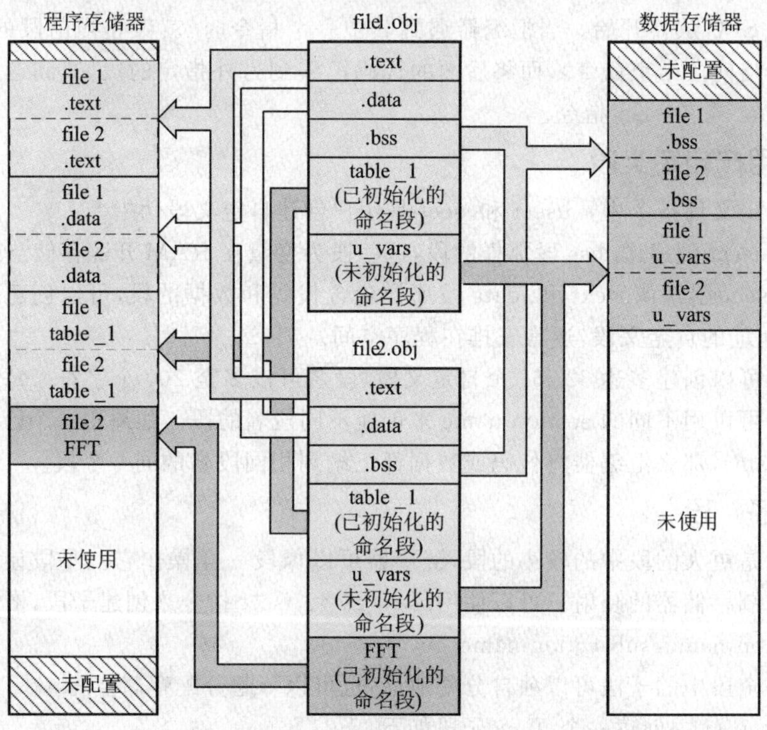

图 4-4　两个文件的链接过程

4.6.4　链接器对程序的重新定位

1. 地址重新定位

汇编器对每个段汇编时都是从 0 地址开始,所有需要重新定位的符号(标号)在段内都是相对于 0 地址的。事实上所有段都不可能从存储器中 0 地址单元开始,因此链接器必须对各个段进行重新定位。

重新定位的方法是:将各个段配置到存储器中,使每个段都有一个合适的起始地

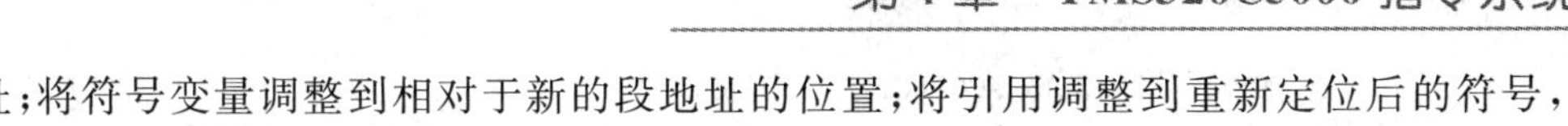

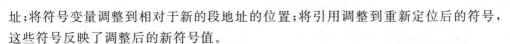

址；将符号变量调整到相对于新的段地址的位置；将引用调整到重新定位后的符号，这些符号反映了调整后的新符号值。

下面是程序重新定位说明。

```
                  .ref X                ; X在其他文件中已定义
                  .ref Z                ; Z在其他文件中已定义
        000000    .text
        000000 4A04  B Y
        000002 6A00  B Z                ; 产生重新定位入口地址
        000004 0000!
        000006 7600  MOV #X,AC0         ; 产生重新定位入口地址
        000008 0008!
        00000a 9400  Y: reset
```

符号Y与PC有关，不需要重新定位；符号Z也与PC有关，但需要重新定位，因为它定义在另一个文件中。

汇编代码时，X和Z的值为0(汇编器假设所有未定义的外部符号都为0)。汇编器为X和Z产生重新定位入口地址。对X和Z的引用都是外部引用(在列表中由符号“!”表示)。

2. 运行地址重新定位

在实际运行中，有时需要将代码装入存储器的一个区域，而在另一个区域运行。如：一些关键的执行代码必须装在系统的ROM中，但运行时希望在较快的RAM中进行。利用SECTIONS伪指令选项可让链接器对其定位2次。方法是：使用load关键字设置装入地址，使用run关键字设置它的运行地址。

4.6.5 COFF文件中的符号

COFF文件中有一个符号表，主要用来存储程序中有关符号的信息。链接器在执行程序定位时，要使用符号表提供的信息，而调试工具也要使用该表来提供符号调试。

1. 外部符号

外部符号是在一个模块中定义而在另一个模块中引用的符号，可以用伪指令.def、.ref或.global来定义或引用。

.def：定义符号。用来定义在当前模块中定义且可在别的模块中引用的符号。

.ref：引用符号。在当前模块中引用且在别的模块中定义的符号。

.global：定义全局符号。可以是上面的任何一种情况。

下面是外部符号的使用：

在一个模块中

```
        .def        y              ; 定义外部符号y
```

```
x: ADD      #86,AC0,AC1     ; 定义 x
```

在另一个模块中

```
    .ref    y               ; 引用外部符号,y在其他文件中已定义
    B       y               ; 引用 y
```

2. 符号表

每当遇到一个外部符号时,无论是定义的还是引用的,汇编器都将在符号表中产生一个条目;汇编器还产生一个指到每段的专门符号,链接器使用这些符号将其他引用符号重新定位。

4.6.6 链接命令文件

在编写源程序时,除了编写完成任务的源程序.asm文件,还需要编写一个链接命令文件。链接命令文件是将链接的信息放在一个文件中,这在多次使用同样的链接信息时,可以方便地调用。在链接命令文件中可用MEMORY和SECTIONS两个命令,来指定实际应用中的存储器结构并进行地址的映射。

链接命令文件为ASCII文件,可包含以下内容:

① 输入文件名:要链接的目标文件和库文件。

② 链接器选项:选择链接器的操作。

③ MEMORY和SECTIONS链接命令:MEMORY命令定义目标存储器的配置,SECTIONS命令规定各个段放在存储器的位置。

④ 赋值说明:用于给全局符号定义和赋值。

表4-32列出的是链接器选项。所有选项前面必须加一短线"-"。除-l和-i选项外,其他选项的先后顺序并不重要。选项之间可以用空格分开。最常用的选项为-m和-o,分别表示输出的地址分配表映像文件名和输出可执行文件名。

表4-32 链接器选项

选项	含义
-a	生成一个绝对地址的、可执行的输出模块。如果既不用-a选项,也不用-r选项,则链接器就像规定-a选项那样处理
-ar	生成一个可重新定位、可执行的目标模块。这里采用了-a和-r两个选项(可以分开写成-a-r,也可以连在一起写作-ar)。与-a选项相比,-ar选项还在输出文件中保留重新定位信息
-c	使用TMS320C55x C/C++编译器的ROM自动初始化模型所定义的链接约定
-cr	使用TMS320C55x C/C++编译器的RAM自动初始化模型所定义的链接约定
-e global_symbol	定义一个全局符号,该符号指定输出模块的入口地址
-f fill_vale	对输出模块各段之间的空单元设置一个16位数值(fill_value),如果不用-f选项,则这些空单元都置0

续表 4-32

选　项	含　义
-h	使所有全局符号均为静态的
-help 或?	显示链接器所有命令行选项列表
-heap size	设置存储器 heap 块的大小(用于 C/C++程序中动态存储器分配),缺省值为 2 000字节
-i dir	更改搜索文档库算法,先到 dir(目录)中搜索。此选项必须出现在-l 选项之前
-l filename	命名一个文档库文件作为链接器的输入文件,filename 为文档库的某个文件名。此选项必须出现在-i 选项之后
-m filename	生成一个. map 映像文件,filename 是映像文件的文件名。. map 文件中说明存储器配置、输入、输出段布局以及外部符号重定位之后的地址等
-o filename	对可执行输出模块命名。如果默认,则此文件名为 a. out
-r	生成一个可重新定位的输出模块。当利用-r 选项且不用-a 选项时,链接器生成一个不可执行的文件
-stack size	设置主堆栈大小,缺省值为 1 000 字节
-sysstack size	设置次级堆栈大小,缺省值为 1 000 字节

下面用实例说明链接命令文件的编写,编写对应文件 chengleijia. asm 和 vectors. asm 的链接命令文件 chengleijia. cmd。

源文件 1:chengleijia. asm:

```
* * * * * * * * * * * * * * * * * * * * * * * * * * * * * * * *
* chengleijia.asm      y = a1 * x1 + a2 * x2 + a3 * x3 + a4 * x4  +  a5 * x5
* * * * * * * * * * * * * * * * * * * * * * * * * * * * * * * *
      .title "chengleijia.asm"      ;定义源程序名称
      .mmregs                       ;定义存储器映像寄存器
stack .usect "STACK",10h            ;设置堆栈空间
      .bss   a,5                    ;为变量 a 保留 5 个单元
      .bss   x,5                    ;为变量 x 保留 5 个单元
      .bss   y,1                    ;为变量 y 保留 1 个单元
      .def   start                  ;定义外部可引用的符号 start
      .data                         ;其后为已初始化数据段
table:.word  1,2,3,4 ,5             ;5 个字常数 a1,a2,a3,a4, a5
      .word  10,9,8,7,6             ;x1,x2,x3,x4,x5
      .text                         ;其后为代码段.text
start:STM   #0,SWWSR                ;设置等待状态寄存器值
      STM   #STACK + 10h,SP         ;设置堆栈指针
      STM   #a,AR1                  ;AR1 指向 a1
      RPT    #9                     ;移动 10 个数据
      MVPD  table, * AR1 +          ;从程序存储器到数据存储器移动数据
      CALL  SUM                     ;调用 SUM 子程序
deng: NOP
      B     deng                    ;循环等待
```

```
SUM:  STM   #a,AR2                  ;计算乘累加.AR2 指向 a1
      STM   #x,AR3                  ;AR3 指向 x1
      RPTZ A,#4                     ;作 5 次乘累加运算
      MAC   *AR2+,*AR3+,A           ;A = (AR2)*(AR3) + A,AR2 = AR2 + 1,AR3 = AR3 + 1
      STL   A,*AR3                  ;y = A(bit15~bit0)
      RET
      .end                          ;汇编源程序结束
```

源文件 2：复位向量文件 vectors.asm：

```
*********************************
*  Reset vector for chengleijia.asm
*********************************
      .title "vectors.asm"          ;文件名说明
      .refstart                     ;引用外部符号说明
      .sect"vectors"                ;定义名称为 vectors 段
rst:  B   start                     ;跳转至 start
      .end                          ;汇编源程序结束
```


假设目标存储器的配置如下：

程序存储器:EPROM　E000h～FFFFh(片外)。

数据存储器:SARAM　0060h～007Fh(片内)；

DARAM　0080h～03FFh(片内)。

两个源文件共有 5 个段:.text、.data、.bss、STACK 、vectors。将已初始化段.text、.data 安排到程序空间 EPROM 的 E000h 起始区域，vectors 段安排到程序空间 EPROM 的中断向量表的 FF80H 起始区域。将未初始化段.bss 安排到数据空间 0060h 起始区域，STACK 段安排到数据空间 0080h 起始区域。

链接命令文件　chengleijia.cmd：

```
chengleijia.obj
vectors.obj
-o chengleijia.out
-m chengleijia.map
-e start
MEMORY
{
     PAGE 0:
                    A1:        org = 0E000H, len = 100H
                    VECS:      org = 0FF80H, len = 04H
     PAGE 1:
                    B1:        org = 0060H,  len = 20H
                    B2:        org = 0080H,  len = 100H
}
```

```
SECTIONS
{
                .text       :> A1       PAGE 0
                .data       :>A1        PAGE 0
                .bss        :>B1        PAGE 1
                STACK       :>B2        PAGE 1
                vectors     :>VECS      PAGE 0
```

链接即可后生成一个可执行的输出文件 chengleijia.out 和映像文件 chengleijia.map。映像文件中给出了存储器的配置情况、程序文本段、数据段、堆栈段、向量段在存储器中的定位表，以及全局符号在存储器中的位置。

可执行输出文件 chengleijia.out 装入目标系统后就可以运行了。系统复位后，PC 首先指向 00FF80h，这是复位向量地址。在这个地址上，有一条 B start 指令，程序马上跳转到 start 语句标号，从程序起始地址 0e000h 开始执行主程序。

习　题

4.1 汇编语言指令的格式是什么样的？写出其格式及要求。

4.2 列出 C54x 的寻址方式。

4.3 举例说明访问数据空间存储器的寻址方法。

4.4 举例说明访问程序空间存储器的寻址方法。

4.5 举例说明访问 I/O 端口的寻址方法。

4.6 举例说明寄存器的寻址方法。

4.7 说明 CPL 控制位在直接寻址方式的作用。

4.8 说明采用基于数据存储器页的直接寻址方式的寻址地址构成。

4.9 说明采用基于堆栈指针的直接寻址方式的寻址地址构成。

4.10 位倒序寻址和循环寻址的特点及作用是什么？

4.11 使用循环寻址的数据缓冲区有哪些要求？

4.12 常数初始化伪指令的作用是什么？

4.13 符号定义伪指令有哪些？它们的作用是什么？

4.14 段定义伪指令有哪些？它们的句法格式是怎样的？

4.15 已初始化段的含义是什么？可以使用哪些伪指令定义已初始化段？

4.16 未初始化段的含义是什么？可以使用哪些伪指令定义未初始化段？

4.17 在链接命令文件中，MEMORY 和 SECTIONS 的作用是什么？SECTIONS 中的段与 MEMORY 中的存储区域的对应关系是怎样的？

4.18 在链接命令文件中，需要将段安排到存储器空间。已初始化段和未初始化段与程序存储器空间、数据存储器空间的联系是怎样的？

第 5 章

程序设计及在片外设应用

本章以 TMS320C54x 为例，讲述汇编语言程序设计、C 语言编程、混合编程、在片外设的初始化设置以及定时器的应用。

5.1 TMS320C54x 汇编语言程序设计

5.1.1 程序流程控制

TMS320C54x 的程序流程控制有丰富的指令。利用这些指令可以完成条件操作、分支转移、子程序操作、重复操作和循环操作等。

1. 条件操作

条件操作包括条件转移、条件调用、条件返回指令。这些指令都用条件来限制分支转移、调用和返回操作。表 5-1 是条件指令中的各种条件，表 5-2 是多条件指令中的条件组合。

表 5-1 条件指令中的各种条件

条 件	说 明	操作符
A=0	累加器 A 等于 0	AEQ
B=0	累加器 B 等于 0	BEQ
A≠0	累加器 A 不等于 0	ANEQ
B≠0	累加器 B 不等于 0	BNEQ
A<0	累加器 A 小于 0	ALT
B<0	累加器 B 小于 0	BLT
A≤0	累加器 A 小于或等于 0	ALEQ
B≤0	累加器 B 小于或等于 0	BLEQ
A>0	累加器 A 大于 0	AGT
B>0	累加器 B 大于 0	BGT

续表 5-1

条　件	说　明	操作符
C=1	ALU 进位位置 1	C
C=0	ALU 进位位清 0	NC
TC=1	测试控制标志置 1	TC
TC=0	测试控制标志清 0	NTC
$\overline{\text{BIO}}$低	$\overline{\text{BIO}}$信号为低电平	BIO
$\overline{\text{BIO}}$高	$\overline{\text{BIO}}$信号为高电平	NBIO
无	无条件操作	UNC

表 5-2　多条件指令中的条件组合

第一组		第二组		
A　类	B　类	A　类	B　类	C　类
EQ	OV	TC	C	BIO
NEQ	NOV	NTC	NC	NBIO
LT				
LEQ				
GT				
GEQ				

条件运算符分成两组，每组分成 2 类或 3 类。使用条件运算符要注意以下 3 点：

① 第一组，组内两类条件可以“与/或”，但组内同一类中两个条件运算符不能“与/或”。当选择两个条件时，累加器必须是同一个。

② 第二组，可以从组内 3 类运算符中个选一个条件算符“与/或”，但不能在组内同一类中选两个条件算符“与/或”。

③ 组与组之间的条件只能“或”。

2. 分支转移

分支转移包括无条件分支转移指令（见表 5-3）、条件分支转移指令（见表 5-4）和远分支转移指令（见表 5-5）。

表 5-3　无条件分支转移指令

指　令	说　明	周期数（非延迟/延迟）
B[D]	用指令中给出的地址加载 PC	4/2
BACC[D]	用指定累加器（A 或 B）的低 16 位作为地址加载 PC	6/4

表 5-4 条件分支转移指令

指 令	说 明	周期数(条件满足/不满足)	
		非延迟	延 迟
BC[D]	如果指令中的条件满足,就用指令中给出的地址加载 PC	5/3	3/3
BANZ[D]	如果所选择的辅助寄存器不等于 0,就用指令中给出的地址加载 PC(用于循环)	4/2	2/2

表 5-5 远分支转移指令

指 令	说 明	周期数(非延迟/延迟)
FB[D]	可以转移到由指令所给定的 23 位地址(C5402 为 20 位地址)	4/2
FBACC[D]	可以转移到指定累加器所给定的 23 位地址(C5402 为 20 位地址)	6/4

3. 调用与返回

调用与返回包括无条件调用与返回指令(见表 5-6)、条件调用与返回指令(见表 5-7)以及远调用和远返回指令(见表 5-8)。

表 5-6 无条件调用与返回指令

指 令	说 明	周期数(非延迟/延迟)
CALL[D]	将返回地址压入堆栈,用指令中给出的地址加载 PC	4/2
CALA[D]	将返回地址压入堆栈,用指定累加器的低 16 位加载 PC	6/4
RET[D]	将栈顶的返回地址弹出堆栈装入 PC	5/3
RETE[D]	将栈顶的返回地址弹出堆栈装入 PC,并开放中断	5/3
RETF[D]	将 RTN 寄存器中的值装入 PC,并开放中断(这是一种快速返回,可以减少执行中断所用的时钟数,这对于较短的、频繁的中断很重要。注意:RTN 寄存器是一个不能读/写的 CPU 内部寄存器)	3/1

表 5-7 条件调用与返回指令

指 令	说 明	周期数(条件满足/不满足)	
		非延迟	延迟
CC[D](条件调用指令)	当指令中规定的条件满足时,将返回地址压入堆栈,用指令中给出的地址加载 PC	5/3	3/3
RC[D](条件返回指令)	当指令中规定的条件满足时,将栈顶的返回地址弹出堆栈并装入 PC	5/3	3/3

表 5-8 远调用和远返回指令

指 令	说 明	周期数(非延迟/延迟)
FCALL[D]	将 XPC 和 PC 的值压入堆栈,然后转移到由指令所给定的 23 位地址(C5402 为 20 位地址)	4/2
FCALA[D]	将 XPC 和 PC 值压入堆栈,然后转移到指定累加器给定的 23 位地址(C5402 为 20 位地址)	6/4
FRET[D]	先从堆栈中弹出数据装入 XPC,再从堆栈中弹出数据装入 PC,使得程序从原来的调用点处继续执行	6/4
FRETE[D]	先从堆栈中弹出数据装入 XPC,再从堆栈中弹出数据装入 PC,并开放中断	6/4

4. 重复操作

(1) 单条指令的重复操作

单条指令的重复操作有 RPT(重复执行下一条指令)和 RPTZ(累加器清 0 后重复执行下一条指令),该指令可重复执行其后的一条指令,重复的次数是指令操作数加 1,这个值保存在 16 位的重复计数寄存器(RC)中,这个值只能由重复指令(RPT 或 RPTZ)加载,而不能编程设置 RC 寄存器中的值,一次给定指令重复执行的最大次数是 65 536。

(2) 块重复操作指令

块重复指令 RPTB 用于将一个程序块重复执行 $N+1$ 次,N 是装入块重复计数器(BRC)的值。一个码块可以有一条或多条指令。单条重复指令执行时关闭所有可屏蔽中断,而块重复操作执行期间可以响应中断。

5. 堆栈的使用

堆栈被用于保存中断程序、调用子程序的返回地址,也用于保护和恢复用户指定的寄存器和数据,还可用于程序调用时的参数传递。返回地址是由 DSP 自动保存的。

用户编写的压栈指令和出栈指令将指定的内容压入和弹出堆栈,SP 总是指向最后压入堆栈的数据,压栈之前 SP 减 1,出栈之后 SP 加 1。

C54x 支持软件堆栈,在用户指定的存储区开辟一块区域作为堆栈存储器。堆栈的定义及初始化步骤如下:

① 声明具有适当长度的未初始化段;

② 将堆栈指针指向栈底;

③ 在链接命令文件(.cmd)中将堆栈段放入内部数据存储区。

5.1.2 数据块传送

C54x 有 10 条数据传送指令,分别如下:

数据存储器与数据存储器之间的数据传送指令:

MVDK Smem,dmad

MVKD dmad,Smem

MVDD Xmem,Ymem

数据存储器与 MMR 之间的数据传送指令:

MVDM dmad,MMR

MVMD MMR,dmad

MVMM mmr,mmr

程序存储器与数据存储器之间的数据传送指令:

MVPD Pmad,Smem

MVDP Smem,Pmad

READA Smem

WRITA Smem

5.1.3 定点数的基本算术运算

1. 定点 DSP 中数据表示方法

定点 DSP 芯片的数值表示是基于 2 的补码表示形式。数的定标有 Q 表示法和 S 表示法,表 5-9 列出了 16 位数的 16 种 Q 表示和 S 表示,以及它们所能表示的十进制数范围。16 位中由一个符号位、Q 个小数位和 15－Q 个整数位来表示一个数。

因为 C54x 的存储器数据宽度是 16 位,所以,DSP 定点运算中有符号小数的表示－1～1 的对应数值是 8000h～7FFFh,如图 5-1 所示。

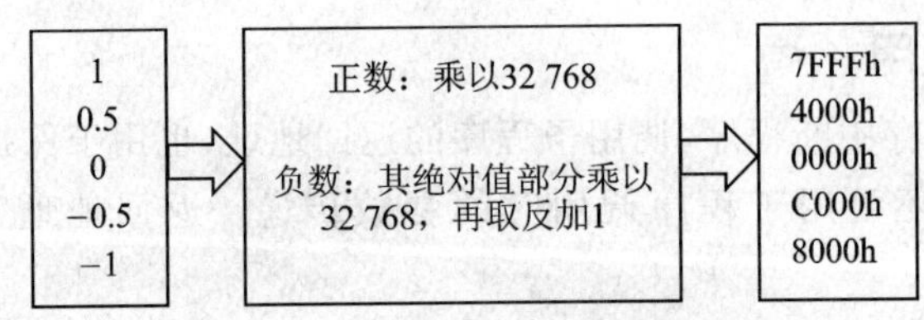

图 5-1 有符号小数的表示

表 5-9 Q 表示和 S 表示的数值范围

Q 表示	S 表示	十进制数表示范围
Q15	S0.15	－1≤x≤0.999 969 5
Q14	S1.14	－2≤x≤1.999 939 0
Q13	S2.13	－4≤x≤3.999 877 9
Q12	S3.12	－8≤x≤7.999 755 9
Q11	S4.11	－16≤x≤15.999 511 7
Q10	S5.10	－32≤x≤31.999 023 4

续表 5-9

Q 表示	S 表示	十进制数表示范围
Q9	S6.9	−64≤x≤63.998 046 9
Q8	S7.8	−128≤x≤127.996 093 8
Q7	S8.7	−256≤x≤255.992 187 5
Q6	S9.6	−512≤x≤511.984 375
Q5	S10.5	−1 024≤x≤1 023.968 75
Q4	S11.4	−2 048≤x≤2 047.937 5
Q3	S12.3	−4 096≤x≤4 095.875
Q2	S13.2	−8 192≤x≤8 191.75
Q1	S14.1	−16 384≤x≤16 383.5
Q0	S15.0	−32 768≤x≤32 767

2. 加法、减法和乘法运算

C54x 中提供了多条用于加法的指令，如 ADD、ADDC、ADDM 和 ADDS。其中，ADDS 用于无符号数的加法运算，ADDC 用于带进位的加法运算，而 ADDM 专用于立即数的加法。

C54x 中提供了多条用于减法的指令，如 SUB、SUBB、SUBC 和 SUBS。其中，SUBS 用于无符号数的减法运算，SUBB 用于带进位的减法运算，而 SUBC 为条件减法指令。

3. 16 位定点整数乘法

C54x 中提供了大量的乘法运算指令，其结果都是 32 位，放在累加器 A 或 B 中。乘数在 C54x 的乘法指令中很灵活，可以是 T 寄存器、立即数、存储单元和累加器 A 或 B 的高 16 位。在 C54x 中，一般对数据的处理都当做有符号数；如果是无符号数相乘，则使用 MPYU 指令。这是一条专门用于无符号数乘法运算的指令，其他指令都是有符号数的乘法。

4. Q15 定点小数乘法运算

两个 16 位整数相乘，乘积总是“向左增长”，这就意味着多次相乘后乘积将会很快超出定点器件的数据范围，而且要将 32 位乘积保存到数据存储器，就要耗费两个机器周期以及两个字的程序和 RAM 单元。然而，两个 Q15 的小数相乘，乘积总是“向右增长”，这就意味着超出定点器件数据范围的将是不太感兴趣的部分。

5. 混合表示法

有些情况下，运算过程中为了既满足数值的动态范围又保证一定的精度，必须采用 Q0 与 Q15 之间的表示方法。

在做加、减运算时，如果两个操作数的定标不一样，在运算前要进行小数点的调

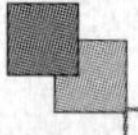

整，为保证运算精度，需要将 Q 值小的数调整为与另一个数的 Q 值一样大。

5.1.4　长字运算和并行运算

1. 长字运算

C54x 可以利用 32 位数的长操作数进行长字运算。长字指令有：

```
DLD        Lmem,dst          ;dst = Lmem
DST        src,Lmem          ;Lmem = src
DADD       Lmem , src[,dst]  ;dst = src + Lmem
DSUB       Lmem , src[,dst]  ;dst = src - Lmem
DRSUB      Lmem , src[,dst]  ;dst = Lmem - src
```

在长字指令中，指令给出的地址总是高 16 位操作数。因此有两种数据存放排列方法。

(1) 偶地址排列法

指令中给出的地址为偶地址，存储器中低地址存放高 16 位操作数，比如：(0100H)＝ABCDH(高字)，(0101H)＝A5A6H(低字)。

(2) 奇地址排列法

指令中给出的地址为奇地址，存储器中低地址存放低 16 位操作数，比如：(0100H)＝ A5A6H (低字)，(0101H)＝ ABCDH(高字)。

2. 并行运算

并行运算，就是同时利用 D 总线和 E 总线。其中，D 总线用来执行加载或算术运算，E 总线用来存放先前的结果。在不引起硬件资源冲突的情况下，C54x 允许某些指令并行执行(即同时执行)，以提高执行速度。

并行指令有并行加载——存储指令、并行加载——乘法指令、并行存储——乘法指令，以及并行存储——加/减法指令，所有并行指令都是单字单周期指令。这些指令都工作在累加器的高 16 位，且大多数并行运算指令都受 ASM(累加器移位方式)位的影响。

并行运算时存储的是前面的运算结果，存储之后再进行加载或算术运算。表 5-10列出的是并行运算指令实例。

表 5-10　并行运算指令实例

指　令	实　例	操作说明
LD||MAC[R] LD||MAS[R]	AD　Xmem,dst ||MAC[R]　Ymem[,dst2]	Dst= Xmem<<16 dst2= dst2＋T * Ymem
ST||LD	ST　　src, Ymem ||LD　Xmem,dst	Ymem=src>>(16－ASM) Dst= Xmem<<16

续表 5-10

指　令	实　例	操作说明
ST||MPY ST||MAC[R] ST||MAS[R]	ST　src, Ymem ||MAC[R]　Xmem,dst	Ymem=src>>(16-ASM) dst= dst+T * Xmem
ST||ADD ST||SUB	ST　src, Ymem ||ADD　Xmem,dst	Ymem=src>>(16-ASM) dst= dst+ Xmem

5.1.5 缓冲区的使用

数据缓冲区，根据运算的需要可以设置为线性缓冲区和循环缓冲区。本小节以FIR滤波器的实现来说明缓冲区的使用。

数字滤波是DSP的最基本应用，利用MAC(乘、累加)指令和循环寻址可以方便地完成滤波运算。下面介绍两种常用的数字滤波器FIR(有限冲激响应)滤波器和IIR(无限冲激响应)滤波器的DSP实现。

设FIR滤波器的系数为$h(0),h(1),\cdots,h(N-1)$，$X(n)$表示滤波器在n时刻的输入，则n时刻的输出为

$$y(n)=h(0)x(n)+h(1)x(n-1)+\cdots+h(N-1)x[n-(N-1)]=\sum_{i=0}^{N-1}h(i)x(n-i) \tag{5-1}$$

其对应的滤波器传递函数为

$$H(z)=\sum_{i=0}^{N-1}h(i)z^{-i} \tag{5-2}$$

如图5-2所示为横截型(又称直接型或卷积型)FIR数字滤波器的结构图。

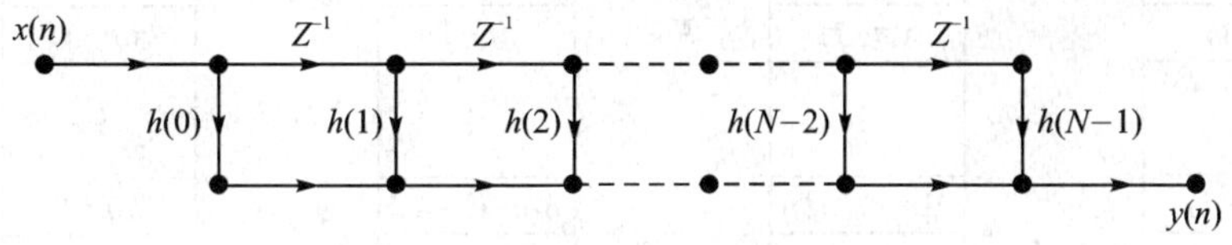

图5-2　横截型FIR数字滤波器的结构图

1. 线性缓冲区法实现FIR滤波器

线性缓冲区法又称延迟线法。其方法是：对于$n=N$的FIR滤波器，在数据存储器中开辟一个N单元的缓冲区，存放最新的N个样本，这最新的N个样本($X(n-5)$、$X(n-4)$、$X(n-3)$、$X(n-2)$、$X(n-1)$、$X(n)$)参与滤波运算得出$y(n)$；滤波运算时从最老的样本开始，每读一个样本进行运算后，将此样本向下移位；读完最后一个样本进行运算后，输入最新样本$X(n+1)$至缓冲区的顶部，形成新一轮运算$y(n+1)$的N个样本($X(n-4)$、$X(n-3)$、$X(n-2)$、$X(n-1)$、$X(n)$、$X(n+1)$)；如此继续下去运算$y(n+2)$…

以上过程，可以用 $N=6$ 的线性缓冲区示意图来说明，如图 5-3 所示。

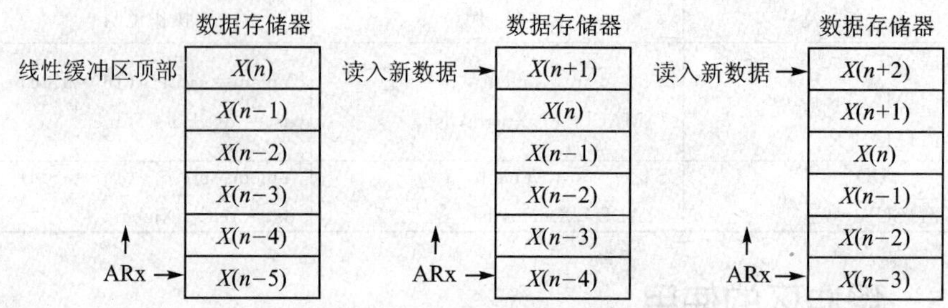

图 5-3 N=6 的线性缓冲区示意图

数据缓冲区的这种安排和使用方式就是线性缓冲区法。

线性缓冲区法滤波运算时，可以使用乘法累加利用 MACD 指令，该指令完成数据存储器单元与程序存储器单元相乘，并有累加、数据移位的功能。但使用 MACD 指令要求数据缓冲区所在的存储器类型是双端口存储器。

2. 循环缓冲区法实现 FIR 滤波器

对于 N 级 FIR 滤波器，在数据存储区开辟一个称为滑窗的具有 N 个单元的缓冲区，滑窗中存放最新的 N 个输入样本值参与滤波运算。每次输入新的样本时，新的样本将改写滑窗中最老的数据，其他数据则不需要移动。滑窗中保持最新的 N 个样本值参与新一轮滤波运算。

数据缓冲区的这种安排和使用方式就是循环缓冲区法。图 5-4 说明了使用循环寻址实现 FIR 滤波器的方法。

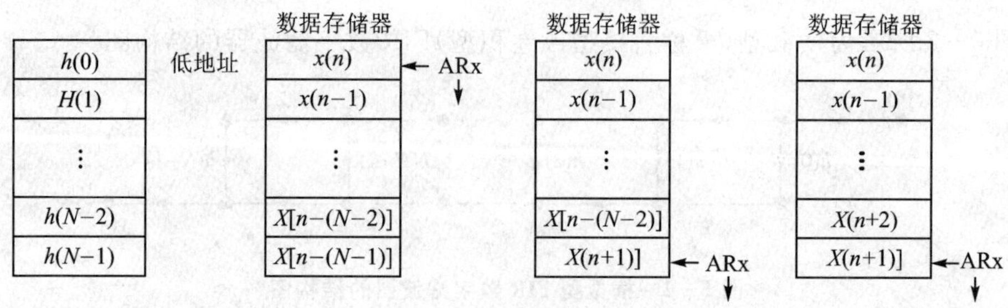

图 5-4 循环缓冲区存储器示意图

例 5-1 用循环缓冲区和双操作数寻址方法编写实现 FIR 滤波的程序。

(1) FIR 滤波器设计

设计一个 FIR 低通滤波器，通带边界频率为 1 500 Hz，通带波纹小于 1 dB；阻带边界频率为 2 000 Hz，阻带衰减大于 40 dB；采样频率为 8 000 Hz。FIR 滤波器的设计可以用 MATLAB 窗函数法进行。

(2) 产生滤波器输入信号的文件

按照通常的程序调试方法，先用 Simulator 逐步调试各子程序模块，再用硬件仿真器在实际系统中与硬件仪器联调。使用 CCS 的 Simulator 进行滤波器特性测试时，需要输入时间信号 $x(n)$。本例设计一个采样频率 F_s 为 8 000 Hz、输入信号频率为 1 000 Hz 和 2 500 Hz 的合成信号，通过设计的低通滤波器滤掉 2 500 Hz 信号，保留 1 000 Hz 信号。

用 C 语言程序产生 firin. inc 文件，然后在 DSP 汇编语言程序中通过. copy 汇编命令将生成的数据文件 firin. inc 复制到汇编程序中，数据起始地址标号为 INPUT，段名为 INPUT。

(3) 编写 FIR 数字滤波器的汇编源程序

FIR 数字滤波器汇编程序 fir. asm 如下：

```
* * * * * * * 一个FIR滤波器源程序   fir.asm * * * * * * * * *
            .mmregs
            .global start
            .de     fstart, c_int00
INDEX       .set    1
KS          .set    256                         ;输入样本数据个数
COEF_FIR    .sect   "COEF_FIR"                  ;FIR滤波器系数
N           .set    17                          ;FIR滤波器阶数
            .data
            .word   0,158,264,-290,-1406,-951,3187,9287,12272
            .word   9287,3187,-951,-1406,-290,264,158,0
INPUT1      .usect  "INPUT",200H
INPUT       .copy   "firin.inc"                 ;输入数据在数据区 0x2400
OUTPUT      .space  1024                        ;输出数据在数据区 0x2500
COEFTAB     .usect  "FIR_COEF",N
DATABUF     .usect  "FIR_BFR",N
BOS         .usect  "STACK",0Fh
TOS         .usect  "STACK",1
            .text
            .asg    AR0,INDEX_P
            .asg    AR4,DATA_P                  ;输入数据x(n)循环缓冲区指针
            .asg    AR5,COEF_P                  ;FIR系数表指针
            .asg    AR6,INBUF_P                 ;模拟输入数据指针
            .asg    AR7,OUTBUF_P                ;FIR滤波器输出数据指针
start:      SSBX    FRCT                        ;小数乘法编程时，设置FRCT(小
                                                ;数方式)位
            MVPD    #COEF_FIR, *COEF_P+
            STM     #INDEX,INDEX_P
            STM     #DATABUF,DATA_P             ;数据循环缓冲区清0
```

```
                RPTZ    A,#N-1
                STL     A,*DATA_P+
                STM     #(DATABUF+N-1),DATA_P ;数据循环缓冲区指针指向 x[n-
                                              ;(N-1)]
                STM     #COEFTAB,COEF_P
                STM     #COEFTAB,COEF_P       ;将 FIR 系数从程序存储器移到数据
                                              ;存储器
                RPT     #N-1
FIR_TASK:       STM     #INPUT,INBUF_P
                STM     #OUTPUT,OUTBUF_P
                STM     #KS-1,BRC
                RPTB    DLOOP-1
                STM     #N,BK                 ;FIR 循环缓冲区大小
                LD      *INBUF_P+,A           ;装载输入数据
                FIR_FILTER:                   ;FIR 滤波运算
                STL     A,*DATA_P+%           ;用最新的样本值替代最旧的样本值
                RPTZ    A,N-1
                MAC     *DATA_P+0%,*COEF_P+0%,A
                STH     A,*OUTBUF_P+
LOOP:           nop
EEND            B       EEND
                .sect   "vectors"
rst             b       start
                .end
```


(4) 编写 FIR 滤波器链接命令文件

对应以上汇编程序 fir.asm 的链接命令文件 fir.cmd 如下：

```
fir.obj
-m      fir.map
-of     ir.out
MEMORY
{
        PAGE 0:         ROM1:           ORIGIN=0080H,LENGTH=100H
                        ROM2:           ORIGIN=FF80H,LENGTH=4H
        PAGE 1:         INTRAM1:        ORIGIN=2400H,LENGTH=0200H
                        INTRAM2:        ORIGIN=2600H,LENGTH=0100H
                        INTRAM3:        ORIGIN=2700H,LENGTH=0100H
                        B2B(RW):        ORIGIN=0070H,LENGTH=10H
}
SECTIONS
{
        .text       :> ROM1         PAGE 0
```

```
    .data       : > ROM1       PAGE 0
    INPUT       : > INTRAM1    PAGE 1
    FIR_COEF    : > INTRAM2    PAGE 1
    FIR_BFR     : > INTRAM3    PAGE 1
    STACK       : > B2B        PAGE 1
    Vectors     : > ROM2       PAGE 0
}
```

(5) CCS 集成开发环境下上机操作过程

① 在 CCS 上建立 fir 工程、汇编、链接并运行 fir.out 程序。按图 5-5 设置 Graph 窗口属性。

② 观察输入信号的波形及频谱，如图 5-6、图 5-7 所示。

③ 观察输出信号的波形及频谱，如图 5-8、图 5-9 所示，结果达到设计要求。

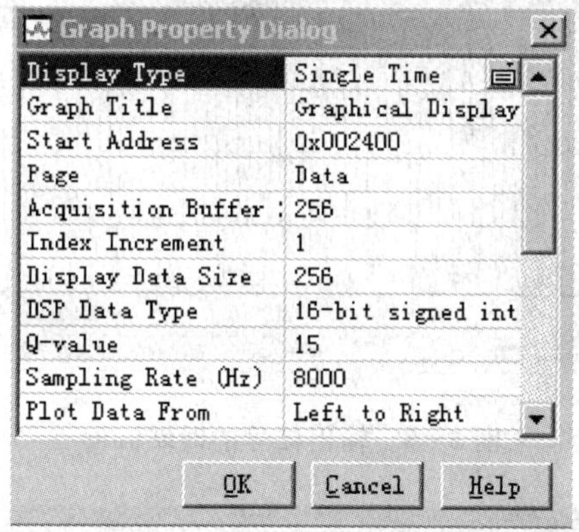

图 5-5　Graph 属性设置窗口

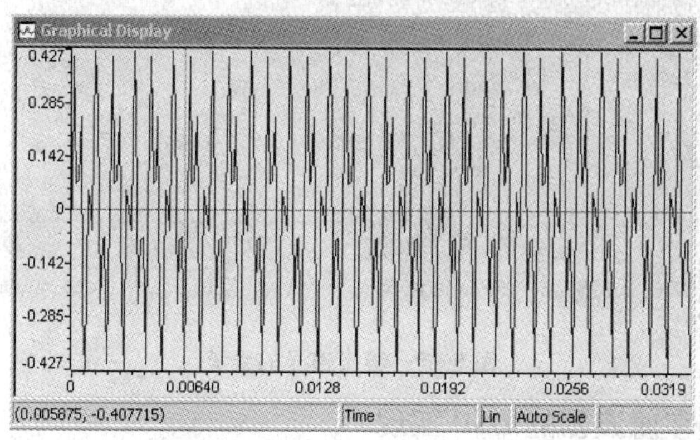

图 5-6　输入信号的时域波形

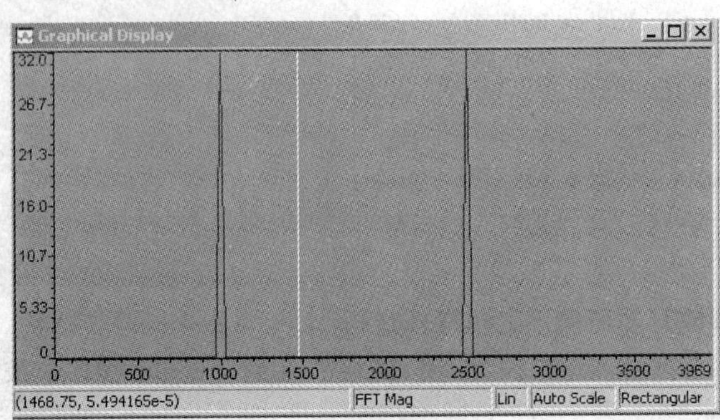

图 5－7　输入信号的频谱

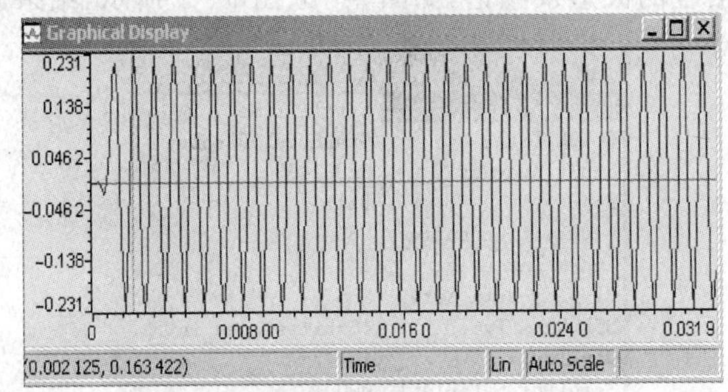

图 5－8　输出信号的时域波形

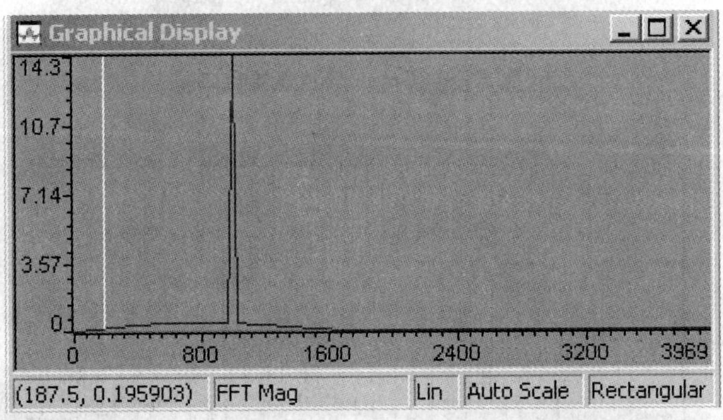

图 5－9　输出信号的频谱

3. IIR 数字滤波器的 DSP 实现

IIR 数字滤波器的传递函数 $H(z)$为

$$H(z)=\frac{\sum_{i=0}^{M} b_i z^{-i}}{1-\sum_{i=1}^{N} a_i z^{-i}} \tag{5-3}$$

其对应的差分方程为

$$y(n)=\sum_{i=0}^{M} b_i x(n-i)+\sum_{i=1}^{N} a_i y(n-i) \tag{5-4}$$

对于直接形式的二阶 IIR 数字滤波器，其结构如图 5-10 所示。编程时，可以分别开辟四个缓冲区，存放输入、输出变量和滤波器的系数，如图 5-11 所示。

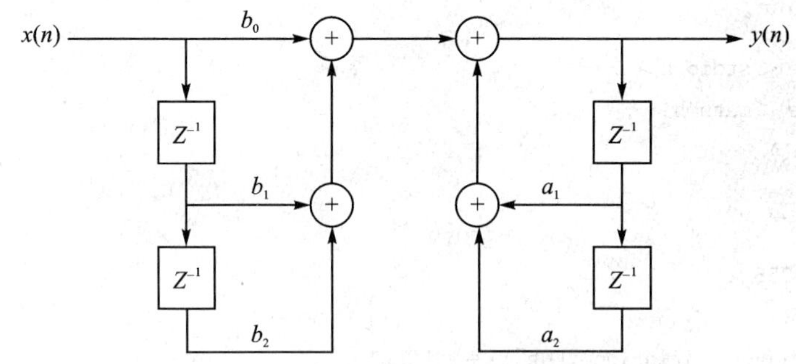

图 5-10　直接形式的二阶 IIR 数字滤波器结构

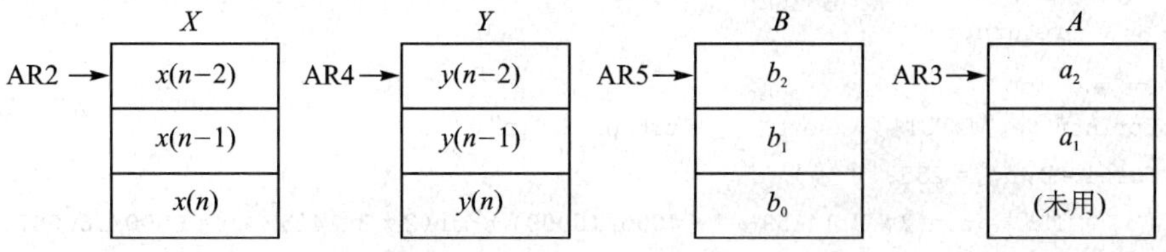

图 5-11　存放输入、输出变量和滤波器系数的缓冲区

例 5-2　设计一个三阶的切比雪夫Ⅰ型带通数字滤波器，其采样频率 $F_s=16$ kHz，其通频带为 3.2 kHz$<f<$4.8 kHz，内损耗不大于 1 dB；$f<$2.4 kHz 和 $f>$5.6 kHz为阻带，其衰减大于 20 dB。

(1) IIR 滤波器设计

在 MATLAB 中设计 IIR 滤波器，程序为

```
wp = [3.2,4.8];ws = [2.4,5.6];rp = 1;rs = 20;
[n,wn] = cheb1ord(wp/8,ws/8,rp,rs);
[b,a] = cheby1(n,rp,wn)。
```

设计结果如下：

```
N = 3
wn = 0.4000          0.6000
```

```
b0 = 0.0114747          a0 = 1.000000
b1 = 0                  a1 = 0
b2 = -0.034424          a2 = 2.13779
b3 = 0                  a3 = 0
b4 = 0.034424           a4 = 1.76935
b5 = 0                  a5 = 0
b6 = -0.0114747         a6 = 0.539758
```

(2) 产生滤波器输入信号文件

使用 CCS 的 Simulator 进行滤波器特性的测试时，需要输入时间信号 $x(n)$，文件名为 iirin.inc。

```
#include <stdio.h>
#include <math.h>
void main()
{
int i;
double f[256];
FILE *fp;
if((fp = fopen("iirin.inc","wt")) = = NULL)
     {
     printf("can't open file! \n");
     return;
     }
fprintf(fp,"INPUT:   .sect    %cINPUT %c\n",'"','"');
for(i = 0;i< = 255;i+ + )
{    f[i] = sin(2*3.14159*i*4000/16000) + sin(2*3.14159*i*6500/16000);
     fprintf(fp,".word %1d\n",(long)(f[i]*32768/2));
}
fclose(fp);
}
```

该程序将产生输入信号，在 DSP 汇编语言主程序中通过.copy 汇编命令将生成的数据文件 iirin.inc 复制到汇编程序中，作为 IIR 滤波器的输入数据。

(3) 编写直接型 IIR 数字滤波器汇编源程序

直接型 IIR 数字滤波器汇编程序 iir.asm 如下：

```
********直接型IIR数字滤波器通用程序**********
     .title       "iir.asm"
     .mmregs
     .global      start
     .def         start, c_int00
N    .set         16
```

```
        .copy       "iirin.inc"                   ;输入信号 x(n)数据
        .data                                     ;IIR 滤波器系数
table   .word       63,0,-188, 0, 188,0, -63
        .word       0, 11675, 0, 9663, 0,2948
BN      .usect      "BN",N+1
AN      .usect      "AN",N+1
INBUF   .usect      "INBUF",256                   ;输入缓冲区在数据区 0x2400
OUTPUT  .usect      "OUTPUT",256                  ;输出缓冲区在数据区 0x2600
        .text
        .asg        AR0,INDEX_P
        .asg        AR2,XN_P
        .asg        AR3,ACOFF_P
        .asg        AR4,YN_P
        .asg        AR5,BCOFF_P
start:  SSBX        FRCT
        SSBX        OVM
        SSBX        SXM
        STM         #BN+N,AR1
        RPT         #N
        MVPD        #table, *AR1-                 ;将 bi 由程序区存放到数据区
        STM         #AN+N-1,AR1
        RPT         #N-1
        MVPD        #table+N+1, *AR1-             ;将 ai 由程序区存放到数据区
        STM         #OUTPUT,AR1
        RPTZA,      #255
        STL         A, *AR1+                      ;输出数据缓冲区清 0
        STM         #INBUF,AR1
        RPT         #255
        MVPD        #INPUT, *AR1+                 ;将输入数据由程序区放到数据区
        STM         #OUTPUT,YN_P
        STM         #INBUF,XN_P
        STM         #N-1,INDEX_P
        STM         #255,BRC
        RPTB        LOOP-1
IIR:    SUB         A,A
        STM         #BN,BCOFF_P
        STM         #AN,ACOFF_P
        RPT         #N-1                          ;计算前向通道
        MAC.        *XN_P+, *BCOFF_P+,A
        MAC         *XN_P, *BCOFF_P,A
        MAR         *XN_P-0                       ;将 AR2 指针指向 x(n-N)
        RPT         #N-1                          ;计算反馈通道
```

```
       MAC          *YN_P+,*ACOFF_P+,A
       STH          A,*YN_P-0                ;保存 y(n)
LOOP   :NOP
EEND   B            EEND
       .sect"vectors"
rst    b            start
       .end
```

(4) 编写 IIR 滤波器链接命令文件

主程序 iir.asm 对应的链接命令文件 iir.cmd 如下：

```
diir.obj
-o diir.out
-m diir.map
MEMORY
{
PAGE 0:   ROM1:          ORIGIN=0080H, LENGTH=1000H
          ROM2:          ORIGIN=FF80H, LENGTH=4H
PAGE 1:   SPRAM:         ORIGIN=0060H, LENGTH=0020H
          DARAM:         ORIGIN=0080H, LENGTH=1380H
          RAM1:          ORIGIN=2400H, LENGTH=0200H
          RAM2:          ORIGIN=2600H, LENGTH=0200H
}
SECTIONS
{
.text     :> ROM1      PAGE 0
.data     :> DARAM     PAGE 1
BN        :> DARAM     PAGE 1
AN        :> DARAM     PAGE 1
INBUF     :> RAM1      PAGE 1
OUTPUT    :> RAM2      PAGE 1
Vectors   :> ROM2      PAGE 0
}
```

5.2　TMS320C54x C 语言编程

C54x DSP 软件设计的方法通常有三种：

① 用汇编语言开发。此方式代码效率高，程序执行速度快，可以充分合理地利用芯片提供的硬件资源。但程序编写比较烦琐，可读性较差，可移植性较差，软件的修改和升级困难。

② 用 C 语言开发。CCS 平台包括优化 ANSI C 编译器，从而可以在 C 源程序级

进行开发调试，增强软件的可读性，提高软件的开发速度，方便软件的修改和移植。然而，C 编译器无法实现在任何情况下都能够合理地利用 DSP 芯片的各种资源。

③ C 语言和汇编语言混合编程开发。采用混合编程的方法能更好地达到设计要求，完成设计任务。

由 DSP 厂商及第三方为 DSP 软件开发提供了 C 编译器，使得利用高级语言开发 DSP 程序成为可能。

在 TI 公司的 DSP 软件开发平台 CCS 中，提供了优化的 C 编译器，可以对 C 语言程序进行优化编译，提高程序效率。目前在某些应用中，C 语言优化编译的结果可以达到手工编写的汇编语言效率的 90 %以上。

TMS320C54 系列有优化的 C 编译器，支持 ANSI 的 C 语言标准，它是使用最广泛的 C 语言标准。ANSI 标准具有一些受目标处理器、运行期环境或主机环境影响的 C 语言特性，从有效性或实现上考虑，这些特征在各种标准的 C 编译器之间可能有所不同。

本节介绍 C 语言编程与混合编程的方法，以及 C 语言调用汇编函数、汇编模块调用 C 函数的方法。

5.2.1　C 语言的特征

(1) 标识符和常数

所有标识符的前 100 个字符有意义，区分大小写。源(主机)和执行(目标)字符集为 ASCII 码，不存在多字节字符。具有多个字符的字符常数按序列中最后一个字符来编码，例如：'abc'= = 'c'，与汇编语言不同。

(2) 数据转换

浮点到整数的转换取整数部分。指针和整数可以自由转换。

(3) 表达式

当两个有符号整数相除时，若其中一个为负，则其商为负，余数的符号与分子的符号相同。斜杠(/)用来求商，百分号(%)用来求余数。例如：

10/−3 = −3，　　−10/3 = −3，　　10%−3 = 1，　　−10%3 = −1

(4) 声　明

寄存器变量对所有 char、short、int 和指针类型有效。interrupt 关键字仅可用于没有参量的 void 函数。

(5) 预处理

预处理器忽略任何不支持的 # pragma 伪指令。预处理器支持的伪指令包括：

- CODE_SECTOIN；
- DATA_SECTION；
- FUNC_EXT_CALLED。

5.2.2　C语言的数据类型

数据类型(int、short、long、unsigned、char、float、double、struct、union、enum)用typedef定义的类型名。数据类型如表5-11所列。

在TMS320C2x/C2xx/C5x C语言中,字长度为16位,sizeof操作符返回的对象长度是以16位为字长度的字数。例如sizeof(int) = 1。

表5-11　数据类型

类　型	长度/位	表示方法	数的范围	
			最小值	最大值
char singed char	16	ASCII	−32 768	32 767
un singed char	16	ASCII	0	65 535
short	16	基2补码	−32 768	32 767
unsigned short	16	二进制	0	65 535
int singed int	16	基2补码	−32 768	32767
unsinged int	16	二进制	0	65 535
long singed long	32	基2补码	−2 147 483 648	2 147 483 647
unsinged long	32	二进制	0	4 294 967 295
enum	16	基2补码	−32 768	32 767
float	32		$1.192\,092\,90e^{-38}$	$3.402\,823\,5e^{+38}$
double	32		$1.192\,092\,90e^{-38}$	$3.402\,823\,5e^{+38}$
long double	32		$1.192\,092\,90e^{-38}$	$3.402\,823\,5e^{+38}$
pointers	16	二进制	0	0FFFFH

5.2.3　寄存器变量

TMS320C54 C编译器在一个函数中最多可以使用两个寄存器变量。寄存器变量的声明必须在变量列表或函数的起始处进行,在嵌套块中声明的寄存器变量被处理为一般的变量。编译器使用AR6和AR7作为寄存器变量:

AR6被赋给第一个寄存器变量,AR7被赋给第二个寄存器变量。

寄存器变量的地址会被放入分配的寄存器中,这样变量的访问速度会更快。

16位类型的变量(char、short、int和指针)都可以被定义为寄存器变量。但在运行时,设置一个寄存器变量大约需要4条指令,为了更有效地使用这个功能,仅当变量被访问超过2次时,才使用寄存器变量。

程序优化编译器也会定义寄存器变量,但使用方式不同。编译器会自己决定哪

些变量作为寄存器变量,程序中声明的寄存器变量会全部被忽略。声明的格式为

register type reg;

5.2.4 pragma 伪指令

pragma 伪指令通知编译器的预处理器如何处理函数。TMS320C54 C 编译器支持下列 pragma:CODE_SECTION、DATA_SECTION、FUNC_EXT_CALLED。

(1) CODE_SECTION

CODE_SECTION 伪指令在名称为 section name 的命名段中为 symbol 分配空间。语法如下:

#pragma CODE_SECTION (symbol, "section name");

(2) DATA_SECTION

DATA_SECTION 伪指令在名称为 section name 的命名段中为 symbol 分配空间。语法如下:

#pragma DATA_SECTION (symbol, "section name");

(3) FUNC_EXT_CALLED

当使用-pm 选项时,编译器将使用程序级的优化。在这个优化层次中,编译器将删除所有未被 main 函数直接或间接调用的函数。

而用户程序中可能包含要被手工编写的汇编语言程序调用而没有被 main 函数调用的函数,这时就应该用 FUNC_EXT_CALLED 来通知编译器保留此函数和被此函数调用到的函数,这些函数将作为 C 程序的入口点。

FUNC_EXT_CALLED 伪指令必须出现在对要保留的函数的任何声明或引用之前,其语法如下:

#pragma FUNC_EXT_CALLED (func);

5.2.5 asm 语句

TMS320C54 C 编译器可以在编译器输出的汇编语言程序中直接输出汇编指令或语句。利用 asm 语句嵌入汇编语言程序,可以实现一些 C 语言难以实现或实现起来比较麻烦的硬件控制功能。

asm 语句在语法上就像是调用一个函数名为 asm 的函数,函数参数是一个字符串:

asm("assembler text");

编译器会直接将参数字符串复制到输出的汇编语言程序中,因此必须保证参数双引号之间的字符串是一个有效的汇编语言指令。双引号之间的汇编指令必须以空格、制表符(TAB)、标记符(LABEL)或注释开头,这和汇编语言编程的要求是一致的。编译器不会检查此汇编语句是否合法,如果语句中有错误,则在汇编的过程中会被汇编器指出。

使用asm指令的时候应小心,不要破坏C语言的环境。如果C代码中插入跳转指令和标记符,则可能会引起不可预料的操作结果。能够改变段或其他影响C语言环境的指令也可能引起麻烦。

对包含asm语句的程序使用优化器时要特别小心。尽管优化器不能删除asm指令,但它可以重新安排asm指令附近的代码顺序,这样就可能会引起不期望的结果。

5.2.6 访问I/O空间

读/写I/O空间的功能是TMS320C54 C编译器对标准C的扩展,是利用关键字ioport(I/O端口)来实现的。

该关键字的用法为

ioport type porthexnum;

① ioport指示这是定义端口变量的关键字。

② type(类型)必须是char(字符)、short(短整型)、int(整型)或对应的无符号类型。

③ porthexnum为定义的端口变量,其格式必须是port后面跟一个十六进制数,如port000A是定义访问I/O空间地址0Ah的变量。

所有I/O端口的定义必须在文件级完成,不支持在函数级声明的I/O端口变量。

利用ioport关键字定义的I/O端口变量可以像一般变量一样进行赋值操作:

```
ioport unsinged port10;      /*访问I/O空间10h的变量*/
{...
port10 = a;                  /*将a写到端口10h*/
...
b = port10;                  /*从端口10h读入b*/
...}
```

端口变量的使用不仅限于赋值操作,事实上,用ioport关键字定义的I/O端口变量可以像其他变量一样用在表达式中:

```
a = port10 + b;  //读端口10h,加上b,结果赋给a
port10 + = a;    //读端口10h,加上a,结果写回到端口10h
```

在进行函数调用的时候,可以做I/O端口变量的值传递,而不是引用:

```
call (port10);    //读端口10h,将其值传递给函数调用
call (&port10);   //引用传递无效
```

5.2.7 访问数据空间

访问DSP数据空间是利用指针来实现的:

```
*(unsigned int*)0x1000 = a;      /*将a的值写入数据空间1000h地址*/
b = *(unsigned int*)0x1000;      /*读出数据空间1000h地址的值,赋给b*/
```

可见访问DSP数据空间地址不需要对要访问的单元预先定义,利用指针直接访问即可。这样,访问数据空间很容易实现循环结构。

```
for (i=0;i<cnt;i++)
{
tmp= *(unsigned int*)(org + i);
*(unsigned int*)(org + offset +i) = tmp;
}
```

5.2.8 中断服务函数

C函数可以直接处理中断。但是在用C语言编写中断程序时,应注意以下几点:

① 中断的使能和屏蔽由程序员自己来设置。这一点可以通过内嵌汇编语句来控制中断的使能和屏蔽,即通过内嵌汇编语句来设置中断屏蔽寄存器IMR及INTM,也可通过调用汇编程序函数来实现。

② 中断程序不能有入口参数,即使声明也会被忽略。

③ 中断子程序即使被普通的C程序调用也是无效的,因为所有的寄存器都已经被保护了。

④ 将一个程序与某个中断进行关联时,必须在相应的中断矢量处放置一条跳转指令。采用.sect汇编指令可以建立这样一个跳转指令表以实现该功能。

⑤ 在汇编语言中,必须在中断程序名前加上一条下画线。

⑥ 用C语言编写的中断程序必须用关键字interrupt说明。

⑦ 中断程序用到的所有寄存器,包括状态寄存器都必须保护。

⑧ 如果中断程序中调用了其他的程序,则所有的寄存器都必须保护。

DSP中断的处理有两种方式:

① 查询法。可以更好地对程序进程进行控制,对中断的处理可以完全按照程序预定的方式进行,一般不会出现中断丢失或中断嵌套的问题,但由于中断发生时不会暂停当前正在执行的程序,而程序可能正处于复杂的处理或运算状态,只有结束当前处理才会去检查中断标志,因此中断实时性不容易保证。

② 回调法:程序结构更为清晰,而且当有中断发生的时候会暂停当前正在执行的程序,中断实时性可以得到保证;但如果中断处理函数实现不当,容易造成中断丢失或中断嵌套的问题,影响系统的正常运行。

回调法处理DSP中断需要定义中断服务函数,有两种方法:

① 用关键字interrupt来实现。它的用法是:

interrupt void isr(void);

② 任何具有名为c_intd的函数(d为0~9的数),都被假定为一个中断程

序，如：

void c_int1 (void)；

在定义中断服务函数时，须注意以下问题：

① 中断处理函数必须是void类型，而且不能有任何输入参数。

② 进入中断服务函数，编译器将自动产生程序以保护所有必要的寄存器，并在中断服务函数结束时恢复运行环境。

③ 进入中断服务函数，编译器只保护与运行上下文相关的寄存器，而不是保护所有的寄存器。中断服务函数可以任意修改不被保护的寄存器，如外设控制寄存器等。

④ 要注意IMR、INTM使能和屏蔽等中断控制量由程序员自己来设置。通常进入中断服务程序要设置相应寄存器将中断屏蔽，退出中断服务程序时再打开，避免中断嵌套。

⑤ 中断处理函数可以被其他C程序调用，但是效率较差。

⑥ 多个中断可以共用一个中断服务函数，除了c_int0。c_int0是DSP软件开发平台CCS提供的一个保留的复位中断处理函数，不会被调用，也不需要保护任何寄存器。

⑦ 使用中断处理函数和一些编译选项冲突，注意避免对包含中断处理函数的C程序采用这些编译选项。

⑧ 中断服务函数可以和一般函数一样访问全局变量、分配局部变量和调用其他函数等。

⑨ 要利用中断向量定义，将中断服务函数入口地址放在中断向量处，以使中断服务函数可以被正确调用，即在相应的中断矢量中，放置一条转移指令(用.sect汇编伪指令建立一个简单的跳转指令表)。

⑩ 中断服务函数要尽量短小，避免中断丢失、中断嵌套等问题。

5.2.9 动态分配内存

TMS320C54 C语言程序中可以调用malloc、calloc或realloc函数来动态分配内存，如：

```
unsigned int * data;
data = (unsigned int * ) malloc(100 * sizeof(unsigned int));
```

动态分配的内存将分配在.system段。动态分配的内存只能通过指针进行访问。将大数组通过这种方式来分配，可以节省.bss段的空间。

通过链接器的-heap选项可以定义.system段的大小。

5.2.10 系统初始化

C程序开始运行时，必须首先初始化C运行环境，这是通过c_int0函数完成的。

c_int0 函数是复位中断服务函数，这个函数在运行支持库(rts，runtime-support library)中提供。链接器会将这个函数的入口地址放置在复位中断向量处，使其可以在初始化时被调用。

c_int0 函数进行以下工作以建立 C 运行环境：

① 为系统堆栈产生.stack 段，并初始化堆栈指针。

② 从.cinit 段将初始化数据复制到.bss 段中相应的变量。

③ 调用 main 函数，开始运行 C 程序。

用户的应用程序可以不用考虑上述问题，同利用其他开发平台开发 C 语言程序类似，认为程序从 main 函数开始执行即可。用户可以对 c_int0 函数进行修改，但修改后的函数必须完成以上任务。

5.2.11　C 语言程序实例

C 语言程序编写过程步骤：

① 编辑器编辑 C 程序 readdata.c；

② 编译程序将 C 程序编译汇编成目标文件 readdata.obj；

③ 编辑一个链接命令文件(.cmd 文件)；

④ 链接生成.out 文件，用硬件仿真器进行调试。

例如，用 C 语言编写 C54x DSP 的 I/O 口的读程序，实现从 I/O 口地址 8000H 连续读入 1 000 个数据并存入数组中的 C 程序 readdata.c：

```
#include"portio.h"              /*包含头文件 portio.h*/
#define RD_PORT 0x8000          /*定义输入 I/O 口*/
static int indata[1000];        /*定义全局数组*/
main()
{
intI;
  for(I=0; I<1000; I++)
portRead(RD_PORT);              /*从 I/O 口读数据*/
}
```

5.3　DSP 的 C 语言与汇编语言混合编程

C 语言编写 DSP 程序对底层的了解要求较低，流程控制灵活，开发周期短。程序可读性、可移植性好，程序修改、升级方便。

某些硬件控制功能不如汇编语言灵活，程序实时性不理想，很多核心程序可能仍然需要利用汇编语言来实现。

C 语言和汇编语言的混合编程有以下几种方法：

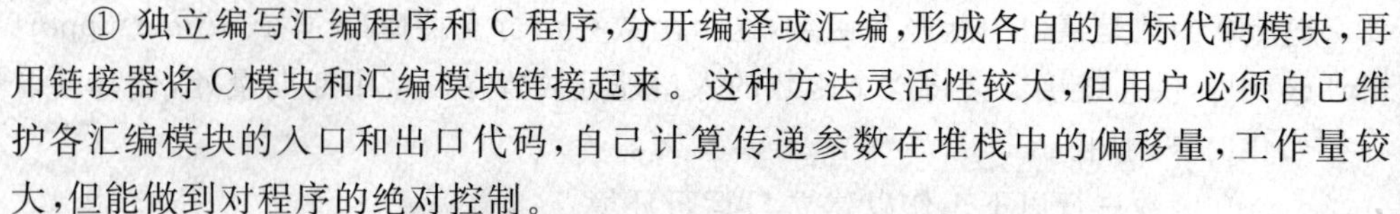

① 独立编写汇编程序和C程序，分开编译或汇编，形成各自的目标代码模块，再用链接器将C模块和汇编模块链接起来。这种方法灵活性较大，但用户必须自己维护各汇编模块的入口和出口代码，自己计算传递参数在堆栈中的偏移量，工作量较大，但能做到对程序的绝对控制。

② 在C程序中使用汇编程序中定义的变量和常量。

③ 在C程序中直接内嵌汇编语句。用此种方法可以在C程序中实现C语言无法实现的一些硬件控制功能。比如修改中断控制寄存器，中断标志寄存器等。

④ 将C程序编译生成相应的汇编程序，手工修改和优化C编译器生成的汇编代码。采用此种方法时，可以控制C编译器，使之产生具有交叉列表的C程序和与之对应的汇编程序，而程序员可以对其中的汇编语句进行修改。优化之后，对汇编程序进行汇编，产生目标文件。根据作者的经验，只要程序员对C和汇编均很熟悉，这种混合汇编方法的效率就可以做得很高。但是，由交叉列表产生的C程序对应的汇编程序往往读起来颇费劲，因此对一般程序员不提倡使用这种方法。

5.3.1 程序运行环境

在C语言和汇编语言混合编程中，必须保证C程序运行环境不会被汇编程序破坏，所有代码必须维护该环境，否则将难以保证C程序的正常执行。

1. 存储器模型

TMS320C54的C编译器将存储器作为程序存储器和数据存储器两个线性区来处理：

① 程序存储器：包含可执行的代码和常量、变量初值。

② 数据存储器：包含外部变量、静态变量和系统堆栈。

编译器产生可重定位的代码，允许链接器将代码和数据定位进合适的存储空间。C编译器对C语言编译后除生成3个基本段.text、.data、.bss外，还生成.cinit、.const、.switch、.stack、.sysmem段。

- .cinit：包括初始化变量和常数表。
- .const：包括字符串常数和const关键字定义数据。
- .switch：包括switch语句的跳转表。
- .stack：包括分配存储器用于彻底变量。
- .sysmem：保留存储空间，用于动态存储器分配（用malloc、calloc和realloc函数）。

(1) 段的存储分配模式

编译器产生可重新定位的代码段和数据段，包括：

① 已初始化的段：包含数据和代码，包括.text、.cinit、.switch等。

② 未初始化的段：为全局变量和静态变量保留空间，包括.bss、.stack、.system等。用户可以利用伪指令CODE_SECTION和DATA_SECTION来创建另外的段。

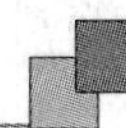

段的存储和页分配的指定如表 5－12 所列。

表 5－12　段的存储和页分配

段	存储器类型	页
. text	ROM 或 RAM	0
. cinit	ROM 或 RAM	0
. switch	ROM 或 RAM	0
. const	ROM 或 RAM	1
. bss	RAM	1
. stack	RAM	1
. system	RAM	1

(2) 系统堆栈的使用

C 编译器使用软件堆栈进行如下工作：分配局部变量、向函数传递参数、保存处理器状态、保存函数的返回地址、保存暂时的结果、保存寄存器。

堆栈从较低地址向较高地址生长，编译器使用两个寄存器管理堆栈：

① AR1：堆栈指针(SP, Stack Pointer)，指向当前堆栈顶。

② AR2：帧指针(FP, Frame Pointer)，指向当前帧的起始点。每一个函数都会在堆栈顶部建立一个新的帧，用来保存局部的或临时的变量。

C 语言环境自动操作这两个寄存器。如果编写用到堆栈的汇编语言程序，则一定要注意正确使用这两个寄存器。

. stack 不同于 DSP 汇编指令定义的堆栈。DSP 汇编程序中要将堆栈指针 SP 指向一块 RAM，用于保存中断、调用时的返回地址，存放 PUSH 指令的压栈内容。

运行堆栈的增长方向是从高地址到低地址，即入栈则地址减少，出栈则地址增加。堆栈的管理者是堆栈指针 SP。堆栈的容量由链接器(Linker)设定。

. stack 段大小可用链接器选项-stack size 设定，链接器还产生一个全局符号 _ _STACK_SIZE，并赋给它等于堆栈长度的值，以字为单位，缺省值为 1K 字。

如在链接命令文件(. cmd 文件)中加入选项-stack 0x1000，则堆栈的容量被设为 1000H 个字。

注意：编译器不会检查堆栈溢出的情况，堆栈溢出会破坏 DSP 运行环境，导致程序失败。编写 DSP 程序和配置 DSP 存储器资源要注意防止堆栈溢出的发生。

2. 寄存器规则

TMS320C5x 运行环境对寄存器的使用有严格的规则，如果编写涉及到寄存器的汇编程序，则必须严格遵守这些规则，否则可能造成系统工作异常。寄存器规则规定了编译器如何使用寄存器，以及寄存器在函数调用的过程中如何进行保护。

寄存器按照保护方式分为两种：

① 调用保存(save on call),调用其他函数的函数负责保存这些寄存器的内容。

② 入口保存(save on entry),被调用的函数负责保存这些寄存器的内容。

注:无论是否使用优化编译,都必须遵守这些寄存器规则。

寄存器和状态寄存器(ST0、ST1)域单元的使用和保护如表5-13、表5-14所列。

表5-13　寄存器的使用

寄存器	用　途	调用时保护
AR0	帧指针(EP)	Yes
AR1	堆栈指针(SP)	Yes
AR2	局部变量指针(LVP)	No
AR3～AR5	表达式运算	No
AR6～AR7	寄存器变量	Yes
Accumulator	表达式运算/返回值	No

表5-14　状态寄存器(ST0、ST1)域单元的使用

单　元	名　称	假定值
ARP	辅助寄存器指针	1
C	进位标志	—
DP	数据页	—
OV	溢出标值	—
OVM	溢出模式	0
PM	乘法移位模式	0
SXM	符号扩展模式	—
TC	测试模式	—

对于有假定值(为0或为1)的状态寄存器域单元,在进行函数调用和函数返回时必须保证其值为假定值。

用3个寄存器,即堆栈指针(SP)、帧指针(FP)和局部变量指针(LVP)管理堆栈和局部帧。AR6和AR7作为寄存器变量的寄存器。AR6分配给第一个变量,AR7分配给第二个变量。编译器使用不用于寄存器变量的寄存器来计算表达式的值并保存临时结果。当函数的返回值是一个标量类型(整型、指针或浮点型)时,该值在函数返回时被放入累加器中。16位的数据类型(字符型、短整型、整型或指针型)连同正确的符号扩展被装载到累加器中。

3. 函数结构和调用规则

C编译器对函数的调用有一系列严格的规定。除了特殊的运行支持函数外,任何调用者函数和被调用函数都要遵守这些规则，否则可能会破坏 C 环境并导致程序失败。

(1) 函数如何产生调用

一个函数（调用者函数）在调用其他函数（子函数）时执行以下任务。注意，ARP 必须设置为 1。

① 调用者函数将参数以颠倒的顺序压入堆栈（最右边声明的参数第一个压入堆栈，最左边的参数最后一个压入堆栈），即函数调用时，最左边的参数放在栈顶单元或 ACC。

② 调用者函数调用子函数。

③ 调用者函数假定当子函数执行完成返回时，ARP 将被置为 1。

④ 完成调用后，调用者函数将参数弹出堆栈。

(2) 被调用函数如何响应

① 将返回地址从硬件堆栈中弹出，压入软件堆栈。

② 将 FP 压入软件堆栈。

③ 分配局部帧。

④ 如果函数修改了 AR6 和 AR7，则将它们压入堆栈，其他的任何寄存器可以不用保存，可任意修改。

⑤ 实现函数功能。

⑥ 如果函数返回标量数据，则将它放入累加器。

⑦ 将 ARP 设定为 AR1。

⑧ 如果保护了 AR6、AR7，则恢复这两个寄存器。

⑨ 删除局部帧。

⑩ 恢复 FP。

⑪ 从软件堆栈中弹出返回地址并压入硬件堆栈。

⑫ 返回。

(3) 被调用函数的特殊情况

被调用的函数有 3 种特殊情况：

① 返回一个结构体。当函数的返回值为一个结构时，调用者函数负责分配存储空间，并将存储空间地址作为最后一个输入参数 ACC 传递给被调用函数。被调用函数将要返回的结构拷贝到这个参数或 ACC 所指向的内存空间。

② 不将返回地址移到软件堆栈中。当被调用函数不再调用其他函数，或者确定调用深度不会超过 8 级时，可以不用将返回地址移动到软件堆栈。

③ 不分配局部帧。如果函数没有输入参数，不使用局部变量，就不需要修改 AR0(FP)，因此也不需要对其进行保护。

函数调用时堆栈的使用如图 5－12 所示。

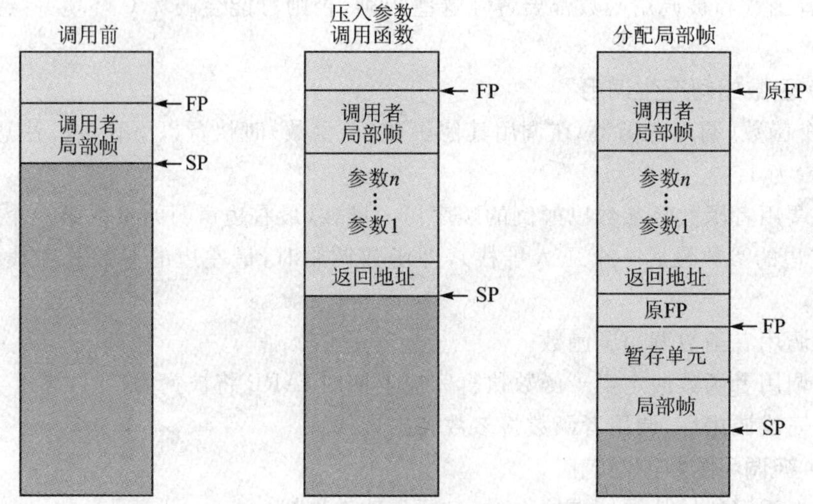

图 5-12　函数调用时堆栈的使用

5.3.2　独立的 C 和汇编模块接口

独立的 C 和汇编模块接口是一种常用的 C 和汇编语言接口方法。采用此方法在编写 C 程序和汇编程序时，必须遵循有关的调用规则和寄存器规则。

① 所有的函数，无论是 C 函数还是汇编语言函数，都必须遵循寄存器规则。

② 必须保存被函数修改的任何专用寄存器，包括：AR0(FP)、AR1(SP)、AR6、AR7。如果正常使用堆栈，则不必明确保存 SP。也就是说，用户可以自由地使用堆栈，弹出被压入的所有内容。用户可以自由使用所有其他的寄存器，而不必保留它们的内容。

③ 如果改变了任何一个寄存器位域状态的假定值，则必须确保恢复其假定值。尤其注意 ARP 应该被指定为 AR1。

④ 中断子程序必须保存所有使用的寄存器。

⑤ 在从汇编语言中调用 C 函数时，将参数以倒序压入堆栈，函数调用后弹出堆栈。

⑥ 调用 C 函数时，只有专用的寄存器内容被保留，C 函数可以改变其他任何寄存器的内容。

⑦ 函数必须返回累加器中的值。

⑧ 汇编模块使用. cinit 段只能用于全局变量的初始化。boot. c 中的启动子程序假定. cinit 段完全由初始化表组成。在. cinit 段中放入其他的信息会破坏初始化表而导致无法预知的后果。

⑨ 编译器将在所有的 C 语言对象标识符的开头添加下画线“_”。在 C 语言中和汇编语言中都要访问的对象必须在汇编语言中以下画线“_”作为前缀。例如，C 语言

中名为 x 的对象在汇编语言中为_x。仅在汇编语言模块中使用的对象可以使用不加下画线的标识符，不会与 C 语言中的标识符发生冲突。

⑩ 在 C 中被访问的任何汇编语言对象或在 C 中被调用的任何汇编语言函数必须在汇编代码中使用.global 伪指令声明。这将声明该符号是外部的，允许链接器解决对它的引用。

遵循这些规则，C 和汇编语言之间的接口是非常方便的。

C 程序可以直接引用汇编程序中定义的变量和子程序，汇编程序也可以引用 C 程序中定义的变量和子程序。

例如 C 程序：

```
extern int asmfunc( );          /* 声明外部的汇编子程序 */
                                /* 注意函数名前不要加下画线 */
int gvar;                       /* 定义全局变量 */
main( )
{
int i = 5;
i = asmfunc(i);                 /* 进行函数调用 */
}
```


汇编程序：

```
_asmfunc                        ;函数名前一定要有下画线
STL A *(_gvar)                  ;i 的值在累加器 A 中
ADD *(_gvar)A                   ;返回结果在累加器 A 中
RET                             ;子程序返回
```

5.3.3　C 程序访问汇编程序变量

从 C 程序中访问汇编程序中定义的变量或常数时，根据变量和常数定义的位置和方法的不同，可分为 2 种情况。

① 访问在.bss 段中定义的变量，方法如下：

- 采用.bss 命令定义变量；
- 用.global 将变量说明为外部变量；
- 在汇编变量名前加下画线“_”；
- 在 C 程序中将变量说明为外部变量，然后就可以像访问普通变量一样访问它。

例如，汇编程序：

```
/* 注意变量名前都有下画线 */
.bss     _var1
.global   _var                  ;声明为外部变量
```

C 程序：

```
external    int  var          ; /＊外部变量＊/
var = 1;
```

② 访问未在.bss 段定义的变量。如当 C 程序访问在汇编程序中定义的常数表时，则方法更复杂一些。此时，定义一个指向该变量的指针，然后在 C 程序中间接访问它。在汇编程序中定义此常数表时，最好定义一个单独的段。然后，定义一个指向该表起始地址的全局标号，可以在链接时将它分配至任意可用的存储器空间。如果要在 C 程序中访问它，则必须在 C 程序中以 extern 方式予以声明，并且变量名前不必加下画线“_”。这样就可以像访问其他普通变量一样进行访问。C 程序中访问汇编常数表如下所示。

汇编程序：

```
          .global  _sine          ;定义外部变量
          .sect   "sine_tab"      ;定义一个独立的块装常数表
_sine:                            ;常数表首址
          .word 0
          .word 50
          .word 100
          .word 200
```

C 程序：

```
extern int  sine[];          /＊定义外部变量＊/
int   ＊sine_ptr = sine;     /＊定义一个 C 指针＊/
f = sine_ptr[2];             /＊访问 sine_ptr＊/
```

5.3.4　C 程序访问汇编程序中定义的常量符号

对于那些在汇编中以.set 和.global 定义的全局常量，也可以在 C 程序中访问，不过要用到一些特殊的方法。一般来说，在 C 程序和汇编程序中定义的变量，其符号表包含的是变量的地址。而对于汇编程序中定义的常量，符号表包含的是常量值。编译器并不能区分哪些符号表包含的是变量的地址，哪些是变量的值。因此，如果要在 C 程序中访问汇编程序中的常量，则不能直接用常量的符号名，而应在常量符号名前加一个地址操作符 &，以示与变量的区别，这样才能得到常量值。

例如，汇编程序：

```
_tab_size   .set  1000
.global   _tab_size
```

C 程序：

```
extern  int  _tab_size;
```

```
#define  TAB_SIZE ((int)(&tab_size));
…
for(i = 0; i< TAB_SIZE; + + i);
```

又如,汇编程序:

```
            .title "C访问汇编程序中定义的常量符号"
            .mmregs
_table_size .set 10              ;define the constant
            .global _table_size  ;make it global
            .end
```

C程序:

```
extern int table_size;
//在汇编语言中定义的常量符号,C中只能用地址操作符 & 去取值
#define TABLE_SIZE ((int) (&table_size))//获取常量地址
void main()
{int i,j[10];
//i = TABLE_SIZE;
//for (i = 0; i<TABLE_SIZE; + + i);
  i = (int)(&table_size);
  for (i = 0; i<(int)(&table_size); + + i);
j[i] = i + 1;
}
```


5.3.5 C程序内嵌汇编语句

在TMS320C2000 C语言中,可以使用asm语句在编译器产生的汇编语言文件中嵌入单行的汇编语句。一系列的asm语句可以将顺序的汇编语句插入到编译器的输出代码中。

嵌入汇编语句的方法比较简单,只需在汇编语句的两边加上双引号和括号,并且在括号前加上asm标识符即可,即

asm(“汇编语句 ”) ;

例如:

```
asm ("RSBX  INTM ");     /*开中断*/
asm ("SSBX  XF ") ;      /*XF置高电平*/
asm ("NOP ");
```

括号中引号内的汇编语句的语法与通常的汇编编程的语法一样。

使用中的几点注意事项如下:

① asm语句使用户可以访问某些用C语句无法访问的硬件特性。

② 在使用asm语句的时候，不要在汇编语句中加入汇编器选项而改变汇编环境。要防止破坏C环境。编译器不会对嵌入代码进行检查和分析。

③ 在asm语句中使用跳转语句或标记符(LABEL)，可能会产生无法预知的结果。

④ 不要改变C变量的值，但可以安全地读取任何变量的当前值。

⑤ 不要使用asm语句嵌入汇编伪指令，这会破坏汇编语言的环境。

⑥ 在编译器的输出代码中嵌入注释时，asm语句是很有用的。可以用星号(*)作为汇编代码的开头。

例如：

```
asm("* * * * * * this is an assembly language comment.");
```

5.3.6 汇编模块调用C函数

在编写独立的汇编程序模块调用C函数时，必须注意以下几点：

① 不论是用C语言编写的函数还是用汇编语言编写的函数，都必须遵循寄存器的使用规则。

② 调用C函数时，注意C函数只保护了几个特定的寄存器，而其他是可以自由使用的，汇编语言中必须保护C函数要用到的这些寄存器。

③ 从汇编程序调用C函数时，第一个参数(最左边)必须放入累加器A中，剩下的参数按自右向左的顺序压入堆栈。

④ 长整型和浮点数在存储器中存放的顺序是低位字在高地址，高位字在低地址。

⑤ 如果函数有返回值，则返回值存放在累加器A中。

⑥ 汇编语言模块不能改变由C模块产生的.cinit段，如果改变其内容，将会引起不可预测的后果。

⑦ 编译器在所有C标识符(函数名、变量名等)前加下画线"_"。

⑧ 任何在汇编程序中定义的对象或函数，如果需要在C程序中访问或调用，都必须用汇编指令.global定义。

⑨ 编辑模式CPL指示采用何种指针寻址。如果CPL=1，则采用堆栈指针SP寻址；如果CPL=0，则选择页指针DP进行寻址。

5.3.7 C语言的运行支持函数

C程序所执行的一些标准任务(如输入/输出、动态存储器配置、字符串操作以及三角函数等)由rts.lib来提供。

TMS320C54 C编译器可以提供除了用于处理意外情况和地域相关问题的工具之外的全部ANSI的标准库的内容。使用ANSI的标准库可以确保有一套统一的函数。

① rts.lib 是运行期支持目标库,包含:

- ANSI C 标准库;
- 系统启动程序_c_int0;
- 允许 C 访问特殊指令的函数和宏。

② rts.src 是运行期支持资源库,包含运行期支持目标库的 C 语言和汇编语言程序源代码。

5.3.8 混合编程实例

使用混合编程的设计方法实现 4 个数码管同时循环显示 0~9 十个数,每次显示的数以 1 递增。

C 语言设计的主程序如下:

```
ioport unsigned port0;              //控制数码管选通的控制接口地址为 0
ioport unsigned port1;              //向数码管送显示内容的数据接口地址为 1
/*发光二极管的显示代码*/
char leddisp[] = {0xf6,0x77,0x14,0xb3,0xb6,0xd4,0xe6,0xe7,0x34,0xf7};
void main()
{
char ledcnt = 0 ;
        c54_init();                 /*调用 5402 芯片初始化函数*/
for (;;){
        ledcnt = (ledcnt + 1) % 10 ; /*模 10 循环递增*/
        port0 = 0xf ;               /*向地址为 0 的口送 1111b,4 个数码管均选通*/
        port1 = leddisp[ledcnt];    /*向地址为 1 的口送欲显示的数*/
        delay3() ;                  /*调用延时函数,停顿片刻*/
        }
}
```

用汇编程序设计对 C5402 芯片初始化的函数如下:

```
        .title "C54_INIT.ASM"
        .mmregs
        .def   _c54_init
        .text
_c54_in it:
        STM 0,ST0                   ;ARP = 0、DP = 0
        STM 0100001101011111B,ST1   ;CPL = 0,DP 直接寻址、中断屏蔽、溢出保护、符
                                    ;号扩展、FRCT 有效、ARP 无效;ASM = -1
        STM 0010000000100100B,PMST  ;中断定位 2000H
        STM 0x7FFF,SWWSR
```

```
        STM 1001011111111111B,CLKMD         ;PLL 10 倍频
        RET
        .end
```

用汇编程序设计的实现延时的函数如下：

```
    .title  "delay3.asm"
    .mmregs
    .def _delay3
    .text
_delay3:
    STM #0X2FF,AR0
delay30: STM #0X2FF,AR2
delay31: BANZ delay31, *AR2-
    BANZ delay30, *AR0-
    RET
    .end
```


链接命令文件如下：

```
-O DELAY1.OUT
MEMORY
{
PAGE 0 :
    HPIRAM:     origin = 0x100, length = 0x200
    PROG:       origin = 0x2000, length = 0x1000
PAGE 1 :
    DARAM1:     origin = 0x03000, length = 0x1000
PAGE 2 :
    FLASHRAM:   origin = 0x8000, length = 0xffff
}
SECTIONS
{
.text       : load = PROG     page 0      /*可执行代码*/
.cinit      : load = PROG     page 0      /*初始化变量与常数表*/
.stack      : load = DARAM1   page 1      /*C 系统堆栈*/
.const      : load = DARAM1   page 1      /*常数*/
.bss        : load = DARAM1   page 1      /*全局与静态变量*/
}
```

5.4　在片外设应用

5.4.1　初始化设置

1. 堆栈初始化

通常,程序都会使用中断或子程序来完成某些任务,这就会用到堆栈。使用堆栈之前需要先设置堆栈才能使用。

下面是一个堆栈设置实例。该例设置一个深度为 100 存储单元的堆栈,并将堆栈指针指向栈底。该设置的堆栈及堆栈指针示意图如图 5 - 13 所示。

```
size        .set   100              ;定义符号 size = 100
stack:      .usect“STK”, size       ;为 stack 保留 100 个单元
            STM   #stack + size,SP  ;SP 指向栈底
```

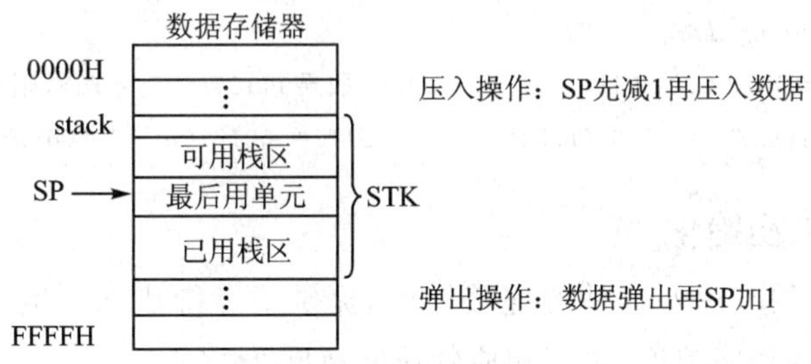

图 5 - 13　堆栈及堆栈指针示意图

2. 时钟发生器初始化

应用系统要在适当的时钟周期下才能正常运行,完成预定任务。应用任务的不同状态决定了系统运行的时钟周期。C54x 提供了 PLL,用户可以通过硬件和软件配置 PLL,获得适当的 CPU 运行的时钟周期。

按照手册中的 PLL 时钟硬件配置表(C545A、C546A、C548、C549 除外)配置,系统在复位后读取 3 个时钟模式引脚 CLKMD1、CLKMD2、CLKMD3 的状态,确定了复位后的 CPU 工作时钟。

C54x(C545A、C546A、C548、C549)的时钟工作方式寄存器 CLKMD,使用户可以在复位后通过设置 CLKMD,获得适当的 CPU 的运行时钟周期。

CLKMD 的 PLLCOUNT 是 PLL 锁定定时器,只有在锁定定时器时间到时,PLL 才提供时钟输出给器件工作。PLL 锁定定时器的值与参考时钟周期、PLL 输出时钟周期以及 PLL 锁定所需时间相关。

PLL 工作在两种模式下,即倍频模式(PLLNDIV＝1)和分频模式(PLLNDIV＝

0)，如表 2－20 所列。

初始化 PLL 时要注意，只有在 DIV 模式下才能调整 PLL 系数(PLLMUL)、PLL 锁定定时器(PLLCOUNT)和 PLL 开关控制位(PLLON/OFF)，也就是在改变 PLL 系数之前，要确认时钟模式是 DIV 模式。

由于复位后 PLL 处于锁相模式，所以 PLL 时钟初始化步骤如下：

① 切换到 DIV 模式。

② 确认 PLL 为分频模式(PLLSTATUS＝0)。

③ 设置 PLLMUL、PLLCOUNT、PLLDIV、PLLNDIV。

④ 等待 PLL 完成锁定。

例如，如果要从 DIV 方式转到 PLL×3 方式，已知 CLKIN 的频率为 13 MHz，PLLCOUNT＝41(十进制数)(29H)，只要在程序中加入如下指令即可：


```
        STM ＃0B,CLKMD              ;切换到 DIV 模式
test:   LDM CLKMD,A                 ;测试 PLL 状态位
        AND ＃01B,A
        BC  test , ANEQ
        STM ＃0010 0001 0100 1111 b,CLKMD ;如果 PLLSTATUS 为 DIV,则设置新的 PLL 系数
            ;PLLMUL = 0010,PLLDIV = 0,PLLCOUNT = 00101001, PLLON/OFF = 1, PLLNDIV = 1
```

3. SWWSR 初始化

C54x 为了方便与片外器件的连接访问，提供了等待状态发生(SWWSR)器，根据片外器件不同的访问速度，进行相应的访问速度匹配。

SWWSR 中用三位表示相应访问空间地址的插入等待周期数，这个值从 000b～111b，也就是最多插入 7 个等待周期。

例如，TMS320C54x－40 外设配置：

程序存储器，EPROM，8K×16 bit，ta＝70 ns；

数据存储器，SRAM，8K×16 bit，ta＝12 ns；

A/D 和 D/A 转换器，16 bit，转换时间＝120 ns。

如何设置 SWWSR？

按照外部器件的存取时间与插入等待状态数的关系，C54x 的机器周期为 25 ns (40 MIPS)；若外部器件的存取时间小于 15 ns，则可以不插入等待状态。所以：

① 访问外部数据存储器可以不插入等待状态；

② 访问外部程序存储器和 A/D、D/A 外部设备应分别插入 3 个(75 ns)和 5 个(125 ns)等待状态。

这样，SWWSR 的初始化设置如图 5－14 所示。

可以使用 STM 指令完成 SWWS 的初始化设置：STM　＃501BH，SWWSR。

15	14~12	11~9	8~6	5~3	2~0
0	101	000	000	011	011

图 5-14　SWWSR 设置

4. BSCR 初始化

C54x 的存储器组切换逻辑，是当跨越外部程序或数据空间中的存储器组分区界限寻址时，存储器组切换逻辑自动插入一个周期。

BSCR 初始化就是确定存储器分组，以及确定在连续的程序空间读后跟着数据空间读，或数据空间读后跟着程序空间读之间是否插入一个额外周期。

BSCR 还可以确定外部总线保持与否、外部总线接口是否接通。

下面的实例是确定存储器分组，以 32K 字为一组。在连续的程序空间读后跟着数据空间读，或数据空间读后跟着程序空间读之间插入一个额外周期，并将外部总线、外部总线接口设置为正常工作模式，如图 5-15 所示。

15~12	11	10~2	1	0
BNKCMP	PS~DS	保留	BH	EXIO
1000	1	000 000 00	0	0

图 5-15　BSCR 设置

可以使用 STM 指令完成 BSCR 的初始化设置：STM　#8800H，BSCR。

5.4.2　定时器应用编程举例

定时器的初始化包括定时周期的设置、定时器启动、重新装载位的设置和定时器中断的初始化。

下面是一个定时器初始化操作和定时器应用实例。

假设时钟频率为 40 MHz，在 TMS320C5402 的引脚 XF 端输出一个周期为 2 s 的方波，方波的周期由片上定时器 0 确定，采用定时器中断方法实现方波输出。那么定时器 0 初始化的工作有以下几方面。

1. 定时器 0 的初始化

① 设置定时控制寄存器 TCR(地址 0026H)。

② 设置定时寄存器 TIM(地址 0024H)。

③ 设置定时周期寄存器 PRD(地址 0025H)。

2. 设置分频系数

设置定时器定时周期寄存器 PRD 和定时器控制寄存器 TCR 的分频系数 TDDR 的值：

引脚 XF 端输出一个周期为 2 s 的方波，XF 端输出"0"和"1"的时间分别为 1 s。定时器中断周期为 1 ms，1 ms 计数 1 000 为 1 s。按照计算定时器定时周期的计算式：

$$T = \text{TCLKOUT} \times (\text{TDDR} + 1) \times (\text{PRD} + 1)$$

$$1 \times 10^{-3} = [1/(40 \times 10^6)] \times (3+1) \times (9\,999+1)$$

即 PRD＝9 999，TDDR＝3。

3. 中断初始化

① 中断屏蔽寄存器 IMR 中的定时屏蔽位 TINT0 置 1，开放定时器 0 中断。

② 状态控制寄存器 ST1 中的中断标志位 INTM 位清 0，开放全部中断。

4. 汇编源程序

汇编源程序 times.asm 如下：

```
            .mmregs
            .def  rst
STACK       .usect"STACK",100h
t0_cout     .usect  "vars",1          ;计数器
t0_flag     .usect  "vars",1          ;当前 XF 输出电平标志。t0_flag = 1,则 XF = 1;
                                      ;t0_flag = 0,则 XF = 0
TVAL        .set 9999                 ;[1/(40 * 10^6)] × (3 + 1) × (9 999 + 1) = 1 ms 中断
                                      ;程序里中断周期寄存器 PRD 和计数器初值
                                      ;t0_cout = 1 000,所以定时时间:1 ms × 1 000 = 1 s
TIM0        .set         0024H        ;定时器 0 寄存器地址
PRD0        .set         0025H
TCR0        .set         0026H
            .data
TIMES       .int  TVAL                ;定时器时间常数
****************************
            .text
start:      LD     #0,DP
            STM        #STACK + 100h,SP
            STM        #07FFFh,SWWSR
            STM        #1020h,PMST
            ST         #1000, * (t0_cout)          ;计数器设置为 1000(1s)
            SSBX   INTM                            ;关全部中断
            LD     #TIMES,A
            READA     TIM0                         ;初始化 TIM,PRD
            READA     PRD0
            STM    #0CE3h,TCR0                     ;初始化 TCR0,TCR0 = 0000 1100 1110
                                                   ;0011b,TDDR = 3,TRB = 1
```

```
            STM     #8,IMR                      ;初始化 IMR,使能 timer0 中断
            RSBX    INTM                        ;开放全部中断
WAIT:       B  WAIT
***************************
;定时器 0 中断服务子程序
timer:      ADDM   #-1,*(t0_cout)               ;计数器减 1
            CMPM   *(t0_cout),#0                ;判断是否为 0
            BC     next,NTC                     ;不是 0,退出循环
            ST     #1000,*(t0_cout)             ;为 0,设置计数器,并将 XF 取反
            BITF   t0_flag,#1
            BC     xf_out,NTC
            SSBX   XF
            ST     #0,t0_flag
B  next
xf_out:     RSBX   XF
ST  #1,t0_flag
next:       RSBX   INTM
            RETE
***************************
.sect"vectors"                                  ;中断矢量表程序段
rst         b start
            nop
            nop
NMI         rete                                ;非屏蔽中断
            nop
            nop
            nop
SINT17      .space 4*16                         ;各软件中断
SINT18      .space 4*16
SINT19      .space 4*16
SINT20      .space 4*16
SINT21      .space 4*16
SINT22      .space 4*16
SINT23      .space 4*16
SINT24      .space 4*16
SINT25      .space 4*16
SINT26      .space 4*16
SINT27      .space 4*16
SINT28      .space 4*16
SINT29      .space 4*16
SINT30      .space 4*16
INT0        rsbx intm                           ;外中断 0 中断
```

```
        rete
        nop
        nop
INT1    rsbx intm               ;外中断 1 中断
        rete
        nop
        nop
INT2    rsbx intm               ;外中断 2 中断
        rete
        nop
        nop
TINT:   bd    timer             ;定时器中断向量
        nop
        nop
        nop
RINT0:  rete                    ;串口 0 接收中断
        nop
        nop
        nop
XINT0:  rete                    ;串口 0 发送中断
        nop
        nop
        nop
SINT6   .space 4 * 16           ;软件中断
SINT7   .space 4 * 16           ;软件中断
INT3:   rete                    ;外中断 3 中断
        nop
        nop
        nop
HPINT:  rete                    ;主机中断
        nop
        nop
        nop
RINT1   :rete                   ;串口 1 接收中断
        nop
        nop
        nop
XINT1   :rete                   ;串口 1 发送中断
        nop
        nop
        nop
        .end
```

5. 链接命令文件

链接命令文件 times. cmd 如下：

```
   times.obj
   -o times.out
   -m times.map
   MEMORY
{
PAGE 0: ROM1:origin  = 1000h,length  =  500h
ROM2:   origin  = 0FF800h,length  =  80H
PAGE 1: SPRAM1: origin  = 0060h,length = 20h
        SPRAM2: origin  = 0100h,length = 200h
}
SECTIONS
{
        .text    :>ROM1      PAGE 0
        .data    :>ROM1      PAGE 0
        vars     :>SPRAM1    PAGE 1
        STACK    :>SPRAM2    PAGE 1
        vectors  :>ROM2      PAGE 0
}
```


习　　题

5.1 举例说明 asm 语句在 C 语言编程中的作用。

5.2 在 C 语言编程中如何访问 I/O 空间？

5.3 在 C 语言编程中如何访问数据空间？

5.4 在 C 语言编程中如何定义变量和常数？

5.5 汇编模块如何调用 C 函数？

第 6 章

硬件接口设计

本章介绍 DSP 应用系统开发中有关硬件接口电路的设计，根据应用目的的不同，DSP 系统的组成会有所不同。DSP 的学习可从最小系统开始，可以自行设计最小系统并在最小系统中进行各种程序的开发和实验。DSP 的开发主要是系统的硬件设计和应用程序设计两个方面，掌握 DSP 的硬件接口的设计是 DSP 开发的最基本能力。对于系统的硬件设计，即使是完成同一种功能的电路，因不同的设计者采用的方案不同，选用的器件不同，电路也会有所不同。本章将对 DSP 器件的基本硬件接口电路的设计进行介绍，并举例加以说明。

6.1 DSP 系统的组成

一个 DSP 系统至少要包括电源、JTAG 接口、时钟系统、复位系统，此外可能还需要扩展存储器、I/O 口等；根据外部电路的需要，还可能需要电平转换电路等。典型的 DSP 系统如图 6-1 所示。

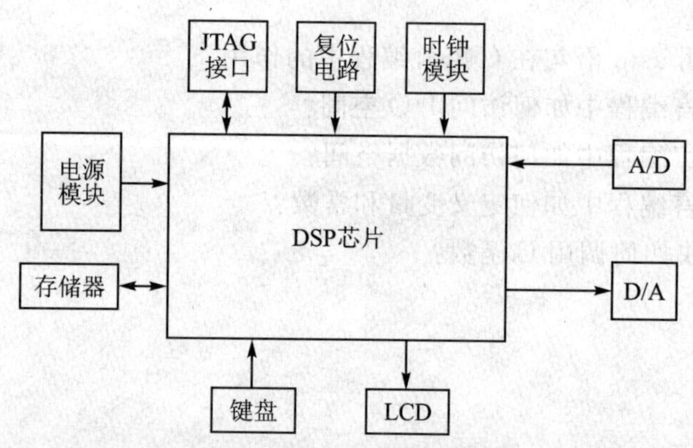

图 6-1 DSP 系统组成框图

下面分别对典型的外部扩展电路进行介绍。

6.2 电源电路

TMS320C5000 系列芯片中的大部分型号所需的电压均是混合电压，一种是内核电压，为器件内部的 CPU 以及其他所有的外设逻辑供电。为了降低系统的功耗，内核电压始终在下降，现有芯片采用的电压标准有 3.3 V、2.5 V、1.8 V 和 1.5 V，不同型号芯片的内核电压不同，使用时请参考芯片数据手册；另一种是 I/O 电压，为 I/O接口供电，其采用电压标准为 3.3 V。

DSP 芯片的电源电路主要是围绕电源变换芯片进行设计的。电源变换芯片是将非稳定直流电压变成稳定直流电压的集成稳压器，集成稳压器分为线性稳压器和开关稳压器两类，设计电源电路时应根据具体情况选用不同类型的电源，也要注意输入/输出电压的需求、电流消耗最大值以及所选电源芯片的种类等因素。可选的电源变换芯片很多，如 TI 公司可提供系列电源芯片，有输出电压可调和输出电压固定等，种类繁多，性能略有差别。典型的系列有 TPS5、TPS6、TPS7 等，具体的型号如 TPS73HD318PWP，为 5 V 变 3.3 V 和 1.8 V，最大 750 mA；TPS73HD301PWP，为 5 V 变 3.3 V 和可调，最大 750 mA；TPS73HD325PWP，为 5 V 变 3.3 V 和 2.5 V，最大 750 mA，用户可根据实际需要进行选择。

下面以 TMS320VC5402 芯片的电源模块设计为例，对电路设计进行说明。

TMS320VC5402 芯片的内核电压为 CVDD=1.8 V，范围为 1.71～1.98 V，I/O 电压为 DVDD=3.3 V，范围为 3～3.6 V，拟采用电源芯片为 TPS767D318，该芯片可以提供双路电压输出 1OUT 和 2OUT，输出电压分别为 3.3 V 和 1.8 V，每路输出的最大电流为 1 A，并提供可分别用于内核逻辑和 I/O 复位的信号 $\overline{\text{1RESET}}$ 和 $\overline{\text{2RESET}}$，满足系统要求。该芯片的引脚功能如表 6-1 所列。

表 6-1 TPS767D318 引脚说明

引脚名称	引脚序号	I/O	功 能
1GND	3	—	1#接地
$\overline{\text{1EN}}$	4	I	1#使能端
1IN	5,6	I	1#输入电压
2GND	9	—	2#接地
$\overline{\text{2EN}}$	10	I	2#使能端
2IN	11、12	I	2#输入电压
2OUT	17、18	O	2#输出电压
$\overline{\text{2RESET}}$	22	O	2#复位信号
1OUT	23、24	O	1#输出电压
1FB/NC	25	I	不连接

续表 6-1

引脚名称	引脚序号	I/O	功能
$\overline{\text{1RESET}}$	28	O	1#复位信号
NC	1、2、7、8、13～16 19～21、26、27	—	不连接

复位信号是电源芯片输出电压的监控信号，在开机送电、输出电压上升的过程中，当输入电压达到某一较低阈值时，复位信号$\overline{\text{1RESET}}$和$\overline{\text{2RESET}}$输出低电平；当输出电压达到另一较高阈值时，复位信号经过 200 ms 延时后会变成高电平；当输出电压下降到较高阈值时，复位信号会也变为低电平，因此该复位信号可作为 DSP 的上电复位输入信号，也可以将两个复位信号相与后作为电源正常的输出信号 PG，用来作为控制其他器件的输入信号。芯片的输入电压、输出电压和复位信号的时序图如图 6-2 所示。

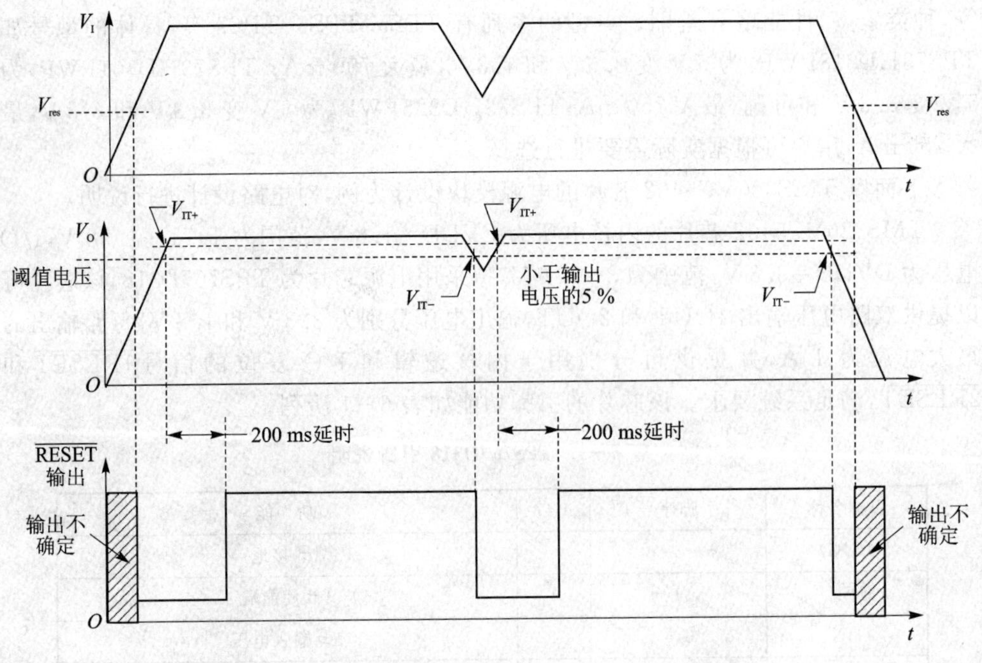

图 6-2 电源芯片的时序图

电源模块电路连接如图 6-3 所示。

在图 6-3 中，如果将电源芯片型号改为 TPS767D325，则可产生 3.3 V/2.5 V 的混合输出电压；如果将芯片型号改为 TPS767D301，并适当添加分压电路，则可产生 3.3 V/2.5 V 可调的混合输出电压。

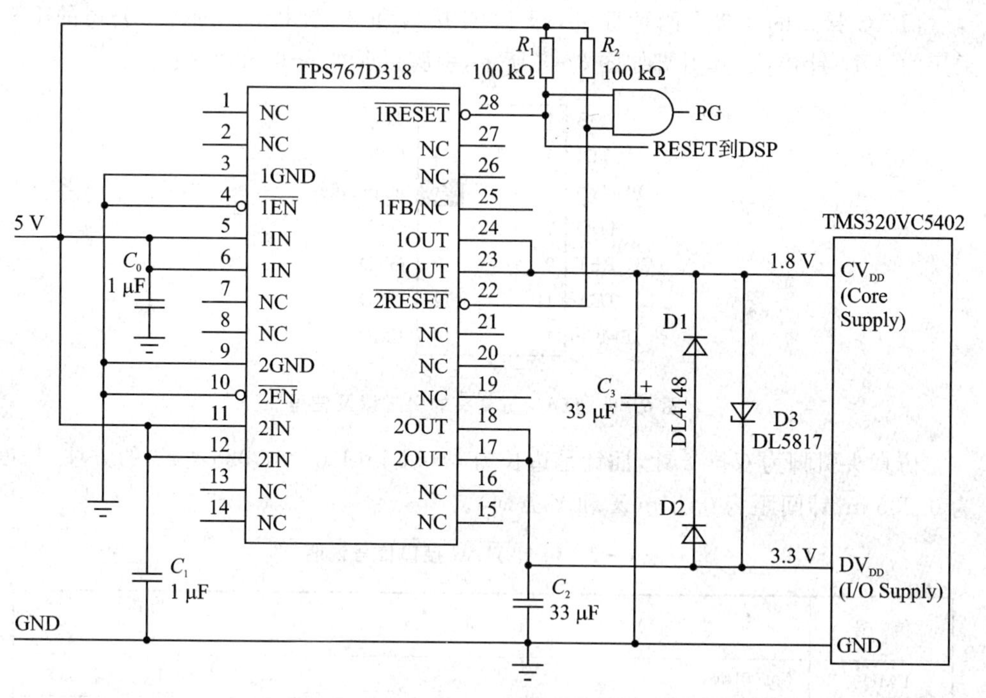

图 6-3　TMS320VC5402 电源模块的原理图

6.3　JTAG 接口

JTAG(Joint Test Action Group，联合测试行动小组)是一种国际标准测试协议，符合 IEEE 1149.1 的标准仿真接口，现在多数的高级器件都支持 JTAG 协议，如 DSP、FPGA 器件等。通过 JTAG 仿真系统可实现三大功能，一是用于测试芯片的电气特性，检测芯片是否有问题；二是用于调试；三是用于实现 ISP(In-System Programmer，在系统编程)。完整的开发系统应该包含三个部分，即集成开发环境(CCS)、JTAG 仿真器和硬件目标板，这三者之间的连接关系如图 6-4 所示。其中集成开发环境安装在计算机中，JTAG 仿真器可外购，仿真器上带有标准的 JTAG 插头，而目标板上的 JTAG 插座是由硬件设计者自行设计的，需要按照标准的 JTAG 接口要求设计插针，硬件电路板上的这个 JTAG 接口叫做 JTAG 仿真头。

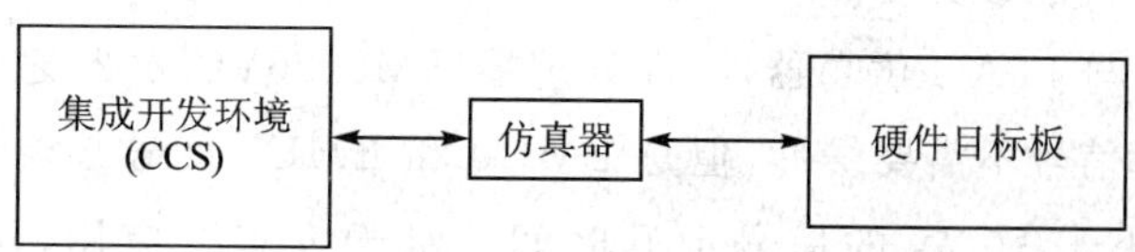

图 6-4　仿真系统

JTAG 接口的连接有两种标准，即 14 针接口和 20 针接口。而 TI 公司的 DSP 采用的是 14 针接口，其引脚如图 6－5 所示，引脚说明如表 6－2 所列。

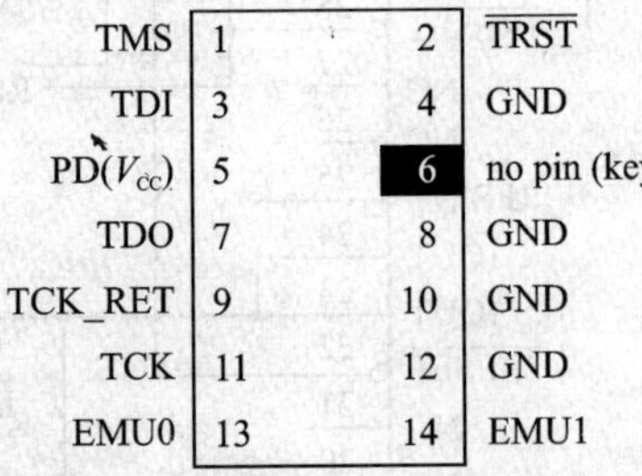

TMS	1	2	$\overline{\text{TRST}}$
TDI	3	4	GND
PD(V_{CC})	5	6	no pin (key)
TDO	7	8	GND
TCK_RET	9	10	GND
TCK	11	12	GND
EMU0	13	14	EMU1

图 6－5 JTAG 仿真头的引脚以及信号

仿真头引脚为双排 7 针，插针是边长为 0.025 in(1 in＝0.025 4 m)的方柱，长度为 0.235 in，针间距为 0.1 in(X 和 Y 方向)。

表 6－2 14 针 JTAG 接口信号说明

信 号	说 明	仿真器状态	目标状态
EMU0	仿真引脚 0	I	I/O
EMU1	仿真引脚 1	I	I/O
GND	地		
PD(V_{CC})	当前检测，表示电缆线已经连接，并且目标已经上电。在目标系统中，PD 应该连接到 V_{CC}	I	O
TCK	测试时钟，是来自于仿真器盒的 10.368 MHz 时钟源，可用于驱动系统测试时钟	O	I
TCK_RET	测试时钟返回，输入到仿真器的测试时钟，是经过或未经过缓冲的 TCK	I	O
TDI	测试数据输入	O	I
TDO	测试数据输出	I	O
TMS	测试模式选择	O	I
$\overline{\text{TRST}}$	测试复位，不要接上拉电阻(因为内部已经有上拉器件)。在低噪声情况下，该引脚浮动，在高噪声环境下可能需要另加上拉电阻	O	I

下面以 TMS320VC5402 芯片为核心的目标板设计为例，介绍使用 XDS510 仿真器时 JTAG 仿真头的设计要点。

如果仿真头与 JTAG 仿真器件(即处理器 TMS320VC5402)之间的距离小于或等于6 in，则仿真信号不需要缓冲，但是 EMU0 和 EMU1 信号必须经上拉电阻接到 V_{CC}，以便提供小于 10 μs 的信号上升时间。对于大多数应用，建议上拉电阻取 4.7 kΩ，如图 6－6 所示。

如果仿真头与处理器之间的距离大于 6 in，则仿真信号必须要经过缓冲，即仿真

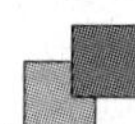

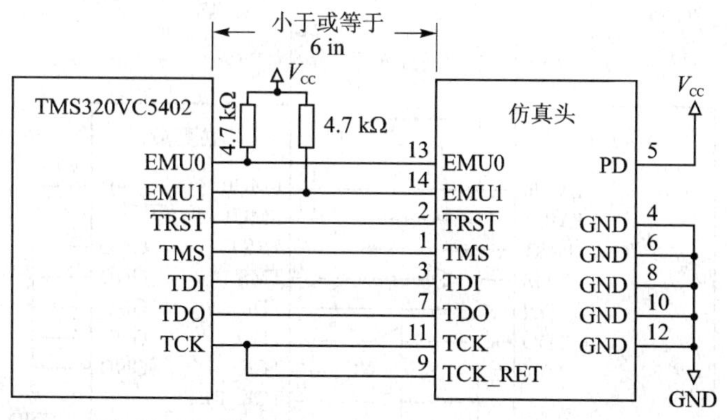

图 6-6　距离小于或等于 6 in 时的连接方法

信号 TMS、TDI、TDO 和 TCK 应该经过同一个封装的器件进行缓冲，TMS 和 TDI 的输入缓冲器通过上拉电阻连接到 V_{CC} 的目的是为了确保在仿真器未连接时，使该信号保持为已知值，且上拉电阻推荐值为 4.7 kΩ，如图 6-7 所示。

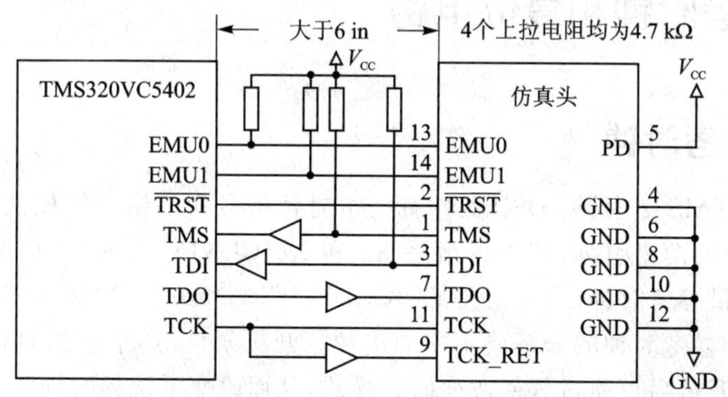

图 6-7　距离大于或等于 6 in 时的连接方法

为了获得高质量的信号(尤其是处理器的 TCK 和仿真器 TCK_RET 信号)，在进行印刷电路板布线时要特别小心，可能不得不用端接电阻来匹配线路阻抗。

也可以用目标系统产生的系统测试时钟，此时仿真器的 TCK 信号不连接，如图 6-8 所示。

在目标系统中产生测试时钟具有两个优点：其一是仿真器仅提供单一的 10.368 MHz的测试时钟，但是如果使用目标系统产生的系统测试时钟，则可根据系统的要求设置时钟频率，比较灵活；其二是在某些情况下，没有连接仿真器，目标系统中存在其他需要测试时钟的器件，此时就可以使用目标系统产生的系统测试时钟。

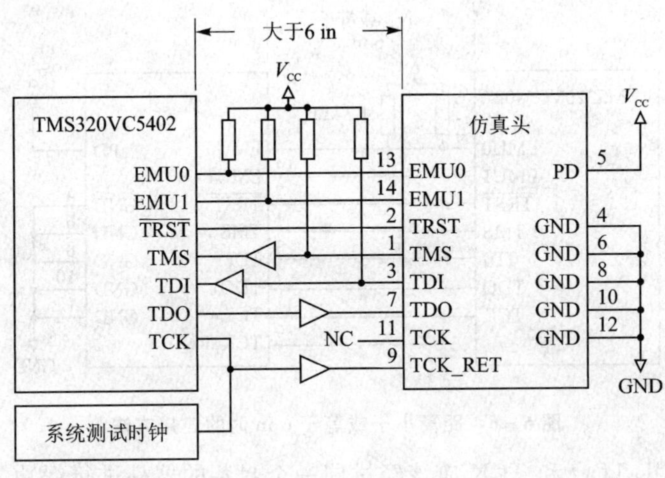

图 6-8　采用系统测试时钟时的电路原理图

6.4　参考时钟和复位电路

6.4.1　参考时钟

TI 公司 TMS320 系列 DSP 器件有一组时钟信号和一组时钟模式选择信号，分别对应芯片上的两组引脚：其中一组是 X1 和 X2/CLKIN，是时钟/振荡器的信号引脚，为系统提供参考时钟；另一组是 CLKMD1～CLKMD3，是时钟模式选择信号，设置系统时钟为参考时钟的分频或不同的倍频。开机复位时，系统的时钟由这两组信号共同确定，开机后可通过软件改变时钟模式，从而改变系统的时钟频率。

用户在进行应用系统目标板设计时，要完成参考时钟电路的设计，用户应首先确定系统的工作频率，然后确定时钟模式和外部输入时钟，从而确定外部晶体或晶振的频率。

参考时钟电路的连接有两种方式：

一种是连接外部晶体（也叫无源晶振），即在引脚 X1 和 X2 之间连接外部晶体，这种连接方式会使能内部振荡器电路，即外部晶体＋内部振荡器方式。开机上电时，系统时钟由内部振荡器频率和 CLKMD 引脚状态共同决定；初始化后，系统时钟由 CLKMD 寄存器的设定值决定，是振荡器频率的倍频，其电路原理图如图 6-9 所示。其中的负载电容 C_1 和 C_2 由所选用晶体的负载电容 C_L 决定，三者满足方程：$C_L = \dfrac{C_1 C_2}{C_1 + C_2}$。

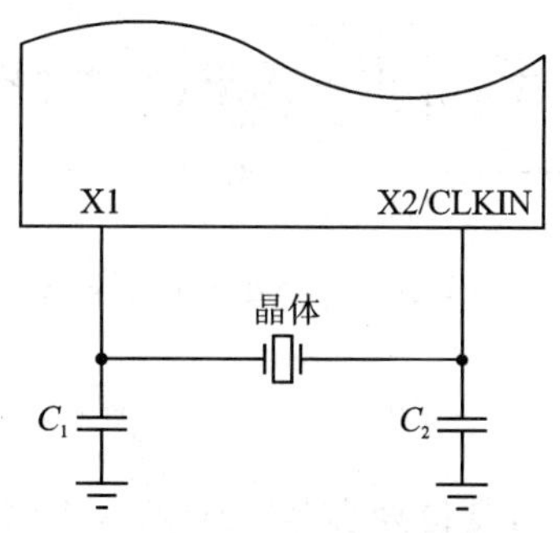

图6-9 外部晶体连接的原理图

另一种是连接外部有源晶振，即引脚 X1 悬空不连接，向引脚 X2/CLKIN 注入外部参考时钟，此时参考时钟直接由 X2 引脚注入，不使用片内振荡电路。系统时钟由参考时钟和 CLKMD 寄存器共同决定，电路连接原理在后面的实例中会看到。

这两种连接方法各有优点，应根据具体情况选择。选择时钟源电路时应注意以下要点。连接外部晶体时，需要使用 DSP 片内的振荡器，不存在电压限制的问题，可以适应于任何 DSP；连接外部有源晶振时，不需要 DSP 内部的振荡器，信号比较稳定，但是需要注意注入 X2 引脚的电平。当系统中要求多个不同频率的时钟信号时，首选可编程时钟芯片；当要求单一时钟信号时，选择晶体时钟电路；当有多个同频时钟信号时，选择晶振。尽量使用 DSP 片内的 PLL，降低片外时钟频率，提高系统的稳定性。C6000、C5510、C5409A、C5416、C5420、C5421 和 C5441 等 DSP 片内无振荡电路，不能使用晶体时钟电路；VC5401、VC5402、VC5409 和 F281x 等 DSP 有内部振荡器电路，时钟信号的电平为 1.8 V，建议采用晶体时钟电路。

下面以 VC5402 芯片的时钟电路为例进行说明，若采用外部晶体电路，则电路原理图如图 6-9 所示。在这种连接方式下，VC5402 芯片要求的外部输入时钟频率为 10～20 MHz，其中选用晶体为 HC-49U 系列 10 MHz，该晶体的负载电容参数为 C_L = 10 pF，因此负载电容 C_1 和 C_2 均选为瓷片电容，参数为 20 pF 或再稍大。

因 VC5402 有片上振荡器，所以也可以选用有源晶振连接，如果在引脚 X2 处的驱动电平正确，则 VC5402 的所有版本芯片都支持外部时钟源的这种连接方法。对于 VC5402 芯片而言，应注意 X2 引脚的参考电平为 1.8 V，而不是 3.3 V 的 I/O 电平，且 VC5402 要求 X2 引脚的输入参考时钟信号频率最高不超过 50 MHz，上升和下降时间不超过 8 ns，因此在选用有源晶振时要注意这些参数要求。对于 VC5402 芯片而言，其最高主时钟频率为 100 MHz，且其工作频率是可变的，因此其外接参考时钟也是不固定的，但是实际应用中一般选为 10 MHz。本实例选用的有源晶振为 SG-310SEF，频率为 10 MHz，电源电压为 1.8 V，上升/下降时间最大为 4 ns，外部参考时钟电路原理图如图 6-10 所示，其中 $\overline{ST}$ 为输出控制端，当其为高电平或悬空时，输出指定频率；当其为低电平时，输出为高阻抗，停止振荡。

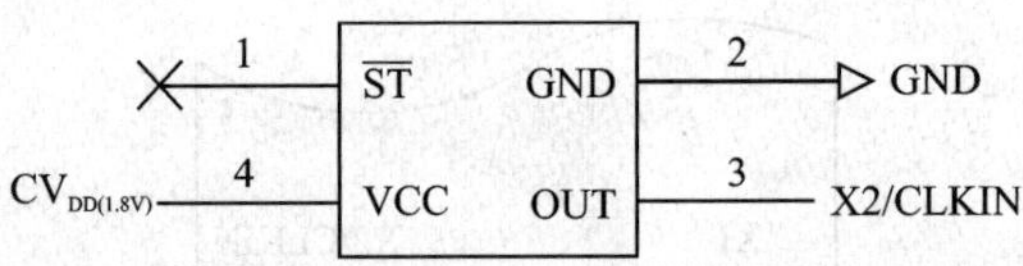

图 6-10　外部参考时钟电路

6.4.2　复位电路

在 DSP 应用系统设计中，复位处理是一个最基本又极为关键的问题。对于 TI 公司的 DSP 芯片而言，复位是不可屏蔽的外部中断，优先级别最高，一般在加电后芯片处于未知状态时或者当系统运行出错或不正常时，可以通过复位操作终止 DSP 芯片的运行，并使 CPU 和片上外设初始化为一种已知状态，所以每次复位后系统会重新运行初始化程序。

一般情况下，DSP 芯片的复位源只有 1 个，即复位引脚$\overline{\text{RS}}$。$\overline{\text{RS}}$ 产生一个低电平脉冲信号，能使芯片复位。为使系统在加电后能正确工作，$\overline{\text{RS}}$端的低电平有效持续时间至少需要 $4H+5$ ns，其中 $H=0.5$ 个 CPU 机器周期，以便产生足够长的内部复位脉冲以确保芯片复位。在$\overline{\text{RS}}$上升沿后的一定周期数，芯片完成对硬件的初始化并开始执行一条指令，通常这是一条分支到系统初始化程序的跳转指令。如果选定了 PLL 模式，那么，在上电过程中或从 IDLE3 唤醒的时候，$\overline{\text{RS}}$ 必须保持低电平至少 50 μs，以确保同步和锁定 PLL。

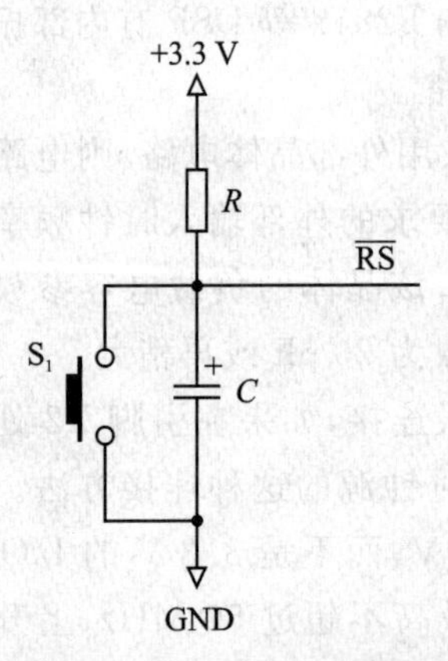

图 6-11　手动复位电路原理图

设计应用系统时，系统的电源模块会有一个复位输出信号。图 6-3 中的电源管理芯片 TPS767D318 上的输出引脚 $\overline{\text{1RESET}}$ 或 $\overline{\text{2RESET}}$，就可以连接到 DSP 芯片的复位引脚$\overline{\text{RS}}$。当系统的电源输出正常后，该信号输出有效的复位脉冲，控制 DSP 完成上电复位的过程。

当系统在运行过程中出现错误时，为了保证能恢复正常工作，应该增加一个强制手动复位电路，电路原理图如图 6-11 所示，其中的电阻值为 10 kΩ，电容采用 10 μF 钽电容即可。

对于要求比较严格的场合，可以考虑采用兼有复位功能电源电压监测和带有看门狗电路的集成电路芯片，来完成复位等功能。

6.5　存储器接口

C54x 芯片的存储器分为 3 个部分，即程序空间、数据空间和 I/O 空间，均为

64K×16 字,分别独立编址,外部程序空间、数据空间和 I/O 空间的地址和数据总线复用,完全依靠片选和读/写选通控制信号完成操作控制。不同型号芯片的片上存储器配置有所不同,例如 VC5402 芯片的片内 ROM 为 4K 字,片内 RAM 为 16K 字。实际应用系统中,常常因为片内存储器无法满足要求,需要扩展外部存储器,包括程序存储器扩展和数据存储器扩展,甚至 I/O 的扩展。

6.5.1 程序存储器扩展

应用系统的程序代码存放在程序存储器中,芯片配置的片内 ROM 中包含芯片出厂时固化的引导程序、常数表、中断向量表等内容,其容量有限且普通用户无法使用这部分存储器,因此用户的程序代码只能放到外部扩展的程序存储器中,并且这部分存储器应该是非易失性存储器。系统开机上电后,首先触发复位中断,复位中断负责跳转到引导程序并运行引导程序,即将外部扩展的程序存储器中的用户代码转移到内部快速程序存储器中,完毕后再次跳转到用户程序段的起始地址并开始执行。

在进行外部存储器扩展的时候,因考虑到 DSP 的速度较快,为了尽量提高 DSP 的运行速度,外部存储器的存取速度需要满足一定的条件,否则当 DSP 访问外部存储器时会出现错误。对于 C54x 系列,只能与异步的存储器直接相接。C54x 系列 DSP 的最高速度为 100 MHz 或 160 MHz,为保证 DSP 无等待运行,根据 DSP 芯片的速度不同,需要外部存储器的访问速度小于 10 ns 或小于 6 ns,但是现有的存储器无法满足这个要求,只能通过设置 DSP 芯片的等待周期来协调访问时序,可选的 Flash 存储器有 S29AL016D、AM29LV160D、MBM29LV160E、AM29LV400-55(即 SST39VF400)以及 AM29LV160DB-70EC 等,其中 AM29LV160DB-70EC 容量为 2M×8 bit 或 1M×16 bit,访问时间为 70 ns,电压为 3.3 V。该器件只能在最高频率为 100 MHz 的 DSP 应用系统中使用,且要设置 6 个等待周期;而型号为 AM29LV400-55(SST39VF400)的 Flash 存储器,容量为 256K×16 bit,访问时间为 55 ns,电压为 3.3 V,需要加入 5 或 9 个等待周期。

下面用以 VC5402 芯片为核心的 DSP 系统的外部程序存储器扩展来进行说明,所选外部存储器的型号为 S29AL016D 型 Flash 存储器,该存储器用来存放用户程序代码。当系统上电初始化时,通过 Bootloader 程序将代码移植到快速程序空间并运行。

VC5402 芯片的外部扩展程序存储器地址总线宽度为 20 条,最多可以扩展 1M 字外部程序存储器,但是 VC54x DSP 芯片的程序存储器、数据存储器以及 I/O 扩展均使用同样的地址和数据总线,所以,不同存储器和 I/O 之间控制逻辑的配合就非常重要,此时应选择逻辑控制芯片来完成程序存储器扩展、数据存储器扩展以及 I/O 扩展的兼容问题。

S29AL016D 是 1M×16 bit 的 Flash ROM,与 AM29LV160DB-70EC 和 MBM29LV160E 芯片完全兼容,有 20 条地址线 A0～A19、16 条数据线 DQ0～

DQ15，有 3 条控制线，分别是片选 CE＃、编程写入线 WE＃和读允许线 OE＃；此外，还有 8 bit 或 16 bit 模式选择引脚 BYTE＃，表示芯片准备好/忙碌状态的输出引脚 RY/BY＃、复位引脚 RESET＃、3.0 V 电源 V_{CC} 和电源地引脚 V_{SS} 等，其逻辑符号如图 6－12 所示。当 RY/BY＃引脚为高电平时选择 16 bit 模式，为低电平时选择 8 bit 模式；当 RY/BY＃引脚输出高电平时表示存储器准备好，可以进行读、写、复位等操作，该引脚输出低电平时表示存储器处于忙碌状态，不能进行读/写操作；S29AL016D 与 VC5402 的连接图如图 6－13 所示。

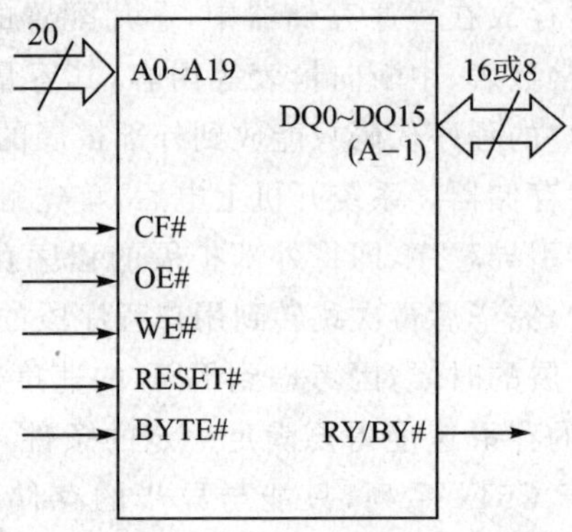

图 6－12　S29AL016D 的逻辑图

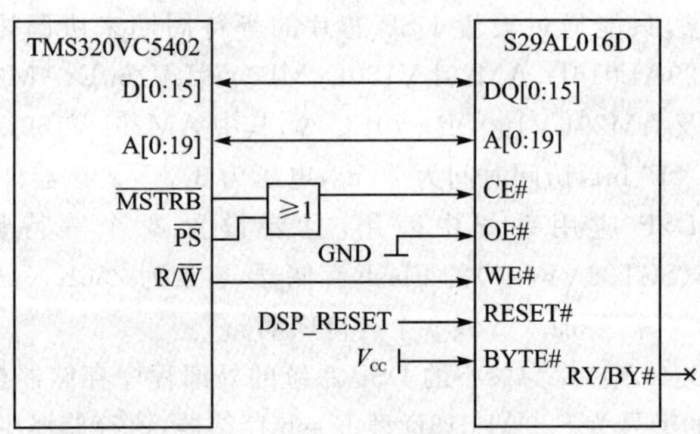

图 6－13　扩展程序存储器的连接图

6.5.2　数据存储器扩展

C54x 根据型号不同，所配置的内部 RAM 大小也不同，考虑到程序的运行速度、系统的整体功耗以及电路的抗干扰性能，在选择芯片时应尽量选择内部 RAM 大的芯片。但是，在某些情况下需要大量的数据运算和存储，因此，必须考虑外部数据存储器扩展的问题。因为 DSP 芯片的程序是在数据空间中运行，对速度要求比较高，因此建议采用高速存储器进行扩展。例如采用 IS61LV6416，该芯片为 3.3 V 单电源

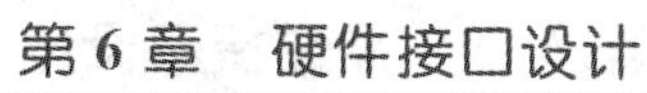

供电，不需要时钟和刷新的全静态操作，访问速度为 8 ns、10 ns、12 ns 或 15 ns。

下面用以 VC5402 芯片为核心的 DSP 系统的外部数据存储器扩展来进行说明，所选静态存储器的型号为 IS61LV6416－8TI。ISSI 生产的 IS61LV6416－8TI 是一种64K×16 bit 的高速静态 RAM，本例中选用的存储器是 44 引脚 TSOP 封装，访问时间为 8 ns，存储芯片的封装及引脚说明如图 6－14 所示。

引脚	序号	序号	引脚
A15	1	44	A0
A14	2	43	A1
A13	3	42	A2
A12	4	41	$\overline{\text{OE}}$
A11	5	40	$\overline{\text{UB}}$
$\overline{\text{CE}}$	6	39	$\overline{\text{LB}}$
I/O0	7	38	I/O15
I/O1	8	37	I/O14
I/O2	9	36	I/O13
I/O3	10	35	I/O12
VDD	11	34	GND
GND	12	33	VDD
I/O4	13	32	I/O11
I/O5	14	31	I/O10
I/O6	15	30	I/O9
I/O7	16	29	I/O8
$\overline{\text{WE}}$	17	28	NC
A10	18	27	A3
A9	19	26	A4
A8	20	25	A5
A7	21	24	A6
NC	22	23	NC

引脚说明

A0~A15	地址线输入
I/O0~I/O15	数据线输入/输出
$\overline{\text{CE}}$	片选输入
$\overline{\text{OE}}$	输出使能
$\overline{\text{WE}}$	写使能
$\overline{\text{LB}}$	低字节控制线(I/O0~I/O7)
$\overline{\text{UB}}$	高字节控制线(I/O8~I/O15)
NC	未连接
V_{DD}	电源
GND	地

图 6－14　IS61LV6416－8TI 的封装图及引脚说明

271

数据存储器扩展电路连接图如图 6－15 所示。

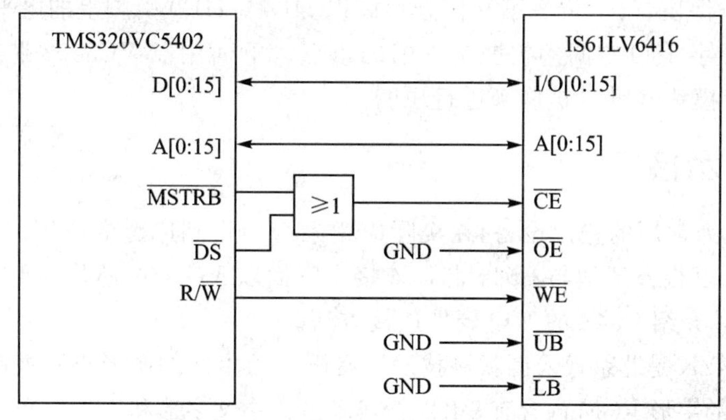

图 6－15　数据存储器扩展连接图

6.6 I/O接口

C54x的I/O资源包括通用I/O引脚、可配置为通用I/O口的多通道缓冲串口McBSP、主机接口HPI8以及64K字的I/O空间。

通用I/O引脚有两个,即$\overline{\text{BIO}}$和XF。输入引脚$\overline{\text{BIO}}$用来监控外围设备,可以根据$\overline{\text{BIO}}$引脚的状态(即外围设备的状态)决定分支转移的去向,以代替中断。外部标志输出引脚XF可以用来向外部器件发信号,通过软件命令SSBX和RSBX将该引脚置1或复位。

通过设置多通道缓冲串口(McBSP)的控制寄存器,可将多通道缓冲串口的各个引脚配置为通用的I/O引脚,其设置方法是首先使McBSP串口处于禁止和复位状态,也就是将寄存器SPCR[1,2]中的RRST位和XRST位置1,然后再将McBSP的引脚配置为通用I/O引脚,也就是根据需要设置寄存器PCR的值,因为PCR中含有各种控制位,能将缓冲串口的引脚设置为输入或输出,详细内容请参考第9章实例七"键盘接口及七段数码管显示"中的函数7279-54.C,其中有关于缓冲串口设置为通用I/O口的子函数mcbsp1_init()。

HPI的8条数据线引脚用做通用I/O引脚(其中5410不支持),当DSP芯片在复位时,若HPIENA引脚为低,则HPI接口的8位双向数据总线可用做通用的I/O引脚,此时两个存储器映射寄存器负责控制HPI数据引脚的通用I/O功能,这两个寄存器分别是通用I/O控制寄存器GPIOCR和通用I/O状态寄存器GPIOSR。GPIOCR寄存器的第15位负责控制定时器1输出使能,第14位~第8位保留,第7位~第0位分别对应控制HD7~HD0的数据传输方向。GPIOCR寄存器的第15位~第8位保留,第7位~第0位分别标识HD7~HD0引脚上的电平。

关于64K字I/O空间的扩展是本书的重点。下面用以VC5402芯片为核心的DSP系统显示模块和键盘扩展来进行说明。

6.6.1 显示接口

显示器作为常用的输出设备,在实际应用系统中得到广泛的应用。液晶模块作为I/O设备可以很方便地与C54x芯片连接。下面以VC5402芯片和LCM12864ZK液晶模块为例,介绍C54x的I/O硬件连接方法。

LCM12864ZK是北京青云创新科技发展有限公司生产的图形点阵液晶显示模块。LCM12864ZK的字形ROM内含有8 192个16×16点中文字形和128个16×8半宽的字母符号字形,绘图显示画面提供一个64×256点的绘图区域GDRAM,而且内含的CGRAM提供4组软件可编程的16×16点造字功能,接口灵活,有并行8/4位和串行3线/2线模式,电源范围宽,模块出厂时分为3 V或5 V,用户可根据具体项目选择指定任意一种。本例中选择电源电压为3 V,其引脚说明如表6-3所列。

表 6-3　LCM12864ZK 的引脚说明

引　脚	名　称	方　向	说　明
1	K	X	背光源负极，接 0 V
2	A	X	背光源正极，接 4.2 V
3	GND	X	地
4	VCC	X	3 V/5 V
5	NC	X	未连接
6	RS(CS)	I	选择寄存器(并行)：0，指令寄存器；1，数据寄存器。 片选(串行)：0，禁止；1，允许
7	RW(SID)	I	读/写控制脚(并行)：0，写入；1，读出。输入串行数据(串行)
8	E(SCLK)	I	读/写数据起始脚(并行)，输入串行脉冲(串行)
9～16	D0～D7	I/O	数据线 0～数据线 7
17	PSB	I/O	控制界面：0，串行；1，并行 8/4 位
18	$\overline{\text{RST}}$	I/O	复位信号，低有效
19	VR	X	LCD 亮度调整，外接电阻端
20	VO	X	LCD 亮度调整，外接电阻端

本实例中液晶显示模块采用 8 位并行模式，所以引脚 PSB 接高电平，固定为并行模式，同时在程序中通过指令设置并行数据块读为 8 位。在并行模式下，引脚 6 为寄存器选择引脚 RS，与 VC5402 的 A0 直接连接；引脚 7 为读/写控制引脚 RW，与 VC5402 的读/写控制引脚直接连接；VC5402 的引脚$\overline{\text{IOSTRB}}$、A15 和 A2 通过地址编码后与液晶模块的引脚 8 相连接，作为液晶模块的使能控制引脚。这样，I/O 空间扩展的 8 位并行显示接口地址映射为 0x8004H 和 0x8005H。其中 0x8004H 为指令端口地址，0x8005H 为数据端口地址，电路连接图如图 6-16 所示。其相应的程序参见第 9 章实例八中关于 LCD 输出显示的内容。

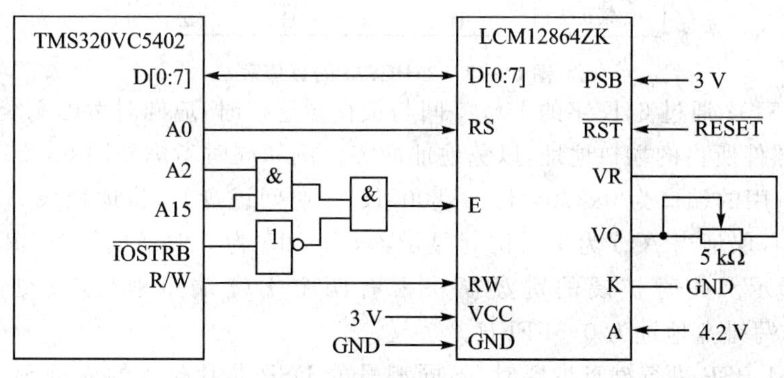

图 6-16　扩展液晶模块的电路连接图

6.6.2 按键接口

键盘接口连接方法很灵活，通过HPI口、McBSP口以及64K字的I/O空间均可以进行扩展，本书主要介绍两种方法扩展键盘：一种是通过64K字的I/O口扩展键盘的方法，另一种是通过McBSP口扩展键盘的方法，两种扩展方法均是在以VC5402芯片为核心的DSP系统基础上进行的，下面分别介绍。

当通过64K字的I/O空间进行键盘扩展时，因键盘的按键数通常较多，故需要采用锁存器实现对键盘系统的操作。例如通过锁存器扩展一个3×5的矩阵式键盘，锁存器型号采用的是74HC573，其逻辑符号及引脚说明如图6-17所示，其真值表如图6-18所示。

引脚	左侧	右侧	引脚
1	$\overline{OE}$	VCC	20
2	D0	Q0	19
3	D1	Q1	18
4	D2	Q2	17
5	D3	Q3	16
6	D4	Q4	15
7	D5	Q5	14
8	D6	Q6	13
9	D7	Q7	12
10	GND	LE	11

引脚说明

引脚序号	引脚符号	名称和功能
2、3、4、5、6、7、8、9	D0~D7	输入数据
11	LE	锁存使能输入(高有效)
1	$\overline{OE}$	三态输出使能输入端(低有效)
10	GND	地(0 V)
19、18、17、16、15、14、13、12	Q0~Q7	三态锁存输出
20	VCC	正电源

图6-17 74HC573的逻辑符号及引脚说明

操作模式	输入			内部锁存	输出 Q0~Q7
	$\overline{OE}$	LE	D_N		
使能和读寄存器(透明模式)	L	H	L	L	L
	L	H	H	H	H
锁存并读寄存器	L	L	l	L	L
	L	L	h	H	H
锁存寄存器和禁止输出	H	L	l	L	Z
	H	L	h	H	Z

图6-18 74HC573的真值表

当VC5402通过64K字的I/O空间与锁存器连接时，应同时考虑系统中扩展的其他I/O器件所占的端口地址，以免地址冲突。例如同时考虑到图6-16中扩展的显示模块占用的端口为0x8004H～0x8005H，在访问键盘时，将地址线A15加入到地址译码中，保证当A15为1时访问显示器，当A15为0时访问键盘，其连接图如图6-19所示。此时扩展的键盘模块占有两个I/O端口地址，读键盘地址为0x3FFFH，写键盘地址为0x5FFFH。

通过McBSP进行键盘扩展时，不同型号的DSP芯片包含的McBSP的数量不同。VC5402含有两个多通道缓冲串口McBSP0和McBSP1，本实例使用McBSP1

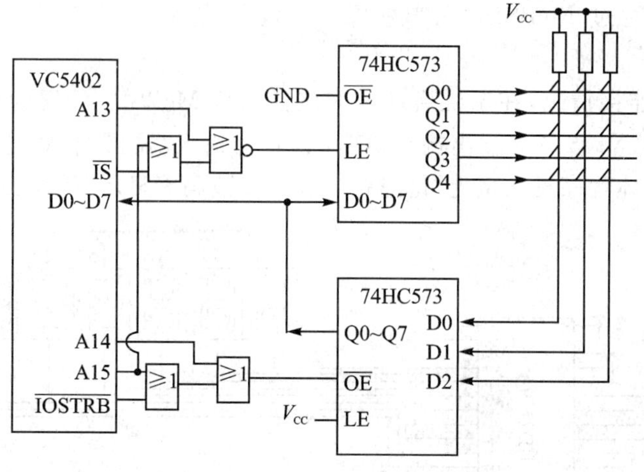

图 6-19　键盘扩展连接图

口进行键盘的扩展，需要用到一个驱动芯片，其型号为 HD7279A。HD7279A 芯片是一片具有串行接口的、可同时驱动 8 位共阴极数码管（或 64 只独立 LED）的智能显示驱动芯片。该芯片同时还可连接多达 64 键的键盘矩阵，单片即可完成 LED 显示、键盘接口的全部功能；具有串行接口，无需外围元件即可直接驱动 LED；具有各位独立控制译码/不译码及消隐和闪烁属性；具有（循环）左移/（循环）右移指令；具有段寻址指令，方便控制独立 LED；具有 64 键键盘控制，内含去抖电路；具有 DIP 和 SOIC两种封装形式可供选择，其封装图及引脚功能如图 6-20 所示。

引　脚	名　称	说　明
1, 2	VDD	正电源
3, 5	NC	无连接，必须悬空
4	VSS	接地
6	$\overline{CS}$	片选输入端，此引脚为低电平时，可向芯片发送指令及读取键盘数据
7	CLK	同步时钟输入端，向芯片发送数据及读取键盘数据时，此引脚是平上升沿表示数据有效
8	DATA	串行数据输入/输出端，当芯片接收指令时，此引脚为输入端；当读取键盘数据时，此引脚在“读”指令最后一个时钟的下降沿变为输出端
9	$\overline{KEY}$	按键有效输出端，平时为高电平，当检测到有效按键时，此引脚变为低电平
10~16	SG~SA	段g~段a驱动输出
17	DP	小数点驱动输出
18~25	DIG0~DIG7	数字0~数字7驱动输出
26	CLKO	振荡输出端
27	RC	RC振荡器连接端
28	RESET	复位端

图 6-20　HD7279A 的封装图及引脚功能

本实例中通过 McBSP1 端口扩展 16 键键盘和 8 位数码管，其电路连接如图 6-21 所示。

根据电路连接情况，在系统启动后应该首先将 McBSP1 设置为通用 I/O 口，并将 BDX1、BCLKX1 设置为输出端。BDR1 设置为输入/输出端，通过 BFSX1 控制数据传输方向，具体程序见实例七"键盘接口及七段数码管显示"的相关内容。

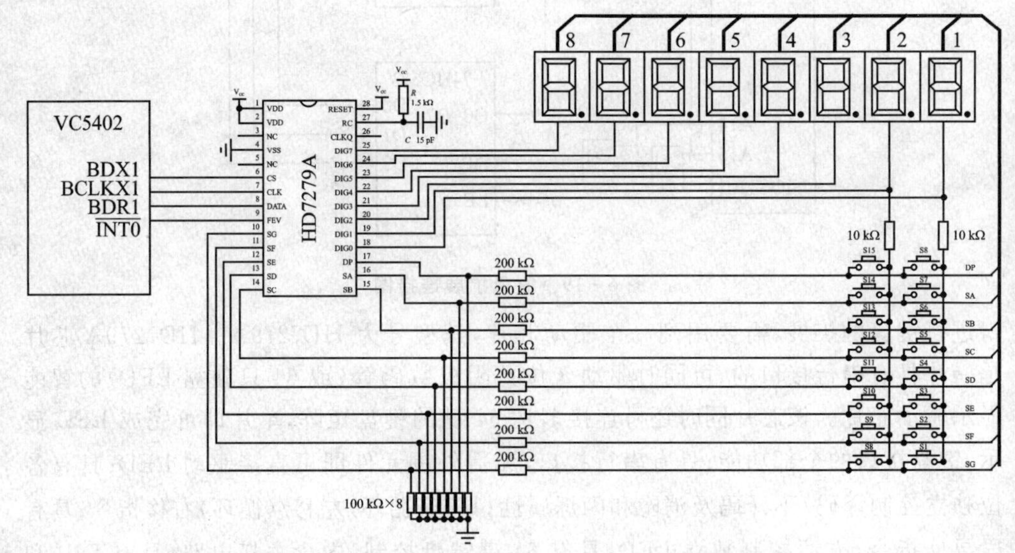

图 6-21 通过 McBSP1 扩展的键盘及数码管的连接图

6.7 A/D 和 D/A 接口

TMS320C54x 可以直接和 D/A 转换芯片、A/D 转换芯片连接，实现与外部设备之间的通信，也可以方便地与集成音频 AD/DA 芯片连接，实现语音信号的处理。下面分别举例说明 TMS320VC5402 芯片与各种芯片连接的方法。

6.7.1 与 D/A 转换芯片的连接

本节主要介绍 D/A 转换器 AD7303 与 TMS320VC5402 的硬件接口设计。AD7303 是 AD 公司生产的一款串行输入、双电压输出的 8 bit D/A 转换器，其工作电压为+2.7～+5.5 V，具有 QSPI、SPI 和 Microwire 兼容的三线接口。其时钟频率最高达 30 MHz，输出电压摆幅为 0 V～电源电压。其串行输入移位寄存器为 16 bit，其中 8 bit 是 DAC 单元的输入数据，另外 8 bit 构成控制寄存器。芯片的功能框图如图 6-22 所示，引脚配置图如图 6-23 所示，引脚功能如表 6-4 所列。

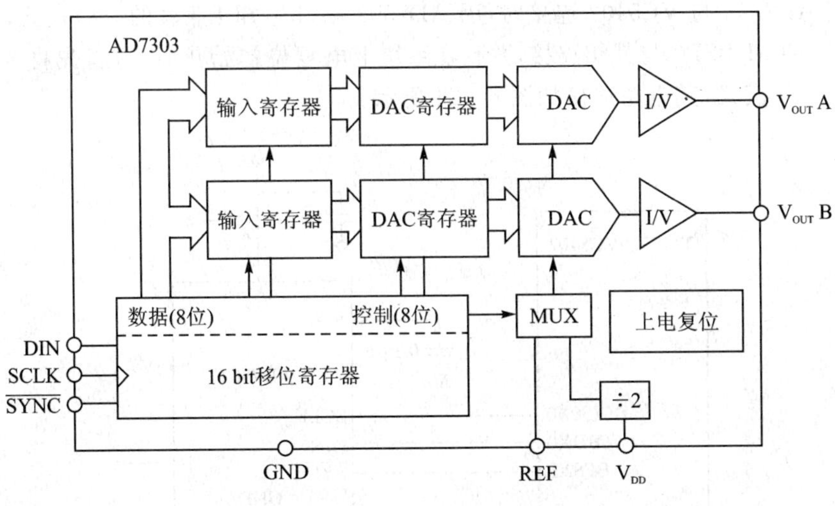

图 6-22 AD7303 的功能框图

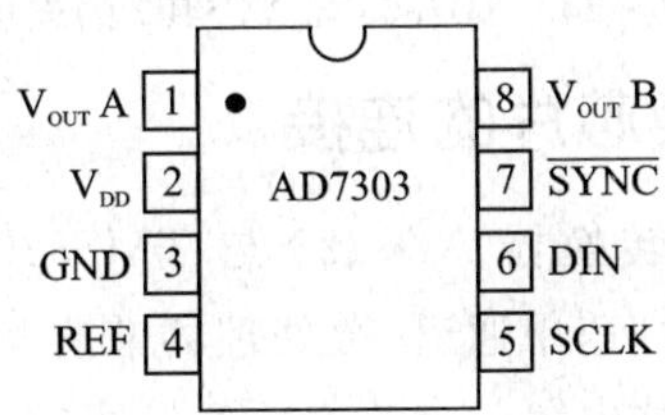

图 6-23 AD7303 的引脚配置

表 6-4 AD7303 的引脚功能

引脚序号	名 称	功 能
1	V_{out}A	A路DAC输出的模拟电压，输出放大器的摆幅接近电源的范围
2	V_{DD}	输入电源，操作范围在+2.7～+5.5 V之间，且应该与GND耦合
3	GND	元件上所有电路的参考地
4	REF	外部参考电压输入，可通过设置控制寄存器中的$\overline{INT}$/EXT位来选择是否将其作为两个DAC单元的参考电压，其输入范围为1 V～V_{DD}/2。如果选择使用内部参考电压，则在REF引脚出现的电压可作为一个去耦输出。当使用内部参考电压时，外部电压不要与REF引脚连接，此时该引脚通过一个0.1 μF电容接地即可
5	SCLK	串行输入时钟，输入数据在该时钟的上升沿锁存到输入移位寄存器中，数据传输频率最高达30 MHz
6	DIN	串行数据输入，该器件有一个16 bit的移位寄存器，8位是数据，8位是控制信号，在输入时钟的上升沿将数据锁存到寄存器中
7	$\overline{SYNC}$	电平触发的控制输入端(低有效)，是输入数据的帧同步信号，当该信号变低时，输入移位寄存器使能，且在之后的时钟上升沿传输数据，其上升沿会刷新相关的寄存器
8	V_{out}B	B路DAC输出的模拟电压，输出放大器的摆幅接近电源的范围

当 AD7303 与 VC5402 连接时，因 AD7303 接口为 SPI 兼容的三线模式，可选择 VC5402 的 McBSP0 与其相连接，并且在系统上电复位初始化时，应首先将 McBSP0 设置为 SPI 模式，其电路连接如图 6－24 所示。

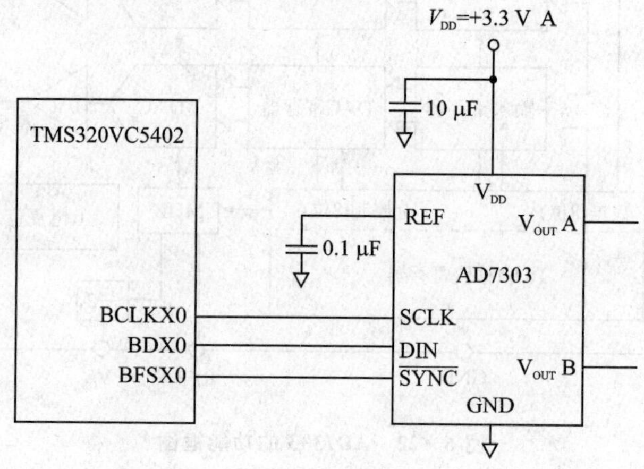

图 6－24　AD7303 与 VC5402 的连接图

6.7.2　与 A/D 转换芯片的连接

本小节主要介绍 A/D 转换器 AD7822 与 TMS320VC5402 的硬件接口设计，AD7822 是 AD 公司生产的高速单通道、微处理器兼容型、8 位模/数转换器（ADC），最大吞吐量为 2 MSPS。器件内置一个 2.5 V（2 %容差）片内基准电压源、一个采样保持放大器、一个 420 ns 的 8 位半快速型（half-flash）ADC 和一个高速并行接口，可采用 3(1±10%)V 和 5(1±10%)V 单电源供电。该并行接口可方便地与微处理器和 DSP 进行接口，仅使用地址解码逻辑就能很容易实现到微处理器地址空间的映射。芯片的引脚配置图如图 6－25 所示，引脚功能如表 6－5 所列。

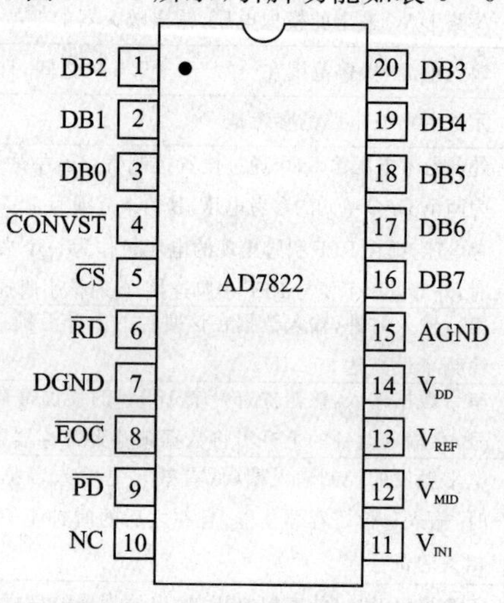

图 6－25　AD7822 的引脚配置

表 6-5　AD7822 的引脚功能

引脚序号	名　称	功　能
11	V_{IN1}	模拟输入通道，根据电源电压 V_{DD} 的不同，该输入电压有两档，可随 V_{MID} 引脚电压的不同定位在 AGND 与 V_{DD} 范围内的任何位置，其默认输入范围（V_{MID} 引脚不连接）是 AGND～2V（V_{DD}＝3(1±10 %)V）或 AGND～2.5 V（V_{DD}＝5(1±10 %)V）
14	V_{DD}	正电源，3(1±10 %)V 和 5(1±10 %)V
15	AGND	模拟地
7	DGND	数字地
4	$\overline{CONVST}$	逻辑输入启动信号，在该信号的下降沿开始启动 8 bit 的模/数转换。该信号的下降沿使跟踪/保持器处于保持模式，120 ns 后再进入跟踪模式。在转换结束的时候检查该信号的状态，如果该信号为低，则芯片就进入省电模式
8	$\overline{EOC}$	逻辑输出，表示转换结束的信号。当转换已经完成或数据已经锁存到门阵列中时，可用来作为微控制器的中断输入信号
5	$\overline{CS}$	逻辑输入片选信号，该信号用来使能 AD7822 的并口，如果 ADC 与多个器件共享通用数据总线，则该信号就是必需的
9	$\overline{PD}$	逻辑输入低功耗引脚，当该引脚为低电平时，芯片处于省电模式；当该引脚为高电平时，芯片会进入正常模式
6	$\overline{RD}$	逻辑输入读信号，该信号能使输出缓冲器退出高阻态并使数据出现在总线上，该信号和片选信号同时为低电平才能使能数据总线
3～1，20～16	DB0～DB7	数据输出线，通常为高阻态，当读信号和片选信号均有效时，总线才有效
13	V_{REF}	模拟输入和输出，外部基准电压连接到该引脚，内部基准电压会出现在该引脚上

在对 VC5402 进行 AD 扩展时，将 AD7822 扩展到 DSP 的 I/O 空间，地址为 0x8002h，其电路连接如图 6-26 所示。因为 AD7822 是＋5 V 器件，其输出电压超过 4 V，因此输出到 VC5402 的 8 bit 并行数据线和 $\overline{EOC}$ 信号需要经过电平转换，在该电路中是通过 CPLD 芯片完成的。此外，地址解码逻辑也可以同时在 CPLD 中实现。关于转换器启动信号 $\overline{CONVST}$，在该电路中是通过 CPLD 对 2 MHz 晶振分频后得到的。

6.7.3　与集成音频 AD / DA 芯片的连接

适合于对语音信号进行处理是 DSP 芯片的一个主要优点。音频信号的输入/输出是大部分 DSP 系统的一个主要部分，如果分别采用独立的 AD 和 DA 芯片进行接口设计，则系统连线复杂，还需要更多外围电路，设计难度大，成功率低。TI 公司生产的一系列音频段的模拟接口芯片（AIC），可单片完成 AD 和 DA 功能，例如 TLC320AC01、TLC320AD50、TLV320AIC10、TLV320AIC23 等，本小节介绍 TLV320AIC23 与 TMS320VC5402 的硬件接口设计。

TLV320AIC23 是一款具有高度集成模拟功能的立体声语音编解码芯片，内部

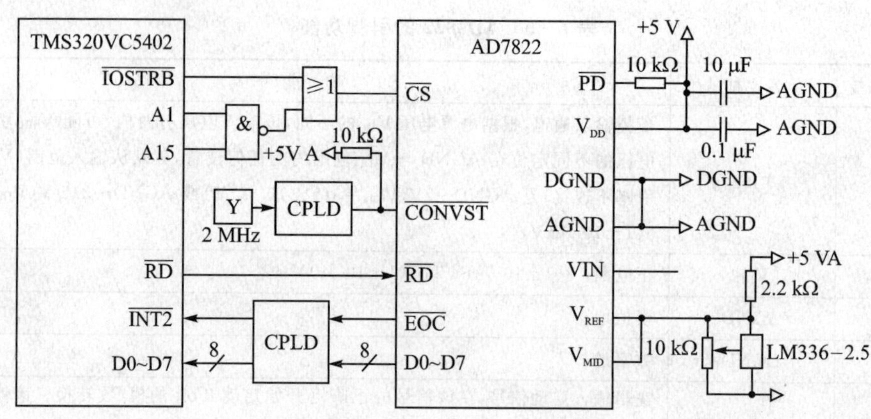

图 6－26　AD7822 与 VC5402 的连接

的 ADCs 和 DACs 采用了具有集成过采样数字内插滤波器的多位 Σ－Δ 技术，数据转换字长为 16/20/24/32 位，采样率为 8～96 kHz，ADC 的 Σ－Δ 调制器具有三阶多位结构，采样频率达到 96 kHz 时，其信噪比达到 90 dBA，能低功耗地完成高保真压缩语音录制，而 DAC 的 Σ－Δ 调制器具有二阶多位结构，采样频率达到 96 kHz 时，其信噪比达到 100 dBA，能实现高保真的语音回放，且回放功率小于 23 mW，是 MP3 等便携式数字语音录放应用的理想选择。

集成的模拟部分包括带有模拟旁通路径的立体声线性输入、带有模拟音量控制和静音的立体声耳机放大器、完整的驻极体传声器碳晶盒偏置和缓冲方案，耳机放大器能够向每个通道上的 32 Ω 的负载提供 30 mW 的功率。

其主要性能参数包括：

- 高性能立体声编解码：48 kHz 采样频率下输入/输出信噪比分别达到 90 dBA 和 100 dBA，1.42～3.6 V 内核数字电源兼容 C54xx 的核电压，2.7～3.6 V 的缓冲和模拟电源兼容 C54xx 的缓冲电压，支持 8～96 kHz 采样频率。
- 通过 TI 的 McBSP 兼容的多协议串口软件控制支持 I^2C 和 SPI 兼容的串口协议，与 TI 的 McBSP 无缝连接。
- 通过 TI 的 McBSP 兼容的可编程语音接口实现音频数据的输入、输出：I^2S 兼容接口仅需要一个 McBSP 用于 ADC 和 DAC，标准的 I^2S 左对齐或右对齐数据传输，16/20/24/32 位字长，与 TI 的 McBSP 无缝连接。
- 集成的完整的驻极体传声器碳晶盒偏置和缓冲方案。
- 立体声线路输入/输出。
- ADC 立体声线路输入和麦克风输入可选。
- 模拟音量控制和静音。
- 高效线路耳机放大器。
- 软件可控制的功耗管理。

TLV320AIC23 的 PW 封装的引脚分布如图 6－27 所示，引脚功能如表6－6 所列。

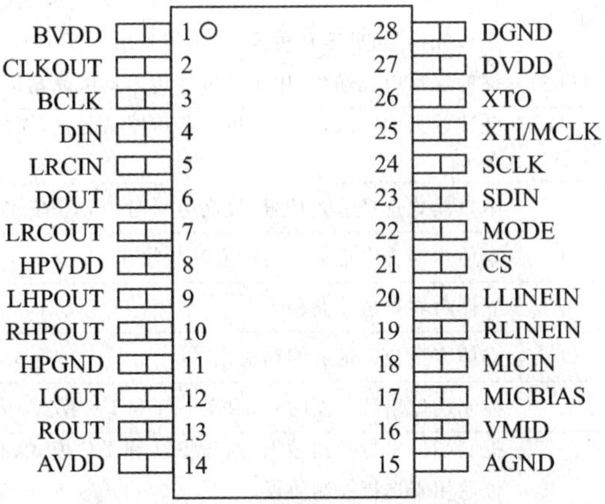

引脚	名称	引脚	名称
1	BVDD	28	DGND
2	CLKOUT	27	DVDD
3	BCLK	26	XTO
4	DIN	25	XTI/MCLK
5	LRCIN	24	SCLK
6	DOUT	23	SDIN
7	LRCOUT	22	MODE
8	HPVDD	21	$\overline{CS}$
9	LHPOUT	20	LLINEIN
10	RHPOUT	19	RLINEIN
11	HPGND	18	MICIN
12	LOUT	17	MICBIAS
13	ROUT	16	VMID
14	AVDD	15	AGND

图 6－27　TLV320AIC23 的引脚分布

表 6－6　TLV320AIC23 引脚功能

序　号	名　称	I/O	功　能
15	AGND		模拟电源地
14	AVDD		＋3.3 V 模拟电源输入
3	BCLK	I/O	I^2C 串行时钟，处于音频主模式时，AIC 产生并向 DSP 发送该信号；处于从模式时，该信号由 DSP 产生
1	BVDD		缓冲器电源输入，范围是 2.7～3.6 V
2	CLKOUT	O	时钟输出，是 XTI 输入的缓冲信号，以 XTI 频率的 1 倍或 0.5 倍出现，采样率控制寄存器的 0～7 bit 控制频率的选择
21	$\overline{CS}$	I	控制端口输入的锁存/地址选择引脚，对于 SPI 控制模式，该输入控制数据锁存，对于 I^2C 控制模式，该输入决定器件地址段的第 7 bit
4	DIN	I	输入到 Σ－Δ 立体声 DAC 的 I^2S 格式串行数据
28	DGND		数字电源地
6	DOUT	O	从 Σ－Δ 立体声 ADC 输出的 I^2C 格式串行数据
27	DVDD		数字电源输入，3.3 V
11	HPGND		模拟耳机放大器电源地
8	HPVDD		模拟耳机放大器电源输入，电压为 3.3 V
9	LHPOUT	O	立体声混合放大器耳机左声道输出
20	LLINEIN	I	立体声线路左声道输入
12	LOUT	O	立体声混合声道左线输出
5	LRCIN	I/O	I^2S 模式下 DAC 字时钟信号，处于音频主模式时，AIC 产生并向 DSP 发送该帧信号；处于从模式时，该信号由 DSP 产生

续表 6-6

序 号	名 称	I/O	功 能
7	LRCOUT	I/O	I^2S 模式下 ADC 字时钟信号，处于音频主模式时，AIC 产生并向 DSP 发送该帧信号；处于从模式时，该信号由 DSP 产生
17	MICBIAS	O	缓冲低噪电压输出，用于驻极体传声器碳晶盒偏置，电压为 AVDD 的 3/4
18	MICIN	I	缓冲放大器输入，用于驻极体传声器碳晶盒，无外部电阻时默认放大倍数为 5
22	MODE	I	串口模式选择输入信号，接高电平时为 SPI 模式，接低电平时为 I^2C 模式
10	RHPOUT	O	立体声混合声道放大后的右耳机输出
19	RLINEIN	I	立体声右声道线路输入
13	ROUT	O	立体声混合声道右线路输出
24	SCLK	I	控制端口串行数据时钟，对于 SPI 和 I^2C 模式，是串行时钟输入
23	SDIN	I	控制端口串行数据输入，对于 SPI 和 I^2C 模式，是串行数据输入，也在复位后用于选择控制协议
16	VMID	I	中值电压去耦输入，为了滤掉噪声，该引脚应该与 10 μF 和 0.1 μF 的两个电容相并联，其电压为 AVDD 的 1/2
25	XTI/MCLK	I	晶体或外部时钟输入，用于驱动 AIC23 上的所有内部时钟
26	XTO	O	晶体输出，在 AIC23 作为音频时钟主器件时连接到外部晶体，使用外部时钟时不连接

TLV320AIC23 的引脚分为 5 个模块，包括控制接口、数字音频接口、模拟输入/输出、时钟和电源模块。下面以 AIC23 与 TMS320VC5402 的连接为例分别说明各个电路的连接方法。

1. 控制接口

AIC23 的控制接口有 I^2C 和 SPI 两种方式，可通过 22 引脚 MODE 的电平状态选择，当 MODE 为低电平时，AIC23 的控制接口为 I^2C 方式；当 MODE 为高电平时，AIC23 的控制接口为 SPI 方式，且 MODE 必须硬件连接高电平或低电平。本例中控制接口设置为 SPI 方式，因此 MODE 引脚固定接高电平。此时的 SPI 方式控制接口为 3 线制，包括 $\overline{CS}$、SCLK 和 SDIN，将该控制接口与 VC5402 的 McBSP0 进行连接，因此也需要在程序初始化时将 McBSP0 设置成 SPI 模式，这样就可以通过 McBSP0 来设置 AIC23 的寄存器，从而设置 AIC23 的工作方式和各参数。控制接口与 VC5402 的连接如图 6-28 所示。

2. 数字音频接口

AIC23 的数字音频接口有 4 种工作方式，即右对齐、左对齐、I^2S 模式和 DSP 模式。这 4 种工作方式都是 MSB 在先，16～32 位可变字宽。数字音频接口包括时钟信号 BCLK、数据信号 DIN 和 DOUT、同步信号 LRCIN 和 LRCOUT，在主模式下 BCLK 是输出信号，在从模式下 SCLK 是输入信号。AIC23 与 VC5402 连接时，数字音频接口与 McBSP1 相连接，AIC23 设为主模式，这可通过设置数字音频接口模式寄存器中的D6位来实现,此时SCLK由AIC23输出,这就需要AIC23产生时钟信号,该信号可通过外部连接12.288 MHz的晶振实现。该电路的控制接口、数字音频接口以及时钟和电源模块的电路连接如图6-28所示。

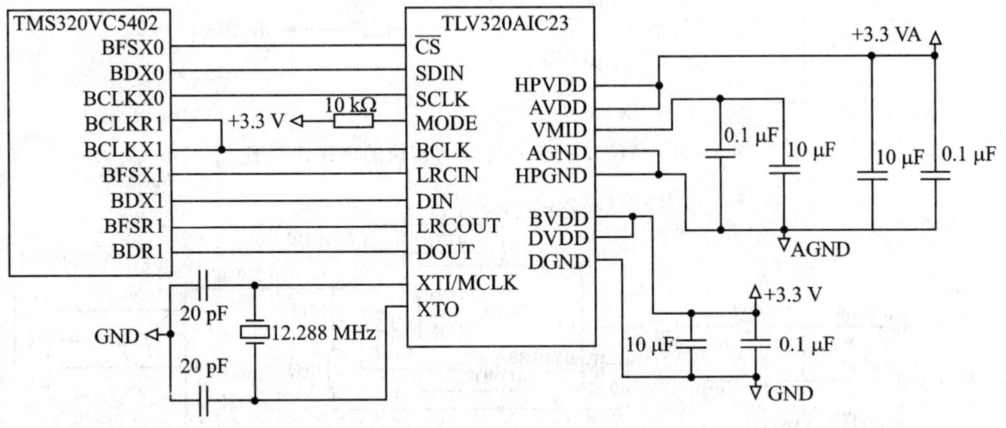

图6-28 AIC23与VC5402的部分模块的电路连接图

3. 模拟输入/输出模块

AIC23的模拟输入接口包括立体声输入、MIC输入。立体声输入分为左右两个声道,其左右声道的电路结构相同,其电路连接图如图6-29所示。

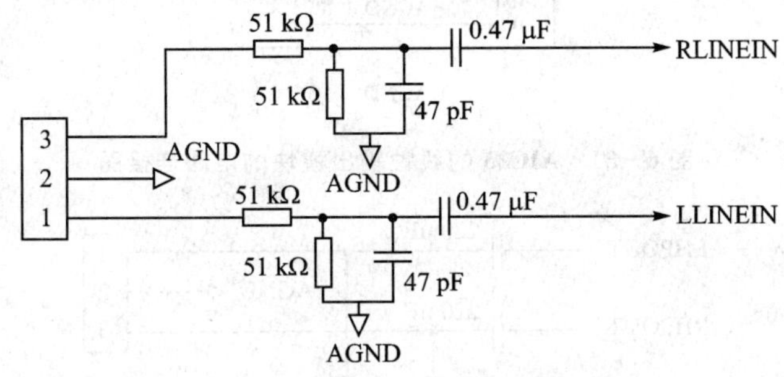

图6-29 AIC23的立体声输入模块的电路连接图

MIC输入主要是进行现场声音采集,由于传声器是无源器件,所以要提供必要的偏置电源。AIC23的MIC输入包括传声器偏压引脚MICBIAS和传声器输入引脚MICIN,其电路连接如图6-30所示。

AIC23的模拟输出接口包括立体声输出和耳机输出,立体声输出也分为左右两个声道,其左右声道的电路结构相同,因为立体声输出在AIC23内部没有经过放大电路,为了驱动外部听筒,需要增加音频功放电路,其电路连接如图6-31所示。

AIC23的内部包含耳机放大器驱动电路,不需要外部驱动电路,其输出引脚包括左声道耳机放大器输出LHPOUT和右声道耳机放大器输出RHPOUT两个引脚，其电路连接如图 6－32 所示。

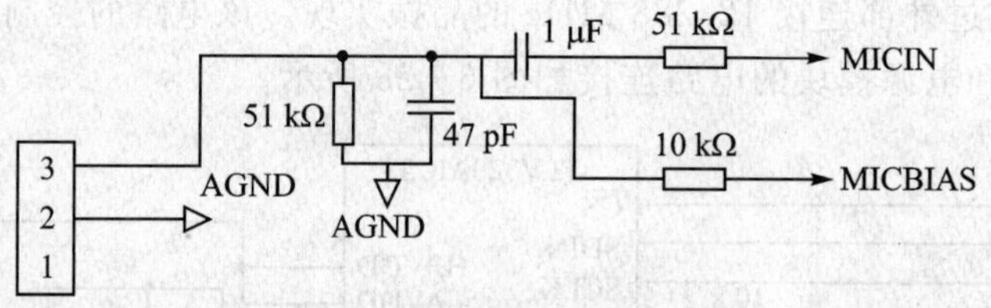

图 6－30 AIC23 的传声器输入模块的电路连接图

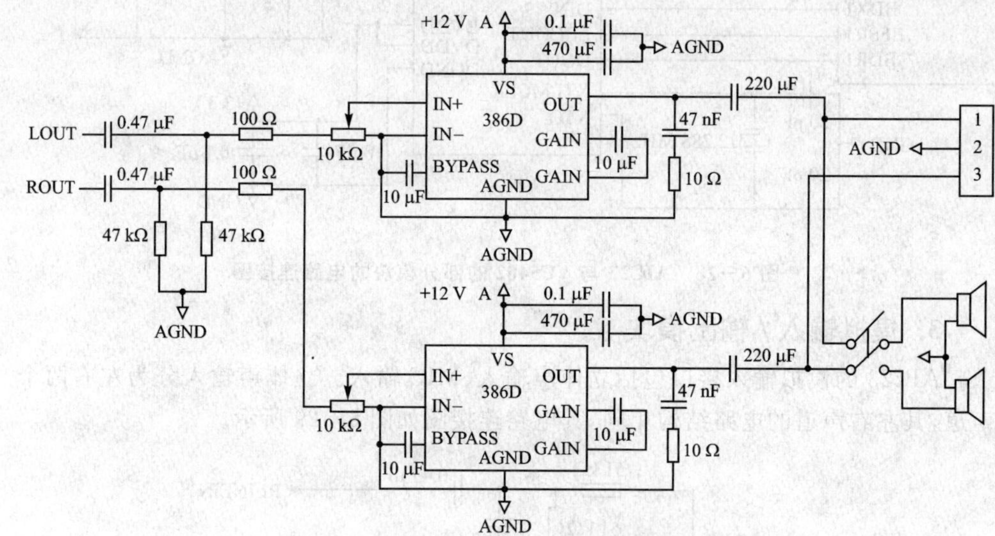

图 6－31 AIC23 的线性输出模块的电路连接图

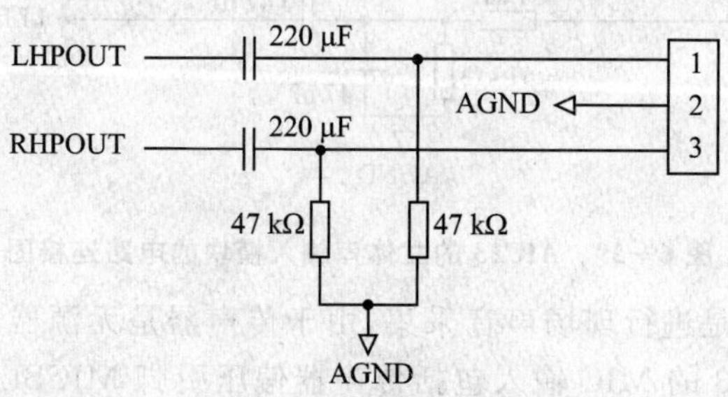

图 6－32 AIC23 的耳机输出模块的连接图

6.8 混合逻辑电平电路

TI DSP 的发展同集成电路的发展一样，新的 DSP 都是 3.3 V 的，但目前还有许多外围电路是 5 V 的。这两种器件的逻辑电压数据不同，其参考数据如表 6－7 所列。有些器件不能直接连接，因此在 DSP 系统中，经常有 5 V 和 3.3 V 器件的混接问题。

表 6-7　5 V 和 3.3 V 逻辑电平参考数据

逻辑电压	5V CMOS	5V TTL	3.3V 逻辑电平
输出高电平/V	4.4	2.4	2.4
输出低电平/V	0.5	0.4	0.4
输入高电平/V	3.5	2.0	2.0
输入低电平/V	1.5	0.8	0.8
电平分界值/V	2.5	1.5	1.5

由表 6-7 可以看出，在多电平混接的系统中，DSP 输出给 5 V 的电路(如 D/A)，无需加任何缓冲电路，可以直接连接；DSP 输入 5 V 的信号(如 A/D)，由于输入信号的电压>4 V，超过了 DSP 的电源电压，DSP 的外部信号没有保护电路，需要加缓冲，如 74LVC245 等，故将 5 V 信号变成 3.3 V 的信号；仿真器的 JTAG 口的信号也必须为 3.3V，否则有可能损坏 DSP。

在实际应用中，电平变换的方法很多，需要根据具体情况选择不同的方法，一般有以下 5 种：

① 总线收发器(Bus Transceiver)：常用器件有 SN74LVTH245A(8 位)、SN74LVTH16245A(16 位)。其特点是 3.3 V 供电，需进行方向控制，延迟时间为 3.5 ns，驱动电流为-32 mA/64 mA，输入容限为 5 V，主要用于数据、地址和控制总线的驱动。

② 总线开关(Bus Switch)：常用器件有 SN74CBTD3384(10 位)、SN74CBTD16210(20 位)。其特点为 5 V 供电，无需方向控制，延迟时间为 0.25 ns，驱动能力不增加，主要适用于信号方向灵活且负载单一的应用，如 McBSP 等外设信号的电平变换。

③ 2 选 1 切换器(1 of 2 Multiplexer)：常用器件有 SN74CBT3257(4 位)、SN74CBT16292(12 位)，其特点是可实现 2 选 1，5 V 供电，无需方向控制，延迟时间为 0.25 ns，驱动能力不增加，主要适用于多路切换信号且要进行电平变换的应用，如双路复用的 McBSP。

④ CPLD：3.3 V 供电，但输入容限为 5 V，并且延迟较大，通常>7 ns，适用于少量的对延迟要求不高的输入信号。

⑤ 电阻分压：10 kΩ 和 20 kΩ 串联分压，5 V×20÷(10+20)≈3.3 V。

由于电子技术的发展，低电压芯片已经是将来的发展方向，所以在系统设计时，应尽量避免使用 5 V 器件，这样不仅能避免复杂的混接电路设计，还能降低系统的整体功耗，简化电路设计。

6.9 引导加载

在 TI DSP 的集成开发环境 CCS 下，PC 通过 JTAG 电缆与用户目标系统中的 DSP 进行通信，帮助用户完成调试工作。当用户完成开发调试任务，需要将 DSP 目标系统产品化时，要求目标系统必须脱离基于计算机的开发环境，上电后能自行启动并执行用户代码。由于 DSP 芯片属于 RAM 型器件，片内 ROM 不对普通用户开放，掉电后不能保持任何用户信息，所以需要用户把执行代码存放在外部的非易失存储器内，系统上电后，通过 Bootloader 将存储在外部低速的非易失存储介质中的代码搬移到 DSP 片内或片外的高速程序存储器上，搬移成功后自动去执行代码，完成自启动。DSP 系统上电后从片外读入程序的过程是通过固化在片内的程序 Bootloader 完成的，这个过程叫做引导加载(Bootload)。

为满足各种不同系统的需要，Bootloader 提供多种不同的代码引导加载方式，包括并行 8 bit/16 bit 的总线引导模式、串口引导模式和 HPI 口引导模式，引导模式的选择是通过中断、BIO 以及 XF 等控制信号来完成的。当 C5402(包括 VC5402 和 UC5402)芯片复位时输入引脚 MP/MC 的采样值为低电平，或复位后将 PMST 寄存器的 MP/MC 状态位置 0 时，则 4K 字 ROM 映射到 C5402 程序空间的地址范围为 0xF000～0xFFFF，内部含有生产厂家固化的数据和程序，其内容及起始地址如表 6-8 所列。

表 6-8 映射到程序空间中片上 ROM 的内容

起始地址	内 容
000_F000	保留
000_F800	Bootloader 代码
000_FC00	μ 律扩展表
000_FD00	A 律扩展表
000_FE00	正弦查找表
000_FF00	保留用于工程测试的代码
000_FF80	中断向量表

当 DSP 芯片处于微计算机模式(MP/MC=0)时，C5402 复位后马上开始执行 Bootloader代码，在搬移用户代码之前，Bootloader 会设置 C5402 的 CPU 状态寄存器，包括：将 INTM 位置 1，以禁止全局中断；将 OVLY 置 1，将片内双方向 DRAM 映射到程序/数据空间；设置全部程序/数据空间均插入 7 个等待状态等。C5402 提供的引导加载模式包括以下 5 种。

- HPI 引导模式：由外部处理器(即主机)通过 C5402 的 HPI 口将被执行代码搬移到其片内存储器中。主机搬移完所有程序代码后，会将程序入口地址写入 C5402 数据空间的 0x007Fh 内，并马上跳转到该入口地址去执行代码，完成启动。

- 8 bit/16 bit 的并行引导模式：在这种模式下，Bootloader 通过外部并行总线从数据空间读取引导表(Boot Table)，加载程序代码。引导表中包括需要加载的代码段、每个段的目的地址、程序入口地址和其他配置信息。
- 8 bit/16 bit 的标准串行引导模式：Bootloader 通过工作在标准模式下的一个多通道缓冲串口(McBSP)接收引导表，并根据引导表中的信息加载代码。McBSP0 支持 16 bit 串行接收模式，McBSP1 支持 8 bit 串行接收模式。
- 8 bit 串行 EEPROM 引导模式：Bootloader 通过 McBSP1 从 EEPROM 串行接收引导表，并根据引导表中的信息加载代码，该 EEPROM 与工作在 SPI 模式下的 McBSP1 相连接。
- 8 bit/16 bit 的 I/O 引导模式：外部并行总线借助 XF 和 BIO 引脚与外部器件达成异步握手协议，Bootloader 通过外部并行总线从 I/O 端口的 0h 地址处读取引导表，数据传输速率由外部器件决定。

此外，在并口和 I/O 引导模式下，Bootloader 会根据引导表中的信息重新配置软件等待状态寄存器和块切换控制寄存器。C5402 的 Bootloader 还能进行多扇区引导，即能加载多个不连续的代码段。

C5402 的 Bootloader 完成初始化后，马上就会做一系列检测操作，以决定执行哪种引导模式。Bootloader 首先检测 HPI 引导模式的条件是否满足，如果条件不满足，则继续检测下一种，直到找到一种满足条件的引导模式，其检测顺序如下。

① HPI 引导模式：第一次检测是通过检测 INT2 标志位来判断是否进入 HPI 引导模式；

② 8 bit 串行 EEPROM 引导模式；

③ 并行引导模式；

④ 通过 McBSP1 的标准(8 bit)串口引导模式；

⑤ 通过 McBSP0 的标准(16 bit)串口引导模式；

⑥ I/O 引导模式；

⑦ HPI 引导模式：第二次检测是通过程序入口点来判断是否进入 HPI 引导模式。

完整的引导加载检测判断流程如图 6-33 所示。

如果检测完所有可能的引导方式之后没有发现任何有效的引导方式，则 Bootloader 会重新从标准串口引导模式开始启动检测过程，并不会检测所有的引导模式。

在各种引导模式中，并行引导模式实现简单，速度较快，在实际系统中应用也最为广泛，本书重点介绍 C5402 并行引导模式的运行过程以及引导表的建立过程和方法。

当检测到串行 EEPROM 引导模式无效后，Bootloader 会转入 8 bit/16 bit 并行

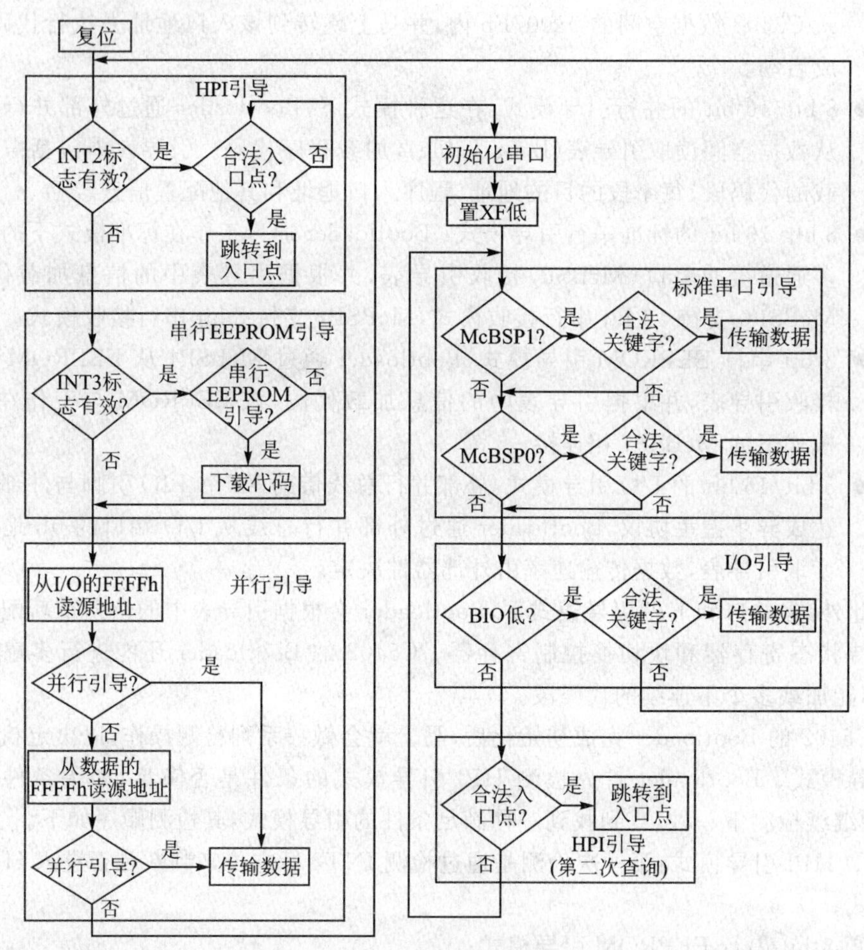

图6-33 Bootloader模式选择流程

引导模式的检测。并行引导模式是通过外部并行接口(外部存储器接口)从数据空间读取引导表并将代码搬移到程序空间,这种模式支持8 bit或16 bit字宽。这种模式下,软件等待状态寄存器和块切换控制寄存器都会得到配置。

当系统经过判断并进入并行引导模式后,Bootloader首先会从I/O空间地址为0FFFFh的单元处读取一个字的数据,并将该数据作为引导表放在数据空间的起始地址,引导表起始地址处应包含用于判断选择8 bit或16 bit引导模式的关键字。对于8 bit引导模式,该关键字为08AAh,需要放在两个连续的8 bit空间;对于16 bit引导模式,该关键字为10AAh。如果Bootloader没有在引导表的起始地址处得到上述关键字,则会转到数据空间0FFFFh处再去读取一个字的数据,再将该数据作为引导表在数据空间的起始地址,再继续尝试通过该起始地址去读取上述关键字,因为Bootloader在读取引导表第一个字之前不知道存储器宽度,所以它需要检测两个位置,通过0FFFFh处得到该起始地址的低8 bit,通过0FFFEh处得到其高8 bit,整个流程如图 6－34 所示。

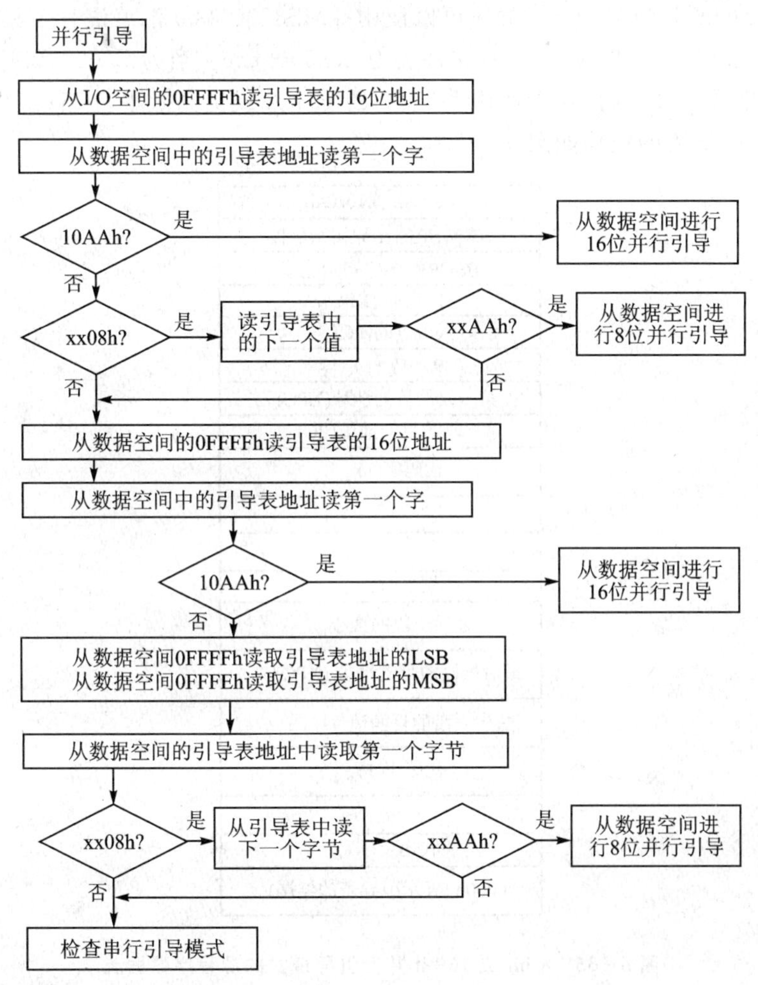

图 6－34　并行引导模式处理流程

Bootloader 既可以从 I/O 空间的 0FFFFh 也可以从数据空间的 0FFFFh 地址处获得引导表的地址。但是实际上从数据空间获得引导表地址更方便，因为单片非易失存储器就能同时包含引导表和入口点，而引导表地址是 16 位的，所以引导表和入口点可以驻留在 C5402 数据空间中任何合法的地址范围内。对于 C5402 而言，其合法的地址范围是 04000h～0FFFFh。用户可以将引导表与其起始地址一起烧制到单片 EEPROM 或 Flash ROM 中，通过单片存储器为 Bootloader 同时提供引导表及其起始地址。

当 Bootloader 在引导表的起始地址处检测到有效关键字后，则继续搬移剩余代码，然后执行程序。反之，如果 Bootloader 在上述两个地方都没检测到有效关键字，则继续检测下一种引导模式。

为了完成系统自启动，需要为 Bootloader 提供引导表，在引导表中写入 Bootloader 需要的所有数据。该引导表可以使用 TMS320C5000 汇编语言工具包提供的十六进制转换工具来生成，该工具文件名为 hex500.exe。当为 C5000 及更高版本的 DSP 芯片生成引导表时，需要使用 hex500 的 v.1.2 或更高版本。C5402 的 8 bit 和 16 bit 并行引导表的结构如图 6－35 所示。

08AAh 或10AAh
SWWSR的16位初始化值
BSCR的16位初始化值
入口点的 $(XPC)_7$
入口点的$(PC)_{16}$
第一段的大小
第一段的目的地址$(XPC)_7$
第一段的目的地址$(PC)_{16}$
代码字$(1)_{16}$
代码字$(N)_{16}$
最后一段的大小$_{16}$
最后一段的目的地址 $(XPC)_7$
随后一段的目的地址$(PC)_{16}$
代码字$(1)_{16}$
代码字$(N)_{16}$
0000h (表示引导表的结尾)

图 6－35　8 bit 或 16 bit 并行引导模式的源程序数据流

生成 C5402 的引导表需要经过以下步骤：

① 使用“-v548”选项汇编或编译代码：该选项表示编译生成的目标文件专用于具有增强型 Bootloader 功能的器件，包括 C5402。十六进制转换工具会使用这个信息来产生正确的引导表格式。如果没有添加这个选项，则十六进制转换工具会生成早期版本的 DSP 芯片使用的引导表，不会产生警告和错误。

② 对文件进行链接：引导表中的每一部分数据都和 COFF 文件中的已初始化段相对应，已初始化段包括.text、.const、.cinit，而未初始化段会被十六进制转换工具忽略掉，包括.bss、.stack、.sysmem 等。一定要注意这些段不能链接到系统中没有 RAM 的地址范围内，例如当 MP/MC＝0 时，程序空间从 0F000h～0FFFFh 地址范围内就不可使用，因为这段地址由片内 ROM 占据，对于 Bootloader 不可写。

③ 运行十六进制转换工具 hex500.exe：选择所用引导模式对应的选项并运行转

换程序，将连接器产生的COFF格式文件转换到引导表中，得到可供编程器烧制EEPROM的十六进制文件。

十六进制转换工具hex500的激活方式有两种：一种是在命令行中指定选项和文件名，另一种是在命令文件中指定选项和文件名。

采用命令行方式激活十六进制转换工具hex500时，需要一些选项参数，例如将文件firmware. out转换为TI-Tagged格式，并产生两个输出文件firm. lsb和firm. msb，则需要输入命令行：

hex500 - t firmware - o firm. lsb - o firm. msb

如果是在命令文件中定义选项，则首先需要创建一个命令文件，该文件中有参数选项和文件名，例如用命令文件hexutil. cmd激活转换工具hex500时，需要输入下面的命令：

hex500 hexutil. cmd

除了常规命令行信息以外，还可以在命令文件中使用转换程序伪指令ROMS和SECTIONS。

为了适应不同系统的应用，hex500支持多种可选项，这些选项在命令行或命令文件中都适用，常用选项如下：

① 通用选项：控制十六进制转换程序的全局操作。

-map filename：该选项使hex500产生一个map文件，可用任何文本编辑器阅读；

-o filename：指定输出文件名为filename；

② 存储器选项：设置输出文件的存储器宽度。

-memwidth value：定义DSP系统存储器字宽度(默认为16 bit)；

-romwidth value：定义用户ROM存储器宽度(默认值由所选格式确定)。

③ 输出格式选项：指定了输出文件的格式。

-a：ASCII-Hex格式；

-t：Intel格式；

-x：Tektronix格式。

④ 引导加载选项：控制转换程序创建引导表的方式，适用于所有C54x器件。

-boot：将所有的段都转换到引导表中(用于代替SECTIONS伪指令)；

-bootorg PARALLEL：指定按照并口方式创建引导表；

-bootorg SERIEAL：指定按照串口方式创建引导表；

-bootorg value：定义引导表的起始地址；

-e value：指定代码搬移完成后开始执行的入口地址，value可以是数值地址或全局符号。

⑤ 其他选项：

-swwsr value：设置并行引导模式下软件等待状态寄存器(SWWSR)的值；

-bscr value：设置并行引导模式下块切换控制寄存器(BSCR)的值。

下面举例说明如何使用命令文件激活转换程序并产生引导表的过程。首先要建立命令文件，例如exap.cmd，其内容如下：

```
/*exap.cmd*/
myfile.out            /*输入的COFF文件名 */
-e 0300h              /*入口地址 */
-a                    /*输出十六进制ASCII格式文件 */
-boot                 /*将所有的段都转换到引导表中 */
-bootorg PARALLEL     /*创建并行引导表*/
-memwidth16           /*设置16 bit的系统存储器宽度 */
-omyfile.hex          /*输出hex文件名 */
```

然后在DOS下键入命令：

C：>hex500 exap.cmd

这样可以创建ASCII格式十六进制文件myfile.hex，该文件可用于对并行EEPROM存储器进行编程，系统存储器宽度为16 bit，输入文件的所有段都放入引导表中，且程序入口地址为0300h。

只要将上步生成的文件myfile.hex烧制到EEPROM内，用户的DSP目标系统在上电或复位后可自行加载用户代码，完全脱离PC而独立运行，从而完成DSP目标系统产品化阶段的设计。

习 题

6.1 请列出DSP最小系统的各组成单元。

6.2 C5000系列DSP芯片的电源有哪几种供电标准？试分别列出。

6.3 TI公司典型的电源管理芯片有哪些？请列出型号并分别说明其输入和输出电压。

6.4 DSP的时钟有几种连接方式？说明各自的优缺点。

6.5 DSP应用系统中的手动复位电路有何作用？是否可用看门狗电路代替？

6.6 DSP系统存储器扩展包括哪几个部分？试列举出3种DSP芯片程序存储器可扩展的空间大小和地址线数量。

6.7 数据空间扩展应该使用哪种存储器？选择存储器时应该考虑哪些因素？

6.8 试选择一种液晶模块进行显示器扩展设计，画出电路连接的原理图。

6.9 试查找资料，说明通过HPI口扩展键盘的方法。

6.10 请找出几种不同型号的A/D、D/A转换芯片，对其性能进行比较，并说明能否应用于DSP系统中。

6.11 列出C5000系列DSP芯片的几种引导方式，并说明各有何特点。

6.12 DSP系统中是否必须具备电平转换电路？什么情况下必须进行电平转换？

第7章

DSP集成开发环境CCS及使用

7.1 C5000 Code Composer Studio简介

Code Composer Studio简称CCS,是TI公司推出的为开发TMS320系列DSP软件的集成开发环境(IDE)。CCS在Windows操作系统下运行,类似于VC++的集成开发环境,采用图形界面,提供了环境配置、工程管理工具、源文件编辑、程序调试、跟踪和分析等工具。

CCS将前面介绍的汇编器、链接器、C/C++编译器、建库工具等集成在一个统一的开发平台中。CCS所集成的代码调试工具具有各种调试功能,包括原TI公司提供的C源代码调试器和模拟器所具有的所有功能,能对TMS320系列DSP进行指令级的仿真和进行可视化的实时数据分析;CCS还提供了丰富的输入/输出库函数和信号处理的库函数,方便了TMS320系列DSP软件的开发过程,提高了工作效率。

C5000 CCS是专为开发C5000系列DSP应用设计的,包括TMS320C54x和TMS320C55x DSP。在CCS配置程序中设定DSP的类型和开发平台类型即可。

CCS一般工作在两种模式下,即软件仿真器模式和与硬件开发板相结合的在线编程模式。软件仿真器模式可以脱离DSP芯片,在PC上模拟DSP的指令集与工作机制,主要用于前期算法的实现和调试。与硬件开发板相结合的在线编程模式,实时运行在DSP芯片上,可以在线编制和调试应用程序。

目前TI公司提供的CCS最高版本是6.0版。本章以CCS2(C5000)为例,介绍如何利用DSP集成开发环境开发应用程序。

7.2 CCS安装与配置

7.2.1 系统配置要求

① 机器类型:IBM PC及兼容机。

② 操作系统:Microsoft Windows 95/98/2000/XP或Windows NT4.0。

7.2.2　安装CCS

安装过程包括两个阶段:安装CCS和设置驱动程序。

① 安装CCS到系统中。将CCS安装光盘放入到光盘驱动器中,运行安装程序setup.exe。如果在Windows NT下安装,则用户必须要具有系统管理员的权限。安装完成后,在桌面上会创建如图7-1所示的"CCS2(C5000)"和"SetupCCS2(C5000)"两个快捷方式图标,它们分别对应CCS应用程序和CCS配置程序。

② 运行CCS配置程序设置驱动程序。如果CCS是在硬件目标板上运行,则先要安装目标板驱动卡,然后运行"Setup CCS2(C5000)"配置驱动程序,最后才能执行CCS。除非用户改变CCS应用平台类型,否则只需运行一次CCS配置程序。

图7-1　"CCS 2(C5000)"和"Setup CCS 2 (C5000)"快捷图标

7.2.3　安装CCS配置程序

为使CCS IDE能工作在不同的硬件或仿真目标上,必须首先为它配置相应的配置文件。步骤如下:

① 双击桌面上的Setup CCS 2(C5000)图标,启动CCS设置。

② 在弹出对话框Available Configuration中(如果没有弹出该窗口,可点击右侧栏目的Import a Configuration File),在Available Configuration(可用配置)中列出了包含的所有可用系统配置,如:C54x、C55x等系列,有Simulator、Emulator、DSK等平台供选择(在Filters选项中进行设置,可以帮助更快地在可用配置中找到所需的配置)。在Family下选C54x或C55x;在Platform下选sim(软件仿真);在Available Configurations下选处理器型号对应的仿真器,比如C5410 Simulator按钮;单击右侧栏目的Import,再单击Close按钮。关闭窗口。

③ 单击右侧栏目的install a Device Driver,选对应型号的驱动程序,比如tisim54x.dvr,单击Open按钮,在弹出的对话框中单击Ok按钮。

④ 所选择的配置显示在设置窗的系统配置栏目的My System目标下,关闭窗口,如图7-2所示。

⑤ 当完成CCS配置后,单击File→Exit按钮,退出CCS Setup 。

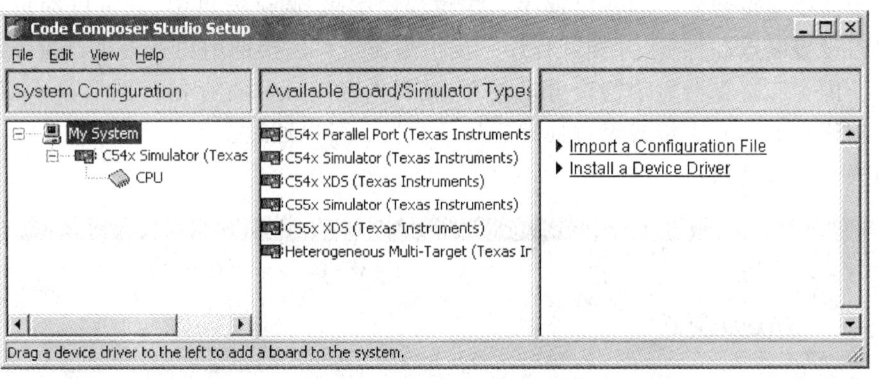

图 7-2　设置窗的系统配置

7.3　CCS 基本使用

7.3.1　概　述

在 CCS 集成开发环境下可以完成工程创建、源程序编辑、编译链接、调试和数据分析等工作环节。使用 CCS 开发应用程序的一般步骤如下：

① 创建或打开一个工程文件。工程文件中包括源程序(C 或汇编)、目标文件、库文件、链接命令文件和包含文件。通常用户要自己创建编写源程序(C 或汇编)和链接命令文件。

② 使用 CCS 集成编辑环境编辑各类文件，如头文件(.h 文件)、源程序(C、.asm 文件)和命令文件(.cmd 文件)等。

③ 对工程进行编译，构建工程。如果有语法错误，则将在构建(Build)窗口中显示出来。用户可以根据显示的信息定位错误位置，更改错误。

④ 调试，数据分析及算法评估。排除程序的语法错误后，用户可以对工程进行调试，对计算结果/输出数据进行分析，评估算法性能。CCS 提供了探针、图形显示、性能测试等工具来分析数据、评估性能。

如果调试发现有不符合任务要求的情况，则重复步骤②、③、④，直到运行结果符合任务的需要为止。

7.3.2　CCS 的窗口、关联菜单、主菜单和常用工具栏

1. CCS 窗口

CCS 集成开发环境窗口如图 7-3 所示。整个窗口由主菜单、工具栏、工程窗口、编辑窗口、图形显示窗口、内存单元显示窗口和寄存器显示窗口等构成。

工程窗口用来组织用户的若干程序并由此构成一个工程项目，可以从工程列表

中选中需要编辑和调试的特定程序。在源程序编辑/调试窗口中，既可以编辑程序，又可以设置断点和探针，并调试程序。反汇编窗口可以帮助用户查看机器指令，查找错误。内存和寄存器显示窗口可以查看、编辑内存单元和寄存器。图形显示窗口可以根据用户的需要直接或经过处理后显示数据。可以通过主菜单 View 和 Windows 条目来管理各窗口。

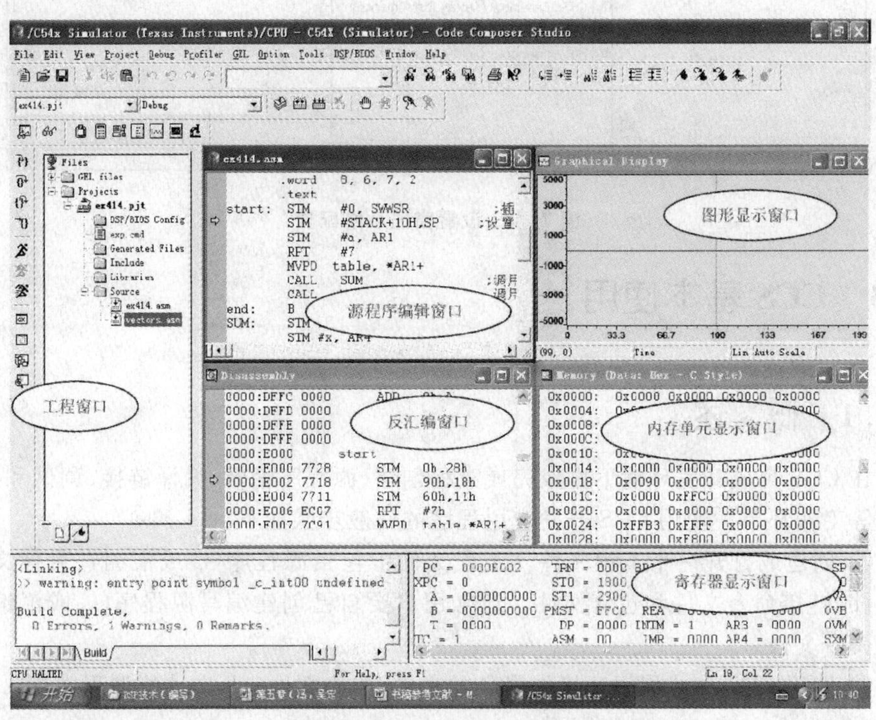

图 7-3　CCS 集成开发环境窗口

2. 关联菜单

在任一活动窗口中右击都可以弹出与此窗口内容相关的菜单，称为关联菜单(context menu)。利用此菜单，用户可以对本窗口内容进行相关操作。例如，在 Project View Windows 窗口中右击，弹出如图 7-4 所示的菜单。选择不同的条目，用户可以完成添加程序、扫描相关性，以及保存、关闭当前工程等功能。

3. 主菜单

CCS 主菜单中各选项的使用，在后面会结合具体情况详细介绍，这里只对菜单项功能作简要说明。用户如果需要了解更详细的信息，请参阅 CCS 在线帮助"Commands"。主菜单有文件、编辑、查看、工程、调试、性能分析、扩展功能、选项、工具、DSP/BIOS 核、窗口和帮助菜单。可以通过菜单选择相应的操作。CCS 主菜单如图 7-5 所示。

```
Add Files to Project...
Open for Editing
Export to Makefile...
Set as Active Project
Save
Close
Build
Build (Selection only)
Stop Build
Clean
Clean (Selection only)
Project Dependencies...
Configurations...
Build Options...
Scan All File Dependencies
Properties...
✔ Allow Docking
Hide
Float In Main Window
```

图 7-4　关联菜单

File	Edit	View	Project	Debug	Profiler	GEL	Option	Tools	DSP/BIOS	Window	Help
文件	编辑	查看	工程	调试	性能分析	扩展功能	选项	工具	DSP/BIOS 核	窗口	帮助

图 7-5　CCS 主菜单

① 文件菜单有文件管理，载入执行程序、符号及数据，以及文件输入/输出等操作。文件菜单及功能如表 7-1 所列。

表 7-1　文件菜单及功能

菜单命令		功　能
New	Source File	新建一个源文(.c,.asm,.h,.cmd,.gel,.map,.inc 等)
	DSP/BIOS Config	新建一个 DSP/BIOS 配置文件
	Visual Linker Recipe	打开一个 Visual Linker Recipe 向导
Load Program		将 COFF(.out)文件中的数据和符号加载到目标板(实际目标板或 Simulator)
Reload Program		重新加载 COFF 文件，如果程序未作更改，则只加载程序代码而不加载符号表
Data	Load	将 PC 文件中的数据加载到目标板，可以指定存放的地址和数据长度，数据文件可以是 COFF 文件格式，也可以是 CCS 支持的数据格式
	Save	将目标板存储器数据存储到一个 PC 数据文件中
Workspace	Load Workspace	装入工作空间

续表 7-1

菜单命令		功　能
	Save Workspace	保存当前的工作环境，即工作空间，如父窗、子窗、断点、探测点、文件输入/输出、当前的工程等
	Save Workspac As	用另外一个不同的名字保存工作空间
File I/O		CCS允许在PC文件和目标DSP之间传送数据。File I/O功能应与Probe Point配合使用。Probe Point将告诉调试器在何时从PC文件中输入或输出数据。 File I/O功能并不支持实时数据交换，实时数据交换应使用RT-DX

② 编辑菜单有文字及变量编辑，如剪贴、查找替换、内存变量和寄存器编辑等操作。编辑菜单及功能如表7-2所列。

表7-2　编辑菜单及功能

菜单命令		功　能
Find in Files		在多个文本文件中查找特定的字符串或表达式
Go To		快速跳转到源文件中某一指定行或书签处
Memory	Edit	编辑某一存储单元
	Copy	将某一存储块(标明起始地址和长度)数据复制到另一存储块
	Fill	将某一存储块填入某一固定值
	Patch Asm	在不修改源文件的情况下修改目标DSP的执行代码
Register		编辑指定的寄存器值，包括CPU寄存器和外设寄存器。由于Simulator不支持外设寄存器，因此不能在Simulator下监视和管理外设寄存器的内容
Variable		修改某一变量值。如果目标DSP由多个页面构成，则可使用@prog、@data和@io分别指定页面是程序区、数据区和I/O空间，例如：*0x1000@prog=0
Command Line		可以方便地输入表达式或执行GEL函数
Column Editing		选择某一矩形区域内的文本进行列编辑(剪切、复制及粘贴等)
Bookmarks		在源文件中定义一个或多个书签便于快速定位。书签保存在CCS的工作区(Workspace)内以便随时被查找到

③ 查看菜单有工具条显示设置，包括内存、寄存器和图形显示等操作。查看菜单及功能如表7-3所列。

表7-3　查看菜单及功能

菜单命令	功　能
Dis-Assembly	当将程序加载入目标板后，CCS将自动打开一个反汇编窗口。反汇编窗口根据存储器的内容显示反汇编指令和调试所需的符号信息
Memory	显示指定存储器的内容

续表 7－3

菜单命令		功　能
CPU	CPU Register	显示 DSP 寄存器的内容
Registers	Peripheral Regs	显示外设寄存器的内容。Simulator 不支持此功能
Graph	Time/Frequency（时间/频率图形）	在时域或频域显示信号波形。频域分析时将对数据进行 FFT 变换，时域分析时数据无须进行预处理。显示缓冲的大小由 Display Data Size 定义
	Constellation（星座图形）	使用星座图显示信号波形。输入信号被分解为 X、Y 两个分量，采用笛卡儿坐标显示波形。显示缓冲的大小由 Constellation Points 定义
	Eye Diagram（眼图）	使用眼图来量化信号失真度。在指定的显示范围内，输入信号被连续叠加并显示为眼睛的形状
	Image（图像）	使用 Image 图来测试图像处理算法。图像数据基于 RGB 和 YUV 数据流显示
Watch Window		用来检查和编辑变量或 C 表达式，可以以不同格式显示变量值，还可以显示数组、结构或指针等包含多个元素的变量
Project		CCS 启动后将自动打开工程视图。在工程视图中，文件按其性质分为源文件、头文件、库文件及命令文件
Mixed Source/Asm		同时显示 C 代码及相关的反汇编代码（位于 C 代码下方）

④ 工程菜单有工程项目管理、工程项目编译和构建工程项目等操作。工程菜单及功能如表 7－4 所列。

表 7－4　工程菜单及功能

菜单命令	功　能
Add Files to Project	CCS 根据文件的扩展名将文件添加到工程的相应子目录中。工程中支持 C 源文件（*.C*）、汇编源文件（*.a*，*.s*）、库文件（*.O*，*.lib*）、头文件（*.h）和链接命令文件（*.cmd）。其中 C 和汇编源文件可被编译和链接，库文件和链接命令文件只能被链接，CCS 会自动将头文件添加到工程中
Compile File	对 C 或汇编源文件进行编译
Build	重新编译和链接。对于那些没有修改的源文件，CCS 将不重新编译
Rebuild All	对工程中所有文件重新编译并链接生成输出文件
Stop Build	停止正在 Bulid 的进程
Show Dependencies Scan All Dependencies	为了判别哪些文件应重新编译，CCS 在 Build 一个程序时会生成一棵关系树（Dependency Tree）以判别工程中各文件的依赖关系。使用这两个菜单命令则可以观察工程的关系树
Build Options	用来设定编译器、汇编器和链接器的参数
Recent Project Files	加载最近打开的工程文件

在工程菜单 Build Options 选项中有编译器、汇编器和链接器选项设置（在 Compiler 中）。

a. 编译器、汇编器选项设置

编译器(Compiler)包括分析器、优化器和代码产生器，它接收 C/C++源代码并产生 TMS320C54x 汇编语言源代码。汇编器(Assembler)的作用就是将汇编语言源程序转换成机器语言目标文件，这些目标文件都是公共目标文件格式(COFF)。

生成选项窗口——编译器标签如图 7-6 所示，编译器、汇编器常用选项如表 7-5 所列。

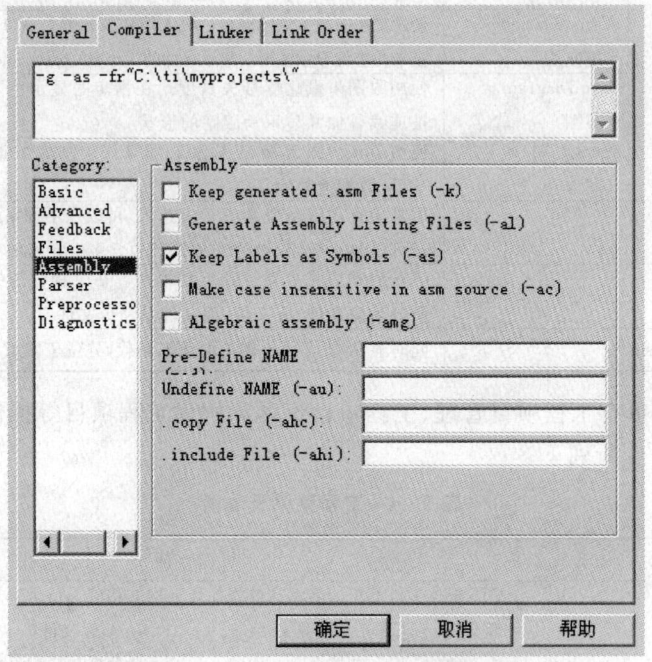

图 7-6　生成选项窗口——编译器标签

表 7-5　编译器、汇编器常用选项

类	域	选　项	含　义
Basic	Generate Debug Inf	-g	产生由 C/C++源代码级调试器使用的符号调试伪指令，并允许汇编器中的汇编源代码调试
		-gw	产生由 C/C++源代码级调试器使用的 DWARF 符号调试伪指令，并允许汇编器中的源代码调试
Basic	Opt Level（使用 C 优化器）	-o0	控制流图优化，把变量分配到寄存器，安排循环，去掉死循环，简化表达式
		-o1	包括-o0 优化，并可去掉局部未用赋值
		-o2	包括-o1 优化，并可循环优化，去掉冗余赋值，将循环中的数值下标转换成增量指针的形式，打开循环体(循环次数很少时)
Advanced	RTS Modifications（结合-o3 选项）	-oL2	取消声明或改变库函数
		-oL1	声明一个标准的库函数

续表 7-5

类	域	选　项	含　义
Advanced	Auto Inlining Threshold	-oi	设置自动插入函数长度的极限值(仅对-o3 选项)
		-ma	指示所使用的别名技术
		-mr	禁用不可中断的 RPT 指令

b. 链接器选项

在 Linker 中有链接器常用选项。在汇编程序生成代码中,链接器的作用如下:

- 根据链接命令文件(.cmd 文件)将一个或多个 COFF 目文件链接起来,生成存储器映像文件(.map)和可执行的输出文件(.out 文件)。
- 将段定位于实际系统的存储器中,给段、符号指定实际地址。
- 解决输入文件之间未定义的外部符号引用,如图 7-7 所示、表 7-6 所列。

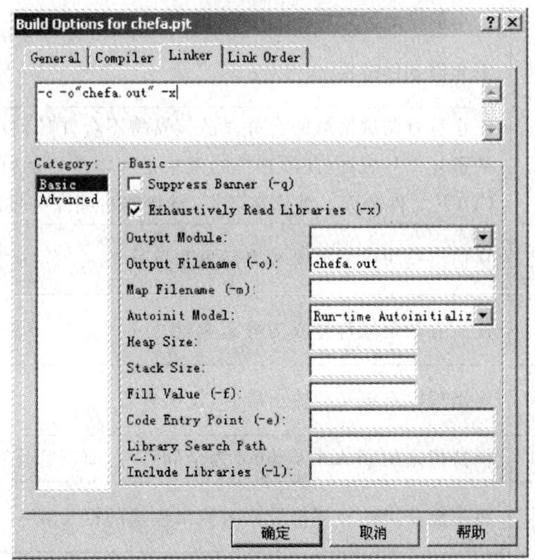

图 7-7　生成选项窗口——链接器标签

表 7-6　链接器常用选项

选　项	含　义
Exhaustively Read Libraries(-x)	迫使重读库,以分辨后面的引用。如果后面引用的符号定义在前面已读过的存档库中,则该引用不能被分辨出来;采用-x 选项,可以迫使链接器重读所有库,直到没有更多的引用能够被分辨为止
-q	请求静态运行(quiet run),即压缩旗标(banner),必须是在命令行的第一个选项
-a	生成一个绝对地址、可执行的输出模块。所建立的绝对地址输出文件中不包含重新定位信息。如果既不用-a 选项,也不用-r 选项,则链接器就像规定-a 选项那样处理

续表 7-6

选 项	含 义
-r	生成一个可重新定位的输出模块,不可执行
-ar	生成一个可重新定位、可执行的目标模块。与-a 选项相比,-ar 选项还在输出文件中保留重新定位的信息
Map Filename(-m)	生成一个. map 映像文件,filename 是映像文件的文件名。. map 文件中说明了存储器配置,输入、输出段布局以及外部符号重定位之后的地址等
Output Filename(-o)	对可执行输出模块命名,如果缺省,则此文件名为 a. out
-c	C 语言选项用于初始化静态变量,告诉链接器使用 ROM 自动初始化模型
Include Libraries(-l)	命名一个文档库文件作为链接器的输入文件,filename 为文档库的某个文件名。此选项必须出现在-i 选项之后
Stack Size	设置 C 系统堆栈,大小以字为单位,并定义指定堆栈大小的全局符号。默认的 size 值为 1K 字
Heap Size	为 C 语言的动态存储器分配设置堆栈大小,以字为单位,并定义指定的堆栈大小的全局符号,size 的默认值为 1K 字
Disable Conditional Linking(-j)	不允许条件链接
Disable Debug Symbol Merge(-b)	禁止符号调试信息的合并。链接器将不合并任何由于多个文件而可能存在的重复符号表项,此项选择的效果是使链接器运行较快,但其代价是输出的 COFF 文件较大。默认情况下,链接器将删除符号调试信息的重复条目
Strip Symbolic Information(-s)	从输出模块中去掉符号表信息和行号
Make Global Symbols Static(-h)	使所有的全局符号成为静态变量
Warn About Output Sections(-w)	当出现没有定义的输出段时,发出警告
Define Global Symbol(-g)	保持指定的 global_symbol 为全局符号,而不管是否使用了-h 使项
Create Unresolved Ext Symbol(-u)	将不能分辨的外部符号放入输出模块的符号表

⑤ 调试菜单有设置断点、探测点,完成单步执行、复位等操作。调试菜单及功能如表 7-7 所列。

表 7-7 调试菜单及功能

菜单命令	功 能
Breakpoints	断点。程序在执行到断点时将停止运行
Step Into	单步运行。如果运行到调用函数处,则将跳入函数单步执行
Step Over	执行一条 C 指令或汇编指令。与 StepInto 不同的是,为保护处理器流水线,该指令后的若干条延迟分支或调用将同时被执行
Step Out	如果程序运行在一个子程序中,执行 Step Out 将使程序执行完该子程序后回到调用该函数的地方
Run	从当前程序计数器(PC)执行程序,碰到断点时程序暂停执行

续表 7-7

菜单命令	功 能
Halt	中止程序运行
Animate	运行程序。碰到断点时程序暂停运行,更新未与任何 Probe Point 相关联的窗口后程序继续运行
Run Free	忽略所有断点(包括 Probe Point 和 Profile Point),从当前 PC 处开始执行程序。此命令在 Simulator 下无效
Run to Cursor	执行到光标处,光标所在行必须为有效代码行
Multiple Operation	设置单步执行的次数
Reset DSP	复位 DSP,初始化所有寄存器到其上电状态并中止程序运行
Restart	将 PC 值恢复到程序的入口。此命令并不开始程序的执行
Go Main	在程序的 main 符号处设置一个临时断点。此命令在调试 C 程序时起作用

⑥ 性能分析菜单包括设置时钟和性能断点等操作。性能分析菜单和功能如表 7-8 所列。

表 7-8 性能分析菜单及功能

菜单命令	功 能
Start New Session	开始一个新的代码段分析,打开代码分析统计观察窗口
Enable Clock	为了获得指令周期及其他事件的统计数据,必须使能代码分析时钟。代码分析时钟作为一个变量(CLK)能通过 Clock 窗口被访问。CLK 变量可在 Watch 窗口观察,并可在 Edit/Variable 对话框内修改其值。CLK 还可在用户定义的 GEL 函数中使用。指令周期的计算方式与使用的 DSP 驱动程序有关。对使用 JTAG 扫描路径进行通信的驱动程序,指令周期通过处理器的片内分析功能进行计算,其他的驱动程序则可能使用其他类型的定时器。Simulator 使用模拟的 DSP 片内分析接口来统计分析数据。当时钟使能时,CCS 调试器将占用必要的资源实现指令周期的计数。加载程序并开始一个新的代码段分析后,代码分析时钟自动使能
View Clock	打开 Clock 窗口,显示 CLK 变量的值。双击 Clock 窗口的内容可直接将 CLK 变量复位
Clock Setup	设置时钟。在 Clock Setup 对话框中,Instruction Cycle Time 域用于输入执行一条指令的时间,其作用是在显示统计数据时将指令周期数转换为时间或频率。在 Count 域选择分析的事件。对某些驱动程序而言,CPU Cycles 可能是唯一的选项。对于使用片内分析功能的驱动程序而言,可以分析其他事件,如中断次数、子程序或中断返回次数、分支数及子程序调用次数等。可使用 Reset Option 参数决定如何计数。如选择 Manual 选项,则 CLK 变量将不断累加指令周期数;如选择 Auto 选项,则在每次 DSP 运行前自动将 CLK 置为 0,因此 CLK 变量显示的是上一次运行以来的指令周期数

⑦ 选项菜单中有选项设置,如设置字体、颜色、键盘属性、动画速度、内存映射等操作。选项菜单及功能如表 7-9 所列。

表 7-9 选项菜单及功能

菜单命令	功 能
Font	设置集成开发环境字体格式及字号大小
Memory Map	用来定义存储器映射，弹出 Memory Map 对话框。存储器映射指明了 CCS 调试器能访问哪段存储器，不能访问哪段存储器。典型情况下，存储器映射与命令文件的存储器定义一致。在对话框中选中 Enable Memory Mapping，以使能存储器映射。第一次运行 CCS 时，存储器映射即呈禁用状态（未选中 Enable Memory Mapping），也就是说，CCS 调试器可存取目标板上所有可寻址的存储器(RAM)。当使能存储器映射后，CCS 调试器将根据存储器映射设置检查其可以访问的存储器。如果要存取的是未定义数据或保护区数据，则调试器将显示默认值(通常为 0)，而不是存取目标板上的数据。也可在 Protected 域输入另外一个值，如 0xDEAD，这样当试图读取一个非法存储地址时将清楚地给予提示
Disassembly Style	设置反汇编窗口显示模式，包括反汇编成助记符或代数符号，直接寻址与间接寻址用十进制、二进制或十六进制显示
Customize	打开用户自定义界面对话窗

⑧ 工具菜单包括引脚连接、端口连接、命令窗口、链接配置等操作。工具菜单及功能如表 7-10 所列。

表 7-10 工具菜单及功能

菜单命令	功 能
Data Converter Support	使开发者能快速配置与 DSP 芯片相连的数据转换器
C54xx McBSP	使开发者能观察和编辑多信道缓冲串行口(McBSP)的内容
C54xx Emulator Analysis	使开发者能设置、监视事件和硬件断点的发生
C54xx DMA	使开发者能观察和编辑 DMA 寄存器的内容
C54xx Simulator Analysis	使开发者能设置和监视事件的发生
Command Window	在 CCS 调试器中键入所需的命令，键入的命令遵循 TI 调试器命令语法格式。例如，在命令窗口中键入 HELP 并回车，可得到命令窗口支持的调试命令列表
Port Connect	将 PC 文件与存储器(端口)地址相连，从而可从文件中读取数据或将存储器(端口)数据写入文件中
Pin Connect	用于指定外部中断发生的间隔时间，从而使用 Simulator 来仿真和模拟外部中断信号：① 创建一个数据文件以指定中断间隔时间(用 CPU 时钟周期的函数来表示)；② 从 Tools 菜单下选择 Pin Connect 命令；③ 单击 Connect 按钮，选择创建好的数据文件，将其连接到所需的外部中断引脚；④ 加载并运行程序
Linker Configuration	选择一个工程所用的链接器
RTDX	实时数据交换功能，使开发者在不影响程序执行的情况下分析 DSP 程序的执行情况

⑨ DSP/BIOS 菜单包括 DSP/BIOS 配置工具、实时分析工具、DSP/BIOS 核、芯

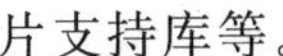

片支持库等。

⑩ 窗口管理包括窗口排列、窗口列表等。

⑪ 帮助菜单为用户提供在线帮助信息。

4. 常用工具栏

CCS 将主菜单中常用的命令筛选出来，形成 5 种工具栏：标准工具栏、编辑工具栏、工程工具栏、GEL 工具栏和调试工具栏，依次如图 7－8 的（a）、（b）、（c）、（d）、（e）所示。用户可以单击工具栏上的按钮执行相应的操作。

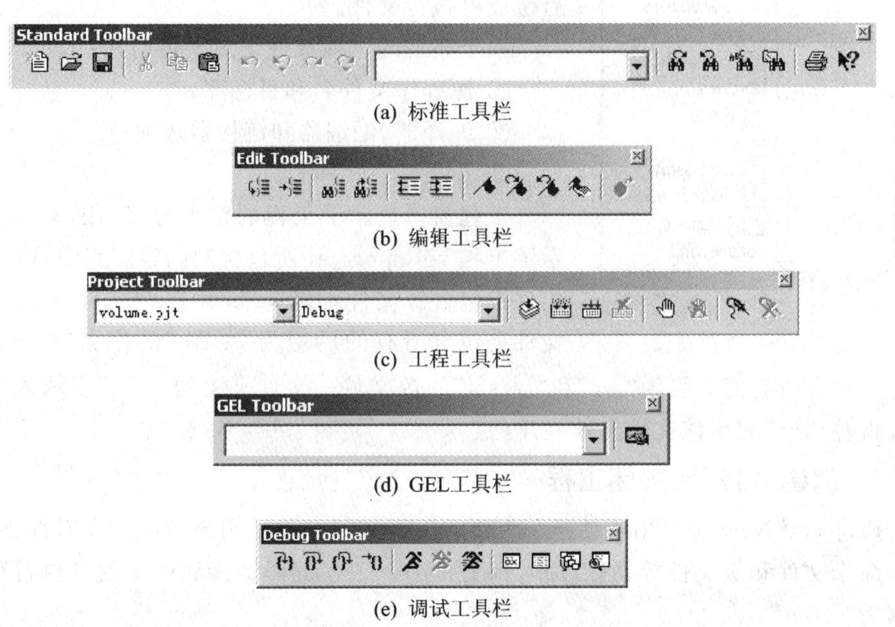

(a) 标准工具栏

(b) 编辑工具栏

(c) 工程工具栏

(d) GEL工具栏

(e) 调试工具栏

图 7－8　CCS 常用工具栏

工具栏上各按钮功能如图 7－9 所示。

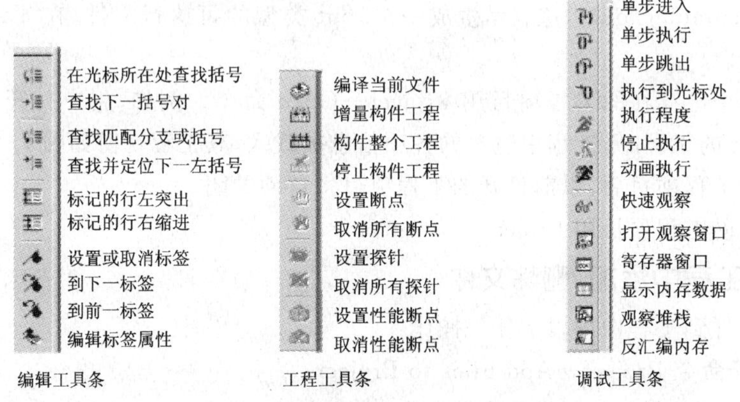

图 7－9　工具栏上各按钮功能说明

7.3.3 建立工程和源文件编辑

按照CCS开发应用程序的一般步骤，先创建工程文件。与Visual Basic、Visual C和Delphi等集成开发工具类似，CCS采用工程文件来集中管理一个工程。一个工程包括源程序、链接命令文件、库文件和头文件等，它们按照目录树的结构组织在工程文件中。工程构建(编译链接)完成后生成可执行文件。

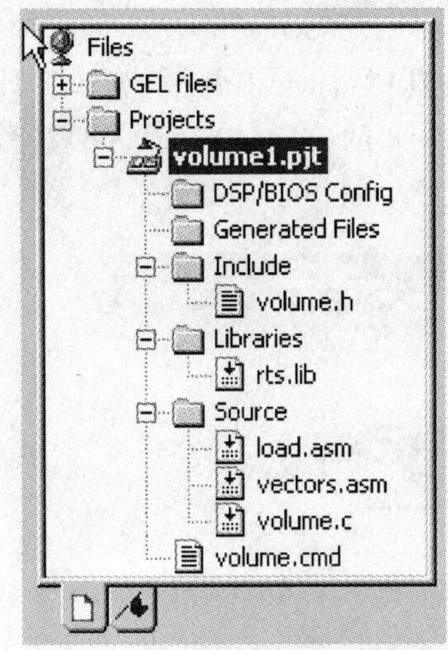

图7-10 工程窗口

一个典型的工程文件记录下述信息：

① 源程序文件名和目标库；

② 编译器、汇编器和链接器选项；

③ 头文件。

工程窗口显示了工程的整个内容。图7-10显示了工程volume1.pjt所包含的内容。其中，Include文件夹包含源文件中以“.h”声明的文件，Libraries文件夹包含所有的后缀为“.lib”的库文件，Source文件夹包含所有的后缀为“.c”和“.asm”的源文件。文件夹上的“＋”表示该文件夹被折叠，“－”表示该文件夹被展开。

1. 创建、打开和关闭工程

Project→New命令用于创建一个新的工程文件。此后用户就可以编辑源程序、链接命令文件和头文件等，然后加入到工程中。工程编译链接后产生的可执行程序后缀为“.out”。

创建一个新的工程项目的操作是：

选择菜单Project→New，打开Project Creation对话框，在Project中填入工程名，在Location中会自动补全存储路径，也可以自由选择存储路径；在Project Type中选择Executable(.out)，这表示生成一个.out类型的可执行文件；在Target中填入平台名称。

打开一个已存在的工程项目用Project→Open命令。例如，用户打开一个名为volume1.pjt的工程时，工程中包含的各项信息被载入，其工程视窗如图7-10所示。打开另一个工程项目后，以前打开的工程项目将自动关闭。

关闭当前工程项目用Project→Close命令。

2. 在工程中添加/删除文件

添加文件到工程中用以下任一操作：

① 选择命令Project→Add Files to Project。

② 在工程视窗中右击调出关联菜单，选择Add Files。

图 7－10 所示的 Source 源文件及 Libraries 库文件需要用户指定加入，而头文件 include 则通过扫描相关性自动加入到工程中。

在工程窗口中右击某文件名，从关联菜单中选择 Remove from project 可以从工程中删除该文件。

3. 扫描相关性

头文件加入到工程中通过“扫描相关性”完成。在使用增量编译时，CCS 同样要知道哪些文件互相关联。这些都通过“相关性列表”来实现。

CCS 工程中保存了一个相关性列表，指明每个源程序与哪些包含文件相关。在构建工程时，CCS 使用命令 Project→Show Dependencies 或 Project→Scan All Dependencies 创建相关树。

4. 编辑源程序

CCS 集成编辑环境可以编辑任何文本文件；对 C 程序和汇编程序，还可用彩色高亮的形式显示关键字、注释和字符串。CCS 编辑器支持下述功能：

① 语法高亮显示。关键字、注释、字符串和汇编指令用不同的颜色显示，相互区分。

② 查找和替换。可以在一个文件和一组文件中查找替换字符串。

③ 针对内容的帮助。在源程序内，可以调用针对高亮显示字的帮助。这对获得汇编指令和 GEL 内建函数帮助特别有用。

④ 多窗口显示。可以打开多个窗口，或对同一文件打开多个窗口。

⑤ 快速使用编辑功能。可以利用标准工具栏和编辑工具栏帮助用户快速使用编辑功能。

⑥ 排除语法错误。作为 C 语言编辑器，可以判别圆括号或大括号是否匹配，排除语法错误。

⑦ 所有编辑命令都有快捷键对应。

(1) 工具栏和快捷键

命令 View→Standard Toolbar 和 View→Edit Toolbar 分别调出标准工具栏和编辑工具栏。工具栏上的按钮含义参见图 7－9。CCS 内嵌编辑器所用快捷键可查阅在线帮助的 Help→General Help→Using Code Composer Studio→The Integrated Editor →Using Keyboard Shortcuts 的 Default Keyboard Shortcuts。可以根据自己的喜好定义快捷键。除编辑命令外，CCS 所有的菜单命令都可以定义快捷键。选择 Option→Keyboard 命令打开自定义快捷方式对话框，选中需要定义快捷键的命令。如果此命令已经有快捷键，则在 Assigned 框架中有显示，否则为空白。可以单击 Add 按钮，按下组合键（一般为 Ctrl＋某键），则相应按键描述显示在 Press new short-cut 框中。

(2) 查找替换字符

除具有与一般编辑器相同的查找、替换功能外，CCS 还提供了一种“在多个文件中查找”功能。这对在多个文件中追踪、修改变量和函数特别有用。

命令 Edit→Find in Files 或单击标准工具栏的“多个文件中查找”按钮，弹出如图 7－11 所示对话框。分别在 Find、In files of 和 In folder 中键入需要查找的字符串，搜寻目标文件类型以及文件所在目录，然后单击 Find 按钮即可。

查找的结果显示在输出窗口中，按照文件名、字符串所在行号和匹配文字行依次显示。

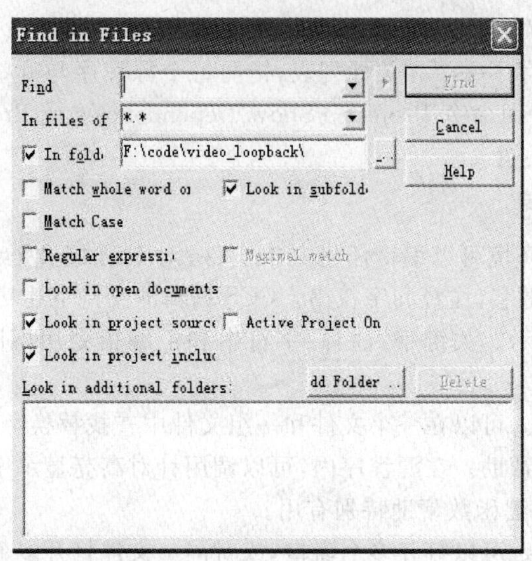

图 7－11　查找命令对话框

(3) 书　签

在编辑源文件过程中可以使用书签。书签的作用是帮助用户标记着重点。CCS 允许用户在任意类型文件的任意一行设置书签，书签随 CCS 工作空间（workspace）保存，在下次载入文件时被重新调入。书签的使用分为设置书签以及显示和编辑书签列表。

1) 设置书签

将光标移到需要设置书签的文字行，在编辑视窗中右击，弹出关联菜单，从 Bookmarks 子菜单中选中 Set a Bookmark。或者单击编辑工具栏的“设置或取消标签”按钮。光标所在行被高亮标识，表示标签设置成功。

设置多个书签后，用户可以单击编辑工具栏的“上一书签”、“下一书签”的快速定位书签。

2) 显示和编辑书签列表

显示和编辑书签列表可以用下面两种方法：

① 在工程窗口中选择 Bookmark 标签，得到如图 7－12 所示的书签列表。如果双击某书签，则在编辑窗口，光标跳转至此书签所在行。右击之，用户可以从弹出窗

口中编辑或删除此书签。

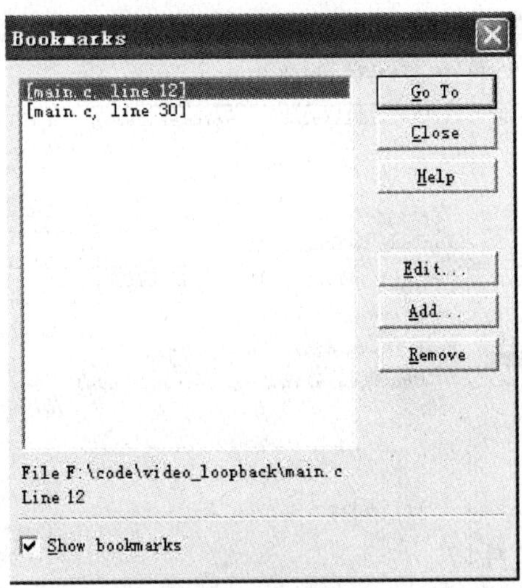

图 7-12　书签编辑对话框

② 选择命令 Edit→Bookmarks 或单击编辑工具栏上的"编辑标签属性"按钮，得到如图 7-12 所示的书签编辑对话框。双击某书签，则在编辑窗内光标跳转至此书签所在行，同时关闭此对话框。也可以单击某书签并且编辑或删除它。

编辑的源文件如果没有在工程中，则要选择命令 Project→Add Files to Project 添加文件到工程中。

7.3.4　构建工程及生成可执行文件

工程所需文件编辑完成后，就对该工程进行编译链接，产生可执行文件，为调试做准备。这一过程就是构建工程。CCS 提供了 4 条命令来构建工程：

① 编译文件命令 Project→Complie 或单击工程工具栏"编译当前文件"按钮，仅编译当前文件，不进行链接。

② 增量构建。单击工程工具栏"增量构建"按钮，则只编译那些自上次构建后修改过的文件。增量构建(incremental build)只对修改过的源程序进行编译，先前编译过、没有修改的程序不再编译。

③ 重新构建命令。选择命令 Project→Rebuild 或单击工程工具栏"重新构建"按钮，重新编译和链接当前工程。

④ 停止构建命令。选择命令 Project→Stop Build 或单击工程工具栏"停止构建"按钮，停止当前的构建进程。

CCS 集成开发环境本身并不包含编译器和链接器，而是通过调用软件开发工具(C 编译器、汇编器和链接器)来编译链接用户程序。编译器等所用参数可以通过工程选项设置。选择命令 Project→Options 或从工程窗口的关联菜单中选择 Options，弹出的对话框如图 7-13 所示。

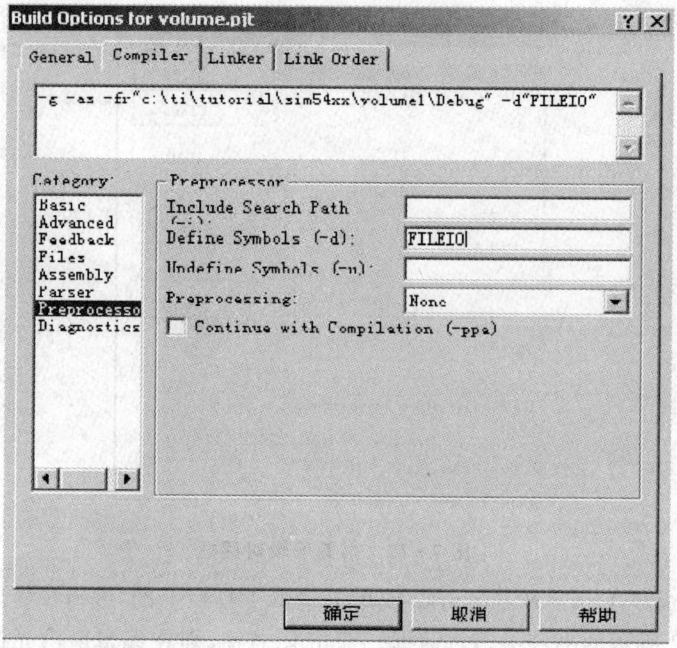

图 7-13　工程选项设置窗口

在此对话框中用户可以设置编译器、汇编器和链接器选项。有关选项的具体含义，用户可以参阅有关编译器、汇编器和链接器方面的内容，或者查阅联机帮助 Using Code Composer Studio→The Project Environment→Setting Build Options。

用户也可以对特定的文件设置编译链接选项。操作方法为在工程视窗中右击需要设置的程序，选择 File Specific Options，然后在对话框中设置相应的选项。

编译链接过程没有错误，会生成可执行文件.out。有了.out 就可以载入调试程序了。

7.3.5　调试方法和步骤

CCS 提供了很多调试手段。在程序执行控制上，CCS 提供了 4 种单步执行方式。

从数据流角度上，用户可以对内存单元和寄存器进行查看，以及编辑载入/输出外部数据和设置探针等。

一般的调试步骤如下：调入构建好的可执行程序，先在关键的程序段设置断点，执行程序停留在断点处，查看寄存器的值或内存单元的值，对中间数据进行在线(或输出)分析。反复这个过程直到程序完成预期的任务。

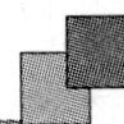

1. 载入可执行程序

选择命令 File→Load Program，载入编译链接好的可执行程序。可以修改 Program Load 属性，使得在构建工程后自动装入可执行程序。设置方法为选择命令 Options→Program Load。

2. 使用反汇编工具

在某些时候，例如调试C语言关键代码，用户可能需要深入到汇编指令一级，此时可以利用CCS的反汇编工具。用户的执行程序（不论是C程序或是汇编程序）载入到目标板或仿真器时，CCS调试器自动打开一个反汇编窗口。

对每一条可反汇编的语句，反汇编窗口显示对应的反汇编指令（一条C语句可能对应几条反汇编指令）的语句所处地址和操作码（即二进制机器指令）。当前程序指针 PC(Program Counter)所在语句用彩色高亮表示。当源程序为C代码时，可以选择使用混合C源程序（C源代码和反汇编指令显示在同一窗口）或汇编代码（只有反汇编指令）模式显示。

除在反汇编窗口中可以显示反汇编代码外，CCS还允许在调试窗口中混合显示C和汇编语句。可以选择命令 View→Mixed Source/Asm，则在其前面出现一对选中标志。选择 Debug→Go Main，调试器开始执行程序并停留在 main( )处，而C源程序显示在编辑窗口中，与C语句对应的汇编代码以暗色显示在C语句下面。

3. 程序执行控制

在调试程序时，用户会经常用到复位、执行、单步执行等命令，这统称为程序执行控制。下面依次介绍CCS的目标板（包括仿真器）复位、执行和单步操作。

(1) CCS提供了3种方法复位目标板

① Reset DSP：选择命令 Debug→Reset DSP 初始化所有的寄存器内容并暂停运行中的程序。如果目标板不响应命令，并且用户正在使用一基于核的设备驱动，则DSP核可能被破坏，用户需要重新装入核代码。对仿真器，CCS复位所有寄存器到其上电状态。

② Restart：选择命令 Debug→Restart 将PC恢复到当前载入程序的入口地址。此命令不执行当前程序。

③ Go Main：选择命令 Debug→Go Main 在主程序入口处设置一临时断点，然后开始执行。当程序被暂停或遇到一个断点时，临时断点被删除。此命令提供了一个快速方法来运行用户应用程序。

(2) CCS提供了4种程序执行操作

① 执行程序：选择命令 Debug→Run 或单击调试工具栏上的“执行程序”按钮。程序运行直到遇见断点为止。

② 暂停执行：选择命令 Debug→Halt 或单击调试工具栏上的“暂停执行”按钮。

③ 动画执行：选择命令 Debug→Animate 或单击调试工具栏上的“动画执行”按

钮。用户可以反复运行执行程序,直到遇到断点为止。

④ 自由运行:选择命令 Debug→Run Free。此命令禁止所有断点,包括探针断点和 Profile 断点,然后运行程序。在自由运行中对目标处理器的任何访问都将恢复断点。当用户在基于 JTAG 设备驱动上使用模拟时,此命令将断开与目标处理器的连接,用户可以拆卸 JTAG 或 MPSD 电缆。在自由运行状态下,用户也可以对目标处理器进行硬件复位。注意,在仿真器中 Run Free 无效。

(3) CCS 提供的单步执行操作

CCS 提供的单步执行操作有 4 种类型,它们在调试工具栏上分别有对应的快捷按钮(参阅 7.2.2 小节)。单步执行命令如下:

① 单步进入(快捷键 F8):选择命令 Debug→Step Into 或单击调试工具栏上的"单步进入"按钮。当调试语句不是最基本的汇编指令时,此操作将进入语句内部(如子程序或软件中断)调试。

② 单步执行(快捷键 F10):选择命令 Debug→Step Over 或单击调试工具栏上的"单步执行"按钮。此命令将函数或子程序当作一条语句执行,不进入内部调试。

③ 单步跳出(快捷键 Shift+F7):选择命令 Debug→Step Out 或单击调试工具栏上的"单步跳出"按钮。此命令将从子程序中跳出。

④ 执行到当前光标处(快捷键 Ctrl+F10):选择命令 Debug→Run to Cursor 或单击调试工具栏上的"执行到当前光标处"按钮。此命令使程序运行到光标所在的语句处。

7.3.6 断点的使用

调试时在某个语句设置断点,用于暂停程序的运行,以便观察/修改中间变量或寄存器数值。CCS 提供了 2 种断点:软件断点和硬件断点,可以在断点属性中设置。设置断点应当避免以下 2 种情形:

① 将断点设置在属于分支或调用的语句上。

② 将断点设置在块重复操作的倒数第一或第二条语句上。

1. 软件断点

只有当断点被设置而且被允许时,断点才能发挥作用。下面依次介绍断点的设置、断点的删除和断点的使能。

(1) 断点的设置

有 2 种方法可以增加一条断点。

1) 使用断点对话框

选择命令 Debug→Breakpoints,弹出如图 7-14 所示对话框。

在 Breakpoints Type 栏中可以选择"无条件断点(Break at Location)"或"有条件断点(Break at location if expression is TURE)"。在 Location 栏中填写需要中断的指令地址,用户可以观察反汇编窗口,确定指令所处地址。对 C 代码,由于一条 C

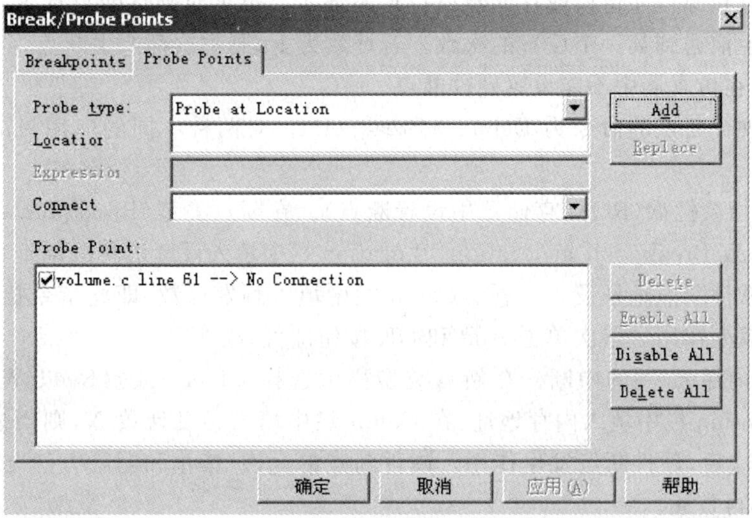

图 7-14　断点设置对话框

语句可能对应若干条汇编指令，故难以用唯一地址确定位置。为此，用户可以采用“file Name line lineNumber”的形式定位源程序中的一条 C 语句。断点设置成功后，该语句条用彩色光条显示。如果用户选择的是带条件断点，则 Expression 栏有效，用户可以参见 TI 公司的 *TMS320C54x Code Composer Studio User's Guide*。当此表达式运算结果为真(ture=1)时，程序在此断点位置暂停；否则，继续执行下去。

2) 采用工程工具栏

将光标移到需要设置断点的语句上，单击工程工具栏上的“设置断点”按钮，则在该语句位置设置一断点，默认情况下为“无条件断点”。用户也可以使用断点对话框修改断点属性，例如将“无条件断点”改为“有条件断点”。

(2) 断点的删除

在图 7-14 所示断点设置对话框中，单击 Breakpoints 列表中的一个断点，然后单击 Delete 按钮即可删除此断点。单击 Delete All 按钮或工程工具栏上的“取消所有断点”按钮，将删除所有断点。

(3) 断点的使能

在图 7-14 所示断点设置对话框中，单击 Enable All 或 Disable All 将允许或禁止所有断点。在“允许”状态下，断点位置前的复选框中有对勾符号。

注意：只有当设置一断点并使其“允许”时，断点才发挥作用。

2. 硬件断点

硬件断点与软件断点的不同之处在于它并不修改目标程序，而是使用片上可利用的硬件资源，因此适用于在 ROM 存储器中设置断点或在内存读/写中产生中断的两种应用。硬件断点可用于设置特殊的存储器读、存储器写或存储器的读/写。存储器访问断点在源程序窗口或存储器窗口均不显示。也可对硬件断点计数,用来确定在断点产生前遇到某一个位置的次数。若计数为 1 ,则每次都产生断点。

注意:在仿真器中不能设置硬件断点。

添加硬件断点的命令为 Debug→Breakpoint。对两种不同的应用目的,其设置方法如下:

① 对指令拦截(ROM 存储器中设置断点)。在断点类型(Breakpoints Type)栏中选择 H/W Breakpoint at location。Location 栏中填入设置语句的地址,其方法与前面所述软件断点地址设置一样。Count 栏中填入触发计数,即此指令执行多少次后断点才发生作用。依次单击 Add 和 OK 按钮即可。

② 对内存读/写的中断。在断点类型栏中选择＜bus＞或＜Read/Write/R/W＞,在 Location 栏中填入内存地址,在 Count 栏中填入触发计数 N,则当读/写此内存单元 N 次后,硬件断点发生作用。硬件断点的允许/禁止和删除方法与软件断点的相同,不再赘述。

7.3.7　存储器窗口和寄存器窗口的使用

在调试过程中,用户可能需要不断观察和修改寄存器,修改内存单元和数据变量。下面介绍如何修改内存块,如何查看和编辑内存单元、寄存器和数据变量。

1. 存储器单元操作

CCS 提供的内存块操作包括复制数据块和填充数据块。这在数据块初始化时较为有用。

(1) 复制数据块

功能:复制某段内存到一新位置。

命令:Edit→Memory→Copy,在对话框中填入源数据块首地址、长度和内存空间类型以及目标数据块首地址和内存空间类型即可。

(2) 填充数据块

功能:用特定数据填充某段内存。

命令:Edit→Memory→Fill,在对话框中填入内存首地址、长度、数据和内存空间类型即可。

2. 查看、编辑内存

CCS 允许显示特定区域的内存单元数据。方法为选择命令 View→Memory 或单击调试工具栏上的“显示内存数据”按钮。在弹出的对话框中输入内存变量名(或对应地址),显示方式即可显示指定地址的内存单元。为改变内存窗口显示属性(如数据显示格式、是否对照显示等),可以在内存显示窗口中右击,从关联菜单中选择 Properties 即弹出选项对话框,如图 7 - 15 所示。

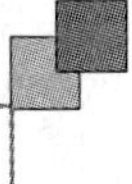

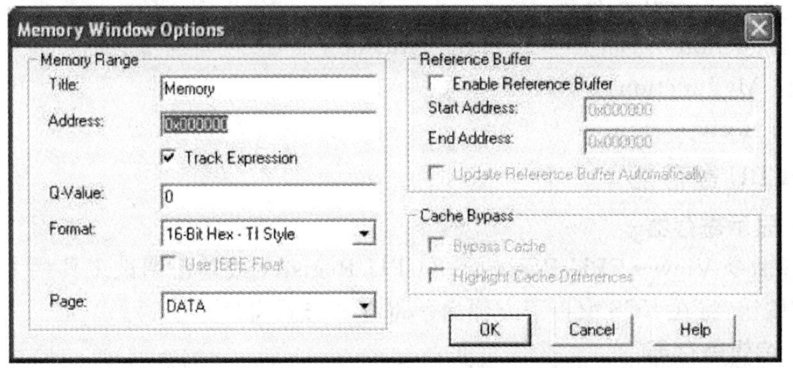

图7-15　内存窗口显示属性对话框

内存窗口选项包括以下内容：

① Address，输入需要显示内存区域的起始地址。

② Q-Value，显示整数时使用的 Q 值（定点位置），新的整数值等于整数除以 2Q。

③ Format，从下拉菜单中选取数据显示的格式。

④ Use IEEE Float，是否使用 IEEE 浮点格式。

⑤ Page，选择显示的内存空间类型，即程序、数据或I/O。

⑥ Enable Reference Buffer，选择此检查框，将保存一特定区域的内存数据以便用于比较。例如，用户允许 Enable Reference Buffer 选择，并定义了地址范围为0x0000～0x002F。此区段的数据将保存到主机内存中。每次用户执行暂停目标板、命中一断点、刷新内存等操作时，编译器都将比较参考缓冲区（Reference Buffer）与当前内存段的内容，数值发生变化的内存单元将用红色突出显示。

⑦ Start Address，用户希望保存到参考缓冲区（Reference Buffer）的内存段的起始地址。只有当用户选中"Enable Reference Buffer"检查框时，此区域才被激活。

⑧ End Address，用户希望保存到参考缓冲区的内存段的终止地址。只有当用户选中 Enable Reference Buffer 检查框时，此区域才被激活。

⑨ Update Reference Buffer Automatically，若选择此检查框，则参考缓冲区的内容将自动被内存段（由定义参考缓冲区的起始/终止地址所规定的内存区域）的当前内容覆盖。

在 Format 栏下拉条中，用户可以选择多种显示格式显示内存单元。

编辑某一内存单元的方法如下：在内存窗口中双击需要修改的内存单元，或者选择命令 Edit→Memory→Edit，在对话框中指定需要修改的内存单元地址和内存空间类型，并输入新的数据值即可。

注意：输入数据前面加前缀"0x"为十六进制，否则为十进制。凡是前面所讲到的需要输入数值（修改地址、数据）的场合，均可以输入C表达式。C表达式由函数名、已定义的变量符号、运算式等构成。下面的例子都是合法的C表达式。

例7-1 C表达式举例：

My Function 0x000 + 2 * 35 * (mydata + 10)

(int) MyFunction + 0x100

PC + 0x10

3. CPU寄存器

(1) 显示寄存器

选择命令View→CPU Registers→CPU Register或单击调试工具栏上的"显示寄存器"按钮，将在CCS窗口下方弹出一寄存器查看窗口。

(2) 编辑寄存器

有3种方法可以修改寄存器的值：

① 选择命令Edit→Edit Register；

② 在寄存器窗口双击需要修改的寄存器；

③ 在寄存器窗口右击，从弹出的菜单中选择需要修改的寄存器。

3种方法都将弹出一编辑对话框，在对话框中指定寄存器(如果在Register栏中不是所期望的寄存器)和新的数值即可。

4. 编辑变量

选择命令Edit→Edit Variable，可以直接编辑用户定义的数据变量，在对话框中填入变量名(Variable)和新的数值(Value)即可。用户输入变量名后，CCS会自动在Value栏中显示原值。注意，变量名前应加"*"前缀，否则显示的是变量地址。在变量名输入栏，用户可以输入C表达式，也可以采用"偏移地址@内存页"方式来指定某内存单元。例如：* 0 x1000@prog、0x2000@io和0x1000@data等。

5. 通过观察窗口查看变量

在程序运行中，用户可能需要不间断地观察某个变量的变化情况，即为CCS提供观察窗口(Watch Window)，并用于在调试过程中实时地查看和修改变量值。

(1) 加入观察变量

选择命令View→Watch Window或单击调试工具栏上的"打开观察窗口"按钮，则观察窗口出现在CCS的下部位置。CCS最多提供4个观察窗口，在每一个观察窗口中用户都可以定义若干个观察变量。有3种方法可以定义观察变量：

① 将光标移到观察窗口中，并按Insert键，弹出表达式加入对话框，在对话框中填入变量符号即可。

② 将光标移到观察窗口中并右击，从弹出的菜单中选择Insert New Expression，在表达式加入对话框中填入变量符号即可。

③ 在源文件窗口或反汇编窗口双击变量，则该变量反白显示；右击选择Add to WatchWindow，则该变量直接进入当前观察窗口列表。

表达式中的变量符号当作地址还是变量处理，取决于目标文件是否包含符号调试信息。若在编译链接时有 g 选项(此意味着包含符号调试信息),则变量符号当作真实变量值处理,否则作为地址。对于后一种情况,为显示该内存单元的值,应当在其前面加上前缀星号“*”。

(2) 删除某观察变量

有 2 种方法可以从观察窗口中删去某变量:

① 双击观察窗口中某变量,选中后该变量以彩色亮条显示。按 Delete 键,则从列表中删除此变量。

② 选中某变量后右击,再选择 Remove Current Expression。

(3) 观察数组或结构变量

某些变量可能包含多个单元,如数组、结构或指针等。这些变量加入到观察窗口中时,会有“+”或“-”的前缀。“-”表示此变量的组成单元已展开显示,“+”表示此变量被折叠,组成单元内容不显示。用户可以通过选中变量,然后按回车键来切换这两种状态。

(4) 变量显示格式

用户可以在变量名后边跟上格式后缀以显示不同的数据格式。例如:MyVar ,x 或 MyVar ,d 等。

用户也可以用“快速观察”按钮来观察某变量。有 2 种操作方法:

① 在调试窗口中双击选中需要观察的变量,使其反白。单击调试工具栏上的“快速观察”按钮。

② 选中需要观察的变量后右击,从关联菜单中选择 Quick Watch 菜单。

操作完成后,在弹出的对话框中单击 Add Watch 按钮,即可将变量加入到观察窗口变量列表中。

7.3.8 探针的使用与数据输入和结果分析

CCS 的探针断点提供了一种数据输入/输出的手段,即允许用户在程序运行到某个语句处从外部文件中读入数据或写出数据到外部文件中。

在开发应用程序时,常常需要使用外部数据。例如,用户为了验证某个算法的正确性,需要输入原始数据,DSP 程序处理完后,需要对输出结果进行分析。CCS 提供了 2 种方法来调用和输出数据:

① 利用数据读入/写出功能即调用命令 File→Data(Load/Save),该方法适用于偶尔的手工读入和写出数据场合。

② 利用探针(Probe)功能即设置探针,通过将探针与外部文件关联起来读入和写出数据。这种方法适用于自动调入和输出数据的场合。

1. 载入/保存数据

“载入/保存数据”功能允许用户在程序执行的任何时刻从外部文件中读入数据或保存数据到文件中。需要注意的是,载入数据的变量应当是预先被定义并且有效的。

(1) 载入外部数据

数据载入对话框如图7-16所示。

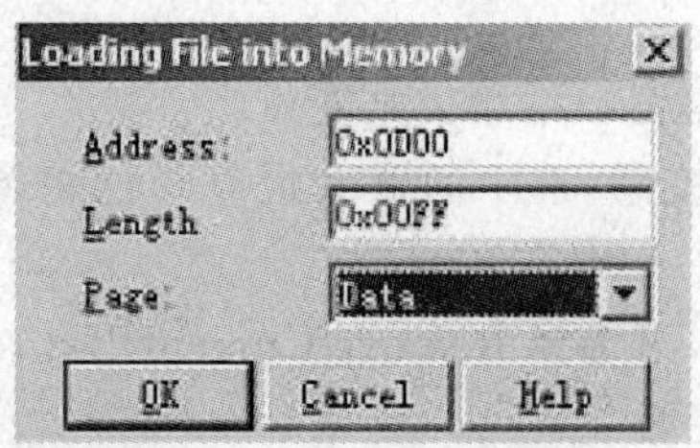

图7-16 数据载入对话框

当程序执行到适当时候并需要向某变量定义的缓冲区载入数据时,选择File→Data→Load命令,弹出文件载入对话框,选择预先准备好的数据文件。此后,弹出如图7-16所示的对话框。Address栏和Length栏已被文件头信息自动填入。用户也可以在对话栏中重新指定变量名(或缓冲区首地址)和数据块长度。

(2) 保存数据到文件中

当程序执行到适当时候并需要保存某缓冲区时,选择命令File→Data→Store,弹出一个对话框,给出输出文件名。完成后,弹出Store Memory into File对话框。输入需要保存的变量名(或数据块首地址)和长度,单击OK按钮即可。

2. 外部文件输入/输出

CCS提供了一种"探针(Probe)"断点来自动读/写外部文件。所谓探针是指CCS在源程序某条语句上设置的一种断点。每个探针断点都有相应的属性(由用户设置),用来与一个文件的读/写相关联。用户程序运行到探针断点所在语句时,自动读入数据或将计算结果输出到某文件中(依此断点属性而定)。由于文件的读/写实际上调用的是操作系统功能,因此不能保证这种数据交换的实时性。有关实时数据交换功能请参考帮助Help→Tools→RTDX。

使用CCS文件输入/输出功能应遵循以下步骤:

① 设置探针断点。将光标移到需要设置探针的语句上,单击工程工具栏上的"设置探针"按钮。光标所在语句被彩色光条高亮显示。取消设置的探针,亦单击取消探针按钮。此操作仅定义程序执行到何时读入或写出数据。

② 选择命令File→File I/O,显示如图7-17所示的对话框。在此对话框中选择文件输入或文件输出功能(对应File Input和File Output标签)。

假定用户需要读入一批数据,则在File Input标签窗口中单击Add File按钮,在对话框指定输入的数据文件。

注意:此时该数据文件并未和探针关联起来,Probe栏中显示的是Not Connected。

③ 将探针与输入文件(或者输出文件)关联起来。

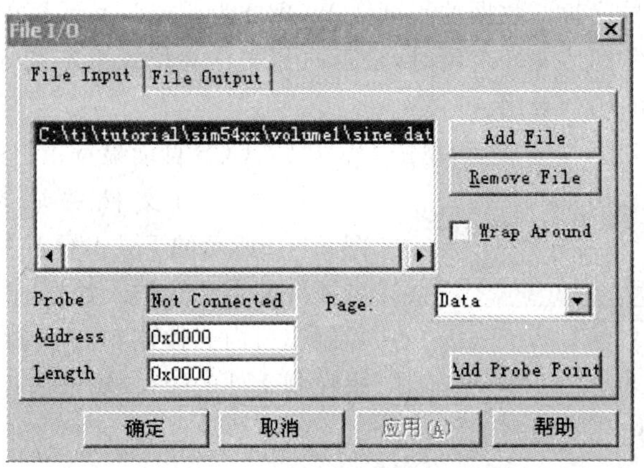

图 7-17　File I/O 对话框

单击图 7-17 中右下角的 Add Probe Point 按钮，弹出 Break/ Probe Points 对话框，如图 7-18 所示。

图 7-18　探针断点设置对话框

在 Probe Points 选项卡的 Probe Points 列表中选中需要关联的探针。

从 Connect 一栏中选择刚才加入的数据文件。

单击右上角的 Replace 按钮。注意在 Probe Point 列表中显示探针所在的行已经与文件对应关联起来了。

④ Break/Probe Points 对话框设置完成后，回到 File I/O 对话框。可见“c:\My Documents\mydata.dat”出现在 File Input 栏。在此对话框中指定数据读入存放的起始地址(对文件输出，为输出数据块的起始地址)和长度。起始地址可以用事先已

定义的缓冲区符号代替。数据的长度以 WORD 为单位。对话框中的 Wrap Around 选项是指当读指针到达文件末尾时，是否回到文件头位置重新读入。这在用输入数据产生周期信号的场合有用。

⑤ File I/O 对话框完成后，单击 OK 按钮，CCS 自动检查用户的输入是否正确。

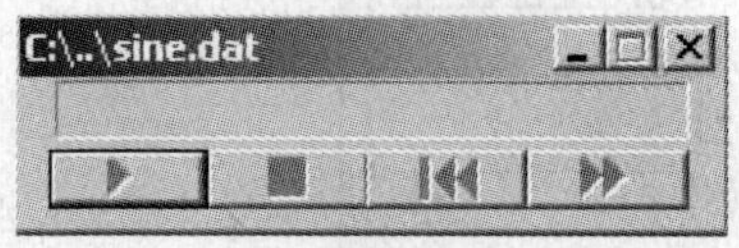

图 7－19　File I/O 控制窗口

将探针与文件关联后，CCS 给出如图 7－19所示的 File I/O 控制窗口。程序执行到探针断点位置调入数据时，其进度会显示在控制窗口内。控制窗口同时给出了若干按钮来控制文件的输入/输出进程。

各按钮的作用分别如下所述：

运行按钮，在暂停后恢复数据传输。

停止按钮，终止所有的数据传输进程。

回退按钮，对文件输入，下一采入数据来自文件头位置；对数据输出，新的数据写往文件首部。

快进按钮，仿真探针被执行(程序执行探针所在语句)情形。

3. 数据文件格式

(1) CCS 允许的数据文件格式

① COFF 格式。二进制的公共目标文件格式，能够高效地存储大批量数据。

② CCS 数据文件。此为字符格式文件，文件由文件头和数据两部分构成。文件头指明文件的类型、数据类型、起始地址和长度等信息。其后为数据，每个数据占一行。数据类型可以为十六进制、整数、长整数和浮点数。

(2) CCS 数据文件的文件头格式

文件类型	数据类型	起始地址	数据页号	数据长度

文件头解释如下：

文件类型，固定为 1651；

数据类型，取值 1～4 ，对应类型为十六进制的整数、长整数和浮点数；

起始地址，十六进制，数据存放的内存缓冲区首地址；

数据页号，十六进制，指明数据取自哪个数据页；

数据长度，十六进制，指明数据块长度，以 Word 为单位。

例 7－2　某 CCS 数据文件的头几行内容。

1651　2　0　1　200；起始地址为 0，数据类型为整数，数据长度为 200。

36

49

……

4. 用图形窗口分析数据

运算结果可以通过 CCS 提供的图形功能显示出来，CCS 提供的图形显示包括时频分析、星座图、眼图和图像显示。用户准备好需要显示的数据后，选择命令 View→Graph，设置相应的参数，即可按所选图形类型显示数据。

各种图形显示所采用的工作原理基本相同，即采用双缓冲区（采集缓冲区和显示缓冲区）分别存储和显示图形。采集缓冲区存在于实际或仿真目标板，包含用户需要显示的数据区。显示缓冲区存在于主机内存中，内容为采集缓冲区的复制。用户定义好显示参数后，CCS 从采集缓冲区中读取规定长度的数据进行显示。显示缓冲区尺寸可以和采集缓冲区的尺寸不同，如果用户允许左移数据显示（Left Shifted Data Display），则采样数据从显示区的右端向左端循环显示。“左移数据显示”特性对显示串行数据特别有用。

CCS 提供的图形显示类型共有 9 种，每种显示所需的设置参数各不相同。限于篇幅，这里仅举例说明时频图单曲线显示设置方法，其他图形的设置参数说明请查阅在线帮助 Help→General Help→How to... →Display Results Graphically。

选择命令 View→Graph→Time/Frequency，弹出 Time/Frequency 对话框，在 Display Type 中选择 Signal Time（单曲线显示），则弹出如图 7－20 所示的图形显示参数设置对话框。

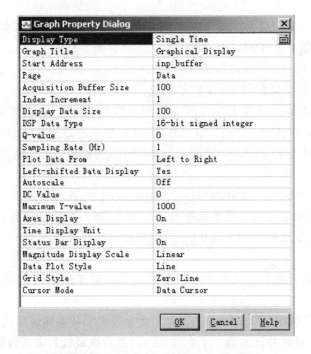

Graph Property Dialog

Display Type	Single Time
Graph Title	Graphical Display
Start Address	inp_buffer
Page	Data
Acquisition Buffer Size	100
Index Increment	1
Display Data Size	100
DSP Data Type	16-bit signed integer
Q-value	0
Sampling Rate (Hz)	1
Plot Data From	Left to Right
Left-shifted Data Display	Yes
Autoscale	Off
DC Value	0
Maximum Y-value	1000
Axes Display	On
Time Display Unit	s
Status Bar Display	On
Magnitude Display Scale	Linear
Data Plot Style	Line
Grid Style	Zero Line
Cursor Mode	Data Cursor

OK　Cancel　Help

图 7－20　图形显示参数设置对话框

需要设置的参数解释如下：

① 显示类型(Display TyPe)。单击 Display Type 栏区域,则出现显示类型下拉菜单条。单击所需的显示类型,则 Time/Frequency 对话框(参数设置)相应地随之变化。

② 视图标题(Graph Title)。定义图形视图标题。

③ 起始地址(Start Address)。定义采样缓冲区的起始地址。当图形被更新时,采样缓冲区内容亦更新显示缓冲区内容。此对话栏允许输入符号和 C 表达式。当显示类型为 Dual Time 时,需要输入两个采样缓冲区首地址。

④ 数据页(Page)。指明选择的采样缓冲区是来自程序、数据,还是 I/O 空间。

⑤ 采样缓冲区大小(Acquisition Buffer Size)。用户可以根据需要来定义采样缓冲区的尺寸。例如若一次显示一帧数据,则缓冲区尺寸为帧的大小。若用户希望观察串行数据,则定义缓冲区尺寸为 1 ,同时允许左移数据显示。

⑥ 索引递增(Index Increment)。定义在显示缓冲区中每隔几个数据取一个采样点。

⑦ 显示数据尺寸(Display Data Size)。此参数用来定义显示缓冲区的大小。一般地说,显示缓冲区的尺寸取决于“显示类型”选项。

对时域图形,显示缓冲区尺寸等于要显示的采样点数目,并且大于或等于采样缓冲区尺寸。若显示缓冲区尺寸大于采样缓冲区尺寸,则采样数据可以左移到显示缓存显示。

对频域图形,显示缓冲区尺寸等于 FFT 帧尺寸,取整为 2 的幂次。

⑧ DSP 数据类型(DSP Data Type)。DSP 数据类型可以为 32 bit 有符号整数、32 bit 无符号整数、32 bit浮点数、32 bit IEEE 浮点数、16 bit 有符号整数、16 bit 无符号整数、8 bit 有符号整数、8 bit 无符号整数。

⑨ Q 值(Q-Value)。采样缓冲区中的数始终为十六进制数,但是它表示的实际数取值范围由 Q 值确定。Q 值为定点数定标值,指明小数点所在的位置。Q 值取值范围为 0～15,假定 Q 值为××,则小数点所在的位置为从最低有效位向左数的第××位。

⑩ 采样频率(Sampling Rate(Hz))。对时域图形,此参数指明在每个采样时刻定义对同一数据的采样数。假定采样频率为××,则一个采样数据对应××个显示缓冲区单元。由于显示缓冲区尺寸固定,因此时间轴取值范围为 0～(显示缓冲区尺寸/采样频率)。

对频域图形,此参数定义频率分析的样点数。频率的取值范围为 0～1/2 的采样率。

⑪ 数据绘出顺序(Plot Data From)。此参数定义从采样缓冲区取数的顺序:

从左至右采样缓冲区的第一个数被认为是最新或最近到来的数据;

从右至左采样缓冲区的第一个数被认为是最旧数据。

⑫ 左移数据显示(Left-shifted Data Display)。此选项确定采样缓冲区与显示

缓冲区的某一边对齐。用户可以选择此特性允许或禁止。若允许，则采样数据从右端填入显示缓冲区。每更新一次图形，则显示缓存数据左移，留出空间填入新的采样数据。

注意：显示缓冲区初始化为 0。若此特性被禁止，则采样数据简单地覆盖显示缓存。

⑬ 自动定标(Autoscale)。此选项允许 Y 轴最大值自动调整。若此选项设置为允许，则视图被显示缓冲区数据最大值归一化显示；若此选项设置为禁止，则对话框中出现一个新的设置项“Maximum Y-value”，设置 Y 轴显示最大值。

⑭ 直流量(DC Value)。此参数设置 Y 轴中点的值，即零点对应的数值。对 FFT 幅值显示，此区域不显示。

⑮ 坐标显示(Axes Display)。此选项设置 X、Y 坐标轴是否显示。

⑯ 时间显示单位(Time Display Unit)。定义时间轴单位，可以为秒(s)、毫秒(ms)、微秒(μs)或采样点。

⑰ 状态条显示(Status Bar Display)。此选项设置图形窗口的状态条是否显示。

⑱ 幅度显示比例(Magnitude Display Scale)。有两类幅度显示类型，即线性或对数显示(公式为 $20\log(X)$)。

⑲ 数据标绘风格(Data Plot Style)。此选项设置数据如何显示在图形窗口中。

Line：数据点之间用直线相连；

Bar：每个数据点用竖直线显示。

⑳ 栅格类型(Grid Style)。此选项设置水平或垂直方向底线显示。

有 3 个选项：No Grid(无栅格)、Zero Line(仅显示 0 轴)、Full Grid(显示水平和垂直栅格)。

㉑ 光标模式(Cursor Mode)。此选项设置光标显示类型。

有 3 个选项：No Cursor(无光标)、Data Cursor(在视图状态栏显示数据和光标坐标)和 Zoom Cursor (允许放大显示图形)。

操作方法：拖动，则定义的矩形框被放大。

7.3.9　程序代码性能测试

用户完成一个算法设计和编程调试后，一般需要测试程序效率以便进一步优化代码。CCS 提供了“代码性能评估”工具来帮助用户评估代码性能。其基本方法为：在适当的语句位置设置断点(软件断点或性能断点)，当程序执行通过断点时，有关代码执行的信息被收集并统计，通过统计信息评估代码性能。

1. 测量时钟

测量时钟用来统计一段指令的执行时间。指令周期的测量随用户使用的设备驱动不同而变化。若设备驱动采用 JTAG 扫描通道，则指令周期采用片内分析(on chip analysis)计数。

测量时钟的步骤如下：

① 允许时钟计数选择命令 Profile→Enable Clock，有一选中符号出现在菜单项 Enable Clock 前面。

② 选择命令 Profile→View Clock，该命令使时钟窗口出现在 CCS 主窗口的下部位置。

③ 测试 A 和 B 两条指令(B 在 A 之后)之间程序段的执行时间。若测试 A、B 两条指令的时间，则应在 B 指令之后至少隔 4 个指令位置设置断点 C，然后在位置 A 设置断点 A，注意先不要在位置 B 设置断点。

④ 运行程序到断点 A，双击时钟窗口，使其归零，然后清除 A 断点。

⑤ 继续运行程序到 C 断点，然后记录 Clock 的值，其值为 A、C 之间程序运行时间 T_1。

⑥ 用上述方法测量 B、C 断点之间的运行时间 T_2，则 T_1-T_2 即为断点 A、B 之间的执行时间。用这种方法可以排除由于设置断点引入的时间测量误差。

注意：上述方法中断点指的是软件断点(有关软件断点的使用见 7.3.7 小节)。

选择命令 Profile→Clock Setup 可以设置时钟属性，弹出的对话框如图 7-21 所示。

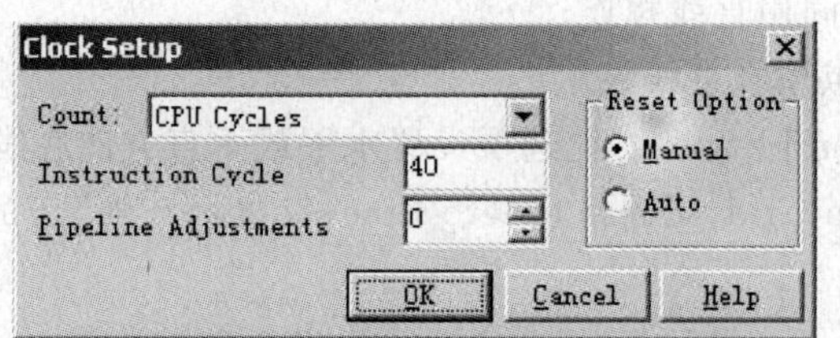

图 7-21　设置时钟属性对话框

对话框中各输入栏解释如下：

Count，计数的单位。对 Simulator，只有 CPU 执行周期(CPU Cycles)选项。

Instruction Cycle，执行一条指令所花费的时间，单位为纳秒(ns)。此设置将周期数转化为绝对时间。

Pipeline Adjustments，流水线调整花费周期数。当遇到断点或暂停 CPU 执行时，CPU 必须重新刷新流水线，花费一定周期数。为了获得较好精度的时钟周期计数，需要设置此参数。值得注意的是，CPU 的停止方式不同，其调整流水线的周期数亦不同。此参数设置只能在一定程度上提高精度。

Reset Option，用户可以选择手工(Manual)或自动(Auto)选项。此参数设置指令周期计数值是否自动复位(清除为 0)。若选择“自动”，则 CLK 在运行目标板之前自动清 0，否则其值不断累加。

2. 性能测试点

性能测试点(Profile Point)是专门用来在特定位置获取性能信息的断点。在每个性能测试点上,CCS 记录本测试点命中次数以及距上次测试点之间的指令周期数等信息。与软件断点不同的是,CPU 在通过性能测试点时并不暂停。性能测试的操作如下。

(1) 设置性能测试点

将光标置在某特定(需要测试位置)源代码行或反汇编代码行上,单击工程工具栏上的"设置性能断点"图标,完成后此代码行以彩色光条显示。

(2) 删除某性能测试点

选择命令 Profile→Profile Points,弹出性能测试点对话框。从 Profile Points 列表中选择需要删除的测量点,单击 Delete 按钮即可。若单击对话框中的 Delete All 按钮或工程工具栏上的"取消性能断点"图标,则删除所有测试点。

(3) 允许和禁止测试点

测试点设置后,用户可以赋予它"允许"或"禁止"属性。只有当测试点被"允许"后,CCS 才在此点统计相关的性能信息。若测试点不被删除,则它随工程文件保存,在下次调入时依然有效。操作方法如下:在上述对话框中单击测试点前面的复选框,有"√"符号表示允许,否则表示禁止。单击 Enable All 或 Disable All 按钮,将允许或禁止所有测试点。

3. 显示执行信息

为观察某特定代码段的执行性能,可以在代码段的首尾位置设置性能断点。然后执行程序,估计特定代码段执行完后(或者在代码段尾部设置一软件断点)终止运行,得到某段程序执行时间分析结果,如图 7-22 所示。

右击显示窗,选择命令 Properties→Display Options,可以设置显示方式,这里不再赘述。

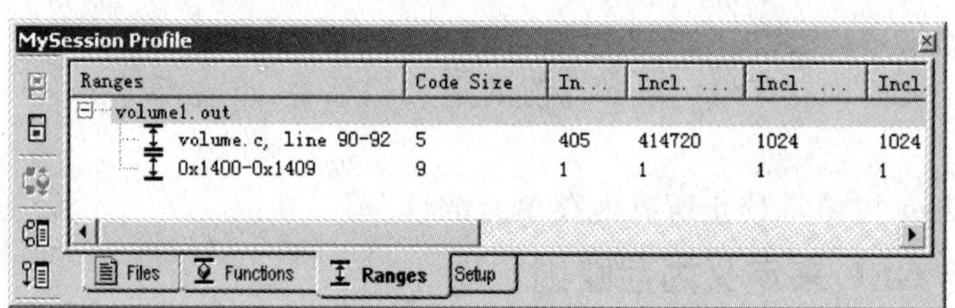

图 7-22 某段程序执行时间分析结果

7.3.10 内存映射定义和使用

CCS 提供在线手段来定义内存映射。内存映射规定了用户代码和数据在内存空间的分配。(用户在链接命令文件(.cmd)中定义内存映射表。)

在用户允许"内存映射"时,CCS调试器检查每一条内存读/写命令,看它是否与定义的内存映射属性相矛盾。若用户试图访问未定义的内存或受保护的区域,则CCS仅显示其默认值,而不访问内存。查看和定义内存映射对话框如图7-23所示。

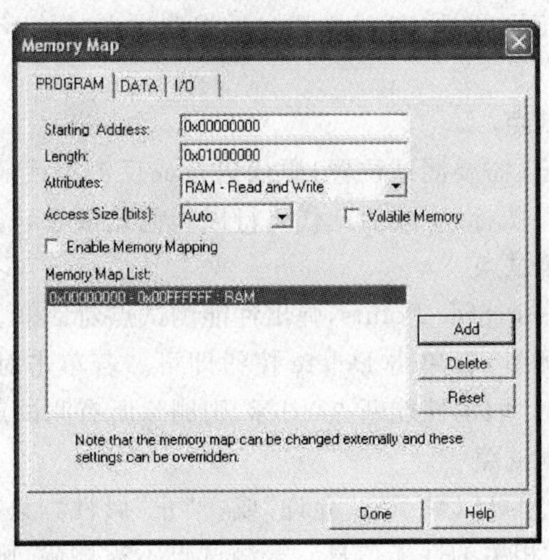

图7-23 查看和定义内存映射对话框

1. 查看和定义内存映射

选择命令Option→Memory Map,弹出如图7-23所示的对话框。用户可以利用对话框查看和定义内存映射。在默认情况下,Enable Memory Mapping复选框是未选中的,目标板上所有RAM都是可有效访问的。为利用内存映射机制,应确保在Enable Memory Mapping复选框选中(单击复选框,前面出现"√"符号),选择需要定义的内存空间(代码、数据或I/O)。在Starting Address和Length栏中输入需要映射的内存块起始地址和长度,选择读/写属性。

单击Add按钮,则新的内存映射定义被输入。用户也可以选中一个已定义好的内存映射并删除之。

用户新定义的内存区域可以和以前的定义相重叠,重叠部分的属性按新定义来计算。

注意:Reset按钮将禁止所有内存单元的读/写。

2. 利用GEL来定义内存映射

GEL(通用扩展语言)是一种类似C的解释性语言,利用GEL语言可以访问实际/仿真目标板,适合自动测试和自定义工作空间。用户可以利用GEL文件来定义内存映射。在启动CCS时,将GEL文件名作为一个参数引用,则CCS自动调入GEL文件,允许内存映射机制。

下面给出一个利用GEL函数定义内存映射的例子。在本例中,程序空间和数据空间[0x0000～0xF000]内存段被定义为可读、可写。

例如：利用 GEL 函数来定义内存映射。

```
Start Up (
{
GEL_Map On ( );
GEL_Map Reset ( );
GEL_Map Add (0,0,0xF000,1,1);
GEL_Map Add (0,1,0xF000,1,1);
}
```

7.4　Simulator 仿真应用

7.4.1　中断的仿真

C54x 允许用 Simulator 仿真外部中断信号 INT0～INT3，并选择中断发生的时钟周期。为此，可以建立一个数据文件，并将其连接到 4 个中断引脚中的一个，即 INT0～INT3，或 BIO 脚。

注意：时间间隔用 CPU 时钟周期的函数来表示，仿真从第一个时钟周期开始。

1. 设置输入文件

为了仿真中断，必须先设置一个输入文件(输入文件使用文本编辑器编辑)，列出中断间隔。文件中必须要有如下格式的时钟周期：

[clock cycle,logic value] rpt { n | EOS} rpt{n | EOS }

只有使用 BIO 脚的逻辑值时，才使用方括号。

(1) clock cycle (时钟周期)

它是指希望中断发生时的 CPU 时钟周期。可以使用两种 CPU 时钟周期。

① 绝对时钟周期。其周期值表示所要仿真中断的实际 CPU 时钟周期，如 12、34、56。其分别表示在第 12、34 和 56 个 CPU 时钟周期处仿真中断，对时钟周期值没有操作，中断在所写的时钟周期处发生。

② 相对时钟周期。它是指相对于上次事件时间的时钟周期，如 12＋34 和 55。它表示有 3 个时钟周期，即分别在第 12、46 (12 ＋ 34) 、55 个 CPU 时钟周期。时钟周期前的加号表示将其值加上前面的总的时钟周期。在输入文件中可以混合使用绝对时钟周期和相对时钟周期。

(2) logic value (逻辑值)

它只适用于 BIO 脚。必须使用一个值去迫使信号在相应的时钟周期处置高位或置低位，如[12、1]、[23、0]和[45、1]。这表示 BIO 脚在第 12 周期时置高位，在第 23 周期时置低位，在第 45 周期时又置高位。

(3) rpt { n | EOS}

它是一个可选参数,代表一个循环修正。可以用两种循环形式来仿真中断:

① 固定次数的仿真可以将输入文件格式化为一个特定模式并重复一个固定的次数,如 5 (＋10＋20)和 rpt 2。括号中的内容代表要循环的部分,这样在第 5 个 CPU 时钟周期仿真一个中断,然后在第 15(5＋10)、35 (15＋20)、45 (35＋ 10) 、65 (45＋20)个 CPU 时钟周期仿真中断。其中,n 是一个正整数。

② 循环直到仿真的结束为了将同样的模式在整个仿真过程中循环,加上一个 EOS,如 10(＋5＋20) rpt EOS。这表示在第 10 个时钟周期仿真中断,然后是第 15(10＋5)、35(15＋20)、40(35＋5)、60(40＋20)、65 (60＋5)以及 85(65＋20),并将该模式持续到仿真结束。

2. 软仿真器编程

建立输入文件后,就可以使用 CCS 提供的 Tools→Pin connect 菜单来连接列表及将输入文件与中断脚脱开。选择调试命令 Tools→Command Window,系统出现如图 7 - 24 所示的窗口。

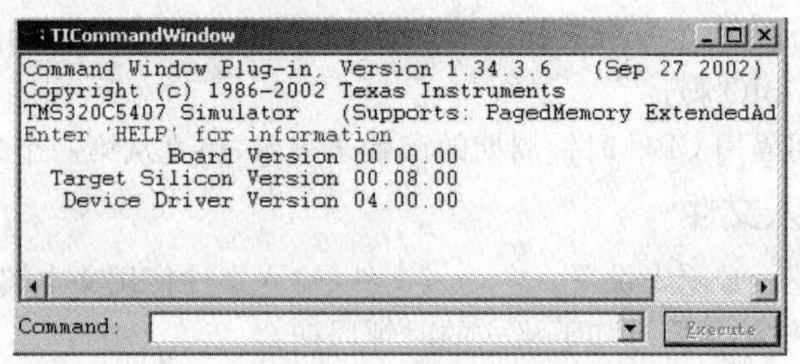

图 7 - 24　调试命令输入窗口

在输入窗口的 Command 处根据需要选择输入如下命令。

(1) pinc 将输入文件和引脚相连

命令格式:pinc 引脚名,文件名。

引脚名:确认引脚必须是 4 个仿真引脚(INT0～INT3)中的一个,或是 BIO 引脚。

文件名:输入文件名。

(2) pinl 验证输入文件是否连接到了正确的引脚上

命令格式:pinl。

它首先显示所有没有连接的引脚,然后是已经连接的引脚。对于已经连接的引脚,在 Command 窗口显示引脚名和文件的绝对路径名。

(3) pind 结束中断,引脚脱开

命令格式:pind 引脚名。

该命令将文件从引脚上脱开,则可以在该引脚上连接其他文件。

3. 实　例

用 Simulator 仿真 INT3 中断，当中断信号到来时，中断处理子程序完成将一个变量存储到数据存储区中，中断信号产生 10 次。

(1) 编写中断产生文件

设置一个输入文件，列出中断发生的间隔。在文件 zhongd. txt 中写入 100(＋100)rpt10 之后存盘，此文件与中断的 INT3 引脚连接之后，系统就知道每隔 100 个时钟周期发生一次中断。

(2) 将输入文件 zhongd. txt 连接到中断引脚。

在 Tool→Command 窗口键入 pinc INT3、zhongd. txt ，将 INT3 脚与 zhongd. txt 文件连接。

(3) 用汇编语言实现仿真中断

① 编写中断向量表：对于要使用的中断引脚，应正确地配置中断入口和中断服务程序。

在源程序中的中断向量表中写入：

```
.mmregs                  ;建立中断向量表
.sectvectors"
.space 93 * 16           ;在中断向量表中预留出一定的空间,使程序能够正确转移
 int3 nop                ;external interrupt int3
 nop
 nop
 goto NT3
 nop
.space 28 * 16           ;68～7F 保留区
```

② 编写主程序。

在主程序中，要对中断有关的寄存器进行初始化。

```
* * * * 主程序 zhong .asm * * * *
        .data
a0      .word 0 ,0 ,0 ,0 ,0 ,0 ,0 ,0 ,0 ,0
        .text
        .global _main
_main:  pmst = # 01a0h              ;初始化 pmst 寄存器
        sp = # 27FFh                ;初始化 sp 寄存器
        dp = # 0
        imr = # 100h                ;初始化 imr 寄存器
        a rl = # a0
        a = # 9611h
        intm = 0                    ;开中断
```

```
        wait nop                          ;等待定时信号
        nop
        goto wait
```

③ 编写中断服务程序。

```
* * * * 中断处理子程序 * * * *
NT3:  nop
      nop
      ( * arl + ) = a
      nop
      nop
return_enable
      .end
```

在命令窗口键入 reset，然后装入编译和连接好的 * .out 程序并运行，观察运行结果。

7.4.2　I/O 口的仿真

用 Simulator 仿真 I/O 口，可分如下 3 步来实现：

① 定义存储器映射方法；

② 连接 I/O 口；

③ 脱开 I/O 口。

实现这些步骤可以使用系统提供的命令 Tools→ Port connect 来连接、脱开 I/O 口，也可以选择调试命令来实现。选择调试命令 Tools→Command Window，系统出现如图 7 - 24 所示框图，然后在 Command 处根据需要选择输入如下命令。

1. 定义存储器映射方法

定义存储器映射可参考链接命令文件(.cmd)中定义内存映射表的方法，也可以使用调试器的 ma(memory add)命令定义实际的目标存储区域，语法如下：

ma address，page，length，type address

它定义一个存储器区域的起始地址，此参数可以是一个绝对地址、C 表达式、C 函数名或是汇编语言标号。

page，用来识别存储器类型(程序、数据或是 I/O)，如表 7 - 11 所列。

表 7 - 11　page 与存储器类型的对应关系

用　途	page 参数
程序存储器	0
数据存储器	1
I/O 空间	2

length，用来定义其长度，可以是任何 C 表达式。

type，说明该存储器的读/写类型。该类型必须是表 7－12 关键字中的一个。

表 7－12　存储器的读/写类型对应的关键字

存储器类型	type 参数
只读存储器	R 或 ROM
只写存储器	W 或 WOM
读/写存储器	R| M 或 R AM
读/写外部存储器	RAM | EX 或 R |W| EX
只读外部结构	P | R
读/写外部结构	P | R |W

例 7－3　利用存储器高速缓存能力为 TMS320C54x 设置存储器映射。

ma,0 ,0 x5000 ,R |W

ma 0 x5000,0 ,0x5000 ,R| W

ma 0 xa000,0 ,0x5000 ,R| W

ma 0 xf000,0 ,0x1000 ,R| W

2. 连接 I/O 口

mc(memory connect)将 P | R、P | W、P | R |W 连接到输入、输出文件。允许将数据区的任何区域(除 0～1f) 连接到输入、输出文件来读/写数据。语法如下：

mc por taddress,page,length ,filename ,fileaccess

por taddress，指 I/O 空间或数据存储器的地址。此参数可以是绝对地址、任何 C 表达式、C 函数或汇编语言标号。它必须是先前用 MA 命令定义，并有关键字 P/R (input port) 或 P | R |W(input/output port)。为 I/O 口定义的地址范围长度可以是 0x1000～0x1FFF 字节，并且不必是 16 的倍数。

page，用来识别此存储器区域的类型(数据或 I/O)，如表 7－13 所列。

表 7－13　page 与存储器类型的对应关系

所识别的页	page(相应的页参数)
数据存储器	1
I/O 空间	2

length，定义此空间的范围，此参数可以是任何 C 表达式。

filename，可以为任何文件名。从连接口或存储器空间去读文件时，文件必须存在，否则 MC 命令会失败。

fileaccess，识别 I/O 和数据存储器的访问特性，必须为表 7－14 所列关键字的一种。

表 7－14 存储器的读/写类型对应的关键字

访问文件的类型	访问特性
输入口(I/O 空间)	P | R
输入 EOF,停止软仿真(I/O 口)	R | P | NR
输出口(I/O 空间)	P |W
内部只读存储器	R
外部只读存储器	EXIR
内部存储器输入 EOF,停止软仿真	R | N R
外部存储器输入 EOF,停止软仿真	EX| R | N R
只写内部存储器空间	W
只写外部存储器空间	EX| W

对于 I/O 存储器空间,当相关的口地址处有读/写指令时,说明有文件访问。任何 I/O 口都可以同文件相连,一个文件可以同多个口相连,但一个口至多与一个输入文件和一个输出文件相连。

如果使用了参数 NR,软仿真读到 EOF 时会停止执行并在 Command 窗口显示相应信息:

＜ addr ＞ EOF r eached－connect ed at por t (I/O_ PAGE)

或

＜ addr ＞ EOF r eached－connect ed at location (DATA_PAGE)

此时可以使用 MI 命令脱开连接,MC 命令添加新文件。如果未进行任何操作,输入文件会自动从头开始并继续执行,直到读出 EOF。如果未定义 NR,则 EOF 被忽略,执行不会停止。输入文件自动重复操作,软仿真器继续读文件。

例如,设有两个数据存储器块:

ma 0 x100,1,0x10 ,EX | RAM;block1

ma 0 x200,1,0x10 ,RAM;block2

可以使用 MC 命令将输入文件连接到块 1:

mc 0x100,1,0x1 ,my_input . dat ,EX| R

可以使用 MC 命令将输出文件连接到块 2:

mc 0x205,1,0x1 ,my_output . dat ,W

可以使用 MC 命令,使遇到输入文件中的 EOF 时暂停仿真器:

mc 0x100,1,0x1 ,my_input . dat ,EX| R| NR 或

mc 0x100,1,0x1 ,my_input . dat ,R| NR

例 7－4 将输入口连接到输入文件。

假定 in . dat 文件中包括的数据是十六进制格式,且一个字写一行,则

0A00

1000

2000

使用 ma 和 mc 命令来设置和连接输入口：

```
ma 0x50,2 ,0x1 ,R| P              ;将口地址 50H 设置为输入口
mc 0x50,2 ,0x1 ,in .dat ,R        ;打开文件 in .dat,并将其连接到口地址 50
```

假定下列指令是程序中的一部分，则可完成从文件 in . dat 中读取数据：

```
PORTR 0x050,data_mem ;读取文件 in .dat ,并将读取的值放入 DATMEM 区
```

注意：

① 不能将文件连接到已设置的区域；

② 不能将文件连接到程序存储区域(第 0 页)；

③ 不能将文件连接到数据存储区(第 1 页)的 MMR 核心区域(0x0000 to 0x001F)；

④ 当将文件连接到一系列区域时：

- 不能逾越存储块界限；
- 两个只读文件不能重叠；
- 两个只写文件不能重叠。

3. 脱开 I/O 口

使用 md 命令从存储器映射中消去一个口之前，必须使用 mi 命令脱开该口。mi (memory disconnect)将一个文件从一个 I/O 口脱开。其语法如下：

mi port address ,page,{R |W| EX}

命令中的口地址和页是指要关闭的口，read/write 特性必须与口连接时的参数一致。

4. 实　例

编写汇编语言源程序并从文件中读数据，步骤如下：

① 定义 I/O 口。使用 ma 指令定义 I/O 口，在 Tools→Command 窗口键入：

```
ma 0x100,2 ,0x1 ,P | R            ;定义地址 0x100 为输入端口
ma 0x102,2 ,0x1 ,P |W             ;定义地址 0x102 为输出端口
ma 0x103,2 ,0x1 ,P | R|W          ;定义地址 0x103 为输入、输出端口
```

② 连接 I/O 口。用 mc 指令将 I/O 口连接到输入、输出文件。允许将数据区的任何区域(除 00H～1FH)连接到输入、输出文件来读/写数据。当连接读文件时应确保文件存在。

mc 0x100,2 ,0x1 ,ioread . txt ,R

mc 0x102,2 ,0x1 ,iowrite . txt ,w

为了验证 I/O 口是否被正确定义，文件是否被正确连接，在命令窗口使用 ml 命

令,simulator将列出memory的配置以及I/O口的配置和所连接的文件名。

③ 编写汇编语言源程序,从文件中读数据:

```
( * arl + ) = por t (0x100) ;将端口0x100所连接文件的内容读到arl寄
                            ;存器指定的地址单元中
por t ( 0x102 ) = * ar l    ;将arl寄存器所指地址的内容写到端口0x102
                            ;连接的文件中
```

脱开I/O口:

```
mi 0x100,2 ,R               ;将0x100端口所连接的文件ioread .txt从
                            ;I/O口脱开
mi 0x102,2 ,W               ;将0x102端口所连接的文件iowrite .txt从
                            ;I/O口脱开
```

注意:必须将I/O口脱开,才能避免数据丢失。

习 题

7.1 在DSP应用系统开发过程中,使用CCS能做什么?

7.2 在CCS中有哪些窗口?这些窗口如何使用?

7.3 如何创建一个新的工程项目?

7.4 如何添加文件到工程项目?

7.5 断点的作用是什么?如何设置和删除断点?

7.6 探针的作用是什么?如何设置和删除探针点?

第8章 实验系统

8.1 实验系统介绍

学习 DSP 的目的是为了最终能够快速掌握 DSP 的开发方法，开发出高质量的 DSP 应用产品。大量事实说明，要想快速学好 DSP 的开发与应用技术，一般要经过以下三步，即首先学习 DSP 基本原理，了解 DSP 的资源以及使用方法；然后研究、分析已有的硬件评估板以及实验设备的原理和相应的程序代码，并进行充分的实际操作训练；最后参考和借鉴别人的经验，独立开发 DSP 应用产品。其中最重要的一个环节就是实践，单纯的理论学习毕竟是纸上谈兵，只有通过动手实践才能真正加深对理论的理解，锻炼能力，增长经验，从而全面掌握 DSP 软硬件开发技术。

EL-DSP-EXPIV 教学实验系统是北京精仪达盛科技有限公司在总结多年开发经验的基础上推出的一款 DSP 教学实验系统。该系统采用模块化分离式结构，便于用户使用、扩展和二次开发，适合信号处理、电子信息、计算机、自动化、测控等相关专业的教学实验及科研开发，同时它也是大学生电子设计竞赛的理想开发平台。

为加强实践环节，本书对 EL-DSP-EXPIV 实验箱进行了详细介绍，并结合该实验系统详细介绍一些有关各种外围接口的基本操作、算法实现等应用实例，以供读者参考。

8.1.1 概　述

该系统采用双 CPU 设计，实现了 DSP 多处理器的协调工作，支持 C54x 系列和 C2x 系列的 CPU 板。该公司所有 CPU 板是完全兼容的，用户可根据需求选用不同类型的 CPU 板，在无需改变任何配置的情况下，只要更换 CPU 板即可做不同类型的 DSP 试验。通过 E_LAB 和 Techv 扩展总线，可以扩展机、电、声、光等不同领域的扩展模块，完成数据采集、图像处理、通信、网络和控制等扩展实验。此外，实验箱上有丰富的外围扩展资源，可以完成 DSP 基础实验、算法实验、编解码实验、双 CPU 综合实验和扩展实验等。

实验箱的系统组成功能框图如图 8-1 所示。其中的 CPU1 和 CPU2 实验板是可更换的子板卡，实验时可根据需要进行更换；也可以通过板上设计的开关进行切

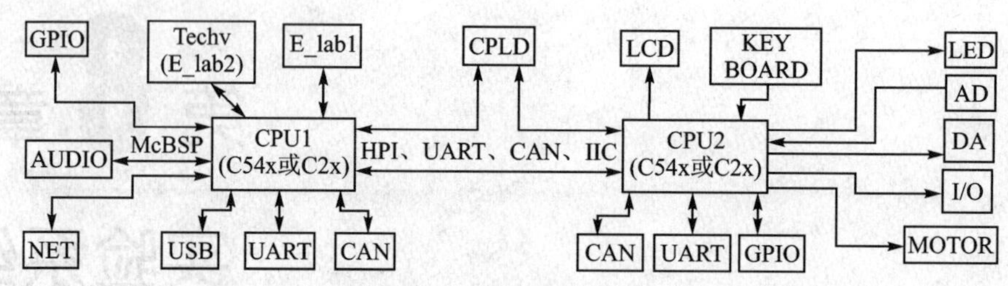

图 8-1　EL-DSP-EXPIV 实验箱系统组成功能框图

换，以选择任一子板进行单 CPU 实验；还可进行双 CPU 实验。实验箱的实物照片如图 8-2 所示。

图 8-2　实验箱的实物照片

8.1.2　硬件的组成

EL-DSP-EXPIV 实验系统的硬件资源主要包括以下 21 个单元，即 CPU 子板单元、两组 E_LAB 接口、一组 Techv 接口、一组电机控制接口、语音处理单元、A/D 转换单元、D/A 转换单元、数字量输出单元、开关量输入/输出单元、I/O 单元、CPLD 逻辑单元、直流电源单元、模拟信号源、音频信号源、液晶显示单元、键盘单元、单脉冲单元、RS232 串口单元、CAN 总线单元、以太网单元、USB 单元。其中，CPU 子板单元通过扩展接口插接到背板上的 CUP1 位置和 CUP2 位置，但是背板上两个 CPU 的扩展接口有所不同，请读者注意。其他资源均放置在背板上。下面分别介绍各主要单元的基本原理以及设置方法。

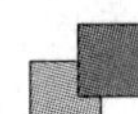

1. CPU 子板及接口

该实验系统采用 EL-DSP-EXPIV 实验系统底板加 CPU 子板的结构方式构成，CPU 子板通过双排针扩展插槽扩展，用户可根据自己的需要选用不同类型的 CPU 子板。不同类型的 CPU 子板在硬件上是完全兼容的，实验系统可以支持不同种类的 CPU 子板混合使用。表 8-1 给出了系统支持的 CPU 子板及其控制的资源。

表 8-1　支持的 CPU 子板和控制的资源

类　别	型　号	控制的资源	备　注
CPU1	C5402、C5409 C5410、C5416 C2407	语音单元、以太网单元、USB 单元、E_lab1、E_ lab 2、Techv、RS232、CAN、数字量输出单元、I/O 单元 2、I/O 单元 3	RS232、CAN、I/O 单元 2：配置 2407 CPU 板有效； 语音单元：配置 C54x CPU 板有效
CPU2	C5402、C5409 C5410、C5416 C2407	AD、DA、LCD、键盘、开关量 I/O 单元、RS232、CAN、I/O 单元 1、电机控制接口	RS232、CAN、电机控制接口：配置 2407 CPU 板有效

CPU 子板主要由 CPU 模块、时钟模块、复位模块、存储器模块、CPLD 模块、扩展接口模块和电源模块共 7 个模块组成，此处仅对 C54x CPU 子板进行介绍，其他类型的 CPU 子板与此相似。C54x CPU 子板的组成框图如图 8-3 所示。

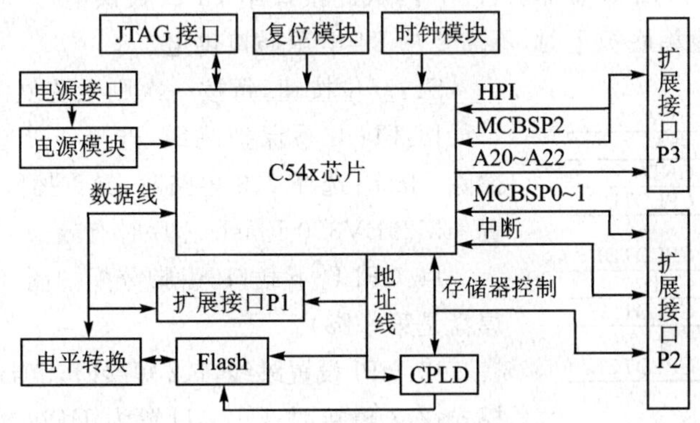

图 8-3　C54x CPU 子板的组成框图

C54x CPU 子板的外观和接口如图 8-4 所示。

下面对各个接口进行说明，如表 8-2 所列。

表 8-2　接口说明

序　号	1	2	3	4	5	6	7	8	9	10	11
含　义	DSP JTAG 接口 J1	电源插口 P4	复位按钮 S1	扩展接口 P1	Flash 写保护跳线 J3	拨码开关 SW2	CPLD 下载口 J4	扩展接口 P3	扩展接口 P2	HPI 设置 J2	拨码开关 SW1

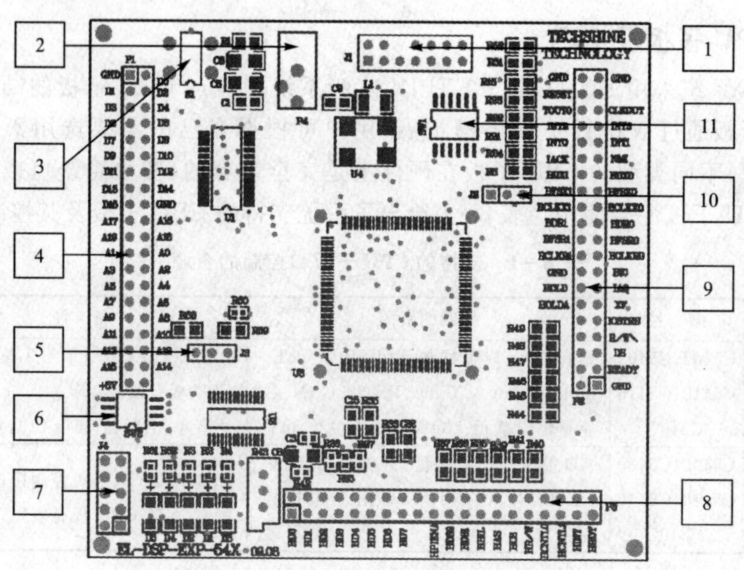

图 8-4 C54x 子板外观和接口示意图

J1:DSP 的 JTAG 接口,符合 IEEE Standard 1149.1(JTAG)标准。

P4:电源插口,CPU 板单独使用时,从此接口给 CPU 板供电,+5 V,内正外负。CPU 板插在实验箱底板上时,不需要从 P4 电源插口供电。

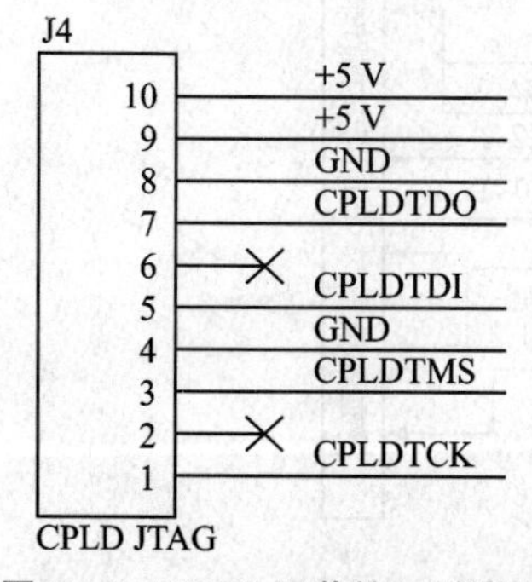

图 8-5 CPLD 下载接口引脚分配

S1:复位按钮,每按一次则系统复位一次。

J3:Flash 写保护跳线,选择 1、2 短路时,不允许擦除 Flash;选择 2、3 短路时,允许擦除 Flash。(在配置 AM29LV320 Flash 芯片时有效。)

J4:CPLD 下载口,引脚分配如图 8-5 所示(方形焊盘是第一脚)。

J2:HPI 设置跳线,1、2 短接时,C54x 设置为 HPI16 模式;2、3 短接时,C54x 设置为 HPI8 模式; HPI16 位模式仅对 VC5409 和 VC5410 CPU 子板有效。

SW1:拨码开关,设置 CPU 的工作状态,各拨码位的说明如表 8-3 所列。

表 8-3 SW1 开关的设置

设置 位号	ON	OFF	缺省
1	HPIENA=0,不选择 HPI 模块功能	HPIENA=1,选择 HPI 模块功能	OFF
2	CLKMD3=0	CLKMD3=1	C5402\09\16 ON C5410 OFF
3	CLKMD2=0	CLKMD2=1	C5402\09\16 OFF C5410 ON

续表 8-3

设置 位号	ON	OFF	缺省
4	CLKMD1=0	CLKMD1=1	OFF
5	MP/MC=0,工作于微计算机方式	MP/MC=1,工作于微处理器方式	OFF
6	CPUCS=0,CPU 板选为 C54x 系列	CPUCS=1,CPU 板选为 C2x 系列	ON

SW2:拨码开关,设置 CPLD 的工作状态,各拨码位的说明如表 8-4 所列。

表 8-4 SW2 开关的设置

1 位	2 位	3 位	Flash 的工作状态	4 位	LED 灯 D5 的工作状态
ON	ON	ON	数据空间 0~FFFF 64K×16 bit	ON	灭
OFF	ON	ON	程序空间 0~FFFFF 1M×16 bit	OFF	亮
X	X	X	不使能		

P1:CPU 数据地址总线扩展接口,各引脚定义如表 8-5 所列。

表 8-5 P1 引脚定义

P1 引脚	对应 C54x 引脚	备注
1、18	GND	地
2~17	D0~ D15	数据线 0~15
19~20	A17~ A16	地址线 17~16
21~22	A19~ A18	地址线 19~18
23~37 奇数	A1~A15 奇数	地址线 1~15 的奇数
24~38 偶数	A0~A14 偶数	地址线 0~14 的偶数
39、40	+5 V	电源

P2:CPU 外设总线扩展接口,各引脚定义如表 8-6 所列。

表 8-6 P2 引脚定义

P2 引脚	对应 C54x 引脚	备注
1、2、16、39、40	GND	地
3	READY	准备好信号
4	PS	程序空间片选信号
5	DS	数据空间片选信号
6	IS	I/O 空间片选信号
7	R/W	读/写信号
8	MSTRB	存储器空间选择信号
9	IOSTRB	I/O 空间选择信号
10	MSC	微状态完成信号

续表 8-6

P2 引脚	对应 C54x 引脚	备　注
11	XF	I/O 输出信号
12	HOLDA	总线保持响应信号
13	IAQ	指令地址采集信号
14	HOLD	总线保持信号
15	BIO	I/O 输入信号
17、18	CLKR0、1	McBSP0、1,输入位时钟
19、20	FSR0、1	McBSP0、1,输入帧时钟
21、22	DR0、1	McBSP0、1,输入数据
23、24	CLKX0、1	McBSP0、1,输出位时钟
25、26	FSX0、1	McBSP0、1,输出帧时钟
27、28	DX0、1	McBSP0、1,输出数据
29	NMI	不可屏蔽中断信号
30	IACK	中断响应信号
31、32、33、34	INT1、0、3、2	外部中断 1、0、3、2
35	CLKOUT	CPU 时钟输出
36	TOUT0	定时器 0 输出
37	NC	空脚
38	RESET	复位信号

P3:HPI 总线扩展接口,各引脚定义如表 8-7 所列。

表 8-7　P3 引脚定义

P3 引脚	对应 C54x 引脚	备　注
1～15 奇数	HD0～HD7	HPI 数据线 0～7
2、4、34、36	GND	地
6	A21	地址线 21
8	A22	地址线 22
10	A20	地址线 20
12、14、17、18、20	NC	空脚
16	CPUCS	CPU 种类指示信号
19	HPIENA	HPI 使能信号
21	HDS2	HPI 数据选通信号 2
22	DR2	McBSP2 输入数据
23	HDS1	HPI 数据选通信号 1
24	FSR2	McBSP2 输入帧时钟
25	HBIL	HPI 字节指示信号
26	CLKR2	McBSP2 输入位时钟
27	HAS	HPI 地址选通信号

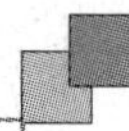

续表 8-7

P3 引脚	对应 C54x 引脚	备　注
28	CLKX2	McBSP2 输出位时钟
29	HCS	HPI 片选信号
30	FSX2	McBSP2 输出帧时钟
31	HR/W	HPI 读/写信号
32	DX2	McBSP2 输出数据
33、35	HCNTL0、1	HPI 控制信号 0、1
37	HINT	HPI 中断信号
38、40	+3.3 V	电源
39	HRDY	HPI 准备好信号

LED 指示灯：

C54xCPU 子板上共有 5 个 LED 灯，分别表示以下含义。D1：+5 V，D2：+3.3 V，D3：DSP 核电压，D4：复位信号，D5：CPLD 测试。

由于 DSP 采用 3.3 V 和 1.8 V 供电，而且其输入/输出接口电平为 3.3 V，对于数字量输出而言，完全可以和 5 V TTL 电平兼容；但对于数字量输入而言，由于其内部是 3.3 V，因此不能将中央处理器的输入口直接和外围扩展的 5 V 器件相连，需在子板中通过 LVTH16245 和 LVTH16244 进行电平转换和驱动。

2. E_lab 总线接口

E_LAB 扩展连接到 CPU1 的 I/O 空间，可通过 E_LAB 接口来连接该公司开发的各种扩展模块；用户也可以根据接口定义扩展自己的模块。E_LAB 接口包括 E_LAB1 和 E_LAB2 两部分，如图 8-6 和图 8-7 所示，其中 A 代表地址线，D 代表数

图 8-6　E_LAB1 接口

据线，MCURD/MCUWR 代表读/写信号，MCUCS 代表片选信号。

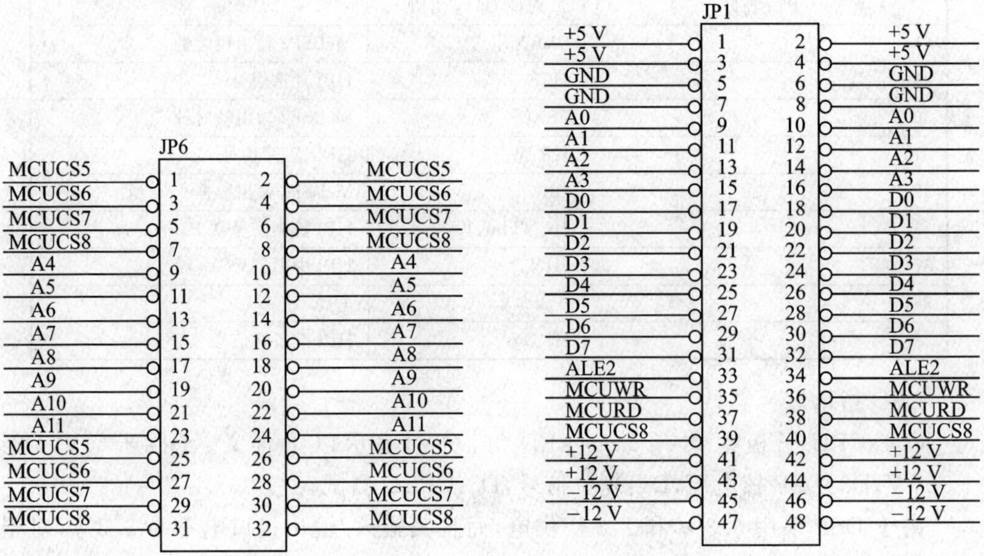

JP6
MCUCS5 1 2 MCUCS5
MCUCS6 3 4 MCUCS6
MCUCS7 5 6 MCUCS7
MCUCS8 7 8 MCUCS8
A4 9 10 A4
A5 11 12 A5
A6 13 14 A6
A7 15 16 A7
A8 17 18 A8
A9 19 20 A9
A10 21 22 A10
A11 23 24 A11
MCUCS5 25 26 MCUCS5
MCUCS6 27 28 MCUCS6
MCUCS7 29 30 MCUCS7
MCUCS8 31 32 MCUCS8

JP1
+5 V 1 2 +5 V
+5 V 3 4 +5 V
GND 5 6 GND
GND 7 8 GND
A0 9 10 A0
A1 11 12 A1
A2 13 14 A2
A3 15 16 A3
D0 17 18 D0
D1 19 20 D1
D2 21 22 D2
D3 23 24 D3
D4 25 26 D4
D5 27 28 D5
D6 29 30 D6
D7 31 32 D7
ALE2 33 34 ALE2
MCUWR 35 36 MCUWR
MCURD 37 38 MCURD
MCUCS8 39 40 MCUCS8
+12 V 41 42 +12 V
+12 V 43 44 +12 V
−12 V 45 46 −12 V
−12 V 47 48 −12 V

图 8－7 E_LAB2 接口

E_LAB1 接口的资源分配如下：

MCUCS0 分配空间为 I/O 空间的 A000h～AFFFh，共 4K 字；

MCUCS1 分配空间为 I/O 空间的 B000h～BFFFh，共 4K 字；

MCUCS2 分配空间为 I/O 空间的 C000h～CFFFh，共 4K 字；

MCUCS3 分配空间为 I/O 空间的 C000h～CFFFh，共 4K 字。

E_LAB2 接口的资源分配如下：

MCUCS5 分配空间为 I/O 空间的 D000h～DFFFh，共 4K 字；

MCUCS6 分配空间为 I/O 空间的 E000h～EFFFh，共 4K 字；

MCUCS7 分配空间为 I/O 空间的 F000h～FFFFh，共 4K 字；

MCUCS8 分配空间为 I/O 空间的 F000h～FFFFh，共 4K 字。

3. Techv 总线接口

Techv 总线接口是与 TI 公司 DSK 兼容的信号扩展接口，由于与 E_LAB2 扩展板共用一个物理空间，因此该空间只能选择一种扩展板：或者是 E_LAB 扩展版，或者是 Techv 扩展版。Techv 总线接口可连接图像处理、高速 A/D、D/A、USB 和以太网等扩展板，也可以连接 TI 公司的标准 DSK 扩展板。该总线扩展到 CPU1 的 I/O 空间和数据空间，其接口信号定义如图 8－8 所示。

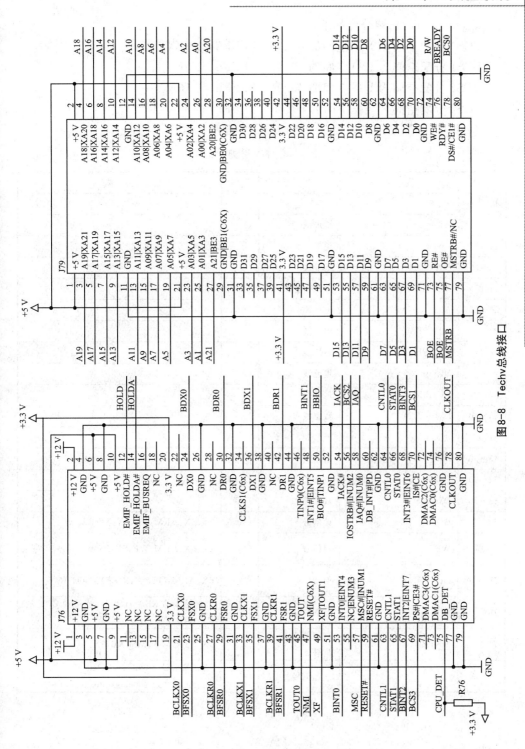

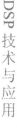

图 8-8 Techv总线接口

Techv 接口的资源分配如下：

BCS0 分配空间为 I/O 空间的 0000h～1FFFh，共 8K 字；

BCS1 分配空间为 I/O 空间的 2000h～3FFFh，共 8K 字；

BCS2 分配空间为 I/O 空间的 4000h～7FFFh，共 16K 字；

BCS3 分配空间为数据空间的 8000h～FFFFh，共 32K 字。

Techv 接口信号定义如表 8－8 和表 8－9 所列。

表 8－8　J79 引脚定义

序　号	代　号	含　义	I/O	备　注
1、2	+5 V	+5 V 电源		
3～10	A19～12|XA21～14	地址线	O	
11、12	GND	地		31、32、51、52、61、62、71、72、79、80 均为地
13～20	A11～04|XA13～06	地址线	O	
21、22	+5 V	+5 V 电源		
23～26	A03～00|XA05～02	地址线	O	
27	A21|BE3	地址线	O	
28	A20|BE2	地址线	O	
29	NC|BE1	地址线	O	
30	NC|BE0	地址线	O	
33～40	D31～ D24	数据线	I/O	
41、42	+3.3 V	+3.3 V 电源		
43～50	D23～ D16	数据线	I/O	
53～60	D15～ D8	数据线	I/O	
63～70	D7～ D0	数据线	I/O	
73	RD	读信号	O	2X、6X、ARM：RD，5X：NOT R/W
74	WE	写信号	O	2X、6X、ARM：WE，5X：R/W
75	OE	使能信号	O	6X、ARM：OE，2X：RD，5X：NOT R/W
76	RDY	准备好信号	I	外部输入的 READY 信号，连接到 CPU 的 READY 引脚
77	MSTRB	存储器选通信号	O	2X：STRB，5X：MSTRB，6X：NC
78	CS0	片选信号 0	O	2X、5X：I/O　0x000～0x1FFF 6X：CE2　0xA0000000～0xA0001FFF

表8-9 J76引脚定义

序 号	代 号	含 义	I/O	备 注
1、2	+12 V	+12 V电源		
3	GND	地		4、7、8、25、26、31、32、37、38、43、44、51、52、61、62、76、77、79、80均为地
5	+5 V	+5 V电源		6、9、10与该引脚相同
11	CPU1～5	CPU种类指示信号	O	11、13、15、17、18分别对应CPU1～5
12	HOLD	外部总线保持信号	I	
14	HOLDA	总线保持响应信号	O	
16	BUSREQ	外部总线请求信号	O	
19、20	+3.3 V	+3.3 V电源		
21	CLKX0	McBSP0输出位时钟	I/O	
22	CLKS0	McBSP0外部输入时钟	I	
23	FSX0	McBSP0输出帧时钟	I/O	
24	DX0	McBSP0输出数据	O	
27	CLKR0	McBSP0输入位时钟	I/O	
28	NC	空脚		
29	FSR0	McBSP0输入帧时钟	I/O	
30	DR0	McBSP0输入数据	I	
33	CLKX1	McBSP1输出位时钟	I/O	
34	CLKS1	McBSP1外部输入时钟	I	
35	FSX1	McBSP1输出帧时钟	I/O	
36	DX1	McBSP1输出数据	O	
39	CLKR1	McBSP1输入位时钟	I/O	
40	NC	空脚		
41	FSR1	McBSP1输入帧时钟	I/O	
42	DR1	McBSP1输入数据	I	
45	TOUT0	定时器输出0	O	
46	TINP0	定时器输入0	I	
47	NMI	不可屏蔽中断	I	
48	INT1/EINT5	中断	I	外部输入的中断信号，连接到CPU的中断：5X：INT1；6X：EINT5；2X：INT2
49	XF/TOUT1	O/定时器1输出	O	2X、5X：XF，6X：TOUT1
50	BIO/TINP1	IN/定时器1输入	I	2X、5X：BIO，6X：TINP1

续表 8-9

序号	代号	含义	I/O	备注
53	INT0/EINT4	中断	I	外部输入的中断信号,连接到 CPU 的中断:5X:INT0;6X:EINT4;2X:INT1
54	IACK	中断响应信号	O	
55	NC	空脚		
56	CS2	片选信号 2	O	2X、5X: I/O 空间 0x4000~0x7FFF 6X:CE3 0xB0000000~0xB0003FFF
57	MSC	状态完成信号	O	
58	IAQ	地址采集信号	O	
59	RESET	复位信号	O	
60	DBINT/PD	子板中断/电源指示		
63~64	CNTL1~0	子板控制信号 1	O	CPU 板发送给子板的控制信号 1~0
65~66	STAT1~0	子板状态信号 1	I	子板发送给 CPU 板的状态信号 1~0
67	INT2/EINT6	中断	I	外部输入的中断信号,连接到 CPU 的中断:5X:INT2;6X:EINT6;2X:PDPINTA
68	INT3/EINT7	中断	I	外部输入的中断信号,连接到 CPU 的中断:5X:INT2;6X:EINT7;2X:PDPINTB
69	CS3	片选信号 3	O	2X、5X: 数据空间 0x8000~0xFFFF 6X:CE3 0xB0004000~0xB000BFFF
70	CS1	片选信号 1	O	2X、5X: I/O 空间 0x2000~0x3FFF 6X:CE2 0xA0002000~0xA0003FFF
71~74	DMAC3~0	DMA 状态信号	O	
75	DB_DET	子板检测信号	I	子板输入给 CPU 板的信号,低有效。该信号用来检测是否有子板插在 CPU 板上
78	CLKOUT	时钟	O	CPU 的时钟输出信号

注意:只有当子板检测信号引脚 75 即 DB_DET 为低电平时,上述分配才起作用,否则上述分配无效。

4. 语音单元

语音 Codec 以扩展板(语音接口板)的形式通过语音接口与系统底板相连,以便开发不同接口的 Codec 语音板。本实验系统标配的语音接口板中的 Codec 芯片采用 TLV320AIC23(以下简称 AIC23)。AIC23 是 TI 推出的一款高性能的立体声音频 Codec 芯片,内置耳机输出放大器,支持 MIC 和 LINE IN 两种输入方式(二选一),且对输入和输出都具有可编程的增益调节。AIC23 的模/数转换(ADCs)和数/模转换(DACs)部件高度集成在芯片内部,采用了先进的 Sigma - delta 过采样技术,可以在采样频率为 8 ~96 kHz 的范围内提供 16 bit、20 bit、24 bit 和 32 bit 的采样数据,ADC 和 DAC 的输出信噪比分别可以达到 90 dB 和 100 dB。与此同时,AIC23 还具有很低的能耗,回放模式下功率仅为 23 mW,省电模式下更是小于 15 μW。

语音处理单元由语音输入接口、语音接口板、输出功率模块组成。语音输入接口提供线性输入和麦克输入，输入信号经语音接口板上的AIC23进行A/D转换，由DSP对A/D转换后的数据进行采集和处理，然后将处理后的数据送至AIC23进行D/A转换，转换后的信号经过功率放大后送至板载扬声器或耳机接口。其工作原理框图如图8-9所示。

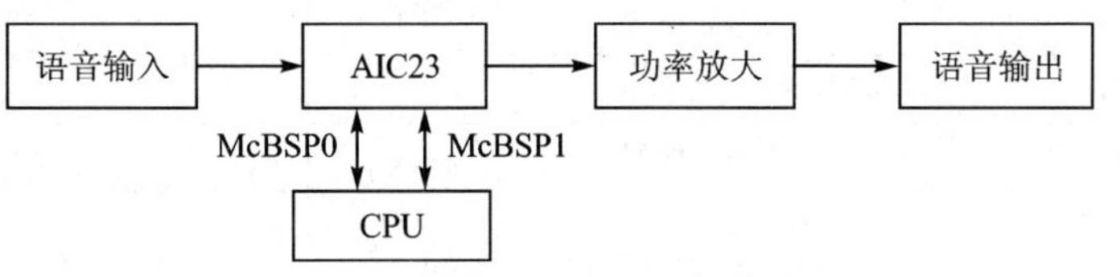

图8-9 语音处理单元工作原理框图

在实验箱底板的左中部（音频信号源的上方）有4个2号孔和2个电位器，其中左声道输入和右声道输入的2个2号孔与“语音单元”的线性输入接口相连，提供从外部到“语音单元”的输入通道。左声道输出和右声道输出的2个2号孔是语音接口板上的输出，同时也是功放单元的输入接口，这样用户可以从“语音单元”或者“左声道输出、右声道输出”的2个2号孔输入信号到功放单元。2个电位器“左声道调节”和“右声道调节”可以调节输入到功放的信号大小，从而调节功放的输出，旋钮顺时针旋转声音变小，逆时针旋转声音变大。其原理框图如图8-10所示。

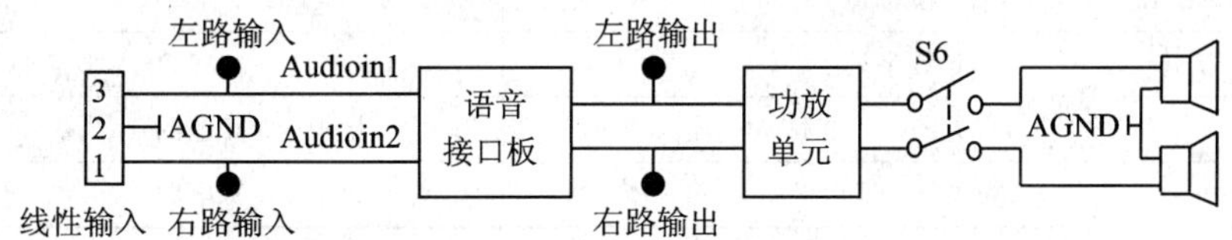

图8-10 语音单元的原理框图

语音接口的信号定义如图8-11所示。

接口的定义说明如表8-10、表8-11所列。

表8-10 J64定义说明

序号	代号	含义	I/O	备注
1	+3.3 V	+3.3 V电源		数字+3.3 V电源
2	+3.3 VA	+3.3 V电源		模拟+3.3 V电源
3	Audioin1	线性输入1	I	
4	Audioin2	线性输入2	I	
5	Audioin3	麦克输入	I	
6	AGND	模拟地		
7	BCKR0	McBSP0读位时钟	O	

续表 8-10

序 号	代 号	含 义	I/O	备 注
8	BFSR0	McBSP0 读帧时钟	O	
9	BDR0	McBSP0 读位数据	I	
10	BCKX0	McBSP0 写位时钟	O	
11	BFSX0	McBSP0 写帧时钟	O	
12	BDX0	McBSP0 写位数据	O	
13	BCKR1	McBSP1 读位时钟	O	
14	BFSR1	McBSP1 读帧时钟	O	
15	BDR1	McBSP1 读位数据	I	
16	BCKX1	McBSP1 写位时钟	O	
17	BFSX1	McBSP1 写帧时钟	O	
18	BDX1	McBSP1 写位数据	O	
19	LHPOUT	耳机左声道输出	O	
20	PHPOUT	耳机右声道输出	O	
21	LOUT	线性左声道输出	O	
22	ROUT	线性右声道输出	O	
23	AGND	模拟地		
24	GND	数字地		
25	+5 VA	+5 V 电源		模拟+5 V 电源
26	+5 V	+5 V 电源		数字+5 V 电源

表 8-11 JP4 定义说明

序 号	代 号	含 义	I/O	备 注
1	+5 V	+5 V 电源		数字+5 V 电源
2	BOE	读信号	O	
3	R/W	写信号	O	
4	A0	地址线 0	O	
5	D0	数据线 0	I/O	
6	A1	地址线 1	O	
7～13	D1～D7	数据线 1～数据线 7	I/O	
14、15	A14、15	地址线 14、15	O	
16	BCS0	片选 0	O	
17	BCS1	片选 1	O	
18	GND	数字地		

续表 8-11

序　号	代　号	含　义	I/O	备　注
19、20、22	NC	空脚		
21	BBIO	I/O 输入	I	
23	BINT0	中断 0	I	
24	XF	I/O 输出	O	
25	GND	数字地		
26	BINT1	中断 1	I	

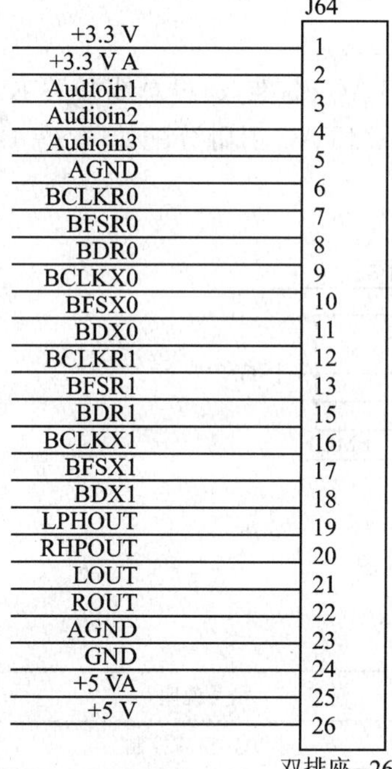

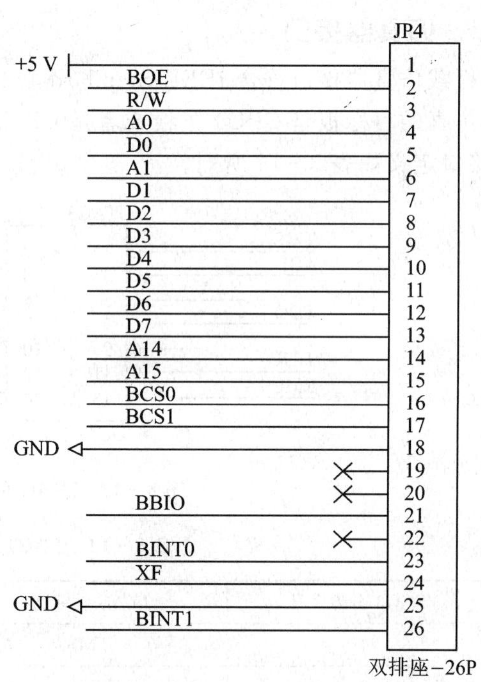

图 8-11　语音接口的信号定义

语音单元中的拨码开关 S6 是用来控制左右两个声道的开关，拨码开关 1 控制右声道，拨码开关 2 控制左声道；当开关拨至 ON 位置时声道打开，开关拨至 OFF 位置时声道关闭。

在“语音单元”中，有 4 个音频接口，2 个输入，2 个输出。其中“线性输入”可以接入由计算机声卡产生的语音信号，“麦克输入”可以通过 MIC 输入音频信号，“耳机输出”可以通过耳机听取声音，“扬声器输出”可以与音箱相接。

语音接口板上有 2 个拨码开关，分别是 SW1 和 SW2，拨码开关的设置如表 8-12 所列。

表 8-12 拨码开关的设置

SW1 拨码开关		SW2 拨码开关	
状 态	备 注	状 态	备 注
1	ON,MODE=1,SPI 模式,用 SPI 模式配置 AIC23	1	ON
2	OFF	2	ON
3	ON	3	ON
4	ON	4	空脚,OFF

注:当不使用语音接口板,MCBSP0、MCBSP1 信号扩展到 Techv 总线时,除 SW1 的 1 位外,SW1、SW2 的所有位都置为 OFF。

5. 仿真器接口

板载仿真器接口符合 IEEE Standard 1149.1(JTAG)标准,通过总线开关 K9 来选择仿真的目标板是 CPU1 子板或者是 CPU2 子板。JTAG 引脚分配如图 8-12 所示,接口定义如表 8-13 所列。

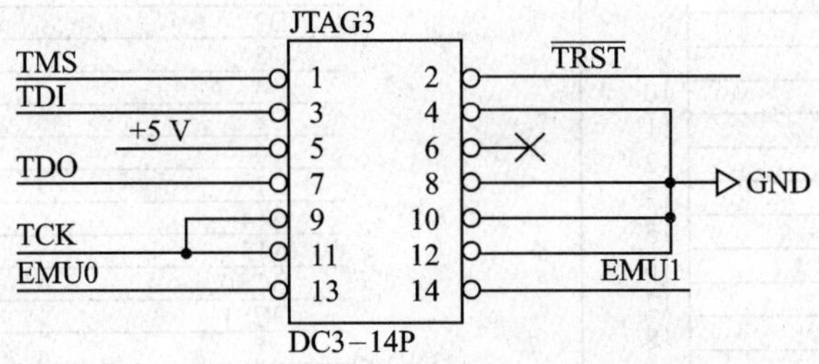

图 8-12 JTAG 引脚分配图

表 8-13 JTAG 接口定义

JTAG3 引脚序号	JTAG 功能组	相关说明
1	TMS	JTAG 模式控制
2	TRST	JTAG 复位
3	TDI	JTAG 数据输入
4	GND	地
5	电源	+5 V
6	NC	空脚
7	TDO	JTAG 数据输出
8	GND	地
9	TCLK	JTAG 时钟
10	GND	地
11	TCLK	JTAG 时钟

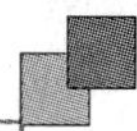

续表 8-13

JTAG3 引脚序号	JTAG 功能组	相关说明
12	GND	地
13	EMU0	仿真中断 0
14	EMU1	仿真中断 1

总线控制开关 K9 用于切换仿真器与 CPU 的连接，其配置如表 8-14 所列。

表 8-14　K9 开关的设置

状　态	备　注
1-2	JTAG3 连接到 JTAG1(仿真器连接到实验箱左边的 CPU1 上)
2-3	JTAG3 连接到 JTAG2(仿真器连接到实验箱右边的 CPU2 上)

6. D/A 转换单元

D/A 转换芯片采用 Analog Devices 公司的 AD7303。该芯片是单极性、双通道、串行、8 位的 D/A 转换器，操作串行时钟最快可达 30 MHz，D/A 转换时间为 1.2 μs，通过 SPI 串行接口和 DSP 连接。D/A 输出通过放大电路，可以得到 0～5 V 的输出范围。2 个 2 号孔"输出 1、输出 2"分别对应 AD7303 的 OUTB、OUTA。电位器 R86 调节 OUTA、2 号孔"输出 2"，R85 调节 OUTB、2 号孔"输出 1"。该单元的原理框图如图 8-13 所示。

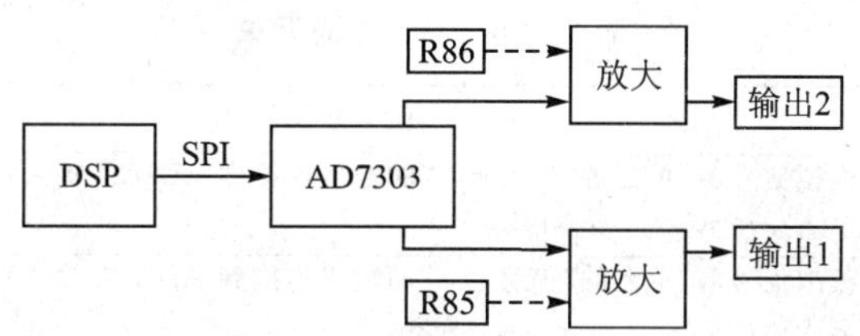

图 8-13　D/A 转换单元原理框图

警告：

① 不允许把这两个 2 号孔直接和"地"相连，否则引起器件损坏；

② 电位器 R86、R85 是调节 D/A 输出的电压放大倍数的，出厂时已设置好，用户不需调节。

7. A/D 转换单元

A/D 转换芯片选用 AD7822，单极性输入，采样分辨率为 8 bit，并行输出，内含取样保持电路以及可选择使用内部或外部参考电压源，具有转换后自动 Power-Down 的模式，电流消耗可降低至 5 μA 以下。转换时间最大为 420 ns，SNR 可达 48 dB，积分非线性和差分非线性都在 ±0.75LSB 以内，可用在数据采样、DSP 系统及移动通信等场合。在本实验系统中，参考电压源为 +2.5 V，偏置电压输入引脚

V_{mid}=+2.5 V,模拟输入信号经过运放后输入 AD7822,输入电压范围为-12~+12 V,AD7822 编码图如表 8-15 所列。

表 8-15 AD7822 编码图

Vin	D7~D0
$V_{ref}/2$	00000000
V_{ref}	10000000
$V_{ref}+V_{ref}/2$	11111111

A/D 转换器分配 CPU2 I/O 空间的地址为 8002h(只能进行读操作),占用 CPU2 的中断 2。与 C54x CPU 配套使用时,采样时钟由 CPLD 提供,以中断方式采集数据;与 C2x CPU 配套使用时,采样时钟由 DSP 提供,以查询方式采集数据。

A/D 采样时钟通过拨码开关 SW2 控制,控制方式如下所示。

1-ON、2-ON、3-ON、4-ON:ADCLK=250 kHz;

1-OFF、2-ON、3-ON、4-ON:ADCLK=1 MHz;

1-OFF、2-OFF、3-ON、4-ON:ADCLK=1 MHz;

HCPUCS="1",C2x CPU 板:ADCLK=IOPF6。

A/D 采样时钟由 CPLD 对 2 MHz 的晶振分频得到,或通过 C2x DSP 的 IOPF6 通用 I/O 引脚模拟。

模拟信号源有 3 种接入方式,由 JP3 拨码开关控制,具体如表 8-16 所列。

表 8-16 JP3 拨码开关

码 位	备 注
1	ON:"模拟信号源"单元的"信号源 1"的输出连接到 AD7822 输入; OFF:未连接信号源 1,缺省位置
2	ON:"模拟信号源"单元的"信号源 2"的输出连接到 AD7822 输入; OFF:未连接信号源 2,缺省位置
3	ON:该单元的 2 号孔"输入 2"连接到 AD7822 输入; OFF:未连接 2 号孔"输入 2",缺省位置
4	ON:"模拟信号源"单元的"信号源 1"的输出连接到 C2x 的 AIN4 输入(只对 2X CPU 有效) OFF:未连接"AIN4",缺省位置
5	ON:"模拟信号源"单元的"信号源 1"的输出连接到 C2x 的 AIN5 输入(只对 2X CPU 有效) OFF:未连接"AIN5",缺省位置
6	ON:该单元的 2 号孔"输入 1",连接到 C2x 的 AIN5 输入(只对 2X CPU 有效) OFF:未连接 2 号孔"输入 1",缺省位置

2 号孔"输入 1"用于将外界的信号输入 C2x CPU 的 AIN5;

2 号孔"输入 2"用于将外界的信号输入到 AD7822;

2 号孔"输入 3"用于将外界的信号输入到 C2x CPU 的 AIN4(注:输入电压范围为-5~+5 V,超出此范围易损坏器件)。

电位器 R33、R34 调节 A/D 输入的电压增益倍数,出厂时已设置好,用户不需调

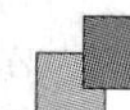

节。(R33 调节 AIN4 输入,R34 调节 AIN5 输入。)

电位器 R32 调节 A/D 的参考电压,出厂时已设置好,用户不需调节。

A/D 单元的电路原理框图如图 8-14 所示。

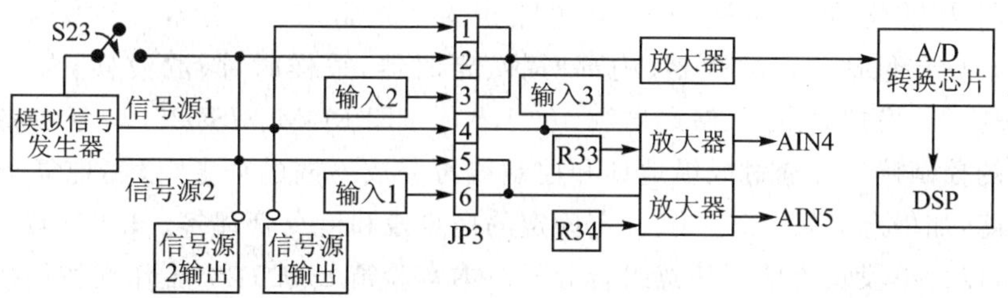

图 8-14 A/D 单元电路原理框图

8. 开关量输入/输出单元

8 位的数字量输入由 8 个拨码开关产生,当拨码开关拨至靠近 LED 时为低电平,相反则为高电平。8 位的数字量输出通过 8 个 LED 灯显示,输出为低电平时对应的 LED 点亮;输出为高电平时,对应的 LED 熄灭。数字量输入/输出单元的资源分配如下:

数字量输入分配空间为 CPU2 I/O 空间的 8000h(只读);

数字量输出分配空间为 CPU2 I/O 空间的 8001h(只写)。

9. 电源单元

电源单元提供板上所需的±12 V、+5 V、+3.3 V 直流电压,此外还提供了 4 个 2 号孔输出和 1 个四针插座 J71,方便用户为板卡以及其他扩展外设供电。输入电源为交流 220 V 市电输入。保险管规格为 3 A/250 V。

10. 模拟信号源

模拟信号源可产生频率、幅值可调的双路三角波、方波和正弦波。信号产生电路主要由 2 片 ICL8038 信号发生器核心器件构成,输出信号频率范围为 100 Hz~120 kHz,幅值范围为-5~+5 V。输出波形、频率范围可通过波段开关来选择,频率、幅值可独立调节。两路输出信号可以经过加法器进行混叠,混叠后的信号从"信号源 1"输出,可用来作为信号滤波处理的混叠信号源。是否输出混叠信号由拨码开关 S23 控制,当 S23 的 1 或 2 在 ON 时,输出混叠信号;当 1 和 2 全在 OFF 时,不输出混叠信号,如图 8-14 所示。

11. 音频信号源

音频信号源模块主要有两个功能,其一是完成语音信号的录放功能,这是相对独立于 DSP 的功能模块;其二是通过拨码开关 S1 控制,将"录音接口"输入的语音信号放大后送给语音单元的麦克风输入。

此单元采用 Winbond 公司的 ISD 系列单片语音录放集成芯片 ISD25120,这是一种永久记忆型语音录放芯片，录音时间为120 s，可重复录放10万次。该芯片采用多电平直接模拟量存储专利技术，每个采样值可直接存储在片内单个EEPROM单元中，因此能够非常真实、自然地再现语音、音乐、音调和效果声，从而避免一般固体录音电路因量化和压缩造成的量化噪声和“金属声”。该器件的采样频率为4.0 kHz，内部包括前置放大器、内部时钟、定时器、采样时钟、滤波器、自动增益控制、逻辑控制、模拟收发器、解码器和480 KB的EEPROM。ISD25120还具备微控制器所需的控制接口。通过操纵地址和控制线可完成不同的任务，以实现复杂的信息处理功能，如信息的组合、连接、设定固定的信息段和信息管理等。ISD25120可不分段，也可以最小段长为单位任意组合分段。本实验箱ISD25120工作在按钮模式。

需要录音时，将麦克风或音频源插入“E_LAB模块1”附近的“录音接口”端(注意，不是语音单元的“麦克输入”)，将“音频信号源”的“S25”拨码开关拨到“运行”位置，S4拨到“录音”位置，然后按下S3，录音开始。录音过程中可以按下S3暂停录音，再次按下时又接着录音，这样就能实现分段录音，录音长度最大为120 s。

需要放音时，将“音频信号源”的S25拨码开关拨到“运行”位置，S4拨到“播放”位置，然后按下S3播放开始。播放过程中可以按下S3暂停播放，再次按下时又接着播放。播放时输出的音频信号通过“J43”2号孔输出，用户可以将此信号输入到功放单元的输入2号孔“左路输出”或“右路输出”，通过板载扬声器监听。S25拨码开关拨到“复位”位置时，芯片处于复位状态，不能录放音。

12. 液晶显示单元

液晶显示单元选用中文液晶显示模块LCM12864ZK，其字形ROM内含8 192个16×16点中文字形和128个16×8半宽的字母符号字形；另外，绘图显示画面提供一个64×256点的绘图区域GDRAM，而且内含的CGRAM提供4组软件可编程的16×16点阵造字功能，电源操作范围宽(2.7～5.5 V)，低功耗设计可满足产品的省电要求。同时，与CPU等微控器的接口灵活(3种模式并行8位/4位、串行3线/2线)。LCD数据接口基本上分为串行接口和并行接口2种形式，本实验采用并行8位或串行2线接口方式，用户可根据需要改变J65跳线以改变接口方式。J65的1、2连接时为并行方式，2、3连接时为串行方式。

拨码开关S2控制液晶模块的电源开关，码位1 ON，液晶电源开；码位2 ON，液晶模块背光电源开。电位器R38调节液晶的对比度，出厂时已调整好，用户无需调节。液晶显示单元的资源分配如下：

LCD设置在并行8 bit方式：扩展到CPU2 I/O空间，8004～8005；

LCD设置在串行8 bit方式：扩展到CPU2 I/O空间，8006～8007。

13. 数字量输出单元

8位的数字量输出通过8个LED灯显示，当对应的LED点亮时说明输出为低，熄灭时为高。用户可以通过对数字量输出单元编程，来显示CPU1的各种工作状态。数字量输出分配空间为CPU1 I/O空间的8008h（只写）。

14. 单脉冲单元

单脉冲单元由555定时器组成单稳态触发电路，由“单脉冲输出”按键（在液晶显示单元的右下角）控制，每按一次，产生一个高电平有效的单脉冲，此脉冲经过CPLD整形反相，送给CPU板的中断输入引脚。

15. I/O单元

此单元包括3部分：I/O单元1、I/O单元2和I/O单元3。

警告：此单元接口允许输入电压范围为0～+5 V，超出此范围将损坏器件。

I/O单元1：CPU2扩展，CPU2扩展C54x CPU时，把C54x的HPI口配置成GPIO引脚，要把CPU板SW1的1位HPIENA置ON，即禁止HPI口。对应关系如表8-17所列（C5410 CPU板不支持）。

表8-17 I/O单元1与CPU2引脚的对应关系

序　号	C54x CPU引脚
I/O 1	HD6
I/O 2	HD4
I/O 3	HD2
I/O 4	HD0
I/O 5	HD7
I/O 6	HD5
I/O 7	HD3
I/O 8	HD1

CPU2扩展C2x CPU时，对应关系如表8-18所列（把以下引脚配置成GPIO）。

表8-18 I/O单元1与CPU引脚的对应关系

序　号	C2x CPU引脚
I/O 1	TDIRB
I/O 2	T3PWM
I/O 3	PWM11
I/O 4	CAP5
I/O 5	TCLKINB
I/O 6	T4PWM
I/O 7	PWM12
I/O 8	CAP6

I/O单元2：CPU1扩展，只有CPU1是C2x系列CPU时有效，其对应关系如

表8-19所列。

表8-19 I/O单元2与CPU引脚的对应关系

序 号	C2x CPU 引脚
I/O 1	TDIB
I/O 2	T3PWM
I/O 3	PWM11
I/O 4	CAP5
I/O 5	TCLKINB
I/O 6	T4PWM
I/O 7	PWM12
I/O 8	CAP6

I/O单元3:CPU1数据总线通过CPLD扩展,对C54x、C2x系列均有效,其对应关系如表8-20所列。

表8-20 I/O单元3与CPU引脚的对应关系

序 号	CPU 的数据线
I/O 1	D0
I/O 2	D1
I/O 3	D2
I/O 4	D3

16. 键盘和LED接口单元

键盘和LED接口是由芯片HD7279控制的,HD7279是一片具有串行接口的、可同时驱动8位共阴式数码管(或64只独立LED)的智能显示驱动芯片。该芯片同时还可连接多达64键的键盘矩阵,单片即可完成LED显示、键盘接口的全部功能。HD7279A内部含有译码器,可直接接受BCD码或十六进制码,并同时具有2种译码方式;此外,还具有多种控制指令,如消隐、闪烁、左移、右移、段寻址等。在该实验系统中,仅扩展了16个键和一个8位LED数码管。

17. USB单元

USB接口芯片采用CYPRESS公司的SL811HS。该芯片是主从控制芯片,可以做主设备,也可以做从设备;符合USB 1.1规范,支持全速(12 Mbps)和低速(1.5 Mbps)两种传输速率。USB单元的资源分配如下:

SL811HS地址寄存器分配空间为CPU1 I/O空间的800Ch;

SL811HS数据寄存器分配空间为CPU1 I/O空间的800Bh;

CPU1的中断0(C54x=INT0、C2x=INT1);

写 CPU1 I/O 800AH 则使 SL811HS 复位；

读 CPU1 I/O 800AH 则使 SL811HS 退出复位。

SL811HS 的工作模式选择通过 SW2 控制，即当 SW2 处于 1-OFF、2-OFF、3-ON、4-ON 状态时，SL811HS 为主模式，其余状态时 SL811HS 为从模式。

USB 单元的模式和速率选择由拨码开关 SW3 控制，设置如表 8-21 和表 8-22 所列。

表 8-21 SW3:USB 主/从接线选择

SW3				主/从选择
1	2	3	4	
ON	ON	OFF	OFF	主模式
OFF	OFF	ON	ON	从模式、缺省模式
其他				非法状态

表 8-22 SW3:全速/低速选择

SW3		速度选择
5	6	
ON	OFF	全速(12 Mbps)、缺省模式
OFF	ON	低速(1.5 Mbps)
其他		非法状态

18. CPLD 逻辑单元

CPLD 逻辑单元主要用来完成资源分配和译码工作，芯片采用 XILINX 公司的 XC95144XL，开发环境为 Webpack 5.1。CPLD 编程接口定义如图 8-15 所示(靠近缺口一排最右边的是第一脚)。

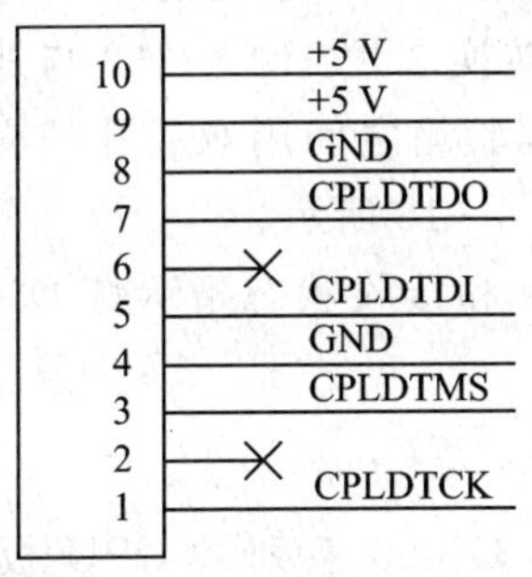

图 8-15 CPLD 编程接口定义

该单元的拨码开关 SW2，输出 2 号孔，LED 指示灯 D1、D2、D3 的功能都可以由用户重新编程设定。拨码开关 SW2 的预设功能如表 8-23 所列。

表 8-23 拨码开关 SW2 设置

SW2				备 注
1	2	3	4	码 位
ON	ON	ON	ON	以太网 RTL8019 产生的中断给 CPU1 的中断 INT0,USB 为从模式。 AD7822 产生的中断给 CPU2 的中断 INT2。ADCLK=250 kHz。 LCD 为串口模式,I/O 地址为 8006、8007
OFF	ON	ON	ON	USB 产生的中断给 CPU1 的中断 INT0,USB 为从模式。 AD7822 产生的中断给 CPU2 的中断 INT2。ADCLK=1 MHz。 LCD 为 8 位并口模式,I/O 地址为 8004、8005
OFF	OFF	ON	ON	USB 产生的中断给 CPU1 的中断 INT0,USB 为主模式。 AD7822 产生的中断给 CPU2 的中断 INT2,ADCLK=1 MHz。 LCD 为 8 位并口模式,I/O 地址为 8004、8005
ON	OFF	ON	ON	单脉冲产生的中断给 CPU1 的中断 INT0
ON	ON	OFF	ON	单脉冲产生的中断给 CPU2 的中断 INT2
X	X	X	X	其余状态保留

LED 指示灯的含义如下:

LED-D1:CPU2 的 XF 的状态,XF=1,灭;XF=0,亮。

LED-D2:USB 不复位,亮;USB 复位,灭。

LED-D3:NET 不复位,亮;NET 复位,灭。

2 号孔输出信号的含义如下:

复位:高电平复位脉冲信号;时钟 1:CLKOUT/4 时钟,从 CPU2 的 CLKOUT 分频得到;时钟 2:CLKOUT/4 时钟,从 CPU1 的 CLKOUT 分频得到;时钟 3:1 MHz时钟,从 Y1 的 2 MHz 分频得到;时钟 4:2 MHz 时钟,从 Y1 输出。

19. RS232 串口单元

RS232 串口单元只有在使用 C2000 系列的 CPU 板时使用,C2000 系列 DSP 的标准 RS232 串行口经过电压转换芯片 MAX3232 与外部 RS232 串行口连接。J66、J67 是 DB9 针接口,和 PC 或实验箱之间用双头孔的交叉串口电缆进行连接。串行接口 J66 和 J67 引脚定义如图 8-16 所示。

发送状态指示灯 D37、D39 和接收状态指示灯 D36、D38 在数据传输时闪烁,在空闲状态时灭。

20. CAN 总线单元

CAN 总线单元只有使用 C2000 系列的 CPU 板时使用,C2000 系列 DSP 的 CAN 总线接口经过 CAN 总线接口芯片 UC5350 与外部接口相连。接口引脚定义如图 8-17 所示。

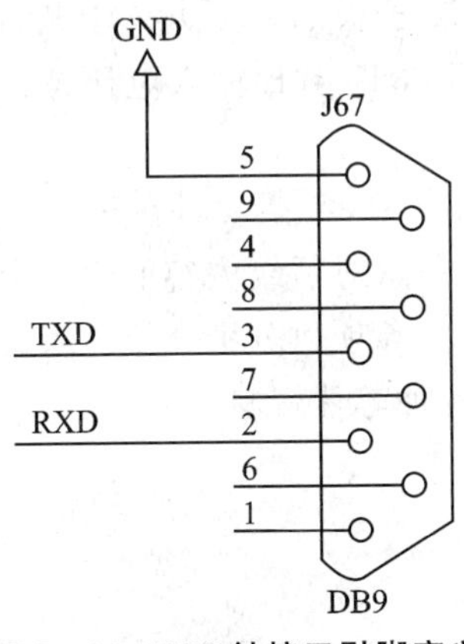

图 8-16 DB9 针接口引脚定义

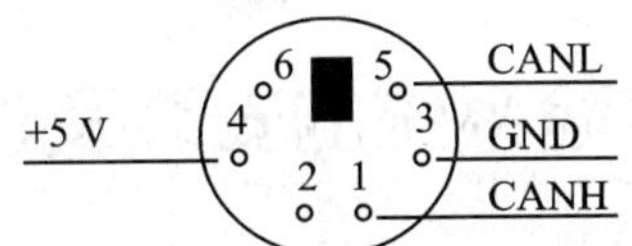

图 8-17 CAN 总线接口引脚定义

注意:如果将此单元的跳线短接,那么将接入 200 Ω 的终端电阻。

21. 以太网单元

以太网单元的接口芯片选用 RTL8019AS,它是 Realtek 公司生产的以太网控制器,支持 IEEE-802.3 协议,支持 8 位或 16 位数据总线,内置 16 KB SRAM 用于收发缓冲,全双工收发同时达到 10 Mbps;支持 10Base5、10Base2、10BaseT,并能自动检测所连接的介质,在网卡中占有相当比例。通过以太网接口,该实验箱可以在局域网内与其他 PC 进行通信。

将 RTL8019AS 设置成 JUMPER 模式,并扩展到 CPU1 的 I/O 空间,地址为 9000H～9FFFH,实际对 RTL8019AS 有效的地址为 9300h～931Fh,占用中断 0,RTL8019AS 数据总线的宽度通过拨码开关 SW1 控制,设置状态如表 8-24 所列。

表 8-24 SW1 设置 RTL8019AS 数据总线的宽度

码位状态	备 注
1-ON,2-OFF	8 位
1-OFF,2-ON	16 位,缺省设置
其余状态	非法

以太网单元的 3 个 LED 预设 D40 为错误指示(发生错误时亮),D41 为接收指示(常亮,接收数据时闪烁),D42 为发送指示(常亮,发送数据时闪烁),以太网与外部接口采用标准 RJ45 接头。

RTL8019AS 上电自动复位,也可以通过访问写 I/O 的 800DH 地址来复位 8019AS;读 I/O 的 800DH 地址使 RTL8019AS 退出复位状态。

22. 其他接口

CPU1、CPU2 的中断以及 BIO、XF、READY、RESET、RD、WE(只对 2XCPU 板有效)通过 2 号孔引出,方便用户使用。CPU1 引出的信号“CPU1 信号扩展单元”在模拟信号源的左侧。CPU2 引出的信号在 CPU2 子板的正下方。中断、BIO、READY 允许输入电压范围为 0～+5 V，XF、RESET、RD、WE 输入电压范围为 0～+3.3 V。

本章对实验系统的硬件资源进行了概括的介绍，希望读者在进行实验之前能认真阅读本章内容，对实验系统有一个基本的了解，这对后续内容的学习会有很大的帮助。更详细的内容会在余下的章节中结合具体实验项目分别介绍。若想掌握硬件设计方法，还需要认真阅读实验系统的原理图和各种芯片资料。

8.2 实验系统的安装及设置

完整的 DSP 实验开发环境由软件集成开发环境 CCS(Code Composer Studio)、仿真器和硬件实验箱组成。CCS 安装在计算机中，利用 CCS 集成开发环境，用户可以在该环境下完成工程定义、程序编辑、编译链接、调试和数据分析等工作环节。仿真器将计算机和实验箱连接起来，完成计算机和硬件实验箱之间的通信。本系统使用 USB 接口的 XDS510 仿真器，软件集成开发环境为 CCS 2 (C5000)，硬件实验箱为 EL－DSP－EXPIV。

实验系统的安装、设置过程一般分为以下步骤：

① 安装 CCS 2 (C5000)；

② 安装 USB 驱动程序及 XDS510 仿真器驱动程序；

③ 运行设置程序 Setup CCS 2 (C5000)，对仿真目标进行系统配置；

④ 正确连接计算机、仿真器和实验箱并送电；

⑤ 运行 CCS 2 (C5000)。

下面详细介绍实验系统的安装和设置流程。

8.2.1 CCS 的安装

随着电子技术的快速发展，计算机的配置越来越高，性能越来越好，几乎任何一台台式计算机或者笔记本电脑都能满足 Code Composer Studio 的要求，此处不再赘述关于 CCS 对计算机的要求。

安装 CCS 2 (C5000)时，首先将 CCS 2 (C5000)安装光盘放入光盘驱动器中，然后运行 CCS 2 (C5000)安装程序 setup.exe，出现如图 8－18 所示窗口。

单击 Next 按钮，出现安装选项，如图 8－19 所示。

安装类型选择 New Installation。安装目的文件夹需要根据实际情况确定，可以选择默认路径或其他路径，本安装位置选择默认路径，因此直接单击 Next 按钮进行安装。

之后根据出现的窗口单击 Next 按钮或者单击 Finish 按钮，完成 CCS 2 (C5000)的安装。安装完成后，在桌面上会出现“CCS 2 (C5000)”和“Setup CCS 2 (C5000)”两个快捷方式图标，这两个图标分别对应 CCS 2 (C5000)应用程序和 SetUp CCS 2

(C5000)的配置程序,如图 8－20 所示。

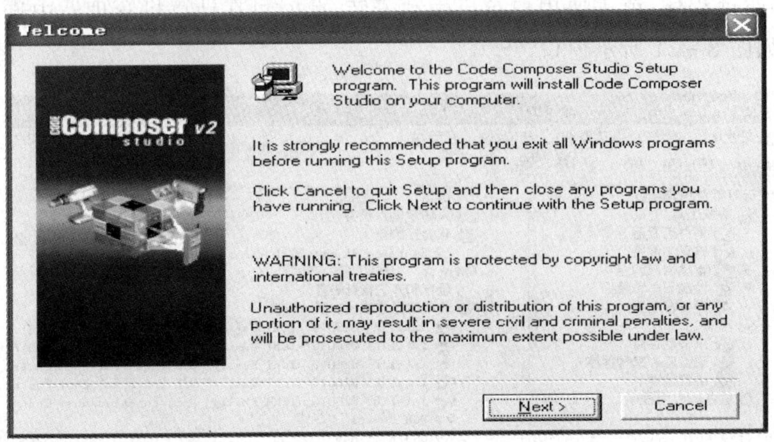

图 8－18　CCS 安装欢迎窗口

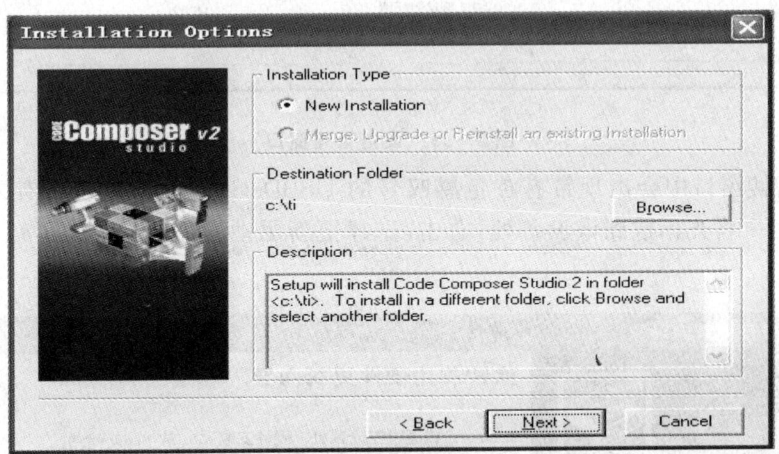

图 8－19　安装类型和位置选择窗口

图 8－20　CCS 应用程序和配置程序图标

8.2.2　USB 驱动程序的安装

将 USB 仿真器的一端插入计算机的 USB 接口,系统一般会自动搜索、识别并安装 USB 驱动程序(用户需要指定驱动程序所在光盘中的位置)。如果系统没能正确识别安装驱动程序,就需要用户自己手动安装,此时可在计算机管理器中选中设备管理,出现如图 8-21 所示窗口。

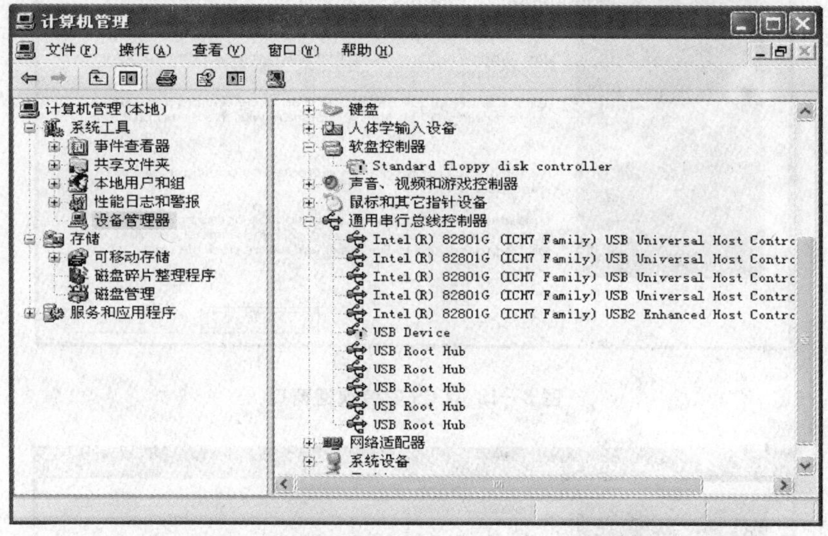

图 8-21 设备管理窗口

在右侧窗口中会出现带有黄色感叹号的 USBDevice 条目,这表示有未识别的 USB 设备。将光标放到该设备处,右击,选择更新驱动程序,出现如图 8-22 所示窗口。

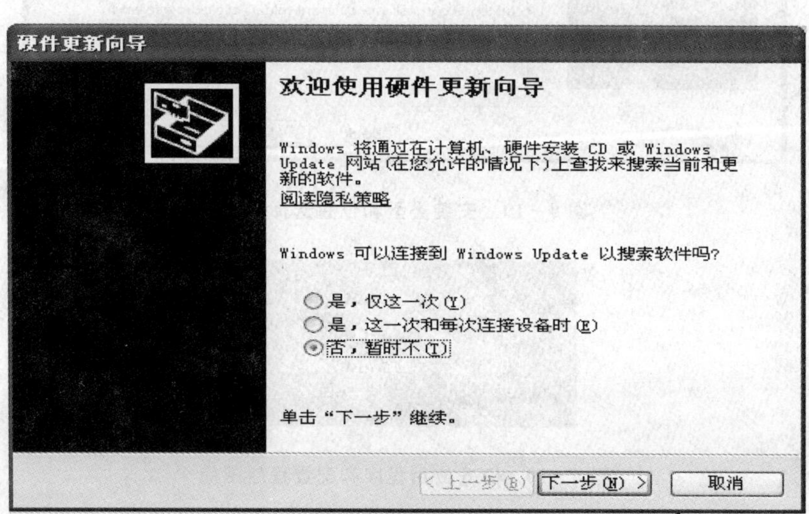

图 8-22 硬件更新方式选择窗口

选择第三项,单击"下一步"按钮,出现如图 8-23 所示窗口。

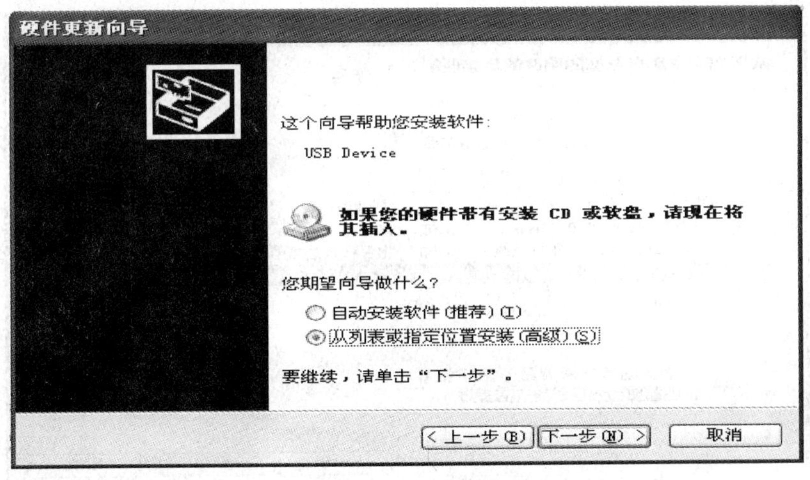

图8-23 驱动软件位置搜索方式选择窗口

选择第二项,单击“下一步”按钮,出现如图8-24所示窗口。

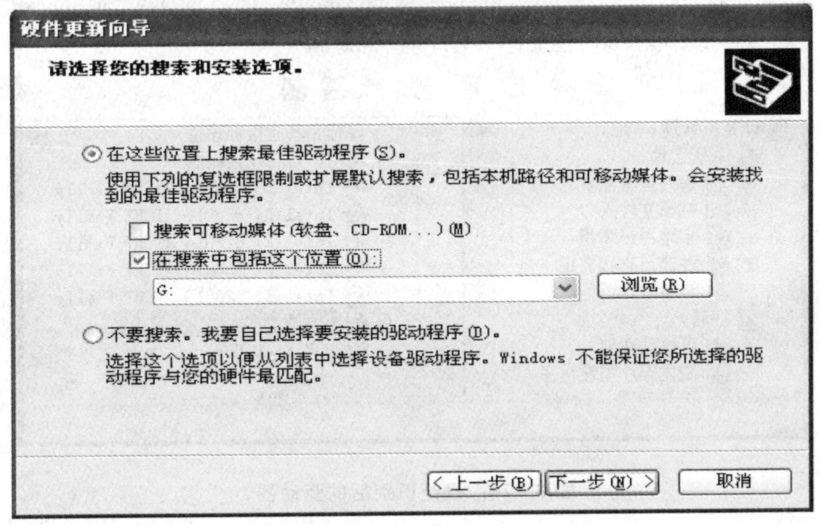

图8-24 驱动软件位置指定窗口

按照图中的状态选定两项,然后单击“浏览”,找到并选定USB仿真器驱动所在的Windows 2000文件夹,然后单击“下一步”按钮,出现如图8-25所示的窗口。

选择Techshine DSP开发系统,单击“下一步”按钮并完成安装,安装成功后的结果如图8-26所示。此时未识别的USB Device变成了“Techshine DSP开发系统”,表明安装成功。

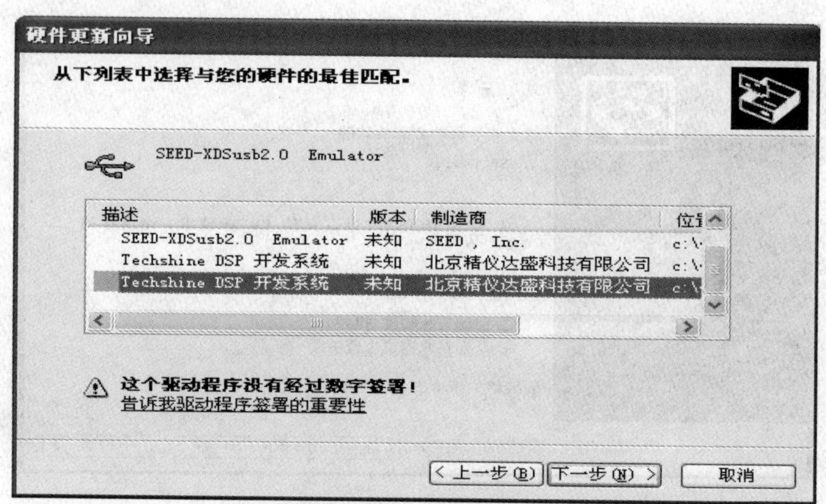

图 8-25　驱动选择窗口

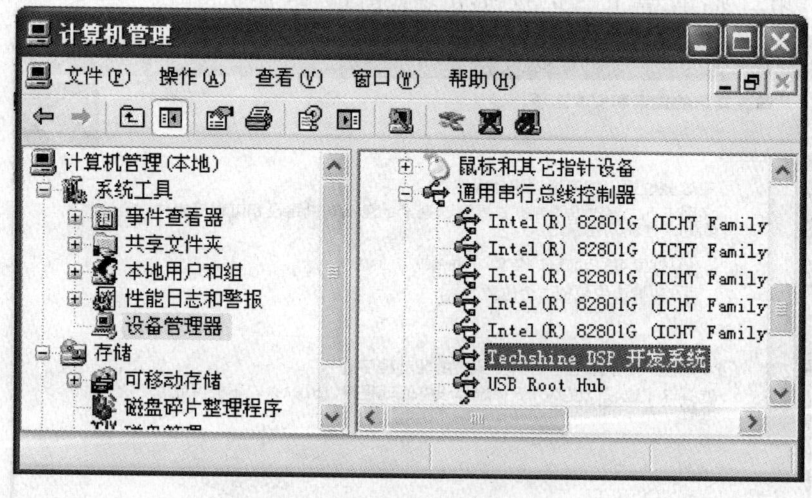

图 8-26　已经识别后的驱动器

8.2.3 USB 2.0 XDS510 仿真器驱动程序的安装

在随实验箱附带的光盘中找到仿真器驱动程序所在的文件夹，双击 usb_setup.exe，出现如图 8-27 所示窗口。

单击“下一步”按钮，出现如图 8-28 所示窗口。

选择默认安装位置，单击“下一步”按钮完成安装。

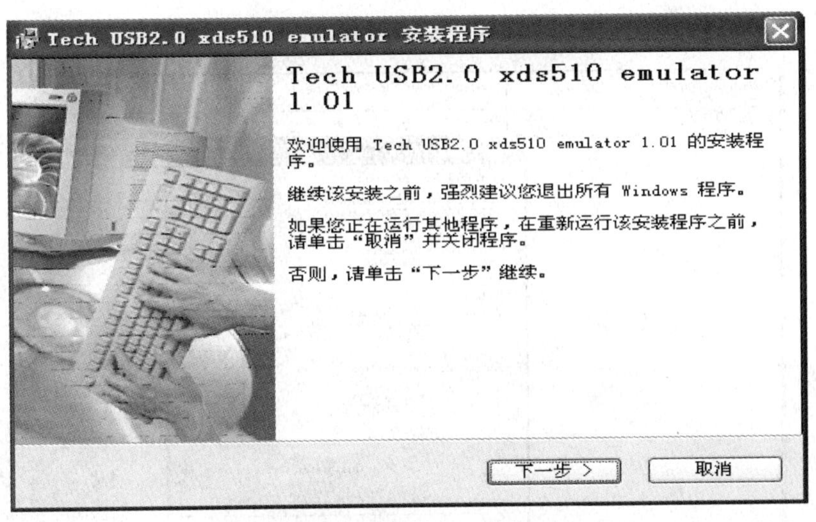

图 8-27 仿真器驱动程序欢迎窗口

Tech USB2.0 xds510 emulator 安装程序

安装文件夹

选择安装文件夹并单击“下一步”继续。

该软件将安装到与CCS的同一文件夹中。如果CCS的安装文件夹不是在C:\ti中，请键入一个新的路径，或单击“更改”来浏览一个存在的文件夹。

安装 Tech USB2.0 xds510 emulator 到：

C:\ti 更改...

需要驱动器空间： 1.5 MB

选定驱动器中的可用空间： 5910 MB

< 上一步 下一步 > 取消

图 8-28 安装位置选择窗口

8.2.4 CCS 2 (C5000)的设置(以 USB 接口仿真器设置为例)

如果用户不改变 CCS 应用平台类型，不改变仿真目标的型号，则只需运行一次 CCS 配置程序，直到需要改变仿真目标为止。

运行 CCS Setup 配置驱动程序，需要运行 Code Composer Studio Setup 软件，即双击桌面上的 Setup CCS2(C5000)图标，出现如图 8-29 所示窗口。

此时出现两个窗口：前端窗口表示可导入的配置，其中的型号和数量的多少是由软件版本决定的，可通过 Filters 下的三个参数快速找到所需仿真类型；后端窗口有

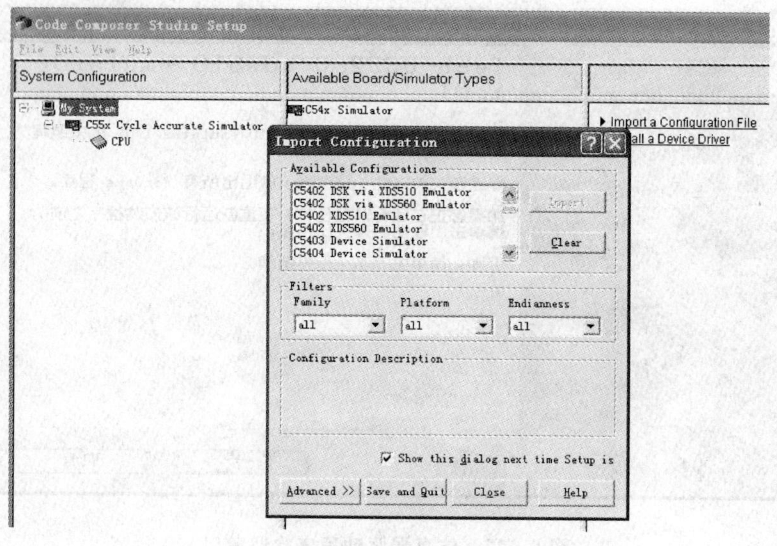

图 8-29　CCS 配置窗口

三个栏目，第一列表示当前设定的系统配置，第二列表示现有可配置的目标板或软件仿真平台类型，第三列是安装设备驱动的工具，可用来安装第二列中找不到的其他平台类型。

在前端的窗口中单击 Clear 按钮，清除默认的配置，此时左侧栏中无配置，如图 8-30所示。

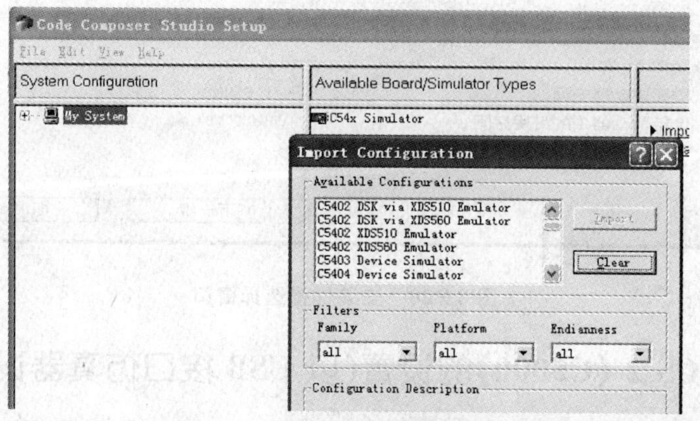

图 8-30　清除默认配置后的窗口

然后选中 C5402 XDS510 Emulator，表示要对目标板 C5402 进行硬件仿真测试，再单击 Import 按钮，则第一栏出现新的配置，如图 8-31 所示。

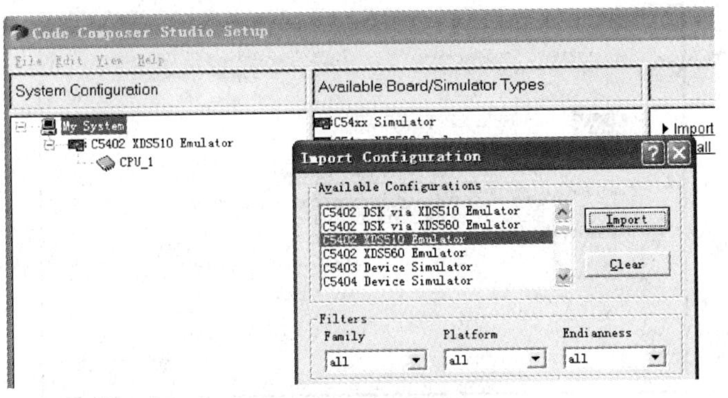

图 8-31 添加新配置后的窗口

单击前端窗口中的 Close 按钮,关闭前端窗口,然后将光标放到第一列的现有配置一行上,右击,选中属性,如图 8-32 所示。

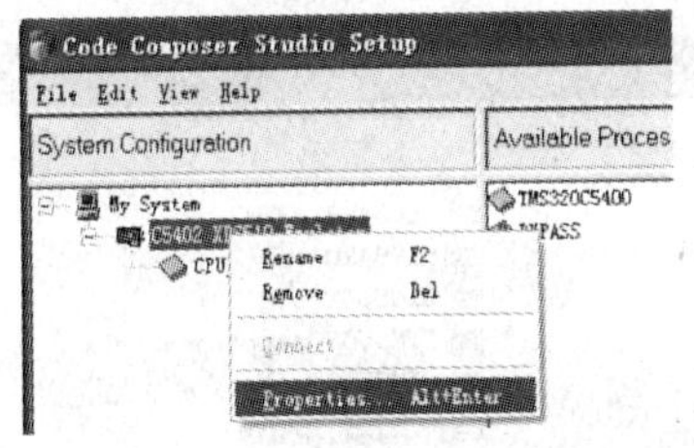

图 8-32 修改新配置平台的属性

接下来会出现如图 8-33 所示窗口。

图 8-33 目标板属性设置窗口

在此窗口中的第二行 Configuration File 右侧的第一项中,点击三角形按钮,选中第二项,即用其他配置文件自动生成目标板数据文件,如图 8-34 所示。

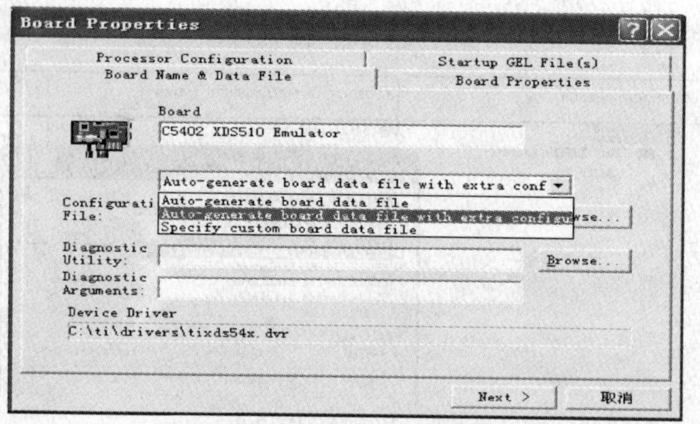

图 8-34 目标板属性设置窗口

此时,第二项变成激活状态,该项用来指定配置文件名称。单击右侧的 Browse 按钮,会出现如图 8-35 所示窗口。

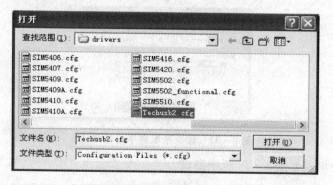

图 8-35 配置文件选择窗口

在该窗口中选中配置文件 Tecusb2.cfg,单击"打开"按钮,又回到如图 8-36 所示窗口。

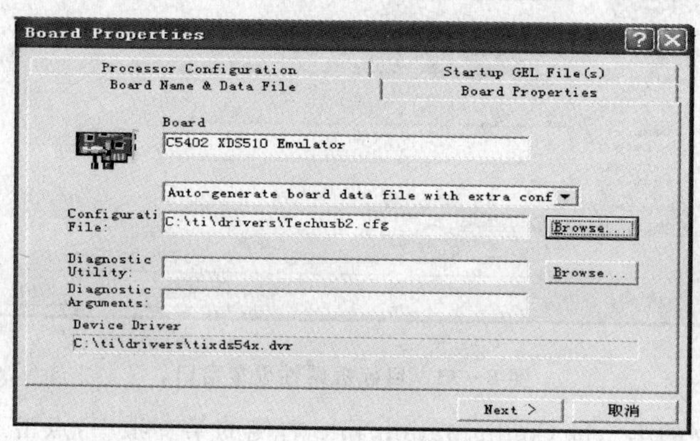

图 8-36 目标板属性设置窗口

单击 Next 按钮，出现如图 8-37 所示窗口。

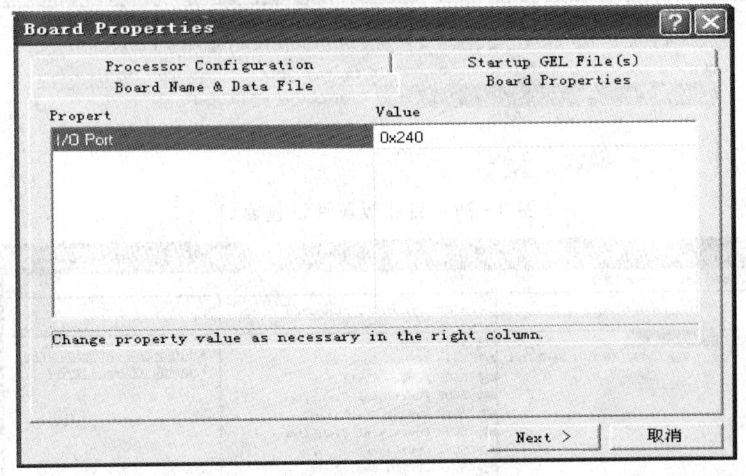

图 8-37 目标板属性设置窗口

I/O 端口的值选为 0x240，单击 Next 按钮，出现如图 8-38 所示窗口。

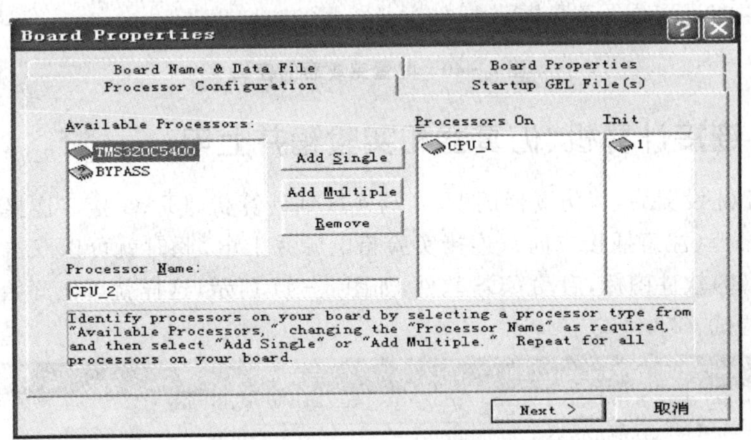

图 8-38 目标板属性设置窗口

在窗口中单击 add single 按钮添加一款芯片，然后再单击 Next 按钮，出现如图 8-39所示窗口。

该窗口用来指定加载的 GEL 文件，用户可通过点击该条目后面的按钮配置其他 GEL 文件，本次目标板的 CPU 为 C5402，选择默认 GEL 文件，所以直接单击 Finish 按钮，完成属性修改，回到如图 8-40 所示的配置窗口。

保存并关闭该窗口，完成设置，暂时不要启动 CCS。

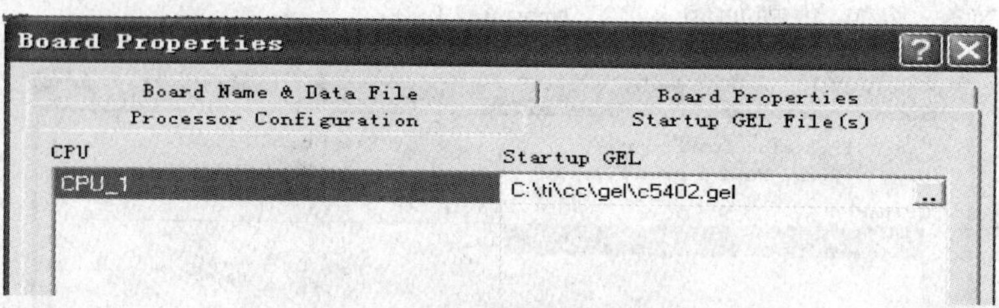

图 8-39 目标板属性设置窗口

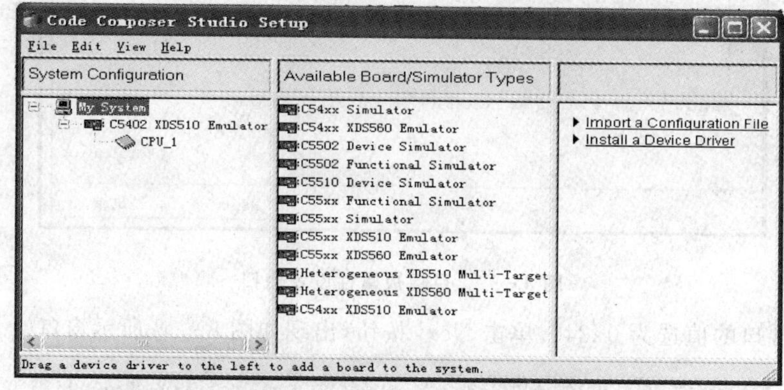

图 8-40 配置完成后的窗口

8.2.5 连接计算机、仿真器和实验箱并上电

完成上述设置后，将仿真器的 USB 端连接到计算机，JTAG 接口连接到实验箱的 JTAG 插座(注意插接方向)，连接实验箱电源并上电，此时就可以双击桌面上的 CCS2(C5000)软件图标，启动 CCS 软件，如图 8-41 所示，这样就可以开始进行程序的开发和调试。

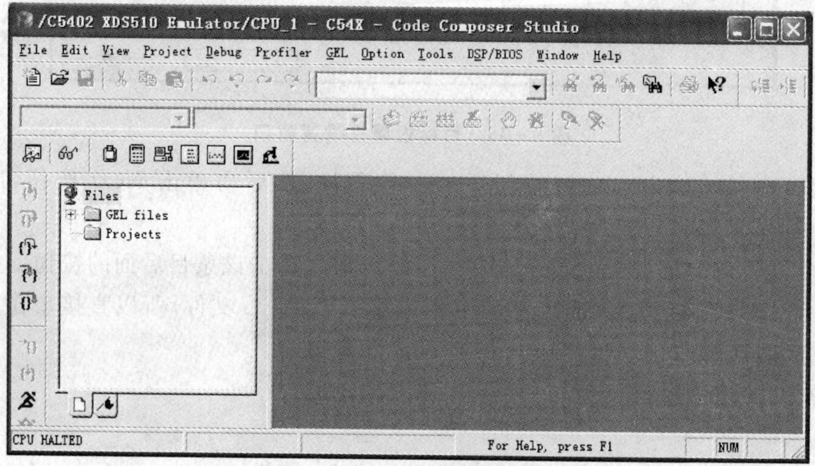

图 8-41 CCS 软件的操作界面

第 9 章

应用实例

本章列举了 11 个实例，这些实例是由北京精仪达盛科技有限公司开发的，本书对其进行了整理并放到北京航空航天大学出版社网站下载专区中，位于文件夹“实例程序”下。本章分别对每个实例的实验目的、实验内容、实验原理、参考程序以及调试过程等进行了详细的介绍，这些实例的内容包括 DSP 应用开发中涉及的许多方面，参考程序中有详细的注释。透彻理解、熟练掌握这些实例内容，对读者掌握 DSP 开发技术大有帮助。

实例一　常用汇编指令使用

1. 实验目的

① 熟悉 DSP 开发系统的组成和连接；

② 熟悉 CCS 的集成开发环境；

③ 熟悉 C54x 系列寻址系统和指令的用法。

2. 实验内容

要求设计一个程序，实现在芯片的 XF 引脚输出方波信号并驱动发光二极管 D1 闪烁。

3. 实验原理

(1) 系统连接

在计算机和实验箱上电之前，必须正确连接好仿真器、实验箱及计算机，其连接关系如图 9-1 所示。

图 9-1　实验系统的连接关系

为安全起见，连接和送电顺序应该严格按如下步骤进行：仿真器电缆线的 USB 端插入计算机的 USB 接口→仿真器电缆线的 JTAG 端插入实验箱的 JTAG 接口（注意方向）→电源线插入实验箱后侧面的 220 V 输入电源插座→电源线插入市电电源插座→计算机开机→实验箱送电。

(2) 上电复位、运行CCS程序

在确认各实验部件及电源连接正确后,应首先启动计算机,然后才能将实验箱送电,即将实验箱后面的220 V输入电源开关置ON,此时,仿真器上的红色小灯应点亮,否则说明DSP开发系统有问题。红色小灯点亮后,应先对CPU进行复位,即按一下CPU子板上的按钮S1,然后再启动CCS程序,即双击桌面上的CCS 2(C5000)图标。如果CCS能正常启动,则表明系统连接正常,否则可能是仿真器的连接、JTAG接口或CCS相关设置存在问题,此时需要将实验断电,检查仿真器的连接、JTAG接口的连接,或检查CCS相关设置是否正确。

(3) XF引脚

它是C5402芯片的外部标志输出引脚,这是一个可以锁存的、软件可编程信号。可以利用SSBX XF指令将XF置高电平,用RSBX XF指令将XF置成低电平。也可以用加载状态寄存器ST1的方法来设置。在多处理器配置中,利用XF向其他处理器发送信号,XF也可用做一般的输出引脚。当EMUI/OFF为低电平时,XF变成高阻状态,复位时XF变为高电平。

在实验箱中,该引脚连接了一个发光二极管D1,其位置在系统板上CPLD单元的右上方,具体的电路连接情况可参考CUP子板和系统板的电路原理图。当XF引脚输出高电平时,驱动发光二极管点亮;输出低电平时,二极管熄灭。因此,该实例只需要将引脚XF交替输出高低电平并进行适当的延时即可。

4. 参考程序

本实例程序采用汇编语言设计,共有3个程序文件,包括主程序exp01.asm、中断向量文件VECTORS.asm和链接命令文件ucos_ii.cmd。

主程序清单如下:

```
;****************Exp01.asm*****************
;*文件名称 :EXP01.ASM
   .mmregs                                    ;C54x存储器映射寄存器定义
   .global  _main                             ;声明_main为全局符号
SWWCR .set     0x002B                         ;设置SWWCR寄存器的地址
;******************** 主函数 ******************
_main:
           nop
;---------------初始化CPU-------------
   ssbx  INTM                                 ;INTM = 1,禁止所有可屏蔽中断
   ld    #0, DP                               ;设置数据页指针DP = 0
   stm   #0, CLKMD                            ;切换CPU内部PLL到分频模式
Statu1:
   ldm     CLKMD, A
```

```
   and     #01b, A
   bc      Statu1, ANEQ                          ;检查是否已经切换到分频模式
   stm     #0x07ff,CLKMD                         ;设置 DSP 时钟为 10 MHz
   nop
   stm     #0x3FF2,PMST                          ;初始化处理器方式状态寄存器
   stm     #0x7FFF,SWWSR                         ;初始化软件等待状态寄存器
   stm     #0x0001,SWWCR                         ;初始化软件等待控制寄存器
   stm     #0xF800,BSCR                          ;初始化块切换控制寄存器
   stm     #0x0000, IMR                          ;禁止所有可屏蔽中断
   stm     #0xFFFF, IFR                          ;清除中断标志
   stm     #0x2000,SP                            ;设置堆栈指针 SP = 2000,指向栈底
   nop
;--------------CPU2  D1 闪烁子程序--------------
loop: nop
   ssbxXF                                        ;将 XF 置 1
   nop
   calldelay                                     ;调用延时子程序,延时
   nop
   rsbxXF                                        ;将 XF 置 0
   nop
   calldelay                                     ;调用延时子程序
   nop
   b        loop                                 ;程序跳转到 loop
nop
;----------------延时子程序------------------
;函数名称: delay; 函数说明: 延时 ;输入参数: 无; 输出参数: 无
delay:stm 270fh,ar3                ;延迟时间常数
loop1:stm 0f9h,ar4                 ;延迟时间常数
loop2:                             ;可以改变时间常数,观察 D1 闪烁快慢的变化
   banz     loop2, *ar4-
   banz     loop1, *ar3-           ;延迟时间   270fh×0f9h×2×2×CLKOUT
   ret                             ;子程序返回
   .end                            ;程序结束伪指令
```

由汇编源程序可知,程序首先对 CPU 进行了一系列初始化,使 CPU 处于既定的已知状态,然后才运行了 D1 的闪烁程序。

该程序中有一个延时子程序 delay,该子程序中用到了条件跳转指令 banz,当条件为真时,该指令的执行时间为 4 个时钟周期;当条件为假时,执行时间为 2 个时钟周期。因为条件为假的次数很少,对整个延时子程序的延时时间影响很小,可以忽略不计,因此该指令的执行周期取为 4。延时子程序总的延时时间可以按下式计算,即

$$T = \text{跳转指令执行次数} \times 4 \times \text{CLKOUT}$$

延时子程序中的两层嵌套循环语句中，跳转指令执行次数为270fh×0f9h，约为2.5×10^6次。CLKOUT是主时钟输出信号，CLKOUT周期就是CPU的机器周期，单位为秒。在主程序的CPU初始化阶段已经将CPU的频率设置为10 MHz，因此CLKOUT=10^{-7} s，于是可以计算出延时时间$T=1$ s。

中断向量文件的程序清单如下：

```
;-------------- VECTORS.asm ----------------------
     .def    Interrupt_Vectors
     .ref     _main
;***************************************
STACK_LEN        .set   100
STACK.       usect "STK",STACK_LEN
;***************************************
     .sect  ".vectors"
     .align  0x80       ;必须分配在整页边界
;***************************************
Interrupt_Vectors:
nRS_SINTR:                   ;复位中断向量(中断向量表基地址 + 0x00)
       stm                   #STACK + STACK_LEN,SP
        b  _main
nNMI_SINT16:                 ;非屏蔽中断向量(中断向量表基地址 + 0x04)
        ;b  nNMI_SINT16
        rete
        nop
        nop
        nop
SINT17:                       ;软件中断17的中断向量(中断向量表基地址 + 0x08)
        ;b  SINT17
        rete
        nop
        nop
        nop
SINT18:                       ;软件中断18的中断向量(中断向量表基地址 + 0x0C)
        ;bSINT18
        rete
        nop
        nop
        nop
SINT19:                       ;软件中断19的中断向量(中断向量表基地址 +,0x10)
        ;bSINT19
        rete
        nop
```

```
        nop
        nop
SINT20:                         ; 软件中断 20 的中断向量(中断向量表基地址 + 0x14)
        ;b  SINT20
        rete
        nop
        nop
        nop
SINT21:                         ; 软件中断 21 的中断向量(中断向量表基地址 + 0x18)
        ;b  SINT21
        rete
        nop
        nop
        nop
SINT22:                         ; 软件中断 22 的中断向量(中断向量表基地址 + 0x1C)
        ;b  SINT22
        rete
        nop
        nop
        nop
SINT23:                         ; 软件中断 23 的中断向量(中断向量表基地址 + 0x20)
        ;b  SINT23
        rete
        nop
        nop
        nop
SINT24:                         ;软件中断 24 的中断向量(中断向量表基地址 + 0x24)
        ;b  SINT24
        rete
        nop
        nop
        nop
SINT25:                         ; 软件中断 25 的中断向量(中断向量表基地址 + 0x28)
        ;b  SINT25
        rete
        nop
        nop
        nop
SINT26:                         ; 软件中断 26 的中断向量(中断向量表基地址 + 0x2C)
        ;b  SINT26
        rete
        nop
```

```
        nop
        nop
SINT27:                           ；软件中断 27 的中断向量(中断向量表基地址 + 0x30)
        ;b  SINT27
        rete
        nop
        nop
        nop
SINT28:                           ；软件中断 28 的中断向量(中断向量表基地址 + 0x34)
        ;b  SINT28
        rete
        nop
        nop
        nop
SINT29:                           ；软件中断 29 的中断向量(中断向量表基地址 + 0x38)
        ;b  SINT29
        rete
        nop
        nop
        nop
SINT30:                           ;软件中断 30 的中断向量(中断向量表基地址 + 0x3C)
        ;b  SINT30
        rete
        nop
        nop
        nop
nINT0_SINT0:                      ;外部中断 0 的中断向量(中断向量表基地址 + 0x40)
        ;b     _ExtInt0
        rete
        nop
        nop
        nop
nINT1_SINT1:                      ;外部中断 1 的中断向量(中断向量表基地址 + 0x44)
        ;b     _ExtInt1
        rete
        nop
        nop
        nop
nINT2_SINT2:                      ;外部中断 2 的中断向量(中断向量表基地址 + 0x48)
        ;b     _ExtInt2
        rete
        nop
```

```
        nop
        nop
TINT0_SINT3:                    ;Timer0 的中断向量(中断向量表基地址 + 0x4C)
        ;b      _Tint0
        rete
        nop
        nop
        nop
BRINT0_SINT4:                   ;McBSP ＃0 接收中断向量(中断向量表基地址 + 0x50)
        ;b  BRINT0_SINT4
        rete
        nop
        nop
        nop
BXINT0_SINT5:                   ;McBSP ＃0 发送中断向量(中断向量表基地址 + 0x54)
        ;b  BXINT0_SINT5
        rete
        nop
        nop
        nop
DMAC0_SINT6:                    ;DMA0 中断向量(中断向量表基地址 + 0x58)
        rete
        nop
        nop
        nop
TINT1_DMAC1_SINT7:              ;Timer1 或 DMA1 的中断向量(中断向量表基地址 + 0x5C)
        ;b      _Tint1
        rete
        nop
        nop
        nop
nINT3_SINT8:                    ;外部中断 INT3 的中断向量(中断向量表基地址 + 0x60)
        ;b      _ExtInt3
        rete
        nop
        nop
        nop
HPINT_SINT9:                    ;HPI 的中断向量
        rete
        nop
        nop
        nop
```

```
BRINT1_DMAC2_SINT10:          ;McBSP ＃1 接收或者 DMA2 的中断向量
        ;b     _mcbsp1_read
        rete
        nop
        nop
        nop
BXINT1_DMAC3_SINT11:          ;McBSP ＃1 发送或者是 DMA3 的中断向量
        ;b    _mcbsp1_write
        rete
        nop
        nop
        nop
DMAC4_SINT12:                 ;DMA4 的中断向量
        rete
        nop
        nop
        nop
DMAC5_SINT13:                 ;DMA5 的中断向量
        rete
        nop
        nop
        nop
RESERVED .space 8 * 16        ;保留 8 个字
        .end
```

中断向量文件的格式和各个中断之间的先后顺序是固定的，本程序可作为一个标准的文件模板，可根据不同工程中断的实际使用情况，对该模板进行适当的修改。这一点在下面的实例中读者会逐渐体会到。

本程序中只用到了第一个中断，即复位中断，不需要使用其他中断，不使用的中断中的第一个指令均为 rete，其他三条指令为 nop。该工程中除复位中断外，其他中断都没有使用，因此该程序可以进行简化，简化的方法是从程序的最后中断开始向前删除，直到遇到使用的中断为止，其简化的程序清单如下：

```
        .def     Interrupt_Vectors
        .ref   _main
STACK_LEN       .set     100
STACK.usect "STK",STACK_LEN
        .sect  ".vectors"
        .align  0x80
Interrupt_Vectors:
nRS_SINTR:
        stm        #STACK + STACK_LEN,SP
```

```
    b_        main
    .end
```

链接命令文件名为 ucos_ii.cmd，文件清单如下：

```
MEMORY          /* TMS320C54x 微处理器模式下存储器映射 */
{
  PAGE 0 :
  PROG:origin = 0x2400, length = 0x1b80
/* 调试模式下，设置 length = 5b80，否则设置为 1b80 */
  VECTORS:  origin = 0x3F80, length = 0x80
/* 调试模式下，设置 origin = 7f80，否则设置为 3f80 */
  PAGE 1 :
    DARAM:     origin = 0x0080, length = 0x1f80   /* 8 064 字的数据缓冲器 */
    STACK:     origin = 0x2000, length = 0x400    /* 1 024 字堆栈 */
}
SECTIONS
{
/* C定义 */
    .text       : load = PROG     page 0          /* 可执行代码 */
    .cinit      : load = PROG     page 0          /* 变量和常数的初始化列表 */
    .switch     : load = PROG     page 0          /* switch 语句列表 */
    .const      : load = PROG     page 0          /* 定义为 C 格式的常数表 */
    .data       : load = PROG     page 0          /* 数据文件 */
    .bss        : load = DARAM    page 1          /* 全局和静态变量 */
    .stack      : load = STACK    page 1          /* C 语言系统堆栈 */
    .coeff      : load = DARAM    page 1          /* 头文件 */
/* ASM 定义 */
    .vectors              : >VECTORS  page 0      /* 中断向量表 */
    .daram_buffers        : >DARAM    page 1      /* 全局数据缓冲器 */
    .control_variables    : >DARAM    page 1      /* 全局数据变量 */
}
```

链接命令文件格式也是固定不变的，而且格式要求严格。中断向量文件和链接命令文件是程序开发必需的文件，因为格式固定，在不同的应用中内容变化不大，所以根据具体应用稍作修改即可移植。

5. 程序调试运行

首先要正确连接好计算机、仿真器和实验箱。实验箱上电后，将仿真口选择开关 K9 拨到右侧，将仿真器连接到右边的 CPU2 子板，然后启动 CCS 2.0 就可以开始实例的调试运行。调试步骤如下。

因为该工程是已经建立完的，故可以直接打开。方法是选择 Project/Open 菜单，打开 exp01 目录下的工程文件 exp01.pjt，如图 9-2 所示。注意：实验程序所在的目录不能过深，更不能包含中文，如果想重新构建程序，必须去掉所有文件的只读属性。

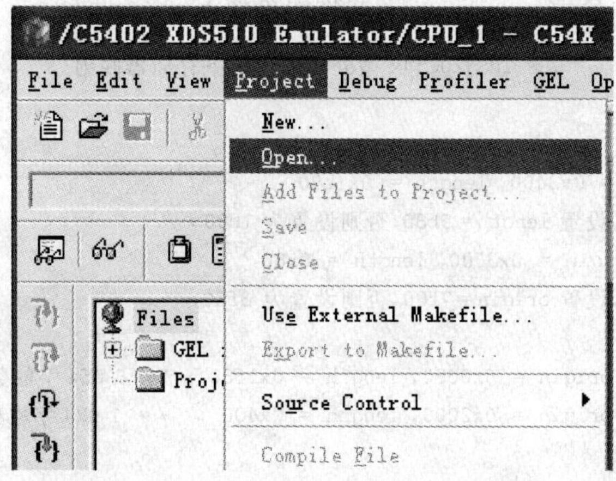

图 9-2 打开现有工程

在工程 exp01.pjt 下的文件夹中，单击 Source 文件夹前的"＋"号，展开文件夹内容后能够看到有源文件 exp01.asm、VECTORS.asm 和该工程的链接命令文件，可通过双击文件名称的方法来查看源程序。打开的源程序文件 exp01.asm 如图 9-3 所示。

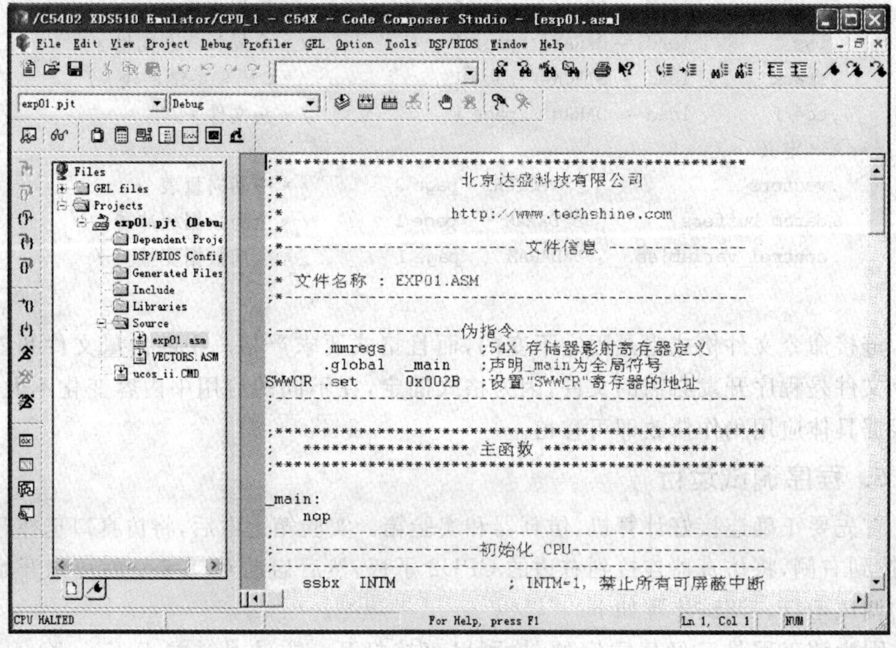

图 9-3 查看源程序清单

因为该工程已经经过链接，生成了可执行代码，存放在 exp01\debug 目录下，故可以直接加载该代码。加载操作过程如下：在 File/Load Program 菜单下加载 exp01\debug 目录下的 exp01. out 文件，如图 9－4 所示。

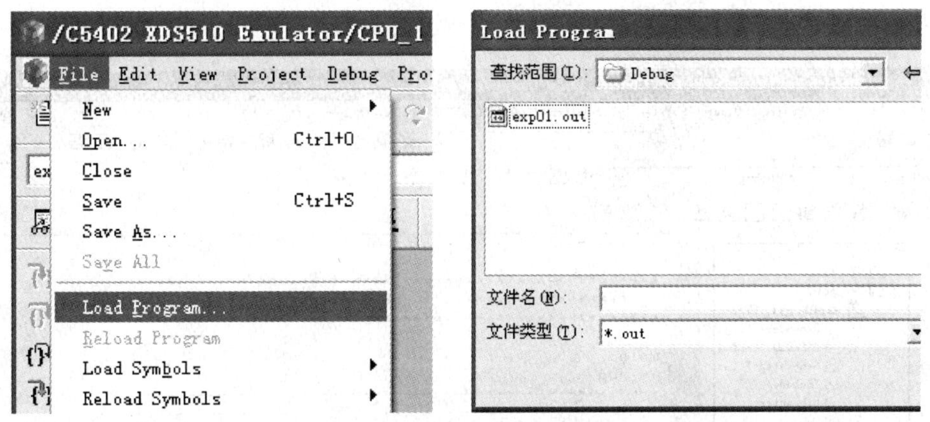

图 9－4 加载可执行代码

加载后，单击菜单 Debug/Run 命令或者直接点击最左边一列工具栏的图标 运行程序，如图 9－5 所示。

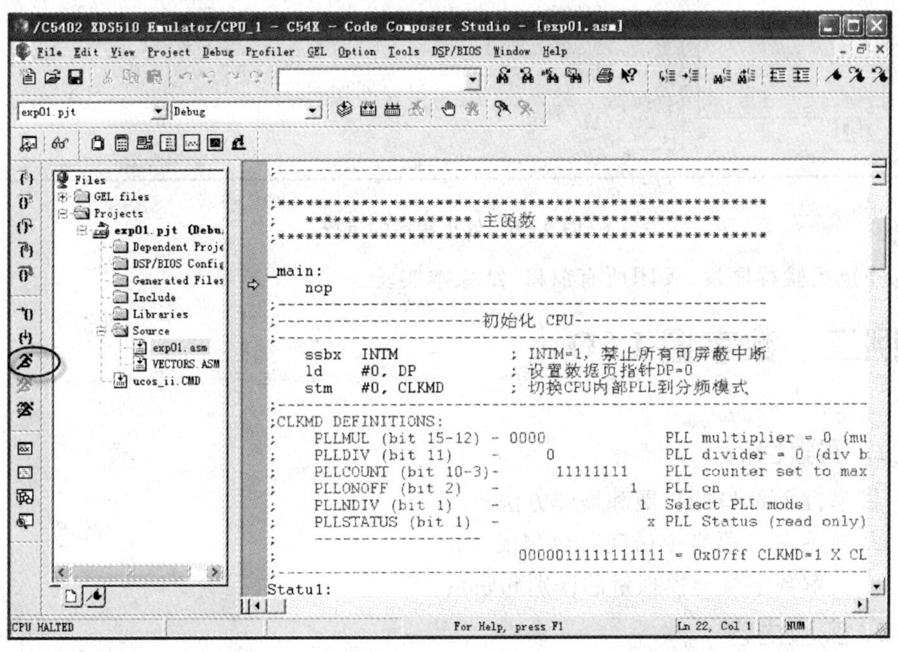

图 9－5 运行程序

6. 实验结论

可见指示灯 D1 按一定频率闪烁，选择菜单 Debug/Halt 或者点击最左边一列工具栏的图标暂停程序运行，则指示灯停止闪烁，如图 9-6 所示。若再单击 Run，则指示灯 D1 又开始闪烁。

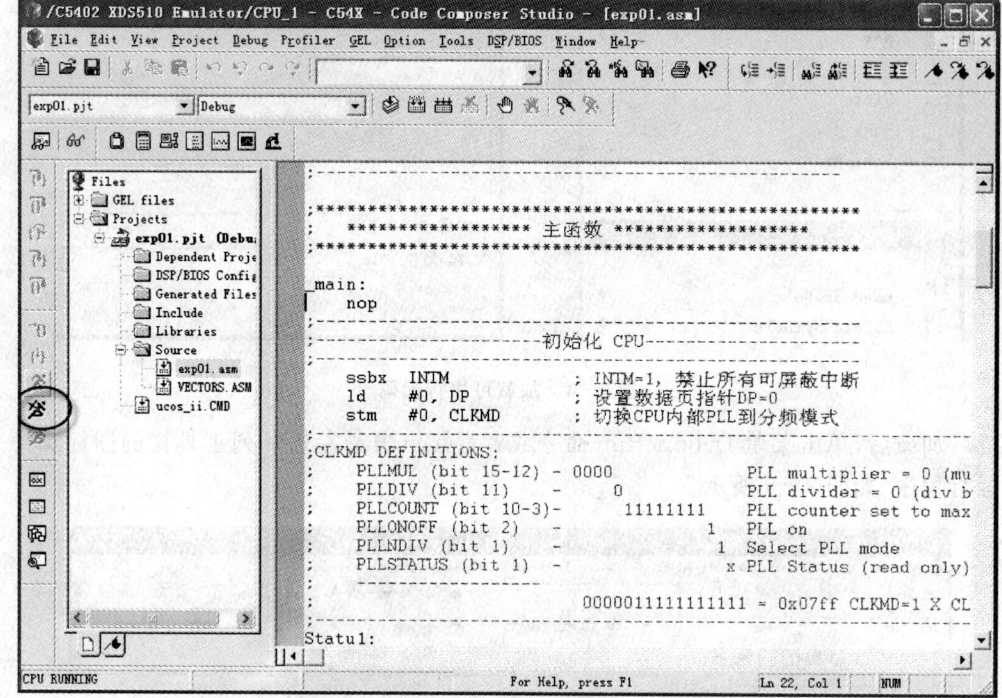

图 9-6　停止程序的运行

停止实验程序后，关闭所有窗口，结束本实验。

实例二　数字量 I/O

1. 实验目的

① 掌握 I/O 口的扩展和操作方法；

② 熟悉在 C 语言中访问 I/O 口的方法；

③ 了解数字量与模拟量的区别和联系。

2. 实验内容

根据实验系统的硬件结构，对系统进行必要的初始化，设计一个程序以实现 I/O 口的输入和输出操作。

3. 实验原理

实验中采用简单的一一映射关系来对I/O口进行验证，目的是使实验者能够对I/O口有一目了然的认识。在本实例中提供的I/O空间分配为CPU2的I/O空间，其中地址0x8000映射为8位的拨码开关输入，地址0x8001映射为8位的LED灯输出。

C54芯片的数据空间是16位数据，但是本实验用到的I/O空间只扩展了低8位数据，即8位拨码开关和8位的LED灯。当I/O输出信号为高电平时，点亮LED灯。当拨码开关处于上位时(即靠近LED灯时)，I/O输入为低电平。

利用本系统可产生不同的数据量并输出到0x8000，从而控制LED灯的亮灭，也可以从0x8001口读取拨码开关的输入后，再将其输出到0x8000来控制LED灯。

4. 参考程序

本实例程序包括主程序IO.C以及3个文件，即寄存器定义文件DspRegDefine.h、中断向量文件VECTORS.asm和链接命令文件ucos_ii.cmd。

主程序清单如下：

```
/* ------------------- IO.C ------------------
;* 文件名称：IO.C
;* 文件功能:该文件为测试数字量输入/输出的测试程序,CPU = TMS320VC5402
;* 接口说明:输入 IN:IO 的 8000H   74ls244;   输出 OUT:I/O 的 8001H   74ls273    */
//---------------- 头文件 -------------------
#include "DspRegDefine.h"      //VC5402 寄存器定义
#include "stdio.h"             //输入/输出头文件
//************** 宏定义 *****************
#define UCHAR                  unsigned char
#define UINT16                 unsigned int
#define UINT32                 unsigned long
#define TRUE                   1
#define FALSE                  0
#define OUTH                   0x5555
#define OUTL0xaaaa
//************** 端口定义 ****************
ioport UINT16 port8000;        //定义输入 I/O 端口为 0x8000
ioport UINT16 port8001;        //定义输出 I/O 端口为 0x8001
//************* 所使用的函数原型 **************
void cpu_init(void);            //初始化 CPU
void Delay(int numbers);       //延迟
//************* 函数定义 *****************
//函数名称;void cpu_init(void);函数说明:初始化 CPU;输入参数:无;输出参数:无
void cpu_init(void)
```

```
{
    asm(" nop ");
    asm(" nop ");
    asm(" nop ");
    *(unsigned int *)CLKMD = 0x0;          //切换到 DIV 模式 clkout = 1/2 clkin
    while(((*(unsigned int *)CLKMD)&01)! = 0);
    *(unsigned int *)CLKMD = 0x07ff;       //切换到 PLL X 1 模式
    *(unsigned int *)PMST = 0x3FF2;
    *(unsigned int *)SWWSR = 0x7fff;
    *(unsigned int *)SWCR = 0x0001;
    *(unsigned int *)BSCR = 0xf800;
    asm(" ssbx intm ");                    //禁止所有可屏蔽中断
    *(unsigned int *)IMR = 0x0;
    *(unsigned int *)IFR = 0xffff;
    asm(" nop ");
    asm(" nop ");
    asm(" nop ");
}
//函数名称:void Delay(int numbers);函数说明:延时;输入参数:numbers;输出参数:无
void Delay(int numbers)
{
    int i,j;
    for(i = 0;i<4000;i + +)
        for(j = 0;j<numbers;j + +);
}
//* * * * * * * * * * * * * * * * * 主函数 * * * * * * * * * * * * * * * * *
void main()
{
  UINT16  temp;
//- - - - - - - - - - - - - - - 变量初始化 - - - - - - - - - - - - - - -
  temp = 0;
//- - - - - - - - - - - - - - CPU 初始化 - - - - - - - - - - - - - - - - - - -
  cpu_init();
//- - - - - - - - - - - - - - - 开关量输入/输出程序 - - - - - - - - - - - - - - -
  for(;;)
  {
    asm(" nop ");
    temp = port8000&0x00ff;   //读入 0x8000 地址的开关量值并赋给 temp
    asm(" nop ");
    port8001 = temp;          //temp 值输出到 0x8001 地址的 LED 灯
    asm(" nop ");
  }
```

```
}
```

本实例完成的功能非常简单,只完成了从I/O输入口读取开关量,并将结果送到I/O输出口的功能。函数中多次嵌入了汇编指令nop,这是因为C语言的一条指令执行周期可能超过一个时钟,为了保证下一条指令的正确执行,需要增加一条空操作指令。请读者注意该指令的格式,引号中的nop前有一个空格。延时函数在本程序中没有使用,读者可以尝试对程序进行修改,以实现跑马灯程序。

该工程中包含有CPU寄存器定义的DspRegDefine.h文件,主程序中包含此文件后,就可以随意使用DSP芯片的CPU寄存器,其作用类似于汇编语言中的伪指令.mmregs,在用C语言进行开发设计时一般都需要此文件,这在以下的实例中会看到。文件清单如下:

```
//******文件名称:DspRegDefine.h********
#ifndef    _DSPREGDEFINE_H
#define    _DSPREGDEFINE_H
//****中断寄存器映射到数据页中的地址
#define IMR         0x0000          // interrupt mask reg
#define IFR         0x0001          // interrupt flag reg
//地址0x0002～0x0005用于测试,保留
#define ST0         0x0006          // CPU status reg0
#define ST1         0x0007          // CPU status reg1
#define A           0x0008          // CPU Accumulator A low word (15～0)
#define AL          0x0008          // CPU Accumulator A low word (15～0)
#define AH          0x0009          // CPU Accumulator A high word (31～16)
#define AG          0x000A          // CPU Accumulator A guard bits (39～32)
#define B           0x000B          // CPU Accumulator B low word (15～0)
#define BL          0x000B          // CPU Accumulator B low word (15～0)
#define BH          0x000C          // CPU Accumulator B high word (31～16)
#define BG          0x000D          // CPU Accumulator B guard bits (39～32)
#define TREG        0x000E          // CPU temporary reg
#define TRN         0x000F          // CPU transition reg
#define AR0         0x0010          // CPU auxiliary reg0
#define AR1         0x0011          // CPU auxiliary reg1
#define AR2         0x0012          // CPU auxiliary reg2
#define AR3         0x0013          // CPU auxiliary reg3
#define AR4         0x0014          // CPU auxiliary reg4
#define AR5         0x0015          // CPU auxiliary reg5
#define AR6         0x0016          // CPU auxiliary reg6
#define AR7         0x0017          // CPU auxiliary reg7
#define SP          0x0018          // CPU stack pointer reg
#define BK          0x0019          // CPU circular buffer size reg
```

```
#define BRC         0x001A          // CPU block repeat counter
#define RSA         0x001B          // CPU block repeat start address
#define REA         0x001C          // CPU block repeat end address
#define PMST        0x001D          // processor mode status reg
#define XPC         0x001E          // extended program page reg
//0x001Fh  Reserved
//*****存储器映射的外围寄存器********
//*********多通道缓冲串口的寄存器映射到数据页的地址
#define McBSP0_DRR2 0x0020          // McBSP0 data Rx reg2
#define McBSP0_DRR1 0x0021          // McBSP0 data Rx reg1
#define McBSP0_DXR2 0x0022          // McBSP0 data Tx reg2
#define McBSP0_DXR1 0x0023          // McBSP0 data Tx reg1
//*********定时器0的寄存器映射到数据页的地址
#define TIM         0x0024          // timer0 reg
#define PRD         0x0025          // timer0 period reg
#define TCR         0x0026          // timer0 control reg
//0x0027h保留
#define SWWSR       0x0028          // software wait state reg
#define BSCR        0x0029          // bank switching control reg

//0x002a  Reserved
#define SWCR        0x002B          // software wait state control reg
//********* HPI的寄存器映射到数据页的地址
#define HPIC        0x002C          // HPI control reg
//0x002d～0x002f 保留
//*********定时器1的寄存器映射到数据页的地址
#define TIM1        0x0030          // timer1 reg
#define PRD1        0x0031          // timer1 period reg
#define TCR1        0x0032          // timer1 control reg
//0x0033～0x0037h保留
#define McBSP0_SPSA 0x0038          // McBSP0 sub bank addr reg
#define McBSP0_SPSD 0x0039          // McBSP0 sub bank data reg
//0x003a～0x003b 保留
//*********通用I/O口(引脚)的寄存器映射到数据页的地址
#define GPIOCR      0x003C          // GP I/O Pins Control Reg
#define GPIOSR      0x003D          // GP I/O Pins Status Reg
//0x003e～0x003f 保留
//********* McBSP1的寄存器映射到数据页的地址
#define McBSP1_DRR2 0x0040          // McBSP1 data Rx reg2
#define McBSP1_DRR1 0x0041          // McBSP1 data Rx reg1
#define McBSP1_DXR  0x0042          // McBSP1 data Tx reg2
#define McBSP1_DXR1 0x0043          // McBSP1 data Tx reg1
```

```
//0x0044～0x0047h保留
#define McBSP1_SPSA 0x0048          // McBSP1 sub bank addr reg
#define McBSP1_SPSD 0x0049          // McBSP1 sub bank data reg
//0x004a～0x0053h保留
//* * * * * * * DMA的寄存器映射到数据页的地址
#define DMPREC      0x0054          // DMA channel priority and ebanle control
#define DMSA        0x0055          // DMA subbank address reg
#define DMSDI       0x0056          // DMA subbank data reg with autoincrement
#define DMSDN       0x0057          // DMA subbank data reg without autoincrement
#define CLKMD       0x0058          // clock mode reg
//0x0059～0x005fh保留
//* * Sub Bank Address Definations
//* * * * * * * * McBSP子地址寄存器的地址
#define SPCR1       0x0000          // McBSP Ser Port Ctrl Reg1
#define SPCR2       0x0001          // McBSP Ser Port Ctrl Reg2
#define RCR1        0x0002          // McBSP Rx Ctrl Reg1
#define RCR2        0x0003          // McBSP Rx Ctrl Reg2
#define XCR1        0x0004          // McBSP Tx Ctrl Reg1
#define XCR2        0x0005          // McBSP Tx Ctrl Reg2
#define SRGR1       0x0006          // McBSP Sample Rate Gen Reg1
#define SRGR2       0x0007          // McBSP Sample Rate Gen Reg2
#define MCR1        0x0008          // McBSP Multichannel Reg1
#define MCR2        0x0009          // McBSP Multichannel Reg2
#define RCERA       0x000A          // McBSP Rx Chan Enable Reg PartA
#define RCERB       0x000B          // McBSP Rx Chan Enable Reg PartB
#define XCERA       0x000C          // McBSP Tx Chan Enable Reg PartA
#define XCERB       0x000D          // McBSP Tx Chan Enable Reg PartB
#define PCR         0x000E          // McBSP Pin Ctrl Reg

//* * * * * * * DMA子地址寄存器地址
#define DMSRC0      0x0000          // DMA channel0 source address reg
#define DMDST0      0x0001          // DMA channel0 destination address reg
#define DMCTR0      0x0002          // DMA channel0 element count reg
#define DMSFC0      0x0003          // DMA channel0 sync sel & frame count reg
#define DMMCR0      0x0004          // DMA channel0 transfer mode cntrl reg
#define DMSRC1      0x0005          // DMA channel1 source address reg
#define DMDST1      0x0006          // DMA channel1 destination address reg
#define DMCTR1      0x0007          // DMA channel1 element count reg
#define DMSFC1      0x0008          // DMA channel1 sync sel & frame count reg
#define DMMCR1      0x0009          // DMA channel1 transfer mode cntrl reg
#define DMSRC2      0x000A          // DMA channel2 source address reg
#define DMDST2      0x000B          // DMA channel2 destination address reg
```

```
#define DMCTR2      0x000C      // DMA channel2 element count reg
#define DMSFC2      0x000D      // DMA channel2 sync sel & frame count reg
#define DMMCR2      0x000E      // DMA channel2 transfer mode cntrl reg
#define DMSRC3      0x000F      // DMA channel3 source address reg
#define DMDST3      0x0010      // DMA channel3 destination address reg
#define DMCTR3      0x0011      // DMA channel3 element count reg
#define DMSFC3      0x0012      // DMA channel3 sync sel & frame count reg
#define DMMCR3      0x0013      // DMA channel3 transfer mode cntrl reg
#define DMARC4      0x0014      // DMA channel4 source address reg
#define DMDST4      0x0015      // DMA channel4 destination address reg
#define DMCTR4      0x0016      // DMA channel4 element count reg
#define DMSFC4      0x0017      // DMA channel4 sync sel & frame count reg
#define DMMCR4      0x0018      // DMA channel4 transfer mode cntrl reg
#define DMSRC5      0x0019      // DMA channel5 source address reg
#define DMDST5      0x001A      // DMA channel5 destination address reg
#define DMCTR5      0x001B      // DMA channel5 element count reg
#define DMSFC5      0x001C      // DMA channel5 sync sel & frame count reg
#define DMMCR5      0x001D      // DMA channel5 transfer mode cntrl reg
#define DMSRCP      0x001E      // DMA source prog page address
#define DMDSTP      0x001F      // DMA destination prog page address
#define DMIDX0      0x0020      // DMA element index address reg0
#define DMIDX1      0x0021      // DMA element index address reg1
#define DMFRI0      0x0022      // DMA frame index reg0
#define DMFRI1      0x0023      // DMA frame index reg1
#define DMGSA       0x0024      // DMA global source address reload reg
#define DMGDA       0x0025      // DMA global destination address reload reg
#define DMGCR       0x0026      // DMA global counter reload reg
#define DMGFR       0x0027      // DMA global frame count reload reg
#endif
```

该工程所用的中断向量文件和链接命令文件与实例一的相同，此处不再赘述。

5. 程序调试运行

首先将开关K9拨到右边，即仿真器选择连接右边的CPU2子板，实验箱上电并启动CCS 2.0。

本实例将向读者展示创建工程、添加文件、编译汇编链接的操作过程，为此首先要建立工程，即选择菜单Project/New，如图9-7所示。

然后出现Project Creation窗口，如图9-8(a)所示，其中第一行参数Project为拟创建工程的名称；第二行参数Location为工程所在的位置；第三行参数Project为该工程最终产生的目标可选项，即可执行文件或者是库文件；第四行参数Target为该工程面向的芯片系列。

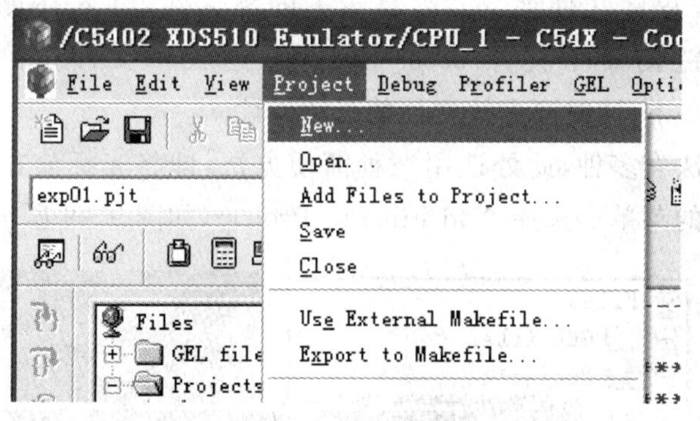

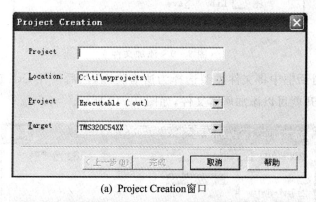

图 9-7　创建新工程

本实例创建的工程名称设为 exp02，当在第一行空白处输入 exp02 时，第二行参数会自动随之在默认的目录下自动添加 exp02 文件夹，如图 9-8(b)所示。

(a) Project Creation窗口

(b) 自动添加exp02文件

图 9-8　创建工程窗口

第三行和第四行参数不必修改，点击完成，则会在 CCS 的工程管理器窗口中添加工程 exp02.pjt(Debug)，但是该工程中尚无任何文件，需要手工添加源文件。

本工程所用的文件已经编写完成，在添加文件之前需要将所需文件拷贝到该工程下，即将实验源程序文件夹 exp02 目录下的源文件 IO. c、中断向量文件 VECTORS. ASM 和链接命令文件 ucos_ii. CMD 这三个文件拷贝至目录 C:\ti\myprojects\exp02 下，同时要去掉文件的只读属性。

文件添加方法有多种，此处选用一种简便方法，即将光标放在所建的工程名字上，右击，在弹出的菜单中选择 Add Files to Project，如图 9－9 所示。

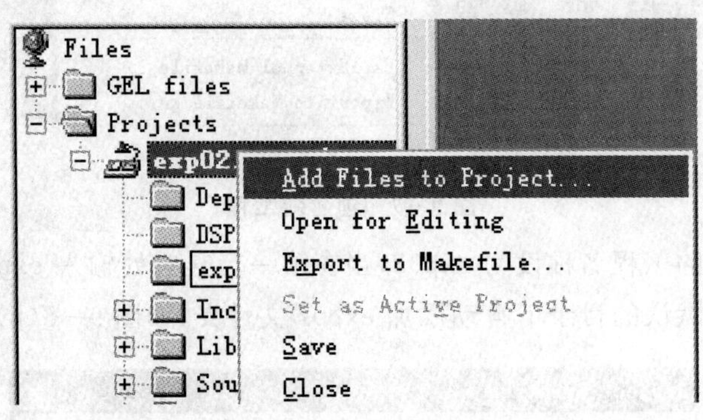

图 9－9 添加文件

在弹出的对话框中将文件类型选择为所有类型，然后按住 Ctrl 键，同时选择三个文件，点击打开就可以添加所需文件，如图 9－10 所示。

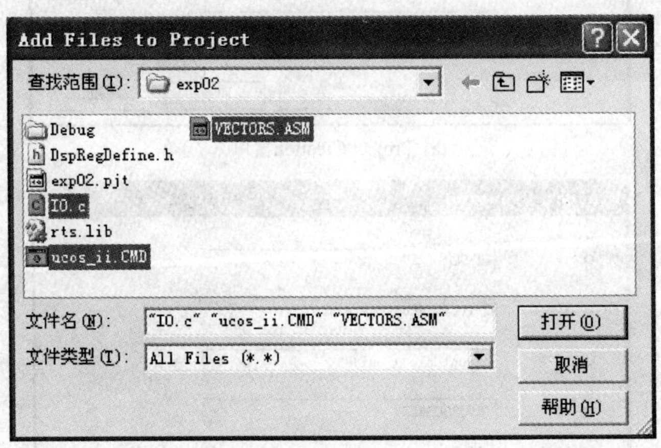

图 9－10 选择添加文件

添加成功后的文件管理器显示如图 9－11 所示。

注意：此时的库文件夹和包含文件夹都是空的，包含文件不需要手工添加，工程经过 Build 后会自动添加包含文件。库文件是高级语言程序所必需的文件，不同的开发平台或目标芯片对应的库不同，需要手工添加。本实例所用的芯片是 C54xx，对应的库文件是 rts. lib(运行时间支持库)，位置在文件夹 C:\ti\c5400\cgtools\lib 中，

添加方法如上所述。添加后的结果如图 9－12 所示。

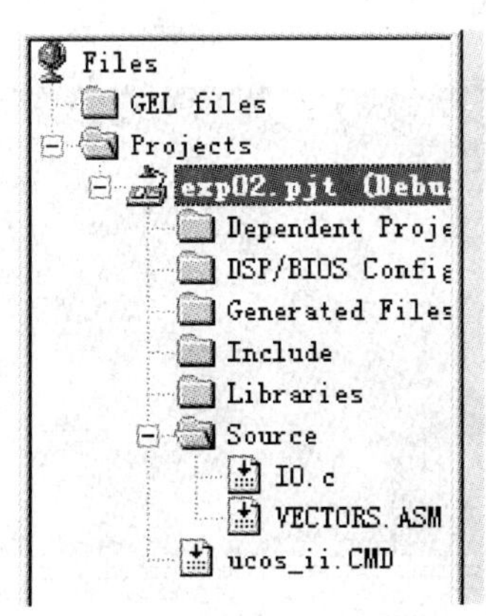

图 9－11　添加成功后的文件管理器

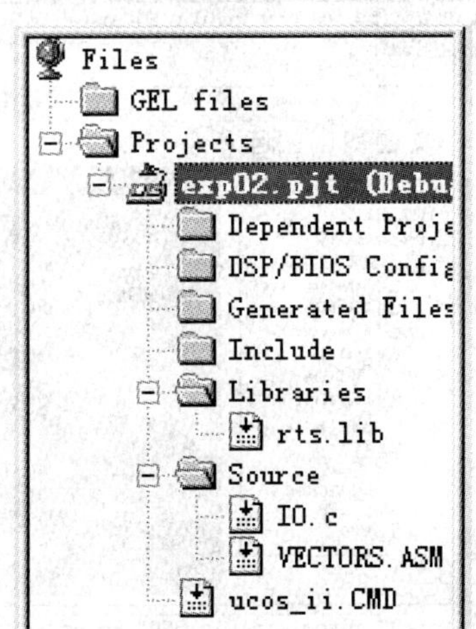

图 9－12　添加库文件后的文件管理器

文件添加完成后就需要进行编译、汇编、链接，CCS 中将这三步操作合成为一步"构建(Build)"操作，构建操作会顺序执行编译、汇编、链接，最后生成可执行.out 文件。如果在这三步中的任何一步遇到问题，都会结束本次构建操作，并输出相应的错误信息，修改后重新进行构建操作，直到生成可执行文件为止。

点击图标进行 Build，其结果如图 9－13 所示。在输出的结果中看到，工程在编译阶段终止，并有一条错误，将滚动条向上滚动，找到相应的错误信息，信息提示为"could not open source file ："DspRegDefine.h""，说明在编译过程中缺少一个定义 C5402 寄存器的头文件 DspRegDefine.h，原因是该头文件并没有放在该工程所在的文件夹中。应该将头文件 DspRegDefine.h 拷贝到新建的工程 exp02 所在的文件夹下，然后再进行构建操作，此时三个步骤均无错误和警告，顺利完成构建后，其输出信息结果如图 9－14 所示，并产生可执行文件 exp02.out。

下一步需要加载所产生的可执行文件，即在 File/Load Program 菜单下加载 exp02\debug 目录下的 exp02.out 文件，运行程序。

6. 实验结论

在程序运行过程中，分别调整开关量输入单元的开关 K1～K8，观察发现 LED 指示灯 LED1～LED8 亮灭的变化与开关量状态一致。当点击 Halt 按钮时，开关失去作用。

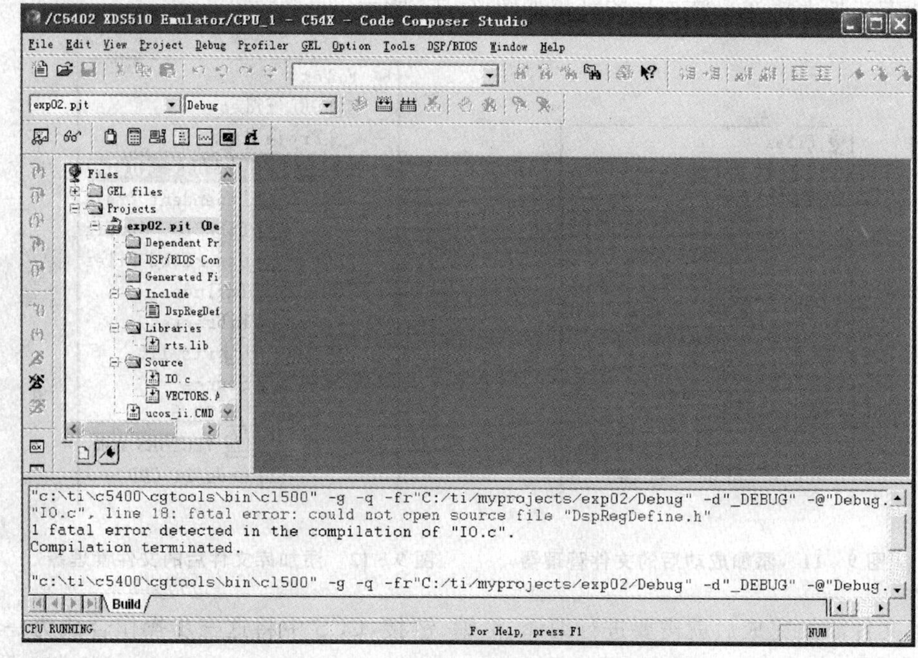

图 9-13　Build过程中输出错误信息

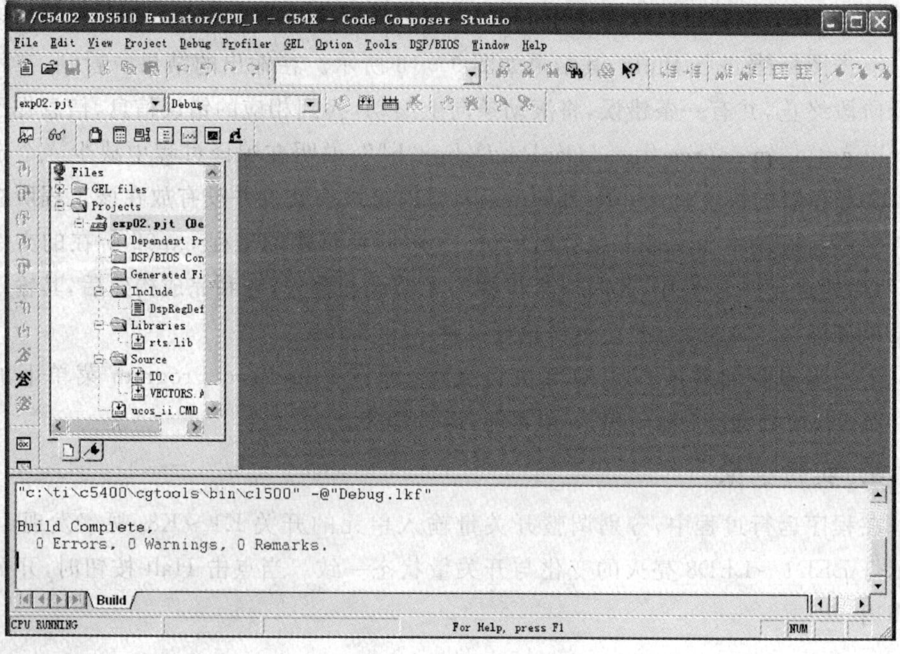

图 9-14　Build顺利完成

实例三 定时器实验

1. 实验目的

① 熟悉 C54x 的定时器及其控制方法；

② 学会使用定时器中断方式控制程序流程。

2. 实验内容

试利用定时器 0 的定时中断 Tint0，在 I/O 输出端口，每秒钟交替输出不同的数字量，使 8 位 LED 灯处于不同的状态。系统时钟设置为 10 MHz，I/O 端口为 0x8001。

3. 实验原理

VC5402 片内有两个定时器，即定时器 0 和定时器 1，这两个定时器都是 20 位的减法计数器，可以通过特定的状态位来控制定时器的停止、重新启动、重设置或禁止。可以使用定时器产生周期性的 CPU 中断，控制定时器中断频率的两个寄存器是定时周期寄存器 PRD 和定时减法寄存器 TDDR，定时器的中断周期为

$$T = \text{CLKOUT} \times (\text{TDDR} + 1) \times (\text{PRD} + 1)$$

在本实例中，如果设置时钟频率为 10 MHz，令 PRD = 0x30D3，TDDR=15，这样得到每 0.02 s 中断一次，通过累计 50 次中断，就能实现 1 s 定时。

$$0.1\ \mu\text{s} \times (15 + 1) \times (12\,499 + 1) \times 50 = 1\ \text{s}$$

4. 参考程序

本实例程序包括主程序 IO. C 以及其他 3 个文件，即寄存器定义文件 DspRegDefine. h、中断向量文件 VECTORS. ASM 和链接命令文件 ucos_ii. CMD。

主程序清单如下：

```
;* - - - - - - - - - - - - - - IO.C - - - - - - - - - - - - - -
;* 文件名称：IO.C;文件功能：该文件为测试定时器 0 的测试程序,CPU = TMS320VC5402
;* 接口说明:输出 OUT：  I/O 的 8001H  74ls273
//- - - - - - - - - - - - - - - - - - - - - - - -头文件- - - - - - - - - - - - - - - -
#include "DspRegDefine.h"          //VC5402 寄存器定义
#include "stdio.h"                 //输入/输出头文件
/* * * * * * * * * * * * * * * 宏定义 * * * * * * * * * * * * * * * * * */
#define UCHAR                      unsigned char
#define UINT16                     unsigned int
#define UINT32                     unsigned long
#define TRUE                       1
#define FALSE                      0
#define OUTH                       0x5555
```

```
#define OUTL                    0xaaaa
/**************端口定义**************/
ioport UINT16 port8001;                    //定义输出 I/O 端口为 0x8001
/************全局变量定义***********/
unsigned int  flag;
unsigned int  TIMER = 0;
/************所使用的函数原型***************/
void cpu_init(void);                       //初始化 CPU
void set_t0();                             //设置 T0 的寄存器
void Delay(int numbers);                   //延迟
/****************函数定义***************/
//函数名称：void cpu_init(void);函数说明:初始化 CPU;输入参数:无;输出参数:无
void cpu_init(void)
{
    asm(" nop ");
    asm(" nop ");
    asm(" nop ");
    *(unsigned int *)CLKMD = 0x0;          //切换到 DIV 模式 clkout = 1/2 clkin
    while(((*(unsigned int *)CLKMD)&01)! = 0);
    *(unsigned int *)CLKMD = 0x07ff;       //切换到 PLL X 1 模式
    *(unsigned int *)PMST = 0x3FF2;
    *(unsigned int *)SWWSR = 0x7fff;
    *(unsigned int *)SWCR = 0x0001;
    *(unsigned int *)BSCR = 0xf800;
    asm(" ssbx intm ");                    //禁止所有可屏蔽中断
    *(unsigned int *)IMR = 0x0;
    *(unsigned int *)IFR = 0xffff;
    asm(" nop ");
    asm(" nop ");
    asm(" nop ");
}
/*************************************/
//函数名称：void set_t0();函数说明:设置 T0 的寄存器;输入参数:无;输出参数:无
void set_t0()
{
   asm(" ssbx intm");                                      //禁止所有可屏蔽中断
   *(unsigned int *)TCR = 0x0010;                          //停止 T0 定时器计数
   *(unsigned int *)PRD = 0x30d3;                          //设置 T0 的周期寄存器
   *(unsigned int *)IMR = *(unsigned int *)IMR|0x0008;     //允许 T0 中断
   *(unsigned int *)IFR = *(unsigned int *)IFR;            //清除中断标志
   *(unsigned int *)TCR = 0x002f;                          //允许 T0 定时器计数
   asm(" rsbx intm");                                      //开放所有可屏蔽中断
```

```
}
/*****************主函数*******************/
void main()
{
   flag = 0;
   cpu_init();                                          //初始化 CPU
   asm(" nop ");
   set_t0();                                            //初始化 T0
   asm(" nop ");
//-----------主程序-------------
   for(;;)
   {
      if(flag = = 1)
       port8001 = OUTH;
      else
       port8001 = OUTL;
   }
}
interrupt void Tint0()                                  //T0 中断程序

{
   TIMER + + ;
   if(TIMER % 50 = = 0)
      flag = flag^1;
}
```

该工程所需的中断向量文件只需要在实例一的中断向量文件基础上稍作修改即可,其一是在符号引用声明中添加一句代码. ref　　_Tint0;其二是因为该工程使用了定时器中断,因此要将定时器中断 0 的代码部分进行修改,其代码如下,其他部分不变。

```
TINT0_SINT3:                    ;定时器中断向量(中断向量基地址 + 0x4C)
      b      _Tint0
      nop
      nop
      nop
```

连接命令文件与实例一的相同,此处不再赘述。

5. 程序调试运行

开关 K9 拨到右边,使仿真器选择连接右边的 CPU2 子板;启动 CCS 2.0,在 Project/Open 菜单打开 exp03 目录下的工程文件 exp03. pjt,双击 Source 下的文件名称可查看源程序。在 File/Load Program 菜单下加载 exp03\debug 目录下的

exp03. out 文件。

6. 实验结论

单击 Run 运行，可观察到 LED 灯（LED1～LED8）以一定的时间间隔不停地摆动；单击 Halt，暂停程序运行，LED 灯停止闪烁；单击 Run 运行程序，LED 灯又开始闪烁。

关闭所有窗口，结束本实验。

实例四 外部中断实验

1. 实验目的

① 掌握中断技术，掌握对外部中断的处理方法；

② 掌握中断对程序流程的控制方法，理解 DSP 对中断的响应时序。

2. 实验内容

利用系统板上的单脉冲信号发生器产生外部中断信号，通过中断服务程序实现在 I/O 口输出数字信号，从而控制 8 位 LED 灯状态发生变化。

3. 实验原理

系统板上扩展了一个由 NE555 构成的矩形脉冲信号发生器，通过按键可以产生矩形正脉冲，将该信号通过 CPLD 反相后输入到子板 CPU2 的 XINT2 引脚，即可通过按键产生低电平单脉冲来触发 DSP 中断 INT2。按键每按一次，产生一个中断。按键位置在 LCD 的右下角。

系统板上拨码开关 SW2 的码位 3 设置为 OFF，码位 1、2、4 设置为 ON，SW2 位于 CPLD 单元的下方。

4. 参考程序

本实例程序包括主程序 INT254. C 以及其他 3 个文件，即寄存器定义文件 DspRegDefine. h、中断向量文件 VECTORS. ASM 和链接命令文件 ucos_ii. CMD。

主程序清单如下：

```
//- - - - - - - - - - - - - - - INT254.C - - - - - - - - -
//文件名称：INT254.C；文件功能：该文件为测试外部中断 2 的测试程序，CPU = TMS320VC5402
//接口说明：NE555 产生矩形正脉冲，经 CPLD 反向后输入到 VC5402 的 XINT2
//- - - - - - - - - - - - - -头文件- - - - - - - - - - - - -
#include "DspRegDefine.h"//VC5402 寄存器定义
/* * * * * * *宏定义 * * * * * * * * * * * */
#define UCHAR                unsigned char
#define UINT16               unsigned int
#define UINT32               unsigned long
```

```
#define TRUE                1
#define FALSE               0
/*端口定义 */
ioport UINT16 port8001;                 //定义输出 I/O 端口为 0x8001;
/*全局变量定义 */
UINT16  show = 0x00aa;
/* *****所使用的函数原型 **********/
void cpu_init(void);                    //初始化 CPU
void Delay(UINT16 numbers);             //延迟
void xint2_init(void);                  //外部中断 2 初始化子程序
interrupt void ExtInt2();               //中断 2 中断子程序
/* **********函数定义 *************/
// 函数名称:void cpu_init(void);函数说明:初始化 CPU;输入参数:无;输出参数:无
void cpu_init(void)
{
    asm(" nop ");
    asm(" nop ");
    asm(" nop ");
     *(unsigned int *)CLKMD = 0x0;          //切换到 DIV 模式,clkout = 1/2 clkin
     while(((*(unsigned int *)CLKMD)&01)! = 0);
     *(unsigned int *)CLKMD = 0x07ff;               //切换到 PLL X 1 模式
     *(unsigned int *)PMST = 0x3FF2;
     *(unsigned int *)SWWSR = 0x7fff;
     *(unsigned int *)SWCR = 0x0001;
     *(unsigned int *)BSCR = 0xf800;
    asm(" ssbx intm ");                             //禁止所有可屏蔽中断
     *(unsigned int *)IMR = 0x0;
     *(unsigned int *)IFR = 0xffff;
    asm(" nop ");
    asm(" nop ");
    asm(" nop ");
}
// 函数名称:void Delay(int numbers);函数说明:延时;输入参数:numbers;输出参数:无
void Delay(UINT16 numbers)
{
    UINT16 i,j;
    for(i = 0;i<4000;i + + )
      for(j = 0;j<numbers;j + + );
}
//函数名称:void xint2_init(void);函数说明:初始化 XINT2;输入参数:无;输出参数:无
void xint2_init()                      // 外部中断 2 初始化子程序
{
```

```
    *(unsigned int *)IMR = 0x0004;          // 使能 int2 中断
/* bit 15        1:     XINT2 标志,写 1 清 0
bit 14 - 3       0:     保留
bit 2            1:     XINT2 极性,1 为上升沿
bit 1            0:     XINT2 优先级,0 为高优先级
bit 0            1:     XINT2 使能,1 为使能中断
 */
    asm(" rsbx INTM");                      //开总中断
}
//函数名称:void int1(void);函数说明:中断 1 的子程序;输入参数:无;输出参数:无
interrupt void ExtInt2()                    // 中断 2 中断子程序
{
    show = (~show)&0x00ff;                  // 显示值取反
    return;
}
/* * * * * * * * * * * * * * * * * * * 主函数 * * * * * * * * * * * * * * * * * * * * */
void main()
{
  cpu_init();   // 初始化 CPU
  xint2_init(); // 外部中断 2 初始化
//- - - - - - - - - - - - - - - - 等待外部中断 2 产生 - - - - - - - - - - - - - - - -
  for(;;)
  {
    asm(" nop ");
    port8001 = show;
    asm(" nop ");
  }
}
```

本工程的中断向量文件只需要在实例一所用的中断向量文件基础上做两处修改,其一是在程序的前部添加符号声明语句 .ref_ExtInt2;其二是将外部中断 2 处的程序修改为如下 4 条语句,其他部分不变。

```
nINT2_SINT2:            ;外部中断 2 的中断向量 (向量基地址 + 0x48)
    b      _ExtInt2
    nop
    nop
```

寄存器定义文件和链接命令文件与上例相同,此处省略。

5. 程序调试运行

将 K9 拨至右侧,SW2 的码位 1、2、4 置 ON,码位 3 置 OFF,然后进行编译、汇编、链接和加载,其过程与以上实例相同,此处不再赘述。

6. 实验结论

运行程序代码，然后按键产生单脉冲输出，发现每按键一次，8位LED灯都会反向变化一次。暂停程序运行，按下按键“单脉冲输出”，LED1～LED8灯亮灭不再变化。

实例五　A/D转换实验

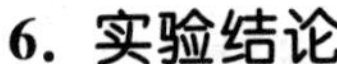

1. 实验目的

① 熟悉A/D转换的基本原理；

② 掌握AD7822的技术指标和使用方法；

③ 熟练掌握DSP和AD7822BN的接口及其操作。

2. 实验内容

利用扩展的A/D转换模块，将模拟信号源的信号进行A/D转换，并将转换结果用CCS的波形显示功能动态显示出来。

3. 实验原理

AD7822为高速、1/4/8通道、微处理器兼容型的8位模/数转换器(ADC)，最大吞吐量为2 MSPS。器件内置一个2.5 V(2 %容差)的片内基准电压源、一个采样保持放大器、一个420 ns的8位半快速型(half - flash)ADC和一个高速并行接口，可采用3(1±10%)V和5(1±10%)V单电源供电。

AD7822将转换启动与关断功能结合在一个引脚上，即CONVST引脚，这样便可实现在一次转换结束时自动关断的独特省电模式；当转换结束，即EOC(转换结束)信号变为高电平后，会对CONVST引脚上的逻辑电平进行采样。如果它在该点为逻辑低电平，则ADC关断。

利用该并行接口，可方便地与微处理器和DSP进行接口。这些器件仅使用地址解码逻辑，因此很容易实现到微处理器地址空间的映射。利用EOC脉冲可以使ADC分别独立工作。AD7822具有以下4个突出特点，第一是转换时间为420 ns，更快的转换时间使实时系统中的DSP处理效率更高；第二是模拟输入范围可调节，用户可利用V_{MID}引脚使输入范围偏移，此特性可降低单电源运算放大器的要求，并考虑系统失调；第三是全功率带宽采样保持，采样保持放大器具有出色的高频性能，AD7822能够转换频率最高达10 MHz的满量程输入信号，因此，该器件非常适合于采样应用；第四是通道选择方便，无需对器件执行写入操作便可进行通道选择。

使用本实验系统需要先对实验系统中的拨码开关进行设置，JP3拨码开关的码位1为ON，2～6为OFF，此时系统将“模拟信号源”单元1的信号输入到AD7822；SW2拨码开关的码位1～4设置为ON，此时AD7822的采样时钟为250 kHz，且转换结束信号EOC作为中断触发信号给CPU2的中断2。电路原理及连接框图如

图 8-14和图 9-15 所示。

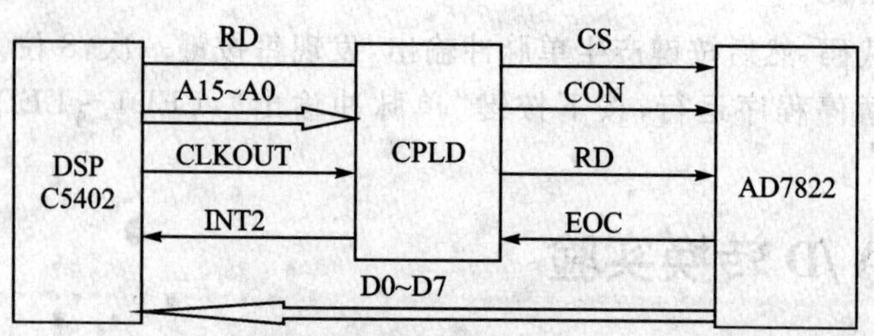

图 9-15 DSP 与 AD7822 的接口原理图

AD7822 通过 DSP I/O 空间的 I/O 口完成数据通信，采样得到的数据存储在数据空间 data_buff[]中。

AD7822 的并口时序如图 9-16 所示。

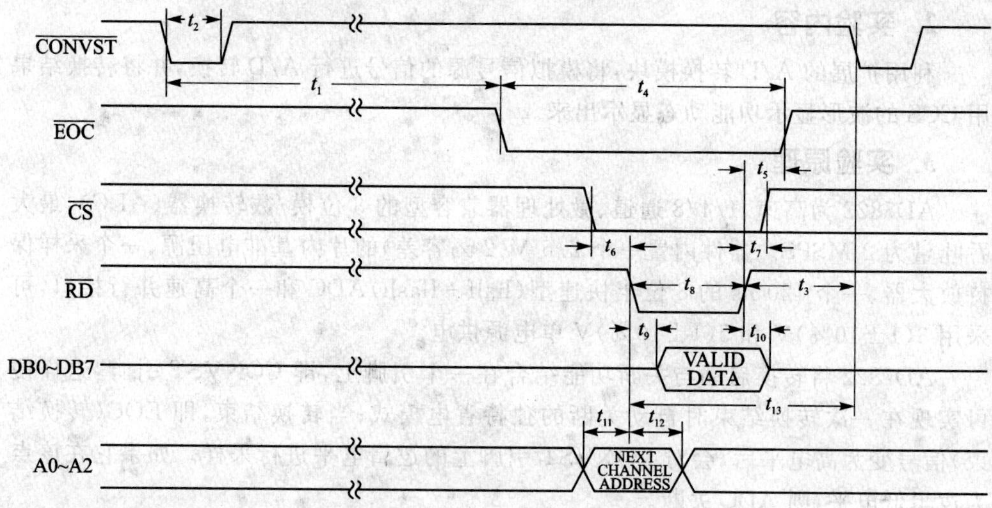

图 9-16 AD7822 的并口时序图

4. 参考程序

本实例程序共有主程序 7822_54.C 以及其他 3 个文件，即寄存器定义文件 DspRegDefine.h、中断向量文件 VECTORS.ASM 和链接命令文件 ucos_ii.CMD。

主程序清单如下：

```
;*-------- ----7822_54.C --------------
;*文件名称:7822_54.C;文件功能:该文件为测试 AD7822 的测试程序,CPU = TMS320VC5402
;*接口说明:扩展到 I/O空间 8002H,只读;A/D 采样时钟通过拨码开关 SW2 控制;1、2、3、4 码
;*位均置 ON,此时 ADCLK = 250 kHz;最小的 CONVST 的脉冲时间为 20 ns,每次转换的最长时间
;*为 420 ns,也就是说 CONVST 的下降沿开始后的 420 ns 就可以通过读端口得到转换的
数据,
;*转换结束的信号 EOC 的最大宽度为 110 ns;用中断方式,VC5402 的最大工作频率为
```

30 MHz,EOC的宽度能满足INT中断宽度的要求 */

```
//-----------头文件----------
#include "DspRegDefine.h"  //VC5402寄存器定义
/**********宏定义**********/
#define UCHAR          unsigned char
#define UINT16         unsigned int
#define UINT32         unsigned long
#define TRUE           1
#define FALSE          0
#define LEN            256
/*端口定义 */
ioport UINT16 port8002;                //定义输出A/D端口为0x8002
/*全局变量定义 */
UINT16  data_buff[LEN];                //数据缓冲256个数组
UINT16  i = 0;
/* *********所使用的函数原型 *************/
void cpu_init(void);                   //初始化CPU
void Delay(UINT16 numbers);            //延迟
void xint2_init(void);                 //外部中断2初始化子程序
interrupt void ExtInt2();              //中断2中断子程序
/**************函数定义 *************/
//函数名称:void cpu_init(void);函数说明:初始化CPU;输入参数:无;输出参数:无
void cpu_init(void)
{
    asm(" nop ");
    asm(" nop ");
    asm(" nop ");
    *(unsigned int*)CLKMD = 0x0;         // 切换到分频模式 clkout = 1/2 clkin
    while(((*(unsigned int*)CLKMD)&01)! = 0);
    *(unsigned int*)CLKMD = 0x27ff;      // 切换到PLL×3模式,30 MHz
    *(unsigned int*)PMST = 0x3FF2;
    *(unsigned int*)SWWSR = 0x7fff;
    *(unsigned int*)SWCR = 0x0001;
    *(unsigned int*)BSCR = 0xf800;
    asm(" ssbx intm "); //禁止所有可屏蔽中断
    *(unsigned int*)IMR = 0x0;
    *(unsigned int*)IFR = 0xffff;
    asm(" nop ");
    asm(" nop ");
    asm(" nop ");
}
//函数名称: void Delay(int numbers);函数说明:延时;输入参数:numbers;输出参数:无
```

```
void Delay(UINT16 numbers)
{
    UINT16 i,j;
    for(i = 0;i<4000;i + + )
      for(j = 0;j<numbers;j + + );
}
//函数名称:void xint2_init(void);函数说明:初始化 XINT2;输入参数:无;输出参数:无
void xint2_init()                                  //外部中断 2 初始化子程序
{
     * (unsigned int * )IMR = 0x0004;             //使能 int2 中断
    asm(" rsbx INTM");                             //开总中断
}
//函数名称:void ExtInt2(void) ;函数说明:中断 2 的子程序;输入参数:无;输出参数:无
interrupt void ExtInt2()                           //中断 2 的中断服务程序
{
     * (unsigned int * )IFR = 0xFFFF;             //清除所有中断标志,该语句可省略,响应中
                                                   //断自动清除中断标志
   //- - - - - - - -读 AD7822 的转换结果 - - - - - - - - -
  data_buff[i] = port8002 & 0x00ff;
  i + + ;
  if(i = = 256)
     i = 0;                                        //在此设断点
    return;
}
/* * * * * * * 主函数 * * * * * * * * * * */
void main()
{
  asm(" nop ");
  cpu_init();                                      //初始化 CPU
  asm(" nop ");
  xint2_init();                                    //外部中断 2 初始化
  asm(" nop ");
   i = 0 ;
   for(i = 0;i<256;i + + )                         //初始化数组 data_buff[i] = 0
    data_buff[i] = 0;
    asm(" nop ");
//- - - - - - - - - - - - - - - - - - - - - - - - - - - - - -
    i = 0 ;
//- - - - - - - - - - - -等待 AD7822 中断 - - - - - - - - - - -
  while(1)
  {
   asm(" nop ");
```

```
    }
}
```

该工程中只使用了外部中断2,中断向量文件、寄存器定义文件以及链接命令文件与实例四的相同。

5. 程序调试运行

开关K9拨到右边,即仿真器选择连接右边的CPU2子板,启动CCS 2.0,在Project/Open菜单打开exp05目录下的工程文件exp05.pjt,双击Source下的文件名称可查看源程序。在File/Load Program菜单下,加载exp05\debug目录下的exp05.out文件。

如图9-17所示,在7822_54.c中的i=0处设置断点,然后单击Run运行程序,程序运行到断点处停止。

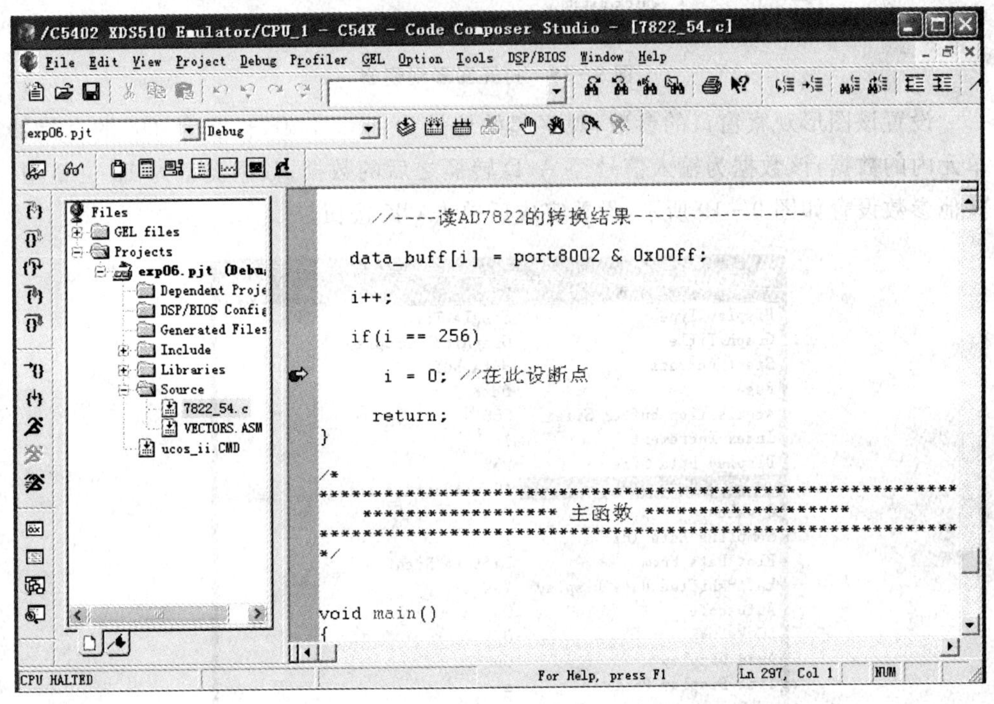

图9-17 设置断点

用下拉菜单中View / Graph的Time/Frequency打开一个图形观察窗口,如图9-18所示。

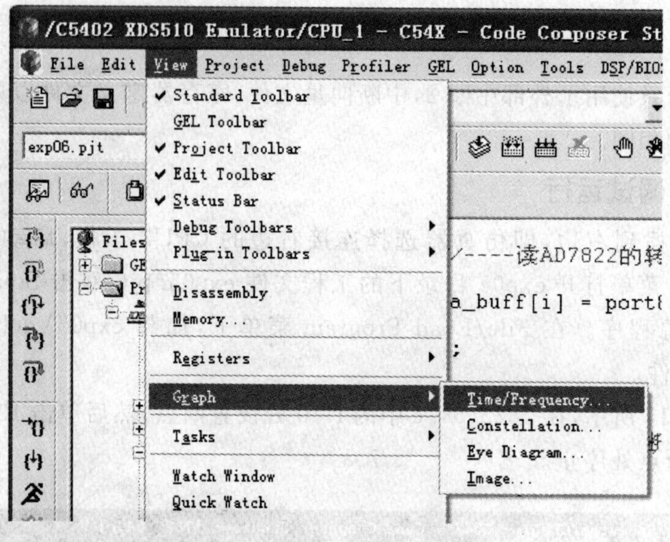

图 9-18　打开图形观察窗

设置该图形观察窗口的参数，观察起始地址为 data_buff、长度为 256 的存储器单元内的数据，该数据为输入信号经 A/D 转换之后的数据，数据类型为 16 位整型，其他参数设置如图 9-19 所示，设置完成后单击 OK 按钮。

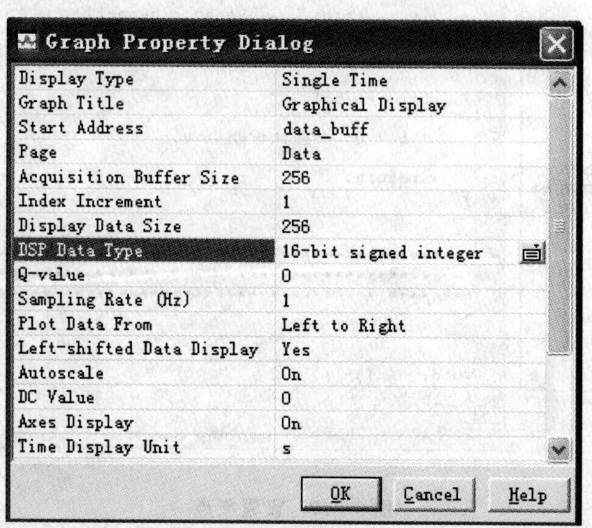

图 9-19　图形观察窗口参数设置

6. 实验结论

单击 Animate 运行程序，同时分别调节信号源 1 的频率、幅值等波形的调节旋钮，在图形观察窗口中观察 A/D 转换后的数据波形变化，如图 9-20 所示。

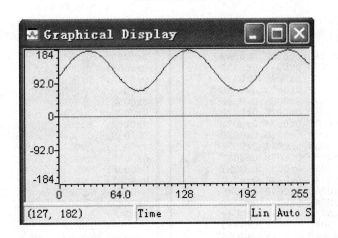

图 9-20　A/D 转换后的波形

单击 Halt 暂停程序运行，用 View 的下拉菜单中 Memory 打开存储器数据观察窗口，设置该存储器数据并观察窗口的参数，选择地址为 data_buff，数据格式为 C 格式的十六进制数，如图 9-21 所示。

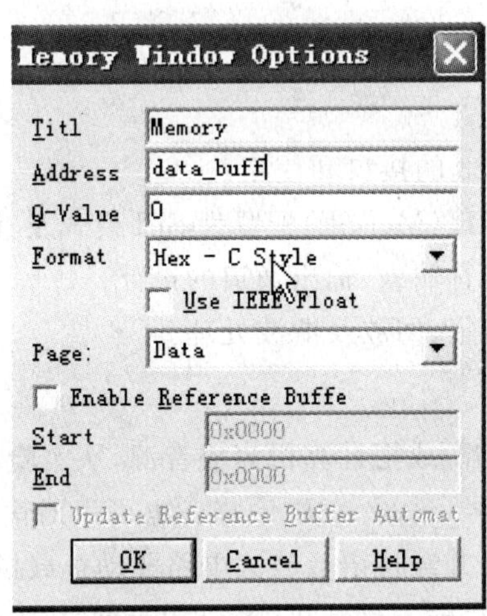

图 9-21　设置存储器数据观察窗口参数

设置完成后单击 Animate 运行程序，调整存储器数据观察窗口，并在该窗口中观察数据变化。A/D 转换后的数据存储在地址为以 data_buff 单元开始的 256 个单元内，发生变化的数据将变为红色，如图 9-22 所示。

最后，单击 Stop 按钮，停止程序运行，完成实验。

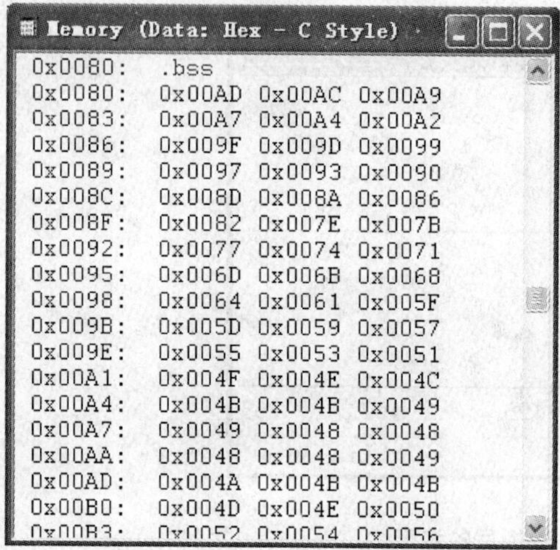

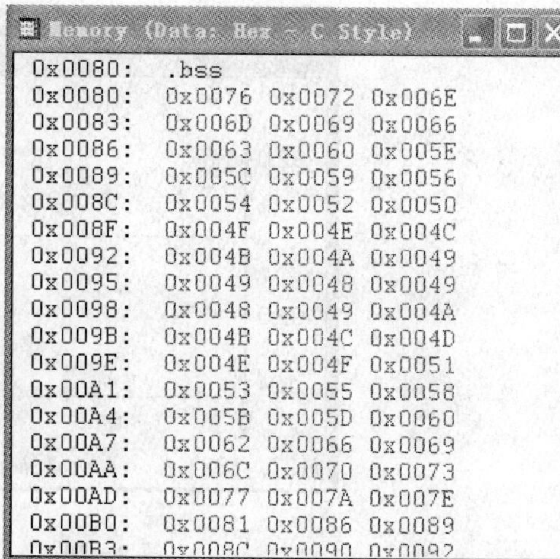

图 9-22 观察窗中数据的变化情况

实例六 语音处理实验

1. 实验目的

① 熟悉 TLV320AIC23 的接口和使用；

② 熟悉多通道缓冲串口(McBSP)配置为 SPI 模式及其在通信中的应用；

③ 掌握一个完整的语音输入、输出通道的设计；

④ 了解语音信号的采集、回放及滤波处理。

2. 实验内容

利用自备的音频信号源，或把计算机当成音源，从实验箱上“语音单元”的音频接口“麦克输入”输入音频信号，进行 A/D 采集。也可以对语音信号进行适当的处理，最后由 D/A 输出音频信号并经过语音放大电路驱动板载扬声器，或者将音频信号从“语音单元”的“耳机输出”口输出到耳机(可以用示波器观察)，从而实现语音信号的处理或回放。

3. 实验原理

该实例所用的原理图如图 8-9 所示，本实例用计算机作为音源，即用音乐播放器播放乐曲，用音频对录线连接计算机的耳机输出端和实验箱上语音单元的“麦克输入”端，将耳机插入语音单元的“耳机输出”端，这样就可以听到经过处理的音频输出。

实验前需要对有关的拨码开关进行相应的设置，语音接口板上拨码开关 SW1 的 4 个码位中，1、3、4 为 ON，2 为 OFF；将 AIC23 设置为 SPI 模式，语音接口板上拨码开关 SW2 的 4 个码位中，1、2、3 为 ON，4 为 OFF，底板上拨码开关 S6 的两个码位均

为ON,打开左右声道。

本实例对采集的音频信号经过A/D转换后,由DSP进行重低音处理,输出低音分量,为了使实验效果明显,建议采用含有低音乐器的乐曲作为音源。

TLV320AIC23是一款高性能的立体声编解码器芯片,内部的ADC和DAC转换器使用了多路的Σ-Δ技术,带有集成过采样数字插值滤波器,支持的数据转换器字长为16、20、24和32位,采样频率为8～96 kHz,该器件非常适合于MP3等便携式数字语音录放设备中的模拟输入/输出应用。

TLV320AIC23有许多可编程特性,控制接口用来对设备的寄存器进行编程,控制接口符合SPI(3-wire)和I^2C(2-wire)两种操作模式,MODE引脚的状态选择控制接口类型,该引脚必须硬件连接为固定的电平。

TLV320AIC23内部有11个寄存器,用来对操作模式进行编程,寄存器均为16位字长,高7位是地址,低9位是数据。DSP通过缓冲串口McBSP0向AIC32发送16位控制字以便设置这11个寄存器,从而初始化TLV320AIC32。这11个寄存器的地址及功能如表9-1所列,关于各个控制位的详细内容请参见数据手册。

表9-1 TLV320AIC23寄存器地址及功能

寄存器地址	功 能
0000000	左线输入通道音量控制寄存器
0000001	右线输入通道音量控制寄存器
0000010	左路耳机音量控制寄存器
0000011	右路耳机音量控制寄存器
0000100	模拟音频路径控制寄存器
0000101	数字音频路径控制寄存器
0000110	低功耗控制寄存器
0000111	数字音频接口格式寄存器
0001000	采样率控制寄存器
0001001	数字接口激活寄存器
0001111	复位寄存器

DSP通过其缓冲串口McBSP1与TLV320AIC23进行数据发送和接收,更多详细内容请参考数据手册。

4. 参考程序

本实例程序包括主程序AUDIO.C以及其他3个文件,即寄存器定义文件DspRegDefine.h、中断向量文件VECTORS.ASM和链接命令文件ucos_ii.CMD。

主程序清单如下:

```
//* * * * * * * * * AUDIO.C * * * * * * * * * * * * * *
```

```
//文件名称：AUDIO.C;文件功能:该文件为测试 TLV320AIC23 的测试程序,CPU = TMS320VC5402,
//MCLK = 12.288 MHz, TLV320AIC23 = MASTER; 接口说明: MCBSP0 配置成 SPI 方式，设置 TLV320AIC23
//的寄存器,MCBSP1 配置成 32 位方式,与 TLV320AIC23 交换数据
#include "DspRegDefine.h"
#include "stdio.h"
#include "math.h"
//   ************ 宏定义 **************
#define UCHAR                                           unsigned char
#define UINT16                                          unsigned int
#define UINT32                                          unsigned long
#define TRUE                                            1
#define FALSE                                           0
#define pi 3.1415926
//************ 全局变量************
int   read_data2,read_data1;                           //MCBSP1 接收数据变量
int   write_data2,write_data1;                         //MCBSP1 发送数据变量
UINT16  readaudio1[256],readaudio2[256];               //MCBSP1 接收数据变量数组
UCHAR  flag;
    int in[256], out[256];                             //输入原始数据、输出处理后的
                                                       //数据
    double fs = 8000;                                  //采样频率
    double nlpass = 0.028;                             //通带截止频率
    double nlstop = 0.228;                             //阻带起始频率
    double a[3],b[3],x,y;                              //滤波器参数
//********* 所使用的函数原型 **************
void cpu_init(void);                                   //初始化 CPU
void aic23_init(void);                                 //初始化 TLV320AIC23,设置内部寄
                                                       //存器
void mcbsp0_write_rdy(UINT16 out_data);                //MCBSP0 发送一个数据
void mcbsp0_init_SPI(void);                            //MCBSP0 设置为 SPI 模式
void mcbsp0_close(void);                               //MCBSP0 关闭
void mcbsp1_init(void);                                //MCBSP1 初始化
void mcbsp1_write_rdy(int out_data1,int out_data2);    //MCBSP1 发送一个数据 32 位
void mcbsp1_read_rdy(void);                            //MCBSP1 接收一个数据 32 位
void mcbsp1_open(void);                                //MCBSP1 打开
void mcbsp1_close(void);                               //MCBSP1 关闭
interrupt void mcbsp1_read(void);                      //MCBSP1 中断接收数据
interrupt void mcbsp1_write(void);                     //MCBSP1 中断发送数据
void Delay(int numbers);                               //延迟
void biir2lpdes(double fs, double nlpass, double nlstop, double a[], double b[]);
//巴特沃斯低通滤波器参数计算程序
```

```
//* * * * * * * * * * * * * * * * * 函数定义 * * * * * * * * * * * * * * * *
//函数名称：void cpu_init(void);函数说明:初始化 CPU;输入参数:无;输出参数:无
void cpu_init(void)
{
    asm(" nop ");
    asm(" nop ");
    asm(" nop ");
    *(unsigned int *)CLKMD = 0x0;          //切换为分频模式 clkout = 1/2 clkin
    while((*(unsigned int *)CLKMD)&01)! = 0);
    *(unsigned int *)CLKMD = 0x07ff;       //切换为 PLL X 1 模式,主频 10 MHz
//  *(unsigned int *)ST0 = 0x1800;
//  *(unsigned int *)ST1 = 0x6900;
    *(unsigned int *)PMST = 0x3FF2;
    *(unsigned int *)SWWSR = 0x7fff;
    *(unsigned int *)SWCR = 0x0001;
    *(unsigned int *)BSCR = 0xf800;
    asm(" ssbx intm ");                    //禁止所有可屏蔽中断
    *(unsigned int *)IMR = 0x0;
    *(unsigned int *)IFR = 0xffff;
    asm(" nop ");
asm(" nop ");
asm(" nop ");
}
//* * * * * * * * * * * * 函数定义 * * * * * * * * * * * * * * * * * * * * * *
//函数名称：void aic23_init(void);函数说明:初始化 AIC23;输入参数:无;输出参数:无
//补充说明:AIC23 的初始化就是对寄存器的设置,请参考 AIC23 的数据手册
void aic23_init(void)
{
  mcbsp0_write_rdy(0x1e00);  //REG10,复位 AIC23——0001 1110 0000 0000
  asm(" nop ");              //Address (bits 15 - 9) 0001111
                             //RES (bits 8 - 0) 000000000
  mcbsp0_write_rdy(0x0117);  //REG0,左线输入音量控制——0000 0001 0001 0111
  asm(" nop ");              //Address (bits 15 - 9) 0000000
                             //LRS (bits 8) 1,左/右线输入音量/静音刷新 1 = Enabled
                             //LIM (bits 7) 0,左线输入静音 0 = Normal
                             //XX (bits 6 - 5) 00,保留
                             //LIV[4:0](bits 4 - 0)10111,左线输入音量控制(10111 =
                             //0 dB 默认)
  mcbsp0_write_rdy(0x0317);  //REG1,右线输入音量控制——0000 0011 0001 0111
  asm(" nop ");              //Address (bits 15 - 9) 0000001
                             //RRS(bits 8) 1,左/右线输入音量/静音刷新,1 = Enabled
                             //RIM(bits 7) 0,右线输入静音,0 = Normal
```

```
                                    //XX(bits 6 - 5) 00,保留
                                    //RIV[4:0](bits4 - 0) 10111,右线输入音量控制(10111 =
                                    //0 dB 默认)
mcbsp0_write_rdy(0x05f9);           //REG2 左耳机音量控制——0000 0101 1111 1001
asm(" nop ");                       //Address (bits 15 - 9) 0000010
                                    //LRS (bits 8) 1,左/右耳机音量/静音刷新,1 = Enabled
                                    //LZC (bits 7) 1,左声道过零检测,0 = Off
                                    //LHV[6:0](bits 6 - 0) 1111001,左耳机音量控制(1111001 =
                                    //0 dB 默认)
mcbsp0_write_rdy(0x07f9);           //REG3 右耳机音量控制——0000 0111 1111 1001
asm(" nop ");                       //Address (bits 15 - 9) 0000011
                                    //RLS (bits 8) 1,左/右耳机音量/静音刷新 1 = Enabled
                                    //RZC (bits 7) 1,右声道过零检测 0 = Off
                                    //RHV[6:0] (bits 6 - 0) 1111001 右耳音量控制 (1111001 =
                                    //0 dB 默认)
                                    // mcbsp0_write_rdy(0x0810); //选择线性输入
mcbsp0_write_rdy(0x0814);           //选择麦克风输入——0000 1000 0001 0000
asm(" nop ");                       //REG4,模拟音频路径控制
                                    //Address (bits 15 - 9) 0000100
                                    //X (bits 8) 0,保留
                                    //STA[1:0] (bits 7 - 6) 00,侧音衰减,00 =  - 6 dB
                                    //STE (bits 5) 0,侧音使能,0 = Disabled
                                    //DAC (bits 4) 1,DAC 选择,1 = 选择 DAC
                                    //BYP (bits 3) 0,旁路 0 = 禁止,1 = 使能,仅用于实验测试
                                    //INSEL (bits 2) 0,ADC 的输入选择,0 = Line
                                    //MICM (bits 1) 0,麦克风静音,0 = Normal
                                    //MICB (bits 0) 0,麦克风放大,0 = 0dB
mcbsp0_write_rdy(0x0A01);           //REG5 数字音频路径控制——0000 1010 0000 0001
asm(" nop ");                       //Address (bits 15 - 9) 0000101
                                    //X (bits 8 - 4) 00000,保留
                                    //DACM (bits 3) 0,DAC 软件静音 0 = Disabled
                                    //DEEMP[1:0] (bits 2 - 1) 00,非重音控制 00 = Disabled
                                    //ADCHP (bits 0) 1,ADC 高通滤波器 1 = Enabled
mcbsp0_write_rdy(0x0C00);           //REG6 省电控制——0000 1100 0000 0000
asm(" nop ");                       //Address(bits 15 - 9) 0000110
                                    //X (bits 8) 0,保留
                                    //OFF (bits 7) 0,器件电源 0 = On
                                    //CLK(bits 6) 0,时钟 0 = On
                                    //OSC(bits 5)0,振荡器 0 = On
                                    //OUT(bits 4) 0,输出 0 = On
                                    //DAC(bits 3) 0,DAC 0 = On
                                    //ADC(bits 2) 0,ADC 0 = On
```

```
                                //MIC(bits 1) 0,麦克输入 0 = On
                                //LINE(bits 0) 0 ,线输入 0 = On
  mcbsp0_write_rdy(0x0E73);     //REG7 数字音频接口格式——0000 1110 0111 0011
  asm(" nop ");                 //Address (bits 15 - 9) 0000111
                                //X (bits 8 - 7) 00,保留
                                //MS (bits 6) 1,主/从模式,1 = Master
                                //LRSWAP (bits 5) 1, DAC 左右交换,1 = Enabled
                                //LRP(bits 4)1,DAC 左/右相位,1 = 右通道 on, LRCIN low;
                                //DSP 模式下, 1 = LRCIN 上升沿后的第二个 BCLK 上升沿,
                                //MSB 可用
                                //IWL[1:0](bits 3 - 2) 00,输入位长度 00 = 16 bit
                                //FOR[1:0](bits 1 - 0)11,数据格式 11 = DSP 格式,帧同步
                                //后紧跟两个数据字
  mcbsp0_write_rdy(0x100C);     //8 kHz 采样频率
  //mcbsp0_write_rdy(0x101C);//96 kHz 采样频率
                                //REG8 采样频率控制——0001 0000 0000 1100
  asm(" nop ");                 //Address (bits 15 - 9) 0001000
                                //X (bits 8) 0,保留
                                //CLKOUT (bits 7) 0,时钟输入分频器,0 = MCLK
                                //CLKIN (bits 6) 0,时钟输出分频器,0 = MCLK
                                //SR[3:0] (bits 5 - 2) 0011,MCLK = 12.288 MHz, 采样频
                                //率 = 8 kHz
                                //BOSR (bits 1) 0,基本过采样率标准模式: 0 = 256 fs
                                //USB/Normal(bits 0),0 时钟模式选择: 0 = Normal
  mcbsp0_write_rdy(0x1201);     //REG9 数字接口激活——0001 0010 0000 0001
  asm(" nop ");                 //Address (bits 15 - 9) 0001001
                                //X (bits 8 - 1) 00000000,保留
                                //ACT (bits 0) 1,激活接口 1 = Active
  Delay(0);                     //延迟 4 000 * CPU 时钟周期
  asm(" nop ");
}
//* * * * * * * * * * * 函数定义 * * * * * * * * * * * * * * *
//函数名称: void mcbsp0_write_rdy(UINT16 out_data);函数说明: MCBSP0 发送一个数据;
//输入参数: data;输出参数:无
//补充说明:内部带是否发送完成的判断
void mcbsp0_write_rdy(UINT16 out_data)
{
    UINT16 j;
    *(unsigned int *)McBSP0_SPSA = 0x0001;   //McBSP0_SPSA 指向 SPCR2
    while ((*(unsigned int *)McBSP0_SPSD&0x0002) = = 0);
        //屏蔽 XRDY 位,XRDY = 1,发送器准备好发送 DXR[1,2]中的新数据
    for(j = 0;j<50;j + +);    //delay
```

```
    *(unsigned int *)McBSP0_DXR1 = out_data;
}
//* * * * * * * 函数定义 * * * * * * * * * * *
//函数名称:void mcbsp0_init_SPI(void);函数说明:MCBSP0设置为SPI模式;输入参数:无;
//输出参数:无
void mcbsp0_init_SPI(void)
{
  //复位McBSP0
  *(unsigned int*)McBSP0_SPSA = 0x0000;                //SPCR1
  *(unsigned int*)McBSP0_SPSD = 0x0000;                //设置SPCR1.0(RRST = 0)
  *(unsigned int*)McBSP0_SPSA = 0x0001;                //SPCR2
  *(unsigned int*)McBSP0_SPSD = 0x0000;                //设置SPCR1.0(XRST = 0)
  Delay(0);                        //延迟4000*CPU时钟周期,等待复位稳定
  //配置McBSP0为SPI模式
  *(unsigned int*)McBSP0_SPSA = 0x0000;                //SPCR1
  *(unsigned int*)McBSP 0_SPSD = 0x1800;
                        //DLB (bit 15) 0,禁止数字回环模式
                        //RJUST (bit 14 - 13) 00 DRR[1,2]中的最高有效位右移并填零
                        //CLKSTP (bit 12 - 11) 11 ;X (bit 10 - 8) 000,保留
                        //DXENA (bit 7) 0,数据发送延迟位,DX使能器关断
                        //ABIS (bit 6) 0,禁止A - bis模式;RINTM (bit 5 - 4) 00 RRDY
                        //驱动RINT
                        //RSYNER (bit 3) 0,无同步误差;RFULL (bit 2) 0 RBR[1,2]不处
                        //在益处条件
                        //RRDY (bit 1) 0接收为准备好;RRST (bit 0) 0串口接收器禁止
                        //并处在复位状态
  *(unsigned int*)McBSP0_SPSA = 0x0001;//SPCR2
  *(unsigned int*)McBSP0_SPSD = 0x0000;
                  //X (bit 15 - 10) 000000,保留;FREE (bit 9) 0,禁止Free running模式
                  //SOFT (bit 8) 0,禁止SOFT模式 ;FRST (bit 7) 0,帧同步逻辑复位
                  //GRST (bit 6) 0,采样率发生器复位;XINTM (bit 5 - 4) 00XINT,由
                  //XRDY驱动
                  //XSYNER (bit 3) 0,无同步误差;XEMPTY (bit 2) 0XSR[1,2],为空
                  //XRDY (bit 1) 0,发送器未准备好;XRST(bit 0) 0,串口发送器禁止并
                  //处于复位状态
  *(unsigned int*)McBSP0_SPSA = 0x000E;//PCR
  *(unsigned int*)McBSP0_SPSD = 0x0A0C;
                  //X (bit 15 - 14) 00,保留
                  //XIOEN (bit 13) 0,DX、FSX和CLKX配置为串口
                  //RIOEN (bit 12) 0,DR、FSR、CLKR和CLKS配置为串口
                  //FSXM (bit 11) 1,帧同步由采样率发生器决定
                  //FSRM (bit 10) 0,帧同步脉冲由外部设备产生,FSR是一个输入引脚
```

```
                //CLKXM (bit 9) 1,CLKX是一个输出引脚并且由外部的采样率发生器
                //驱动
                //CLKRM (bit 8) 0,Receive clock 接收时钟(CLKR)是由外部驱动的输
                //入引脚
                //X (bit 7) 0,保留;CLKS_STAT(bit 6) 0,CLKS引脚状态
                //DX_STAT (bit 5) 0,DX引脚状态;DR_STAT (bit 4) 0,DR引脚状态
                //FSXP (bit 3) 1,帧同步发送脉冲FSX低有效
                //FSRP (bit 2) 1,帧同步接收脉冲FSR低有效
                //CLKXP (bit 1) 0,发送数据在CLKX的上升沿采样
                //CLKRP (bit 0) 0,接收数据在CLKR的下降沿采样
*(unsigned int *)McBSP0_SPSA = 0x0002;//RCR1
*(unsigned int *)McBSP0_SPSD = 0x0040;
                  //X (bit 15) 0 保留
                  //RFRLEN1(bit14 - 8) 0000000,接收帧长1,RFRLEN1 = 000 0000,
                  //每帧一个字
                  //RWDLEN1 (bit 7 - 5) 010,接收字长1,RWDLEN1 = 010,16位
                  //X (bit 4 - 0) 00000,保留
*(unsigned int *)McBSP0_SPSA = 0x0003;//RCR2
*(unsigned int *)McBSP0_SPSD = 0x0041;
                  //RPHASE (bit 15) 0 接收相位;RPHASE = 0;单相帧
                  //RFRLEN2 (bit 14 - 8) 0000000,接收帧长2;RFRLEN2 = 000 0000,
                  //每帧一个字
                  //RWDLEN2 (bit 7 - 5) 010,接收字长2;RWDLEN2 = 010,16位
                  //RCOMPAND(bit 4 - 3) 00,无压缩扩展
                  //RFIG (bit 2) 0,接收帧忽略
                  //RDATDLY (bit 1 - 0) 01,接收数据延时,1 bit 数据延时
*(unsigned int *)McBSP0_SPSA = 0x0004;//XCR1
*(unsigned int *)McBSP 0_SPSD = 0x0040;
                   //X (bit 15) 0 保留
                   //XFRLEN1(bit 14 - 8) 0000000,发送帧长1,RFRLEN1 = 000 0000,
                   //每帧一个字
                   //XWDLEN1 (bit 7 - 5) 010,发送字长1,RWDLEN1 = 010,16位
                   //X (bit 4 - 0) 00000,保留
*(unsigned int *)McBSP0_SPSA = 0x0005;//XCR2
*(unsigned int *)McBSP0_SPSD = 0x0041;
                   //XPHASE (bit 15) 0,发送相,RPHASE = 0,单相帧
                   //XFRLEN2 (bit 14 - 8) 0000000,发送帧长2,RFRLEN2 = 000 0000,
                   //1 单字帧
                   //XWDLEN2 (bit 7 - 5) 010,发送字长2;RWDLEN2 = 010,16位
                   //XCOMPAND(bit 4 - 3) 00,无压扩
                   //XFIG (bit 2) 0,发送帧忽略
                   //XDATDLY (bit 1 - 0) 01,发送数据延时,1 bit 数据延时
```

```
  *(unsigned int *)McBSP0_SPSA = 0x0006;//SRGR1
  *(unsigned int *)McBSP0_SPSD = 0x0063;
                        //FWID (bit 15 - 8) 00000000,帧宽
                        //CLKGDV (bit 7 - 0) 0110 0100,采样率时钟发生器时钟分频器
                        //CLKG = CPUCLOCK/(CLKGDV + 1)
                        //WHEN CPUCLOCK = 10 MHz,CLKG = 100 kHz
  *(unsigned int *)McBSP0_SPSA = 0x0007;//SRGR2
  *(unsigned int *)McBSP0_SPSD = 0x2000;
                        //GSYNC (bit 15) 0,无关
                        //CLKSP (bit 14) 0,无关
                        //CLKSM (bit 13) 1,由CPU时钟得到的采样率发生器时钟
                        //FSGM (bit 12) 0,在SPI模式下采样率发生器发送帧同步模
                        //式,必须 = 0
                        //FPER (bit 11 - 0) 000000000000,帧周期,这些位忽略
  *(unsigned int *)McBSP0_SPSA = 0x0001;//SPCR2
  *(unsigned int *)McBSP0_SPSD = (*(unsigned int *)McBSP0_SPSD)|0x0040;
                        //GRST = 1,采样率发生器复位完成
  Delay(0);             //延迟,4000 * CPU时钟周期等待时钟稳定
  *(unsigned int *)McBSP0_SPSA = 0x0000;//SPCR1
  *(unsigned int *)McBSP0_SPSD = (*(unsigned int *)McBSP0_SPSD)|0x0001;
                        //RRST = 1,使能McBSP1接收器
  *(unsigned int *)McBSP0_SPSA = 0x0001;//SPCR2
  *(unsigned int *)McBSP0_SPSD = (*(unsigned int *)McBSP0_SPSD)|0x0001;
                        //XRST = 1,使能McBSP1发送器
  *(unsigned int *)McBSP0_SPSA = 0x0001;//SPCR2
  *(unsigned int *)McBSP0_SPSD = (*(unsigned int *)McBSP0_SPSD)|0x0080;
                        //FRST = 1,产生了帧同步信号FSG
  Delay(0);             //延迟 4000 * CPU时钟周期等待时钟稳定
}
* * * * * * * * * * * * * * * *函数定义* * * * * * * * * * * * * * * *
//函数名称: void mcbsp0_close(void);函数说明: MCBSP0关闭;输入参数:无;输出参数:无
void mcbsp0_close()
{
  *(unsigned int *)McBSP0_SPSA = 0x0000;//地址指针指向SPCR1
  *(unsigned int *)McBSP 0_SPSD = *(unsigned int *)McBSP0_SPSD&0xFFFE;
                        //设置SPCR1.0(RRST) = 1,禁止MCBSP0接收
  *(unsigned int *)McBSP0_SPSA = 0x0001;//地址指针指向SPCR2
  *(unsigned int *)McBSP0_SPSD = *(unsigned int *)McBSP0_SPSD&0xFFFE;
                        //设置SPCR2.0(XRST) = 1,禁止MCBSP0发送
  Delay(0);             //延迟 4000 * CPU时钟周期等待复位稳定
}
* * * * * * * * * * * * * * * *函数定义* * * * * * * * * * * * * * * *
```

```
//函数名称：void mcbsp1_init(void);函数说明:初始化 MCBSP1;输入参数:无;输出参数:无
void mcbsp1_init(void)
{
  //复位 McBSP1
  *(unsigned int *)McBSP1_SPSA = 0x0000;//SPCR1
  *(unsigned int *)McBSP1_SPSD = 0x0000;//设置 SPCR1.0(RRST = 0)
  *(unsigned int *)McBSP1_SPSA = 0x0001;//SPCR2
  *(unsigned int *)McBSP1_SPSD = 0x0000;//设置 SPCR1.0(XRST = 0)
  Delay(0);                          //延迟 4000 * CPU 时钟周期等待复位稳定
  *(unsigned int *)McBSP1_SPSA = 0x0002;//RCR1
  *(unsigned int *)McBSP1_SPSD = 0x00A0;
                              //X (bit 15) 0 保留
                              //RFRLEN1 (bit 14 - 8) 0000000,接收帧长 1,RFRLEN1 = 000 0000
                              //1,单字帧
                              //RWDLEN1 (bit 7 - 5) 101,接收字长 1,RWDLEN1 = 101,32 位
                              //X (bit 4 - 0) 00000 保留
  *(unsigned int *)McBSP1_SPSA = 0x0003;//RCR2
  *(unsigned int *)McBSP1_SPSD = 0x00A0;
                              //RPHASE (bit 15) 0,接收相,RPHASE = 0,单相帧
                              //RFRLEN2 (bit 14 - 8) 0000000,接收帧长 2,RFRLEN2 = 000 0000
                              //单字帧
                              //RWDLEN2 (bit 7 - 5) 101,接收字长 2,RWDLEN2 = 101,32 位
                              //RCOMPAND(bit 4 - 3) 00,无压扩
                              //RFIG (bit 2) 0,忽略接收帧
                              //RDATDLY (bit 1 - 0) 00,接收数据延时,0 bit 数据延时
  *(unsigned int *)McBSP1_SPSA = 0x0004;//XCR1
  *(unsigned int *)McBSP1_SPSD = 0x00A0;
                              //X (bit 15) 0,保留
                              //XFRLEN1 (bit 14 - 8) 0000000,发送帧长 1,RFRLEN1 = 000 0000,
                              //单字帧
                              //XWDLEN1 (bit 7 - 5) 101,发送字长 1,RWDLEN1 = 101,32 位
                              //X (bit 4 - 0) 00000,保留
  *(unsigned int *)McBSP1_SPSA = 0x0005;//XCR2
  *(unsigned int *)McBSP1_SPSD = 0x00A0;
                              //XPHASE (bit 15) 0,发送相,RPHASE = 0,单相帧
                              //XFRLEN2 (bit 14 - 8) 0000000,发送帧长 2;RFRLEN2 = 000 0000,
                              //单字帧
                              //XWDLEN2 (bit 7 - 5) 101,发送字长 2,RWDLEN2 = 101,32 位
                              //XCOMPAND(bit 4 - 3) 00,无压扩
                              //XFIG (bit 2) 0,发送帧忽略
                              //XDATDLY (bit 1 - 0) 00,发送数据延时,0 bit 数据延时
  *(unsigned int *)McBSP1_SPSA = 0x000E;//PCR
```

```
    *(unsigned int *)McBSP1_SPSD = 0x000D;
                        //X (bit 15 - 14) 00,保留
                        //XIOEN (bit 13) 0,DX、FSX 和 CLKX 配置为串口
                        //RIOEN (bit 12) 0,DR、FSR、CLKR 和 CLKS 配置为串口
                        //FSXM (bit 11) 0,帧同步信号来自于外部
                        //FSRM (bit 10) 0,帧同步脉冲外部产生
                        //CLKXM (bit 9) 0,发送始终由外部时钟 CLKX 驱动
                        //CLKRM(bit 8) 0,接收时钟(CLKR) 是一个外部驱动的引脚
                        //X (bit 7) 0,保留
                        //CLKS_STAT(bit 6) 0,CLKS 引脚状态
                        //DX_STAT (bit 5) 0,DX 引脚状态
                        //DR_STAT (bit 4) 0,DR 引脚状态
                        //FSXP (bit 3) 1,帧同步脉冲 FSX,低有效
                        //FSRP (bit 2) 1,帧同步脉冲 FSR,低有效
                        //CLKXP (bit 1) 0,发送数据在 CLKX 的上升沿采样
                        //CLKRP (bit 0) 1,接收数据在 CLKR 的上升沿采样
  }
```



```
/* * * * * * * * * * * * * * * * 函数定义 * * * * * * * * * * * * * * * * */
//函数名称:void mcbsp1_write_rdy(UINT16 out_data1,UINT16 out_data2)
//函数说明:MCBSP1 发送一个 32 位数据;输入参数:UINT16 out_data1,UINT16 out_data2
void mcbsp1_write_rdy(int out_data1,int out_data2)
{
    *(unsigned int *)McBSP1_SPSA = 0x0001;              //地址指针指向 SPCR2
  while ((*(unsigned int *)McBSP1_SPSD&0x0002) = = 0)   //SPCR2.1 = XRDY
   {
    ;       //屏蔽 XRDY 位,XRDY = 1 准备好发送 DXR[1,2]中的新数据
   };
   *(unsigned int *)McBSP1_DXR2 = out_data2;   //MCBSP 配置成单相 32 位时,发送(接
  //收)一个 32 位数时,必须先写(读)DXR2(DRR2)再写(读)DXR1(DRR1)
   *(unsigned int *)McBSP1_DXR1 = out_data1;
}
/* * * * * * * * * * * * * * * * 函数定义 * * * * * * * * * * * * * * * * */
//函数名称:void mcbsp1_read_rdy(void);
//函数说明:MCBSP1 接收一个 32 位数据,是否准备好的判断;输入参数:无;输出参数:无
//补充说明:只是 MCBSP1 是否准备好的判断程序,在此程序的后面要加读取数据的程序如:
//        read_data1 = *(unsigned int *)McBSP1_DRR2; //MCBSP 配置成单相 32 位时,
                                                      //发送(接收)一个 32 位数时,必须先写(读)
                                                      //DXR2(DRR2),再写(读)DXR1(DRR1)
//        read_data2 = *(unsigned int *)McBSP1_DRR1;
void mcbsp1_read_rdy(void)
{
   *(unsigned int *)McBSP1_SPSA = 0x0000; //地址指针指向 SPCR1
```

```
  while(( * (unsigned int  * )McBSP1_SPSD & 0x0002) = = 0);//SPCR2.1 = RRDY
  //屏蔽 RRDY 位,RRDY = 1,准备好接收 DRR[1,2]中的新数据
}
//* * * * * * * * * * * * * * 函数定义 * * * * * * * * * * * * * *
// 函数名称: void mcbsp1_open(void);函数说明: MCBSP1 打开,有中断和查询两种方式
void mcbsp1_open()
{
  Delay(0);
   * (unsigned int * )McBSP1_SPSA = 0x0000; //地址指针指向 SPCR1
   * (unsigned int * )McBSP1_SPSD = * (unsigned int * )McBSP1_SPSD|0x0001;
//置位 SPCR1.0(RRST) = 1,允许 MCBSP1 接收
   * (unsigned int * )McBSP1_SPSA = 0x0001; //地址指针指向 SPCR2
   * (unsigned int * )McBSP1_SPSD = * (unsigned int * )McBSP1_SPSD|0x0001;
//置位 SPCR2.0(XRST) = 1,允许 MCBSP1 发送
  Delay(0);   //延迟 4000 * CPU 时钟周期等待退出复位稳定
//不用中断方式时下面的程序屏蔽掉
/* * * * * * * * * * * * * * interrupt mode * * * * * * * * * * * * * * */
//   asm(" ssbx intm");                   //禁止所有可屏蔽中断
//    * (unsigned int * )IMR = 0x0400;   //允许 MCBSP1 发送接收中断
//    * (unsigned int * )IFR = 0xFFFF;   //清除所有中断标志
//   asm(" rsbx intm");                   //打开所有可屏蔽中断
/* * * * * * * * * * * * * * * * * * * * * * * * * * * * * * * * * * * */
}
//* * * * * * * * * * * * * * 函数定义 * * * * * * * * * * * * * *
//函数名称: void mcbsp1_close(void);函数说明: MCBSP1 关闭
void mcbsp1_close()
{
   * (unsigned int * )McBSP1_SPSA = 0x0000;//地址指针指向 SPCR1
   * (unsigned int * )McBSP1_SPSD = * (unsigned int * )McBSP1_SPSD&0xFFFE;
//置位 SPCR1.0(RRST) = 1,禁止 MCBSP1 接收
   * (unsigned int * )McBSP1_SPSA = 0x0001;//地址指针指向 SPCR2
   * (unsigned int * )McBSP1_SPSD = * (unsigned int * )McBSP1_SPSD&0xFFFE;
//置位 SPCR2.0(XRST) = 1,禁止 MCBSP1 发送
  Delay(0);   //延迟 4000 * CPU 时钟周期等待复位稳定
}
//* * * * * * * * * * * * * * 函数定义 * * * * * * * * * * * * * *
//函数名称: void Delay(void);函数说明:延时;输入参数:无;输出参数:无
void Delay(int numbers)
{
int i,j;
for(i = 0;i<4000;i + + )
for(j = 0;j<numbers;j + + );
```

```
}
//* * * * * * * * * * * * * * * *函数定义* * * * * * * * * * * * * * * * *
//函数名称: interrupt void mcbsp1_read(void);说明: MCBSP1 中断接收数据;输入:无;输
//出:无
//补充说明:通过全局变量 read_data2、read_data1 读取 MCBSP1 接收的数据
interrupt void mcbsp1_read(void)
{
     read_data2 =  *(unsigned int*)McBSP1_DRR2;
     read_data1 =  *(unsigned int*)McBSP1_DRR1; //自动清除 RRDY 标志
//MCBSP 配置成单相 32 位时
//发送(接收)一个 32 位数时,必须先写(读)DXR2(DRR2)
//再写(读)DXR1(DRR1)
    flag = 0;
    write_data2 = read_data2; //只用于测试
    write_data1 = read_data1; //只用于测试
    *(unsigned int *)McBSP1_DXR2 = write_data2;
    *(unsigned int *)McBSP1_DXR1 = write_data1;
    return;
}
//* * * * * * * * * * * * * * * *函数定义* * * * * * * * * * * * * * * * *
//函数名称:interrupt void mcbsp1_write(void);说明:MCBSP1 中断发送数据;输入:无;输
//出:无
// 补充说明:通过全局变量 write_data2、write_data1 向 MCBSP1 发送数据
//这个子程序没用,因为同时使能发送和接收中断冲突,发送和接收的时钟是相同的
//发送和接收中断同时产生
interrupt void mcbsp1_write(void)
{
    write_data2 = read_data2; //只用于测试
    write_data1 = read_data1; //只用于测试
    *(unsigned int *)McBSP1_DXR2 = write_data2;
    *(unsigned int *)McBSP1_DXR1 = write_data1;
                        //MCBSP 配置成单相 32 位时
                        //发送(接收)一个 32 位数时,必须先写(读)DXR2(DRR2)
                        //再写(读)DXR1(DRR1)
    flag = 1;
   *(unsigned int*)IMR = 0x0C00;    //允许 MCBSP1 发送接收中断
  // *(unsigned int*)IFR = 0xFFFF; //清除所有中断标志
return;
}
//* * * * * * * * * * * * * * * *函数定义* * * * * * * * * * * * * * * * *
//函数名称: void biir2lpdes(double fs, double nlpass, double nlstop, double a[], doub
//le b[]);
```

```
//函数说明:巴特沃斯低通滤波器参数计算程序;输入参数:无;输出参数:无
void biir2lpdes(double fs, double nlpass, double nlstop, double a[], double b[])
{
    int i, u, v;
    double wp, omp, gsa, t;
wp  = nlpass * 2 * pi;
omp = tan(wp/2.0);
gsa = omp * omp;
for (i = 0; i< = 2; i+ + )
{
    u = i%2;
    v = i-1;
    a[i] = gsa * pow(2,u) - sqrt(2) * omp * v + pow( - 2,u);
}
for (i = 0; i< = 2; i+ + )
{
    u = i%2;
    b[i] = gsa * pow(2,u);
}
t = a[0];
for (i = 0; i< = 2; i+ + )
{
    a[i] = a[i]/t;
    b[i] = b[i]/t;
  }
}
//* * * * * * * * * * 主函数 * * * * * * * * * * *
void main(void)
{
int i,j;
int y_da;
double w[9],u[9];          //滤波器参数
/* * * mode = 0,直通,输出与输入相同      * * */
/* * * mode = 1,提取重低音部分,输出      * * */
/* * * mode = 2,对输入信号做低音加重处理 * * */
int mode = 1;              //对输入信号提取重低音部分,输出
for ( i = 0; i < 9; i+ + )
{
  w[i] = 0;                //滤波器参数初始化
  u[i] = 0;
}
cpu_init();                //初始化 CPU
```

```
mcbsp0_init_SPI();//MCBSP0 设置为 SPI 模式
aic23_init();//初始化 TLV320AIC23,设置内部寄存器
mcbsp0_close();//MCBSP0 关闭
 *(unsigned int *)DMPREC = 0x0; //DMA 控制寄存器,不使能 DMA,中断给 MCBSP1
mcbsp1_init();//MCBSP1 初始化
//-----------------------------------------
   *(unsigned int *)CLKMD = 0x0;          //切换为 DIV 模式 clkout = 1/2 clkin
  while((( *(unsigned int *)CLKMD)&01)! = 0);
   *(unsigned int *)CLKMD = 0x97ff;       //切换为 PLL X 10 模式
//可以在此处改变 CPU 的时钟频率,增加处理速度 ,在 96 kHz 采样频率,CPU 必须
//大于 30 MHz,如小于 20 MHz,则语音输出有沙沙声
//-----------------------------------------
    mcbsp1_open();                        //MCBSP1 打开
    biir2lpdes(fs,nlpass,nlstop,a,b);     //计算滤波器参数
//-----------------------------------------
    for(;;)
    {
      asm(" nop ");
     mcbsp1_read_rdy();                   //MCBSP1 接收一个 32 位数据
     read_data2 = *(unsigned int *)McBSP1_DRR2;
     read_data1 = *(unsigned int *)McBSP1_DRR1;
//--------左声道滤波--------
      x = read_data2;
      w[2] = x - w[0] * a[2] - w[1] * a[1];
      w[5] = (w[0] * b[2] + w[1] * b[1] + w[2] * b[0]) * 3.17 - w[4] * a[1] - w[3] * a[2];
      w[8] = (w[3] * b[2] + w[4] * b[1] + w[5] * b[0]) * 3.17 - w[7] * a[1] - w[6] * a[2];
      y = w[8] * b[0] + w[7] * b[1] + w[6] * b[2];
      w[0] = w[1];  w[1] = w[2];
      w[3] = w[4];  w[4] = w[5];
      w[6] = w[7];  w[7] = w[8];
      if ( mode = = 0 )  y = read_data2;
      else if ( mode = = 1 )  y = 2 * y;
      else if ( mode = = 2 )  y = x + y;
      else y = read_data2;
      if ( y >  32700 ) y =  32700.0;
      if ( y < -32700 ) y = -32700.0;
      y_da = (int)(y);
         write_data2 = y_da;
//--------右声道滤波--------
/*    x = read_data1;
      u[2] = x - u[0] * a[2] - u[1] * a[1];
      u[5] = (u[0] * b[2] + u[1] * b[1] + u[2] * b[0]) * 3.17 - u[4] * a[1] - u[3] * a[2];
```

```
        u[8] = (u[3] * b[2] + u[4] * b[1] + u[5] * b[0]) * 3.17 - u[7] * a[1] - u[6] * a[2];
        y = u[8] * b[0] + u[7] * b[1] + u[6] * b[2];
        u[0] = u[1]; u[1] = u[2];
        u[3] = u[4]; u[4] = u[5];
        u[6] = u[7]; u[7] = u[8];
        if ( mode = = 0 )  y = read_data1;
        else if ( mode = = 1 )  y = 2 * y;
        else if ( mode = = 2 )  y = x + y;
        else y = read_data1;
        if ( y >  32700 ) y = 32700.0;
        if ( y < -32700 ) y = -32700.0;
        y_da = (int)(y);
        write_data1 = y_da;
    */
    //---------滤波后数据输出---------
       mcbsp1_write_rdy(read_data1,write_data2);//MCBSP1 发送一个数据 32 位
       asm(" nop ");
    //---------数据暂存---------
    in[j]  = read_data2;
    out[j] = y_da;
    j++;
    if ( j >= 256 )
    {
    j = 0;    /* 在此处设置断点可用来观察输入/输出数据 */
    }
      }
    }
```


本工程中使用了多通道缓冲串口的接收和发送中断，相应的中断向量表中改动部分如下：

```
BRINT1_DMAC2_SINT10:        ;McBSP #1 receive or DMA2 interrupt
        nop
        nop
        b        _mcbsp1_read
BXINT1_DMAC3_SINT11:        ;McBSP #1 transmit or DMA3 interrupt
        nop
        nop
        b_mcbsp1_write
```

连接命令文件清单如下：

```
MEMORY                          /* TMS320C54x microprocessor mode memory map */
{
```

```
  PAGE 0 :
  PROG:        origin = 0x2400, length = 0x1b80
   /* 5b80 code in debug mode set length=5b80,else set 1b80 */
  VECTORS:     origin = 0x3F80, length = 0x80
   /* 7f80 interrupt vector table int debug mode,else set 3f80 */
  PAGE 1 :
    DARAM:     origin = 0x0080, length = 0x1f80    /* data buffer, 8064 words */
    STACK:     origin = 0x2000, length = 0x400     /* stack, 1024 words */
}
SECTIONS
{
    .text                      : load = PROG        page 0 /* executable code */
    .cinit                     : load = PROG        page 0 /* tables for initializing
variables and constants */
    .switch                    : load = PROG        page 0 /* tables for switch state-
ment */
    .const                     : load = PROG        page 0 /* data defined as C quali-
fier const 常数表 */
    .data                      : load = PROG        page 0 /*.dat files */
    .bss                       : load = DARAM       page 1 /* global and static varia-
bles */
    .stack                     : load = STACK       page 1 /* C system stack */
    .coeff                     : load = DARAM       page 1 /* .h file */
    .vectors                   : >VECTORS           page 0 /* interrupt vector table */
    .daram_buffers             : >DARAM             page 1 /* global data buffers */
    .control_variables         : >DARAM             page 1 /* global data variables */
}
```

5. 程序调试运行

首先将拨码开关K9拨至左边，链接CPU1子板，然后设置语音接口板上的拨码开关SW1和SW2，即拨码开关SW1的4个码位中，1、3、4为ON，2为OFF，使AIC23配置为SPI模式；语音接口板上拨码开关SW2的4个码位中，1、2、3为ON，4为OFF，同时底板上拨码开关S6的两个码位均为ON，打开左右声道。

启动CCS 2.0，打开实验源程序所在文件夹exp06中的工程文件useraudio.pjt；打开音频源，输入音频信号(用音乐播放器打开含有低音鼓和高音乐器的音乐文件，播放该音乐)；点击菜单项GEL/C5402_Configuration/CPU_reset，对CPU进行复位；加载可执行文件useraudio.out；运行程序。

程序中对左声道的输入信号做了低音滤波，右声道不做处理直接输出，调节左右声道调节旋钮，比较低音滤波声音和原始输入声音的区别。在mode=1时，高频声音被滤掉，主要输出为低音分量。

为了能观察处理前后波形的变化，在 J=0 处设置断点，如图 9-23 所示。

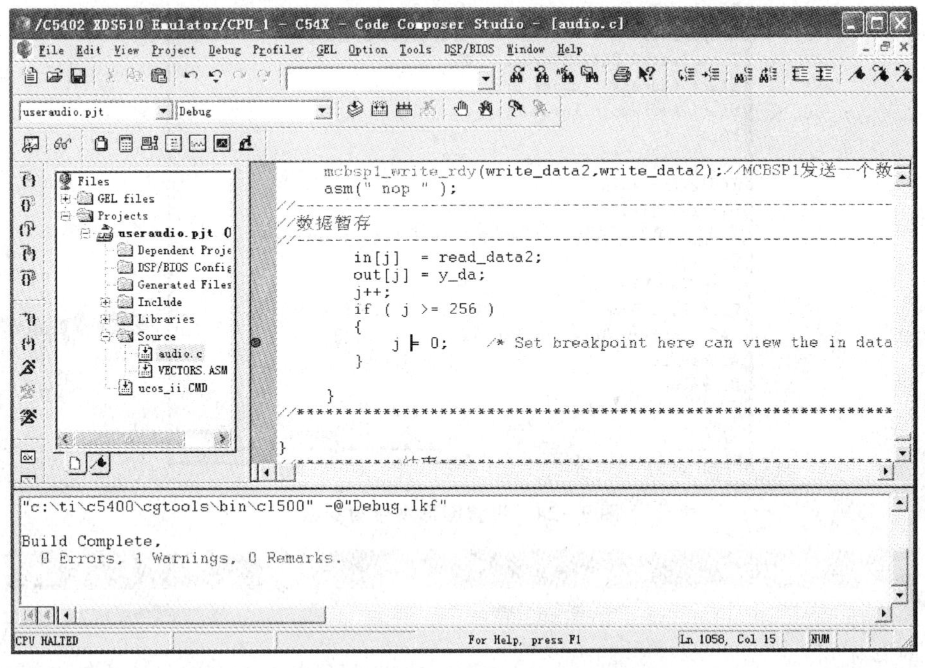

图 9-23　设置断点

在 View/Graph/Time/Frequency 打开一个图形观察窗口，以观察程序采集到的左声道的原始声音波形和滤波后的波形，设置观察窗口参数，起始地址为 in 和 out，长度为 256，数据类型为 16 位有符号整型数，如图 9-24 所示。

6. 实验结论

点击 Animate 图标，则采集到的声音波形如图 9-25 所示。

读者可以改变程序中 mode 的值，使程序完成不同的功能。当 mode=0 时，输入与输出相同；当 mode=1 时，低音滤波，输出为输入信号的低音部分；当 mode=2 时，对输入信号做低音加重处理，与 mode =0 时输出结果相比，低音分量更加明显。

实例七　键盘接口及七段数码管显示

1. 实验目的

① 了解串行口 8 位 LED 数码管及 64 键键盘智能控制芯片 HD7279A 的基本原理；

② 学习用 C54xx 芯片控制 HD7279A 进而驱动键盘和 LED 的基本方法和步骤。

2. 实验内容

根据系统中 DSP 芯片与 HD7279A、键盘、LED 数码管、LED 灯的硬件连接关系

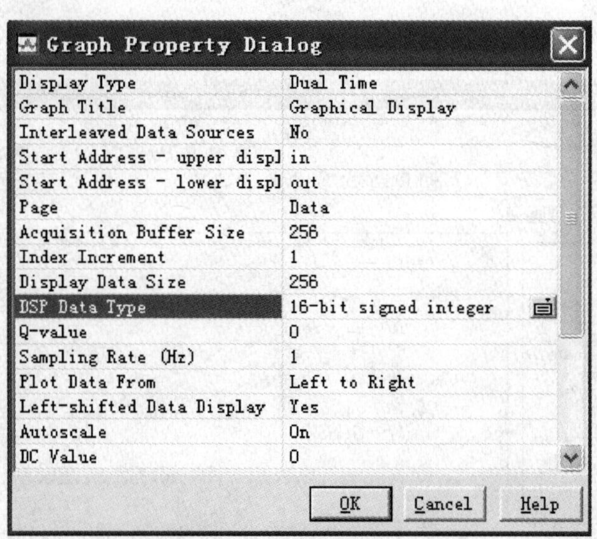

图 9-24 设置图形观察窗参数

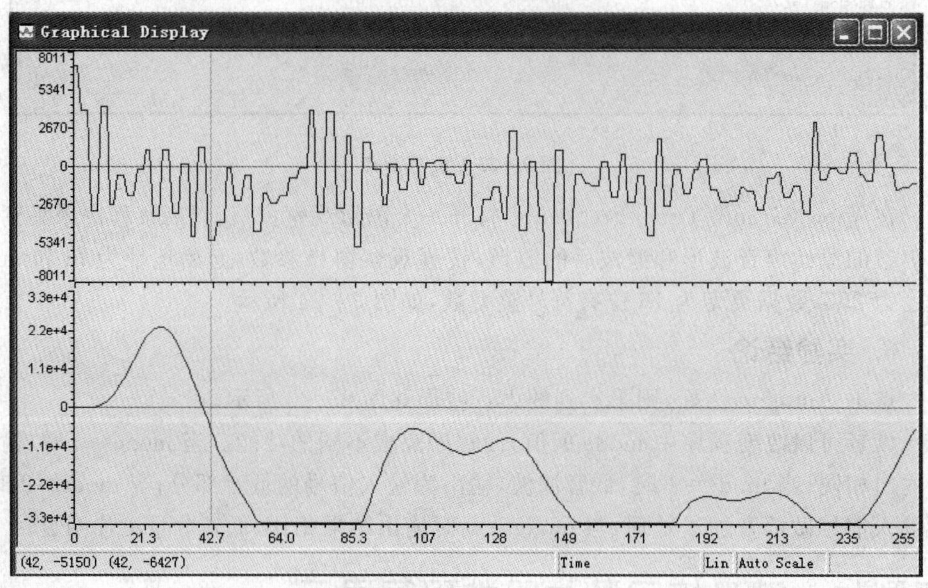

图 9-25 采集到的原始声音和滤波后声音的波形

设计程序，实现以下功能：开机后能测试 HD7279A，并驱动 LED 数码管顺序显示 0、1、2、…、f，同时能依次左移；当键盘有按键发生时，能通过 I/O 口输出的信号驱动 8 位LED 灯交替闪烁，同时将按键数字显示在 LED 数码管最低位上；当有连续按键发生时，LED 数码管上显示的数字依次左移。

3. 实验原理

HD7279A 芯片是具有串行接口的，可同时驱动 8 位共阴式数码管(或 64 只独立

LED)的智能显示驱动芯片，该芯片同时还可连接多达 64 键的键盘矩阵，单片即可完成 LED 显示、键盘接口的全部功能。HD7279A 内部含有译码器，可直接接受 BCD 码或十六进制码，并同时具有 2 种译码方式；此外，还具有多种控制指令，如消隐、闪烁、左移、右移、段寻址等。

HD7279A 具有片选信号，可方便地实现多于 8 位的显示或多于 64 键的键盘接口。

HD7279A 驱动芯片的控制指令请参考程序清单，接口如图 9－26 所示，其中 CS 为片选信号，CLK 为时钟信号，DATA 为串行数据线，KEY 为键盘中断引脚。当 McBSP1 配置为 GPIO 口时，如图 9－27 所示，CS 连接 BDX1 引脚，CLK 连接 BCLKX1 引脚，DATA 连接 BCLKR1 引脚，同时用 BFSX1 控制数据传输方向。KEY 连接 C5402 的 INT0 引脚。

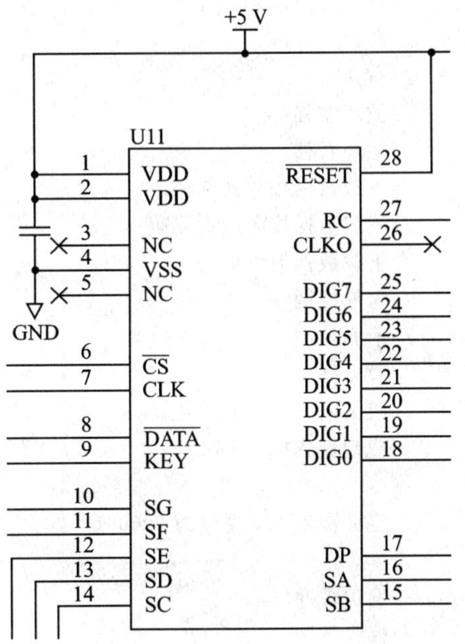

图 9－26　HD7279A 的引脚

BCLKR1 42
BFSR1 44
BDR1 47
BCLKX1 49
BDX1 60
BFSX1 54

图 9－27　McBSP1 的引脚

4. 参考程序

本实例程序包括主程序 7279_54.C，以及其他 3 个文件，即寄存器定义文件 DspRegDefine.h、中断向量文件 VECTORS.ASM 和链接命令文件 ucos_ii.CMD。

主程序清单如下：

```
/* * * * * * * * *7279_54.C * * * * * * * * * * * * * * * *
//文件名称:7279_54.C;文件功能:该文件为测试 7279 的测试程序,CPU = TMS320VC5402
//接口说明:CS = BDX1,CLK = BCLKX1,DATA = BCLKR1
```

```
//          方向 BFSX1;BFSX1 = ´1´ BCLKR1 输出数据给 7279,DATA7279< = BCLKR1
//                  BFSX1 = ´0´ 7279 输出数据给 BCLKR1,BCLKR1< = DATA7279
//          键盘中断 INT0< = KEY7279 (C54x 的中断 0)
//- - - - - - - - - - -头文件- - - - - - - - - - - - - - - -
#include "DspRegDefine.h"   //VC5402 寄存器定义
/* * * * * * * * * * * * *宏定义* * * * * * * * * * * * * * * */
#define UCHAR               unsigned char
#define UINT16              unsigned int
#define UINT32              unsigned long
#define TRUE1
#define FALSE0
//- - - - - - - - - - HD7279A 指令 - - - - - - - - - - - - - - -
#define CMD_RESET      0xa4                    //复位
#define CMD_TEST      0xbf                     //测试
#define RTL_UNCYL      0xa1                    //左移
#define RTR_UNCYL      0xa0                    //右移
#define RTL_CYCLE      0xa3                    //循环左移
#define RTR_CYCLE      0xa2                    //循环右移
#define DECODE0        0x80                    //下载数据按方式 0 译码
#define DECODE1        0xc8                    //下载数据按方式 1 译码
#define UNDECODE      0x90                     //下载数据但不译码
#define BLINKCTL      0x88                     //闪烁控制
#define ACTCTL        0x98                     //消隐控制
#define SEGON          0xe0                    //段点亮
#define SEGOFF        0xc0                     //段关闭
#define CMD_READ      0x15                     //读键盘数据
/*端口定义 */
ioport UINT16 port8001;                        //定义输出 I/O 端口为 0x8001;
/*全局变量定义 */
char     send_buff = 0x00;                     //发送缓冲
char     rece_buff = 0x00;                     //接收缓冲
UINT16   data_buff = 0x0000;                   //数据缓冲
UINT16   show = 0x00aa;
/* * * * * * * * * * * * *所使用的函数原型* * * * * * * * * * * * * * * */
void cpu_init(void);                           //初始化 CPU
void mcbsp1_init(void);                        //初始化 McBSP1 设置寄存器,配置成 I/O 模式
void xint0_init(void);                         //外部中断 0 初始化子程序
interrupt void ExtInt0();                      //中断 0 中断子程序
void cs_high(void);                            //片选置高
void cs_low(void);                             //片选置低
void send(void);                               //发送一个字节 8 bit
void receive();                                //接收一个字节 8 bit
```

```
void delay_25ms(void);                    //25 ms 延迟,复位延迟
extern void delay_8us(void);              //8 μs 延迟,T2\T3\T6\T7
extern void delay_25us(void);             //25 μs 延迟,T4\T5
extern void delay_50us(void);             //50 μs 延迟,T1
void Delay(UINT16 numbers);               //延迟
/* * * * * * * * * * * * * * * * 函数定义 * * * * * * * * * * * * * * * * */
//函数名称:void cpu_init(void);函数说明:初始化 CPU;输入参数:无;输出参数:无
void cpu_init(void)
{
    asm(" nop ");
    asm(" nop ");
    asm(" nop ");
//CLKMD DEFINITIONS:
//          0000011111111111 = 0x07ff CLKMD = 1 X CLKIN
   *(unsigned int *)CLKMD = 0x0;          //切换为分频模式 clkout = 1/2 clkin
   while(((*(unsigned int *)CLKMD)&01)! = 0);
   *(unsigned int *)CLKMD = 0x07ff;       //切换为 PLL×1 模式 10 Mbps
//    *(unsigned int *)ST0 = 0x1800;
//    *(unsigned int *)ST1 = 0x6900;
     *(unsigned int *)PMST = 0x3FF2;
   *(unsigned int *)SWWSR = 0x7fff;
   *(unsigned int *)SWCR = 0x0001;
   *(unsigned int *)BSCR = 0xf800;
  asm(" ssbx intm ");                     //禁止所有可屏蔽中断
   *(unsigned int *)IMR = 0x0;
   *(unsigned int *)IFR = 0xffff;
  asm(" nop ");
  asm(" nop ");
  asm(" nop ");
}
//- - - - - - - - - - - - - - - - - - - - - - - - - - - - - - - - -
//函数名称: void Delay(int numbers);函数说明:延时;输入参数:numbers;输出参数:无
void Delay(UINT16 numbers)
{
    UINT16 i,j;
    for(i = 0;i<4000;i + + )
      for(j = 0;j<numbers;j + + );
}
//- - - - - - - - - - - - - - - - - - - - - - - - - - - - - - - - -
//函数名称:void delay_25ms(void);函数说明:25 ms 延迟;输入参数:无;输出参数:无
void delay_25ms()
{
```

```
    UINT16 i,j;
    for(i = 0;i< = 1000;i + +);
      for(j = 0;j< = 250;j + +);          //延迟 250 * 1000 * CLKOUT = 250000 * CLKOUT
                                           //1/CLKOUT = 0.1 μs
}
//- - - - - - - - - - - - - - - - - - - - - - - - - - - - - - -
//函数名称:void xint0_init(void);函数说明:初始化 XINT0;输入参数:无;输出参数:无
void xint0_init()                          //外部中断 0 初始化子程序
{
     * (unsigned int * )IMR = 0x0001;     //使能 int0 中断
    asm(" rsbx INTM");                     //开总中断
}
//- - - - - - - - - - - - - - - - - - - - - - - - - - - - - - -
//函数名称:void Extint0(void);函数说明:中断 0 的子程序;输入参数:无;输出参数:无
interrupt void ExtInt0()                   //中断 0 中断子程序
{
     * (unsigned int * )IFR  =  0xFFFF;   //清除所有中断标志,"写 1 清 0"
    send_buff  =  CMD_READ;                //读键值指令
    send();
    receive();
    asm(" nop ");
    send_buff  =  RTL_UNCYL;               //数据左移指令
    send();
    send_buff  =  DECODE1;
    send();
    send_buff  =  rece_buff;               //将接收到的键值送显示
    send();
    show  =  ~show;
    cs_high();                             //7279CS 置高
    asm(" rsbx INTM");                     //开总中断
    return;
}
//- - - - - - - - - - - - - - - - - - - - - - - - - - - - - - -
//函数名称:void mcbsp1_init(void);函数说明:初始化 MCBSP1;输入参数:无;输出参数:无
void mcbsp1_init(void)
{
  //复位 McBSP1
   * (unsigned int * )McBSP1_SPSA = 0x0000;//SPCR1
   * (unsigned int * )McBSP1_SPSD = 0x0000;//设置 SPCR1.0(RRST = 0)
   * (unsigned int * )McBSP1_SPSA = 0x0001;//SPCR2
   * (unsigned int * )McBSP1_SPSD = 0x0000;//设置 SPCR1.0(XRST = 0)
  //延迟
```

```
Delay(0);                          //延迟 4 000 * CPU 时钟周期
                                   //等待复位稳定
//---------------------------
//*(unsigned int *)McBSP1_SPSA = 0x0000;//SPCR1
//*(unsigned int *)McBSP1_SPSD = 0x0020;//设置 SPCR1.0(RRST = 0)
//*(unsigned int *)McBSP1_SPSD = 0x0000;
//*(unsigned int *)McBSP1_SPSA = 0x0001;//SPCR2
//*(unsigned int *)McBSP1_SPSD = 0x0020;
//*(unsigned int *)McBSP1_SPSD = 0x0000;
//X(bit15 - 10) 000000   保留
//FREE(bit9) 0           禁止自由运行模式
//SOFT(bit8) 0           SOFT 模式被禁止
//FRST(bit7) 0           帧同步逻辑复位
//GRST(bit6) 0           采样率发生器复位
//XINTM(bit5 - 4) 10     R(X)INT 由新的帧同步驱动
//XSYNER(bit3) 0         无帧同步误差
//XEMPTY(bit2) 0         XSR[1,2]为空
//XRDY(bit1) 0           发送器未准备好
//XRST(bit0) 0           串口发送器被禁止,且处于复位状态
//-----------0000 0000 0000 0000
 *(unsigned int *)McBSP1_SPSA = 0x000E;     //PCR,配置 mcbsp1 的引脚为 gpio
 *(unsigned int *)McBSP1_SPSD = 0x3F2D;
//X(bit 15 - 14) 00 保留
//XIOEN(bit13) 1  DX、FSX 和 CLKX 配置为通用 I/O
//RIOEN(bit12) 1  DR、FSR、CLKR 和 CLKS 配置为通用 I/O
//FSXM(bit11) 1   FSX 配置为输出
//FSRM(bit10) 1   FSR 配置为输出
//CLKXM(bit9) 1   CLKXM 配置为输出
//CLKRM(bit8) 1   CLKRM 配置为输出
//X(bit7) 0  保留
//CLKS_STAT(bit6) 0     CLKS 引脚状态
//DX_STAT(bit5) 1       DX 引脚输出 1,DX 引脚始终为输出引脚
//DR_STAT(bit4) 0       DR 引脚输入 0,DR 引脚始终为输入引脚
//FSXP(bit3) 1          FSX 引脚输出 1
//FSRP(bit2) 1          FSR 引脚输出 1
//CLKXP(bit1)0          CLKX 引脚输出 0
//CLKRP(bit0)1          CLKR 引脚输出 1
//----------- 0011 1111 0010 1101
Delay(0);                      //延迟 4 000 * CPU 时钟周期
 asm(" nop ");
 }
//------------------------------
```

```
//函数名称:void cs_high(void);函数说明:片选置高"BDX1 = 1";输入参数:无;输出参数:无
void cs_high()
{
    *(unsigned int *)McBSP1_SPSA = 0x000E;
    *(unsigned int *)McBSP1_SPSD = *(unsigned int *)McBSP1_SPSD|0x0020;
}
//------------------------------
//函数名称:void cs_low(void);函数说明:片选置低"BDX1 = 0";输入参数:无;输出参数:无
void cs_low()
{
    *(unsigned int *)McBSP1_SPSA = 0x000E;
    *(unsigned int *)McBSP1_SPSD = *(unsigned int *)McBSP1_SPSD&0xffdf;
}
//------------------------------
//函数名称:void send(void);函数说明:发送一个字节 8 bit,高位在前;
//输入参数:发送数据在全局变量 send_buff 中;输出参数:无
void send()
{
        UINT16  i;
        cs_low();                       //片选 CS = 0
        delay_50us();                   //延时 50 μs
        for(i = 0;i<8;i + + )
        {
            switch(send_buff&0x80)
            {
                case 0x00:
                    *(unsigned int *)McBSP1_SPSA = 0x000E;
                    *(unsigned int *)McBSP1_SPSD = *(unsigned int *)McBSP1_
SPSD & 0xfffe;
                break;          //7279data 低 BCLKR1 = 0
                case 0x80:
                    *(unsigned int *)McBSP1_SPSA = 0x000E;
                    *(unsigned int *)McBSP1_SPSD = *(unsigned int *)McBSP1_
SPSD | 0x0001;
                break;          //7279data 高  BCLKR1 = 1
            }
            *(unsigned int *)McBSP1_SPSA = 0x000E;//7279clk 高 BCLKX1 = 1
            *(unsigned int *)McBSP1_SPSD = *(unsigned int *)McBSP1_SPSD
| 0x0002;
            delay_8us();
            *(unsigned int *)McBSP1_SPSA = 0x000E; //7279clk 低 BCLKX1 = 0
            *(unsigned int *)McBSP1_SPSD = *(unsigned int *)McBSP1_SPSD &
```

```
0xfffd;
                    delay_8us();
                    send_buff<< = 1;
                }
               // cs_high();                          //片选 CS = 1
                                                      //这时,7279CS = 1,7279CLK = 0
     }
     //- - - - - - - - - - - - - - - - - - - - - - - - - - - - - - - - - - - -
     //函数名称:void receive(void);函数说明:接收一个字节 8 bit,高位在前
     //输入参数:接收到的数据在全局变量 rece_buff 中;输出参数:无
     void receive()
     {
             UINT16 i;
             *(unsigned int *)McBSP1_SPSA = 0x000E;
             *(unsigned int *)McBSP1_SPSD = *(unsigned int *)McBSP1_SPSD & 0xfef7;
                                                      //BCLKR1,配置为输入脚,7279 发数据
                                                      //BFSX1 = 0,准备接收数据
             delay_50us();
             for(i = 0;i<8;i + + )
             {
      *(unsigned int *)McBSP1_SPSA = 0x000E;
      *(unsigned int *)McBSP1_SPSD = *(unsigned int *)McBSP1_SPSD|0x0002; //7279clk 高 BC
                 delay_8us();
     data_buff = data_buff|((*(unsigned int *)McBSP1_SPSD&0x0001)<<(15 - i));
     //读 BCLKR1 引脚数据,把接收到数据放在 bit 15~8
                 *(unsigned int *)McBSP1_SPSA = 0x000E;
                 *(unsigned int *)McBSP1_SPSD = *(unsigned int *)McBSP1_SPSD&0xfffd;
//7279clk 低 BC
                 delay_8us();
             }
             asm("nop ");                             //在这里设置断点观察 data_buff 中的值
             rece_buff = (data_buff>>8) & 0x00ff;//接收到的数据右移给 rece_buff
             data_buff = 0x0000;                      //清除 data_buff
             *(unsigned int *)McBSP1_SPSA = 0x000E;
             *(unsigned int *)McBSP1_SPSD = *(unsigned int *)McBSP1_SPSD | 0x0108;
                                                      //BCLKR1,配置为输出脚,向 7279 发数据
                                                      //BFSX1 = 1,准备发送数据
     }
     //* * * * * * * * * * * * * * * *主函数* * * * * * * * * * * * * * * * * *
     void main()
     {
       UINT16  temp;
```

```
//------------系统初始化--------------
   asm(" nop ");
   cpu_init();                     //初始化CPU
   asm(" nop ");
   mcbsp1_init();                  //初始化IOPE设置寄存器
   asm(" nop ");
//------------7279复位----------------
   asm(" nop ");
   send_buff = CMD_RESET;          //复位指令
   send();
   delay_25ms();                   //25 ms延迟,复位延迟
   Delay(100);
   asm(" nop ");
//------------7279测试-----------------
   send_buff = CMD_TEST;           //测试指令
   send();
   Delay(90);
   Delay(90);
   Delay(90);
   asm(" nop ");
//------------7279复位-----------------
   send_buff = CMD_RESET;          //复位指令
   send();
   delay_25ms();                   //25 ms延迟,复位延迟
   Delay(100);
   asm(" nop ");
//------------7279显示  0\1\2---f----------
   for(temp = 0;temp<16;temp + + ) //送出数据0x00~0x0F
        {
             send_buff = DECODE1;
             send();
             send_buff = temp;
             send();
             Delay(90);
             send_buff = RTL_UNCYL; //数据左移指令
             send();
             Delay(90);
        }
//------------7279复位-----------------
     send_buff = CMD_RESET;        //复位指令
     send();
//------------7279CS = '1'-----------------
```

```
        cs_high();
//----------------外部中断 0 初始化-------------
        xint0_init();               //外部中断 0 初始化子程序
        asm(" nop ");
//-------------等待键盘中断----------------
            while(1)
            {
              port8001 = show;
            }
}
```

中断向量文件中只有外部中断 INT0 得到使用，其他中断未用。寄存器定义文件、中断向量程序文件和链接命令文件请参考实例六。

5. 程序调试运行

开关 K9 拨到右边，即仿真器选择连接右边的 CPU2 子板；正确完成计算机、DSP 仿真器和实验箱的连接后，系统上电。

启动 CCS 2.0，打开 exp07 目录下的 exp07.pjt 工程文件，双击 source 下的文件名称可查看各源程序。加载 debug 目录下的 exp07.out，单击 run 运行程序或按 F5 运行程序，然后观察结果。

6. 实验结论

可以看到 LED 全部点亮（包括小数点）闪烁，LED13、LED14 显示出 0、1、2、3、4、5、6、7、8、9、A、b、C、d 、E、F，并逐渐左移，然后 LED 全部熄灭。此时按键盘上的按键，便可在最右边一位 LED 上显示出按键对应的键值，再次按下任意一键时，上一个显示的键值左移一位，新键值显示在最右端，同时 LED1～LED8 亮灭变化，实现了预期效果。

实例八　LCD 输出显示

1. 实验目的

① 了解 LCD 显示的基本原理；

② 学习用 TMS320C54xDSP 芯片控制 LCD 的基本方法和步骤；

③ 加深对访问 DSP I/O 空间的理解。

2. 实验内容

编写一个 LCD 的测试程序，通过 C54 芯片对 LCM12864ZK 进行初始化，然后显示 4 行汉字，当显示了完整内容之后清屏。

3. 实验原理

液晶显示器(LCD)以其功耗低、体积小、外形美观、价格低廉等多种优势在仪器仪表产品中得到愈来愈多的应用。

LCD数据接口基本上分为串行接口和并行接口两种形式，本实验系统选用的是北京青云创新科技发展有限公司生产的中文液晶显示模块，型号为LCM12864ZK_LCD，其字形ROM内含8 192个16×16点中文字形和128个16×8半宽的字母符号字形；另外，绘图显示画面提供一个64×256点的绘图区域GDRAM，而且内含CGRAM提供4组软件可编程的16×16点阵造字功能。电源操作范围宽(2.7～5.5 V)，低功耗设计可满足产品的省电要求。同时，与单片机等微控器的接口灵活(3种模式，并行8位/4位，串行3线/2线)。

中文液晶显示模块可实现汉字、ASCII码、点阵图形的同屏显示，广泛用在各种仪器、仪表、家用电器和信息产品上作为显示器件。在本系统中，DSP芯片的I/O空间扩展出与LCD的接口，其接口如图9-28所示。

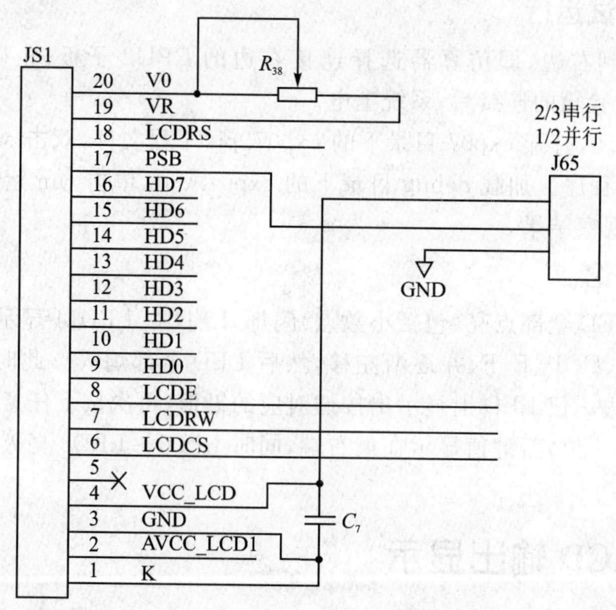

图9-28 LCD与C54芯片的接口原理图

本实验中，采用串行和并行8位数据接口输入方式，把LCD映射到DSP芯片的I/O空间，通过读/写I/O地址来控制液晶，TMS320C54xDSP芯片对该地址输出数据，实现对LCD的显示控制。

LCD的指令分为基本指令和扩展指令，详细内容请参考LCM12864ZK的说明书，关于指令以及LCD的使用方法请参考程序清单。

4. 参考程序

本实例程序包括主程序lcd.C，以及其他3个文件，即寄存器定义文件DspRegDefine.h、中断向量文件VECTORS.ASM和链接命令文件ucos_ii.CMD。

主程序清单如下：

```
/*   * * * * * * * * * * * lcd.C * * * * * * * * * * * * * * * * *
;文件名称：lcd.C;文件功能：该文件为测试LCD的测试程序,CPU = TMS320VC5402;
;接口说明:LCD型号LCM12864ZK,青云公司,设置在并行8 bit方式
;              LCDRS< = HRESET; - - LCD复位,用CPU2的复位信号,低有效
;                LCDE< = ´1´ WHEN HA15 = ´1´ AND HA14 = ´0´ AND HA3 = ´0´ AND HA2 = ´1´
;                          AND HIS = ´0´ AND XIOSTRB = ´0´ ELSE
;                    ´0´;   - - LCD扩展到I/O空间：8004～8007;
;                LCDCS< = HA0; - - LCD选择寄存器信号,‘0’指令寄存器;‘1’数据寄存器
;                LCDRW< = HRW; - - LCD读/写信号,‘0’写;‘1’读
;写数据寄存器：8005   读数据寄存器:8005
;写指令寄存器：8004   读指令寄存器:8004       */
//- - - - - - - - - - - - - - - - - 头文件 - - - - - - - - - - - - - - - -
#include "DspRegDefine.h"    //VC5402寄存器定义
/*     * * * * * * * * * * *宏定义 * * * * * * * * * *      */
#define UCHAR               unsigned char
#define UINT16              unsigned int
#define UINT32              unsigned long
#define TRUE                1
#define FALSE               0
//- - - - - - - - - - - - - - - - LCD指令 - - - - - - - - - - - - - - - - -
//基本指令集 RE = 0
#define CLEAR           0x0001        //清除显示
#define RESAC           0x0002        //位址计数器清0
#define SETPOINT        0x0006        //入口设定,游标右移,DDRAM位址计数器(AC)加1
#define CURSOR          0x000F        //整体显示,游标显示,游标位置反白
#define MCURSOR         0x0014        //游标向右移动,AC = AC + 1
#define FUCSET          0x0030        //功能设定,BIT MPU控制界面,基本指令集,默认设置
#define CGRAMAC         0x0040        //设定CGRAM位址
#define DDRAMAC         0x0080        //设定DDRAM位址
                                      //第一行AC范围为80H～8FH
                                      //第二行AC范围为90H～9FH
                                      //第三行AC范围为A0H～AFH
                                      //第四行AC范围为B0H～BFH
//#define READBF        RS = 0,RW = 1,DB7,DB6,DB5,DB4,DB3,DB2,DB1,DB0
//                                 BF  AC6 AC5 AC4 AC3 AC2 AC1 AC0
//读取忙标志(BF)和位址就是读取指令寄存器,PORT8006,BF = 1,表示LCD忙碌
//#define WRITERAM      RS = 1,RW = 0,DB7,DB6,DB5,DB4,DB3,DB2,DB1,DB0
//  D7  D6  D5  D4  D3  D2  D1  D0
//写入数据到RAM就是写数据寄存器：PORT8005
//#define READRAM       RS = 1,RW = 1,DB7,DB6,DB5,DB4,DB3,DB2,DB1,DB0
```

```
//   D7  D6  D5  D4  D3  D2  D1  D0
//读取 RAM 的值就是从数据寄存器读取数据，PORT8007
//扩充指令集 RE = 1
#define IDLE          0x01          //待命模式
#define CGRAMSET      0x02          //卷动位址或 RAM 位址选择
#define REVERSE       0x04          //反白选择
#define SLEEP         0x0c          //脱离休眠模式
#define EFUCSET       0x66          //扩充功能设定,8 bit MPU 控制界面,为扩充指令集
                                    //动作,绘图显示 ON
#define SISA          0x40          //设定 IRAM 位址或卷动位址
#define SETGDRAM      0x80          //设定绘图 RAM 位址
//- - - - - - - - - - - - - - - - - - - - - - - - - - - - - - - - - - - -
/*端口定义 */
ioport UINT16 port8004;             //写指令寄存器
ioport UINT16 port8005;             //写数据寄存器
ioport UINT16 port8006;             //读指令寄存器
ioport UINT16 port8007;             //读数据寄存器
//- - - - - - - - - - - - - - - - - - - - - - - - - - - - - - - - - - - -
/*全局变量定义 */
UCHAR  data_buff1[10] = "白日依山尽";
UCHAR  data_buff2[10] = "黄河入海流";
UCHAR  data_buff3[10] = "欲穷千里目";
UCHAR  data_buff4[10] = "更上一层楼";
/*    * * * * * * * * * *所使用的函数原型 * * * * * * * *    */
void cpu_init(void); //初始化 CPU
void Delay(UINT16 numbers);          //延迟
extern void delay_100us(void);       //100 μs 延迟,指令之间的延迟
void delay_50ms(void);               //50 ms 延迟,复位延迟
void delay_20ms(void);               //20 ms 延迟,清屏延迟
void bf_ready(void);                 //液晶忙标志判断
void wcom(UINT16 com);               //写指令寄存器
void wram(UINT16 ram);               //写数据寄存器
void rram(void);                     //读数据寄存器
/* * * * * * * * * * * * * 函数定义 * * * * * * * * * * * * *   */
//函数名称:void cpu_init(void); 函数说明:初始化 CPU; 输入参数:无;输出参数:无
void cpu_init(void)
{
    asm(" nop ");
    asm(" nop ");
    asm(" nop ");
    *(unsigned int *)CLKMD = 0x0;          //切换至 DIV 模式 clkout = 1/2 clkin
    while(((*(unsigned int *)CLKMD)&01)! = 0);
```

```
    *(unsigned int *)CLKMD = 0x07ff;        //切换至 PLL X 1 模式
//-------------------------------------------
// ST0   DEFINITIONS:              0001 1000 0000 0000  = 0x1800 复位值
//    *(unsigned int *)ST0 = 0x1800;
// ST1   DEFINITIONS:         0110 1001 0000 0000  = 0x2900 复位值
//    *(unsigned int *)ST1 = 0x6900;
//IPTR DEFINITIONS     0011 1111 1111 0010  =  0x3ff2
   *(unsigned int *)PMST = 0x3FF2;
// SWWSR DEFINITIONS      1 111 111 111 111 111  -  0x7fff
   *(unsigned int *)SWWSR = 0x7fff;
//SWCR DEFINITIONS        0000 0000 0000 0001
   *(unsigned int *)SWCR = 0x0001;
//BSCR DEFINITIONS      1111 1000 0000 0000
   *(unsigned int *)BSCR = 0xf800;
   asm(" ssbx intm "); //禁止所有可屏蔽中断
// IMR DEFINITIONS0000 0000 0000 0000
   *(unsigned int *)IMR = 0x0;
// IFR DEFINITIONS  1111 1111 1111 1111
   *(unsigned int *)IFR = 0xffff;
//--------------------------------
    asm(" nop ");
    asm(" nop ");
    asm(" nop ");
}
/*   ***************************   */
//函数名称:void Delay(int numbers);函数说明:延时输入参数:numbers;输出参数:无
void Delay(UINT16 numbers)
{
    UINT16 i,j;
    for(i = 0;i<4000;i++)
      for(j = 0;j<numbers;j++);
}
//函数名称:void delay_50ms(void);函数说明: 50 ms 延迟;输入参数: 无;输出参数: 无
void delay_50ms()
{
    UINT16 i,j;
    for(i = 0;i<= 1000;i++);
      for(j = 0;j<= 2000;j++);   //延迟 250 * 1 000 * CLKOUT = 500 000 * CLKOUT;
                                  //1/CLKOUT = 0.2 μs
}
//函数名称: void delay_20ms(void);函数说明: 20 ms 延迟;输入参数: 无;输出参数: 无
void delay_20ms()
```

```
{
  UINT16 i,j;
  for(i = 0;i< = 1000;i + + );
    for(j = 0;j< = 400;j + + );   //延迟 10 * 1000 * CLKOUT = 100000 * CLKOUT;1/CLKOUT =
                                  //0.2 μs
}
//函数名称:void bf_ready(void);函数说明: 液晶忙标志判断;输入参数:无;输出参数:无
void bf_ready()
{
   UINT16 BF,BFTEMP;
  BF = port8004 & 0x00ff; //读指令寄存器
  asm(" nop ");
  BFTEMP = BF & 80 ;
  asm(" nop ");
  while( ( BF & 80 ) = = 1) //如果忙标志为 1,则在这里等待
     return;
}
//函数名称:void wcom(UINT16 com);函数说明:写指令寄存器;输入参数:输入的命令字;输
//出参数:无
void wcom(UINT16 com)
{
  bf_ready();
  asm(" nop ");
  port8004 = com;
    return;
}
//函数名称:void wram(UINT16 ram);函数说明:写数据寄存器;输入参数:输入的数据;输出
//参数:无
void wram(UINT16 ram)
{
  bf_ready();
  asm(" nop ");
  port8005 = ram;
    return;
}
//函数名称:void rram(void);函数说明:读数据寄存器;输入参数:无;输出参数: 无
void rram()
{
  UINT16 readram;
  bf_ready();
  asm(" nop ");
  readram = port8005;
```

```
  asm(" nop ");
    return;
}
/* * * * * * * * * * 主函数 * * * * * * * * * *   */
void main()
{
  UINT16  i;
  asm(" nop ");
  cpu_init();           //初始化 CPU
  asm(" nop ");
//- - - - - - - - - - - - - LCD 初始化 - - - - - - - - - - - - - - - - - -
  asm(" nop ");
  delay_50ms();
  wcom(FUCSET);        //功能设定,8 bit 并口,基本指令集
  delay_100us();
  wcom(CURSOR);        //整体显示,游标显示,游标位置反白
  delay_100us();
  wcom(CLEAR);         //清除显示
  delay_20ms();
  wcom(SETPOINT);      //入口设定,游标右移,DDRAM 位址计数器(AC)加 1
  delay_100us();
//- - - - - - - - - - - - - - LCD 显示 - - - - - - - - - - - - - - - - - - - -
for(;;)
{
  Delay(500);
  wcom(0x0082);        //设定 DDRAM 的地址在第一行 82H
  delay_100us();
  for(i = 0;i<10;i++)
  {
     wram(data_buff1[i]);
     delay_100us();
     asm(" nop ");
  }
  asm(" nop ");
  //- - - - - - - - - - - - - - - - - - - - - - - -
  wcom(0x0092);        //设定 DDRAM 的地址在第二行 92H
  delay_100us();
  for(i = 0;i<10;i++)
  {
     wram(data_buff2[i]);
     delay_100us();
  }
```

```
    asm(" nop ");
   //- - - - - - - - - - - - - - - - - - - - - - -
    wcom(0x008a);        //设定 DDRAM 的地址在第三行 8AH
    delay_100us();
    for(i = 0;i<10;i + + )
    {
       wram(data_buff3[i]);
       delay_100us();
    }
    asm(" nop ");
    //- - - - - - - - - - - - - - - - - - - - - - -
    wcom(0x009a);        //设定 DDRAM 的地址在第四行 9AH
    delay_100us();
    for(i = 0;i<10;i + + )
    {
       wram(data_buff4[i]);
       delay_100us();
    }
    asm(" nop ");
    delay_100us();
    Delay(500);
    delay_100us();
    wcom(CLEAR);         //清除显示
    }
}
```

本例中未使用中断，因此中断向量文件中只使用了复位中断，中断向量文件和连接命令文件与实例一的相同，寄存器定义文件如实例七，此处不再赘述。

5. 程序调试运行

将开关 K9 拨到右边，即仿真器选择连接 CPU2 子板；正确连接计算机、仿真器和 DSP 实验箱后，系统上电。

将“液晶显示单元”拨码开关 S2 的码位 1、2 置 ON，打开液晶的电源和背光电源。将跳线 J65 的 1、2 短接；将拨码开关 SW2 的码位 1、2 置 OFF，3、4 置 ON，使 LCD 工作在 8 位并口工作方式。

启动 CCS 2.0，打开 exp08 文件夹下的工程文件 userlcdepp_54.pjt，加载 userlcdepp_54.out 文件，运行程序。

6. 实验结论

代码运行后，在 LCD 上显示了 4 行汉字，即“白日依山尽，黄河入海流，欲穷千里目，更上一层楼”，每隔一段时间清屏后又重新显示以上内容。

实例九　有限冲击响应滤波器(FIR)算法实现

1. 实验目的

① 掌握用窗函数法设计 FIR 数字滤波器的原理和方法；

② 熟悉线性相位 FIR 数字滤波器特性；

③ 了解各种窗函数对滤波特性的影响。

2. 实验内容

通过模拟信号源产生混频信号，经过 AD7822 进行 A/D 转换，然后将数据由地址为 8002 的 I/O 口输入给 DSP 芯片，试编写程序，实现数据的读入、计算 FIR 滤波器参数、对数据进行 FIR 低通滤波处理。不要求从硬件端口输出信号，仅使用 CCS 工具观察混频信号、滤波后信号的波形和频谱即可。

3. 实验原理

关于 AD7822 的相关资料请参阅实例五。

$N-1$ 阶 FIR 数字滤波器的系统函数可以表示为

$$H(z)=\sum_{n=0}^{N-1}h(n)z^{-n} \tag{9.1}$$

由于 FIR 数字滤波器的单位样值响应是有限长的，因此系统总是稳定的，即使是非因果系统，经过适当的延时，也总能用因果系统实现，且很容易设计成线性相位。

如果 $N-1$ 阶 FIR 数字滤波器的单位样值响应是实数，则系统是线性相位的条件是

$$h(n)=\pm h(N-1-n) \tag{9.2}$$

当 $h(n)$ 偶对称，N 为奇数时，系统具有线性相位，且其幅度特性关于 0、π 偶对称，适合于设计低通、高通、带通和带阻滤波器。通过逼近理想滤波器的频率响应，经过反变换求得系统的单位样值响应 $h_d(n)$，最后将无限长的 $h_d(n)$ 进行加窗截断就可以得到有限长序列 $h(n)$。窗函数有多种形式，常用的有矩形窗、汉宁窗、哈明窗、布莱克曼窗和恺撒窗等，采用的窗函数不同，则滤波器的性能会有所不同，可参见相关资料。

对于理想低通滤波器，其传输函数 $h_d(e^{j\omega})$ 为

$$H_d(e^{j\omega})=\begin{cases}e^{-j\omega a}, & |\omega|\leqslant\omega_c\\ 0, & \omega_c<\omega\leqslant\pi\end{cases} \tag{9.3}$$

相应的单位样值响应 $h_d(n)$ 为

$$h_d(n)=\frac{\sin[\omega_c(n-a)]}{\pi(n-a)} \tag{9.4}$$

矩形窗函数为

$$w(n) = R_N(n) \tag{9.5}$$

截取后滤波器的单位样值响应为

$$h(n) = h_d(n) \cdot w(n) = \frac{\sin[\omega_c(n-a)]}{\pi(n-a)} \cdot R_N(n) \tag{9.6}$$

为保证滤波器的线性相位特性,必须取 $a=\frac{N-1}{2}$。可见 N 的值越大,则窗函数的长度也越长,所取的序列越逼近理想滤波器的单位样值响应,但是这样会增加滤波器的成本和体积,因此应该适当选择窗口长度以取得平衡。本实例取 $N=51$。

4. 参考程序

该项目中包含主程序 Exp-FIR-AD. c、中断向量文件 VECTORS. ASM、链接命令文件 Exp-FIR-AD. CMD 和寄存器定义文件 DspRegDifine. h。中断向量文件中只使用了复位中断和中断 2,中断服务子程序函数为 int2(),其他不变,此处略去该程序清单。

链接命令文件 Exp-FIR-AD. CMD 的程序清单如下:

```
-stack 0x100
MEMORY
{
   PAGE 0:  PROG:    origin =   2b00h, length = 2500h
   PAGE 1:  DATA:    origin =   0200h, length = 1d00h
}
SECTIONS
{
   .text> PROG PAGE 0
   .cinit> PROG PAGE 0
   .switch> PROG PAGE 0
   .vectors > 3f80h   PAGE 0
   .data> DATA PAGE 1
   .bss> DATA PAGE 1
   .const> DATA PAGE 1
   .sysmem> DATA PAGE 1
   .stack> DATA PAGE 1
}
```

主程序 Exp-FIR-AD. c 的程序清单如下:

```
//* * * * * * * * * * * * Exp-FIR-AD.c * * * * * * * * * * * * * *
//主程序名称:Exp-FIR-AD.c;FIR 滤波器程序,使用中断 INT2 来获取输入信号
```

```
//数组 x 是来自于 A/D 的信号，长为 256，32 位浮点数；数组 y 是滤波器的输出信号，长为
//256，32 位浮点数；数组 h 是滤波器的系数，长度为 51，50 阶滤波器
#include "stdio.h"
#include "math.h"
#define pi 3.1415927
#define IMR      *(pmem + 0x0000)
#define IFR      *(pmem + 0x0001)
#define PMST     *(pmem + 0x001D)
#define SWCR     *(pmem + 0x002B)
#define SWWSR    *(pmem + 0x0028)
#define AL       *(pmem + 0x0008)
#define CLKMD  0x0058 //时钟模式寄存器
#define Len 256
#define FLen 51
doublenpass,h[FLen], x[Len], y[Len], xmid[FLen];
void firdes (double npass);
unsigned int   *pmem = 0;
ioport unsigned char port8002;
int in_x[Len];
int m = 0;
int intnum = 0;
double xmean = 0;
int i = 0;
int flag = 0;
double fs,fstop,r,rm;
int i,j,p,k = 0;
void cpu_init()
{
   *(unsigned int *)CLKMD = 0x0;          //切换为 DIV 模式，clkout = 1/2 clkin
     while((( *(unsigned int *)CLKMD)&01)! = 0);
   *(unsigned int *)CLKMD = 0x27ff;       //切换为 PLL X 3 模式，30 MHz
   PMST = 0x3FA0;
   SWWSR = 0x7fff;
   SWCR = 0x0000;
   IMR = 0;
   IFR = IFR;
}
Interrupt void int2()   //中断服务程序，每出现一个中断就接收一个输入信号样值
{
   in_x[m] = port8002;
   in_x[m] &= 0x00FF;
m++;
```

```
intnum = m;
if (intnum = = Len)//当接收到的样本数达到256时开始滤波
{
   intnum = 0;
   xmean = 0.0;
   for (i = 0; i<Len; i + + )//计算信号的均值
   {
           xmean = in_x[i] + xmean;
   }
   xmean = 1.0 * xmean/Len;
   for (i = 0; i<Len; i + + )//计算信号的交流分量
   {
           x[i] = (double)(in_x[i] - xmean);
   }
   for (i = 0; i<Len; i + + )
   {
           for (p = 0; p<FLen; p + + )
           {
              xmid[FLen - p - 1] = xmid[FLen - p - 2];//输入信号在窗口中滑动
   }
   xmid[0] = x[i];//输入信号移入窗口
   r = 0;
   rm = 0;
   for (j = 0; j<FLen; j + + )
   {
           r  = xmid[j] * h[j];
           rm = rm + r;//进行乘积累加运算
   }
   y[i] = rm;//计算并产生输出信号样值
   }
   m = 0;
   flag = 1;
  }
}
  void firdes(double npass)//计算滤波器系数
  {
   int t;
   for (t = 0; t<FLen; t + + )
   {
        h[t] = sin((t - (FLen - 1)/2.0) * npass * pi * 2)/(pi * (t - (FLen - 1)/2.0));
        if (t = = ((FLen - 1)/2))
{
```

```
h[t] = 2 * npass;
}
}
  }
void set_int()//中断初始化
{
      asm(" ssbx intm");
      IMR = IMR|0x0004;
      asm(" rsbx intm");
}
Void main(void)
{
      cpu_init();
      fs = 250000;
      fstop = 20000;
      npass = fstop/fs;
      for (i = 0; i<FLen; i + + )
      {
          xmid[i] = 0;
      }
      firdes(npass);
      set_int();
      for(;;)
      {
          if (flag = = 1)
          {
            flag = 0;     //在此处设置断点
          }
      }
}
```


5. 程序调试运行

正确连接计算机、DSP 仿真器和实验箱后，开关 K9 拨到右边，即仿真器连接右边的 CPU2 子板，“A/D 转换单元”上的拨码开关 JP3 设置 1 为 ON ，其他为 OFF，SW2 拨码开关设置 1、2、3、4 均为 ON，此时 AD7822 的采样时钟为 250 kHz，且中断给 CPU2 的中断 2。模拟信号源模块的拨码开关 S23 的码位 1 置 ON，两信号混频输出。

确保计算机、DSP 仿真器、实验箱正确连接后，将系统上电。

启动 CCS 2.0，打开 Exp09 子目录下 Exp-FIR-AD.pjt 工程文件，加载 Exp-FIR-AD.out，在主程序中 flag = 0 处设置断点，运行程序至断点处停止，如图 9－29 所示。

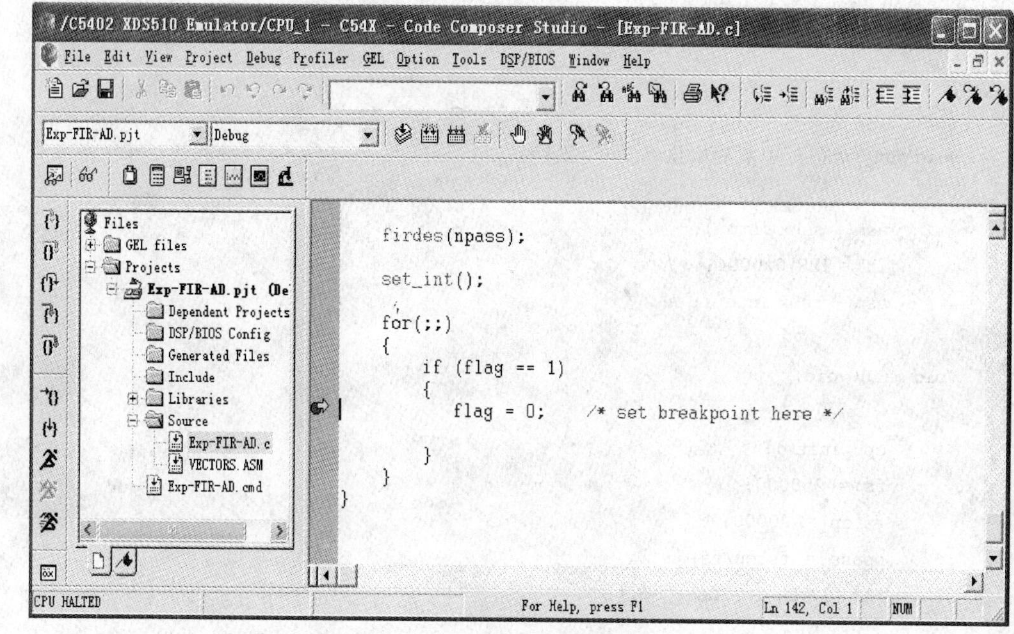

图9-29 设置断点位置

用 View / Graph / Time/Frequency 打开一个图形观察窗口，设置观察图形窗口变量及参数的方法如下：采用双踪法观察起始地址分别为 x 和 y、长度为 256 的单元中数值的变化，数值类型为 32 位浮点型变量，这两个数组中分别存放的是经 A/D 转换后的输入混叠信号（输入信号）和对该信号进行 FIR 滤波的结果，参数设置如图 9-30 所示。

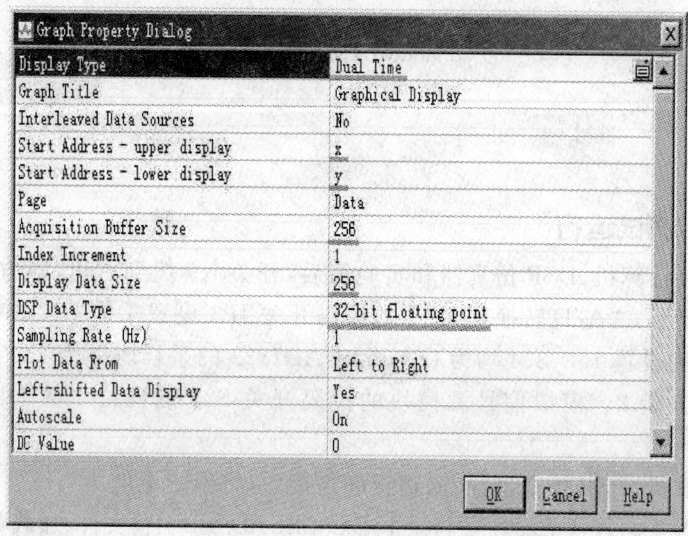

图9-30 观察混频信号和滤波后信号波形的参数设置

也可以查看混频信号的幅度谱,参数设置如图9-31所示。

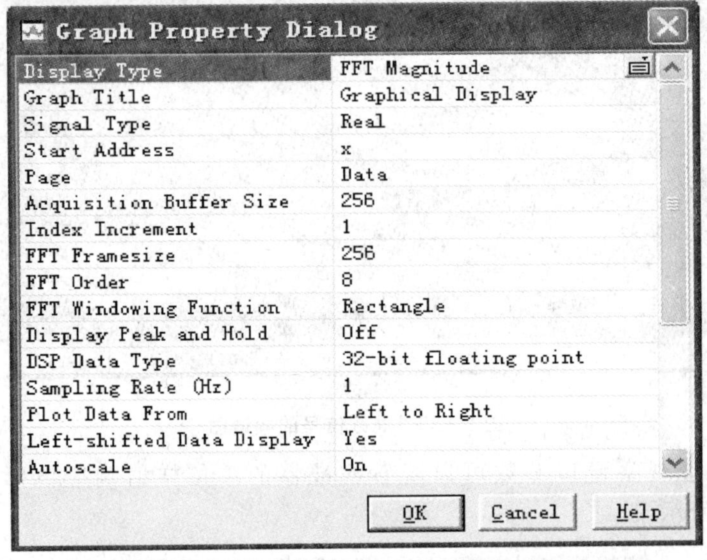

图9-31　观察混频信号的参数设置

6. 实验结论

单击Animate运行程序,或按F10运行程序,然后根据显示的波形情况调节两个信号源的频率和幅度,使信号波形大体如图9-32所示。由图可见,混频信号中含有低频和高频两个分量,经过滤波后信号只剩下低频分量,滤波效果较好。

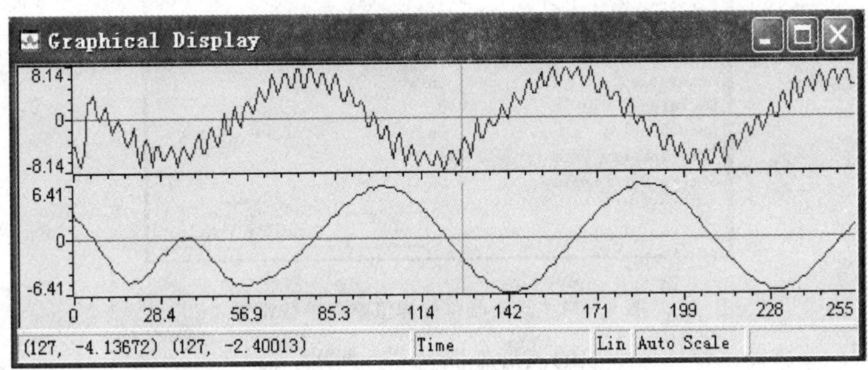

图9-32　混频信号和滤波后信号的波形

可以同时看到混频信号的幅度谱,如图9-33所示。根据混频信号的幅度谱调整两个信号源的频率和幅度更加方便。由图可见,最终混频信号含有两个分量,一个是低频分量,该模拟信号的频率大约为0.01×250 000 Hz=2.5 kHz;另一个是高频分量,该模拟信号的频率大约为0.24×250 000 Hz=60 kHz。

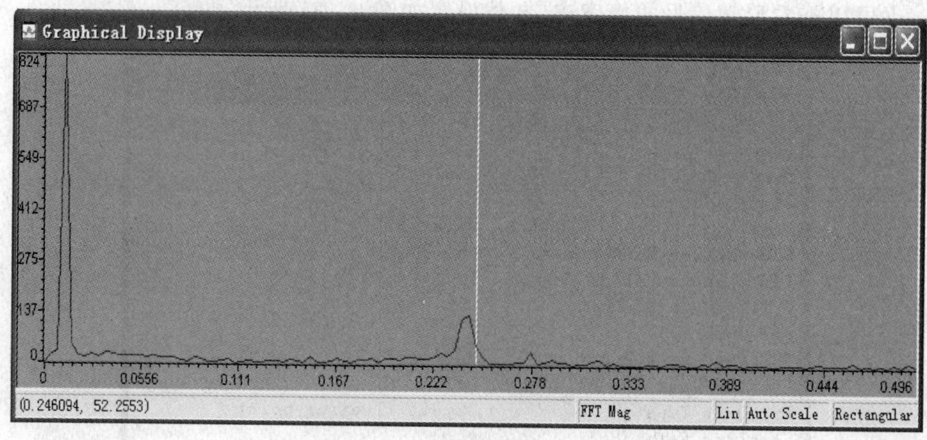

图 9-33　混频信号的频谱图

通过设置观察窗口参数可以查看滤波器的单位样值响应波形，参数设置如图 9-34 所示。

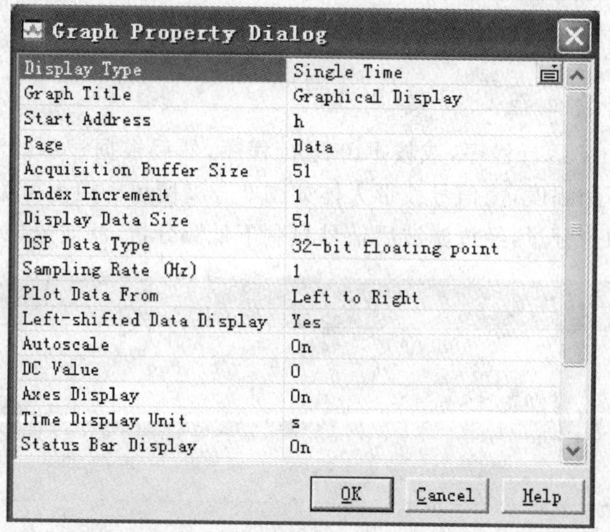

图 9-34　滤波器单位样值响应参数设置

FIR 滤波器单位样值响应的波形如图 9-35 所示。

单击 Halt 暂停程序运行，激活 Exp-FIR-AD.c 的编辑窗口，可以看到该程序所用的是 50 阶 FIR 低通滤波器算法程序，采用矩形窗函数实现；数组 h 和 x_{mid} 长度均为 51，f_s 为采样频率，f_{stop} 为滤波器截止频率。可以修改以上参数来改变滤波器性能，可同步观察输入信号及 FIR 低通滤波的结果。修改程序中截止频率参数如图 9-36 所示，以便查看截止频率对滤波性能的影响。

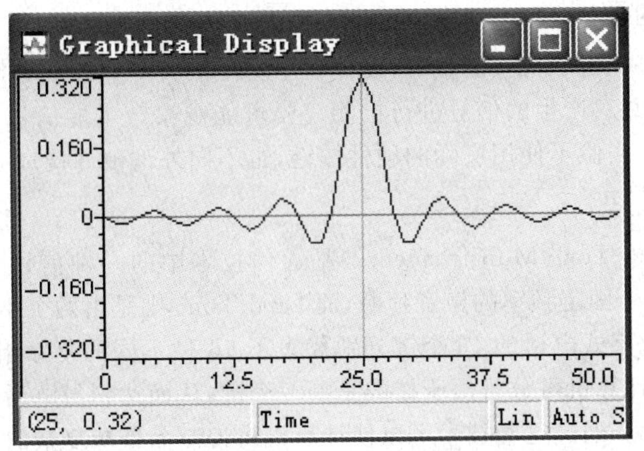

图 9-35　滤波器单位样值响应波形

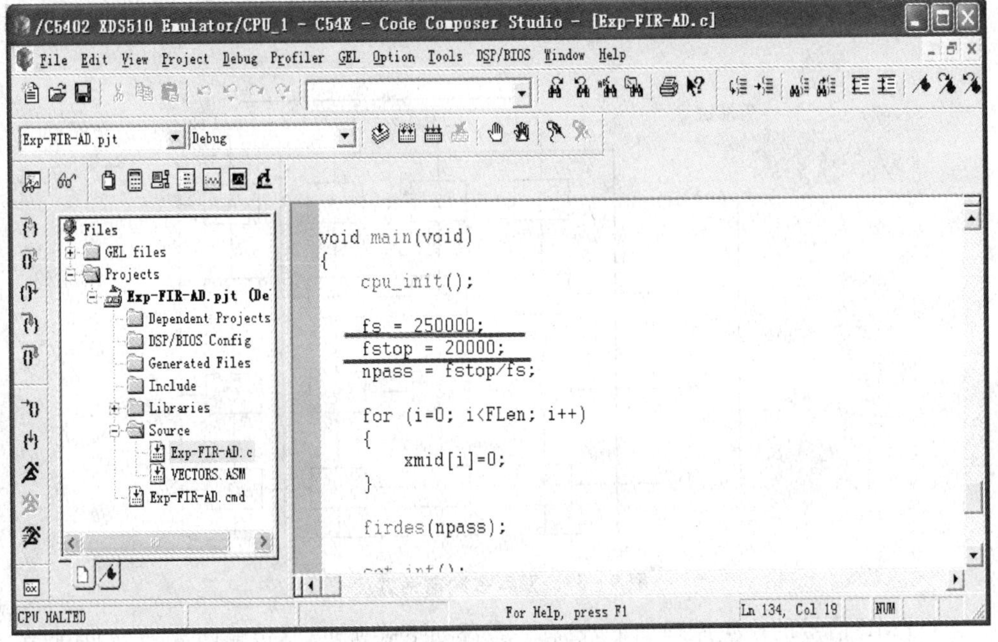

图 9-36　修改滤波器的截止频率参数

实例十　DTMF 信号的产生和检测

1. 实验目的

①了解 DTMF 信号的基本原理和用途；

② 学习 DTMF 信号产生和检测算法。

2. 实验内容

根据双音多频电话机按键位置，设计程序实现依次产生各个 DTMF 的键值对应的双音频信号，并对产生的信号进行检测。要求能观察产生的信号和识别后信号所对应的键值。本实验不使用实际的硬件按键，也不向外部硬件接口输出双音频信号。

3. 实验原理

DTMF(Dual-Tone Multifrequency)是通信技术中的一种信号传输方法。这里的 Tone 代表一个固定频率的声音片断，而 Dual-Tone 则是由两个不同的 Tone 产生的复频信号。数字式电话的 16 个键分别代表了 16 种不同的复频组合，借助于对频率组合的侦测，计算机可分辨出所按的是哪一个键，从而达到与电话另一端的使用者互动控制的目的。通过这种技术可以使计算机将控制命令从复杂的声音信号中判别出来，从而能够通过电话按键控制计算机的运作。DTMF 信号发生器将按键或数字信号转化成双音信号，DTMF 信号检测器检测双音信号中的信息。如图 9－37 所示的是一般双音多频电话的双音频率配置和键盘布局的对应关系。

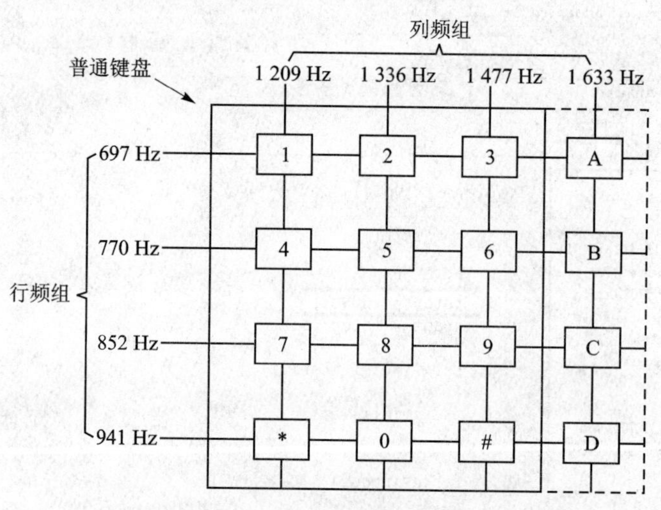

图 9－37　双音多频电话键盘

DTMF 信号的产生原理如下，设有一系统如下式所示，其传输函数 $H(z)$ 在收敛域内没有零点，只有一对处在单位圆上的共扼极点，则其单位样值响应为恒幅度振荡，即产生了正弦信号。

$$H(z) = \frac{b_0}{1 + a_1 z^{-1} + a_2 z^{-2}} \tag{9.7}$$

式中，$b_0 = A\sin\omega_0$，$a_1 = -2\cos\omega_0$，$a_2 = 1$。经离散反变换后得系统的单位样值响应为

$$h(n) = A\sin\omega_0(n+1) \tag{9.8}$$

式中，$\omega_0 = 2\pi f_0/f_s$，A 为正弦波幅值，f_s 为采样频率，f_0 为正弦波频率，则产生复合音的系统流图如图 9－38 所示。

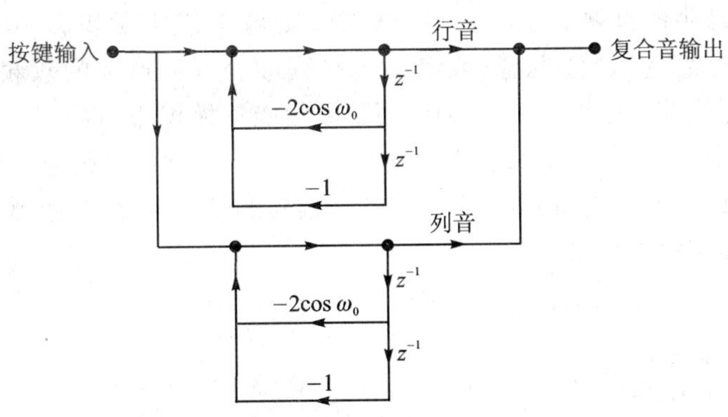

图 9-38 复合音产生系统流图

DTMF 所要产生的信号频率包括行频和列频，其中行频分别为 697 Hz、770 Hz、852 Hz 和 941 Hz 四种，列频分别为 1 209 Hz、1 336 Hz、1 477 Hz 和 1 633 Hz 四种，系统的采样频率为 $f_s = 8$ kHz。

根据 AT&T 技术规范要求，号码音必须满足以下要求：

① 数字号码最大传输速度为 10 个/秒，即一个号码音占 100 ms 时间片；

② 在 100 ms 时间片内，双音多频信号持续不少于 45 ms 且不多于 55 ms；

③ 一个数字按键有两个作业：Tone Task 和 Quiet Task，即发送双频音和静音作业。

对 DTMF 信号进行检测时使用的是 Goertzel 算法，Goertzel 算法用来从输入信号中提取出所需要的信号，运算速度比 DFT 算法快。

在检测端，式(9.7)所表示的系统 $H(z)$，也可起带通滤波器的作用。若令 $b_0 = 1$，则当输入信号为双频信号 $x(n)$ 时，带通滤波器输出的 N 点采样计算表达式为

$$v_k(n) = 2\cos\left(\frac{2\pi}{N}k\right) \cdot v_k(n-1) - v_k(n-2) + x(n) \tag{9.9}$$

式中，$v_k(-1)=0$，$v_k(-2)=0$，$x(n)=\text{input}$。

将输入信号分别通过 8 个带通滤波器后，8 路信号中只有 2 路有输出信号。对 8 个带通滤波器输出信号再进行能量计算，根据能量大小可以判断输入信号的频率成分。能量计算模板为

$$|X(k)|^2 = y_k(N)y_k^*(N) = v_k^2(N) + v_k^2(N-1) - 2\cos\left(\frac{2\pi}{N}k\right)v_k^2(N)v_k^2(N-1) \tag{9.10}$$

4. 参考程序

本实例包含两个程序，主程序 Dtmf.C 和链接命令文件 ad50.cmd。

主程序 Dtmf.C 分两部分，前半部分是 DTMF 信号产生，后半部分是 DTMF 信号检测；DTMF 产生时用数组 in 设定键值，数组长度为 16，范围为 0～15，可人工改

写;数组 xr 为产生的行频信号,长度为 102 点,32 位浮点型;数组 xc 为产生的列频信号,长度为 102 点,32 位浮点型;数组 x 为行列频合成后产生的双频信号,长度为 102 点,32 位浮点型;数组 z 为 DTMF 检测中的能量模板 $|X(k)|^2$,以完成按键的行和列位置的检测;变量 outkeycol 及变量 outkeyrow 分别为按键行和列位置的检测结果,均为整型变量;变量 outkey 为最终键值检测结果,键值与图 9-37 所示的键盘键值对应,为字符型变量。

Dtmf.C 程序清单如下:

```
#include "math.h"
#include "stdio.h"
#define pi 3.1415927
#define Length 102
#define Len 8
double x[Length],xc[Length],xr[Length];
double vk[Len][Length],vs1[Len],vs2[Len],v[3],s[Len],z[Len];
double vkn[Len][Length];
double fr0,fr1,fr2,fr3,fc0,fc1,fc2,fc3,fs,fr,fc;
double m1,m0,max1,max2;
int i,j;
//******** Main 函数程序 ******
void main(void)
{
    int inkey,outkeyrow,outkeycol;
    char outkey;
    int *out = (int*)0x2b00;
    int in[16] = {0, 1, 2, 3, 4, 5, 6, 7, 8, 9, 10, 11, 12, 13, 14, 15};
    int ks;
    fs = 8000;
    fr0 = 697.0;  fc0 = 1209.0;
    fr1 = 770.0;  fc1 = 1336.0;
    fr2 = 852.0;  fc2 = 1477.0;
    fr3 = 941.0;  fc3 = 1633.0;
    s[0] = fr0/fs;  s[4] = fc0/fs;
    s[1] = fr1/fs;  s[5] = fc1/fs;
    s[2] = fr2/fs;  s[6] = fc2/fs;
    s[3] = fr3/fs;  s[7] = fc3/fs;
//******输入键值 0~15******
  for (;;)
  {
    for (ks = 0; ks<16; ks++)
    {
```

```
    inkey = in[ks];
    if  (inkey = = 0)  {fr = fr3; fc = fc1;}
    else if (inkey = = 1)  {fr = fr0; fc = fc0;}
    else if (inkey = = 2)  {fr = fr0; fc = fc1;}
    else if (inkey = = 3)  {fr = fr0; fc = fc2;}
    else if (inkey = = 4)  {fr = fr1; fc = fc0;}
    else if (inkey = = 5)  {fr = fr1; fc = fc1;}
    else if (inkey = = 6)  {fr = fr1; fc = fc2;}
    else if (inkey = = 7)  {fr = fr2; fc = fc0;}
    else if (inkey = = 8)  {fr = fr2; fc = fc1;}
    else if (inkey = = 9)  {fr = fr2; fc = fc2;}
    else if (inkey = = 10) {fr = fr0; fc = fc3;}
    else if (inkey = = 11) {fr = fr1; fc = fc3;}
    else if (inkey = = 12) {fr = fr2; fc = fc3;}
    else if (inkey = = 13) {fr = fr3; fc = fc3;}
    else if (inkey = = 14) {fr = fr3; fc = fc0;}
    else if (inkey = = 15) {fr = fr3; fc = fc2;}
    for (i = 0; i<Length; i + + )
    {
      xr[i] = sin(2 * pi * fr * i/fs);
      xc[i] = sin(2 * pi * fc * i/fs);
      x[i] = 1 * (1.0 * xc[i] + 1.0 * xr[i]);  //产生双频信号 102 个样值
    }
// * * * * * DTMF 检测开始 * * * * *
    for(i = 0; i<Len; i + + )
    {
      v[2] = v[1] = v[0] = 0;
      for (j = 0; j<Length; j + + )
      {
          v[2] = 2 * (cos(2 * pi * s[i])) * v[1] - v[0] + x[j];
          vk[i][j] = v[2];  //计算信号通过 8 个带通滤波器后的 8 个输出序列 vk0～vk7
          v[0] = v[1];
          v[1] = v[2];
      }
    }
    for (i = 0; i<Len; i + + )
    {
      m1 = vk[i][Length - 1] * vk[i][Length - 1];
      m0 = vk[i][Length - 2] * vk[i][Length - 2];
      z[i] = m1 + m0 - 2 * cos(2 * pi * s[i]) * vk[i][Length - 1] * vk[i][Length - 2];
     //计算出 8 个能量|X(k)|²
}
```

```
max1 = 0.0;
for (i = 0; i<(Len/2); i + + )
{
  if (z[i] > = max1) { max1  =  z[i]; outkeyrow  =  i + 1;} //前四个能量比较,确定行位置
                                                          //参数
}
max2 = 0.0;
for (i = 4; i<Len; i + + )
{
  if (z[i] > = max2) { max2  =  z[i]; outkeycol  =  i - 4 + 1;} //后四个能量比较,确定列
                                                               //位置参数
                                                                 }

//* * * * * 显示检测的键值 * * * * * *
if (outkeyrow = = 1)
  {
    if     (outkeycol = = 1) outkey  =  '1';
    else if (outkeycol = = 2) outkey  =  '2';
    else if (outkeycol = = 3) outkey  =  '3';
    else if (outkeycol = = 4) outkey  =  'A';
    }
  else if (outkeyrow = = 2)
    {
        if   (outkeycol = = 1) outkey  =  '4';
        else if (outkeycol = = 2) outkey  =  '5';
        else if (outkeycol = = 3) outkey  =  '6';
        else if (outkeycol = = 4) outkey  =  'B';
    }
  else if (outkeyrow = = 3)
    {
        if   (outkeycol = = 1) outkey  =  '7';
        else if (outkeycol = = 2) outkey  =  '8';
        else if (outkeycol = = 3) outkey  =  '9';
        else if (outkeycol = = 4) outkey  =  'C';
     }
   else if (outkeyrow = = 4)
      {
         if   (outkeycol = = 1) outkey  =  ' * ';
         else if (outkeycol = = 2) outkey  =  '0';
         else if (outkeycol = = 3) outkey  =  '#';
         else if (outkeycol = = 4) outkey  =  'D';
      }
    i = 0;
```

```
            i = 0;
          }
      }
   }
```

5. 程序调试运行

开关 K9 拨到左边，即仿真器选择连接左边的 CPU1 子板，正确完成计算机、DSP 仿真器和实验箱的连接后，系统上电。

启动 CCS 2.0，打开 Exp10/DTMF 目录下的 DTMF.pjt 工程文件，查看各源程序，加载 DTMF.out，并在程序最后 i = 0 处设置断点，然后运行程序至断点处停止，如图 9-39 所示。

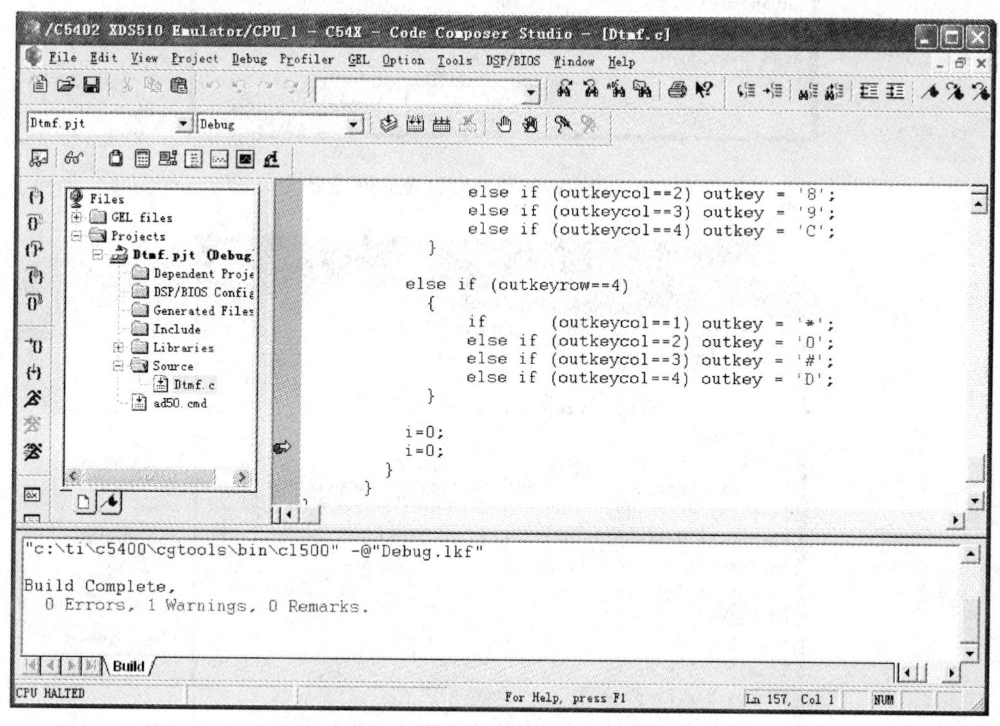

图 9-39　设置断点并运行程序

用 View/Graph/Time/Frequency 分别打开三个图形观察窗口，以观察产生的行频、列频、双音频信号以及能量模板信号 $|X(k)|^2$。设置第一个图形观察窗口，观察所产生的行频和列频信号，起始地址分别为 xr 和 xc，长度为 102，数据类型为 32 位浮点型的两组数据，如图 9-40 所示。

设置第二个图形观察窗口以便查看产生的双音频信号，起始地址为 x，长度为 102，数据类型为 32 位浮点型的一组数据，如图 9-41 所示。

设置第三个图形观察窗口，以便观察能量模板 $|X(k)|^2$ 的值，起始地址为 z，长

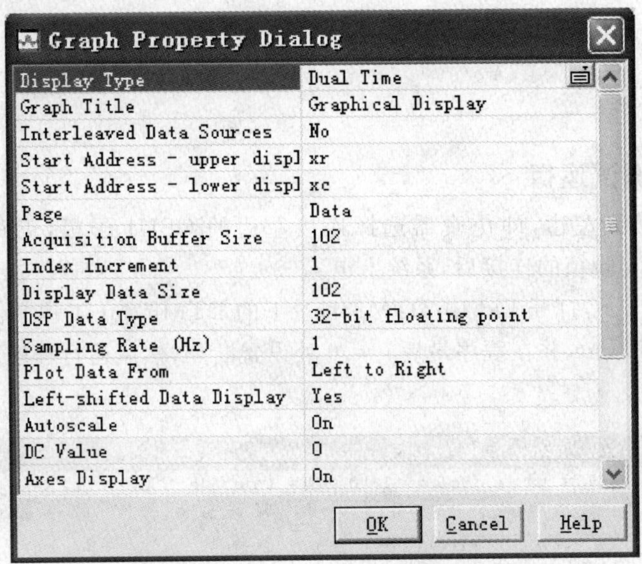

图 9-40　观察行频和列频信号的设置窗口

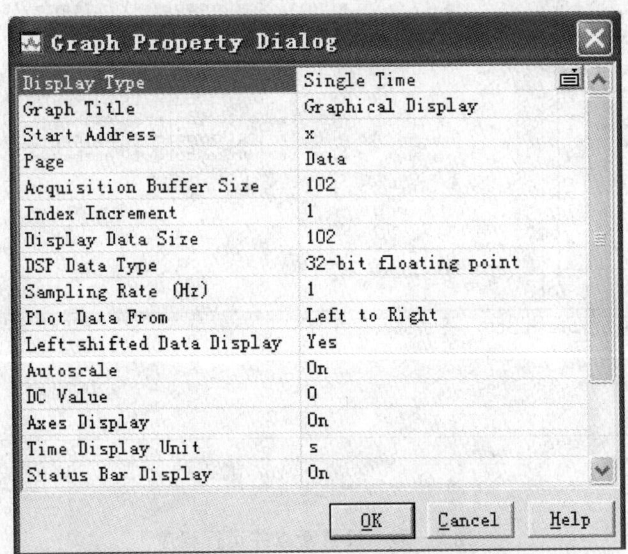

图 9-41　观察双音频信号的设置窗口

度为 8,数据类型为 32 位浮点型的一组数据,如图 9-42 所示。

选择主菜单 View/ Watch Window,打开程序变量观察窗口 Watch Window,观察各个变量的值。

6. 实验结论

程序运行到断点后,连续点击 Run 按钮,每次运行到断点处,程序都会停止,同

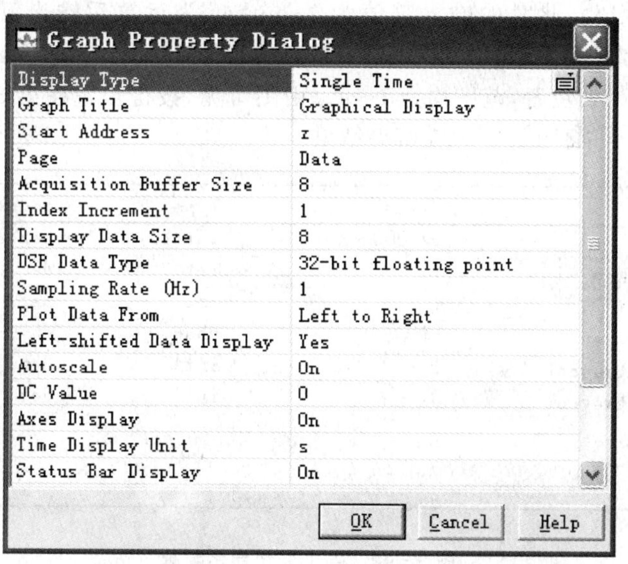

图 9－42　观察能量模板的设置窗口

时三个波形观察窗口都会刷新，显示结果如图 9－43 所示。其中左上图为行频和列频信号的波形，一个是低频信号，另一个是高频信号；左下图为这两个信号的合成信号的波形，即双音乐频信号波形；右侧波形是能量模板 $|X(k)|^2$ 的波形。该波形分为两段，第一段横坐标为 0～3，表示键盘的行号 0～3，即第 1 行～第 4 行；第二段横坐标为 4～7，表示键盘的列号 0～3，即第 1 列～第 4 列。由图观察可知，此时的行、列号分别为 2 和 0，即第 3 行、第 1 列位置。对照图 9－37 的键盘可知，此时的按键为“7”。

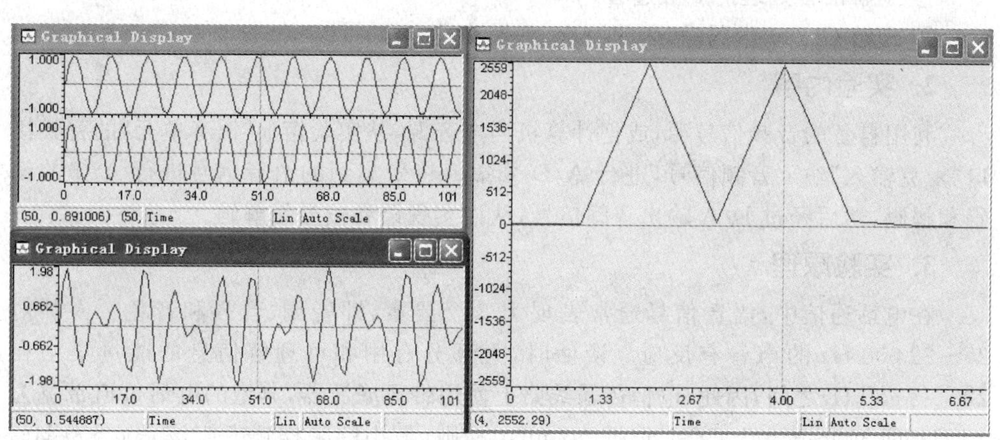

图 9－43　三个信号的波形

图 9－44 为 Watch Window 显示的各个变量的输出结果，inkey 为输入键值，整

型，范围为 0～15。此时的输入键值为 7；outkey 为运算后输出键值，字符型，与图 9－37介绍的键盘各键值对应，识别后的键值也为 7；outkeycol 为输出键值的行位置，outkeyrow 为列位置，范围均为 1～4。由图可见，按键位置在第 3 行，第 1 列，即按键"7"的位置，与图 9－43 观察所得结果一致。

Name	Value	Type	Radix
⊞ in	0x000028E8	int[16]	hex
inkey	7	int	dec
ks	7	int	dec
outkey	'7'	char	char
outkeycol	1	int	dec
outkeyrow	3	int	dec

图 9－44 各个变量显示结果

单击 Animate，可以连续观察键值在 0～15 的过程中各窗口图形、变量的变化情况。

关闭工程文件，关闭各窗口，实验完毕。

实例十一 语音编码/解码的实现(G.711 编码/解码器)

1. 实验目的

① 了解语音处理的一般过程；

② 理解 G.711 编码/解码的原理，掌握实现方法。

2. 实验内容

利用自备的音频信号源，或把计算机当成音源，从实验箱上"语音单元"的音频接口"麦克输入"输入音频信号，进行 A/D 采集。将采集到的语音信号进行 A 律的编码和解码，然后经过 D/A 输出音频信号，从而实现语音信号编解码。

3. 实验原理

在电话通信中，语音信号通常表现为 3 个要素，即音调、音强和音色。人耳对 25～22 000 Hz 的声音有反应。谈话时，大部分有用和可理解信息的能量集中在 200～3 500 Hz之间，因此，电信传输线路上使用带通滤波器，典型的电话信道带宽为 3 kHz(即 300～3 300 Hz)。根据 Nyquist 准则，最小的采样频率应该是 6 600 Hz。但是在实际应用中，一般取采样频率为 8 kHz。对采样后的信号进行量化和编码后就可以得到数字语音信号。量化的方法有许多种，如均匀量化和非均匀量化。均匀量化的量阶是常数，根据这种量化进行的编码叫线性编码，相应的译码叫线性译码。

但是，在电话通信中，均匀量化是不合适的。非均匀量化就是对信号的不同部分，采用不同的量化间隔。实现这种思路的一种方法就是压缩与扩张法。

目前国际上常采用A律13折线的压扩特性或μ律15折线的压扩特性。我国采用A律13折线的压扩特性。采用13折线的压扩特性后，小信号的量化信噪比改善量可达24 dB，这是靠牺牲大信号量化信噪比（亏损12 dB）换来的。

μ律的处理过程如图9-45所示，压缩是指在发送端先对输入信号进行压缩处理，然后再均匀量化，总体来说相当于非均匀量化；扩张是在接收端进行相应的扩张处理，以恢复原始信号。

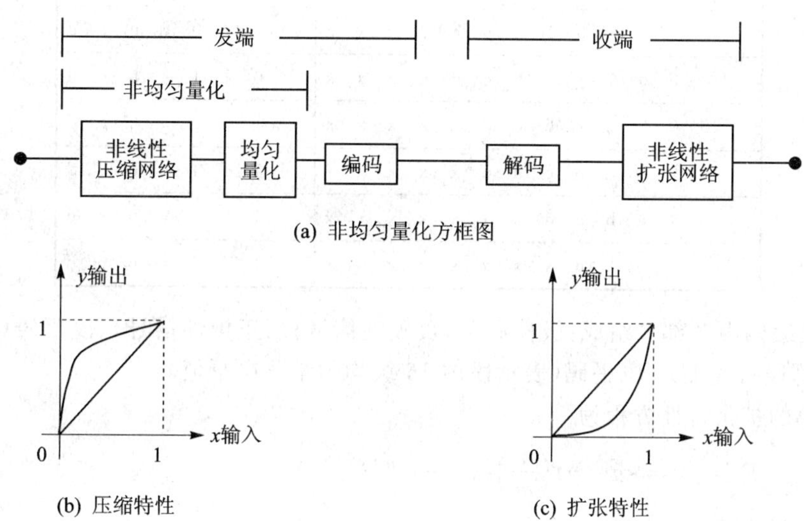

图9-45　音频信号非均匀量化

μ律的压缩特性方程为

$$F(x)=\frac{\operatorname{sgn}(x)\ln(1+\mu\mid x\mid)}{\ln(1+\mu)},\qquad -1\leqslant x\leqslant 1(\text{其中 }\mu=255)\quad(9.11)$$

μ律压缩特性曲线如图9-46所示。

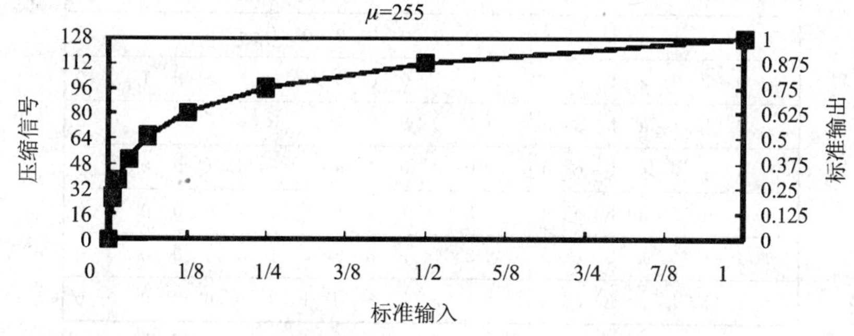

图9-46　μ律压缩特性曲线

经过压缩的采样信号，按 8 位二进制进行编码，编码表如表 9－2 所列。

表 9－2　μ 律编码表

偏移的输入值	已压缩的码字	
	段落码	电平码
bit：12 11 10 9 8 7 6 5 4 3 2 1 0	bit：6 5 4	3 2 1 0
0 0 0 0 0 0 0 1 a b c d x	0 0 0	a b c d
0 0 0 0 0 0 1 a b c d x x	0 0 1	a b c d
0 0 0 0 0 1 a b c d x x x	0 1 0	a b c d
0 0 0 0 1 a b c d x x x x	0 1 1	a b c d
0 0 0 1 a b c d x x x x x	1 0 0	a b c d
0 0 1 a b c d x x x x x x	1 0 1	a b c d
0 1 a b c d x x x x x x x	1 1 0	a b c d
1 a b c d x x x x x x x x	1 1 1	a b c d

8 位编码由 3 部分组成：极性码（0，负极性信号；1，正极性信号）、段落码（表示信号处于哪段折线上）、电平码（表示段内 16 级均匀量化电平值）。

μ 律的扩张特性方程为

$$F^{-1}(y)=\text{sgn}(y)\left(\frac{1}{m}\right)\left[(1+m)^{|y|}-1\right],\qquad -1\leqslant y\leqslant 1 \tag{9.12}$$

μ 律扩张编码表如表 9－3 所列。

表 9－3　μ 律扩张编码表

已压缩的码字		偏移的输出值
段落码	电平码	
bit：6 5 4	3 2 1 0	bit：12 11 10 9 8 7 6 5 4 3 2 1 0
0 0 0	a b c d	0 0 0 0 0 0 0 1 a b c d 1
0 0 1	a b c d	0 0 0 0 0 0 1 a b c d 1 0
0 1 0	a b c d	0 0 0 0 0 1 a b c d 1 0 0
0 1 1	a b c d	0 0 0 0 1 a b c d 1 0 0 0
1 0 0	a b c d	0 0 0 1 a b c d 1 0 0 0 0
1 0 1	a b c d	0 0 1 a b c d 1 0 0 0 0 0
1 1 0	a b c d	0 1 a b c d 1 0 0 0 0 0 0
1 1 1	a b c d	1 a b c d 1 0 0 0 0 0 0 0

A律的压缩特性方程为

$$F(x)=\begin{cases}\dfrac{\operatorname{sgn}(x)A\mid x\mid}{1+\ln A}, & 0\leqslant\mid x\mid<\dfrac{1}{A}\\[2ex] \dfrac{\operatorname{sgn}(x)(1+\ln A\mid x\mid)}{1+\ln A}, & \dfrac{1}{A}\leqslant\mid x\mid\leqslant 1\end{cases}\tag{9.13}$$

式中，$A=87.6$。

A律的压缩特性曲线如图9-47所示。

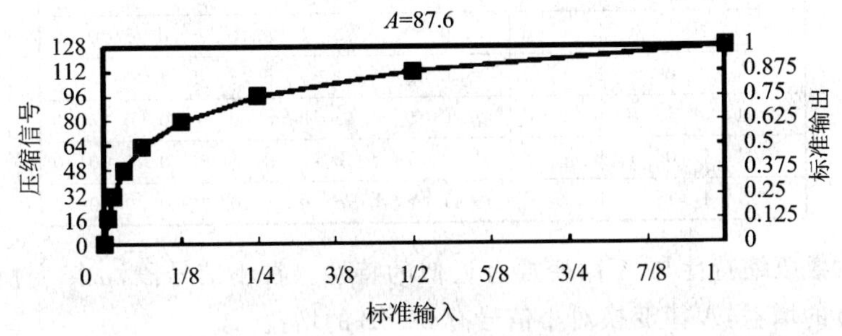

图9-47 A律的压缩特性曲线

经过压缩的采样信号，按8位二进制进行编码，编码表如表9-4所列。

表9-4 A律编码表

输入值												已压缩的码字						
												段落码			电平码			
bit: 11	10	9	8	7	6	5	4	3	2	1	0	bit: 6	5	4	3	2	1	0
0	0	0	0	0	0	0	a	b	c	d	x	0	0	0	a	b	c	d
0	0	0	0	0	0	1	a	b	c	d	x	0	0	1	a	b	c	d
0	0	0	0	0	1	a	b	c	d	x	x	0	1	0	a	b	c	d
0	0	0	0	1	a	b	c	d	x	x	x	0	1	1	a	b	c	d
0	0	0	1	a	b	c	d	x	x	x	x	1	0	0	a	b	c	d
0	0	1	a	b	c	d	x	x	x	x	x	1	0	1	a	b	c	d
0	1	a	b	c	d	x	x	x	x	x	x	1	1	0	a	b	c	d
1	a	b	c	d	x	x	x	x	x	x	x	1	1	1	a	b	c	d

A律8位编码组成的意义和μ律相同。

A律的扩张特性方程为

$$F^{-1}(y)=\begin{cases}\dfrac{\operatorname{sgn}(y)\mid y\mid(1+\ln A)}{A}, & 0\leqslant\mid y\mid<\dfrac{1}{1+\ln A}\\[2ex] \dfrac{\operatorname{sgn}(y)\mathrm{e}^{(|y|(1+\ln A)-1)}}{A+\ln A}, & \dfrac{1}{1+\ln A}\leqslant\mid y\mid\leqslant 1\end{cases}\tag{9.14}$$

A律的扩张编码表如表9-5所列。

表 9-5　A律扩张编码表

已压缩的码字							偏移的输出值											
段落码			电平码															
bit：6	5	4	3	2	1	0	bit：11	10	9	8	7	6	5	4	3	2	1	0
0	0	0	a	b	c	d	0	0	0	0	0	0	0	a	b	c	d	1
0	0	1	a	b	c	d	0	0	0	0	0	0	1	a	b	c	d	1
0	1	0	a	b	c	d	0	0	0	0	0	1	a	b	c	d	1	0
0	1	1	a	b	c	d	0	0	0	0	1	a	b	c	d	1	0	0
1	0	0	a	b	c	d	0	0	0	1	a	b	c	d	1	0	0	0
1	0	1	a	b	c	d	0	0	1	a	b	c	d	1	0	0	0	0
1	1	0	a	b	c	d	0	1	a	b	c	d	1	0	0	0	0	0
1	1	1	a	b	c	d	1	a	b	c	d	1	0	0	0	0	0	0

μ律对数压缩特性与A律变换有近似的特性。在小信号段，μ律变换对小信号有33.5 dB的增益，A律变换对小信号有24 dB的增益。

用C54x DSP芯片实现μ律编码的算法公式为

$$\mu code' = FF_{16} - AH * FF\,80_{16} - 180_{16} + (T\,|_{EXP}) * 16 - \{[(|\,int\,| + 33) \ll T\,|_{EXP}] \gg 26\} \tag{9.15}$$

式中，假设量化后的采样值存入累加器A的高位AH中，计算得到的编码是补码形式，存放在累加器B的低7位。μ律解码的算法公式为

$$\begin{aligned} INTNUM &= [(2 * \mu step + 33) * 2^{\mu chd} - 33] * sgn(\mu sgn) \\ &= [(2 * \mu step + 33) \ll \mu chd - 33] * sgn(\mu sgn) \end{aligned} \tag{9.16}$$

最终解码结果存放在B累加器的[31:16]位。

A律编码的算法公式为

$$acode = (int \gg 6)\ \&\ 80_{16} + 1F0_{16} - (T|_{EXP}) * 16 + |int| \ll T|_{EXP} \tag{9.17}$$

最后，A律码字偶位传送前需翻转，即 $acode^* = acode_{16} \times OR\ 55_{16}$，最终编码结果存放在累加器A的低8位。

A律解码的算法公式为

$$\begin{aligned} INTNUM &= [(2 * astep + 33) * 2^{achd} - 32 * \delta(achd)] * sgn(asgn) = \\ &\quad [(2 * astep + 33) \ll achd - 32 * \delta(achd)] * sgn(asgn) \end{aligned} \tag{9.18}$$

式中

$$\delta(achd) = \begin{cases} 1, & achd = 0 \\ 0, & achd \neq 0 \end{cases}$$

4. 参考程序

本实例包含主程序文件AUDIO. C、编解码程序文件G711. C、中断向量文件VECTORS. ASM、链接命令文件ucos_II. CMD、寄存器定义文件DspRegDefine. h

和头文件 G711.H。

注意：程序 AUDIO.C 和实例六中的同名程序 AUDIO.C 不完全相同，为节省篇幅，此处将两个同名程序中相同部分的注释省略，相关信息可参考实例六的注释。

```
//* * * * * * * * * * * AUDIO.C * * * * * * * * *
//文件名称：AUDIO.C;文件功能：该文件为测试 TLV320AIC23 的测试程序，
//CPU = TMS320VC5402
// MCLK  =  12.288 MHz,TLV320AIC23 = MASTER
//接口说明:MCBSP0 配置成 SPI 方式,设置 TLV320AIC23 的寄存器，
//          MCBSP1 配置成 32 位方式,与 TLV320AIC23 交换数据
//- - - - - - - - - - - -头文件- - - - - - - - - - - -
#include "DspRegDefine.h"
#include "stdio.h"
#include "math.h"
#include "stdlib.h"
#include "typedef.h"
#include "g711.h"
// * * * * * * * * * * * * 宏定义 * * * * * * * * * * * *
#define UCHAR           unsigned char
#define UINT16          unsigned int
#define UINT32          unsigned long
#define TRUE            1
#define FALSE0          0
#define     Length      1
#define     PI          3.14159
//* * * * * * * * * * * * 全局变量* * * * * * * * * * * *
int   read_data2,read_data1;              //MCBSP1 接收数据变量
int   write_data2,write_data1;            //MCBSP1 发送数据变量
UCHAR   flag;
// * * * * * * * * * * * * 所使用的函数原型 * * * * * * * * * * * *
void cpu_init(void);                      //初始化 CPU
void aic23_init(void);                    //初始化 TLV320AIC23,设置内部寄存器
void mcbsp0_write_rdy(UINT16 out_data);  //MCBSP0 发送一个数据
void mcbsp0_init_SPI(void);               //MCBSP0 设置为 SPI 模式
void mcbsp0_close(void);                  //MCBSP0 关闭
void mcbsp1_init(void);                   //MCBSP1 初始化
void mcbsp1_write_rdy(int out_data1,int out_data2);    //MCBSP1 发送一个数据 32 位
void mcbsp1_read_rdy(void);               //MCBSP1 接收一个数据 32 位
void mcbsp1_open(void);                   //MCBSP1 打开
void mcbsp1_close(void);                  //MCBSP1 关闭
interrupt void mcbsp1_read(void);         //MCBSP1 中断接收数据
interrupt void mcbsp1_write(void);        //MCBSP1 中断发送数据
```

```
void Delay(int numbers);        //延迟
//* * * * * * * * * * * 函数定义 * * * * * * * * * * *
//函数名称: void cpu_init(void);函数说明:初始化 CPU;输入参数:无;输出参数:无
void cpu_init(void)
{
asm(" nop ");
asm(" nop ");
asm(" nop ");
   *(unsigned int *)CLKMD = 0x0;            //切换至 DIV 模式,clkout = 1/2 clkin
    while(((*(unsigned int *)CLKMD)&01)! = 0);
   *(unsigned int *)CLKMD = 0x07ff;         //切换至 PLL X 1 模式
*(unsigned int *)PMST = 0x3FF2;
*(unsigned int *)SWWSR = 0x7fff;
*(unsigned int *)SWCR = 0x0001;
*(unsigned int *)BSCR = 0xf800;
asm(" ssbx intm ");        //禁止所有可屏蔽中断
*(unsigned int *)IMR = 0x0;
*(unsigned int *)IFR = 0xffff;
asm(" nop ");
asm(" nop ");
asm(" nop ");
}
//函数名称: void aic23_init(void);函数说明:初始化 AIC23;输入参数:无;输出参数:无
void aic23_init(void)
{
  mcbsp0_write_rdy(0x1e00);     //REG10,复位 AIC23
  asm(" nop ");
  mcbsp0_write_rdy(0x0117);     //REG0,左线输入通道音量控制
  asm(" nop ");
  mcbsp0_write_rdy(0x0317);     //REG1,右线输入通道音量控制
  asm(" nop ");
  mcbsp0_write_rdy(0x05f9);     //REG2,左通道耳机音量控制
  asm(" nop ");
  mcbsp0_write_rdy(0x07f9);     //REG3,右通道耳机音量控制
  asm(" nop ");
  mcbsp0_write_rdy(0x0814);     //选择麦克风输入
  asm(" nop ");
  mcbsp0_write_rdy(0x0A01);     //REG5,数字音频路径控制
  asm(" nop ");
  mcbsp0_write_rdy(0x0C00);     //REG6,省电控制
  asm(" nop ");
  mcbsp0_write_rdy(0x0E73);     //REG7,数字音频接口格式
```

```
  asm(" nop ");
  mcbsp0_write_rdy(0x100C);     //REG8 采样率控制,8 kHz 采样频率
  //mcbsp0_write_rdy(0x101C);   //96 kHz 采样频率
  asm(" nop ");
  mcbsp0_write_rdy(0x1201);     //REG9 数字接口激活
  asm(" nop ");
  Delay(0);                     //延迟 4 000 * CPU 时钟周期
  asm(" nop ");
}
//函数名称: void mcbsp0_write_rdy(UINT16 out_data);函数说明: MCBSP0 发送一个数据
//输入参数: data;输出参数: 无;补充说明:内部带发送是否完成的判断
void mcbsp0_write_rdy(UINT16 out_data)
{
    UINT16 j;
    *(unsigned int *)McBSP0_SPSA = 0x0001;   //McBSP0_SPSA,指向 SPCR2
while ((*(unsigned int *)McBSP0_SPSD&0x0002) == 0);
                                  //屏蔽 XRDY 位,XRDY = 1 准备好发送 DXR[1,2] 中的新数据
    for(j = 0;j<50;j++);//延时
    *(unsigned int *)McBSP0_DXR1 = out_data;
}
//函数名称:void mcbsp0_init_SPI(void);函数说明:MCBSP0 设置为 SPI 模式;输入/输出参
//数:无;
void mcbsp0_init_SPI(void)
{
   //复位 McBSP0
   *(unsigned int *)McBSP0_SPSA = 0x0000;      //SPCR1
   *(unsigned int *)McBSP0_SPSD = 0x0000;      //设置 SPCR1.0(RRST = 0)
   *(unsigned int *)McBSP0_SPSA = 0x0001;      //SPCR2
   *(unsigned int *)McBSP0_SPSD = 0x0000;      //设置 SPCR1.0(XRST = 0)
   Delay(0);                          //延迟 4000 * CPU 时钟周期   等待复位稳定
   //-------------------------------
   //配置 McBSP0 为 SPI 模式
   *(unsigned int *)McBSP0_SPSA = 0x0000;      //SPCR1
   *(unsigned int *)McBSP0_SPSD = 0x1800;
   *(unsigned int *)McBSP0_SPSA = 0x0001;      //SPCR2
   *(unsigned int *)McBSP0_SPSD = 0x0000;
   *(unsigned int *)McBSP0_SPSA = 0x000E;      //PCR
   *(unsigned int *)McBSP0_SPSD = 0x0A0C;
   *(unsigned int *)McBSP0_SPSA = 0x0002;      //RCR1
   *(unsigned int *)McBSP0_SPSD = 0x0040;
   *(unsigned int *)McBSP0_SPSA = 0x0003;      //RCR2
   *(unsigned int *)McBSP0_SPSD = 0x0041;
```

```
    *(unsigned int *)McBSP0_SPSA = 0x0004;      //XCR1
    *(unsigned int *)McBSP0_SPSD = 0x0040;
    *(unsigned int *)McBSP0_SPSA = 0x0005;      //XCR2
    *(unsigned int *)McBSP0_SPSD = 0x0041;
    *(unsigned int *)McBSP0_SPSA = 0x0006;      //SRGR1
    *(unsigned int *)McBSP0_SPSD = 0x0063;
    *(unsigned int *)McBSP0_SPSA = 0x0007;      //SRGR2
    *(unsigned int *)McBSP0_SPSD = 0x2000;
    *(unsigned int *)McBSP0_SPSA = 0x0001;      //SPCR2
    *(unsigned int *)McBSP0_SPSD = (*(unsigned int *)McBSP0_SPSD)|0x0040;
   Delay(0);                    //延迟 4 000 * CPU 时钟周期,等待时钟稳定
    *(unsigned int *)McBSP0_SPSA = 0x0000;      //SPCR1
    *(unsigned int *)McBSP0_SPSD = (*(unsigned int *)McBSP0_SPSD)|0x0001;
    *(unsigned int *)McBSP0_SPSA = 0x0001;      //SPCR2
    *(unsigned int *)McBSP0_SPSD = (*(unsigned int *)McBSP0_SPSD)|0x0001;
    *(unsigned int *)McBSP0_SPSA = 0x0001;      //SPCR2
    *(unsigned int *)McBSP0_SPSD = (*(unsigned int *)McBSP0_SPSD)|0x0080;
   Delay(0);                    //延迟 4 000 * CPU 时钟周期,等待时钟稳定
}
//函数名称:void mcbsp0_close(void);函数说明:MCBSP0 关闭;输入参数:无;输出参数:无
void mcbsp0_close()
{
    *(unsigned int *)McBSP0_SPSA = 0x0000;      //地址指针指向 SPCR1
    *(unsigned int *)McBSP0_SPSD = *(unsigned int *)McBSP0_SPSD&0xFFFE;
    *(unsigned int *)McBSP0_SPSA = 0x0001;      //地址指针指向 SPCR2
    *(unsigned int *)McBSP0_SPSD = *(unsigned int *)McBSP0_SPSD&0xFFFE;
   Delay(0);                    //延迟 4 000 * CPU 时钟周期,等待复位稳定
}
//函数名称:void mcbsp1_init(void);函数说明:初始化 MCBSP1;输入参数:无;输出参数:无
void mcbsp1_init(void)
{
   //复位 McBSP1
    *(unsigned int *)McBSP1_SPSA = 0x0000;      //SPCR1
    *(unsigned int *)McBSP1_SPSD = 0x0000;      //设置 SPCR1.0(RRST = 0)
    *(unsigned int *)McBSP1_SPSA = 0x0001;      //SPCR2
    *(unsigned int *)McBSP1_SPSD = 0x0000;      //设置 SPCR1.0(XRST = 0)
   Delay(0);                    //延迟 4 000 * CPU 时钟周期,等待复位稳定
    *(unsigned int *)McBSP1_SPSA = 0x0002;      //RCR1
    *(unsigned int *)McBSP1_SPSD = 0x00A0;
    *(unsigned int *)McBSP1_SPSA = 0x0003;      //RCR2
    *(unsigned int *)McBSP1_SPSD = 0x00A0;
    *(unsigned int *)McBSP1_SPSA = 0x0004;      //XCR1
```

```
  *(unsigned int *)McBSP1_SPSD = 0x00A0;
  *(unsigned int *)McBSP1_SPSA = 0x0005;     //XCR2
  *(unsigned int *)McBSP1_SPSD = 0x00A0;
  *(unsigned int *)McBSP1_SPSA = 0x000E;     //PCR
  *(unsigned int *)McBSP1_SPSD = 0x000D;
  }
//函数名称：void mcbsp1_write_rdy(UINT16 out_data1,UINT16 out_data2)
//函数说明：MCBSP1 发送一个数据 32 位；输入参数：UINT16 out_data1,UINT16 out_data2
void mcbsp1_write_rdy(int out_data1,int out_data2)
{
    *(unsigned int *)McBSP1_SPSA = 0x0001;  //地址指针指向 SPCR2
  while ((*(unsigned int *)McBSP1_SPSD&0x0002) == 0)      //SPCR2.1 = XRDY
   {
        ;      //屏蔽 XRDY 位,XRDY = 1 准备好发送 DXR[1,2] 中的新数据
   };
   *(unsigned int *)McBSP1_DXR2 = out_data2; //MCBSP 配置成单相 32 位时,发送(接收)
  //一个 32 位数时,必须先写(读)DXR2(DRR2),再写(读)DXR1(DRR1)
   *(unsigned int *)McBSP1_DXR1 = out_data1;
}
//函数名称:void mcbsp1_read_rdy(void);函数说明:MCBSP1 接收一个 32 位数据,是否准备
//好的判断
//输入参数：无;输出参数：无
//补充说明：只是 MCBSP1 是否准备好的判断程序,在此程序的后面要加读取数据的程
//序,如:
//             *(unsigned int *)McBSP1_DXR2 = out_data2; //MCBSP 配置成单相 32 位
//时,发送(接收)一个 32 位数时,必须先写(读)DXR2(DRR2),再写(读)DXR1(DRR1)
//             *(unsigned int *)McBSP1_DXR1 = out_data1;
void mcbsp1_read_rdy(void)
{
   *(unsigned int *)McBSP1_SPSA = 0x0000;       //地址指针指向 SPCR1
   while((*(unsigned int *)McBSP1_SPSD & 0x0002) == 0);  //SPCR2.1 = RRDY
                                   //屏蔽 XRDY 位,XRDY = 1 准备好发送 DXR[1,2] 中的新数据
}
//函数名称：void mcbsp1_open(void);函数说明：MCBSP1 打开,有中断和查询两种方式
//输入参数 :无;输出参数 :无
void mcbsp1_open()
{
   Delay(0);
   *(unsigned int *)McBSP1_SPSA = 0x0000;      //地址指针指向 SPCR1
   *(unsigned int *)McBSP1_SPSD = *(unsigned int *)McBSP1_SPSD|0x0001;
                                    //设置 SPCR1.0(RRST) = 1,允许 MCBSP1 接收
   *(unsigned int *)McBSP1_SPSA = 0x0001; //地址指针指向 SPCR2
```

```
    *(unsigned int *)McBSP1_SPSD = *(unsigned int *)McBSP1_SPSD|0x0001;
                                         //设置 SPCR2.0(XRST) = 1,允许 MCBSP1 发送
   Delay(0);   //延迟 4 000 * CPU 时钟周期,等待退出复位稳定
//不用中断方式时下面的程序屏蔽掉
//* * * * * * * * * * 中断模式 * * * * * * * * * *
//   asm(" ssbx intm");                   //禁止所有可屏蔽中断
//    *(unsigned int *)IMR = 0x0400;   //允许 MCBSP1 发送接收中断
//   *(unsigned int *)IFR = 0xFFFF;   //清除所有中断标志
//   asm(" rsbx intm");                   //打开所有可屏蔽中断
//* * * * * * * * * * * * * * * * * * * *
}
//函数名称:void mcbsp1_close(void);函数说明:MCBSP1 关闭;输入参数:无;输出参数:无
void mcbsp1_close()
{
   *(unsigned int *)McBSP1_SPSA = 0x0000;//地址指针指向 SPCR1
   *(unsigned int *)McBSP1_SPSD = *(unsigned int *)McBSP1_SPSD&0xFFFE;
   *(unsigned int *)McBSP1_SPSA = 0x0001;//地址指针指向 SPCR2
   *(unsigned int *)McBSP1_SPSD = *(unsigned int *)McBSP1_SPSD&0xFFFE;
  Delay(0);   //延迟 4 000 * CPU 时钟周期,等待复位稳定
}
//函数名称: void Delay(void);函数说明: 延时;输入参数: 无;输出参数: 无
void Delay(int numbers)
{
int i,j;
for(i = 0;i<4000;i + +)
for(j = 0;j<numbers;j + +);
}
//函数名称: interrupt void mcbsp1_read(void);函数说明 : MCBSP1 中断接收数据
//输入参数: 无;输出参数 : 无
//补充说明: 通过全局变量 read_data2、read_data1 读取 MCBSP1 接收的数据
interrupt void mcbsp1_read(void)
{
     read_data2 =  *(unsigned int *)McBSP1_DRR2;
     read_data1 = *(unsigned int *)McBSP1_DRR1; //自动清除 RRDY 标志。MCBSP 配置成
//单相 32 位时,发送(接收)一个 32 位数时,必须先写(读)DXR2(DRR2),再写(读)DXR1(DRR1)
    flag = 0;
    write_data2 = read_data2;               //只用于测试
    write_data1 = read_data1;               //只用于测试
    *(unsigned int *)McBSP1_DXR2 = write_data2;
    *(unsigned int *)McBSP1_DXR1 = write_data1;
    return;
}
```

```
//函数名称：interrupt void mcbsp1_write(void);函数说明：MCBSP1 中断发送数据;输入参
//数:无;
//输出参数:无;补充说明：通过全局变量 write_data2、write_data1 向 MCBSP1 发送数据,这
//个子程序没用,因为同时使能发送和接收中断冲突,发送和接收的时钟是相同的,发送和接
//收中断同时产生
interrupt void mcbsp1_write(void)
{
    write_data2 = read_data2;               //只用于测试
    write_data1 = read_data1;               //只用于测试
    *(unsigned int *)McBSP1_DXR2 = write_data2;
    *(unsigned int *)McBSP1_DXR1 = write_data1;
    flag = 1;
   *(unsigned int *)IMR = 0x0C00;           //允许 MCBSP1 发送接收中断
return;
}
//* * * * * * * * * * 主函数 * * * * * * * * * *
void main(void)
{
    Word16 i ;
    Word16 Input[Length] ;
    Word16 Package[Length] ;
    Word16 Output[Length] ;
    Word16 Input1[Length] ;
    int y_da;
    cpu_init();                             //初始化 CPU
    mcbsp0_init_SPI();                      //MCBSP0 设置为 SPI 模式
    aic23_init();                           //初始化 TLV320AIC23,设置内部寄存器
    mcbsp0_close();                         //MCBSP0 关闭
    *(unsigned int *)DMPREC = 0x0;          //DMA 控制寄存器,不使能 DMA,中断给 MCBSP1
    mcbsp1_init();                          //MCBSP1 初始化
    *(unsigned int *)CLKMD = 0x0;           //切换至 DIV 模式,clkout = 1/2 clkin
    while(((*(unsigned int *)CLKMD)&01)! = 0);
    *(unsigned int *)CLKMD = 0x97ff;        //切换至 PLL X 10 模式,可以在此处改变 CPU
                                            //的时钟频率,增加处理速度 ,在 96 kHz 采样
                                            //频率时 CPU 必须大于 30 MHz,如小于 20 MHz,
                                            //则语音输出有沙沙声

//- - - - - - - - - - - - - - - - - - - - - - - - - - - -
    mcbsp1_open();//MCBSP1 打开
//- - - - - - - - - - - ALAW 处理语音数据 - - - - - - - - - -
    for(;;)
    {
```

```
        asm(" nop ");
    //- - - - - - - - - - - 读入处理的数据- - - - - - - - - - -
        for (i = 0; i< = Length - 1; i + + )
          {
          mcbsp1_read_rdy();//MCBSP1 接收一个 32 位数据
          read_data2 =  *(unsigned int *)McBSP1_DRR2;
          read_data1 =  *(unsigned int *)McBSP1_DRR1;
          Input[i] = read_data2;
          Input1[i] = read_data1;
          }
    //- - - - - - - - - - - ALAW 压缩- - - - - - - - - - -
          alaw_compress( Input, Package, Length ) ;
    //- - - - - - - - - - - ALAW 解压- - - - - - - - - - -
          alaw_expand( Output, Package, Length ) ;
    //- - - - - - - - - - - - - - - - - - - - - - - - - - - - - - - -
    //ALAW 压缩解压后的数据输出
    //- - - - - - - - - - - - - - - - - - - - - - - - - - - - - - - - -
      for (i = 0; i< = Length - 1; i + + )
        {
          y_da = Output[i];
              write_data2 = y_da;
              mcbsp1_write_rdy(Input1[i],write_data2);//MCBSP1 发送一个数据 32 位
        }
    //- - - - - - - - - - - - - - - - - - - - - - - - - - - - - - - - - -
        i + + ; //在这里设置断点观察结果
      }
    }
```

G711.C程序清单如下：

```
//- - - - - - - - - - - G711.C- - - - - - - - - - -
#include "typedef.h"
#include "g711.h"
//功能:对数据进行 A 律压缩和 A 律解压缩,包含两个函数,alaw_compress 和 alaw_expand
//alaw_compress:将一个线性 PCM 样值向量进行 A 律压缩,输入为 13 位,输出为 8 位
//alaw_expand:将一个 A 律压缩向量解压为线性 PCM 样值; 输入为 8 位,输出为 13 位
/* .................. Begin of alaw_compress() .................... */
```

```
//函数名称：alaw_compress;说明：按照 G.711 进行 A 律编解码
//函数原型：void alaw_compress(long lseg, short * linbuf, short * logbuf)
//参数：lseg:(输入)样本数,linbuf:(输入)线性样本缓冲器 (只考虑 12MSBits), logbuf:
//(输出)已压缩样本缓冲器 (8 位右对齐,无符号扩展),返回值：无
void alaw_compress(Word16 * linbuf,Word16 * logbuf,Word16 lseg)
{
    Word16 ix, iexp ;
    Word16 n ;
    for ( n = 0 ; n < lseg ; n + + )
    {
      ix = linbuf[n] < 0 ? (~linbuf[n]) >>4 : (linbuf[n])>>4;  //取输入字的高 12 位
      /* 0 <= ix < 2048 ,负数取二进制补码 */
      if (ix > 15)
      {
        iexp = 1;               // 第一步
        while (ix > 16 + 15)  // 找出尾数和指数
        {
            ix>> = 1;
            iexp + + ;
        }
        ix - = 16;              // 第二步:去掉首位的 1
        ix + = iexp<<4;         // 计算编码值
      }
      if (linbuf[n] > = 0)
        ix | = (0x0080);        // 添加符号位
      logbuf[n] = ix ;          // 传给输出参数
    }
    return ;
}
//函数名称：alaw_expand;说明：按照 G.711 进行 A 律编解码；
//函数原型：void alaw_expand(long lseg, short * logbuf, short * linbuf)
//参数：lseg:(输入)样本数,logbuf:(输入)已压缩样本缓冲器(8 位右对齐，无符号扩展)；
//linbuf:(输出) 线性样本缓冲器(13 位左对齐);返回值：无
void alaw_expand(Word16 * linbuf,Word16 * logbuf,Word16 lseg)
{
    Word16 ix, mant, iexp;
```

```
    Word16 n;
    for (n = 0; n < lseg; n++)
    {
        ix = logbuf[n];                              // 获取输入参数
    ix &= (0x007F);                                  //去掉符号位
    iexp = ix>>4;                                    //提取指数
    mant = ix & (0x000F);                            //获得尾数
    if (iexp > 0)
      mant = mant + 16;                              //若指数>0,首位加1
    mant = (mant<<4) + (0x0008);                     // 尾数左移并加半个量化步长
    if (iexp > 1)                                    // 根据指数左移
      mant = mant<<(iexp - 1);
    linbuf[n] = logbuf[n] > 127 ? mant : -mant;      // 若样值为负数,则取反
  }
  return ;
}
```

因为中断向量文件中只使用了复位中断、缓冲串口接收和发送中断,故此处仅将代码中需要修改的部分列出。

引用声明段如下:

```
.ref    _mcbsp1_read      //主程序中读中断服务程序入口为mcbsp1_read
.ref    _mcbsp1_write     //主程序中写中断服务程序入口为mcbsp1_write
.ref    _c_int00          //复位中断入口
```

复位中断部分的代码段如下:

```
Interrupt_Vectors:
nRS_SINTR:        ;Reset Interrupt vector(vector_base + 0x00)
      stm         #STACK + STACK_LEN,SP
      b           _c_int00
```

McBSP #1的接收中断向量的代码段如下:

```
BRINT1_DMAC2_SINT10:              ;McBSP #1 receive or DMA2 interrupt
      nop
      nop
      b     _mcbsp1_read
```

McBSP #1的发送中断向量的代码段如下:

```
BXINT1_DMAC3_SINT11:              ;McBSP #1 transmit or DMA3 interrupt
      nop
```

```
nop
b       _mcbsp1_write
```

5. 程序调试运行

利用自备的音频信号源，或把计算机当做音源，从实验箱上"语音单元"的"麦克输入"输入音频信号，进行 A/D 采集。

开关 K9 拨到左边，即仿真器选择连接左边的 CPU1 子板；将"语音接口板"上的 SW1 拨码开关设置成 2 为 OFF，1、3、4 为 ON；SW2 拨码开关 1、2、3 设置为 ON，4 设置为空脚；拨码开关 S6 的 1、2 置位为 ON。

用音频对录线将实验箱语音单元的麦克输入与外部音频源相连接，同时打开音乐播放器播放任一首音乐或歌曲。为保证有不间断的输入信号，最好采用循环方式播放。

启动 CCS 2.0，打开目录中 exp11 子目录下的 G711. pjt 工程文件，可查看源程序；加载 G711. out，检查主程序。为了能连续观察一段信号，将程序中 Length 定义为 128；若不是，则更改为 128，然后进行 Rebuild All 并重新加载。在主程序最后的 i++处设置断点后运行程序，程序运行到断点处停止，如图 9-48 所示。

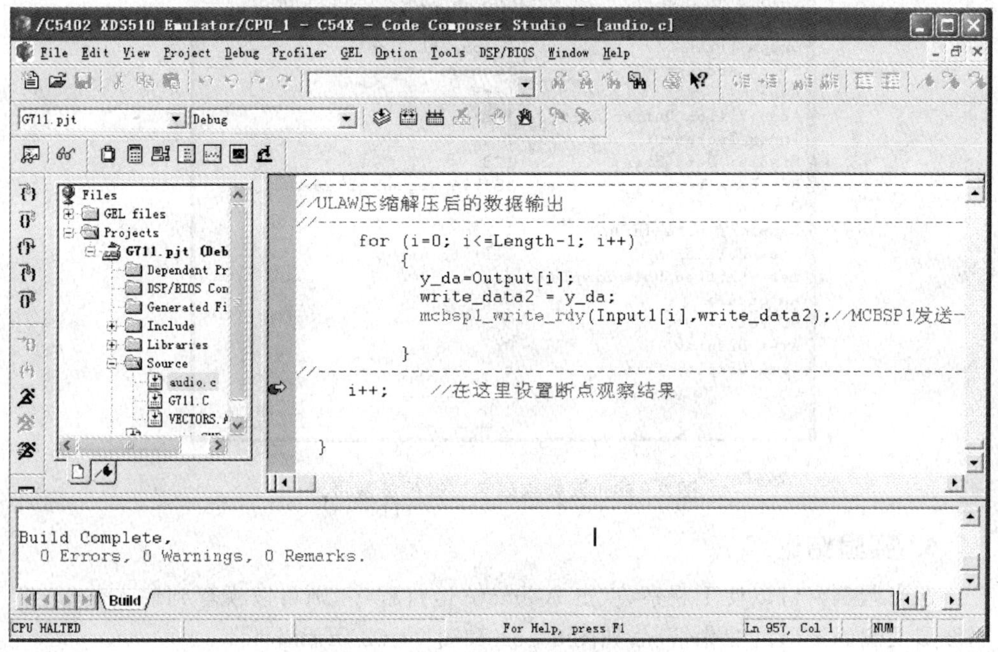

图 9-48 设置断点并运行程序

用 View / Graph / Time/Frequency 打开三个图形观察窗口，三个图形观察窗口的参数设置如下：分别观察变量 Input（输入信号）、Output（解码输出）的波形以及 Package（编码）的波形，长度为 128，数值类型为 16 位整型，如图 9-49 和图 9-50 所示。

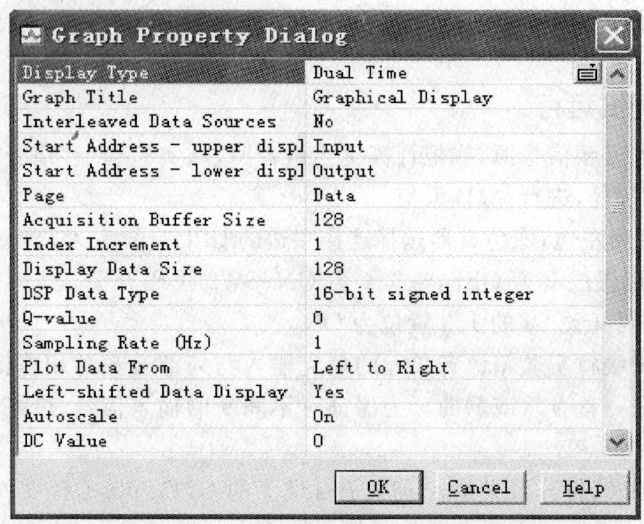

图 9-49　观察输入和输出波形的参数设置

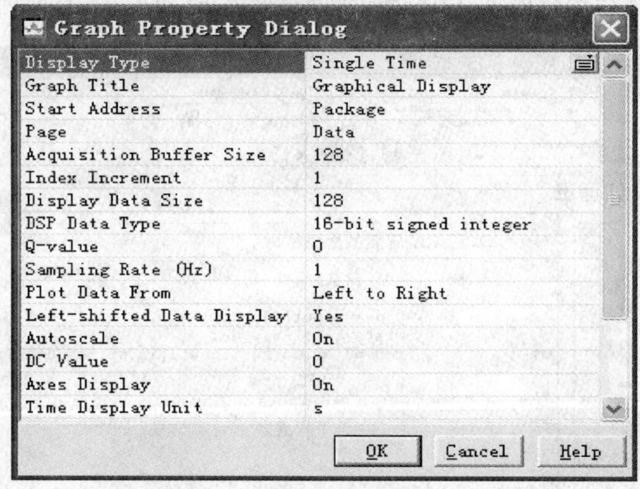

图 9-50　观察编码后波形的参数设置

6. 实验结论

适当调整窗口以便于观察，点击 Animate 运行程序，则可以观察到输入波形、解码波形及编码波形的变化情况，如图 9-51 和图 9-52 所示。

由图 9-51 观察到，解码后的输出信号与输入信号波形保持高度的一致。

图 9-52 是用 16 位有符号整数方式观察编码后的数据，由于经过了非线性编码，其波形与原信号波形完全不同了。

单击 Halt 停止程序运行。

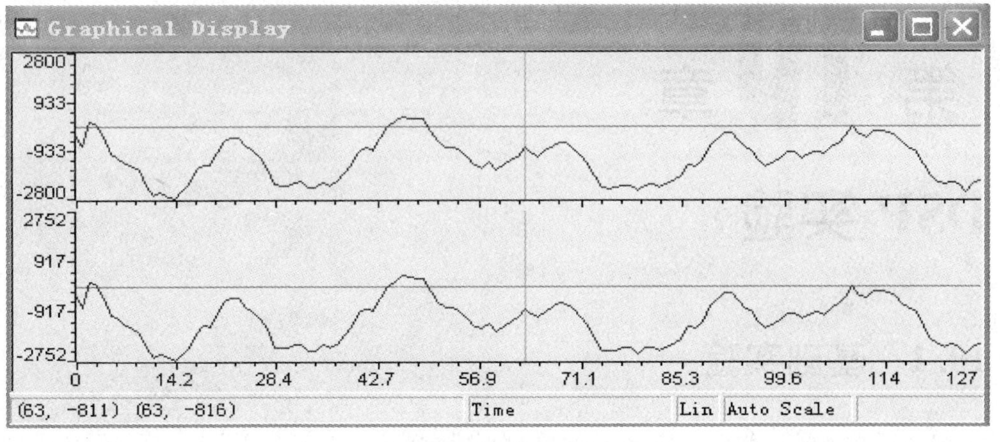

图 9-51　输入信号和解码后输出波形

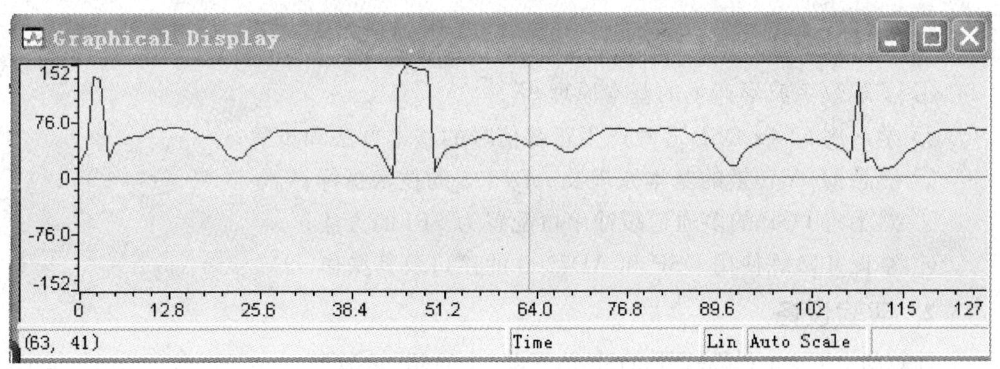

图 9-52　编码后的波形

为了能对音频信号进行实时压扩处理，需要去掉断点，并在主程序的开始处，将 Length 的定义改为 1。经过重新 Rebuild All，重新加载，单击 Run 按钮，可以听到解码后连续的音频输出信号。

关闭工程文件，关闭各窗口，实验结束。

第 10 章

DSP 实验

10.1 基础实验

实验一 D/A 转换及数字波形的产生

1. 实验目的

① 了解数字波形产生的基本原理；

② 学习用 C54x DSP 芯片产生正弦信号的基本方法和步骤；

③ 熟悉 D/A 转换的基本原理及 AD7303 的技术指标；

④ 熟悉将 DSP 的多通道缓冲串口配置为 SPI 的方法；

⑤ 掌握并熟练使用 DSP 和 AD7303 的接口及其操作。

2. 实验设备

计算机、CCS 2.0 版软件、DSP 仿真器、实验箱、示波器。

3. 实验内容

用 DSP 产生正弦波，将 McBSP0 配置为 SPI 模式，通过 McBSP0 将正弦波信号发送到 AD7303，通过示波器观察 D/A 转换单元 2 号孔“输出 1”的波形。

4. 实验提示

数字波形信号发生器是利用微处理器芯片，通过软件编程和 D/A 转换产生所需要信号波形的一种方法。在通信、仪器和控制等领域的信号处理系统中，经常会用到数字正弦波发生器。

一般情况下，产生正弦波的方法有两种。

① 查表法：此种方法用于对精度要求不是很高的场合。如果要求精度高，数据量就很大，相应的存储器容量也要很大。

② 泰勒级数展开法：这是一种更为有效的方法。与查表法相比，需要的存储单元很少，而且精度高。

一个角度为 θ 的正弦和余弦函数，可以展开成泰勒级数，取其前 5 项进行近似得

$$\sin\theta = x - \frac{x^3}{3!} + \frac{x^5}{5!} - \frac{x^7}{7!} + \frac{x^9}{9!} = x\left\{1 - \frac{x^2}{2\cdot 3}\left\{1 - \frac{x^2}{4\cdot 5}\left[1 - \frac{x^2}{6\cdot 7}\left(1 - \frac{x^2}{8\cdot 9}\right)\right]\right\}\right\} \tag{10.1}$$

$$\cos\theta = 1 - \frac{x^2}{2!} + \frac{x^4}{4!} - \frac{x^6}{6!} + \frac{x^8}{8!} = 1 - \frac{x^2}{2}\left\{1 - \frac{x^2}{3\cdot 4}\left[1 - \frac{x^2}{5\cdot 6}\left(1 - \frac{x^2}{7\cdot 8}\right)\right]\right\} \tag{10.2}$$

式中，x 为 θ 对应的弧度值。

设 N 值为产生正弦信号一个周期的点数，产生的正弦信号的频率 f 与 N 数值的大小及 D/A 转换频率 $f_{D/A}$ 有关，产生正弦波信号频率 f 的计算公式为

$$N \cdot \frac{1}{f_{D/A}} = \frac{1}{f} \Rightarrow f = \frac{f_{D/A}}{N} \tag{10.3}$$

当硬件设备 D/A 的转换频率固定不变时，N 值与产生的信号频率成反比。试尝修改 N 值，观察所产生信号频率的变化。

实验二 GPIO 扩展实验

1. 实验目的

① 了解 GPIO(通用 I/O)的扩展方法；

② 熟悉在 C 程序语言中访问 I/O 口的方法；

③ 了解 CPLD 和 DSP 是如何协同工作的。

2. 实验设备

计算机、CCS 2.0 版软件、DSP 仿真器、实验箱。

3. 实验内容

设计程序向 I/O 空间的 8009H 地址写不同的数据，并根据硬件电路连接关系用示波器测试"I/O 单元 3"的 2 号孔，使得观测到的 2 号孔输出可控的波形。

4. 实验提示

"I/O 单元 3"的 2 号孔是通过 CPLD 扩展的 GPIO、CPU1 子板的低四位数据总线，CPLD 内部设计了一个锁存器锁存数据总线的信号到"I/O 单元 3"的 4 个 2 号孔，也可以读各 2 号孔的状态。该单元映射到 CPU1 的 I/O 空间的地址是 8009H 。

实验三 二维图形的生成

1. 实验目的

① 了解 DSP 的图形处理功能，掌握 CCS 的图形观察方法；

② 学会简单的二维图形生成编程方法。

2. 实验设备

计算机、CCS 2.0 版软件、DSP 仿真器、实验箱。

3. 实验内容

设计程序，以 cos 或 sin 函数生成一维图形，并以 y 轴为旋转轴旋转 360°，生成二维图形，用 CCS 的图形观察窗口观察。

4. 实验提示

在二维数字信号处理及图像处理理论中，对二维数字信号或图像进行滤波处理时，二维滤波器的设计通常会采用窗口法设计非递归滤波器。设计时可采用一维设计技术，并将其直接推广，虽然维数增加了，但由于不用对一维滤波器的设计方法作重大修改，因而简化了二维滤波器的设计。

在采用窗口法设计非递归滤波器的方法中，常见的有旋转法和笛卡尔生成法。

① 旋转法：将一维滤波器的 $H(w)$ 以 $H(w)$ 轴为旋转轴，旋转 360°，从而生成 $H(m,n)$，可表示为

$$H(m,n) = H(\sqrt{m^2 + n^2}) \tag{10.4}$$

这种方法生成的窗口底面区是圆的。

② 笛卡尔生成法：用两个一维窗口的笛卡尔（外）积来求得方形或矩形底面区的二维窗口，可表示为

$$H_c(m,n) = H_1(m)H_2(n) \tag{10.5}$$

两种生成方法的窗口底面区如图 10-1 所示。

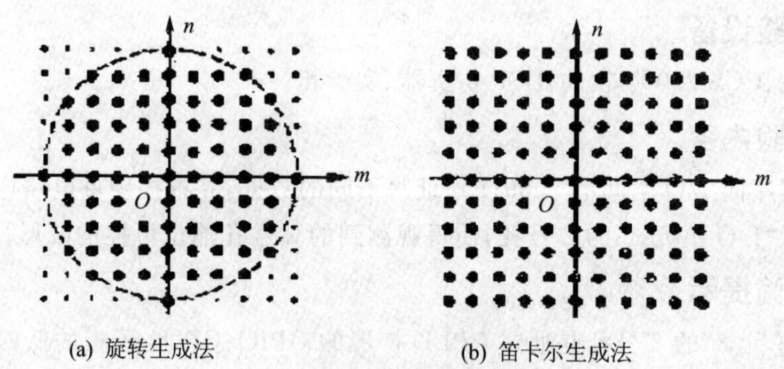

(a) 旋转生成法　　(b) 笛卡尔生成法

图 10-1 窗口底面形状

在计算机图形学中，也常采用旋转法来实现二维图形或曲面的生成，利用一维图形描述 $y=f(x)$，以 y 轴或 x 轴为旋转轴旋转 360°生成二维图形 $z=f(x,y)$；也有些以 $y=f(x)$ 中的某一点，沿不同轴进行旋转，从而可简化复杂二维图形或曲面的生成。

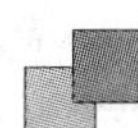

实验四　数字图像处理实验

1. 实验目的

① 了解LCD显示的基本原理；

② 学习用TMS320C54x DSP芯片控制LCD的基本方法和步骤；

③ 加深对访问DSP I/O空间的理解；

④ 了解数字图像处理的基本原理，学习灰度图像二值化和灰度图像反色处理技术；

⑤ 学习LCD显示图形的方法。

2. 实验设备

计算机、CCS 2.0版软件、DSP仿真器、实验箱。

3. 实验内容

设计程序读取一个图像文件，并对图像进行二值化处理，然后再对二值化后的图像进行反色处理。利用CCS图形观察工具观察原始图像和二值化处理后的图像，并将图像处理的最终结果输出到LCD显示。

4. 实验提示

LCD的工作原理参考实例八。

跳线J65设置为2、3短接，拨码开关SW2码位1、2、3、4均设置为ON，使LCD工作在串口模式。开关K9拨到右边，即仿真器选择连接右边的CPU2子板。

实验五　以太网通信实验

1. 实验目的

① 了解以太网通信的基本概念；

② 了解以太网通信协议；

③ 熟悉在DSP系统中扩展以太网接口的方法。

2. 实验设备

计算机、CCS 2.0版软件、DSP仿真器、实验箱。

3. 实验内容

根据现有硬件资源，设计程序实现DSP与PC之间的网络通信。

4. 实验提示

以太网单元主要由网络控制芯片RTL8019AS和网络隔离变压器组成，网络控制器RTL8019AS扩展到CPU1子板上I/O空间的有效地址为9300～931F，并且设置成JUMPER模式。

在开始进行网络通信实验前，首先要进行以下设置，即以太网单元上的拨码开关 SW1 的码位 1 设置为 OFF，码位 2 设置为 ON，使总线宽度设置为 16 位模式。SW2 码位 1、2、3、4 均为 ON，使以太网 RTL8019AS 产生的中断给 CPU1 的中断 INT0。用交叉的网线连接实验箱的 RJ45 接口和 PC 的 RJ45 接口，并在 PC 的控制面板/网络/TCP/IP 协议中正确设置网卡的 IP 地址。

10.2　算法实验

实验一　语音信号 FFT 分析的实现

1. 实验目的

① 加深对 DFT 算法原理和基本性质的理解；

② 熟悉 FFT 算法原理和 FFT 子程序的应用；

③ 学习用 FFT 对连续信号和时域信号进行谱分析的方法，了解可能出现的分析误差及其原因，以便在实际中正确应用 FFT。

2. 实验设备

计算机、CCS 2.0 版软件、实验箱、DSP 仿真器、音频线、音源。

3. 实验内容

设计程序，对输入的外部音频信号进行 FFT 变换，进而分析信号的频谱。

4. 实验提示

利用自备的音频信号源，把计算机当成音源，从实验箱“语音单元”的音频接口“麦克输入”输入音频信号，进行 A/D 采集。开关 K9 拨到左边，即仿真器选择连接左边的 CPU1 子板。

“语音接口”模块小板的拨码开关 SW1 码位 1、3、4 设置为 ON，码位 2 设置为 OFF；SW2 拨码开关码位 1、2、3 设置为 ON，码位 4 设置为 OFF。拨码开关 S6 的 1、2 均设置为 OFF。

用音频对录线连接实验箱语音单元的“麦克输入”与外部音频源。详细内容见实例六。

实验二　无限冲击响应滤波算法的实时实现

1. 实验目的

① 学习用 DSP 用户开发板产生混叠信号的方法和目的；

② 熟悉数字滤波的基本原理和实现方法。

2. 实验设备

计算机、CCS 2.0 版软件、DSP 仿真器、实验箱、示波器。

3. 实验内容

设计程序实现对高频和低频混叠信号的数字化低通滤波。混叠信号经 A/D 转换后输入 DSP 系统，经 IIR 低通滤波后，进行 D/A 转换并输出。

4. 实验提示

"A/D 转换单元"的拨码开关 JP3 码位 1 设置为 ON，将"模拟信号源"单元的信号输入到 AD7822，码位 2、3、4、5、6 均设置为 OFF。拨码开关 SW2 码位 1、2、3、4 均设置为 ON，使 AD7822 的采样时钟为 250 kHz，且中断给 CPU2 的中断 2。拨码开关 S23 的码位 1 设置为 ON，使信号源 1 输出混频。详细内容请参考实例九。

实验三　卷积(Convolve)算法的实现

1. 实验目的

① 掌握卷积算法的原理；

② 掌握在 CCS 环境下，程序编写、编译和调试程序的方法。

2. 实验设备

计算机、CCS 2.0 版软件、DSP 仿真器、实验箱。

3. 实验内容

设计程序产生两个矩形序列，并实现这两个序列的卷积运算，验证程序的正确性。利用系统的中断，将模拟信号源产生的信号进行 A/D 转换并采集到 DSP 中，然后对采集到的信号进行卷积运算，通过图形观察窗观察运算结果。

4. 实验提示

"A/D 转换单元"的拨码开关 JP3 的码位 1 置为 ON，码位 2、3、4、5、6 置为 OFF。SW2 拨码开关的码位 1、2、3、4 均置为 ON，使 AD7822 的采样时钟为 250 kHz，且中断给 CPU2 的中断 2。S23 拨码开关的码位 1、2 均置为 OFF，不输出混频信号。

在主程序中，应该设置两个断点，一个应该设置在卷积算法验证结束，另一个应该设置在中断服务程序执行结束，这样就可以分别看到两个不同的信号及其卷积结果。

Convolve 的时域表达式为

$$y(n)=\sum_{m=0}^{n}h(m)x(n-m),\qquad n=0,1,\cdots,L-1 \tag{10.6}$$

卷积运算子程序及其参数建议为 void Convolveok(Input、Impulse、Output、Length)，其中 Input 为原始输入数据序列，浮点型，长度为 128；Impulse 为冲击响应序列，浮点型，长度为 128；Output 为卷积输出结果序列，浮点型，长度为 256；Length 为参与卷积运算的两输入序列长度；卷积运算子程序流程如图 10-2 所示。

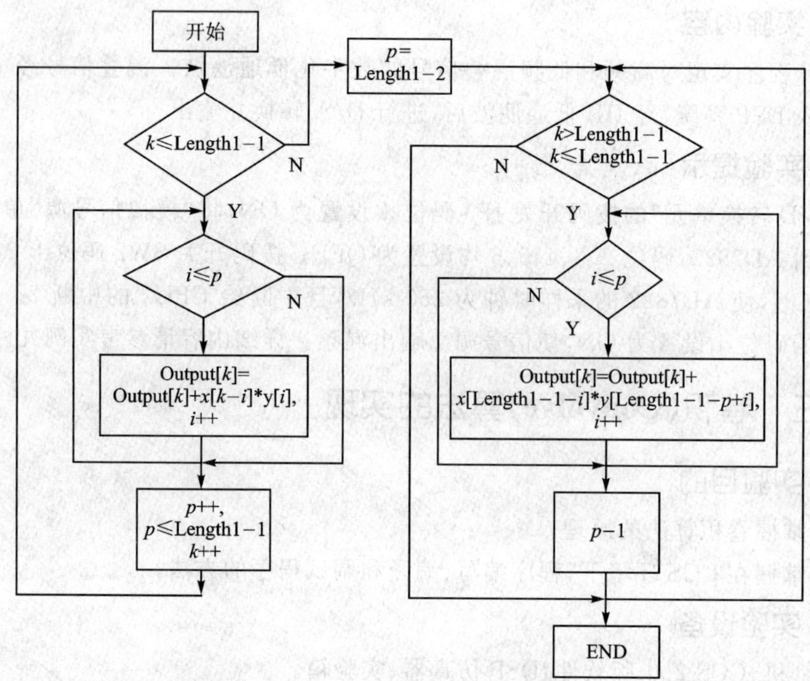

图 10-2 卷积运算子程序流程图

实验四 离散余弦变换(DCT)算法的实现

1. 实验目的

① 学习 DCT 算法的原理；

② 学习算法的编程实现方法。

2. 实验设备

计算机、CCS 2.0 版软件、实验箱、DSP 仿真器。

3. 实验内容

设计程序，将模拟信号源产生的信号进行 A/D 转换后输入到 DSP 中，然后对采集到的信号进行离散余弦变换和离散余弦反变换，通过图形观察窗观察运算结果。

4. 实验提示

离散余弦变换与离散傅里叶变换紧密相关，属于正弦类正交变换，由于其优良的去冗余性能及高效快速算法的可实现性，被广泛用于语音及图像的有损和无损压缩。

“A/D转换单元”的拨码开关 JP3 的码位 1 设置为 ON，码位 2、3、4、5、6 设置为 OFF。SW2 拨码开关的码位 1、2、3、4 均设置为 ON，使 AD7822 的采样时钟为 250 kHz，且中断给 CPU2 的中断 2。S23 拨码开关的码位 1、2 均置为 OFF，不输出混频信号。

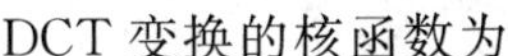

DCT 变换的核函数为

$$C_{k,n}=\sqrt{\frac{2}{N}}\sum_{n=0}^{N-1} g_k \cos\frac{(2n+1)k\pi}{2N},\qquad k,n=0,1,\cdots,N-1 \tag{10.7}$$

式中

$$g_k=\begin{cases}1/\sqrt{2}, & k=0\\ 1, & k\neq 0\end{cases}$$

离散余弦正、反变换程序及参数建议如下：

void dct1c2 (double x[], double y[], int n)：正 DCT 变换子程序；

void idct1c2 (double y[], double z[], int n)：逆 DCT 变换子程序；

其中，数组 x 为经 A/D 转换后的输入信号数组，浮点型，长度为 128；数组 y 为 DCT 正变换输出信号数组，也是逆 DCT 变换输入数组，浮点型，长度为 128；数组 z 为逆 DCT 变换输出信号数组，即重构信号，浮点型，长度为 128。

离散余弦程序流程图如图 10－3 所示。

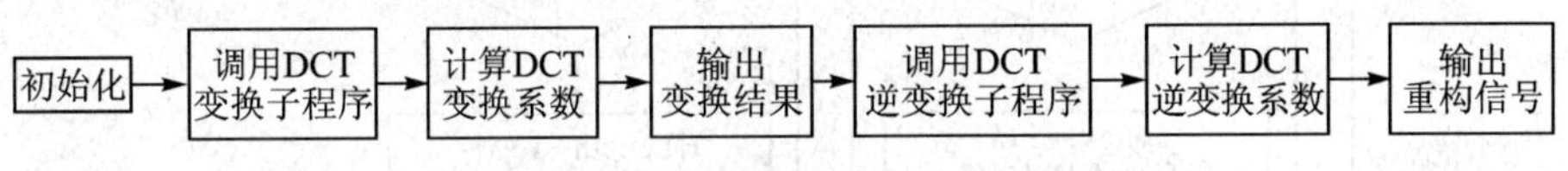

图 10－3　离散余弦程序流程图

实验五　相关(Correlation)算法的实现

1. 实验目的

① 学习相关的概念；

② 学习相关算法的实现方法。

2. 实验设备

计算机、CCS 2.0 版软件、实验箱、DSP 仿真器。

3. 实验内容

设 x 和 y 为参与相关运算的两路信号，设计程序实现自相关函数的计算和互相关函数的计算。首先完成两路信号的生成并完成相关运算，然后将模拟信号源产生的信号经过 A/D 后获得的信号进行相关运算，并利用 CCS 的图形观察工具观察两路信号和相关函数的波形。

4. 实验提示

请自行查找资料，了解概率论中相关的概念和随机信号相关函数的估计。

“A/D 转换单元”的拨码开关 JP3 的码位 1 设置为 ON，码位 2、3、4、5、6 设置为 OFF。SW2 拨码开关的码位 1、2、3、4 均设置为 ON，使 AD7822 的采样时钟为 250 kHz，且中断给 CPU2 的中断 2。S23 拨码开关的码位 1、2 均设置为 OFF，不输出混频信号。

相关算法的时域表达式为

$$R(l)=\sum_{n=0}^{N-1-|l|} s_1(n+l)s_2(n) \tag{10.8}$$

建议设置程序的参数 x[Length]为原始输入数据 A,浮点型,长度为 128;y[Length]为原始输入数据 B,浮点型,长度为 128;cor[Lengthcor]为相关估计数值,浮点型,长度为 255;Length 为输入数据长度,Lengthcor 为相关计算结果长度,mode = 0 为无偏估计,mode = 1 为有偏估计,则程序流程图如图 10-4 所示。

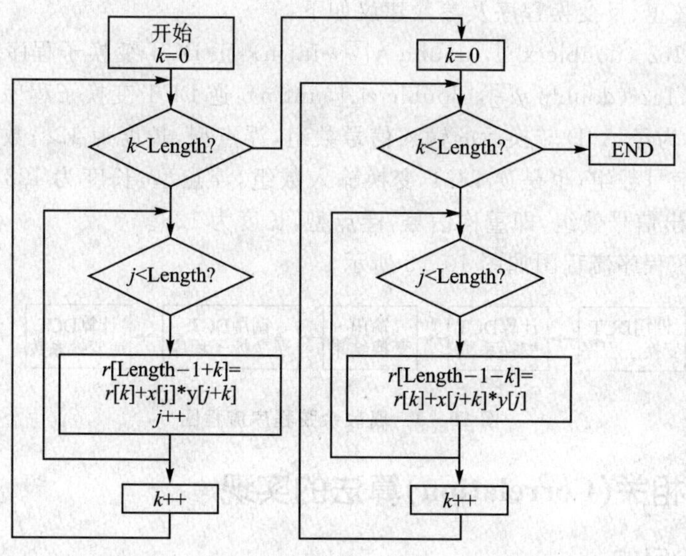

图 10-4　相关算法的程序流程图

实验六　μ_LAW 算法的实现

1. 实验目的

① 学习 μ 律的基本原理、压扩特性、编码和解码方法;

② 学习 μ 律算法在 DSP 上的实现方法。

2. 实验设备

计算机、CCS 2.0 版软件、实验箱、DSP 仿真器、音频线、音源。

3. 实验内容

利用自备的音频信号源,或把计算机当成音源,从实验箱上“语音单元”的音频接口“麦克输入”输入音频信号,进行 A/D 采集。将采集到的语音信号进行 μ 律的编码和解码,然后经过 D/A 输出音频信号,从而实现语音信号编解码。

4. 实验提示

参见实例十一。

附录 

TMS320C54x 指令表

TMS320C54x 指令系统共有指令 130 条，由于操作数的寻址方式不同，派生至 205 条。按指令的功能，可以将 C54x 指令系统分成 4 类：算术运算指令、逻辑运算指令、程序控制指令以及加载和存储指令。

1. 算术运算指令

算术运算指令如附表 A－1 所列。

附表 A－1　算术运算指令

语　法	说　明	字　长	周期数
ADD Smem，src	操作数加至累加器	1	1
ADD Smem ，TS ，src	操作数移位后加至累加器	1	1
ADD Smem ，16，scr[，dst]	操作数左移 16 位后加至累加器	1	1
ADD Smem[，SHIFT]，src[，dst]	操作数移位后加至累加器	2	2
ADD Xmem ，SHFT，src	操作数移位后加至累加器	1	1
ADD Xmem，Ymem，dst	两个操作数分别左移 16 位后相加	1	1
ADD ＃lk，[SHFT]，src[，dst]	长立即数移位后加至累加器	2	2
ADD ＃lk，16，src[，dst]	长立即数左移 16 位后加至累加器	2	2
ADD src，[，SHIFT][，dst]	累加器移位后相加	1	1
ADD src，ASM[，dst]	操作数带进位加至累加器	1	1
ADDC Smem，src	带进位加法	1	1
ADDM ＃lk，Smem	长立即数加至存储器	2	2
ADDS Smem，src	符号位不扩展的加法	1	1
SUB Smem ， src	从累加器中减去操作数	1	1
SUB Smem ，TS ，src	从累加器中减去移位后的操作数	1	1
SUB Smem ，16，scr[，dst]	从累加器中减去左移 16 位后的操作数	1	1
SUB Smem[，SHIFT]，src[，dst]	操作数移位后与累加器相减	2	2
SUB Xmem ，SHFT，src	操作数移位后与累加器相减	1	1
SUB Xmem，Ymem，dst	两个操作数分别左移 16 位后相减	1	1
SUB ＃lk[，SHFT]，src[，dst]	长立即数移位后与累加器相减	2	2

续附表 A-1

语 法	说 明	字 长	周期数
SUB #lk,16,src[,dst]	长立即数左移16位后与累加器相减	2	2
SUB src,[,SHIFT][,dst]	源累加器移位后与目的累加器相减	1	1
SUB src,ASM[,dst]	源累加器按ASM移位后与目的累加器相减	1	1
SUBB Smem,src	从累加器中减去带借位减操作数	1	1
SUBC Smem,src	有条件减法	1	1
SUBS Smem,src	符号位不扩展的减法	1	1
MPY Smem,dst	T寄存器值与操作数相乘	1	1
MPYR Smem,dst	T寄存器值与操作数相乘(带舍入)	1	1
MPY Xmem,Ymem,dst	两个操作数相乘	1	1
MPY Smem,#lk,dst	长立即数与操作数相乘	2	2
MPY #1k,dst	长立即数与T寄存器值相乘	2	2
MPYA dst	T寄存器与累加器A高位相乘	1	1
MPYA Smem	操作数与累加器A高位相乘	1	1
MPYU Smem ,dst	无符号数乘法	1	1
SQUR Smem,dst	操作数的平方	1	1
SQUR A,dst	累加器A高位的平方	1	1
MAC Smem,src	操作数与T寄存器值相乘后加至累加器	1	1
MAC Xmem,Ymem,src[,dst]	两个操作数相乘后加至累加器	1	1
MAC #lk,src[,dst]	长立即数与T寄存器值相乘后加至累加器	2	2
MAC Smem,#lk,src[,dst]	长立即数与操作数相乘后加至累加器	2	2
MACR Smem,src	操作数与T寄存器值相乘后加至累加器(带舍入)	1	1
MACR Xmem,Ymem,src[,dst]	两个操作数相乘后加至累加器(带舍入)	1	1
MACA Smem[,B]	操作数与累加器A高位相乘后加至累加器B	1	1
MACA T,src[,dst]	T寄存器值与累加器A高位相乘	1	1
MACAR Smem[,B]	T值与累加器A高位相乘后加至累加B(带舍入)	1	1
MACAR T,src[,dst]	A高位与T值相乘后与源累加器相加(带舍入)	1	1
MACD Smem,pmad,src	操作数与程序存储器值相乘后累加并延迟	2	3
MACP Smem,pmad,src	操作数与程序存储器值相乘后加至累加器	2	3

续附表 A-1

语 法	说 明	字 长	周期数
MACSU Xmem,Ymem,src	无符号数与有符号数相乘后加至累加器	1	1
MAS Smem,src	从累加器中减去 T 寄存器值与操作数的乘积	1	1
MASR Xmem,Ymem,src[,dst]	从累加器中减去两操作数的乘积(带舍入)	1	1
MAS Xmem,Ymem,src[,dst]	从源累加器中减去两操作数的乘积	1	1
MASR Smem ,src	从累加器中减去 T 寄存器值与操作数的乘积(带舍入)	1	1
MASA Smem[,B]	从累加器 B 中减去操作数与累加器 A 高位的乘积	1	1
MASA T,src[,dst]	从源累加器中减去 T 寄存器值与累加器 A 高位乘积	1	1
MASAR T,src[,dst]	从源中减去 T 寄存器值与累加器 A 高位乘积(带舍入)	1	1
SQURA Smem ,src	操作数平方并累加	1	1
SQURS Smem ,src	从累加器中减去操作数的平方	1	1
DADD Lmem,src[,dst]	双精度/双 16 位数加至累加器	1	1
DADST Lmem,dst	双精度/双 16 位数与 T 寄存器值相加/减	1	1
DRSUB Lmem,src	双精度/双 6 位数中减去累加器值	1	1
DSADT Lmem,dst	长操作数与 T 寄存器值相加减	1	1
DSUB Lmem,src	从累加器中减去双精度/双 16 位数	1	1
DSUBT Lmem,dst	从长操作数中减去 T 寄存器值	1	1
ABDST Xmem,Ymem	绝对距离	1	1
ABS src[,dsst]	累加器值取绝对值	1	1
CMPL src[,dst]	累加器取反	1	1
DELAY Smem	存储器单元延迟	1	1
EXP src	求累加器中数据的指数	1	1
FIRS Xmem,Ymem. pmand	对称 FIR 滤波	2	3
LMS Xmem,Ymem	求最小均方值	1	1
MAX dst	求累加器(A,B)最大值	1	1
MIN dst	求累加器(A,B)最小值	1	1
NEG src[,dst]	累加器取反	1	1
NORM src[,dst]	归一化	1	1
PLOY Smem	求多项式的值	1	1
RND src[,dst]	累加器四舍五入运算	1	1

续附表 A-1

语 法	说 明	字 长	周期数
SAT src	累加器饱和运算	1	1
SQDST Xmem,Ymem	求两点距离的平方	1	1

2. 逻辑运算指令

逻辑运算指令如附表 A-2 所列。

附表 A-2 逻辑运算指令

语 法	说 明	字 长	周期数
AND Smem ,src	操作数与累加器相与	1	1
AND #lk[,SHFT],src[,dst]	长立即数移位后与累加器相与	2	2
AND #lk,16,src[,dst]	长立即数左移 16 位后与累加器相与	2	2
AND src[,SHIFT][,dst]	源累加器移位后与目的累加器相与	1	1
ANDM #lk,Smem	操作数与长立即数相与	2	2
OR Smem,src	操作数与累加器相或	1	1
OR #lk[,SHFT],src[,dst]	长操作数移位后与累加器相或	2	2
OR #lk 16, src [,dst]	长操作数左移 16 位后与累加器相或	2	2
OR src[,SHIFT][,dst]	源累加器移位后和目的累加器相或	1	1
ORM #lk,Smem	操作数和长立即数相或	2	2
XOR Smem,src	操作数和累加器相异或	1	1
XOR#lk[,SHFT],src[,dst]	长立即数移位后和累加器相异或	2	2
XOR#lk,16,src[,dst]	长立即数左移 16 位后和累加器相异或	2	2
XORsrc[,SHIFT][,dst]	源累加器移位后和目的累加器相异或	1	1
XORM #lk,Smem	操作数和长立即数相异或	2	2
ROL src	累加器经进位位循环左移	1	1
ROL TC src	累加器经 TC 位循环左移	1	1
ROR src	累加器经进位位循环右移	1	1
SFTAsrc,SHIFT[,dst]	累加器算术移位	1	1
SFTC src	累加器条件移位	1	1
SFTLsrc,SHIFT[,dst]	累加器逻辑移位	1	1
BIT Xmem,BITC	测试指定位	1	1
BITF Smem,#lk	测试由立即数指定的位	2	2
BITT Smem	测试由 T 寄存器指定的位	1	1
CMPM Smem,#lk	存储单元与长立即数比较	2	2
CMPR CC,ARx	辅助寄存器 ARx 与 AR0 比较	1	1

3. 程序控制指令

程序控制指令如附表 A-3 所列。

附表 A-3 程序控制指令

语 法	说 明	字 长	周期数
B[D] pmad	无条件分支转移	2	4/[2*]
BACC[D] src	按累加器规定地址转移	1	6/[4*]
BANZ[D] pmad,Sind	辅助寄存器不为 0 转移	2	4‡/2§[2*]
BC[D] pmad,cond [cond[,cond]]	条件分支转移	2	5‡/3§[3*]
FB[D] extpmad	无条件远程分支转移	2	4/[2*]
FBACC[D] src	按累加器的地址远程分支转移	1	6/[4*]
CALA[D] src	按累加器的地址调子程序	1	6/[4*]
CALL[D] pmad	无条件调用子程序	2	4/[2§]
CC[D] pmad,cond[cond[,cond]]	有条件调用子程序	2	5‡/3§[3*]
FCALA[D] src	按累加器的地址远程调用子程序	1	6/[4*]
FCALL[D] extpmad	无条件远程调用子程序	2	4[2*]
INTR K	非屏蔽软件中断,关闭其他可屏蔽中断	1	3
TRAP K	非屏蔽软件中断,不影响 INTM 位	1	3
FRET[D]	远程返回	1	6/[4*]
FRETE[D]	开中断,从远程中断返回	1	6/[4*]
RC[D] cond[,cond[,cond]]	条件返回	1	5‡/3§[3*]
RET[D]	返回	1	5/[3*]
RETE[D]	开中断,从中断返回	1	5/[3*]
RETF[D]	开中断,从中断快速返回	1	3/[1*]
RPT Smem	重复执行下条指令 Smem+1 次	1	1
RPT #k	重复执行下条指令#k+1 次	1	1
RPT #lk	重复执行下条指令#lk+1 次	2	2
RPTB[D] Pmad	块重复指令	2	4/[2*]
RPTZ dst,#lk	重复执行下条指令,累加器清 0	2	2
FRAME K	堆栈指针偏移一个立即数值	1	1
POPD Smem	从栈顶弹出数据至数据存储器	1	1
POPM MMR	将数据从栈顶弹出至 MMR	1	1
PSHD Smem	将数据压入堆栈	1	1
PSHM MMR	将 MMR 压入堆栈	1	1
IDLE K	保持空转状态,直到中断发生	1	4

续附表 A-3

语　法	说　明	字　长	周期数
MAR　Smem	修改辅助寄存器	1	1
NOP	空操作	1	1
RESET	软件复位	1	3
RSBXN,SBIT	状态寄存器指定位复位	1	1
SSBX N,SBIT	状态寄存器指定位置位	1	1
XCn,cond[,cond[,cond]]	有条件执行	1	1

‡条件为真，§ 条件为假，* 延迟指令。

4. 加载和存储指令

加载和存储指令如附表 A-4 所列。

附表 A-4　加载和存储指令

语　法	说　明	字　长	周期数
DLD Lmem,dst	双精度/双 16 位长字加载累加器	1	1
LD Smem,dst	将操作数加载至累加器	1	1
LD Smem, TS, dst	操作数按 TREG(5～0)移位后加载至累加器	1	1
LD Smem, 16, dst	操作数左移 16 位后加载至累加器	1	1
LD Smem[,SHIFT],dst	操作数移位后加载至累加器	2	2
LD Xmem, SHFT, dst	操作数移位后加载至累加器	1	1
LD #K, dst	短立即数加载至累加器	1	1
LD #lk[,SHFT], dst	长立即数移位后加载至累加器	2	2
LD #lk, 16, dst	长立即数左移 16 位后加载至累加器	2	2
LD src,ASM[,dst]	源累加器按 ASM 移位后加载至目的累加器	1	1
LD src[,SHIFT][,dst]	源累加器移位后加载至目的累加器	1	1
LD Smem, T	操作数加载至 T 寄存器	1	1
LD Smem, DP	9 位操作数加载至 DP	1	3
LD #k9, DP	9 位立即数加载至 DP	1	1
LD #k5, ASM	5 位立即数加载至 ASM	1	1
LD #k3, ARP	3 位立即数加载至 ARP	1	1
LD Smem, ASM	把操作数的 4～0 位加载 ASM	1	1
LDM MMR, dst	将 MMR 加载至累加器	1	1
LDR Smem,dst	操作数舍入后加载至累加器的高端	1	1
LDU Smem, dst	无符号操作数加载至累加器	1	1
LTD Smem	操作数加载至 T 寄存器并延迟	1	1
DST src,Lmem	累加器值存至长字单元中	1	2

续附表 A-4

语　法	说　明	字　长	周期数
ST T, Smem	存储T寄存器的值	1	1
ST TRN, Smem	存储TRN寄存器的值	1	1
ST #lk, Smem	存储长立即数	2	2
STH src, Smem	存储累加器高位	1	1
STH src, ASM, Smem	累加器高位按ASM移位后存储	1	1
STH src, SHFT, Xmem	累加器高位移位后存储	1	1
STH src[,SHIFT],Smem	累加器高位移位后存储	2	2
STL src, Smem	存储累加器低位	1	1
STL src, ASM, Smem	累加器低位按ASM移位后存储	1	1
STL src, SHFT, Xmem	累加器低位移位后存储	1	1
STL src[,SHIFT], Smem	累加器低位移位后存储	2	2
STLM src, MMR	累加器低位存至MMR	1	1
STM # lk, MMR	长立即数存至MMR	2	2
CMPS src, Smem	比较选择并存储最大值	1	1
SACCD src,Xmem,cond	有条件存储累加器值	1	1
SRCCD Xmem,cond	有条件存储块重复计数器	1	1
STRCD Xmem,cond	有条件存储T寄存器值	1	1
ST src,Ymem ‖ LD Xmem,dst	存储累加器并行加载累加器	1	1
ST src,Ymem ‖ LD Xmem, T	存储累加器并行加载T寄存器	1	1
LD Xmem , dst ‖ MAC Ymem , dst_	加载累加器并行乘法累加运算	1	1
LD Xmem , dst ‖ MACR Ymem , dst_	加载累加器并行乘法累加运算(可凑整)	1	1
LD Xmem,dst ‖ MAS Ymem,dst_	加载累加器并行乘法减法运算	1	1
LD Xmem,dst ‖ MASR Ymem,dst_	加载累加器并行乘法减法运算(可凑整)	1	1
ST src , Ymem ‖ ADD Xmem , dst	存储累加器值并行加法运算	1	1
ST src , Ymem ‖ SUB Xmem , dst	存储累加器值并行减法运算	1	1
ST src , Ymem ‖ MAC Xmem , dst	存储累加器并行乘法累加运算	1	1
ST src , Ymem ‖ MACR Xmem , dst	存储累加器并行乘法累加运算(带凑整)	1	1
ST src , Ymem ‖ MAS Xmem , dst	存储器累加器并行乘减法运算	1	1
ST src , Ymem ‖ MASR Xmem , dst	存储累加器并行乘法累加运算(带凑整)	1	1
ST src , Ymem ‖ MPY Xmem , dst	存储累加器并行乘法运算	1	1
MVDD Xmem, Ymem	数据存储器内部间数据传送	1	1
MVDK Smem, dmad	数据存储器内部指定地址传送数据	2	2
MVDM damd, MMR	数据存储器向MMR传送数据	2	2

续附表 A-4

语　法	说　明	字　长	周期数
MVDP　Smem，pmad	数据存储器向程序存储器传送数据	2	4
MVKD　dmad，Smem	数据存储器向内部指定地址传送数据	2	2
MVMD　MMR，dmad	MMR 向指定地址传送数据	2	2
MVMM　MMRx，MMRy	MMRx 向 MMRy 传送数据	1	1
MVPD　pmad，Smem	程序存储器向数据存储器传送数据	2	3
PORTR　PA，Smem	从 PA 口读入数据	2	2
PORTW　Smem，PA	向 PA 口输出数据	2	2
READA　Smem	按累加器 A 寻址读程序存储器并存入数据存储器	1	5
WRITA　Smem	将数据按累加器 A 寻址写入程序存储器	1	5

5. 可以使用 RPT 或 RPTZ 指令重复执行的指令

可以使用 RPT 或 RPTZ 指令重复执行的指令如附表 A-5 所列。

附表 A-5　可以使用 RPT 或 RPTZ 指令重复执行的指令

指　令	说　明	周　期
FIRS	有限冲击响应滤波器	3
MACD	带延时的乘累加	3
MACP	乘累加	3
MVDK	数据存储器之间数据传送	2
MVDM	数据存储器中的数据送到存储器映像寄存器中	2
MVDP	数据存储器中的数据传送到程序存储器中	4
MVKD	数据存储器之间的数据传送	2
MVMD	存储器映像寄存器中的数据传送到数据存储器中	2
MVPD	程序存储器中的数据传送到数据存储器中	3
READA	从程序存储器读数到数据存储器	5
WRITA	把数据存储器中的数据写到程序存储器中	5

6. 不能使用 RPT 或 RPTZ 指令重复执行的指令

不能使用 RPT 或 RPTZ 指令重复执行的指令如附表 A-6 所列。

附表 A-6　不能使用 RPT 或 RPTZ 指令重复执行的指令

指　令	说　明	指　令	说　明
ADDM	加长立即数到数据存储器中	INTR	中断
ANDM	把数据存储器与长立即数相与	LD ARP	加载辅助寄存器指针
B[D]	无条件跳转	LD DP	加载数据页指针

续附表 A-6

指　令	说　明	指　令	说　明
BACC[D]	跳转到累加器地址	MVMM	MMR 之间数据移动
BANZ[D]	辅助寄存器不为 0 跳转	ORM	数据存储器与长立即数相与
BC[D]	条件转移	RC[D]	条件返回
CALA[D]	调用累加器地址	RESET	软件复位
CALL[D]	无条件调用	RET[D]	无条件返回
CC[D]	条件调用	RETF[D]	从中断返回
CMPR	和辅助寄存器相比较	RND	累加器凑整
DST	长字(32 位)数据存储	RPT	重复执行下一条指令
FB[D]	无条件远程跳转	RPTB[D]	块重复
FBACC[D]	远程跳转到累加器所指地址	RPTZ	重复执行下一条指令并清除累加器
FCALA[D]	远程调用子程序，地址由累加器指定	RSBX	状态寄存器的位复位
FCALL[D]	无条件远程调用	SSBX	状态寄存器的位置位
FRET[D]	远程返回	TRAP	软件中断
FRETE[D]	中断使能并从中断中远程返回	XC	条件执行
IDLE	省电指令	XORM	长立即数和数据存储器相异或

TMS320C55x 指令表

TMS320C55x 指令表如附表 B-1 所列。

附表 B-1 TMS320C55x 指令表

算术运算指令	
语 法	说 明
ADD [src,]dst	两个寄存器的内容相加:dst = dst + src
ADD k4,dst	4 位无符号立即数加到寄存器:dst = dst + k4
ADD K16,[src,]dst	16 位带符号立即数和源寄存器的内容相加:dst = src + K16
ADD Smem,[src,]dst	操作数 Smem 和源寄存器的内容相加:dst = src + Smem
ADD ACx ≪ Tx,ACy	累加器 ACx 根据 Tx 中的内容移位后,再和累加器 ACy 相加: ACy = ACy + (ACx ≪ Tx)
ADD ACx ≪ #SHIFTW,ACy	累加器 ACx 移位后与累加器 ACy 相加: ACy = ACy + (ACx ≪ #SHIFTW)
ADD K16 ≪ #16,[ACx,]ACy	16 位带符号立即数左移 16 位后加到累加器: ACy = ACx + (K16 ≪ #16)
ADD K16 ≪ #SHFT,[ACx,]ACy	16 位带符号立即数移位后加到累加器: ACy = ACx + (K16 ≪ #SHFT)
ADD Smem ≪ Tx,[ACx,]ACy	操作数 Smem 根据 Tx 中的内容移位后,再和累加器 ACx 相加: ACy = ACx + (Smem ≪ Tx)
ADD Smem ≪ #16,[ACx,]ACy	操作数 Smem 左移 16 位后,再和累加器 ACx 相加: ACy = ACx + (Smem ≪ #16)
ADD [uns( ]Smem[ )],CARRY, [ACx,]ACy	操作数 Smem 带进位加到累加器: ACy = ACx + Smem + CARRY
ADD [uns( ]Smem[ )],[ACx,]ACy	操作数 Smem 加到累加器: ACy = ACx + uns(Smem)
ADD [uns( ]Smem[ )] ≪ #SHIFTW,[ACx,]ACy	操作数 Smem 移位后加到累加器: ACy = ACx + (Smem ≪ #SHIFTW)
ADD dbl(Lmem),[ACx,]ACy	32 位操作数 Lmem 加到累加器: ACy = ACx + dbl(Lmem)

续附表 B-1

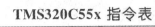

语 法	说 明
ADD Xmem,Ymem,ACx	两操作数 Xmem、Ymem 均左移 16 位后加到累加器： ACx = (Xmem ≪ #16) + (Ymem ≪ #16)
ADD K16,Smem	操作数 Smem 和 16 位带符号立即数相加： Smem = Smem + K16
SUB [src,]dst	两个寄存器的内容相减:dst = dst－src
SUB k4,dst	寄存器的内容减去 4 位无符号立即数:dst = dst－k4
SUB K16,[src,]dst	寄存器的内容减去 16 位带符号立即数:dst = src－K16
SUB Smem,[src,]dst	寄存器的内容减去操作数 Smem:dst = src－Smem
SUB src,Smem,dst	操作数 Smem 减去源寄存器的内容:dst = Smem－src
SUB ACx ≪ Tx,ACy	累加器 ACx 根据 Tx 中的内容移位后,作为减数和累加器 ACy 相减： ACy = ACy－(ACx ≪ Tx)
SUB ACx ≪ #SHIFTW,ACy	累加器 ACx 移位后,作为减数和累加器 ACy 相减： ACy = ACy－(ACx ≪ #SHIFTW)
SUB K16 ≪ #16,[ACx,]ACy	16 位带符号立即数左移 16 位后,作为减数和累加器 ACx 相减： ACy = ACx－(K16 ≪ #16)
SUB K16 ≪ #SHFT, [ACx,]ACy	16 位带符号立即数移位后,作为减数和累加器 ACx 相减： ACy = ACx－(K16 ≪ #SHFT)
SUB Smem ≪ Tx,[ACx,]ACy	操作数 Smem 根据 Tx 中的内容移位后,作为减数和累加器 ACx 相减： ACy = ACx－(Smem ≪ Tx)
SUB Smem ≪ #16,[ACx,]ACy	操作数 Smem 左移 16 位后,作为减数和累加器 ACx 相减： ACy = ACx－(Smem ≪ #16)
SUB ACx,Smem ≪ #16,ACy	操作数 Smem 左移 16 位后,作为被减数和累加器 ACx 相减： ACy = (Smem ≪ #16)－ACx
SUB [uns( ]Smem[ )], BORROW , [ACx,]ACy	从累加器中减去带借位的操作数 Smem： ACy = ACx－Smem－BORROW
SUB [uns( ]Smem[ )],[ACx,]ACy	从累加数中减去操作数 Smem： ACy = ACx－Smem
SUB [uns( ]Smem[ )] ≪ # SHIFTW,[ACx,]ACy	从累加数中减去移位后的操作数 Smem： ACy = ACx－(Smem ≪ #SHIFTW)
SUB dbl(Lmem),[ACx,]ACy	从累加数中减去 32 位操作数 Lmem： ACy = ACx－dbl(Lmem)
SUB ACx,dbl(Lmem),ACy	32 位操作数 Lmem 减去累加器： ACy = dbl(Lmem)－ACx
SUB Xmem,Ymem,ACx	两操作数 Xmem,Ymem 均左移 16 位后相减： ACx = (Xmem ≪ #16)－(Ymem ≪ #16)

续附表 B-1

语　法	说　明

SUBC Smem,[ACx,]ACy	if ((ACx－(Smem ≪ #15))>＝0)
	ACy＝(ACx－(Smem ≪ #15)) ≪ #1＋1
	else
	ACy＝ACx ≪ #1

ADDSUBCC Smem, ACx, TCx, ACy	if TCx＝1　ACy ＝ACx＋(Smem ≪ #16) else ACy＝ACx－(Smem ≪ #16)
ADDSUBCC Smem, ACx, TC1, TC2, ACy	if TC2＝1 ACy＝ACx if TC2＝0 and TC1＝1 ACy＝ACx＋(Smem ≪ #16) if TC2＝0 and TC1＝0 ACy＝ACx－(Smem ≪ #16)
ADDSUB2CC Smem, ACx, Tx, TC1, TC2, ACy	if TC2＝1and TC1＝1 ACy＝ACx＋(Smem ≪ #16) if TC2＝0 and TC1＝1 ACy＝ACx＋(Smem ≪ Tx) if TC2＝1 and TC1＝0 ACy＝ACx－(Smem ≪ #16) if TC2＝0 and TC1＝0 ACy＝ACx－(Smem ≪ Tx)
SQR[R] [ACx,]ACy	计算累加器 ACx 高位部分(32～16 位)的平方值,结果舍入后放入累加器 ACy: ACy ＝ ACx * ACx
MPY[R] [ACx,]ACy	计算累加器 ACx 和 ACy 高位部分(32～16 位)的乘积,结果舍入后放入累加器 ACy: ACy ＝ ACy * ACx
MPY[R] Tx,[ACx,]ACy	计算累加器 ACx 高位部分(32～16 位)和 Tx 中内容的乘积,结果舍入后放入累加器 ACy: ACy ＝ ACx * Tx
MPYK[R] K8,[ACx,] ACy	计算累加器 ACx 高位部分(32～16 位)和 8 位带符号立即数的乘积,结果舍入后放入累加器 ACy: ACy ＝ ACx * K8
MPYK[R] K16,[ACx,] ACy	计算累加器 ACx 高位部分(32～16 位)和 16 位带符号立即数的乘积,结果舍入后放入累加器 ACy: ACy ＝ ACx * K16
MPYM[R][T3＝] Smem,Cmem,ACx	两个操作数 Smem、Cmem 相乘,结果舍入后放入累加器 ACx: ACx ＝ Smem * Cmem
SQRM[R][T3＝]Smem,ACx	操作数 Smem 的平方,结果舍入后放入累加器 ACx: ACx ＝ Smem * Smem

续附表 B-1

语　法	说　明
MPYM[R][T3=]Smem,[ACx,]ACy	操作数 Smem 和累加器 ACx 相乘，结果舍入后放入累加器 ACy： ACy = Smem * ACx
MPYMK[R][T3=]Smem,K8,ACx	操作数 Smem 和 8 位带符号立即相乘，结果舍入后放入累加器 ACx： ACx = Smem * K8
MPYM[R][40][T3=] [uns ( ] Xmem [ )], [uns ( ] Ymem [)],ACx	两数据存储器操作数 Xmem,Ymem 相乘，结果舍入后放入累加器 ACx： ACx = Xmem * Ymem
MPYM[R][U][T3=]Smem,Tx,ACx	Tx 的内容和操作数 Smem 相乘，结果舍入后放入累加器 ACx： ACx = Tx * Smem
SQA[R] [ACx,]ACy	累加器 ACy 和累加器 ACx 的乘方相加，结果舍入后放入累加器 ACy： ACy = ACy + (ACx * ACx)
SQDST Xmem, Ymem, ACx, ACy	两个并行操作，乘法和加法： ACy = ACy + (ACx * ACx) :: ACx = (Xmem ≪ #16)-(Ymem ≪ #16)
MAC[R] ACx,Tx,ACy[,ACy]	累加器 ACx 和 Tx 的内容相乘后，再与累加器 ACy 相加，结果舍入后放入累加器 ACy： ACy = ACy + (ACx * Tx)
MAC[R] ACy,Tx,ACx,ACy	累加器 ACy 和 Tx 的内容相乘后，再与累加器 ACx 相加，结果舍入后放入累加器 ACy： ACy = (ACy * Tx) + ACx
MACK[R] Tx,K8,[ACx,]ACy	Tx 的内容和 8 位带符号立即数相乘后，再与累加器 ACx 相加，结果舍入后放入累加器 ACy： ACy = ACx + (Tx * K8)
MACK[R] Tx,K16,[ACx,]ACy	Tx 的内容和 16 位带符号立即数相乘后，再与累加器 ACx 相加，结果舍入后放入累加器 ACy： ACy = ACx + (Tx * K16)
MACM[R][T3=]Smem,Cmem,ACx	双操作数 Smem,Cmem 相乘后加到累加器 ACx 并做舍入： ACx = ACx + (Smem * Cmem)
MACM [R] Z [T3 =] Smem, Cmem,ACx	同上一条指令，并且与 delay 指令并行执行： ACx = ACx + (Smem * Cmem):: delay(Smem)
SQAM [R] [T3 =] Smem, [ACx,]ACy	累加器 ACx 和操作数 Smem 的乘方相加，结果合入后放入累加器 ACy： ACy = ACx + (Smem * Smem)
MACM[R][T3=]Smem,[ACx,]ACy	操作数 Smem 和累加器 ACx 相乘后，结果加到累加器 ACy 并做舍入： ACy = ACy + (Smem * ACx)

续附表 B-1

语 法	说 明
MACM [R] [T3 =] Smem, Tx, [ACx,]ACy	Tx 的内容和操作数 Smem 相乘,再与累加器 ACx 相加,结果舍入后放后累加器 ACy: ACy = ACy + (Smem * ACx)
MACMK [R] [T3 =] Smem, K8, [ACx,]ACy	操作数 Smem 和 8 位带符号立即数相乘,再与累加器 ACx 相加,结果舍入后放入累加器 ACy: ACy = ACx + (Smem * K8)
MACM[R][40][T3=] [uns(]Xmem[)], uns(]Ymem[)], [ACx,]ACy	两数据存储器操作数 Xmem、Ymem 相乘,再与累加器 ACx 相加,结果舍入后放入累加器 ACy: ACy = ACx + (Xmem * Ymem)
MACM[R][40][T3=][uns(]Xmem[)],[uns(]Ymem[)], ACx >> #16[,ACy]	两数据存储器操作数 Xmem、Ymem 相乘,再与累加器 ACx 右移 16 位后的值相加,结果舍入后放入累加器 ACy: ACy = (ACx ≫ #16) + (Xmem * Ymem)
SQS[R] [ACx,]ACy	累加器 ACy 减去累加器 ACx 的平方,结果舍入后放入累加器 ACy: ACy = ACy−(ACx * ACx)
MAS[R] Tx,[ACx,]ACy	累加器 ACy 减去累加器 ACx 和 Tx 的内容的乘积,结果舍入后放入累加器 ACy: ACy = ACy−(ACx * Tx)
MASM [R] [T3 =] Smem, Cmem,ACx	累加器 ACx 减去两个操作数 Smem、Cmem 的乘积,结果舍入后放入累加器 ACx: ACx = ACx−(Smem * Cmem)
SQSM [R] [T3 =] Smem, [ACx,] ACy	累加器 ACx 减去操作数 Smem 的平方,结果舍入后放入累加器 ACy: ACy = ACx−(Smem * Smem)
MASM [R] [T3 =] Smem, [ACx ,] ACy	累加器 ACy 减去操作数 Smem 和累加器 ACx 的乘积,结果舍入后放入累加器 ACy: ACy = ACy−(Smem * ACx)
MASM[R] [T3 =] Smem, Tx, [ACx,]ACy	累加器 ACx 减去 Tx 的内容和操作数 Smem 的乘积,结果舍入后放入累加器 ACy: ACy = ACx−(Tx * Smem)
MASM[R][40][T3=][uns(]Xmem[)],[uns(]Ymem[)],[ACx,]ACy	累加器 ACx 减去两数据存储器操作数 Xmem、Ymem 的乘积,结果舍入后放入累加器 ACy: ACy = ACx−(Xmem * Ymem)
MPY[R][40][uns(]Xmem[)], uns(]Cmem[),ACx ::MPY[R][40] [uns(]Ymem[)], [uns(]Cmem[)],ACy	在一个指令周期内同时完成两个操作数 Xmem 和 Cmem、Ymem 和 Cmem 相乘: ACx = Xmem * Cmem:: ACy = Ymem * Cmem
MAC[R][40] [uns(]Xmem)], [uns(]Cmem)],ACx ::MPY[R][40] [uns(]Ymem[)], [uns(]Cmem[)],ACy	在一个指令周期内同时完成下列算术运算:累加器 ACx 与两个操作数的乘积相加,结果舍入后放入累加器 ACx;两个操作数相乘,结果舍入后放入累加器 ACy: ACx = ACx + (Xmem * Cmem) :: ACy = Ymem * Cmem

续附表 B-1

语 法	说 明
MAS[R][40] [uns(]Xmem[)], [uns(]Cmem[)],ACx ::MPY[R][40] [uns(]Ymem[)], [uns(]Cmem[)],ACy	在一个指令周期内同时完成下列算术运算:累加器 ACx 减去两个操作数的乘积,结果舍入后放入累加器 ACx;两个操作数相乘,结果舍入后放入累加器 ACy: ACx = ACx-(Xmem * Cmem)::ACy = Ymem * Cmem
AMAR Xmem ::MPY[R][40][uns(]Ymem[)], [uns(]Cmem[)],ACx	在一个指令周期内同时完成下列算术运算: 修改操作数的值;两个操作数的乘法运算: mar(Xmem) :: ACx = Ymem * Cmem
MAC[R][40][uns(]Xmem[)], [uns(]Cmem[)],ACx ::MAC[R][40][uns(]Ymem[)], [uns(]Cmem[)],ACy	在一个指令周期内同时完成下列算术运算:累加器和两个操作数的乘积相加: ACx = ACx + (Xmem * Cmem)::ACy = ACy + (Ymem * Cmem)
MAS[R][40][uns(]Xmem[)], [uns(]Cmem[)],ACx ::MAC[R][40][uns(]Ymem[)], [uns(]Cmem[)],ACy	在一个指令周期内同时完成下列算术运算:累加器和两个操作数的乘积相减;累加器和两个操作数的乘积相加: ACx = ACx-(Xmem * Cmem) :: ACy = ACy + (Ymem * Cmem)
AMAR Xmem ::MAC[R][40][uns(]Ymem[)], [uns(]Cmem[)],ACx	在一个指令周期内同时完成下列算术运算:修改操作数的值;累加器和两个操作数的乘积相加: mar(Xmem):: ACx = ACx + (Ymem * Cmem)
MAS[R][40][uns(]Xmem[)], [uns(]Cmem[)],ACx ::MAS[R][40][uns(]Ymem[)], [uns(]Cmem[)]ACy	在一个指令周期内同时进行下列算术运算:累加器和两个操作数的乘积相减: ACx = ACx-(Xmem * Cmem)::ACy = ACy-(Ymem * Cmem)
AMAR Xmem ::MAS[R][40][uns(]Ymem[)], [uns(]Cmem[)],ACx	在一个指令周期内同时完成下列算术运算:修改操作数的值;累加器和两个操作数的乘积相减: mar(Xmem):: ACx = ACx-(Ymem * Cmem)
MAC[R][40][uns(]Xmem[)], [uns(]Cmem[)],ACx ≫ #16 ::MAC[R][40][uns(]Ymem[)], [uns(]Cmem[)],ACy	在一个指令周期内同时完成下列算术运算:累加器右移 16 位后和两个操作数的乘积相加;累加器和两个操作数的乘积相加: ACx = (ACx ≫ #16) + (Xmem * Cmem) :: ACy = ACy + (Ymem * Cmem)
MPY[R][40][uns(]Xmem[)], [uns(]Cmem[)],ACx ::MAC[R][40][uns(]Ymem[)], [uns(]Cmem[)],ACy ≫ #16	在一个指令周期内同时完成下列算术运算:两个操作数相乘,累加器右移 16 位后和两个操作数的乘积相加: ACx = Xmem * Cmem :: ACy = (ACy ≫ #16) + (Ymem * Cmem)
MAC[R][40][uns(]Xmem[)], [uns(]Cmem[)],ACx ≫ #16 ::MAC[R][40][uns(]Ymem[)], [uns(]Cmem[)],ACy ≫ #16	在一个指令周期内同时完成下列算术运算:累加器右移 16 位后和两个操作数的乘积相加: ACx = (ACx ≫ #16) + (Xmem * Cmem) :: ACy = (ACy ≫ #16) + (Ymem * Cmem)
MAS[R][40][uns(]Xmem[)], [uns(]Cmem[)],ACx ::MAC[R][40][uns(]Ymem[)], [uns(]Cmem[)],ACy ≫ #16	在一个指令周期内同时完成下列算术运算:累加器和两个操作数的乘积相减;累加器右移 16 位后和两个操作数的乘积相加: ACx = ACx-(Xmem * Cmem) :: ACy = (ACy ≫ #16) + (Ymem * Cmem)
AMAR Xmem ::MAC[R][40][uns(]Ymem[)], [uns (]Cmem[)],ACx ≫ #16	在一个指令周期内同时完成下列算术运算:修改操作数的值;累加器右移 16 位后和两个操作数的乘积相加: mar(Xmem):: ACx = (ACx ≫ #16) + (Ymem * Cmem)

续附表 B-1

语　法	说　明
AMAR Xmem, Ymem, Cmem	在一个指令周期内并行完成 3 次下列算术运算：修改操作数的值
ADDSUB Tx,Smem,ACx	在 ACx 的高 16 位保存操作数 Smem 和 Tx 的内容相加结果；在 ACx 的低 16 位保存操作数 Smem 和 Tx 的内容相减结果： HI(ACx) = Smem + Tx:: LO(ACx) = Smem－Tx
ADDSUB Tx,dual(Lmem),ACx	在 ACx 的高 16 位保存 32 位操作数高 16 位和 Tx 的内容相加结果；在 ACx 的低 16 位保存 32 位操作数低 16 位和 Tx 的内容相减结果： HI(ACx) = HI(Lmem) + Tx:: LO(ACx) = LO(Lmem)－Tx
SUBADD Tx,Smem,ACx	在 ACx 的高 16 位保存操作数 Smem 和 Tx 的内容相减结果；在 ACx 的低 16 位保存操作数 Smem 和 Tx 的内容相加结果： HI(ACx) = Smem－Tx:: LO(ACx) = Smem + Tx
SUBADD Tx,dual(Lmem),ACx	在 ACx 的高 16 位保存 32 位操作数高 16 位和 Tx 的内容相减结果；在 ACx 的低 16 位保存 32 位操作数高 16 位和 Tx 的内容相加结果： HI(ACx) = HI(Lmem)－Tx:: LO(ACx) = LO(Lmem) + Tx
ADD dual(Lmem),[ACx,]ACy	在 ACy 的高 16 位保存 32 位操作数和累加器 ACx 高 16 位的相加结果；在 ACy 的低 16 位保存 32 位操作数和累加器 ACx 低 16 位的相加结果： HI(ACy) = HI(Lmem) + HI(ACx):: LO(ACy) = LO(Lmem) + LO(ACx)
ADD dual(Lmem),Tx,ACx	在 ACx 的高 16 位保存 32 位操作数高 16 位和 Tx 的内容相加结果；在 ACx 的低 16 位保存 32 位操作数低 16 位和 Tx 的内容相加结果： HI(ACx) = HI(Lmem) + Tx:: LO(ACx) = LO(Lmem) + Tx
SUB dual(Lmem),[ACx,] ACy	在 ACy 的高 16 位保存累加器 ACx 和 32 位操作数高 16 位的相减结果；在 ACy 的低 16 位保存累加器 ACx 和 32 位操作数低 16 位的相减结果： HI(ACy) = HI(ACx)－HI(Lmem):: LO(ACy) = LO(ACx)－LO(Lmem)
SUB ACx,dual(Lmem),ACy	在 ACy 的高 16 位保存累加器 32 位操作数和 ACx 高 16 位的相减结果；在 ACy 的低 16 位保存累加器 32 位操作数和 ACx 低 16 位的相减结果： HI(ACy) = HI(Lmem)－HI(ACx):: LO(ACy) = LO(Lmem)－LO(ACx)
SUB dual(Lmem),Tx,ACx	在 ACx 的高 16 位保存 Tx 的内容和 32 位操作数高 16 位的相减结果；在 ACx 的低 16 位保存 Tx 的内容和 32 位操作数低 16 位的相减结果： HI(ACx) = Tx－HI(Lmem):: LO(ACx) = Tx－LO(Lmem)

续附表 B-1

语 法	说 明
SUB Tx,dual(Lmem), ACx	在 ACx 的高 16 位保存 Tx 的内容和 32 位操作数高 16 的位相减结果;在 ACx 的低 16 位保存 Tx 的内容和 32 位操作数低 16 位的相减结果: HI(ACx) = HI(Lmem)−Tx::LO(ACx) = LO(Lmem)−Tx

MAXDIFF ACx, ACy, ACz,ACw	TRNx=TRNx ≫ #1
	ACw(39−16)=ACy(39−16)−ACx(39−16)
	ACw(15−0)=ACy(15−0)−ACx(15−0)
	if(ACx(31−16)>ACy(31−16))
	{bit(TRN0,15)=#0;ACz(39−16)=ACx(39−16)}
	else
	{bit(TRN0,15)=#1;ACz(39−16)=ACy(39−16)}
	if (ACx(15−0)>ACy(15−0))
	{bit(TRN1,15)=#0;ACz(15−0)=ACx(15−0)}
	else
	{bit(TRN1,15)=#1;ACz(15−0)=ACy(15−0)}

DMAXDIFF ACx,ACy,ACz, ACw, TRNx	If M40=0:
	TRNx=TRNx ≫ #1
	ACw(39−0)=ACy(39−0)−ACx(39−0)
	if (ACx(31−0)>ACy(31−0))
	{bit (TRNx,15)=#0;ACz(39−0)=ACx(39−0)}
	else
	{bit (TRNx,15)=#1;ACz(39−0)=ACy(39−0)}
	If M40=1:
	TRNx=TRNx ≫ #1
	ACw(39−0)=ACy(39−0)−ACx(39−0)
	if (ACx(39−0)>ACy(39−0))
	{bit(TRNx,15)=#0;ACz(39−0)=ACx(39−0)}
	else
	{bit(TRNx,15)=#1;ACz(39−0)=ACy(39−0)}

MINDIFF ACx,ACy,ACz,ACw	TRNx=TRNx ≫ #1
	ACw(39−16)=ACy(39−16)−ACx(39−16)
	ACw(15−0)=ACy(15−0)−ACx(15−0)
	if (ACx(31−16)<ACy(31−16))
	{bit(TRN0,15)=#0;ACz(39−16)=ACx(39−16)}
	else
	{bit(TRN0,15)=#1;ACz(39−16)=ACy(39−16)}
	if (ACx(15−0)<ACy(15−0))
	{bit(TRN1,15)=#0;ACz(15−0)=ACx(15−0)}
	else
	{bit(TRN1,15)=#1;ACz(15−0)=ACy(15−0)}

续附表 B-1

语 法	说 明

DMINDIFF ACx, ACy, ACz, ACw, TRNx	If M40=0:
	TRNx=TRNx ≫ #1
	ACw(39-0)=ACy(39-0)-ACx(39-0)
	if (ACx(31-0)<ACy(31-0))
	{bit (TRNx,15)=#0;ACz(39-0)=ACx(39-0)}
	else
	{bit (TRNx,15)=#1;ACz(39-0)=ACy(39-0)}
	If M40=1
	TRNx=TRNx ≫ #1
	ACw(39-0)=ACy(39-0)-ACx(39-0)
	if(ACx(39-0)<ACy(39-0))
	{bit(TRNx,15)=#0;ACz(39-0)=ACx(39-0)}
	else
	{bit(TRNx,15)=#1;ACz(39-0)=ACy(39-0)}

MAX [src,]dst	dst=max(src, dst)
MIN [src,]dst	dst=min(src, dst)
CMP Smem==K16,TCx	If Smem==K16 then TCx =1 else TCx=0
CMP[U] src RELOP dst, TCx	If src RELOP dst then TCx=1 else TCx=0
CMPAND [U] src RELOP dst, TCy, TCx	If src RELOP dst then TCx=1 else TCx=0 TCx=TCx AND TCy
CMPAND [U] src RELOP dst,! TCy, TCx	If src RELOP dst then TCx=1 else TCx=0 TCx=TCx AND ! TCy
CMPOR [U] src RELOP dst, TCy,TCx	If src RELOP dst then TCx=1 else TCx=0 TCx=TCx OR TCy
CMPOR [U] src RELOP dst, ! TCy, TCx	If src RELOP dst then TCx=1 else TCx=0 TCx=TCx OR ! TCy
SFTCC ACx,TCx	If ACx(39-0)=0 then TCx=1 If ACx(31-0)有两个符号位 then ACx =ACx(31-0) ≪ #1 and TCx=0 else TCx=1
SFTS dst, #-1	寄存器的内容右移1位
SFTS dst, #1	寄存器的内容左移1位
SFTS ACx,Tx[,ACy]	累加器的内容根据 Tx 的内容左移
SFTSC ACx,Tx[,ACy]	累加器的内容根据 Tx 的内容左移,移出位更新进位标识
SFTS ACx,#SHIFTW[,ACy]	累加器的内容左移

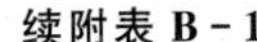

续附表 B-1

语　法	说　明
SFTSC ACx,#SHIFTW[,ACy]	累加器的内容左移,移出位更新进位标识
AADD TAx, TAy	两个辅助寄存器或临时寄存器相加: TAy = TAy + TAx
ASUB TAx,TAy	两个辅助寄存器或临时寄存器相减: TAy = TAy − TAx
AMOV TAx, TAy	用辅助寄存器或临时寄存器的内容给辅助寄存器或临时寄存器赋值
AADD K8,TAx	辅助寄存器或临时寄存器和8位带符号立即数相加: TAx = TAx + K8
ASUB K8,TAx	辅助寄存器或临时寄存器和8位带符号立即数相减: TAx = TAx − K8
AMOV P8,TAx	程序地址标号P8定义的地址给辅助寄存器或临时寄存器赋值
AMOV D16,TAx	用16位绝对数据地址D16给辅助寄存器或临时寄存器赋值
AMAR Smem	修改 Smem
AADD K8,SP	SP=SP+K8
MPYM[R] [T3 =]Xmem,Tx,ACy ::MOV HI(ACx ≪ T2),Ymem	并行执行以下运算:Tx内容和操作数Xmem相乘,结果舍入后放入累加器ACy;累加器ACx左移后高16位赋值给Ymem: ACy = Tx * Xmem:: Ymem = HI(ACx ≪ T2)
MACM[R] [T3 =]Xmem,Tx,ACy ::MOV HI(ACx ≪ T2),Ymem	并行执行以下运算:Tx内容和操作数Xmem相乘,再和累加器ACy相加,结果舍入后放入累加器ACy;累加器ACx左移后高16位赋值给Ymem: ACy = ACy + (Tx * Xmem):: Ymem = HI(ACx ≪ T2)
MASM[R] [T3 =]Xmem,Tx,ACy ::MOV HI(ACx ≪ T2),Ymem	并行执行以下运算:Tx内容和操作数Xmem相乘,再作为被减数和累加器ACy相减,结果舍入后放入累加器ACy;累加器ACx左移后高16位赋值给Ymem: ACy = ACy−(Tx * Xmem):: Ymem = HI(ACx ≪ T2)
ADD Xmem ≪ #16,ACx,ACy ::MOV HI(ACx ≪ T2),Ymem	并行执行以下运算:操作数Xmem左移16位,再和累加器ACx相加,结果放入累加器ACy;累加器ACy左移后高16位赋值给Ymem: ACy = ACx + (Xmem ≪ #16):: Ymem = HI(ACy ≪ T2)
SUB Xmem ≪ #16,ACx,ACy ::MOV HI(ACx ≪ T2),Ymem	并行执行以下运算:操作数Xmem左移16位,再减去累加器ACx,结果放入累加器ACy;累加器ACy左移后高16位赋值给Ymem: ACy = (Xmem ≪ #16)−ACx:: Ymem = HI(ACy ≪ T2)
MOV Xmem ≪ #16, ACy ::MOV HI(ACx ≪ T2),Ymem	并行执行以下运算:操作数Xmem左移16位,结果放入累加器ACy;累加器ACx左移后高16位赋值给Ymem: ACy = Xmem ≪ #16:: Ymem = HI(ACx ≪ T2)

续附表 B-1

语 法	说 明
MACM[R] [T3 =]Xmem,Tx,ACx ::MOV Ymem ≪ #16,ACy	并行执行以下运算:Tx 内容和操作数相乘,再和累加器 ACx 相加,结果舍入后放入累加器 ACx;操作数左移 16 位后,结果放入累加器 ACy: ACx = ACx + (Tx * Xmem):: ACy = Ymem ≪ #16
MASM[R] [T3 =]Xmem,Tx,ACx ::MOV Ymem ≪ #16,ACy	并行执行以下运算:Tx 内容和操作数 Xmem 相乘,再作为被减数和累加器 ACx 相减,结果舍入后放入累加器 ACx;操作数 Ymem 左移 16 位后,结果放入累加器 ACy: ACx = ACx-(Tx * Xmem):: ACy = Ymem ≪ #16
ABDST Xmem,Ymem,ACx,ACy	绝对距离指令以并行方式完成两个操作,一个在 D 单元的 MAC 中,另一个在 D 单元的 ALU 中: ACy= ACy + | HI(ACx) |, ACx = (Xmem << # 16) - (Ymem ≪ #16) 影响指令执行的状态位:FRCT、C54CM、M40、SATD、SXMD; 执行指令后会受影响的状态位:ACOVx、ACOVy、CARRY
ABS [src,]dst	dst= |src| 影响指令执行的状态位:C54CM、M40、SATA、SATD、SXMD; 执行指令后会受影响的状态位:ACOVx、CARRY
FIRSADD Xmem, Ymem, Cmem, ACx,ACy	FIR 滤波指令:在一个周期内完成两个并行的操作,能够完成对称或反对称 FIR 滤波计算。 ACy=ACy+(ACx(32-16) * Cmem),ACx=(Xmem ≪ #16)+(Ymem ≪ #16) 影响指令执行的状态位:FRCT、SMUL、C54CM、M40、SATD、SXMD; 执行指令会受影响的状态位:ACOVx、ACVOy、CARRY
FIRSSUB Xmem, Ymem, Cmem, ACx. ACy	FIR 滤波指令:在一个周期内完成两个并行的操作,能够完成对称或反对称 FIR 滤波计算。 ACy = ACy + (ACx (32 - 16) * Cmem), ACx = (Xmem ≪ #16)-(Ymem ≪ #16) 影响指令执行的状态位:FRCT、SMUL、C54CM、M40、SATD、SXMD; 执行指令会受影响的状态位:ACOVx、ACVOy、CARRY
LMS Xmem,Ymem,ACx,ACy	最小均方指令:ACy=ACy+(Xmem * Ymem)::ACx=rnd (ACx+(Xmem ≪ #16)) 影响指令执行的状态位: FRCT、SMUL、C54CM、M40、RDM、SATD、SXMD; 执行指令后会受影响的状态位:ACOVx、ACOVy、CARRY

续附表 B-1

语 法	说 明
NEG [src,]dst	补码指令。 影响指令执行的状态位:M40、SATA、SATD、SXMD; 执行指令后会受影响的状态位:ACOVx、CARRY
MANT ACx,ACy ::NEXP ACx,Tx	归一化指令:ACy=mant(ACx),Tx=－exp(ACx)
EXP ACx,Tx	归一化指令:Tx=exp(ACx)
SAT[R][ACx,]ACy	饱和:ACy =saturate(rnd(ACx)); 影响指令执行的状态位:C54CM 、M40、RDM、SATD; 执行指令后会受影响的状态位:ACOVy
ROUND[ACx,]ACy	舍入:ACy=rnd(ACx) 影响指令执行的状态位:C54CM、M40、RDM、SATD; 执行指令后会受影响的状态位:ACOVy
SQDST Xmem,Ymem,ACx,ACy	平方差指令: ACy=ACy+(ACx(32－16) * ACx(32－16)) ACx=(Xmem ≪ #16)－(Ymem ≪ #16) 影响指令执行的状态位:C54CM、M40、RDM、SATD; 执行指令后会受影响的状态位:ACOVy
	位操作指令
BAND Smem,k16,TCx	位域比较。 If (((Smem)AND k16)==0),TCx=0, else TCx=1
BFXTR k16,ACx,dst	位域抽取。 从 LSB 到 MSB 将 k16 中非零位对应的 ACx 中的位抽取出来依次放到 dst 的 LSB 中
BFXPA k16,ACx,dst	位域扩展。 将 ACx 的 LSB 放到 k16 中非零位对应的 dst 中的位置上,ACx 的 LSB 个数等于 k16 中 1 的个数
BTST src, Smem, TCx	以 src 的 4 个 LSB 为位地址,测试 Smem 的对应位
BNOT src, Smem	以 src 的 4 个 LSB 为位地址,取反 Smem 的对应位
BCLR src, Smem	以 src 的 4 个 LSB 为位地址,清 0 Smem 的对应位
BSET src,Smem	以 src 的 4 个 LSB 为位地址,置位 Smem 的对应位
BTSTSET k4,Smem,TCx	以 k4 为位地址,测试并置位 Smem 的对应位
BTSTCLR k4,Smem,TCx	以 k4 为位地址,测试并清 0 Smem 的对应位
BTSTNOT k4,Smem,TCx	以 k4 为位地址,测试并取反 Smem 的对应位
BTST k4,Smem,TCx	以 k4 为位地址,测试 Smem 的对应位
BTST Baddr, src, TCx	以 Baddr 为位地址,测试 src 的对应位,并复制到 TCx 中

续附表 B-1

语 法	说 明
BNOT Baddr, src	以 Baddr 为位地址,取反 src 的对应位
BCLR Baddr, src	以 Baddr 为位地址,清 0 src 的对应位
BSET Baddr, src	以 Baddr 为位地址,置位 src 的对应位
BTSTP Baddr, src	以 Baddr 和 Baddr+1 为位地址,测试 src 的两个位,分别复制到 TC1 和 TC2 中
BCLR k4, STx_55	以 k4 为位地址,清 0 STx_55 的对应位
BSET k4,STx_55	以 k4 为位地址,置位 STx_55 的对应位
BCLR f-name	按 f-name(状态标志名)寻址,清 0 STx_55 的对应位
BSET f-name	按 f-name(状态标志名)寻址,置位 STx_55 的对应位
	扩展辅助寄存器操作指令
MOV xsrc,xdst	当 xdst 为累加器,xsrc 为 23 位时:xdst(31~23)=0,xdst(22~0)=xsrc; 当 xdst 为 23 位, xsrc 为累加器时:xdst=xsrc(22~0)
AMAR Smem,XAdst	把操作数 Smem 载入寄存器 XAdst
AMOV k23,XAdst	把 23 位无符号立即数载入寄存器 XAdst:XAdst = k23
MOV dbl(Lmem),XAdst	XAdst=Lmem(22~0) 把 32 位操作数的低 23 位载入寄存器 XAdst
MOV XAsrc,dbl(Lmem)	Lmem(22~0)=XAsrc,Lmem(31~23)=0 把 23 位寄存器 XAsrc 的内容载入 32 位操作数的低 23 位,其他位清 0
POPBOTH xdst	xdst(15~0)=(SP),xdst(31~16)=(SSP);当 xdst 为 23 位时,取 SSP 的低 7 位:xdst(22~16)=(SSP)(6~0)
PSHBOTH xsrc	(SP)=xsrc(15~0),(SSP)= xsrc(31~16); 当 xsrc 为 23 位时,(SSP)(6~0)=xsrc(22~16),(SSP)(15~7)=0
	逻辑运算指令
NOT [src,]dst	寄存器按位取反
AND/OR/XOR src,dst	两个寄存器按位与/或/异或
AND/OR/XOR k8,src,dst	8 位无符号立即数和寄存器按位与/或/异或
AND/OR/XOR k16,src dst	16 位无符号立即数和寄存器按拉与/或/异或
AND/OR/XOR Smem, src dst	操作数 Smem 和寄存器按位与/或/异或
AND/OR/XOR ACx << # SHIFTW [,ACy]	累加器 ACx 移位后和累加器 ACy 按位与/或/异或
AND/OR/XOR k16 << # 16, [ACx,]ACy	16 位无符号立即数左移 16 位后和累加器 ACx 按位与/或/异或
AND/OR/XOR k16 << # SHFT, [ACx,]ACy	16 位无符号立即数移位后和累加器 ACx 按位与/或/异或
AND/OR/XOR k16,Smem	16 位无符号立即数和操作数 Smem 按位与/或/异或

续附表 B-1

语　法	说　明
BCNT ACx,ACy,TCx,Tx	位计数,Tx=(ACx AND ACy)中 1 的个数,若 Tx 为奇数,则 TCx=1;反之,TCx=0
SFTL dst,#1	dst=dst ≪ #1,CARRY=移出的位
SFTL dst,#-1	dst=dst ≫ #1,CARRY=移出的位
SFTL ACx,Tx[,ACy]	ACy=ACx ≪ Tx;若 Tx 超出了-32～31 的范围,则 Tx 被饱和为-32 或 31,CARRY=移出的位
SFTL ACx,#SHIFTW[,ACy]	ACy=ACx ≪ #SHIFTW,#SHIFTW 是 6 位值,CARRY=移出的位
ROL BitOut,src,BitIn,dst	将 BitIn 移进 src 的 LSB,src 被移出的位存放于 BitOut,结果放到 dst 中。 影响指令执行的状态位:CARRY、M40、TC2; 执行指令后会受影响的状态位:CARRY、TC2
ROR BitIn,src,BitOut,dst	将 BitIn 移进 src 的 MSB,src 被移出的位存放于 BitOut,结果放到 dst 中。 影响指令执行的状态位:CARRY、M40、TC2; 执行指令后会受影响的状态位:CARRY,TC2
移动指令	
MOV k4,dst	加载 4 位无符号立即数到目的寄存器:dst = k4
MOV - k4,dst	4 位无符号立即数取反后加载到目的寄存器: dst = - k4
MOV K16,dst	加载 16 位带符号立即数到目的寄存器: dst = K16
MOV Smem,dst	操作数加载到目的寄存器:dst = Smem
MOV[uns(]high_byte(Smem)[)],dst	16 位操作数的高位字节加载到目的寄存器: dst = high_byte(Smem)
MOV[uns(]low_byte(Smem)[)],dst	16 位操作数的低位字节加载到目的寄存器: dst = low_byte(Smem)
MOV K16 ≪ #16,ACx	ACx = K16 ≪ #16
MOV K16 ≪ #SHFT,ACx	ACx = K16 ≪ #SHFT
MOV [rnd(]Smem ≪ Tx[)],ACx	16 位操作数根据 Tx 的内容移位,结果舍入后放入累加器: ACx=Smem ≪ Tx
MOV low _ byte (Smem) < < # SHIFTW,ACx	16 位操作数高位字节移位后加载到累加器: ACx = low_byte(Smem) ≪ #SHIFTW

续附表 B-1

语 法	说 明
MOV high _ byte (Smem) << # SHIFTW, ACx	16 位操作数低位字节移位后加载到累加器： ACx = high_byte(Smem) ≪ #SHIFTW
MOV Smem ≪ #16, ACx	16 位操作数左移 16 位后加载到累加器： ACx = Smem ≪ #16
MOV [uns(]Smem[)], ACx	16 位操作数加载到累加器：ACx = Smem
MOV [uns ( ] Smem [ )] << # SHIFTW, ACx	16 位操作数移位后加载到累加器： ACx = Smem ≪ #SHIFTW
MOV[40]dbl(Lmem), ACx	32 位操作数加载到累加器： ACx = dbl(Lmem)
MOV Xmem, Ymem, ACx	ACx(15-0)=Xmem, ACx(39-16)=Ymem LO(ACx) = Xmem:: HI(ACx) = Ymem
MOV dbl(Lmem), pair(HI(ACx))	ACx(31-16)=HI(Lmem) AC(x+1)(31-16)=LO(Lmem), x=0 或 2 pair(HI(ACx)) = Lmem
MOV dbl(Lmem), pair(LO(ACx))	ACx(15-0)=HI(Lmem) AC(x+1)(15-0)=LO(Lmem), x=0 或 2 pair(LO(ACx)) = Lmem
MOV dbl(Lmem), pair(TAx)	TAx=HI(Lmem) TA(x+1)=LO(Lmem), x=0 或 2 pair(TAx) = Lmem
MOV src, Smem	Smem=src(15-0)
MOV src, high_byte(Smem)	high_byte(Smem)=src(7-0)
MOV src, low_byte(Smem)	low_byte(Smem)=src(7-0)
MOV HI(ACx), Smem	Smem=ACx(31-16)
MOV [rnd(]HI(ACx)[ )], Smem	Smem=[rnd]ACx(31-16)
MOV ACx ≪ Tx, Smem	Smem=(ACx ≪ Tx)(15-0)
MOV [rnd ( ] HI (ACx << Tx) [ )], Smem	Smem=[rnd](ACx ≪ Tx)(31-16)
MOV ACx ≪ #SHIFTW, Smem	Smem=(ACx ≪ #SHIFTW)(15-0)
MOV HI(ACx ≪ #SHIFTW), Smem	Smem=(ACx ≪ #SHIFTW)(31-16)
MOV[rnd(]HI(ACx ≪ #SHIFTW) [)], Smem	Smem=[rnd](ACx ≪ #SHIFTW)(31-16)
MOV[uns ( ][rnd ( ] HI [(saturate] (ACx)[)))], Smem	Smem=[uns]([rnd](sat(ACx(31-16))))
MOV[uns ( ][rnd ( ] HI [(saturate] (ACx ≪ Tx)[)))], Smem	累加器 ACx 根据 Tx 的内容移位，结果的高 16 位存储到 Smem： Smem = HI(ACx ≪ Tx)
MOV[uns ( ][rnd ( ] HI [(saturate] (ACx ≪ #SHIFTW[)))], Smem	累加器 ACx 移位后，结果的高 16 位存储到 Smem： Smem = HI(ACx ≪ #SHIFTW)

续附表 B-1

语　法	说　明
MOV ACx,dbl(Lmem)	Lmem＝ACx(31－0)
MOV[uns( ]saturate(ACx)[ )],dbl(Lmem)	Lmem＝[uns](sat(ACx(31－0)))
MOV ACx ≫ ＃1,dual(Lmem)	累加器ACx的高16位右移一位后，结果存储到Lmem的高16位；累加器ACx的低16位右移一位后，结果存储到Lmem的低16位： HI(Lmem) ＝ HI(ACx) ≫ ＃1 :: LO(Lmem) ＝ LO(ACx) ≫ ＃1
MOV pair(HI(ACx)),dbl(Lmem)	累加器ACx的高16位存储到Lmem的高16位；累加器AC(x＋1)的高16位存储到Lmem的低16位： HI(Lmem)＝ACx(31－16) LO(Lmem)＝AC(x＋1)(31－16),x＝0或2
MOV pair(LO(ACx)),dbl(Lmem)	累加器ACx的低16位存储到Lmem的高16位；累加器AC(x＋1)的低16位存储到Lmem的低16位： HI(Lmem)＝ACx(15－0) LO(Lmem)＝AC(x＋1)(15－0),x＝0或2
MOV pair(TAx),dbl(Lmem)	HI(Lmem)＝TAx LO(Lmem)＝TA(x＋1),x＝0或2
MOV ACx,Xmem,Ymem	累加器ACx的低16位存储到Xmem；累加器ACx的高16位存储到Ymem： Xmem ＝ LO(ACx):: Ymem ＝ HI(ACx)
MOV src,dst	源寄存器的内容存储到目的寄存器：dst ＝ src
MOV HI(ACx),TAx	累加器ACx的高16位移动到Tax：TAx ＝ HI(ACx)
MOV TAx, HI(ACx)	TAx的内容移动到累加器ACx的高16位：HI(ACx) ＝ TAx
SWAP ARx,Tx	ARx＜－＞Tx，操作数为(AR4、T0或AR5、T1或AR6、T2或AR7、T3)
SWAP Tx,Ty	Tx＜－＞Ty，操作数为(T0、T2或T1、T3)
SWAP ARx,ARy	ARx＜－＞ARy，操作数为(AR0、AR2或AR1、AR3)
SWAP ACx,ACy	ACx＜－＞ACy，操作数为(AC0、AC2或AC1、AC3)
SWAPP ARx,Tx	ARx＜－＞Tx，AR(x＋1)＜－＞Tx(x＋1)，操作数为(AR4、T0或AR6、T2)
SWAPP T0,T2	T0＜－＞T2，T1＜－＞T3
SWAPP AR0,AR2	AR0＜－＞AR2，AR1＜－＞AR3

续附表 B-1

语 法	说 明
SWAPP AC0,AC2	AC0<->AC2,AC1<->AC3
SWAP4 AR4,T0	AR4<->T0,AR5<->T1 AR6<->T2,AR7<->T3
DELAY Smem	(Smem+1)=(Smem) 将 Smem 的内容复制到下一个地址单元中,原单元的内容保持不变。常用于实现 Z 延迟
MOV Cmem,Smem	将 Cmem 的内容复制到 Smem 指示的数据存储单元
MOV Smem,Cmem	将 Smem 的内容复制到 Cmem 指示的数据存储单元
MOV K8,Smem	将立即数加载到 Smem 指示的数据存储单元
MOV K16,Smem	
MOV Cmem,dbl(Lmem)	HI(Lmem)=(Cmem),LO(Lmem)=(Cmem+1)
MOV dbl(Lmem),Cmem	(Cmem)=HI(Lmem),(Cmem+1)=LO(Lmem)
MOV dbl(Xmem),dbl(Ymem)	(Ymem)=(Xmem),(Ymem+1)=(Xmem+1)
MOV Xmem,Ymem	将 Xmem 的内容复制到 Ymem
POP dst1,dst2	dst1=(SP),dst2=(SP+1),SP=SP+2
POP dst	dst=(SP),SP=SP+1 若 dst 为累加器,则 dst(15-0)=(SP),dst(39-16)不变
POP dst,Smem	dst=(SP),(Smem)=(SP+1),SP=SP+2 若 dst 为累加器,则 dst(15-0)=(SP), dst(39-16)不变
POP dbl(ACx)	ACx(31-16)=(SP), ACx(15-0)=(SP+1),SP=SP+2
POP Smem	(Smem)=(SP),SP=SP+1
POP dbl(Lmem)	HI(Lmem)=(SP),LO(Lmem)=(SP+1),SP=SP+2
PSH src1,src2	SP=SP-2,(SP)=src1,(SP+1)=src2 若 src1、src2 为累加器,则将 src1(15-0)、src2(15-0)压入堆栈
PSH src	SP=SP-1,(SP)=src 若 src 为累加器,则取 src(15-0)
PSH src,Smem	SP=SP-2,(SP)=src,(SP+1)=Smem 若 src 为累加器,则取 src(15-0)
PSH dbl(ACx)	SP=SP-2,(SP)=ACx(31-16),(SP+1)=ACx(15-0)
PSH Smem	SP=SP-1,(SP)=Smem
PSH dbl(Lmem)	SP=SP-2,(SP)=HI(Lmem),(SP +1)=LO(Lmem)
MOV k12,BK03	装载立即数到指定的 CPU 寄存器单元
MOV k12,BK47	
MOV k12,BKC	

续附表 B-1

语 法	说 明
MOV k12,BRC0	装载立即数到指定的 CPU 寄存器单元
MOV k12,BRC1	
MOV k12,CSR	
MOV k7.DPH	
MOV k9,PDP	
MOV k16,BSA01	
MOV k16,BSA23	
MOV k16,BSA45	
MOV k16,BSA67	
MOV k16,BSAC	
MOV k16,CDP	
MOV k16,DP	
MOV k16,SP	
MOV k16,SSP	
MOV Smem,BK03	把 Smem 指示的数据存储单元的内容装载到指定的 CPU 寄存器单元
MOV Smem,BK47	
MOV Smem,BKC	
MOV Smem,BSA01	
MOV Smem,BSA23	
MOV Smem,BSA45	
MOV Smem,BSA67	
MOV Smem,BSAC	
MOV Smem,BRC0	
MOV Smem,BRC1	
MOV Smem,CDP	
MOV Smem,CSR	
MOV Smem,DP	
MOV Smem,DPH	
MOV Smem,PDP	
MOV Smem,SP	
MOV Smem,SSP	
MOV Smem,TRN0	
MOV Smem,TRN1	

续附表 B-1

语 法	说 明
MOV BK03,Smem	把指定的 CPU 寄存器单元的内容存储到 Smem 指示的数据存储单元
MOV BK47,Smem	
MOV BKC,Smem	
MOV BSA01,Smem	
MOV BSA23,Smem	
MOV BSA45,Smem	
MOV BSA67,Smem	
MOV BSAC,Smem	
MOV BRC0,Smem	
MOV BRC1,Smem	
MOV CDP,Smem	
MOV CSR,Smem	
MOV DP, Smem	
MOV DPH,Smem	
MOV PDP,Smem	
MOV SP,Smem	
MOV SSP,Smem	
MOV TRN0,Smem	
MOV TRN1,Smem	
MOV dbl(Lmem),RETA	把 Lmem 指示的数据存储单元的内容装载到指定的 CPU 寄存器单元。 CFCT=Lmem(31-24), RETA=Lmem(23-0)
MOV RETA,dbl(Lmem)	把指定的 CPU 寄存器单元的内容存储到 Lmem 指示的数据存储单元。 Lmem(31-24)=CFCT,Lmem(23-0)=RETA
MOV TAx,BRC0	把 TAx 的内容移动到指定的 CPU 寄存器单元
MOV TAx,BRC1	
MOV TAx,CDP	
MOV TAx,CSR	
MOV TAx,SP	
MOV TAx,SSP	

续附表 B-1

语 法	说 明
MOV BRC0,TAx	把指定的 CPU 寄存器单元的内容移动到 TAx
MOV BRC1,TAx	
MOV CDP,TAx	
MOV RPTC,TAx	
MOV SP,TAx	
MOV SSP,TAx	
程序控制指令	
B ACx	跳转由累加器 ACx(23～0)指定的地址,即 PC＝ACx(23～0)
B L7	跳转到标号 L7,L7 为 7 位长的相对 PC 的带符号偏移
B L16	跳转到标号 L16,L16 为 16 位长的相对 PC 的带符号偏移
B P24	跳转到由标号 P24 指定的地址,P24 为绝对程序地址
BCC 14, cond	条件为真时,跳转到标号 14 处,14 为 4 位长的相对 PC 的无符号偏移
BCC L8,cond	条件为真时,跳转到标号 L8 处,L8 为 8 位长的相对 PC 的带符号偏移
BCC L16,cond	条件为真时,跳转到标号 L16 处,L16 为 16 位长的相对 PC 的带符号偏移
BCC P24,cond	条件为真时,跳转到标号 P24 处,P24 为 24 位长的绝对程序地址
BCC L16, ARn_mod! ＝#0	当指定的辅助寄存器不等于 0 时,跳转到标号 L16 处,L16 为 16 位长的相对 PC 的带符号偏移
BCC[U] L8, src RELOP K8	当 src 与 K8 的关系满足指定的关系时,跳转到标号 L8 处,L8 为 8 位长的相对 PC 的带符号偏移
CALL ACx	调用地址等于累加器 ACx(23～0)、L16 或 P24 的子程序,过程如下: 堆栈配置为快返回时,将 RETA(15～0)压入 SP,CFCT 与 RETA (23 ～16) 压入 SSP;将返回地址写入 RETA,将调用现场标志写入 CFCT; 堆栈配置慢返回时,将返回地址和调用现场标志分别存入系统堆栈和数据堆栈。然后将子程序地址装入 PC,并设置相应的激活标志
CALL L16	
CALL P24	
CALLCC L16,cond	当条件为真时,执行调用。调用过程同无条件调用
CALLCC P24,cond	
RET	从子程序返回,过程如下:堆栈配置为快返回时,将 RETA 的值写入 PC,更新 CFCT,从 SP 和 SSP 弹出 RETA 和 CFCT 的值;堆栈配置慢返回时,从系统堆栈和数据堆栈恢复返回地址和调用现场

续附表 B-1

语　法	说　明
RETCC cond	当条件为真时,执行返回,过程同无条件返回
INTR　k5	程序执行中断服务子程序,中断向量地址由中断向量指针(IVPD)和 5 bit 无符号数确定,置位 INTM
TRAP k5	除不置位 INTM 外,其他同 INTR　k5
RETI	从中断服务子程序返回
RPT CSR	重复执行下一条指令或下两条并行指令(CSR)+1 次
RPT k8	重复执行下一条指令或下两条并行指令 k8+1 次
RPT k16	重复执行下一条指令或下两条并行指令 k16+1 次
RPTADD CSR,TAx	重复执行下一条指令或下两条并行指令(CSR)+1 次,CSR=CSR+ TAx
RPTADD CSR,k4	重复执行下一条指令或下两条并行指令(CSR)+1 次,CSR=CSR+k4
RPTSUB CSR,k4	重复执行下一条指令或下两条并行指令(CSR)+1 次,CSR=CSR−k4
RPTCC k8,cond	当条件满足时,重复执行下一条指令或下两条并行指令 k8+1 次
RPTB pmad	重复执行一段指令,次数=(BRC0/BRS1)+1。指令块最长为 64 KB
RPTBLOCAL pmad	重复执行一段指令,次数=(BRC0/BRS1)+1。指令块最长为 64 KB,仅限于 IBQ 内的指令
IDLE	空闲
NOP	空操作,PC=PC+1
NOP_16	空操作,PC=PC+2
XCC[label,]cond	当条件满足时,执行下面一条指令
XCCPART[label,]cond	当条件满足时,执行下面两条并行指令
RESET	软件复位

参考文献

[1] Texas Instruments. TMS320C54x DSP CPU and Peripherals Reference Set Volume 1(Rev. G)(spru131g. htm). 2001.

[2] Texas Instruments. TMS320C54x Optimizing C/C++ Compiler User's Guide (Rev. G)(spru103g. pdf). 2002.

[3] Texas Instruments. TMS320C54x Assembly Language Tools User's Guide (Rev. F)(sprung02f. pdf). 2002.

[4] Texas Instruments. TMS320C54x Assembly Language Tools User's Guide(Rev. F)(spru102f. pdf). 2002.

[5] Texas Instruments. TMS320C54x Instruction Set Simulator Technical Overview(Rev. a)(spru598a. pdf). 2002

[6] Texas Instruments. TMS320C54x DSP Programmer's Guide(spru538. pdf). 2001.

[7] Texas Instruments. TMS320C54x DSP Mnemonic Instruction Set Reference Set Volume 2 (Rev. C)(spru172c. pdf). 2001.

[8] Texas Instruments. TMS320C54x DSP Reference Set Volume 3 :Algebraic Instruction(Rev. C)(spru179c. pdf). 2001.

[9] Texas Instruments. TMS320C54x DSP Functional Overview (Addendum to C54x Data Sheets)(Rev. A)(spru307a. pdf). 2000.

[10] Texas Instruments. TMS320C548/549 Bootloader & ROM Code Examples Techn. Reference (Rev. A) (spru288a. pdf). 2000.

[11] Texas Instruments. TMS320C54x Code Composer Studio Tutorial(Rev. C)(spru327c. pdf, 1045KB). 2000.

[12] Texas Instruments. Code Composer Studio User's Guide(Rev. B)(spru328b. pdf). 2000.

[13] Texas Instruments. TMS320C55x Assembly Languag Tools User's Guide. 2004.

[14] Texas Instruments. TMS320C55x Optimizing C Compiler User's Guide. 2003.

[15] Texas Instruments. TMS320C55x DSP Peripherals Overview Reference Guide. 2006.

[16] Texas Instruments. TMS320C5509A Fixed-Point Digital Signal Processor Data Manual. 2007.

[17] Texas Instruments. TMS320VC5509A Fixed-Point Digital Signal Processor Data Manual. 2008.

[18] Texas Instruments. TMS320C55x DSP CPU Reference Guide. 2004

[19] Texas Instruments. TMS320C55x DSP Mnemonic Instruction Set Reference Guide. 2002.

[20] Texas Instruments. TMS320C55x Technical Overview. 2000.

[21] 赵洪亮，卜凡亮，张仁彦，等. TMS320C55x DSP应用系统设计. 北京:北京航空航天大学出版社，2014.

[22] 汪春梅,孙洪波. TMS320C55x DSP 原理及应用. 北京:电子工业出版社,2012.
[23] 刘艳萍,李志军,贾志成,等. DSP 技术原理及应用教程. 北京:北京航空航天大学出版社,2012.
[24] 陈泰红,任胜杰,魏宇. 手把手教你 DSP——基于 TMS320C55x. 北京:北京航空航天大学出版社,2011.
[25] 郑红. DSP 应用系统设计实践. 北京:北京航空航天大学出版社,2006.
[26] 清源科技. TMS320C54x DSP 硬件开发教程. 北京:机械工业出版社,2003.
[27] 赵红怡. DSP 技术与应用实例. 北京:电子工业出版社,2003.
[28] 李哲英,骆丽,刘元盛. DSP 基本理论与应用技术. 北京:北京航空航天大学出版社,2002.
[29] 孙宗瀛. TMS320C5x DSP 原理设计与应用. 北京:清华大学出版社,2002.
[30] TI 公司. TMS320VC5402 Data Sheet. 2000.
[31] TI 公司. TMS320VC5416 Data Sheet. 2001.
[32] 北京精仪达盛科技有限公司. 实验指导书(TMS320VC54xx) 数字信号处理 EXPIV 型教学实验系统. 2005.